Heidelberger Taschenbücher Bd. 19

Elektronentheorie der Metalle

A. Sommerfeld

H. Bethe

Mit 60 Abbildungen

Springer-Verlag Berlin Heidelberg New York 1967

Offsetnachdruck aus: Geiger/Scheel, Handbuch der Physik, Band 24/2

ISBN-13: 978-3-540-03866-5 e-ISBN-13: 978-3-642-95002-5
DOI: 10.1007/978-3-642-95002-5

Library of Congress Catalog Card Number 67-13289
Titel-Nr. 7299

Inhaltsverzeichnis

Elektronentheorie der Metalle.

Von

A. SOMMERFELD[1], München, und H. BETHE, München.

Mit 60 Abbildungen.

I. Die Hypothese der freien Elektronen.

1. Historische Einleitung. Seit der Entdeckung des Elektrons konnte kein Zweifel darüber bestehen, daß der elektrische Strom im Draht von Elektronen getragen wird. A. SCHUSTER, E. RIECKE u. a. haben Theorien vorgeschlagen. Den entscheidenden Schritt tat P. DRUDE, indem er die Elektronen an dem thermodynamischen Gleichgewicht des Metalls teilnehmen ließ, also jedem Elektron als mittlere kinetische Energie den Betrag

$$E_m = \frac{3}{2} k T \tag{1.1}$$

zuwies (k = BOLTZMANNsche Konstante, T = absolute Temperatur). Er gelangte so zu einer Formel für die elektrische Leitfähigkeit, die in gewissem Sinne auch heute noch von Bedeutung ist:

$$\sigma = \frac{e^2 l n}{m \bar{v}} \tag{1.2}$$

(l = „freie Weglänge", n = Zahl der freien Elektronen pro cm^3, $\bar{v}$ = gemittelte Geschwindigkeit der Elektronen, e und m = Ladung und Masse). Der schönste Erfolg der DRUDEschen Theorie bestand in der Ableitung des WIEDEMANN-FRANZ*schen Gesetzes* für das Verhältnis der thermischen Leitfähigkeit ($\varkappa$) zur elektrischen (σ) in der Form

$$\frac{\varkappa}{\sigma} = 3 \left(\frac{k}{e}\right)^2 T, \tag{1.3}$$

Auch die thermoelektrischen und thermomagnetischen Effekte sind von DRUDE formuliert worden. Z. B. findet man für die *thermoelektrische Kraft* bei konsequenter Verfolgung des DRUDEschen Weges

$$\Theta = \frac{k}{e} \int_{T'}^{T''} \log \frac{n_2}{n_1} \, d T \tag{1.4}$$

(T', T'' Temperaturen der beiden Lötstellen $1 \to 2$ und $2 \to 1$ bei offener, stromloser Kette, n_1, n_2 Dichte der freien Elektronen im Leiter 1 und 2). Die VOLTA*sche Potentialdifferenz* ΔV wird, wenn w die später von RICHARDSON entdeckte Austrittsarbeit der Elektronen aus dem Metall bedeutet:

$$e \Delta V = w_2 - w_1 . \tag{1.5}$$

---

[1] Nur für das erste Kapitel dieses Berichtes bin ich verantwortlich. Verdienst und Verantwortung an den folgenden Kapiteln kommen H. BETHE zu. A. SOMMERFELD.

Aber der grundlegende Ansatz (1.1) steht in Widerspruch mit dem, was man über die *spezifische Wärme* der Metalle weiß. Er würde einen Beitrag der Elektronen von $3R/2$ zur Molwärme liefern, sofern je ein Elektron auf ein Ion des Metalls kommen würde, im Gegensatz zum DULONG-PETIT*schen Gesetz*.

Ferner gibt die Formel (1.2) für die Leitfähigkeit keinen Aufschluß über ihre Temperaturabhängigkeit, es sei denn, daß man über die freie Weglänge l willkürliche Annahmen machen will. Auch das schöne Ergebnis in (1.3) wurde in der Folgezeit abgeschwächt. Als nämlich H. A. LORENTZ im Jahre 1905 die DRUDEsche Theorie durch Einführung der MAXWELLschen Geschwindigkeitsverteilung bei der Berechnung der Mittelwerte auf eine exaktere statistische Basis stellte, fand er den Zahlenfaktor 2 statt 3, womit die numerische Übereinstimmung mit den Versuchen von JÄGER und DIESSELHORST verlorenging. Gleichung (1.4) gibt ebenso wie die entsprechenden Formeln für den Peltier- und Thomsoneffekt viel zu große Werte, wenn man nicht über die Elektronenzahlen n_1 und n_2 Annahmen ad hoc machen will.

Man kann sagen, daß das Vertrauen in die klassische Elektronentheorie der Metalle und die ihr zugrunde liegende Vorstellung des „Elektronengases" durch die angeführten Umstände vollkommen erschüttert war, bis auch hier die Quantentheorie eine neue Situation schaffte.

Das Modell der „freien Elektronen", an dem wir zunächst festhalten werden, scheint sehr unphysikalisch angesichts ihrer äußerst energischen Wechselwirkung untereinander und mit den Ionen des Metallgitters. In Wirklichkeit bewegen sich die Elektronen ja nicht im *kräftefreien Metall*, sondern in dem *periodischen Potentialfeld*, welches eben von den Ionen des Metalles herrührt. Wir werden aber später (Ziff. 8ff.) sehen, daß unsere für freie Elektronen abzuleitenden Resultate sich in gewissem Umfange wellenmechanisch übertragen lassen auf Elektronen im periodischen Potentialfelde. Auf die Wechselwirkung der Elektronen untereinander werden wir erst am Schluß des Berichtes zu sprechen kommen.

2. Pauliverbot[1], Elektronengas bei tiefen Temperaturen. Die Theorie des Atombaus und des periodischen Systems wurde abgeschlossen durch das PAULIsche Prinzip (1925), welches aussagt: In einem vollständig gequantelten System (Atom, Molekül) ist jeder Quantenzustand höchstens von *einem* Elektron besetzt. Der Quantenzustand ist dabei durch die räumliche Bewegung des Elektrons und durch das Vorzeichen[2] seines Spins zu definieren. Wenn wir von dem Spin *absehen* wollen, können wir statt dessen auch sagen: die Besetzungszahlen eines ohne Rücksicht auf den Spin gerechneten Quantenzustandes sind 0,1 oder 2, wobei 2 einem +- *und* einem —-Spin entspricht, 1 einem +- *oder* einem —-Spin, so daß 1 *doppelt*, 0 und 2 *einfach* zählen.

FERMI[3] und DIRAC[4] haben 1926 das Pauliverbot auf ein beliebiges System von Partikeln angewandt und so die FERMI-DIRAC*sche Statistik* geschaffen, die außer auf dem Pauliverbot auf der Nichtunterscheidbarkeit der Elektronen (Protonen usw.) beruht. PAULI[5] selbst machte die erste Anwendung dieser

[1] W. PAULI, Über den Zusammenhang des Abschlusses der Elektronengruppen mit der Komplexstruktur der Spektren. ZS. f. Phys. Bd. 31, S. 765. 1925.

[2] Das doppelte Vorzeichen des Spins hat z. B. bekanntlich zur Folge, daß die K-Schale eines Atoms von zwei Elektronen, einem mit +- und einem mit —-Spin, besetzt ist.

[3] E. FERMI, Zur Quantelung des idealen einatomigen Gases. ZS. f. Phys. Bd. 36, S. 902. 1926.

[4] P. A. M. DIRAC, On the Theory of Quantum Mechanics. Proc. Roy. Soc. London Bd. 112, S. 661. 1926 (§ 4).

[5] W. PAULI, Über Gasentartung und Paramagnetismus. ZS. f. Phys. Bd. 41, S. 81. 1927.

Statistik auf Metallelektronen, um den temperaturunabhängigen Paramagnetismus der Alkalien zu erklären.

Wir beschränken uns zunächst auf so tiefe Temperaturen, daß wir annehmen dürfen: die Elektronen besetzen gerade die energetisch tiefsten Niveaus und nur diese. Bei N Elektronen sind dies $N/2$ Plätze (je zwei Elektronen entgegengesetzten Spins in einem Quantenzustand). Wir charakterisieren diese Plätze durch den Impuls p der Elektronen folgendermaßen: Bei Abwesenheit äußerer Kräfte sind alle Bewegungsrichtungen gleichberechtigt; die Energie hängt nur vom Absolutwert des Impulses ab; wenn die Elektronen also die energetisch tiefsten Zustände aufsuchen, so ist gerade eine Kugel im Impulsraum besetzt. Sei $\bar{p}$ der maximal zulässige Impuls, d. h. der Radius dieser Impulskugel, $\bar{v}$ die zugehörige Geschwindigkeit, die wir „Grenzgeschwindigkeit", und $\bar{E}$ die zugehörige kinetische Energie, die wir „Grenzenergie" nennen[1]

$$\bar{v} = \frac{\bar{p}}{m}, \qquad \bar{E} = \frac{m}{2}\bar{v}^2 = \frac{\bar{p}^2}{2m}. \tag{2.1}$$

Jeder Quantenzustand mit einem Impuls $p < \bar{p}$ ist von $G = 2$ Elektronen besetzt. Wir wünschen zu wissen, wie viele Quantenzustände mit einem Elektronenimpuls zwischen p_x und $p_x + dp_x$, p_y und $p_y + dp_y$, p_z und $p_z + dp_z$ in einem Metall vom Volumen V vorhanden sind. Hierzu benutzen wir den bekannten Satz, daß auf jedes Volumen h^3 im Phasenraum *ein* Quantenzustand entfällt. Das von unseren Elektronen eingenommene Volumen im Phasenraum berechnet sich nun als Produkt der Volumina im Impuls- und im Koordinatenraum. Unserem Impulsbereich entspricht also das Phasenvolumen $V\,dp_x\,dp_y\,dp_z$, es gibt also[2]

$$d\Phi = \frac{V}{h^3}\,dp_x\,dp_y\,dp_z = V\left(\frac{m}{h}\right)^3 d\xi\,d\eta\,d\zeta, \tag{2.2}$$

[1] Wir dürfen in der Metalltheorie nichtrelativistisch rechnen. Bei der Anwendung auf die Astrophysik (z. B. weiße Zwerge) wird dagegen die relativistische Rechnung wesentlich; vgl. z. B. E. C. STONER, Month. Not. Bd. 92, S. 651. 1932.

[2] Statt auf den Phasenraum können wir uns bei der Ableitung von (2.2) auch auf die einfachsten wellenmechanischen Begriffe stützen: Da die Elektronen frei sein sollen, sind die Eigenfunktionen ebene Wellen

$$\Psi = e^{\frac{2\pi i}{h}(p_x \cdot x + p_y \cdot y + p_z \cdot z)},$$

die Wellenlänge ist

$$\lambda = \frac{h}{\sqrt{p_x^2 + p_y^2 + p_z^2}} = \frac{h}{m v}$$

(DE BROGLIEsche Beziehung), die Fortpflanzungsrichtung der Welle stimmt mit der Bewegungsrichtung des Elektrons überein. Wir betrachten nun ein würfelförmiges Metallstück mit der Kante L (Volumen $V = L^3$) und legen der Eigenfunktion die Periodizitätsbedingung

$$\Psi(x, y, z) = \Psi(L + x, y, z) = \Psi(x, L + y, z) = \Psi(x, y, L + z)$$

auf: Die Eigenfunktion soll in einem benachbarten Würfel genau so aussehen wie in unserem Grundwürfel. Daraus folgt, daß die Größen

$$\varkappa_x = \frac{1}{h}\cdot p_x \cdot L, \quad \varkappa_y = \frac{1}{h}\cdot p_y \cdot L, \quad \varkappa_z = \frac{1}{h}\cdot p_z \cdot L$$

ganze Zahlen sein müssen. Zu jedem ganzzahligen Wertetripel $\varkappa_x$, $\varkappa_y$, $\varkappa_z$ gehört ein Quantenzustand. Dem Volumen $dp_x\,dp_y\,dp_z$ des Impulsraumes entspricht nun das Volumen

$$\left(\frac{L}{h}\right)^3 dp_x\,dp_y\,dp_z$$

im Raum der $\varkappa$'s, es gibt also

$$d\Phi = \frac{L^3}{h^3}\,dp_x\,dp_y\,dp_z = V\left(\frac{m}{h}\right)^3 d\xi\,d\eta\,d\zeta$$

Quantenzustände in diesem Impulsintervall.

Quantenzustände, für die der Impuls p bzw. der Geschwindigkeitsvektor $\xi\eta\zeta$ im vorgeschriebenen Intervall liegt. Mit Rücksicht auf den Elektronenspin ist dann die Anzahl der Elektronen gleich $G \cdot d\Phi$.

Die Anzahl der Elektronen pro Phasenelement $d\Phi$ nennen wir $Gf\,d\Phi$, diejenige pro Energieintervall dE heiße $GF\,dE$. f und F nennen wir „Verteilungsfunktionen" pro Phasenelement bzw. pro Energieintervall und stellen sie in Abb. 1 und 2 als Funktion der Energie dar.

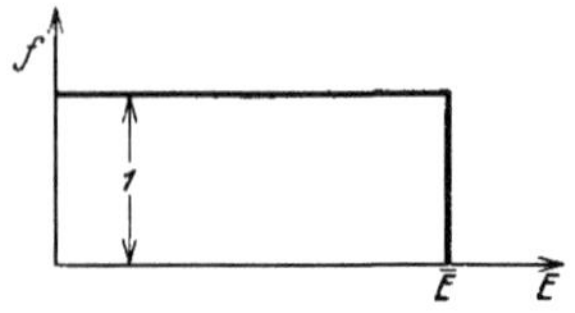

Abb 1. Verteilungsfunktion pro Phasenelement
$$f = \frac{1}{G} \cdot \frac{dN}{d\Phi}$$
als Funktion der Energie beim absoluten Nullpunkt.

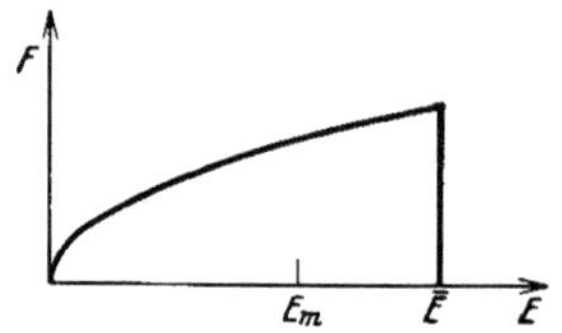

Abb. 2. Verteilungsfunktion pro Energieelement dE
$$F = \frac{1}{G} \cdot \frac{dN}{dE} \text{ proportional } \sqrt{E}$$
als Funktion der Energie E beim absoluten Nullpunkt.

Indem wir uns zur formelmäßigen Darstellung wenden, schreiben wir den Inhalt der Impulskugel vom Radius $\bar{p}$ an

$$\frac{4\pi}{3}\bar{p}^3.$$

Dem entspricht das Phasenvolumen $\frac{4\pi}{3}\bar{p}^3 V$. Wir unterteilen dieses in Einheitszellen der Größe h^3, auf deren jede die volle Elektronenzahl $G = 2$ kommt. Da im ganzen N Elektronen zu verteilen sind, muß die Anzahl der Zellen gleich N/G sein, also:

$$\frac{4\pi}{3}\left(\frac{\bar{p}}{h}\right)^3 = \frac{N}{GV} = \frac{n}{G}, \tag{2.3}$$

wo n die Anzahl der Elektronen pro Volumeinheit bedeutet.

Wir setzen

$$\lambda = \frac{h}{\bar{p}} = \frac{h}{m\bar{v}}, \qquad n = \frac{1}{a^3}. \tag{2.4}$$

Hier bedeutet λ die zur „Grenzgeschwindigkeit" $\bar{v}$ gehörige DE BROGLIE*sche Wellenlänge*. a ist die Kante des Kubus, auf welchen durchschnittlich ein Elektron, also auch, wenn gerade ein Elektron pro Metallatom abgespalten ist, ein Metallion kommt. a hat also die Größenordnung von einigen Å-Einheiten. Dieselbe Größenordnung hat λ, da nach (2.3) und (2.4) gilt:

$$\lambda^3 = \frac{4\pi}{3n}G = \frac{4\pi}{3}a^3 G. \tag{2.5}$$

Die kürzesten im Metall vorkommenden Elektronenwellen haben also den Charakter von *weichen Röntgenstrahlen*. Die zugehörige maximale kinetische Energie $\bar{E}$ ist nach (2.1), (2.4) und (2.5)

$$\bar{E} = \frac{\bar{p}^2}{2m} = \frac{1}{2m}\frac{h^2}{\lambda^2} = \frac{h^2}{2m}\left(\frac{3n}{4\pi G}\right)^{2/3}. \tag{2.6}$$

Wir fragen nach der mittleren Energie E_m der Elektronen, die folgendermaßen zu definieren ist:

$$\frac{N}{G}E_m = \int E\,d\Phi. \tag{2.7}$$

Über eine Kugelschale (p, dp) integriert, wird [vgl. (2.2)]:

$$\int_p^{p+dp} d\Phi = V\frac{4\pi}{h^3}p^2dp. \tag{2.8}$$

Die rechte Seite von (2.7) ergibt daher mit Rücksicht auf (2.3) und (2.6):

$$\frac{4\pi}{h^3}V\int_0^{\bar{p}}\frac{p^4}{2m}dp = \frac{4\pi}{5h^3}V\frac{\bar{p}^5}{2m} = \frac{3}{5}\frac{\bar{p}^2}{2m}\frac{N}{G} = \frac{3}{5}\bar{E}\frac{N}{G};$$

und Gleichung (2.7) geht über in

$$E_m = \tfrac{3}{5}\bar{E}. \tag{2.9}$$

Die gesamte Elektronenenergie der Volumeneinheit, die durch den Flächeninhalt des Parabelsegments in Abb. 2 dargestellt wird, bezeichnen wir mit U_0 („Nullpunktsenergie"), um anzudeuten, daß sie ihren Wert (unter der am Anfange dieser Ziffer gemachten Annahme) unabhängig von der Temperatur bis herunter zum absoluten Nullpunkt beibehält. Nach (2.9) und (2.6) haben wir

$$U_0 = nE_m = \frac{3}{5}\frac{n}{2m}\left(\frac{h}{\lambda}\right)^2 = \frac{3nh^2}{10m}\left(\frac{3n}{4\pi G}\right)^{2/3}. \tag{2.10}$$

Dagegen wäre der klassische Ausdruck von U nach (1.1)

$$U = nE_m = \tfrac{3}{2}nkT. \tag{2.10a}$$

Daneben berechnen wir den Druck p_0 („Nullpunktsdruck") des Elektronengases, indem wir wie in der gewöhnlichen Gastheorie nach dem Impuls fragen, der auf eine z. B. senkrecht zur x-Achse gestellte Einheitsfläche in der Zeiteinheit auffällt und von ihr zurückprallt:

$$p_0 = 2G\int m\xi^2 d\Phi.$$

Hier rührt der Faktor 2 von der Reflexion der auftreffenden Elektronen an der Einheitsfläche, der Faktor $G = 2$ von der doppelten Besetzung der Einheitszelle h^3 des Phasenraumes her. Die Integration ist über die Halbkugel $(\xi < 0)$ des Phasen- bzw. Geschwindigkeitsraumes zu erstrecken. Bei Einführung von Polarkoordinaten φ, ϑ, v im Geschwindigkeitsraum mit ξ als Polarachse erhält man

$$p_0 = 2Gm\left(\frac{m}{h}\right)^3\int_0^{2\pi}d\varphi\int_{\pi/2}^{\pi}\cos^2\vartheta\sin\vartheta\, d\vartheta\int_0^{\bar{v}}v^4dv = \frac{4\pi}{3}Gm\left(\frac{m}{h}\right)^3\frac{\bar{v}^5}{5}$$

und mit Rücksicht auf (2.6), (2.3) und (2.9):

$$p_0 = \frac{8\pi}{15}G\left(\frac{m\bar{v}}{h}\right)^3\bar{E} = \frac{2}{5}n\bar{E} = \frac{2}{3}nE_m = \frac{2}{3}U_0. \tag{2.11}$$

Dies ist derselbe Zusammenhang zwischen Druck und Energie wie in der gewöhnlichen Gastheorie.

Als Zustandsgleichung erhält man aus (2.11), wenn wieder $N = nV$ die Gesamtzahl der Elektronen im Gesamtvolumen V bedeutet:

$$p_0V = \tfrac{2}{3}NE_m. \tag{2.12}$$

Dabei ist für uns, im Gegensatz zur klassischen Gastheorie, die rechte Seite *unabhängig von T*.

Diese Abweichung der Zustandsgleichung und Energieverteilung [vgl. (2.10) und (2.10a)] von der klassischen bezeichnen wir als *Entartung*. Und zwar handelt es sich in dieser Ziffer um *vollkommene*, in der folgenden um *angenäherte Entartung*.

erfüllt sind, dies seien W Ziffernbilder. Die Wahrscheinlichkeit, daß eines der Ziffernbilder realisiert ist, welche die Bedingungen (3.1) befriedigen, ist also (bei gegebenem N und U) gleich $1/W$, während die Wahrscheinlichkeit für die Realisierung irgendeines Ziffernbildes, bei dem die Gleichungen (3.1) nicht erfüllt sind, Null ist. W nennen wir sinngemäß die Wahrscheinlichkeitszahl (Anzahl der Realisierungsmöglichkeiten) des durch N und U definierten makroskopischen Zustands des Metalls.

Es wäre sehr mühsam, mit den diskontinuierlichen Besetzungszahlen n_i oder mit der exakten Zahl W der Ziffernbilder zu rechnen. Wir müssen daher die Rechnung analytisch abglätten.

Zu dem Zwecke fassen wir alle Zellen zusammen, welche ungefähr zur gleichen Energie E_k gehören. Ihre Zahl sei Z_k. Diese bilden zusammen die $k$te „Schicht" des Phasenraumes[1]. Unter den Besetzungszahlen dieser Z_k Zellen möge bei irgendeinem unserer W Ziffernbilder die Eins N_k mal vorkommen, also die Null $Z_k - N_k$ mal. Offenbar hat man

$$N_k = \sum_{Z_k} n_i\,, \tag{3.2}$$

d. h. die Summe über unsere früheren individuellen Besetzungszahlen n_i, soweit sie zur Schicht der Z_k Zellen gehören, ist identisch mit unserer jetzigen Zahl N_k für die betreffende Verteilung. Wir werden die N_k als große Zahlen behandeln dürfen, im Gegensatz zu den n_i, wodurch eben die analytische Abglättung unserer Betrachtung bewirkt wird. Der Übergang von den n_i zu den N_k bedeutet einen Übergang von der mikroskopischen zu einer halb makroskopischen Betrachtung. Der Übergang zu der voll makroskopischen Betrachtung wird angedeutet durch die zu (3.1) analogen Bedingungen

$$\sum N_k = N, \qquad \sum N_k E_k = U. \tag{3.3}$$

Wir fragen, indem wir zunächst von diesen Bedingungen absehen: Auf wie viele Arten läßt sich die Verteilung N_k, $Z_k - N_k$ herstellen? Die Antwort darauf gibt eine Formel der Kombinatorik (Verteilung von N_k Elementen auf Z_k Zellen *ohne* Wiederholung, d. h. jede Zelle höchstens mit *einem Element* besetzt). Sie lautet: W_k ist gleich dem Binomialkoeffizienten $\binom{Z_k}{N_k}$, also

$$W_k = \frac{Z_k!}{N_k!\,(Z_k - N_k)!}\,. \tag{3.4}$$

Das Produkt dieser W_k, genommen über alle Schichten k, ist eine Wahrscheinlichkeitszahl

$$W' = \prod_k W_k = \prod_k \frac{Z_k!}{N_k!\,(Z_k - N_k)!}\,, \tag{3.5}$$

die wir mit der ursprünglich definierten Wahrscheinlichkeitszahl W in Beziehung setzen wollen.

Dazu betrachten wir den *Maximalwert*, den W' bei Variation der N_k unter den Nebenbedingungen (3.3) erreichen kann. Dieser Maximalwert umfaßt lauter Ziffernbilder, die auch zu der ursprünglichen Wahrscheinlichkeitszahl W gehören. Und zwar ist die Menge dieser Ziffernbilder bei großem N und U so überwiegend, daß daneben die übrigen Ziffernbilder von W nicht in Betracht kommen. Infolgedessen können wir unser W mit diesem Maximalwert von W' identifizieren.

---

[1] Vgl. M. BORN, Moderne Physik. Sieben Vorträge über Materie und Strahlung, ausgearbeitet von F. SAUTER, S. 170. Berlin: Julius Springer 1933.

Statt (3.5) schreiben wir mit Benutzung der STIRLINGschen Formel

$$\log W' = \sum_k \{Z_k \log Z_k - N_k \log N_k - (Z_k - N_k) \log (Z_k - N_k)\} \tag{3.6}$$

und betrachten [α und β sind LAGRANGEsche Parameter, die den Nebenbedingungen (3.3) entsprechen]:

$$\delta (\log W' - \alpha N - \beta U) = 0 . \tag{3.7}$$

Bei Ausführung der Variation sind $\log W'$ durch (3.6), N und U durch die linken Seiten von (3.3) zu ersetzen; nur die Besetzungszahlen N_k sind zu variieren, während die Charakteristika der Schicht, nämlich Z_k und E_k, festgehalten werden. Man findet in üblicher Weise

$$-\log N_k + \log (Z_k - N_k) = \alpha + \beta E_k . \tag{3.8}$$

Daraus folgt:

$$\frac{Z_k}{N_k} - 1 = e^{\alpha + \beta E_k}, \qquad \frac{N_k}{Z_k} = \frac{1}{e^{\alpha + \beta E_k} + 1} . \tag{3.9}$$

N_k/Z_k bedeutet die mittlere Besetzungszahl der einzelnen Zelle in unserer $k$ten Schicht. Wir bezeichnen sie mit f_k.

Indem wir die für die Schicht k gefundene Verteilung auf die ursprünglichen Zellen i übertragen, nehmen wir dieselbe Formel in Anspruch für die *abgeglättete* Besetzungszahl der Zellen i und schreiben auch

$$f_i = \frac{1}{e^{\alpha + \beta E_i} + 1} \tag{3.9a}$$

bzw. indem wir von der Zelleneinteilung ganz absehen (kontinuierliches Energiespektrum):

$$f = \frac{1}{e^{\alpha + \beta E} + 1} . \tag{3.10}$$

f nennen wir die FERMI*sche Verteilungsfunktion*[1].

Wir berechnen nun den Maximalwert des Ausdrucks (3.6), den wir nach Obigem mit $\log W$ bezeichnen können. Indem wir Z_k aus der Klammer herausziehen und beachten, daß

$$\sum_k Z_k \{\ \} = \sum_i \{\ \} ,$$

können wir die Summation über alle Zellen i erstrecken. Wir haben also

$$\log W = \sum_i \left\{ \log Z_k - \frac{N_k}{Z_k} \log N_k - \frac{Z_k - N_k}{Z_k} \log (Z_k - N_k) \right\} . \tag{3.11}$$

Wir setzen vorübergehend

$$B = e^{\alpha + \beta E_k} + 1 .$$

Aus (3.9) folgt dann

$$\log N_k = \log Z_k - \log B ,$$

$$\log (Z_k - N_k) = \log Z_k + \alpha + \beta E_k - \log B .$$

---

[1] Man kommt zur BOSE-EINSTEINschen Statistik, wenn man nach der Anzahl der Verteilungen von N_k Elementen auf die Z_k Zellen der $k$ten Schicht *mit* Wiederholungen fragt. Die dann zuständige Formel der Kombinatorik lautet:

$$W_k = \frac{(Z_k + N_k - 1)!}{(N_k - 1)!\, Z_k!} \sim \frac{(Z_k + N_k)!}{N_k!\, Z_k!} .$$

Sie ergibt an Stelle von (3.8) und (3.9)

$$\log (Z_k + N_k) - \log N_k = \alpha + \beta E_k , \qquad \frac{N_k}{Z_k} = \frac{1}{e^{\alpha + \beta E_k} - 1} = f_k .$$

Beim Einsetzen in die $\{\,\}$ von $\log W$ fällt $\log Z_k$ heraus und es bleibt zunächst

$$\{\,\} = \log B - \left(1 - \frac{N_k}{Z_k}\right)(\alpha + \beta E_k)\,. \tag{3.11a}$$

Da aber

$$\log B = \log\left[e^{\alpha+\beta E_k}(1 + e^{-\alpha-\beta E_k})\right]$$
$$= \alpha + \beta E_k + \log(1 + e^{-\alpha-\beta E_k})\,,$$

vereinfacht man (3.11a) weiter in:

$$\{\,\} = \log(1 + e^{-\alpha-\beta E_k}) + \frac{N_k}{Z_k}(\alpha + \beta E_k)$$
$$= \log(1 + e^{-\alpha-\beta E_i}) + n_i(\alpha + \beta E_i)\,.$$

Hier sind wir in der letzten Zeile von der Schicht k zu den gemittelten Besetzungszahlen und Energien der zugehörigen Zellen i übergegangen, indem wir setzten $E_k = E_i$, $N_k = Z_k \cdot n_i$. Somit lautet (3.11) mit Rücksicht auf (3.1):

$$\log W = \sum_i \log(1 + e^{-\alpha-\beta E_i}) + \alpha N + \beta U\,. \tag{3.12}$$

Zur Bestimmung von α und β gehen wir aus von der fundamentalen BOLTZMANNschen Beziehung zwischen Wahrscheinlichkeitszahl und Entropie:

$$S = k \cdot \log W\,, \tag{3.13}$$

und schreiben statt (3.7)

$$\delta\left(\frac{S}{k} - \alpha N - \beta U\right) = 0\,. \tag{3.14}$$

Daraus folgt

$$\alpha = \frac{1}{k}\left(\frac{\partial S}{\partial N}\right)_{UV}, \qquad \beta = \frac{1}{k}\left(\frac{\partial S}{\partial U}\right)_{NV} \tag{3.15}$$

Hier haben wir bei den partiellen Differentialquotienten angedeutet, daß außer U bzw. N auch das Volumen V des Metalles festzuhalten ist, welches neben N und U zur makroskopischen Definition des Zustandes gegeben sein muß.

Man definiere Temperatur und Druck aus der thermodynamischen Beziehung

$$T ds = du + p dv\,, \tag{3.16}$$

wo die kleinen Buchstaben auf die Masseneinheit hinweisen, als welche wir das Elektron selbst wählen können; u wird dann identisch mit unserem früheren E_m, und es gilt:

$$U = Nu\,, \quad S = Ns\,, \quad V = Nv$$

sowie

$$N du = dU - u dN\,, \quad N ds = dS - s dN \text{ usw.}$$

Die Beziehung (3.16) geht daraufhin über in

$$T dS = dU + p dV - \zeta dN\,, \tag{3.16a}$$

mit der GIBBSschen Abkürzung für das Potential der Masseneinheit („freie Energie bei gegebenem Druck"):

$$\zeta = u - Ts + pv\,. \tag{3.17}$$

Aus (3.15) und (3.16a) folgt nun:

$$\alpha = -\frac{\zeta}{kT}\,, \qquad \beta = \frac{1}{kT}\,. \tag{3.18}$$

Einsetzen in (3.10) ergibt

$$f = \frac{1}{e^{(E-\zeta)/kT} + 1}\,. \tag{3.19}$$

(3.19) ist die definitive Form der von uns gesuchten FERMI*schen Verteilungsfunktion.*

Es ist nun leicht, die makroskopisch beobachtbaren Größen N und U zu berechnen oder eigentlich: Aus N und U die Temperatur T und das thermodynamische Potential ζ zu bestimmen. Da f_i die Wahrscheinlichkeit für die Besetzung der $i$ten Zelle mit *einem* Elektron angibt, und da wir $G = 2$ Arten von Elektronen je nach der Spinrichtung zu unterscheiden haben, so wird

$$N = G \cdot \sum_i f_i = G \cdot \sum_i \frac{1}{1 + e^{\alpha + \beta E_i}}; \quad U = G \cdot \sum_i E_i f_i = G \cdot \sum_i \frac{E_i}{1 + e^{\alpha + \beta E_i}}, \tag{3.20}$$

wo die α und β die frühere Bedeutung aus (3.18) haben.

Nunmehr kann man auch die Entropie des Makrozustandes aus (3.12) ausrechnen. Mit Benutzung des BOLTZMANNschen Prinzipes und Hinzufügung des Faktors G erhält man aus (3.12):

$$\frac{S}{k} - \alpha N - \beta U = G \cdot \sum_i \log\left(1 + e^{-(\alpha + \beta E_i)}\right). \tag{3.21}$$

Durch Differentiation von (3.21) nach α und β ergeben sich wieder die Gleichungen (3.20). Außerdem läßt sich noch eine interessante Folgerung hinsichtlich der *Zustandsgleichung* ziehen. Die linke Seite von (3.21) ist nach (3.18) gleich

$$\frac{1}{kT}(ST + \zeta N - U) = \frac{N}{kT}(sT + \zeta - u),$$

und dies bedeutet, vermöge der Definition von ζ in (3.17)

$$\frac{N}{kT} p v = \frac{pV}{kT}, \tag{3.22}$$

wobei sich wie in (3.16) die kleinen Buchstaben v, s, u auf die Masseneinheit, die großen V, S, U auf das gesamte Gas beziehen. Aus (3.21) folgt also

$$\frac{pV}{kT} = G \cdot \sum_i \log\left(1 + e^{-(\alpha + \beta E_i)}\right). \tag{3.23}$$

Hieraus kann man auf die Abweichung des entarteten Gases von der klassischen Zustandsgleichung schließen. Wir werden darauf am Ende dieser Ziffer zurückkommen.

Jetzt machen wir den Übergang zum Kontinuum, wobei wir die Dichte der i-Zustände durch $d\Phi$ [Gleichung (2.2)] messen. Aus (2.20) ergibt sich dann als Elektronenzahl n und Energieinhalt $\overline{U}$ der Volumeneinheit

$$n = \frac{N}{V} = \frac{G}{V}\int f\, d\Phi, \qquad \overline{U} = \frac{U}{V} = \frac{G}{V}\int E f\, d\Phi, \tag{3.24}$$

mit dem in (3.19) definierten FERMIschen Werte von f.

b) Entartungskriterium. Statt (3.19) schreiben wir auch

$$f = \frac{1}{\frac{1}{A} \cdot e^{\frac{E}{kT}} + 1}, \qquad A = e^{\frac{\zeta}{kT}} = e^{-\alpha}. \tag{3.25}$$

(3.25) geht für *kleine Werte von* A in die MAXWELL*sche Verteilungsfunktion*

$$f = A \cdot e^{-\frac{E}{kT}}, \qquad A \to 0, \tag{3.25a}$$

des einatomigen Gases über. Wir interessieren uns hier aber für große Werte von A und stellen (3.19) bzw. (3.25) für diesen Fall durch Abb. 3 dar.

Der charakteristische Punkt dieser Abbildung ist derjenige Abszissenwert, wo der Nenner von (3.19) gleich 2 wird („Halbwertsordinate" von f), also

$$E = \zeta = kT \log A\,. \tag{3.26}$$

Für kleinere oder größere Werte von E wird f merklich gleich 1 oder 0; Abb. 3 zerlegt sich also in einen horizontalen Ast und einen steilen Abfall, der sich um die Stelle $E = \zeta$ herum gruppiert und MAXWELLschen Charakter hat. Der Abfall ist um so steiler, je kleiner T wird. Für hinreichend kleines T (hinreichend großes A) wird der Abfall abrupt und wir erhalten als Grenzfall Abb. 1. Die thermodynamische Bedeutung der dort eingeführten „Grenzenergie" $\overline{E}$ ist durch die Beziehung $\overline{E} = \zeta$ aufgeklärt (genauer gesagt, $\overline{E} = \zeta_0$, wo ζ_0 den Wert von ζ für $T \to 0$ bedeutet). Im folgenden werden wir in der Regel ζ bzw. ζ_0 statt des früheren $\overline{E}$ schreiben. Durch die gestrichelte Kurve der Abb. 3 wird der Typus von $-df/dE$ („Zackenfunktion" oder „δ-Funktion") angedeutet. Der Flächeninhalt dieser Kurve ist $f_0 - f_\infty = 1$.

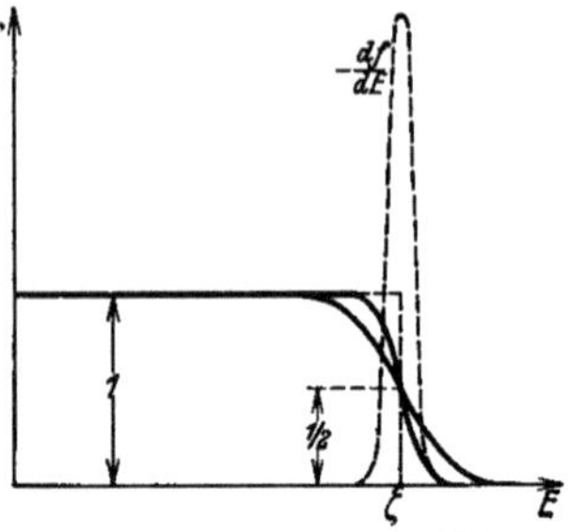

Abb. 3. Verlauf von f für verschiedene Werte von T. Die Rechtecksform entspricht dem Werte $T = 0$. Die punktierte Kurve für $-df/dE$ gehört zu der steileren der beiden f-Kurven.

Während wir es in voriger Ziffer mit *vollständiger Entartung* zu tun hatten, haben wir jetzt in dem Abfall der Verteilungsfunktion einen Übergang zum klassischen Verhalten. Das *Entartungskriterium* ist zunächst durch

$$A \gg 1 \tag{3.27}$$

gegeben, während

$$A \ll 1$$

nach (3.25a) auf die klassische Maxwellverteilung und von da aus auf eine Energieverteilung proportional mit T [Gleichung (2.10a)] führt.

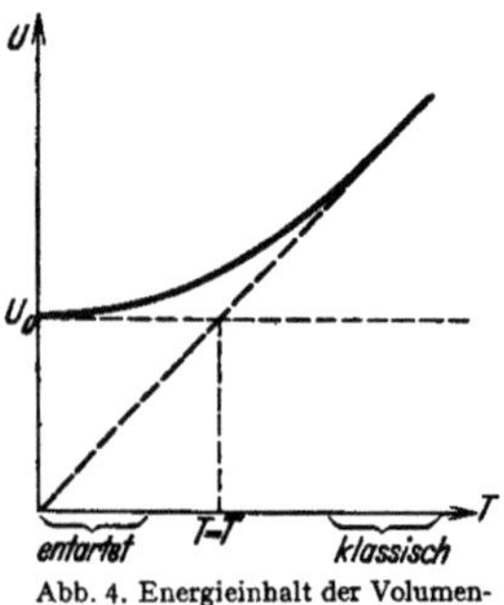

Abb. 4. Energieinhalt der Volumeneinheit eines Metalls als Funktion der Temperatur. U_0 = Nullpunktsenergie. Bei hoher Temperatur Übergang in das klassische Verhalten.

Tragen wir also in Abb. 4 den Energieinhalt der Volumeneinheit $\overline{U} = n E_m$ als Funktion der Temperatur auf, so erhalten wir im Gebiete tiefer Temperaturen, $A \gg 1$, eine horizontale Gerade $\overline{U} = U_0$, dagegen im Gebiete hoher Temperaturen, $A \ll 1$, einen Anstieg proportional mit T. Gegenwärtig steht die Grenze zwischen beiden Gebieten zur Diskussion. Das Kriterium (3.27) läßt sich zunächst mit Rücksicht auf Gleichung (3.26) und Abb. 3 folgendermaßen schreiben und deuten:

$$\log A = \frac{\zeta}{kT} \gg 1\,, \qquad \text{oder} \qquad kT \ll \zeta\,, \tag{3.28}$$

die Breite des MAXWELL*schen Abfalls der Verteilungskurve, welche von der Größenordnung kT ist, soll klein sein gegen die Grundlinie des* FERMI*schen Rechtecks ζ* (früher $\overline{E}$ genannt).

Wir können daraufhin eine „Grenztemperatur der Entartung" $\overline{T}$ definieren

$$k\overline{T} = \zeta \tag{3.29}$$

derart, daß für $T \ll \overline{T}$ volle Entartung, für $T \gg \overline{T}$ ideale klassische Statistik herrscht. Nehmen wir als Beispiel den Fall von Silber mit $\zeta = 8{,}5 \cdot 10^{-12}$ erg (vgl. S. 338), so folgt wegen $k = 1{,}37 \cdot 10^{-16}$ erg/grad rund $\overline{T} = 60000°$. Für andere Metalle ergeben sich Zahlen derselben Größenordnung. Wir können sagen: *Das Elektronengas ist für alle Metalle unterhalb ihres Schmelzpunktes hochgradig entartet.*

Zur genaueren Diskussion des Kriteriums (3.28) gehen wir aus von Gleichung (3.24), welche mit Rücksicht auf (2.8) lautet

$$n = 4\pi \frac{G}{h^3} \int_0^\infty f p^2 \, dp. \tag{3.30}$$

Es ist aber

$$p^2 \, dp = \tfrac{1}{2}(2m)^{3/2} E^{1/2} \, dE. \tag{3.31}$$

Führen wir sogleich eine partielle Integration[1] nach E aus, so entsteht aus (3.30)

$$\frac{n h^3}{2\pi G} = -(2m)^{3/2} \frac{2}{3} \int_0^\infty \frac{\partial f}{\partial E} E^{3/2} \, dE. \tag{3.32}$$

Da im Sinne von Abb. 3 (punktierte Kurve):

$$\frac{\partial f}{\partial E} = 0 \quad \text{für} \quad E \neq \zeta \quad \text{und} \quad -\int_0^\infty \frac{df}{dE} dE = 1, \tag{3.33}$$

wird die rechte Seite von (3.32) in erster Näherung gleich

$$\tfrac{2}{3}(2m\zeta)^{3/2}.$$

Mit Rücksicht auf (3.26) kann also (3.32) geschrieben werden

$$(\log A)^{3/2} = \frac{3 n h^3}{4\pi G} (2mkT)^{-3/2},$$

und unser Entartungskriterium (3.28) geht unter Weglassung unwesentlicher Zahlenfaktoren über in:

$$\frac{n h^3}{(2mkT)^{3/2}} \gg 1. \tag{3.34}$$

Die linke Seite von (3.34) zeigt, daß die Entartung begünstigt wird durch *große Werte von n* (dichte Packung), *kleines m* (Elektronengas) und *niedrige Temperaturen.*

c) Gesamtenergie, spezifische Wärme, Druck des Fermigases. Wir müssen die Bestimmung von n und $\overline{U}$ aus (3.24) einen Schritt weiter führen. Im Anschluß an (3.30) bis (3.32) hat man

$$n = \frac{2}{3} C \int_0^\infty \frac{\partial f}{\partial E} E^{3/2} \, dE, \quad \overline{U} = \frac{2}{5} C \int_0^\infty \frac{\partial f}{\partial E} E^{5/2} \, dE, \quad C = -2\pi \frac{G}{h^3}(2m)^{3/2}. \tag{3.35}$$

Nach (3.19) wird

$$f = \frac{1}{e^\varepsilon + 1}, \quad \varepsilon = \frac{E - \zeta}{kT}, \quad \frac{\partial f}{\partial E} dE = \frac{\partial f}{\partial \varepsilon} d\varepsilon,$$

$$-\frac{\partial f}{\partial \varepsilon} = \frac{e^\varepsilon}{(e^\varepsilon + 1)^2} = \frac{e^{-\varepsilon}}{(e^{-\varepsilon} + 1)^2} = \text{gerade Funktion von } \varepsilon. \tag{3.36}$$

[1] Wir schließen uns hier an die noch öfter zu nennende Arbeit von L. NORDHEIM (Ann. d. Phys. Bd. 9, S. 607 u. 641. 1931) an, der in Ziff. 11 den systematischen Vorteil dieser partiellen Integration allgemein betont.

Um die Integrale (3.35) auszuwerten, betrachten wir zunächst das allgemeinere Integral

$$L = \int_{-\omega}^{\infty} F(\varepsilon) \cdot \frac{\partial f}{\partial \varepsilon} \cdot d\varepsilon, \qquad \omega = \frac{\zeta}{kT}. \tag{3.37}$$

Indem wir $F(\varepsilon)$ in eine TAYLORsche Reihe an der charakteristischen Stelle $\varepsilon = 0$ entwickeln:

$$F(\varepsilon) = F(0) + F'(0) \cdot \varepsilon + F''(0) \cdot \frac{\varepsilon^2}{2} + \cdots, \tag{3.38}$$

erhalten wir

$$L = F(0) \cdot L_0 + F'(0) \cdot L_1 + F''(0) \cdot L_2 + \cdots \tag{3.39}$$

mit den Abkürzungen

$$L_0 = \int_{-\omega}^{\infty} \frac{\partial f}{\partial \varepsilon} d\varepsilon, \quad L_1 = \int_{-\omega}^{\infty} \frac{\partial f}{\partial \varepsilon} \cdot \varepsilon\, d\varepsilon, \quad L_2 = \frac{1}{2}\int_{-\omega}^{\infty} \frac{\partial f}{\partial \varepsilon} \cdot \varepsilon^2 d\varepsilon. \tag{3.40}$$

Zunächst ist

$$L_0 = -1, \quad \text{wegen} \quad f(-\omega) = 1, \quad f(\infty) = 0.$$

Die untere Grenze $-\omega$ wird für die Berechnung von L_1 und L_2 durch $-\infty$ ersetzt werden, was soviel bedeutet wie volle Entartung. Dann wird

$$L_1 = 0,$$

weil (s. oben) $\varepsilon \frac{\partial f}{\partial \varepsilon}$ eine ungerade Funktion von ε ist; entsprechend ist

$$-L_2 = \int_0^{\infty} \frac{\varepsilon^2 \cdot e^{-\varepsilon}}{(1+e^{-\varepsilon})^2} d\varepsilon = \int_0^{\infty} \varepsilon^2 (e^{-\varepsilon} - 2e^{-2\varepsilon} + 3e^{-3\varepsilon} + \cdots) d\varepsilon$$

$$= 2\left(1 - \frac{1}{2^2} + \frac{1}{3^2} - \frac{1}{4^2} + \cdots\right) = \frac{\pi^2}{6}.$$

Hiermit geht (3.39) über in

$$L = -\left(F(0) + \frac{\pi^2}{6} \cdot F''(0) + \cdots\right). \tag{3.41}$$

Um dies auf die Berechnung von n in (3.35) anzuwenden, betrachten wir die Funktion

$$F(\varepsilon) = E^{3/2} = (\zeta + kT \cdot \varepsilon)^{3/2}.$$

Wir haben dann

$$F(0) = \zeta^{3/2}, \qquad F''(0) = \frac{3}{4}\left(\frac{kT}{\zeta}\right)^2 \cdot \zeta^{3/2}.$$

Machen wir entsprechend in der zweiten Gleichung (3.35)

$$F(\varepsilon) = E^{5/2},$$

so wird

$$F(0) = \zeta^{5/2}, \qquad F''(0) = \frac{15}{4}\left(\frac{kT}{\zeta}\right)^2 \cdot \zeta^{5/2}.$$

Infolgedessen nach (3.35) und (3.41)

$$\left.\begin{aligned} n &= -\frac{2}{3} C \cdot \zeta^{3/2}\left(1 + \frac{\pi^2}{8}\left(\frac{kT}{\zeta}\right)^2 + \cdots\right), \\ \overline{U} &= -\frac{2}{5} C \cdot \zeta^{5/2}\left(1 + \frac{5\pi^2}{8}\left(\frac{kT}{\zeta}\right)^2 + \cdots\right). \end{aligned}\right\} \tag{3.42}$$

Durch Division folgt

$$\overline{U} = \frac{3}{5} n \zeta \left\{1 + \frac{\pi^2}{2}\left(\frac{kT}{\zeta}\right)^2 + \cdots\right\}. \tag{3.43}$$

Andererseits berechnet man aus der ersten Gleichung (3.42) durch Gleichsetzen der Ausdrücke von n für $T = 0$ und $T = T$:

$$\left(\frac{\zeta}{\zeta_0}\right)^{3/2} = 1 - \frac{\pi^2}{8}\left(\frac{kT}{\zeta}\right)^2, \qquad \zeta = \zeta_0\left(1 - \frac{\pi^2}{12}\left(\frac{kT}{\zeta_0}\right)^2\right). \tag{3.44}$$

Einsetzen in (3.43) ergibt

$$\overline{U} = \frac{3}{5}\, n\zeta_0\left(1 + \frac{5\pi^2}{12}\left(\frac{kT}{\zeta_0}\right)^2\right). \tag{3.45}$$

Der erste Term rechts ist unser früheres $U_0 = n\,E_m$ aus (2.10); wir schreiben daher:

$$\overline{U} = U_0 + \frac{\gamma}{2}\,T^2, \qquad \gamma = \frac{\pi^2 k^2}{2}\cdot\frac{n}{\zeta_0}. \tag{3.46}$$

Die spezifische Wärme der Elektronen verschwindet hiernach nicht, wie bei voller Entartung (vorige Ziffer), sondern *wird* (*pro Volumeneinheit* berechnet) *gleich*

$$c_v = \frac{d\overline{U}}{dT} = \gamma\cdot T. \tag{3.47}$$

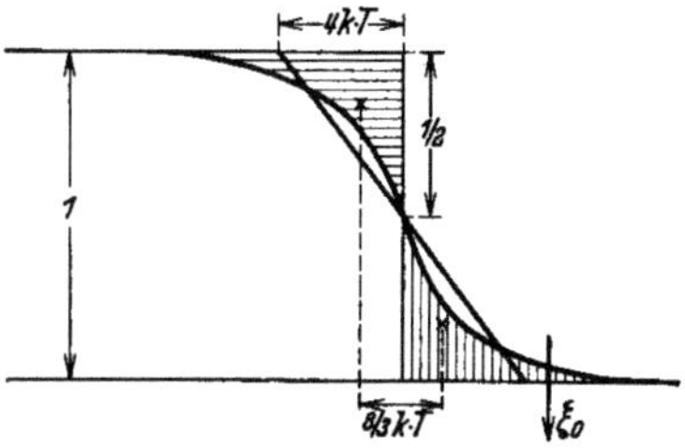

Abb. 5. Erläuterung zum Gesetz der spezifischen Wärme des entarteten Gases. Die Elektronen im waagerecht schraffierten Gebiet gehen bei der Temperatur T in das senkrecht schraffierte Gebiet über. Am rechten Ende der Abbildung ist die für den Richardsoneffekt maßgebende Grenzgeschwindigkeit ξ_0 angedeutet.

Die Gleichungen (3.46) und (3.47) lassen eine einfache Deutung auf Grund der Abb. 5 zu: Der temperaturabhängige Bestandteil der Energie kommt dadurch zustande, daß eine gewisse Zahl ν von Elektronen, die bei tiefer Temperatur durch die schraffierte obere Ecke des FERMIschen Rechtecks dargestellt werden, derart verschoben wird, daß sie nunmehr das untere schraffierte Gebiet ausfüllen. Die fraglichen Gebiete sind in grober Näherung Dreiecke[1] von der Höhe $1/2$ und der Grundlinie $4kT$; ihr Inhalt mißt die Elektronenzahl ν und ist gleich kT. Andererseits ist der Inhalt des Rechtecks, das zur Elektronenzahl n gehört, gleich $\zeta\cdot 1$. Wir haben also die Proportion

$$\nu : n = kT : \zeta, \qquad \nu = kT\cdot\frac{n}{\zeta}.$$

Der mittlere Energiezuwachs dieser ν Elektronen, vom Schwerpunkt des oberen zum Schwerpunkt des unteren Dreiecks gerechnet, ist gleich $\frac{8}{3}kT$. Daher wird der ganze Energiezuwachs

$$\frac{8}{3}\,kT\nu = \frac{8}{3}\,(kT)^2\,\frac{n}{\zeta}.$$

Dies entspricht dem Glied $\frac{\gamma}{2}\,T^2$ in (3.46) (auch annähernd bezüglich des Zahlenfaktors, da $\frac{8}{3} \cong \frac{\pi^2}{4}$ ist) und führt daher, ebenso wie (3.47), zu einer mit T proportionalen spezifischen Wärme. Von dem klassischen Wert der spezifischen Wärme, welche pro Volumeneinheit durch $\frac{3}{2}kn$ gegeben wäre, weicht unser Wert größenordnungsmäßig ab um den Faktor

$$\frac{kT}{\zeta} = \frac{T}{\overline{T}},$$

wo $\overline{T}$ die in (3.29) definierte Grenztemperatur der Entartung bedeutet. Mit $T = 300°$ und $\overline{T} = 60000°$ (vgl. oben) erhält man also für diesen Faktor $1/_{200}$.

[1] Die von der Wendetangente an die Fermikurve ausgeschnittenen Dreiecke haben die Grundlinie $2kT$. Wir benutzen, um den überschießenden Flächen Rechnung zu tragen, statt der Wendetangente die Sehne von halber Steilheit, die also auf den horizontalen Asymptoten die Längen $4\,kT$ abschneidet.

Ebenso wie die Energie U haben wir den Druck p gegen früher durch eine zweite Näherung zu ergänzen. Zunächst schließt man aus der allgemeinen Zustandsgleichung (3.23) durch Übergang zum kontinuierlichen Spektrum, ähnlich wie in (3.24) [vgl. auch (3.30), (3.31)]:

$$\frac{pV}{kT} = G\int \log\left(1 + e^{-(\alpha+\beta E)}\right) d\Phi$$
$$= 2\pi G V (2m)^{3/2}\int_0^\infty \log\left(1 + e^{-(\alpha+\beta E)}\right)\cdot E^{1/2} dE.$$

Hieraus durch partielle Integration:

$$\frac{pV}{kT} = \frac{2}{3}\cdot 2\pi\beta G V (2m)^{3/2}\int_0^\infty \frac{e^{-(\alpha+\beta E)}}{1+e^{-(\alpha+\beta E)}}\cdot E^{3/2} dE. \tag{3.48}$$

Indem wir zum Phasenelement $d\Phi$ zurückgehen, können wir hierfür kürzer schreiben:

$$\frac{pV}{kT} = \frac{2}{3}\beta G\int E f d\Phi,$$

oder mit Rücksicht auf (3.24) und (3.18)

$$p = \tfrac{2}{3}\overline{U}. \tag{3.49}$$

Wir haben also auch jetzt den aus der gewöhnlichen Gastheorie bekannten Zusammenhang zwischen Druck und Energie, der uns bereits in (2.11) entgegentrat. Einsetzen des Wertes von $\overline{U}$ aus (3.46) liefert

$$p = p_0 + \frac{\delta}{2}T^2, \qquad p_0 = \frac{2}{3}U_0, \qquad \delta = \frac{2}{3}\gamma. \tag{3.50}$$

p_0 ist identisch mit dem Nullpunktsdruck nach (2.11); $\delta\cdot T$ ist der „Spannungskoeffizient", der also nicht wie in der gewöhnlichen Gastheorie konstant ist, sondern für $T = 0$ verschwindet. Gleichung (3.50) ist die um ein Glied korrigierte Zustandsgleichung unseres nicht völlig entarteten Gases.

4. Richardsoneffekt[1]. Wie wir bereits am Ende von Ziff. 1 bemerkten, setzen wir bis auf weiteres voraus, daß eine Anzahl Elektronen völlig frei im Metall beweglich sind. Wir können z. B. annehmen, daß dies bei allen Elektronen außerhalb von abgeschlossenen Schalen der Fall ist, während die in abgeschlossenen Schalen befindlichen Elektronen an ihre Metallatome gebunden gedacht sind (vgl. Ziff. 13).

Die „freien" Elektronen sind nicht an einzelne Atome, wohl aber an das Gitter als Ganzes gebunden — ebenso wie die äußeren Elektronen eines Moleküls nicht den einzelnen zum Molekül vereinigten Atomen zuzuordnen sind, sondern dem Molekül als Ganzem.

Die S. 338 genannte Austrittsarbeit W bezeichnet zugleich die Bindungsenergie dieser „freien" Elektronen an das Metallgitter[2]. Die kinetische Energie des Elektrons nimmt beim Austritt aus dem Metall um W ab, beim Eintritt in das Metall um W zu. W gibt daher zugleich an, um wieviel die *mittlere potentielle Energie* des Elektrons im Innern *tiefer* liegt als seine potentielle Energie im Äußeren, die wir als Nullniveau der potentiellen Energie nehmen können (vgl. Abb. 6).

[1] In Ziff. 18 wird gezeigt, daß der Einfluß der Potentialfelder der Metallatome auf den Richardsoneffekt praktisch verschwindet. Die in dieser Ziffer entwickelte Theorie gilt also auch, wenn die Metallelektronen nicht völlig frei sind.

[2] Wir bemerken sogleich, daß W nur für völlig freie Elektronen einen definierten Sinn hat (vgl. Ziff. 15 und 20).

Im Richardsoneffekt können nur diejenigen Elektronen das Metall verlassen, die eine genügende Geschwindigkeit senkrecht gegen die Oberfläche besitzen. Sei x die Normale zur Oberfläche, so gibt es also eine untere Grenze ξ_0 für die ξ-Komponente der Geschwindigkeit derart, daß nur Elektronen mit $\xi > \xi_0$ die Potentialschwelle W überwinden können. Die Definition von ξ_0 ist

$$W = \frac{m}{2}\xi_0^2. \tag{4.1}$$

Abb. 5 erläutert, daß solche Elektronen nur am äußersten Ende des MAXWELLschen Teiles der Verteilungsfunktion vorkommen können. Für $T = 0$ (Rechtecksform der Verteilungskurve) fehlen sie gänzlich, da (vgl. S. 338) jedenfalls $W > \zeta_0$ (größer als die Grenzenergie $\overline{E} = \zeta_0$ bei $T = 0$) ist; ihre Zahl wächst mit der Temperatur, ist aber auch bei den im thermischen Effekt vorkommenden Höchsttemperaturen (einige tausend Grad) immer noch relativ klein. Da wir aus unserem Entartungskriterium in (3.29) eine erheblich höhere Grenztemperatur $\overline{T}$ berechnet haben, sind wir berechtigt, auch im Richardsoneffekt das Elektronengas als im wesentlichen entartet zu behandeln.

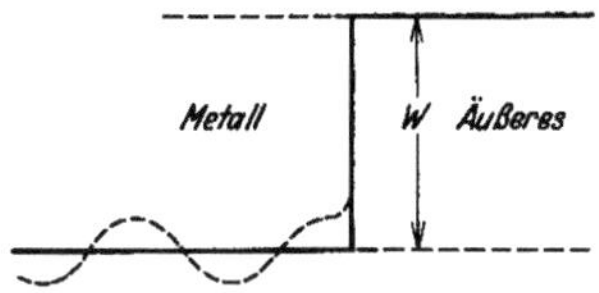

Abb. 6. Schematische Darstellung des Verlaufs der potentiellen Energie des Elektrons am Rande des Metalls. Der ausgezogene Linienzug entspricht der Annahme freier Elektronen; die punktierte Linie deutet schematisch die Wirkung der Potentialfelder der Metallionen an.

Wir fragen nach dem Ladungstransport pro Zeiteinheit durch die Einheit der Oberfläche $x = 0$ und bezeichnen denselben als „Sättigungsstrom" J. Das räumliche Volumen, von dem aus die Elektronen unsere Oberflächeneinheit erreichen können, ist $V = 1 \cdot \xi$ mit $\xi \geqq \xi_0$. Wir haben also

$$J = e\,G\int \xi\, f\, d\Phi_1, \tag{4.2}$$

wo nach (3.19) und (2.2) zu setzen ist

$$f = \frac{1}{e^{\frac{E-\zeta}{kT}} + 1}, \qquad d\Phi_1 = \left(\frac{m}{h}\right)^3 d\xi\, d\eta\, d\zeta. \tag{4.3}$$

$d\Phi_1$ bedeutet also das (durch h^3 dividierte) Phasenelement für die Volumeneinheit $V = 1$ und entsteht aus (2.2) durch Weglassen des Faktors V. Statt η, ζ führen wir Polarkoordinaten ϱ, φ ein. Aus (4.2) ergibt sich (die Integration nach φ liefert 2π):

$$J = 2\pi e\,G\left(\frac{m}{h}\right)^3 \int\limits_{\xi_0}^{\infty} \xi\, d\xi \int\limits_0^{\infty} f\, \varrho\, d\varrho. \tag{4.4}$$

Dies ist (abgesehen von dem konstanten Faktor) der ursprüngliche Ansatz von RICHARDSON, mit dem Unterschiede, daß er für f die MAXWELLsche Verteilungsfunktion benutzte. Unser f lautet nach (4.3)

$$f = \left\{e^{\gamma(\xi^2 + \varrho^2) - \frac{\zeta}{kT}} + 1\right\}^{-1} = \left\{\frac{1}{B}\cdot e^{\gamma\xi^2} + 1\right\}^{-1} \tag{4.5}$$

mit den Abkürzungen

$$\gamma = \frac{m}{2kT}, \qquad B = e^{-\gamma\varrho^2 + \frac{\zeta}{kT}}. \tag{4.6}$$

Einsetzen in (4.4) ergibt nach Umkehrung der Integrationsfolge

$$J = 2\pi e\,G\left(\frac{m}{h}\right)^3 \int\limits_0^{\infty} J_\varrho\, \varrho\, d\varrho, \tag{4.7}$$

$$J_\varrho = \int\limits_{\xi_0}^{\infty} \left(\frac{1}{B}\cdot e^{\gamma\xi^2} + 1\right)^{-1} \xi\, d\xi. \tag{4.8}$$

Das letzte Integral läßt sich exakt ausführen: Man setze

$$u = e^{\gamma \xi^2}, \qquad u_0 = e^{\gamma \xi_0^2},$$

dann wird

$$\xi\, d\xi = \frac{1}{2\gamma} \cdot \frac{du}{u}, \qquad J_\varrho = \frac{1}{2\gamma}\int_{u_0}^{\infty} \frac{du}{u} \cdot \frac{B}{u+B} = \frac{1}{2\gamma}\int_{u_0}^{\infty} du \left(\frac{1}{u} - \frac{1}{u+B}\right)$$

$$= \frac{1}{2\gamma} \log \frac{u_0 + B}{u_0} = \frac{1}{2\gamma} \log\left(1 + B \cdot e^{-\gamma \xi_0^2}\right).$$

Um hierin die Abhängigkeit von ϱ zum Ausdruck zu bringen, schreiben wir mit Rücksicht auf (4.6) und (4.1)

$$J_\varrho = \frac{1}{2\gamma} \log\left(1 + C \cdot e^{-\gamma \varrho^2}\right), \tag{4.9}$$

$$C = e^{-\gamma \xi_0^2 + \frac{\zeta}{kT}} = e^{-\frac{W-\zeta}{kT}} = e^{-\frac{w}{kT}}. \tag{4.10}$$

Wir nennen

$$w = W - \zeta \tag{4.11}$$

die *effektive Austrittsarbeit* (im Gegensatz zur „wahren" Austrittsarbeit W). Da erfahrungsgemäß w von der Größe einiger Volt, dagegen kT z. B. bei 1000° abs. von der Größenordnung $^1/_{10}$ Volt ist, so wird C eine kleine Zahl. Wir können also (4.9) vereinfachen zu:

$$J_\varrho = \frac{1}{2\gamma} \cdot C \cdot e^{-\gamma \varrho^2}. \tag{4.12}$$

Einsetzen in (4.4) ergibt

$$J = \frac{\pi e}{\gamma} C\, G \left(\frac{m}{h}\right)^3 \int_0^\infty e^{-\gamma \varrho^2} \cdot \varrho\, d\varrho = \frac{\pi e}{2\gamma^2} C\, G \left(\frac{m}{h}\right)^3$$

oder, wegen der Bedeutung von γ und C, Gleichung (4.6) und (4.10),

$$J = \frac{2\pi e m}{h^3} \cdot G (kT)^2 \cdot e^{-\frac{w}{kT}}. \tag{4.13}$$

Dies ist (vorbehaltlich einer geringfügigen, in Ziff. 18 diskutierten wellenmechanischen Verfeinerung) unsere Darstellung des Sättigungsstromes im Richardsoneffekt. Wesentlich ist darin die durch den Exponentialfaktor gegebene Temperaturabhängigkeit, neben der der Faktor T^2 experimentell schwer nachzuweisen ist. Gleichung (4.13) wurde schon vor der FERMIschen Statistik von DUSHMAN, SCHOTTKY, V. LAUE (abgesehen von dem Faktor G) aus thermodynamischen Betrachtungen abgeleitet (Gleichgewicht zwischen der äußeren Elektronenatmosphäre und dem inneren Elektronengas unter Annahme *verschwindender* spezifischer Wärme des letzteren). Dagegen war die ursprüngliche, von RICHARDSON aus der klassischen Kinetik abgeleitete Formel von (4.13) verschieden. Wir finden sie im Anschluß an das Vorhergehende folgendermaßen:

Indem wir unter f jetzt die Maxwellverteilung verstehen,

$$f = A \cdot e^{-\frac{E}{kT}} = A \cdot e^{-\gamma(\xi^2 + \varrho^2)},$$

und den quantentheoretischen Faktor G/h^3 unterdrücken (er würde bei der Berechnung von A später ohnehin herausfallen), schreiben wir statt (4.4)

$$J = 2\pi e m^3 \cdot A \int_{\xi_0}^{\infty} e^{-\gamma \xi^2}\, \xi\, d\xi \int_0^\infty e^{-\gamma \varrho^2}\, \varrho\, d\varrho$$

und erhalten durch Ausführung der Integrationen

$$J = \frac{2\pi e m^3 A}{(2\gamma)^2} \cdot e^{-\gamma \xi_0^2}$$

oder wegen der Bedeutung von γ und W:

$$J = 2\pi \varepsilon m (kT)^2 A \cdot e^{-\frac{W}{kT}}. \tag{4.14}$$

Hier ist für A der Wert einzusetzen

$$A = \frac{n}{(2\pi m k T)^{3/2}},$$

der in bekannter Weise mit dem soeben benutzten Ansatz für f und für das Phasenelement $d\Phi_1$ aus der Forderung folgt

$$n = \int f d\Phi_1.$$

Einsetzen von A in (4.14) liefert die *ursprüngliche Formel von* RICHARDSON

$$J = \frac{e n}{\sqrt{2\pi m}} (kT)^{1/2} \cdot e^{-\frac{W}{kT}}. \tag{4.15}$$

Wie schon bei (4.13) bemerkt, ist die Temperaturabhängigkeit mit $T^{1/2}$ (früher T^2) neben dem Exponentialfaktor schwer zu prüfen. Wesentlich ist die verschiedene Bedeutung des Exponenten von e in (4.13) und (4.15): Nach (4.15) bedeutet der experimentell festzustellende Exponent die „wahre" Austrittsarbeit, nach (4.13) die „effektive"

$$w = W - \zeta. \tag{4.16}$$

Um den Unterschied beider zu veranschaulichen, ersetzen wir ζ nach (2.11) durch den Binnendruck p_0 der Elektronen:

$$\zeta = \overline{E}, \qquad p_0 = \frac{2}{5} n \cdot \overline{E}, \qquad \zeta = \frac{5}{2} \frac{p_0}{n}.$$

Wir können uns also vorstellen, daß der Austritt der Elektronen durch den Binnendruck erleichtert und die Austrittsarbeit von ihrem wahren Werte W auf w reduziert wird.

RICHARDSON hat experimentell nachgewiesen, daß die emittierten Elektronen *außerhalb des Metalls* in MAXWELLscher Weise verteilt wird. Wir wollen dies an unseren Formeln bestätigen, obgleich es nach unserer Abb. 5 (rechtes Ende derselben für $\xi > \xi_0$) evident ist. Den von RICHARDSON ursprünglich daraus gezogenen Schluß, daß die Elektronen dann auch *innerhalb des Metalls* maxwellisch verteilt seien, brauchen wir deshalb natürlich nicht mitzumachen.

Beim Austritt aus dem Metall wird das Elektron verzögert durch eine rücktreibende Kraft K_x, wobei

$$\int K_x dx = W$$

ist, das Integral erstreckt über die Grenzschicht. Durch Integration der Verzögerungsgleichung

$$m\dot{\xi} = -K_x$$

erhält man

$$\frac{m}{2}\xi'^2 - \frac{m}{2}\xi^2 = -W,$$

wo sich ξ' auf das Äußere, ξ auf das Innere des Metalls bezieht. Bedeutet E' die kinetische Energie im äußeren, E diejenige im innern, so gilt also auch

$$E = E' + W, \qquad e^{\frac{E-\zeta}{kT}} = e^{\frac{E'+w}{kT}}.$$

Es war aber

$$e^{\frac{w}{kT}} \gg 1,$$

also gilt um so mehr

$$e^{\frac{E'+w}{kT}} \gg 1.$$

Man kann daher die Fermifunktion für alle austretenden Elektronen $E' \geqq 0$ entwickeln und erhält

$$f = \frac{1}{e^{\frac{E'+w}{kT}} + 1} = A' \cdot e^{-\frac{E'}{kT}}(1 - \cdots), \qquad A' = e^{-\frac{w}{kT}} \ll 1,$$

also in der Tat eine merklich MAXWELLsche Verteilung.

Dieselbe effektive Austrittsarbeit w wie im Richardsoneffekt tritt naturgemäß auch auf in dem EINSTEIN*schen Gesetz des* (normalen) *Photoeffektes an Metallen*:

$$\frac{m}{2} v^2 = h\nu - w$$

und stellt somit die rote Grenzfrequenz desselben dar:

$$h \cdot \nu_{\text{rot}} = w .$$

Ferner bestimmt die Differenz der w für zwei Metalle 1 und 2, wie in (1.5) angegeben wurde und in Ziff. 20 näher ausgeführt werden wird, die *Voltadifferenz.*

5. Elektrische und thermische Leitfähigkeit[1]. a) Ansatz für die Verteilungsfunktion. Wir betrachten ein homogenes Leiterstück, das in der x-Richtung von einem elektrischen Strome J und im allgemeinen auch von einem thermischen Strome Q durchflossen sei. Es wirke also in dieser und nur in dieser Richtung ein elektrisches Feld F und sei außerdem im allgemeinen ein Temperaturgefälle $\partial T/\partial x$ vorhanden. Ist wieder ξ die Geschwindigkeitskomponente der Elektronen in der x-Richtung und $v^2 = \xi^2 + \eta^2 + \zeta^2$, so wird

$$J = eG\int \xi f \, d\Phi, \qquad Q = \frac{mG}{2}\int \xi v^2 f \, d\Phi; \tag{5.1}$$

e ist die Elektronenladung (*negatives* Vorzeichen!), $d\Phi$ das Phasenelement für die Volumeneinheit [in (4.2) $d\Phi_1$ genannt]. f ist hier *nicht* die ursprüngliche FERMIsche, sondern eine gestörte Verteilungsfunktion. Entsprechend der Symmetrie des Problems setzen wir an:

$$f = f_0 + \xi\chi; \tag{5.2}$$

f_0 (FERMIsche Verteilung) ist kugelsymmetrisch im Geschwindigkeitsraum (reine Funktion von v); das gleiche nehmen wir von χ an und zeigen im folgenden, daß dies mit den Bedingungen des Problems verträglich ist; im Koordinatenraum ist χ als Funktion von x anzusehen.

Zur Bestimmung der Störung χ haben wir uns auf die BOLTZMANNsche *Stationaritätsbedingung* zu stützen

$$\dot{\xi}\frac{\partial f}{\partial \xi} + \xi\frac{\partial f}{\partial x} = \frac{eF}{m}\frac{\partial f}{\partial \xi} + \xi\frac{\partial f}{\partial x} = b - a . \tag{5.3}$$

Die rechte Seite bedeutet die Wirkung der Zusammenstöße der Elektronen mit den Metallionen (eigentlich auch der Elektronen untereinander): b = Anzahl der Elektronen, die in das betrachtete Phasenelement $d\Phi$ pro Zeitelement dt hineingeworfen werden, a = Anzahl der herausgeworfenen Elektronen. Die Berechnung der b und a wird hier zunächst der *klassischen Theorie* von BOLTZMANN bzw. für die Zwecke der Elektronentheorie derjenigen von LORENTZ[2] entnommen. Es möge aber sogleich auf die Schwierigkeiten hingewiesen werden, die der Übernahme einer solchen Berechnung entgegenstehen:

[1] Vgl. dazu Ziff. 31 bis 44.
[2] H. A. LORENTZ, Amsterdamer Akademie. Januar und März 1905; vgl. auch Theory of Electrons, S. 266—273. Teubner 1909.

1. Das Metallion wird in der ursprünglichen Konzeption als harte elastische Kugel von definiertem Radius R betrachtet, die freie Weglänge ist dann $l = \frac{1}{\pi n (R + r)^2}$ (r = Elektronenradius). Bei uns hat eine solche Annahme keinen Sinn mehr, vielmehr muß die Berechnung der freien Weglänge mit Hilfe der Wellenmechanik vorgenommen werden (Ziff. 31—38), einstweilen ist l als zunächst unbekannte Funktion von v und T anzusehen. Dabei betonen wir noch, daß sich die Einführung einer freien Weglänge auf Grund der Wellenmechanik nur für extrem hohe und außerdem mit gewissen Einschränkungen für extrem tiefe Temperaturen rechtfertigen läßt (Ziff. 37, 39 und 43c).

2. Jeder geometrisch mögliche Stoß wird auch als statistisch möglich angesehen. Letzteres bedeutet, daß das Pauliverbot bei den Zusammenstößen außer acht gelassen wird, was für tiefe Temperaturen sicher nicht zulässig ist. Dadurch wird die Gültigkeit der folgenden Formeln auf das Gebiet *hinreichend hoher Temperaturen* eingeschränkt, wo es hinreichend viele freie Plätze für die gestoßenen Elektronen gibt.

Die klassische Berechnung von a und b liefert das Resultat

$$b - a = -\frac{\xi}{l} \cdot v \cdot \chi(v) \tag{5.4}$$

in Übereinstimmung mit der selbstverständlichen Forderung, daß für die ungestörte Verteilung ($\chi = 0$, $f = f_0$) die Zahlen b und a sich gegenseitig kompensieren müssen. Beim Einsetzen von (5.4) in die Fundamentalgleichung (5.3) darf man auf der linken Seite die ungestörte Verteilung $f = f_0$ benutzen, da die Störung χ klein ist und die *linke* Seite im Gegensatz zur rechten *nicht* verschwindet, wenn man $f = f_0$ setzt. Ferner ist zu berücksichtigen, daß

$$\frac{\partial f_0}{\partial \xi} = m\xi \frac{\partial f_0}{\partial E} \tag{5.5}$$

ist. ξ läßt sich auf diese Weise rechts und links herausheben, womit unser Ansatz (5.2) gerechtfertigt ist, und man erhält

$$\chi(v) = -\frac{l}{v}\left(eF\frac{\partial f_0}{\partial E} + \frac{\partial f_0}{\partial x}\right). \tag{5.6}$$

Nun können wir die Ströme J und Q nach (5.1) ausrechnen. Beim Einsetzen aus (5.2) fällt das Glied mit f_0 heraus, da es unter dem Integralzeichen mit ξ multipliziert erscheint. Andererseits gibt das Glied mit $\xi\chi$ Anlaß zu Integralen mit dem Faktor ξ^2, der wegen der vorausgesetzten Kugelsymmetrie von χ im Geschwindigkeitsraum durch $v^2/3$ ersetzt werden kann. Man erhält so

$$\left.\begin{aligned} J &= -\frac{e^2 FG}{3}\int v l \frac{\partial f_0}{\partial E} d\Phi - \frac{eG}{3}\int v l \frac{\partial f_0}{\partial x} d\Phi, \\ Q &= -\frac{meFG}{6}\int v^3 l \frac{\partial f_0}{\partial E} d\Phi - \frac{mG}{6}\int v^3 l \frac{\partial f_0}{\partial x} d\Phi. \end{aligned}\right\} \tag{5.7}$$

b) Elektrische Leitung. Beim Problem der *reinen elektrischen Strömung* in einem homogenen, gleichtemperierten Draht ist $\frac{\partial f_0}{\partial x} = 0$, weil die in f_0 eingehenden Parameter ζ und T von x unabhängig sind. Nach (2.8) und (3.31) ist

$$d\Phi = \frac{2\pi}{h^3}(2m)^{3/2} E^{1/2} dE = \frac{4\pi}{h^3} m^2 v dE. \tag{5.8}$$

$$J = -\frac{4\pi}{3}\frac{e^2 m^2 GF}{h^3}\int_0^\infty v^2 l \frac{\partial f_0}{\partial E} dE. \tag{5.9}$$

Das Integral läßt sich wegen des Zackencharakters von $\partial f_0/\partial E$ (vgl. Abb. 3) auf die Stelle $E = \zeta$ reduzieren; wegen

$$\int \frac{\partial f_0}{\partial E}\, dE = -1$$

erhält man in erster Näherung:

$$J = \frac{4\pi}{3} \frac{e^2 m^2 G F}{h^3} \bar{v}^2 \bar{l}, \qquad \bar{l} = l(\bar{v}, T). \tag{5.10}$$

Zur Vereinfachung führen wir die Elektronenzahl n nach (2.6) ein:

$$n = \frac{4\pi}{3} G \frac{(2m\bar{E})^{3/2}}{h^3} = \frac{4\pi}{3} G \frac{m^3 \bar{v}^3}{h^3} \tag{5.10a}$$

und erhalten

$$J = \frac{e^2 \bar{l} n}{m \bar{v}} F, \tag{5.11}$$

somit die DRUDEsche Formel (1.2)

$$\sigma = \frac{J}{F} = \frac{e^2 \bar{l} n}{m \bar{v}}. \tag{5.12}$$

Der Fortschritt gegenüber DRUDE besteht darin, daß hier $\bar{v}$ in bestimmter Weise, als Grenzgeschwindigkeit der Fermiverteilung, und zwar temperatur*unabhängig*, definiert ist; die Temperaturabhängigkeit und überhaupt die genauere Definition von $\bar{l}$ bleibt hier ebenso wie bei DRUDE offen. Entnehmen wir $\bar{l}$ aus dem empirisch bekannten σ und rechnen wir wieder ein freies Elektron pro Atom, so ergibt sich für Silber bei Zimmertemperatur:

$$\bar{l} = 5{,}2 \cdot 10^{-6}\ \mathrm{cm},$$

also sehr erheblich größer als der Atomabstand a, der nur einige Å beträgt. Dieser Umstand möge in vorläufiger Weise darauf hinweisen, daß der die freie Weglänge bestimmende wellenmechanische Streuungsmechanismus von dem klassischen Mechanismus des Zusammenstoßes wesentlich verschieden ist.

c) Wärmeleitung. Wir gehen über zum Wärmestrom Q (genauer gesagt, zu demjenigen Teil des Wärmestromes, der von den Elektronen getragen wird; der Parallelismus zwischen Wärmeleitung und Elektrizitätsleitung zeigt, daß dieser Teil bei Metallen der Hauptteil ist; vgl. dazu Ziff. 42). Handelt es sich um *reine Wärmeleitung*, so ist $J = 0$. Die mit dem Temperaturgradienten verbundene ungleichförmige Elektronenverteilung $\left(\frac{\partial f_0}{\partial x} \neq 0\right)$ bedingt aber ein elektrisches Feld F, welches wir aus der ersten Gleichung (5.7) zu entnehmen und in die zweite einzusetzen haben.

Zuvor wollen wir die in (6) vorkommenden Differentiationen nach x durch solche nach E ersetzen. Es ist

$$\frac{\partial f_0}{\partial x} = \frac{\partial f_0}{\partial T} \cdot \frac{dT}{dx}. \tag{5.13}$$

Da aber f_0 nur von $(E - \zeta)/kT$ abhängt, so wird

$$\frac{\partial f_0}{\partial T} = -\frac{E}{T} \frac{\partial f_0}{\partial E} + \left(\frac{\zeta}{T} - \frac{\partial \zeta}{\partial T}\right) \frac{\partial f_0}{\partial E}. \tag{5.14}$$

Mithin [k ist gleich 1 oder 3, je nachdem es sich um die erste oder zweite Zeile von (5.7) handelt]

$$\int v^k l \frac{\partial f_0}{\partial x}\, d\Phi = \left(\frac{\zeta}{T} - \frac{\partial \zeta}{\partial T}\right) \frac{\partial T}{\partial x} \int v^k l \frac{\partial f_0}{\partial E}\, d\Phi - \frac{m}{2} \frac{1}{T} \frac{\partial T}{\partial x} \int v^{k+2} l \frac{\partial f_0}{\partial E}\, d\Phi.$$

Unsere Gleichungen (5.7) lauten also mit $J = 0$:

$$0 = \left(eF + \left(\frac{\zeta}{T} - \frac{\partial \zeta}{\partial T}\right)\frac{\partial T}{\partial x}\right)\int v\, l \frac{\partial f_0}{\partial E}\, d\Phi - \frac{m}{2}\frac{1}{T}\frac{\partial T}{\partial x}\int v^3 l \frac{\partial f_0}{\partial E}\, d\Phi,$$

$$Q = -\frac{mG}{6}\left(eF + \left(\frac{\zeta}{T} - \frac{\partial \zeta}{\partial T}\right)\frac{\partial T}{\partial x}\right)\int v^3 l \frac{\partial f_0}{\partial E}\, d\Phi + \frac{m^2}{12}\frac{G}{T}\frac{\partial T}{\partial x}\int v^5 l \frac{\partial f_0}{\partial E}\, d\Phi.$$

Setzen wir vorübergehend

$$D = eF + \left(\frac{\zeta}{T} - \frac{\partial \zeta}{\partial T}\right)\frac{\partial T}{\partial x},$$

so können wir einfacher schreiben:

$$\left.\begin{aligned} 0 &= DK_1 - \frac{m}{2}\frac{1}{T}\frac{\partial T}{\partial x}K_3, \\ Q &= -\frac{m}{6}DK_3 + \frac{m^2}{12}\frac{1}{T}\frac{\partial T}{\partial x}K_5 \end{aligned}\right\} \tag{5.15}$$

mit der Abkürzung

$$K_i = G\int v^i l \frac{\partial f_0}{\partial E}\, d\Phi. \tag{5.16}$$

Aus (5.15) folgt durch Elimination von D:

$$Q = \frac{m^2}{12}\frac{1}{T}\frac{\partial T}{\partial x}\frac{K_1K_5 - K_3^2}{K_1}. \tag{5.17}$$

Wir wissen bereits aus Ziff. 2, daß Q in *erster Näherung* (für vollkommene Entartung) verschwinden muß. Um dies zu verifizieren, rechnen wir die K in erster Näherung aus. Es ergibt sich wegen des Zackencharakters von $\partial f_0/\partial E$, wenn wir gemeinsame Faktoren fortlassen und beachten, daß wegen $d\Phi$ zu v^i ein Faktor v hinzukommt:

$$K_1K_5 - K_3^2 = \cdots\ \bar{l}\,(\bar{v}^2\cdot\bar{v}^6 - \bar{v}^4\cdot\bar{v}^4) = 0.$$

Wir gehen zur *zweiten Näherung* über, setzen in (5.16) $d\Phi$ aus (5.8) ein und erhalten:

$$K_i = C\int_0^\infty F_i\frac{\partial f_0}{\partial E}\, dE, \qquad C = \frac{4\pi}{h^3}G\, m^2, \qquad F_i = v^{i+1}\, l. \tag{5.18}$$

Wir haben [vgl. (3.36)] diese F_i als Funktionen von $\varepsilon = \dfrac{E-\zeta}{kT}$ aufzufassen und nach ε in eine Taylorsche Reihe zu entwickeln:

$$F_i(\varepsilon) = F_i(0) + F_i'(0)\,\varepsilon + \tfrac{1}{2}F_i''(0)\,\varepsilon^2 + \cdots.$$

Die Integration der K_i läßt sich dann nach (3.41) ausführen und liefert

$$K_i = -C\left\{F_i(0) + \frac{\pi^2}{6}F_i''(0)\right\}. \tag{5.19}$$

Bei der Bildung des Ausdrucks (5.17) können wir im Nenner die erste Näherung $K_1 = -CF_1(0)$ einsetzen, während wir umgekehrt nach dem vorher Bewiesenen im Zähler diejenigen Glieder fortlassen können, die nur von dieser ersten Näherung herrühren. Es entsteht:

$$Q = -\frac{\pi^2}{72}\frac{m^2}{T}\frac{dT}{dx}\frac{C}{F_1}\{F_1F_5'' + F_5F_1'' - 2F_3F_3''\}. \tag{5.20}$$

Hier sind alle F für $\varepsilon = 0$, d. h. für $E = \zeta$, d. h. $v = \bar{v}$ zu nehmen. Wir ersetzen die zweimalige Differentiation nach ε durch eine solche nach v. Wegen

$$\frac{dv}{d\varepsilon} = \frac{kT}{mv} \tag{5.21}$$

kommt

$$F_i'' = \frac{(kT)^2}{m^2 v}\frac{d}{dv}\left(\frac{1}{v}\frac{dF_i}{dv}\right). \tag{5.22}$$

Nach (5.18) sind die F_i gleich dem Produkte von l in eine Potenz von v. Man überzeugt sich aber leicht, daß bei der in (5.22) vorgeschriebenen Differentiation alle Glieder, in denen l einmal oder zweimal differentiiert wird, sich in der $\{\}$ von Gleichung (5.20) gegenseitig kompensieren. Man kann also l als konstant behandeln und erhält nach (5.22)

$$\{\} = \frac{(k T l)^2}{m^2 v} (24 v^5 + 0 - 16 v^5) = 8 \left(\frac{k T l}{m}\right)^2 v^4 .$$

Unter l und v sind hier und in den folgenden Formeln die für $\varepsilon = 0$ genommenen Werte $\bar{l}, \bar{v}$ zu verstehen. Für den Faktor C/F_1 in (5.20) erhält man sodann aus (5.18)

$$\frac{C}{F_1} = \frac{4 \pi G m^2}{h^3 l v^2} .$$

Setzt man beides in (5.20) ein, so entsteht

$$Q = -\frac{\pi^2}{3} \frac{4\pi}{3} \frac{G m^2 v^2}{h^3} l k^2 T \frac{dT}{dx} . \tag{5.23}$$

Nun ist die Wärmeleitfähigkeit $\varkappa$ definiert durch den FOURIERschen Ansatz:

$$Q = -\varkappa \frac{dT}{dx} . \tag{5.24}$$

Benutzt man also noch den Wert von n aus (5.10a), so ergibt sich

$$\varkappa = \frac{\pi^2}{3} \frac{\bar{l} n}{m \bar{v}} k^2 T . \tag{5.25}$$

Hier haben wir entsprechend unserer Ableitung die Größen l und v wieder überstrichen. Gleichung (5.25) ist, wie FRENKEL[1] bemerkt, identisch mit der bekannten gaskinetischen Beziehung

$$\varkappa = \tfrac{1}{3} l \bar{v} c_v , \tag{5.26}$$

wenn man hier für c_v unseren Wert (3.47) einsetzt.

Division von (5.25) durch (5.12) liefert das WIEDEMANN-FRANZsche Gesetz in der Form

$$\frac{\varkappa}{\sigma} = \frac{\pi^2}{3} \left(\frac{k}{e}\right)^2 T . \tag{5.27}$$

Das so erhaltene einfache und universelle Resultat ist dadurch bedingt, daß sich die dem einzelnen Metall individuellen Größen l und n herausgehoben haben. Wesentlich ist dabei ferner, daß bei der Berechnung unserer $\{\}$ die Ableitungen von l herausfielen.

Unser Ausdruck (5.27) stimmt mit dem DRUDEschen Wert (1.3) überein, nur daß der Zahlenfaktor 3 durch $\pi^2/3 = 3{,}3$ ersetzt ist, der dem Durchschnitt der Beobachtungen noch besser angepaßt ist als der DRUDEsche Faktor 3.

6. Thermoelektrizität, Thomson- und Peltiereffekt[2]. a) Thermokraft. Die Thermokette sei aus zwei Materialien 1 und 2 gebildet (vgl. Abb. 7). Die Temperaturen der Lötstellen seien T' und T''. Wir betrachten eine *offene* stromlose Thermokette; Anfang P und Ende Q seien auf gleicher Temperatur T_0 gehalten und mögen aus dem gleichen Material 1 bestehen.

Da die Kette stromlos sein soll, haben wir von der Bedingung $J = 0$ [Gleichung (5.7)] auszugehen. Die hier vorkommende Größe $\partial f_0 / \partial x$ setzt sich

[1] J. FRENKEL, Phys. ZS. d. Sow. Bd. 2, S. 247. 1932.

[2] Vgl. Ziff. 50, 51.

jetzt aus *zwei* Bestandteilen zusammen, von denen der eine dem Temperaturgradienten, der andere der Inhomogenität des Leiters (Verschiedenheit von ζ) entspricht:

$$\frac{\partial f_0}{\partial x} = \left(\frac{\partial f_0}{\partial T}\right)_\zeta \frac{\partial T}{\partial x} + \left(\frac{\partial f_0}{\partial \zeta}\right)_T \frac{\partial \zeta}{\partial x}. \quad (6.1)$$

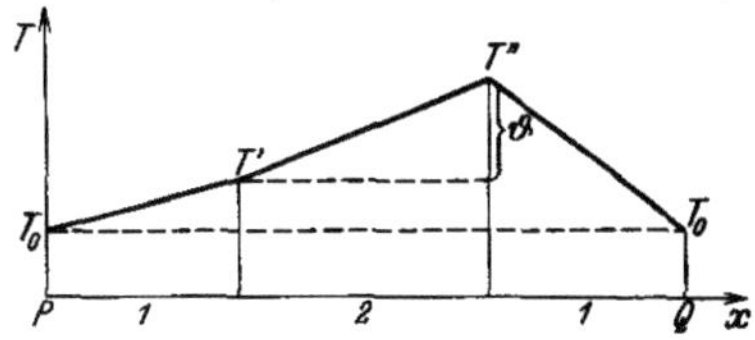

Abb. 7. Verlauf der Temperatur in einer offenen Thermokette.

Man hat, da f_0 von $E - \zeta$ abhängt,

$$\frac{\partial f_0}{\partial \zeta} = -\frac{\partial f_0}{\partial E}$$

und entnimmt $\partial f_0/\partial T$ aus Gleichung (5.14) bei festem ζ. Man erhält so:

$$\frac{\partial f_0}{\partial x} = -\frac{E}{T}\frac{\partial f_0}{\partial E}\frac{\partial T}{\partial x} + \left(\frac{\zeta}{T}\frac{\partial T}{\partial x} - \frac{\partial \zeta}{\partial x}\right)\frac{\partial f_0}{\partial E}. \quad (6.2)$$

Gleichung (5.7) liefert daher wegen $J = 0$:

$$e F K_1 = \frac{m}{2T}\frac{dT}{dx} K_3 - \left(\frac{\zeta}{T}\frac{\partial T}{\partial x} - \frac{\partial \zeta}{\partial x}\right) K_1. \quad (6.3)$$

K_1 und K_3 sind die in (5.16) definierten Integrale. Die Größen T, ζ, dT/dx, $d\zeta/dx$ durften vor die Integralzeichen gesetzt werden, da sie zwar von x, aber nicht von der Integrationsvariablen E bzw. v abhängen.

Aus (6.3) entnehmen wir

$$eF = \frac{m}{2T}\frac{\partial T}{\partial x}\frac{K_3}{K_1} - \frac{\zeta}{T}\frac{\partial T}{\partial x} + \frac{\partial \zeta}{\partial x} \quad (6.4)$$

und berechnen die Potentialdifferenz zwischen den Enden P und Q (Potential am Punkt Q minus Potential am Punkt P!):

$$\Theta = -\int_P^Q F\,dx. \quad (6.5)$$

Wir zeigen, daß diese „Thermokraft" Θ in *erster Näherung* verschwindet. Nach (5.19) wird nämlich in erster Näherung

$$\frac{K_3}{K_1} = \frac{F_3(0)}{F_1(0)} = \bar{v}^2 = \frac{2}{m}\zeta. \quad (6.6)$$

Daher nach (6.4)

$$eF = \frac{\partial \zeta}{\partial x}. \quad (6.7)$$

Daraus folgt nach (6.5)

$$\Theta = \zeta_P - \zeta_Q = 0 \quad (6.8)$$

wegen Gleichheit des Materials und der Temperatur in P und Q.

Wir gehen zur *zweiten Näherung* über, in der wir die vollständigen Ausdrücke (5.19) für K_1 und K_3 zu benutzen haben.

$$\frac{K_3}{K_1} = \frac{F_3 + \frac{\pi^2}{6}F_3''}{F_1 + \frac{\pi^2}{6}F_1''} = \bar{v}^2 + \frac{\pi^2}{6}\bar{v}^2\left(\frac{F_3''}{F_3} - \frac{F_1''}{F_1}\right). \quad (6.9)$$

Aus (5.22) ergibt sich weiter (statt $\bar{v}$, $\bar{l}$ schreiben wir vorübergehend v, l):

$$\frac{F_3''}{F_3} - \frac{F_1''}{F_1} = \frac{(kT)^2}{m^2 v}\left\{\frac{1}{l v^4}\frac{d}{dv}\left(\frac{1}{v}\frac{d(l v^4)}{dv}\right) - \frac{1}{l v^2}\frac{d}{dv}\left(\frac{1}{v}\frac{d(l v^2)}{dv}\right)\right\}. \quad (6.10)$$

Bei der Ausrechnung der $\{\}$ fällt das Glied mit d^2l/dv^2 fort und man erhält

$$\{\} = \frac{4}{l v^2}\frac{dl}{dv} + \frac{8}{v^3} = \frac{8}{v^3}\Lambda, \tag{6.11}$$

mit der Abkürzung

$$\Lambda = 1 + \frac{1}{2}\frac{d\log\bar{l}}{d\log\bar{v}}. \tag{6.12}$$

Einsetzen von (6.10) und (6.11) in (6.9) liefert

$$\frac{K_2}{K_1} = \bar{v}^2\left(1 + \frac{\pi^2}{3}\Lambda\left(\frac{kT}{\zeta}\right)^2\right), \tag{6.13}$$

mithin nach (6.4)

$$F = \cdots + \frac{\pi^2}{3}\frac{k}{e}\frac{\Lambda}{\zeta}kT\frac{dT}{dx}, \tag{6.14}$$

wobei wir durch ... die vorher betrachteten Glieder erster Ordnung angedeutet haben, die keinen Beitrag zu Θ liefern. Schließlich folgt aus (6.5)

$$\Theta = -\frac{\pi^2}{3}\frac{k^2}{e}\int_P^Q \frac{\Lambda}{\zeta}\, T\,dT. \tag{6.15}$$

Wir zerlegen das Integral in zwei Teile, von denen der eine Θ_2 sich auf das Metall 2, der andere Θ_1 auf das Metall 1 bezieht. In 2 variiert T von T' bis T'' (vgl. Abb. 7), in 1 von T_0 bis T' und von T'' bis T_0. Wir haben daher

$$\Theta_2 = -\frac{\pi^2}{3}\frac{k^2}{e}\int_{T'}^{T''}\left(\frac{\Lambda}{\zeta}\right)_2 T\,dT,$$

$$\Theta_1 = -\frac{\pi^2}{3}\frac{k^2}{e}\left(\int_{T_0}^{T'}\left(\frac{\Lambda}{\zeta}\right)_1 T\,dT + \int_{T''}^{T_0}\left(\frac{\Lambda}{\zeta}\right)_1 T\,dT\right) = +\frac{\pi^2}{3}\frac{k^2}{e}\int_{T'}^{T''}\left(\frac{\Lambda}{\zeta}\right)_1 T\,dT.$$

Somit

$$\Theta = \Theta_2 + \Theta_1 = \frac{\pi^2}{3}\frac{k^2}{e}\int_{T'}^{T''}\left\{\left(\frac{\Lambda}{\zeta}\right)_1 - \left(\frac{\Lambda}{\zeta}\right)_2\right\} T\,dT. \tag{6.16}$$

Wir vergleichen dies Resultat mit der klassischen Formel (1.4).

In beiden Ausdrücken steht unter dem Integral nach T eine Differenz

$$f(n_1) - f(n_2),$$

wobei in (1.4) $f(n) = \log n$, in (6.16) $f(n) = \Lambda/\zeta$ ist. Diese Form der Ausdrücke garantiert in beiden Fällen die Existenz der *thermoelektrischen Spannungsreihe*. Ein *wesentlicher Unterschied* zwischen den fraglichen Ausdrücken liegt aber in dem Faktor T, der in (6.16) zu dT hinzutritt. Er bewirkt, daß für tiefe Temperaturen unser Θ im Gegensatz zu dem klassischen verschwindet, entsprechend dem NERNST*schen Wärmetheorem*. Um dies einzusehen, brauchen wir nur zu dem *differentiellen* Thermoeffekt überzugehen ($T' = T$, $T'' = T + dT$). Wir erhalten dann aus (1.4)

$$\Theta \text{ proportional} \log\frac{n_1}{n_2}\,dT \neq 0 \quad \text{für} \quad T = 0,$$

dagegen aus (6.16)

$$\Theta \text{ proportional}\left\{\left(\frac{\Lambda}{\zeta}\right)_1 - \left(\frac{\Lambda}{\zeta}\right)_2\right\} T\,dT = 0 \quad \text{für} \quad T = 0.$$

Damit hängt zusammen, daß die klassische Formel in der Temperaturdifferenz $\vartheta = T'' - T'$ *linear*, die neue *quadratisch* ist. Setzt man nämlich angenähert Λ

sowie n_1, n_2 bzw. ζ_1, ζ_2 als temperaturunabhängig[1] voraus, so ergibt sich aus (1.4)

$$\Theta = \frac{k}{e}\log\frac{n_1}{n_2}\cdot\vartheta\,,$$

aus (6.16)

$$\Theta = \frac{\pi^2}{3}\frac{k^2}{e}\left(\left(\frac{A}{\zeta}\right)_1 - \left(\frac{A}{\zeta}\right)_2\right)\frac{1}{2}(2T' + \vartheta)\vartheta\,. \tag{6.17}$$

Beide Glieder in ϑ, das quadratische und das lineare, sollen also nach (6.17) gleiches Vorzeichen haben, was durchaus der Erfahrung entspricht[2] (Ausnahme z. B. Fe). Das Verhältnis des quadratischen zum linearen Term ist nach (6.17)

$$\frac{1}{2T'} \sim \frac{1}{550}\,; \qquad \text{für}\quad T' = 0^\circ\,\mathrm{C}\,, \tag{6.18}$$

auch dies stimmt gut mit dem Mittel der Beobachtungen überein[2]. Ferner ist der Absolutwert der aus (6.17) z. B. für $\vartheta = 1$ berechneten Thermokraft (einige Mikrovolt) der Größenordnung nach richtig, ebenso das Vorzeichen und die Aufeinanderfolge im Falle Natrium-Kalium (vgl. den Schluß dieser Ziffer).

b) Wir wenden uns zum Thomsoneffekt, betrachten also jetzt einen Metalldraht von einheitlichem Material, in dem gleichzeitig ein elektrischer Strom J und ein Wärmestrom Q fließt. Wir fragen nach der Energie, die dabei der Volumeinheit zugeführt wird. Die an der Volumeinheit geleistete elektrische Arbeit ist in den Bezeichnungen der vorigen Ziffer $J\cdot F$, die vom Wärmestrom fortgeführte Energie ist $\partial Q/\partial x$. Die der Volumeinheit verbleibende Energie wird also

$$U = JF - \frac{\partial Q}{\partial x}\,. \tag{6.19}$$

Wir gehen von den Gleichungen (5.7) aus und drücken $\partial f_0/\partial x$ nach (6.2) aus; ferner benutzen wir wieder die Abkürzungen K_i aus (5.16). Dann haben wir:

$$J = -\frac{e^2F}{3}K_1 + \frac{em}{6}\frac{1}{T}\frac{\partial T}{\partial x}K_3 - \frac{e}{3}\left(\frac{\zeta}{T}\frac{\partial T}{\partial x} - \frac{\partial\zeta}{\partial x}\right)K_1\,, \tag{6.20}$$

$$Q = -\frac{m}{6}eFK_3 + \frac{m^2}{12}\frac{1}{T}\frac{\partial T}{\partial x}K_5 - \frac{m}{6}\left(\frac{\zeta}{T}\frac{\partial T}{\partial x} - \frac{\partial\zeta}{\partial x}\right)K_3\,. \tag{6.21}$$

Multiplizieren wir (6.20) mit $\frac{m}{2}K_3$, (6.21) mit eK_1 und subtrahieren, so fällt sowohl das Glied mit F wie das mit $\frac{\zeta}{T}\frac{\partial T}{\partial x} - \frac{\partial\zeta}{\partial x}$ heraus und es bleibt:

$$\frac{m}{2}K_3J - eQK_1 = \frac{em^2}{12}\frac{1}{T}\frac{\partial T}{\partial x}\cdot(K_3^2 - K_1K_5)\,.$$

Hieraus

$$Q = \frac{m}{2e}J\frac{K_3}{K_1} + \frac{m^2}{12}\frac{1}{T}\frac{\partial T}{\partial x}\frac{K_1K_5 - K_3^2}{K_1}\,. \tag{6.22}$$

---

[1] Wenn man den Ausdruck $x = \left(\frac{A}{\zeta}\right)_1 - \left(\frac{A}{\zeta}\right)_2$ im Intervall ϑ als lineare Funktion von $T - T'$ ansetzt, so würde zu (6.17) nicht nur ein (im allgemeinen bedeutungsloses) Glied mit ϑ^3 hinzutreten, sondern auch der Koeffizient von ϑ^2 abgeändert werden um den Faktor

$$1 + \left(\frac{d\log x}{d\log T}\right)_{T=T'}\,.$$

Jedoch ergibt sich aus der wellenmechanischen Rechnung (Ziff. 36d), daß A für hohe Temperaturen unabhängig von der Temperatur ist und speziell für Alkalien den Wert 3 hat. W. Kroll (ZS. f. Phys. Bd. 77, S. 322. 1932) hat die kleine Temperaturabhängigkeit von A explizit berechnet und in Übereinstimmung mit dem Experiment befunden.

[2] K. Bädecker, Die elektrischen Erscheinungen in metallischen Leitern. Sammlung Vieweg. Braunschweig 1911.

Das zweite Glied rechts ist nach (5.17) der reine Wärmeleitungsstrom bei fehlendem elektrischem Strom, der uns hier nicht interessiert. Wir werden also bei der Bildung von (6.19) nur das erste Glied von (6.22) beibehalten und dort einsetzen (J ist von x unabhängig):

$$\frac{\partial Q}{\partial x} = \frac{m}{2e} J \frac{\partial}{\partial x}\left(\frac{K_3}{K_1}\right) + \cdots. \tag{6.23}$$

Sodann berechnen wir F aus (6,20) durch Division mit $e^2 \cdot K_1/3$:

$$F = -\frac{3J}{e^2 \cdot K_1} + \frac{m}{2e}\frac{1}{T}\frac{\partial T}{\partial x}\frac{K_3}{K_1} - \frac{1}{e}\left(\frac{\zeta}{T}\frac{\partial T}{\partial x} - \frac{\partial \zeta}{\partial x}\right).$$

Hier entspricht das erste Glied rechts dem OHMschen Gesetz der reinen elektrischen Strömung ohne Temperaturgefälle, wie auch durch den Vergleich mit unserer Berechnung von σ in (5.12) klar ist. Daher gibt dieses Glied bei Multiplikation mit J die reine Stromleistung, d. h. die JOULEsche Wärme, die uns in der Energiebilanz nicht interessiert. Wir werden daher in (6.19) einsetzen:

$$JF = \cdots \frac{m}{2e}\frac{J}{T}\frac{\partial T}{\partial x}\frac{K_3}{K_1} - \frac{J}{e}\left(\frac{\zeta}{T}\frac{\partial T}{\partial x} - \frac{\partial \zeta}{\partial x}\right). \tag{6.24}$$

Indem wir (6.23) und (6.24) zusammenfassen, entsteht:

$$\left.\begin{aligned} U &= \cdots \frac{J}{e}\left\{\frac{m}{2}\left[\frac{1}{T}\frac{\partial T}{\partial x}\frac{K_3}{K_1} - \frac{\partial}{\partial x}\left(\frac{K_3}{K_1}\right)\right] - \left(\frac{\zeta}{T}\frac{\partial T}{\partial x} - \frac{\partial \zeta}{\partial x}\right)\right\} \\ &= \cdots - \frac{JkT}{e}\left\{\frac{m}{2}\frac{\partial}{\partial x}\left(\frac{1}{kT}\frac{K_3}{K_1}\right) - \frac{\partial}{\partial x}\left(\frac{\zeta}{kT}\right)\right\}. \end{aligned}\right\} \tag{6.25}$$

Wir definieren den „Thomsonkoeffizienten" μ, auch „spezifische Wärme der Elektrizität" genannt, indem wir setzen:

$$U = \cdots - \mu J \frac{\partial T}{\partial x}. \tag{6.26}$$

μ bedeutet also den energetischen[1] Koppelungskoeffizienten zwischen der elektrischen Strömung und dem gleichzeitigen Temperaturgefälle. Durch Vergleich mit (6.25) ergibt sich

$$\mu e = kT\left\{\frac{m}{2}\frac{d}{dT}\left(\frac{1}{kT}\frac{K_3}{K_1}\right) - \frac{d}{dT}\left(\frac{\zeta}{kT}\right)\right\}. \tag{6.27}$$

Wir zeigen, daß μ *in erster Näherung* (vollständige Entartung) verschwindet. Dann ist nämlich nach (6.6)

$$\frac{K_3}{K_1} = \bar{v}^2, \qquad \frac{m}{2}\frac{1}{kT}\frac{K_3}{K_1} = \frac{\zeta}{kT}. \tag{6.28}$$

Infolgedessen hebt sich in (6.27) das erste Glied der {} gegen das zweite gerade auf. In erster Näherung sind also nach der Fermistatistik elektrische und thermische Strömung *entkoppelt*, im Gegensatz zur klassischen Statistik, wo der Thomsoneffekt ein *Effekt erster Ordnung* ist.

Wir gehen zur zweiten Näherung über; dann wird nach (6.13)

$$\frac{m}{2}\cdot\frac{1}{kT}\cdot\frac{K_3}{K_1} = \frac{\zeta}{kT}\left(1 + \frac{\pi^2}{3}\cdot\Lambda\left(\frac{kT}{\zeta}\right)^2\right). \tag{6.29}$$

Daraus folgt für die {} in (6.27)

$$\frac{\pi^2}{3}\frac{d}{dT}\left(\frac{\Lambda kT}{\zeta}\right),$$

somit

$$\mu = \frac{\pi^2}{3}\frac{kT}{e}\frac{d}{dT}\left(\frac{\Lambda kT}{\zeta}\right). \tag{6.30}$$

---

[1] Wegen anderer möglicher Definitionen des Thomsonkoeffizienten, die anderen Beobachtungsmöglichkeiten entsprechen, vgl. den Bericht von N. H. FRANK u. A. SOMMERFELD, Phys. Rev. Suppl.-Bd. 3, insbesondere S. 2–6.

Mit abnehmendem T wird $\mu = 0$ entsprechend dem NERNSTschen Theorem und entsprechend dem Verhalten erster Näherung, indem ja für $T = 0$ unter allen Umständen volle Entartung herrschen muß.

Das Hauptglied in (6.30) erhalten wir, wenn wir Λ und ζ von T unabhängig annehmen:

$$\mu = \frac{\pi^2}{3} \cdot \frac{k}{e} \cdot \frac{\Lambda k T}{\zeta}. \tag{6.31}$$

Der entsprechende klassisch gerechnete Wert ist viel größer, nämlich unter entsprechenden Vernachlässigungen

$$\mu_{kl} = \frac{3}{2} \cdot \frac{k}{e}; \tag{6.31a}$$

er genügt nicht dem NERNSTschen Theorem. Das Verhältnis von (6.31) zu (6.31a) wird

$$\frac{\mu}{\mu_{kl}} = \frac{2\pi^2}{9} \cdot \frac{\Lambda k T}{\zeta} \sim \frac{T}{\overline{T}},$$

wo $\overline{T}$ die in (3.29) eingeführte „Entartungstemperatur" ist, z. B. für Ag $\overline{T} = 60000°$. Daraus folgt für $T = 300°$

$$\frac{\mu}{\mu_{kl}} \sim \frac{1}{200}.$$

Der aus (6.31) berechnete Zahlenwert hat die richtige Größenordnung von einigen Mikrovolt (beobachtet[1] bei Cu, Ag, Au einige wenige Mikrovolt, bei Eisen und den hexagonalen Metallen Cd, Zn etwas größere Werte). Ferner entspricht die in (6.31) angezeigte Proportionalität mit T recht gut den Beobachtungsresultaten[1], insbesondere bei nicht zu tiefen Temperaturen. Was das *Vorzeichen* des Thomsonkoeffizienten betrifft, so ist dieses bekanntlich teils positiv, teils negativ. Blei hat einen besonders kleinen *negativen* Thomsonkoeffizienten, Cu, Ag, Au, Hg schließen sich nach der *positiven* Seite, Pt, Fe nach der *negativen* Seite an. In Formel (6.31) müssen wir dieses wechselnde Vorzeichen unserer Größe Λ zur Last legen. Für die Alkalien setzen wir $\Lambda = +3$ (vgl. den Schluß dieser Ziffer). Hier erwarten wir also wegen $e < 0$ das *negative* Vorzeichen von μ. Wir werden sogleich sehen, daß sich diese Erwartung begründen läßt. Im übrigen sehen wir aus dem wechselnden Vorzeichen von μ bzw. Λ, daß wir uns hier an der Grenze der Leistungsfähigkeit unseres Modelles befinden. Im Gegensatz zum WIEDEMANN-FRANZschen Gesetz, wo die freie Weglänge l aus dem Schlußresultat herausfällt, tritt sie beim Thomsoneffekt in dem Faktor Λ explizit auf, und zwar [vgl. (6.12)] in der Form des Differentialquotienten dl/dv. Wir schließen daraus auf die Notwendigkeit, den Begriff der freien Weglänge und das ganze Bild der freien Elektronen wellenmechanisch zu verfeinern.

c) Peltiereffekt. Wir setzen jetzt voraus, daß unser Leitungsdraht durchweg konstante Temperatur besitze, aber aus zwei Teilen verschiedenen Materials, 1 und 2, zusammengesetzt sei. Indem wir die entstehende Wärmetönung wieder durch (6.25) darstellen, integrieren wir den mit umgekehrtem Vorzeichen genommenen Faktor von J über die „Lötstelle" von 1 und 2 und bezeichnen das Integral mit Π; Π bedeutet die *Peltierwärme* für den Strom Eins, die an der Lötstelle absorbiert wird:

$$\Pi = \frac{kT}{e} \cdot \int_1^2 \left\{ \frac{m}{2} \cdot \frac{\partial}{\partial x}\left(\frac{1}{kT} \cdot \frac{K_3}{K_1}\right) - \frac{\partial}{\partial x}\left(\frac{\zeta}{kT}\right) \right\} dx. \tag{6.32}$$

[1] BORELIUS u. GUNNESON, Ann. d. Phys. Bd. 65, S. 520. 1921.

Auch die Peltierwärme verschwindet in erster Näherung vermöge Gleichung (6.6). *In zweiter Näherung* folgt aus (6.29)

$$\Pi = \frac{\pi^2}{3} \cdot \frac{(kT)^2}{e} \int_1^2 \frac{\partial}{\partial x} \frac{\Lambda}{\zeta} = \frac{\pi^2}{3} \cdot \frac{(kT)^2}{e} \left(\frac{\Lambda_2}{\zeta_2} - \frac{\Lambda_1}{\zeta_1} \right). \tag{6.33}$$

Eine größenordnungsmäßige Abschätzung zeigt, daß Π gleich einigen hundert Mikrovolt ist, was den vorliegenden Beobachtungen an normalen Metallen recht gut entspricht. Bemerkenswert ist wieder das Verschwinden von Π für $T = 0$.

d) Thermodynamische Beziehungen und Zahlenwerte. Die von W. THOMSON geforderten thermodynamischen Beziehungen zwischen Θ, Π, μ sind durch unsere Formeln (6.16), (6.30) und (6.33) *exakt* erfüllt. Dies wird dadurch möglich, daß die (unexakt definierte) Größe Λ in allen drei Formeln vorkommt und sich auf diese Weise aus den thermodynamischen Beziehungen heraushebt. Ähnliche Beziehungen bestehen zwischen den in nächster Ziffer zu besprechenden galvanomagnetischen und thermomagnetischen Effekten[1].

Insbesondere wollen wir den Zusammenhang zwischen Thomsoneffekt und Thermokraft betrachten. Nach den angenäherten Gleichungen (6.31) und (6.17) gilt

$$\Theta = (\mu_1 - \mu_2)\left(\vartheta + \frac{\vartheta^2}{2T}\right), \quad \vartheta = T'' - T', \quad T = T' \backsim T'', \tag{6.34}$$

sie ist im Einklang mit der (exakten) thermodynamischen Forderung:

$$\frac{d^2\Theta}{d\vartheta^2} = \frac{\mu_1 - \mu_2}{T}. \tag{6.35}$$

Wir nehmen als zweites Metall wie üblich Blei wegen seines besonders kleinen Thomsonkoeffizienten (s. oben); setzen wir dementsprechend $\mu_2 = 0$, so können wir das Vorzeichen von μ_1 nach (6.34) direkt aus demjenigen von Θ entnehmen. Das Vorzeichen von Na-Pb und K-Pb ist *negativ*. Somit ist unsere oben ausgesprochene Erwartung begründet, daß auch das Vorzeichen von μ für Na und K *negativ* sei. (Wenn wir μ_2 für Pb nicht Null, sondern gleich einem kleinen negativen Wert setzen, so wird dieser Schluß noch verstärkt.)

Wegen ihrer lockeren Valenzelektronen und ihrer festen Edelgasschale sind die Alkalien diejenigen Metalle, bei denen sich unser Standpunkt der freien Elektronen am ehesten rechtfertigen läßt, vgl. Ziff. 12f. Die einfachste Annahme[2], die wir hier bezüglich der Abhängigkeit der freien Weglänge von der Geschwindigkeit machen können ist,

$$l \text{ prop. } E^2, \text{ also wegen } E = \frac{m}{2} v^2 : l \text{ prop. } v^4$$

$$\frac{d \log \bar{l}}{d \log \bar{v}} = 4 \text{ und nach (6.12) } \Lambda = 3,$$

alles unter der Voraussetzung hinreichend hoher Temperatur. Mit diesem Wert und $T = 273°$ berechnet sich

Tabelle 1. Thermoelektrische Konstanten.

	$n \cdot 10^{-22}$	$\zeta \cdot 10^{12}$	μ in μV	Θ gegen Pb ber.	Θ beob.	μ thermodyn.
Na	2,55	5,0	−6,2	−6,2	− 4,4	−5,8
K	1,34	3,2	−9,7	−9,7	−11,6	−6,9

[1] Vgl. den S. 360 zitierten Bericht Nr. 8.

[2] Diese Annahme liegt auch der wellenmechanischen Berechnung der Thermokräfte von W. KROLL zugrunde; vgl. Anm. 1 von S. 359.

n ist aus Dichte und Atomgewicht berechnet, unter der Annahme *eines* freien Elektrons pro Atom; ζ folgt aus n nach Gleichung (2.6), mit $\bar{\bar{E}} = \zeta$. Die dritte Spalte für μ ergibt sich aus ζ nach Gleichung (6.31). Aus (6.34) ist in der vierten Spalte Θ für $\vartheta = 1$ berechnet, ebenfalls in μV (Mikrovolt), unter der Annahme, daß für Pb μ_2 näherungsweise gleich Null gesetzt werden kann. Daß die Beobachtungswerte, fünfte Spalte, (nach BAEDECKER l. c.) mit den auf Grund so primitiver Annahmen berechneten Werten nach Vorzeichen, Reihenfolge und Größe so gut übereinstimmen, ist sehr bemerkenswert. In der sechsten Spalte ist μ aus den gleichen Beobachtungswerten nach der thermodynamischen Beziehung (6.35) berechnet. Hinsichtlich des Thomsoneffektes sei im Anschluß an die vorstehende Tabelle ausdrücklich hervorgehoben, daß sein Vorzeichen von unserer Theorie mit positivem Λ in dem besonders charakteristischen Beispiel der Alkalien[1] richtig wiedergegeben wird, während die sonst ebenfalls in elektronentheoretischer Hinsicht regulären Metalle Cu, Ag, Au ein negatives Λ verlangen.

7. Halleffekt, magnetische Widerstandsänderung[2]. Die beim Halleffekt übliche[3] Anordnung ist die folgende: eine Metallplatte (xy-Ebene), durch die der Strom fließt; ein Magnetfeld senkrecht zur Platte (z-Richtung); Stromrichtung im mittleren Teil der Platte bei ausgeschaltetem Magnetfeld = x-Richtung. Da das Magnetfeld als homogen vorausgesetzt wird, kommt das magnetische Moment der Leitungselektronen nicht in Betracht und es ist wie früher nur ihre Ladung zu berücksichtigen.

Im Anschluß an GANS[4] setzen wir die durch Potentialgefälle und Magnetfeld modifizierte Geschwindigkeitsverteilung in der gegenüber (5.2) erweiterten Form an:

$$f = f_0 + \xi \cdot \chi_1 + \eta \cdot \chi_2 \,. \tag{7.1}$$

Die Fermiverteilung f_0 ist im Geschwindigkeitsraum kugelsymmetrisch; dasselbe wird von den zusätzlichen Bestandteilen χ_1 und χ_2 angenommen und sogleich verifiziert werden. Entsprechend ist die Stationaritätsbedingung (5.3) zu erweitern (die Elektronenladung e bedeutet hier wie früher eine *negative* Größe; e, I, F und H werden im elektromagnetischen System gemessen).

$$\left(\frac{e}{m} F_x + \frac{e}{m} H \eta\right) \frac{\partial f}{\partial \xi} + \xi \frac{\partial f}{\partial x} + \left(\frac{e}{m} F_y - \frac{e}{m} H \xi\right) \frac{\partial f}{\partial \eta} + \eta \frac{\partial f}{\partial y} = b - a \,. \tag{7.2}$$

Wir führen also neben der elektrischen Feldstärke F_x in Richtung des Hauptstromes eine dazu senkrechte Feldstärke F_y ein; außerdem berücksichtigen wir die Kräfte magnetischen Ursprunges $e[\vec{v}\vec{H}]$; a und b haben dieselbe Bedeutung wie in (5.3). Ihre Berechnung auf Grund von klassischen Vorstellungen über den Zusammenstoß von Elektronen und Metallionen liefert, analog zu (5.4):

$$b - a = -\frac{v}{l}(\xi \chi_1 + \eta \chi_2) \,. \tag{7.3}$$

[1] Es wäre sehr erwünscht, auch für die anderen Alkalien zuverlässige Messungen von Thermokraft und Thomsoneffekt zu haben. Wir erwarten insbesondere bei Rb und Cs gute Übereinstimmung mit unseren theoretischen Formeln; Li dürfte wegen seiner größeren Ionisierungsspannung weniger gut stimmen.

[2] Vgl. Ziff. 46 bis 49.

[3] Auf die interessante kreissymmetrische Anordnung von O. M. CORBINO können wir hier nicht eingehen; vgl. Nuovo Cimento Bd. 1, S. 397. 1911; Rend. Lincei Bd. 30, S. 7. 1921; sie wurde nach der Fermistatistik behandelt von W. W. SLEATOR, Phys. ZS. Bd. 29, S. 628. 1928.

[4] R. GANS, Ann. d. Phys. Bd. 20, S. 293. 1906.

Man setze (7.3) in (7.2) ein, schreibe linker Hand in den von H freien Gliedern f_0 statt f, behalte aber in den mit H multiplizierten Gliedern für f den vollständigen Ausdruck (7.1) bei; ferner ersetze man

$$\frac{\partial f_0}{\partial \xi},\ \frac{\partial f_0}{\partial \eta},\ \frac{\partial \chi_1}{\partial \xi},\ \ldots \quad \text{durch} \quad m\xi \frac{\partial f_0}{\partial E},\ m\eta \frac{\partial f_0}{\partial E},\ m\xi \frac{\partial \chi_1}{\partial E},\ \ldots$$

Dann verschwinden die Faktoren von $\xi\eta$, $\xi^2\eta$ und $\xi\eta^2$ auf der linken Seite von (7.2) identisch. Durch Nullsetzen der Faktoren von ξ und η folgt:

$$\left.\begin{aligned} \chi_1 - \frac{\mu l}{v}\chi_2 &= -\frac{l}{v} f_1, \\ \chi_2 + \frac{\mu l}{v}\chi_1 &= -\frac{l}{v} f_2 \end{aligned}\right\} \tag{7.4}$$

mit den Abkürzungen

$$\left.\begin{aligned} f_1 &= eF_x \frac{\partial f_0}{\partial E} + \frac{\partial f_0}{\partial x}, \\ f_2 &= eF_y \frac{\partial f_0}{\partial E} + \frac{\partial f_0}{\partial y}. \end{aligned}\right\} \qquad \mu = \frac{e}{m} H. \tag{7.5}$$

χ_1 und χ_2 sind also als Funktionen von v (kugelsymmetrisch) bestimmbar, womit unser Ansatz (7.1) verifiziert ist. Aus (7.4) folgt

$$\chi_1 = -\frac{l}{v} \cdot \frac{f_1 + q f_2}{1 + q^2}, \qquad \chi_2 = -\frac{l}{v} \cdot \frac{f_2 - q f_1}{1 + q^2}, \tag{7.6}$$

mit der neuen Abkürzung

$$q = \mu \frac{l}{v} = \frac{e}{m} \cdot \frac{l}{v} \cdot H. \tag{7.7}$$

Dieses q hat eine einfache physikalische Bedeutung. Es ist nämlich gleich dem Verhältnis der freien Weglänge l zu dem Radius r desjenigen Kreises, den das Elektron der Geschwindigkeit v im transversalen Magnetfeld H beschreibt:

$$q = \frac{l}{r}, \qquad r = \frac{m}{e} \cdot \frac{v}{H}. \tag{7.8}$$

Wir berechnen nach dem Vorbilde von (5.1) die elektrischen Ströme J_x, J_y und Wärmeströme Q_x, Q_y, wobei wir beachten, daß bei der Intègration von (7.1) über den Geschwindigkeitsraum nicht nur das Glied mit f_0, sondern bei J_x, Q_x auch das mit χ_2, bei J_y, Q_y das mit χ_1 aus Symmetriegründen fortfällt:

$$\left.\begin{aligned} J_x &= eG\int \xi f\,d\Phi = \frac{eG}{3}\int v^2 \chi_1\,d\Phi, \\ J_y &= eG\int \eta f\,d\Phi = \frac{eG}{3}\int v^2 \chi_2\,d\Phi, \\ Q_x &= \frac{m}{2} G\int \xi v^2 f\,d\Phi = \frac{m}{6} G\int v^4 \chi_1\,d\Phi, \\ Q_y &= \frac{m}{2} G\int \eta v^2 f\,d\Phi = \frac{m}{6} G\cdot\int v^4 \chi_2\,d\Phi. \end{aligned}\right\} \tag{7.9}$$

Wir beschäftigen uns speziell mit dem *isothermen* Halleffekt, setzen also unsere Platte als gleichtemperiert voraus sowohl in der x- wie in der y-Richtung. Durch diese Annahme wird der mit dem Halleffekt im allgemeinen verknüpfte „Ettinghauseneffekt" (transversale Temperaturdifferenz) ausgeschaltet. Da die Platte überdies aus einheitlichem Material bestehen soll, wird

$$\frac{\partial f_0}{\partial x} = \frac{\partial f_0}{\partial y} = 0. \tag{7.10}$$

Aus den beiden ersten Zeilen von (7.9) erhalten wir mit Rücksicht auf (7.5) bis (7.7):

$$\left.\begin{aligned} J_x &= -\frac{e^2}{3}(F_x L_1 + \mu F_y L_0), \\ J_y &= -\frac{e^2}{3}(F_y L_1 - \mu F_x L_0). \end{aligned}\right\} \tag{7.11}$$

Hier ist L_1 analog definiert zu K_1 in (5.16), nämlich durch

$$L_1 = G\int \frac{v\,l}{1+q^2}\cdot\frac{\partial f_0}{\partial E}\,d\Phi; \tag{7.12}$$

L_1 geht also für $H = 0$ ($q = 0$) in K_1 über. Andererseits ist L_0 zu definieren durch

$$L_0 = G\int \frac{l^2}{1+q^2}\cdot\frac{\partial f_0}{\partial E}\,d\Phi. \tag{7.13}$$

Beim Halleffekt ist $J_y = 0$. Aus den beiden Gleichungen (7.11) berechnet man dann durch Elimination von F_x:

$$F_y = -\frac{3\mu}{e^2}\cdot\frac{L_0}{L_1^2+\mu^2 L_0^2}\cdot J_x. \tag{7.14}$$

Andererseits entsteht durch Elimination von F_y:

$$F_x = -\frac{3}{e^2}\cdot\frac{L_1}{L_1^2+\mu^2 L_0^2}\cdot J_x. \tag{7.15}$$

Die *Hallkonstante* R wird definiert durch

$$R = \frac{F_y}{J_x\cdot H}. \tag{7.16}$$

Aus (7.14) folgt also:

$$R = -\frac{3}{e\,m}\cdot\frac{L_0}{L_1^2+\mu^2\cdot L_0^2}. \tag{7.17}$$

Man sieht diesem Ausdruck ohne weiteres an, daß er *nicht* in erster Ordnung verschwinden kann, da er nicht, wie die Ausdrücke für die Wärmeleitung, den Thomsoneffekt usw. aus Differenzen unserer charakteristischen Integrale K bzw. L gebildet ist. Zur Berechnung der L kann daher Gleichung (5.19) dienen unter Vernachlässigung des zweiten Gliedes und unter Abänderung der in (5.18) gegebenen Definition der F_i:

$$F_0 = \frac{v\,l^2}{1+q^2}, \qquad F_1 = \frac{v^2 l}{1+q^2}. \tag{7.18}$$

Somit

$$L_0 = -C\,\frac{v\,l^2}{1+q^2}, \qquad L_1 = -C\,\frac{v^2 l}{1+q^2}. \tag{7.19}$$

Hier sind v, l und $q = \frac{\mu l}{v}$ für die kritische Stelle $v = \bar v$, $l = \bar l$ zu nehmen. Man erhält von da aus nach (7.17):

$$R = \frac{3}{e\,m\,C}\cdot\frac{(1+\bar q^2)\,\bar v\,\bar l^2}{\bar v^4\bar l^2+\mu^2\bar v^2\bar l^4} = \frac{3}{e\,m\,C\,\bar v^3}, \tag{7.20}$$

oder, wenn wir den Wert (5.18) für C einsetzen:

$$R = \frac{3}{4\pi G e}\cdot\left(\frac{h}{m\,\bar v}\right)^3. \tag{7.21}$$

Wegen (5.10a) vereinfacht sich dies zu

$$R = \frac{1}{e\,n}. \tag{7.22}$$

Dieser Wert ist praktisch identisch mit dem nach der klassischen Theorie berechneten

$$R_{\mathrm{kl}} = \frac{3\pi}{8en} = \frac{1{,}17}{en}. \tag{7.22a}$$

Während aber (7.22a) nach der klassischen Statistik nur für hinreichend kleine Felder gilt (vgl. GANS, l. c.), beansprucht (7.22) nach unserer Ableitung Gültigkeit bei beliebig starken Feldern, allerdings nur bei voller Entartung.

Die Größenordnung von (7.22) stimmt mit der Beobachtung bei den Alkalien[1], Cu, Ag, Au, Pd, Mn, sehr gut überein. Das Vorzeichen ist einheitlich wie in der klassischen Theorie und stimmt mit dem beobachteten Vorzeichen bei Bi überein, wobei aber Bi nicht unter die einfache Theorie fällt und einen abnorm großen Halleffekt zeigt. Auch viele andere Metalle weichen, teils der Größe, teils dem Vorzeichen nach von der Theorie ab. Die Gründe hierfür werden in Ziff. 47 entwickelt werden.

Wir gehen zur magnetischen Widerstandsänderung über und zeigen, daß diese *in erster Näherung verschwindet.* Zum Beweise berechnen wir den spezifischen Widerstand ϱ aus (7.15):

$$\varrho = \frac{1}{\sigma} = \frac{F_x}{J_x} = -\frac{3}{e^2}\cdot\frac{L_1}{L_1^2+\mu^2 L_0^2}. \tag{7.23}$$

Hieraus durch Division mit (7.17) und Berücksichtigung von (7.19)

$$\frac{\varrho}{R} = -\frac{m}{e}\frac{L_1}{L_0} = -\frac{m}{e}\frac{\bar v}{\bar l}. \tag{7.24}$$

Hier ist die rechte Seite unabhängig von H, da sich der Faktor $1+q^2$ aus (7.19) im Zähler und Nenner herausgehoben hat. Auch R war unabhängig von H. Also ist ϱ ebenfalls unabhängig von H und gleich dem Widerstande ϱ_0 für $H=0$. Somit

$$\frac{\Delta\varrho}{\varrho_0} = \frac{\varrho-\varrho_0}{\varrho_0} = 0. \tag{7.25}$$

Dies gilt aber nur in erster Näherung (bei voller Entartung).

Wir betrachten nunmehr den Widerstand ϱ *in zweiter Näherung* (unvollkommene Entartung); das Magnetfeld soll nach wie vor in seiner Stärke unbeschränkt sein. Wir berechnen also die L nicht mehr durch (7.19), sondern nach dem Vorbilde von (5.15) durch

$$\left.\begin{aligned} L_0 &= -C\frac{v l^2}{1+q^2}\left(1+\frac{\pi^2}{6}\cdot\frac{F_0''(0)}{F_0(0)}\right),\\ L_1 &= -C\frac{v^2 l}{1+q^2}\left(1+\frac{\pi^2}{6}\cdot\frac{F_1''(0)}{F_1(0)}\right).\end{aligned}\right\} \tag{7.26}$$

Wir lassen hier und im folgenden die Striche über v, l und q der Einfachheit halber fort. Nach der Regel (5.22) findet man durch etwas umständliche Rechnungen (l möge bei den Differentiationen als konstant behandelt werden!):

$$\left.\begin{aligned} \frac{F_0''}{F_0} &= -\frac{(kT)^2}{m^2v^4}\cdot\frac{1+6q^2-3q^4}{(1+q^2)^2} = -\tau\cdot M,\\ \frac{F_1''}{F_1} &= \frac{(kT)^2}{m^2v^4}\cdot\frac{8q^4}{(1+q^2)^2} = \tau\cdot N,\end{aligned}\right\} \tag{7.27}$$

mit den Abkürzungen

$$\tau = \left(\frac{kT}{mv^2}\right)^2, \quad M = \frac{1+6q^2-3q^4}{(1+q^2)^2}, \quad N = \frac{8q^4}{(1+q^2)^2}. \tag{7.28}$$

[1] Das gilt auch im geschmolzenen Zustande z. B. für die K-Na-Legierung; vgl. H. ZAHN, Naturwissensch. Bd. 18, S. 848. 1930; J. KIKOIN u. J. FAKIDOW, ZS. f. Phys. Bd. 71, S. 393. 1931.

Für $H = 0$ geht ϱ in ϱ_0 über. Nach (7.23) wird dann wegen

$$\mu = 0, \quad q = 0 \quad \text{und} \quad L_1 = K_1,$$

$$\varrho_0 = -\frac{3}{e^2 K_1}, \quad K_1 = -C v^2 l, \tag{7.29}$$

daher, ebenfalls nach (7.23)

$$\frac{\varrho_0}{\varrho} = \frac{L_1}{K_1}\left(1 + \left(\frac{\mu L_0}{L_1}\right)^2\right). \tag{7.30}$$

Nun ist [vgl. (7.26) bis (7.29)]

$$\frac{L_1}{K_1} = \frac{1 + \frac{\pi^2}{6}\tau N}{1 + q^2}. \tag{7.31}$$

$$\frac{\mu L_0}{L_1} = q\left(1 - \frac{\pi^2}{6}\tau(M + N)\right). \tag{7.32}$$

Hier ist die Abkürzung q aus (7.7) eingetragen und berücksichtigt, daß unsere zweite Näherung klein gegen die erste ist. Daraufhin ergibt sich aus (7.30) nach einigen Umformungen:

$$\frac{\varrho_0}{\varrho} = 1 - \frac{\pi^2}{3}\frac{\tau q^2}{1 + q^2}. \tag{7.33}$$

Hieraus folgt:

$$\frac{\Delta\varrho}{\varrho_0} = \frac{\pi^2}{3}\frac{\tau q^2}{1 + q^2}. \tag{7.34}$$

Setzt man die Bedeutung von q und τ ein, so kommt

$$\frac{\Delta\varrho}{\varrho_0} = \frac{B H^2}{1 + C H^2}, \tag{7.35}$$

mit

$$B = \frac{\pi^2}{3}\left(\frac{e \bar{l} k T}{m^2 \bar{v}^3}\right)^2, \quad C = \left(\frac{e \bar{l}}{m \bar{v}}\right)^2. \tag{7.36}$$

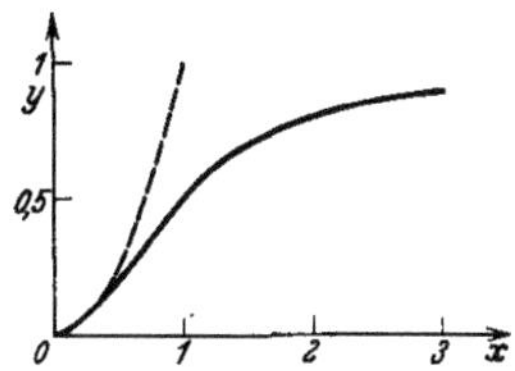

Abb. 8. Abhängigkeit der magnetischen Widerstandsänderung $\Delta\varrho/\varrho_0$ vom Magnetfeld H nach der Gleichung (7.35)
$y = \frac{x^2}{1 + x^2}$, $y = \frac{\Delta\varrho}{\varrho_0}\frac{C}{B}$, $x = \sqrt{C}H$.

Man findet also zunächst eine quadratische Widerstandszunahme BH^2, die aber für große H einem „Sättigungswerte" B/C zustrebt. Auf letzteren Punkt hat FRANK[1] hingewiesen. Auch macht er auf die Relation

$$C = \sigma^2 \cdot R^2 \tag{7.37}$$

aufmerksam, die unmittelbar aus unseren Gleichungen (1.2) für σ und (7.22) für R folgt; er glaubt, sie an Widerstandsmessungen von KAPITZA[2] für extrem starke Felder bei den Edelmetallen bestätigen zu können.

Die physikalische Bedeutung der „Sättigung" wird klar, wenn wir den Fall

$$C H^2 = 1 \tag{7.38}$$

betrachten. In diesem Falle erreicht die rechte Seite von (7.35) gerade den halben Sättigungswert. (Der Wendepunkt, welcher den anfänglichen parabolischen Ast von dem späteren Sättigungsast trennt, liegt bei $CH^2 = \frac{1}{3}$; vgl. Abb. 8.)

Nun ist $CH^2 = 1$ gleichbedeutend mit $q = 1$ oder nach (7.8) mit $\bar{r} = \bar{l}$. Es ist aber klar, daß der Mechanismus der Widerstandsänderung von dem Verhältnis $\bar{r} : \bar{l}$ abhängt. Wenn $\bar{r}$ bei wachsendem H kleiner als $\bar{l}$ wird, kann der Kreis vom Radius $\bar{r}$ mehrfach ohne Zusammenstöße durchlaufen werden; der Widerstand nimmt dann nicht mehr systematisch zu, sondern nähert sich asymptotisch seinem Sättigungswert.

[1] N. H. FRANK, ZS. f. Phys. Bd. 64, S. 650. 1930.
[2] P. KAPITZA, Proc. Roy. Soc. Lond., insbes. Bd. 123, S. 292 u. S. 342. 1929.

Im Gegensatz dazu geben die Messungen KAPITZAS an gutleitenden regulären Metallen keine Andeutung einer Sättigung, zeigen vielmehr bei wachsendem H einen linearen Anstieg. Wie dieser elektronentheoretisch zu erklären ist, steht noch dahin (vgl. Ziff. 49). Wohl aber zeigen Halbleiter ein Verhalten, das sich gut durch (7.35) darstellen läßt.

Große Schwierigkeiten macht der Zahlenwert von B. Nach (7.36) fällt er um einen Faktor 10^{-4} zu klein aus gegenüber den Beobachtungswerten bei regulären Metallen. Von Bi und den ferromagnetischen Metallen brauchen wir hier nicht zu reden, da für sie unsere Voraussetzungen nicht zutreffen. Wir werden später (Ziff. 48) zu zeigen haben, daß hierin die Unzulänglichkeit unserer Rechnung mit freien Elektronen, insbesondere die Abweichung von der bei freien Elektronen vorausgesetzten Kugelsymmetrie, zum Ausdruck kommt.

Eine andere Schwierigkeit macht der *longitudinale* Widerstandseffekt (H parallel x). Man hat, um diesen Effekt theoretisch zu behandeln, den Ansatz (7.1) zu erweitern durch Hinzufügung eines Gliedes $\zeta \cdot \chi_3$. Beim Eintragen in die Stationaritätsbedingung (7.2) überzeugt man sich unschwer, daß dann χ_1 denselben Wert hat wie ohne Magnetfeld; aus der ersten Gleichung (7.9) folgt daraufhin, daß der Widerstand ϱ vom Magnetfelde *unabhängig* wird. Erfahrungsgemäß ist diese Abhängigkeit zwar kleiner als bei transversalem Magnetfeld, aber *nicht* verschwindend klein (vgl. Ziff. 48e).

Es ist jetzt leicht, auch den Hallkoeffizienten R durch eine zweite Näherung zu korrigieren. Wir setzen zu dem Ende in (7.17) die Werte (7.26) für L_0 und L_1 ein, berücksichtigen (7.32) und behandeln die Glieder zweiter Näherung als klein. Mit den früheren Abkürzungen ergibt sich:

$$R = \frac{3}{e\,m\,C \cdot \bar{v}^3}\left(1 - \frac{\pi^2}{6}\,\tau\left[M + 2N - 2q^2\frac{M+N}{1+q^2}\right]\right). \tag{7.39}$$

Der erste Faktor ist, wie es sein muß, der Wert erster Näherung aus (7.20); wir wollen ihn R_1 nennen. Schließlich wird nach einigen Umformungen:

$$\frac{R}{R_1} = 1 - \frac{\pi^2}{6}\cdot\tau\cdot\frac{1+3q^2}{1+q^2}$$

und, bei Einsetzen der Bedeutung von τ und q:

$$\frac{\Delta R}{R_1} = \frac{R_1 - R}{R_1} = \frac{\pi^2}{6}\left(\frac{kT}{m\cdot\bar{v}^2}\right)^2 + \frac{BH^2}{1+CH^2}. \tag{7.40}$$

Die Koeffizienten B und C haben dieselbe Bedeutung wie in (7.36). Auch der Hallkoeffizient nähert sich einem Sättigungswert[1] für $H \to \infty$, der ebenso zu deuten ist wie vorher. Zur graphischen Darstellung der Abhängigkeit von H in (7.40) kann wieder Abb. 8 dienen.

Bezüglich der übrigen galvano-magnetischen und der thermo-magnetischen Effekte bei normalen Metallen verweisen wir auf FRANK[2].

II. Elektronen im periodischen Potentialfeld.

A. Eigenwerte und Eigenfunktionen.

8. Allgemeines. a) Modell. Die Hypothese der Existenz freier Elektronen hat, wie wir im ersten Teil dieses Artikels gesehen haben, in Verbindung mit der FERMIschen Statistik sehr viel zum Verständnis der Vorgänge in Metallen beigetragen. Als Hauptererfolge sind das WIEDEMANN-FRANZsche Gesetz, die Kleinheit der spezifischen Wärme des Elektronengases und die Theorie des Richardsoneffektes zu verzeichnen. Jedoch ist es nicht möglich,

[1] C. BELLIA, ZS. f. Phys. Bd. 74, S. 655. 1932.
[2] N. H. FRANK, ZS. f. Phys. Bd. 63, S. 596. 1931; vgl. auch den S. 360 zitierten Bericht.

die Größe und Temperaturabhängigkeit der Leitfähigkeit zu berechnen[1], und außerdem ergeben sich Schwierigkeiten bezüglich Größenordnung und Vorzeichen, sobald man etwas kompliziertere Phänomene wie Widerstandsänderung im Magnetfeld, thermoelektrische Effekte usw. zu behandeln versucht (Ziff. 6 und 7). Um diese Schwierigkeiten zu lösen, muß man die Wechselwirkung der Elektronen mit den Metallatomen im einzelnen berücksichtigen.

Als zwingender Grund zur Berücksichtigung dieser Wechselwirkung erscheint uns dabei nicht einmal so sehr die Tatsache, daß dadurch die mathematische Behandlung einer größeren Anzahl von Effekten ermöglicht wird. Vielmehr ist es vom rein theoretischen Standpunkt notwendig, ein Modell zu wählen, das sich der Wirklichkeit besser anschließt als die Hypothese der freien Elektronen: Es ist in höchstem Maße unbefriedigend, die Existenz freier Elektronen einfach zu postulieren, ohne die Frage beantworten zu können, *wieso* diese Elektronen eigentlich frei sind und wieso sie von den ungeheuer starken Feldern der Metallatome nicht beeinflußt werden (oder wenigstens so wenig, daß ihre „freie Weglänge" bei Zimmertemperatur von der Größenordnung 100 Atomabstände ist und bei tiefen Temperaturen sogar ca. $^1/_{10}$ mm beträgt).

Den Betrachtungen dieses Abschnitts werden wir folgendes Modell zugrunde legen: *Die Elektronen des Metalls bewegen sich unabhängig voneinander in einem Potentialfeld, das von den Metallatomen und den übrigen*[2] *Elektronen erzeugt wird.* Diese Annahme ist genau dieselbe, die man bei der Behandlung der *Atome* nach der HARTREEschen Methode macht, und wird durch den Erfolg dieser Methode gerechtfertigt. Die Metallatome (Kerne) werden in erster Näherung als ruhend betrachtet (Ziff. 8 bis 30), in zweiter Näherung wird angenommen, daß sie unabhängig von der Elektronenbewegung elastische Schwingungen um ihre Ruhelage ausführen (Ziff. 32) und in dritter Näherung die Kopplung zwischen diesen Gitterschwingungen und den Bewegungen der Elektronen betrachtet, diese Kopplung verursacht den Widerstand (Ziff. 33 bis 45).

Wenn die Metallatome in den Gitterpunkten eines Raumgitters ruhen und wir ein reines Metall vor uns haben, ist die potentielle Energie eines Elektrons auf jeden Fall eine periodische Funktion des Orts des Elektrons, wobei die Periode mit der dem Gitter eigentümlichen übereinstimmt. Wie die potentielle Energie im einzelnen anzusetzen ist, um einen möglichst guten Anschluß an die Wirklichkeit zu geben, soll uns später (Ziff. 14) beschäftigen. Vorläufig genügt uns ihre Periodizitätseigenschaft, die wir in der Form schreiben können:

$$V(\mathfrak{r}+\mathfrak{n}) = V(\mathfrak{r}+n_1\mathfrak{a}_1+n_2\mathfrak{a}_2+n_3\mathfrak{a}_3) = V(\mathfrak{r})\,. \tag{8.1}$$

Dabei sind $\mathfrak{a}_1\mathfrak{a}_2\mathfrak{a}_3$ die Achsen des Metallgitters, $n_1n_2n_3$ ganze Zahlen und $\mathfrak{r}$ ein beliebiger Ortsvektor. Den Vektor $\mathfrak{n}$ werden wir öfters zu benutzen haben. Wir verstehen darunter stets einen Vektor der Form $n_1\mathfrak{a}_1+n_2\mathfrak{a}_2+n_3\mathfrak{a}_3$ mit ganzzahligen $n_1n_2n_3$ und bezeichnen ihn als Gittervektor. Er gibt den Ortsvektor eines Gitterpunktes an, falls man den Koordinatenursprung gleichfalls in einen Gitterpunkt legt.

Innerhalb einer Elementarzelle des Gitters mit den Seiten $\mathfrak{a}_1\mathfrak{a}_2\mathfrak{a}_3$ kann das Potential V ganz beliebig vorgegeben sein. In praxi wird V in der Nähe der Kerne der Metallatome wie $-\frac{Ze^2}{r}$ negativ unendlich, verhält sich in der Umgebung der Kerne etwa wie das HARTREEsche Potential des freien Metallatoms und weicht in größerer Entfernung stärker davon ab, so daß sich etwa das in Abb. 33 (S. 421) im Zweidimensionalen gezeichnete Bild ergibt.

[1] Die „freie Weglänge" mußte in Ziff. 5 ja unbestimmt bleiben.
[2] D. h. von allen außer dem, auf das das Potential wirkt.

b) Eigenfunktion der Elektronen[1]. Wir wollen die Bewegung eines Elektrons im Potentialfeld V studieren, d. h. wir suchen die Lösungen der Schrödingergleichung

$$\Delta\psi + \frac{2m}{\hbar^2}(E - V)\psi = 0, \tag{8.2}$$

und zwar sowohl die Eigenfunktionen ψ wie die Eigenwerte E. V bedeutet dabei die potentielle Energie des Elektrons, es ist im allgemeinen *negativ*. Um einen passenden Ansatz für ψ zu finden, beachten wir, daß für *freie* Elektronen ($V = 0$) die allgemeine Lösung von (8.2) eine ebene Welle ist

$$\psi = e^{i(\mathfrak{k}\mathfrak{r})}, \tag{8.3}$$

wobei der Betrag k des „Ausbreitungsvektors" $\mathfrak{k}$ mit der Energie E in der einfachen Beziehung

$$k^2 = \frac{2m}{\hbar^2}E \tag{8.4}$$

steht, während die *Richtung* von $\mathfrak{k}$ beliebig ist. Für nichtverschwindendes Potentialfeld V ist (8.3) natürlich keine Lösung der Schrödingergleichung mehr, doch erhält man eine Lösung, indem man die ebene Welle (8.3) mit einer periodischen Funktion $u_{\mathfrak{k}}$ von der Periodizität des Gitters multipliziert:

$$\psi = e^{i(\mathfrak{k}\mathfrak{r})}u_{\mathfrak{k}}(\mathfrak{r}); \qquad u_{\mathfrak{k}}(\mathfrak{r} + n_1\mathfrak{a}_1 + n_2\mathfrak{a}_2 + n_3\mathfrak{a}_3) = u_{\mathfrak{k}}(\mathfrak{r}). \tag{8.5}$$

$u_{\mathfrak{k}}$ muß dann der Differentialgleichung

$$\Delta u + 2i(\mathfrak{k}\,\mathrm{grad}\,u) + \left[\frac{2m}{\hbar^2}(E - V) - k^2\right]u = 0 \tag{8.6}$$

genügen.

Um besser einzusehen, wie der Ansatz (8.5) zustande kommt, entwickeln wir zunächst V in eine Fourierreihe:

$$V = \sum_{h_1 h_2 h_3 = -\infty}^{+\infty} V_{\mathfrak{h}}\, e^{2\pi i(\mathfrak{h}\mathfrak{r})} \tag{8.7}$$

mit

$$\mathfrak{h} = h_1\mathfrak{b}_1 + h_2\mathfrak{b}_2 + h_3\mathfrak{b}_3, \quad h_1 h_2 h_3 \text{ ganze Zahlen.} \tag{8.7a}$$

Die Vektoren $\mathfrak{b}_i$ ($i = 1, 2, 3$) sind dabei die Achsen des sog. „reziproken Gitters"[2], sie sind dadurch definiert, daß sie jeweils auf zwei Achsen des Raumgitters senkrecht stehen:

$$(\mathfrak{a}_i\mathfrak{b}_k) = 0, \quad \text{wenn} \quad i \neq k \tag{8.8}$$

und ihre Länge ist normiert durch die Bestimmung

$$(\mathfrak{a}_i\mathfrak{b}_i) = 1 \quad \text{für} \quad i = 1, 2, 3. \tag{8.9}$$

Aus (8.8), (8.9) folgt

$$\mathfrak{b}_1 = \frac{[\mathfrak{a}_2\mathfrak{a}_3]}{(\mathfrak{a}_1[\mathfrak{a}_2\mathfrak{a}_3])}, \quad \mathfrak{b}_2\mathfrak{b}_3 \text{ entsprechend.} \tag{8.10}$$

Stehen die Achsen des Metallgitters senkrecht zueinander (rhombisches Gitter), so ist die reziproke Achse $\mathfrak{b}_i$ parallel zur Kristallachse $\mathfrak{a}_i$ und ihre Länge beträgt $1/a_i$; das reziproke Gitter zu einem kubischen Gitter mit der Gitterkonstante a ist ein kubisches Gitter mit der Gitterkonstante $b = 1/a$, das reziproke Gitter zu einem flächenzentrierten ist raumzentriert und umgekehrt. Den Vektor $\mathfrak{h}$ nennen wir „Vektor im reziproken Gitter" und verstehen unter $\mathfrak{g}$ und $\mathfrak{h}$ in Zukunft stets einen Vektor von der Form $h_1\mathfrak{b}_1 + h_2\mathfrak{b}_2 + h_3\mathfrak{b}_3$ mit ganzzahligen $h_1 h_2 h_3$.

Man überzeugt sich unmittelbar, daß (8.7) wirklich die Periodizität (8.1) hat: Ersetzt man $\mathfrak{r}$ durch $\mathfrak{r} + \mathfrak{n}$, so ändern sich die Exponenten aller Exponentialfunktionen in (8.7) um Vielfache von $2\pi i$, V bleibt also ungeändert. Durch die Fourierkoeffizienten $V_{\mathfrak{h}}$ wird der Verlauf des Potentials V natürlich genau so gut beschrieben wie durch Angabe seiner Werte in einem Elementarbereich des Kristalls. Die $V_{\mathfrak{h}}$ sind reell, falls das Gitter ein Symmetriezentrum im Punkt $\mathfrak{r} = 0$ hat, andernfalls sind $V_{\mathfrak{h}}$ und $V_{-\mathfrak{h}}$ konjugiert komplex.

---

[1] Vgl. F. BLOCH, ZS. f. Phys. Bd. 52, S. 555. 1928; sowie auch R. PEIERLS, Ann. d. Phys. Bd. 4, S. 121. 1930; H. BETHE, ebenda Bd. 87, S. 55. 1928; PH. M. MORSE, Phys. Rev. Bd. 35, S. 1310. 1930.

[2] Vgl. P. P. EWALD, Ann. d. Phys. Bd. 54, S. 519 u. 557. 1917.

Setzen wir nun die Fourierreihe (8.7) in die Differentialgleichung (8.2) ein und versuchen wir, für ψ den Ansatz (8.3) zu machen, so wird

$$\Delta\psi + \frac{2m}{\hbar^2}(E - V)\psi = \left[\frac{2m}{\hbar^2}(E - V_{000}) - k^2\right] e^{i(\mathfrak{k}\mathfrak{r})} - \frac{2m}{\hbar^2} \sum_{h_1 h_2 h_3 \neq 000} V_{h_1 h_2 h_3} e^{i(\mathfrak{k}+2\pi\mathfrak{h},\mathfrak{r})}. \quad (8.11)$$

Daraus folgt, daß (8.3) *keine* Lösung von (8.2) ist; setzt man z. B. $E = -V_{000} + k^2$, so fällt zwar auf der rechten Seite die ebene Welle $e^{i(\mathfrak{k}\mathfrak{r})}$ fort, aber man kann nicht gleichzeitig die ebenen Wellen mit den Ausbreitungsvektoren $\mathfrak{k} + 2\pi\mathfrak{h}$ zum Verschwinden bringen. Um das zu erreichen, muß man vielmehr zur Wellenfunktion ψ Glieder hinzufügen, die sich wie $e^{i(\mathfrak{k}+2\pi\mathfrak{h},\mathfrak{r})}$ verhalten; man wird also auf den Ansatz

$$\psi = \sum_{h_1 h_2 h_3} a_{\mathfrak{h}} e^{i(\mathfrak{k}+2\pi\mathfrak{h},\mathfrak{r})} \quad (8.12)$$

geführt. Dieser Ansatz befriedigt nun tatsächlich die Differentialgleichung (8.2): Setzt man dort (8.12) ein und setzt man den Faktor von $e^{i(\mathfrak{k}+2\pi\mathfrak{g},\mathfrak{r})}$ gleich Null, so erhält man die folgende Beziehung zwischen den Fourierkoeffizienten $a_{\mathfrak{h}}$ der Eigenfunktion:

$$\left(E - V_{000} - \frac{\hbar^2(\mathfrak{k} + 2\pi\mathfrak{g})^2}{2m}\right) a_{\mathfrak{g}} = \sum_{\mathfrak{h}} a_{\mathfrak{g}-\mathfrak{h}} V_{\mathfrak{h}}. \quad (8.13)$$

Die Indizes $\mathfrak{g}$, $\mathfrak{h}$, $\mathfrak{g} - \mathfrak{h}$ stehen jeweils für ein Index*tripel*, z. B. $\mathfrak{g} - \mathfrak{h}$ für $g_1 - h_1$, $g_2 - h_2$, $g_3 - h_3$, die Summe rechts geht über alle ganzzahligen Werte von $h_1 h_2 h_3$. Die Gleichung (8.13) muß für jeden Wert von $\mathfrak{g}$ (d. h. für jedes Tripel von ganzzahligen Werten $g_1 g_2 g_3$) gelten. Damit sie lösbar ist, muß die Determinante

$$\begin{vmatrix} \cdot & \cdot & \cdot & \cdot & \cdot \\ \cdots & -E + V_{000} + \mathfrak{k}^2 & V_{100} & V_{010} & \cdots \\ \cdots & V_{-100} & -E + V_{000} + (\mathfrak{k} + 2\pi\mathfrak{b}_1)^2 & V_{-110} & \cdots \\ \cdots & V_{0,-1,0} & V_{1,-1,0} & -E + V_{000} + (\mathfrak{k} + 2\pi\mathfrak{b}_2)^2 & \cdots \\ \cdot & \cdot & \cdot & \cdot & \cdot \end{vmatrix} = 0 \quad (8.14)$$

verschwinden: Hieraus erhält man die Energie E, die zur Wellenzahl $\mathfrak{k}$ gehört. Ist E so gewählt, daß (8.14) befriedigt ist, so läßt sich (8.13) stets lösen, d. h. die Eigenfunktion ψ bestimmen. Die Berechnung von Eigenfunktionen und Eigenwert ist natürlich im allgemeinen eine recht komplizierte Aufgabe, sie wird uns in den folgenden Ziffern zu beschäftigen haben.

Der Ansatz (8.12) ist genau identisch mit unserem früheren Ansatz (8.5), denn

$$u_{\mathfrak{k}}(\mathfrak{r}) = \sum_{\mathfrak{g}} a_{\mathfrak{g}} e^{2\pi i(\mathfrak{g}\mathfrak{r})} \quad (8.15)$$

ist eine periodische Funktion, deren Periode gleich der des Gitters ist, wie in (8.5) behauptet. Es ist leicht einzusehen, daß *alle* Eigenfunktionen diese Form haben müssen[1].

---

[1] Jede Wellenfunktion muß sich als Fourier*integral*

$$\psi = \int a(k_x, k_y, k_z)\, e^{i(k_x x + k_y y + k_z z)}\, dk_x\, dk_y\, dk_z$$

darstellen lassen (Darstellung im Impulsraum $k_x k_y k_z$). Durch Einsetzen in die Differentialgleichung (8.2) findet man, daß zwei Koeffizienten $a(\mathfrak{k})$ und $a(\mathfrak{k}')$ nur *dann* miteinander in Beziehung stehen, wenn $\mathfrak{k}' = \mathfrak{k} + 2\pi\mathfrak{g}$ ist, wobei $\mathfrak{g}$ ein Vektor im reziproken Gitter von der in (8.7a) definierten Art ist. Also läßt sich ψ als Linearkombination von Eigenfunktionen der Form (8.12) mit verschiedenen Wellenzahlen $\mathfrak{k}$ schreiben. Da nun die Energie nach (8.14) wesentlich von $\mathfrak{k}$ abhängt, kann eine solche Linearkombination *nicht* Eigenfunktion sein, also sind alle Eigenfunktionen von der Form (8.12). Dabei ist nur noch zu bemerken, daß für alle Gittertypen mit einem Inversionszentrum zwei Eigenfunktionen, die sich nur durch das Vorzeichen von $\mathfrak{k}$ unterscheiden, zum gleichen Eigenwert gehören, so daß auch

$$\psi = \sum a_{\mathfrak{h}} \frac{\cos}{\sin} (\mathfrak{k} + 2\pi\mathfrak{h}, \mathfrak{r})$$

Eigenfunktion ist.

c) Definition des reduzierten Ausbreitungsvektors. Die verschiedenen Eigenfunktionen und Eigenwerte können zweckmäßig durch den zugehörigen Ausbreitungsvektor $\mathfrak{k}$ gekennzeichnet werden. Durch Angabe von $\mathfrak{k}$ ist allerdings die Eigenfunktion des Elektrons noch nicht eindeutig charakterisiert: Die unendliche Determinante (8.14) kann bei gegebenem $\mathfrak{k}$ noch durch unendlich viele Werte von E zum Verschwinden gebracht werden; die entsprechenden Eigenfunktionen unterscheiden sich bezüglich der Werte der Koeffizienten $a_{\mathfrak{h}}$. Andererseits ist es auch nicht eindeutig, welchen Ausbreitungsvektor man einer gegebenen Wellenfunktion zuordnen soll. Z. B. kann man der Wellenfunktion (8.12) genau so gut den Ausbreitungsvektor $\mathfrak{k}$ zuordnen wie den Vektor $\mathfrak{k}' = \mathfrak{k} + 2\pi\mathfrak{g}$, wo $\mathfrak{g}$ ein beliebiger Vektor im reziproken Gitter ist: Man kann schreiben

$$\psi = e^{i(\mathfrak{k}\mathfrak{r})} \sum_{\mathfrak{h}} a_{\mathfrak{h}} e^{2\pi i(\mathfrak{h}\mathfrak{r})} = e^{i(\mathfrak{k}'\mathfrak{r})} \sum_{\mathfrak{h}} a'_{\mathfrak{h}} e^{2\pi i(\mathfrak{h}\mathfrak{r})}$$

mit

$$a'_{\mathfrak{h}} = a_{\mathfrak{h}+\mathfrak{g}}.$$

Die Einführung des neuen Ausbreitungsvektors $\mathfrak{k}'$ an Stelle von $\mathfrak{k}$ bedeutet also bloß eine Umnumerierung der Fourierkoeffizienten.

Man kann diese Vieldeutigkeit durch die Festsetzung lösen, daß die Projektionen von $\mathfrak{k}$ auf die Kristallachsen, $\xi = (\mathfrak{k}\mathfrak{a}_1)$, $\eta = (\mathfrak{k}\mathfrak{a}_2)$ und $\zeta = (\mathfrak{k}\mathfrak{a}_3)$ *möglichst klein sein sollen*. Jede dieser Komponenten kann dann *nur* mehr *die Werte von* $-\pi$ *bis* $+\pi$ *annehmen*. Denn wenn z. B. $(\mathfrak{k}\mathfrak{a}_1)$ zwischen π und 3π liegen würde, so könnte man statt $\mathfrak{k}$ den neuen Ausbreitungsvektor $\mathfrak{k}' = \mathfrak{k} - 2\pi\mathfrak{b}_1$ einführen, und es wäre dann $-\pi < (\mathfrak{k}'\mathfrak{a}_1) < \pi$. Im Falle orthogonaler Kristallachsen x, y, z bedeutet unsere Festsetzung, daß

$$-\frac{\pi}{a_1} < k_x < \frac{\pi}{a_1}, \qquad -\frac{\pi}{a_2} < k_y < \frac{\pi}{a_2}, \qquad -\frac{\pi}{a_3} < k_z < \frac{\pi}{a_3} \tag{8.16}$$

gewählt werden soll, für kubische Kristalle müssen k_x, k_y, k_z zwischen $-\frac{\pi}{a}$ und $+\frac{\pi}{a}$ (a = Gitterkonstante) liegen. Wir nennen einen Ausbreitungsvektor $\mathfrak{k}$, welcher unserer Festsetzung genügt, „*reduzierten Ausbreitungsvektor*“ oder „*reduzierte Wellenzahl*“. Die Zustände des Elektrons, welche zur gleichen reduzierten Wellenzahl gehören, kann man dann etwa der Größe der Energie nach ordnen und von der niedrigsten Energie beginnend, mit einer Quantenzahl n (Energiebandnummer) numerieren. Durch die reduzierte Wellenzahl und die Bandnummer n ist ein Elektronenzustand eindeutig definiert, ebenso kann man zu jedem Zustand eindeutig die reduzierte Wellenzahl und die Bandnummer angeben. Bei festgehaltener Bandnummer ist die Energie eine stetige Funktion der Wellenzahl $\mathfrak{k}$, desgleichen die Fourierkoeffizienten $a_{\mathfrak{h}}$ in der Eigenfunktion (8.12).

Man kann aber auch eine andere Festsetzung für die Wellenzahl $\mathfrak{k}$ treffen: Man kann aus der Fourierentwicklung (8.12) der Wellenfunktion das Glied mit dem größten Fourierkoeffizienten $a_{\mathfrak{h}}$ herausgreifen und $\bar{\mathfrak{k}} = \mathfrak{k} + 2\pi\mathfrak{h}$ als Wellenzahl bezeichnen („freie Wellenzahl“[1]). Dies Vorgehen ist besonders dann zweckmäßig, wenn die Energie des Elektrons sehr groß gegen die Schwankungen des Metallpotentials ist (nahezu freie Elektronen). Für langsame Elektronen, wie sie bei der metallischen Leitung eine Rolle spielen, ist diese Definition der Wellenzahl unzweckmäßig, weil dort eine große Anzahl Fourierkoeffizienten $a_{\mathfrak{h}}$ von gleicher Größenordnung sind (vgl. Ziff. 10, 11).

d) Abzählung der Zustände. Normierung der Eigenfunktion. Um die Abzählung der Quantenzustände insbesondere für statistische Fragen

[1] Wir schreiben für die freie Wellenzahl stets den Buchstaben $\bar{\mathfrak{k}}$.

zu erleichtern, ist es zweckmäßig, den Eigenfunktionen eine periodische Bedingung aufzuerlegen: Wir verlangen, daß

$$\psi(\mathfrak{r} + n_1 G \mathfrak{a}_1 + n_2 G \mathfrak{a}_2 + n_3 G \mathfrak{a}_3) = \psi(\mathfrak{r}) \tag{8.17}$$

ist, wobei G eine große Zahl und $n_1 n_2 n_3$ ganze Zahlen sein sollen: Die Eigenfunktion soll also räumlich periodisch mit der sehr großen Periode $G\mathfrak{a}_1$, $G\mathfrak{a}_2$, $G\mathfrak{a}_3$ sein. Sie ist vollständig definiert, wenn sie an jedem Punkt eines Parallelepipedes mit den Kanten $G\mathfrak{a}_1$, $G\mathfrak{a}_2$, $G\mathfrak{a}_3$ bekannt ist. Wir nennen dies Parallelepiped das Grundgebiet des Kristalls.

Die Festsetzung der Periodizität bedeutet keine wesentliche Beschränkung in der Wahl der Eigenfunktion, insbesondere dann nicht, wenn G sehr groß ist. (8.17) kann nur erfüllt werden, wenn

$$\mathfrak{k} = \frac{2\pi}{G}(\varkappa_1 \mathfrak{b}_1 + \varkappa_2 \mathfrak{b}_2 + \varkappa_3 \mathfrak{b}_3) \tag{8.18}$$

ist, wobei $\varkappa_1 \varkappa_2 \varkappa_3$ ganze Zahlen sind: Die Komponenten des Ausbreitungsvektors $\mathfrak{k}$ in den Richtungen der Kristallachsen müssen also ganzzahlige Vielfache von $2\pi/G$ sein. Wegen unserer Bedingungen $-\pi < (\mathfrak{k}\mathfrak{a}_1) < \pi$ usw. laufen die Zahlen $\varkappa_1 \varkappa_2 \varkappa_3$ je von $-\frac{1}{2}G$ bis $+\frac{1}{2}G$, es gibt also genau G^3 verschiedene Möglichkeiten für die Wahl der „reduzierten Wellenzahl" $\mathfrak{k}$, das sind ebensoviel wie die Anzahl Elementarzellen im „Grundgebiet" $G\mathfrak{a}_1$, $G\mathfrak{a}_2$, $G\mathfrak{a}_3$. Das Spektrum des Elektrons im Kristall wird durch unsere Periodizitätsforderung formal diskret, bleibt aber, da G sehr groß ist, *praktisch* kontinuierlich.

Zur Normierung der Eigenfunktionen verlangen wir, daß $\int |\psi|^2 d\tau = 1$ ist, wenn das Integral über das „Grundgebiet" erstreckt wird. Zur Durchführung der Normierung ist es zweckmäßig, in geringer Abänderung von (8.5) und (8.12) zu schreiben

$$\psi = G^{-3/2} u_{\mathfrak{k}}(\mathfrak{r}) e^{i(\mathfrak{k}\mathfrak{r})} \tag{8.19}$$

$$= G^{-3/2} \sum_{g_1 g_2 g_3} a_{\mathfrak{g}} e^{i(\mathfrak{k} + 2\pi\mathfrak{g}, \mathfrak{r})} \tag{8.20}$$

Dann lautet die Normierungsbedingung:

$$\int |\psi|^2 d\tau = G^{-3} \sum_{\mathfrak{g}, \mathfrak{h}} a_{\mathfrak{g}}^* a_{\mathfrak{h}} \int e^{i(\mathfrak{h} - \mathfrak{g}, \mathfrak{r})} d\tau = 1\,. \tag{8.21}$$

Die Integrale verschwinden aber, wenn $\mathfrak{h} \neq \mathfrak{g}$ ist, und geben das Volumen

$$\Omega = G^3 \Omega_0 \tag{8.22}$$

des Grundgebiets, wenn $\mathfrak{h} = \mathfrak{g}$: Also ist

$$\sum_{\mathfrak{g}} |a_{\mathfrak{g}}|^2 = \frac{1}{\Omega_0}\,. \tag{8.23}$$

Für u ergibt sich nach (8.19) die Normierungsbedingung

$$\int |u_{\mathfrak{k}}|^2 d\tau_0 = 1\,, \tag{8.24}$$

wo $\int d\tau_0 \ldots$ das Integral über eine Elementarzelle bedeutet[1]: u ist also pro Elementarzelle normiert.

9. Die Strommatrix. a) Diagonalelemente. Die Wellenfunktion (8.12) entspricht, ihrer komplexen Natur gemäß, einem *Strom* von Elektronen, der sich durch das Gitter hindurchbewegt. Der Strom berechnet sich dabei nach der bekannten wellenmechanischen Formel

$$\mathfrak{S} = -\frac{ie\hbar}{2m}\int (\psi^* \operatorname{grad}\psi - \psi \operatorname{grad}\psi^*)\, d\tau\,, \tag{9.1}$$

[1] Diese Bezeichnung behalten wir stets bei.

das Integral geht über das Grundgebiet des Kristalls, die Elektronenladung ist $+e$. Mit dem Ausdruck (8.20) für die Eigenfunktion ist

$$\mathfrak{S} = \frac{e\hbar G^{-3}}{m} \sum_{\mathfrak{g}\mathfrak{h}} a_{\mathfrak{g}}^* a_{\mathfrak{h}} (\mathfrak{k} + 2\pi\mathfrak{h}) \int e^{i(\mathfrak{h}-\mathfrak{g},\mathfrak{r})} d\tau = \frac{e\hbar}{m} \sum_{\mathfrak{g}} |a_{\mathfrak{g}}|^2 (\mathfrak{k} + 2\pi\mathfrak{g}) \Omega_0. \quad (9.2)$$

Die Berechnung des Stromes würde danach die Kenntnis sämtlicher Fourierkoeffizienten $a_{\mathfrak{g}}$ der Eigenfunktion erfordern. Wir werden aber sogleich zeigen, daß es genügt, die Energie als Funktion der Wellenzahl zu kennen[1].

Zu diesem Zweck transformieren wir zunächst das Volumenintegral (9.1) in ein Integral über die Oberfläche des „Grundgebiets"[2]:

$$-\frac{2m}{ie\hbar} S_x = \int \left(\psi^* \frac{\partial \psi}{\partial x} - \psi \frac{\partial \psi^*}{\partial x}\right) d\tau = \int x \left(\psi^* \frac{\partial \psi}{\partial n} - \psi \frac{\partial \psi^*}{\partial n}\right) d\sigma - \int (\psi^* \Delta \psi - \psi \Delta \psi^*) x \, d\tau. \quad (9.3)$$

Das letzte Integral verschwindet wegen der Schrödingergleichung (8.2) und der entsprechenden Gleichung für ψ^*. Das erste Integral rechts ist über die Oberfläche des Grundgebiets zu erstrecken, n ist die Richtung senkrecht zur Oberfläche. Wir wählen speziell die x-Achse in der Richtung der reziproken Kristallachse $\mathfrak{b}_1$, so daß die x-Koordinate eines beliebigen Punktes $\mathfrak{r}$ gleich $\frac{(\mathfrak{r}\mathfrak{b}_1)}{b_1}$ ist. Betrachten wir dann zwei entsprechende Punkte gegenüberliegender Begrenzungsflächen des Grundgebiets, z. B. den Punkt $r_1\mathfrak{a}_1 + r_2\mathfrak{a}_2$ einerseits und $r_1\mathfrak{a}_1 + r_2\mathfrak{a}_2 + G\mathfrak{a}_3$ andererseits (r_1, r_2 beliebige, im allgemeinen *nicht* ganze Zahlen zwischen 0 und G), so ist der Wert der ψ-Funktion wegen der Periodizitätsbedingung (8.18) an beiden Punkten derselbe, ebenso der Wert der x-Koordinate ($x = r_1/b_1$), während die Richtung der Normalen $\mathfrak{n}$ entgegengesetzt ist: Die Beiträge der beiden Punkte zum Oberflächenintegral heben sich daher auf. Nur die beiden Grenzflächen senkrecht zur x-Achse tragen daher zum Oberflächenintegral bei. Betrachten wir hier zwei korrespondierende Punkte, $r_2\mathfrak{a}_2 + r_3\mathfrak{a}_3$ und $G\mathfrak{a}_1 + r_2\mathfrak{a}_2 + r_3\mathfrak{a}_3$, so unterscheiden sich ihre x-Koordinaten um $\frac{G(\mathfrak{a}_1\mathfrak{b}_1)}{b_1} = \frac{G}{b_1}$, so daß

$$-\frac{2m}{ie\hbar} S_x = -\frac{2m}{ie\hbar b_1} (\mathfrak{S}\mathfrak{b}_1) = \frac{G}{b_1} \cdot \int \left(\psi^* \frac{\partial \psi}{\partial x} - \psi \frac{\partial \psi^*}{\partial x}\right) df \quad (9.4)$$

wird, wobei das Integral nunmehr bloß noch über die rechte Seitenfläche des Grundgebiets zu erstrecken ist. G/b_1 ist dabei der Abstand der „rechten" von der „linken" Seitenfläche. Das Integral ist unabhängig davon, *wo* die „rechte" Seitenfläche hingelegt wird. [Das geht aus der Ableitung von (9.4) hervor, in der niemals von der speziellen Lage der Begrenzungsflächen des Grundgebiets die Rede war oder auch daraus, daß die Divergenz des Integranden verschwindet.] Der Integrand ist im übrigen periodisch mit der Periode des *Gitters* (nicht mit der großen Periode der Wellenfunktion), wie man mit Hilfe von (8.19) unmittelbar erkennt. Man kann daher das Integral über die ganze rechte Seitenfläche des *Grundgebiets* durch das G^2fache des Integrals über die rechte Seitenfläche einer *Elementarzelle* ersetzen.

Dann wird

$$S_1 = (\mathfrak{S}\mathfrak{b}_1) = -\frac{ie\hbar G^3}{2m} \int \left(\psi^* \frac{\partial \psi}{\partial x} - \psi \frac{\partial \psi^*}{\partial x}\right) df_0, \quad (9.5)$$

wo nun das Integral über die zu $\mathfrak{b}_1$ senkrechte Seitenfläche einer Elementarzelle geht[3], und x, wie wir nochmals bemerken wollen, die Richtung $\mathfrak{b}_1$ hat. Entsprechend berechnen sich die Komponenten $S_2 S_3$ des zur Eigenfunktion ψ gehörigen Stromvektors $\mathfrak{S}$ in den Richtungen der beiden anderen reziproken Achsen $\mathfrak{b}_2$ und $\mathfrak{b}_3$, und es ist

$$\mathfrak{S} = S_1\mathfrak{a}_1 + S_2\mathfrak{a}_2 + S_3\mathfrak{a}_3. \quad (9.6)$$

Durch Division mit e erhält man aus dem Stromvektor die Geschwindigkeit, durch weitere Multiplikation mit m den Impuls des Elektrons

$$\mathfrak{p} = \sum_{i=1}^{3} p_i \mathfrak{a}_i; \qquad p_i = -\frac{1}{2} i\hbar G^3 \int \left(\psi^* \frac{\partial \psi}{\partial x} - \psi \frac{\partial \psi^*}{\partial x}\right) df_0. \quad (9.7)$$

---

[1] Vgl. R. PEIERLS, ZS. f. Phys. Bd. 53, S. 255. 1929.

[2] Vgl. F. BLOCH, ZS. f. Phys. Bd. 52, S. 555. 1928.

[3] Dies soll durch den Index 0 beim Flächenelement df_0 angedeutet werden.

Um nun die obenerwähnte Beziehung zwischen Impuls (Stromvektor) und Energie zu erhalten[1], gehen wir aus von den Schrödingergleichungen

$$\left.\begin{aligned} \Delta\psi_{\mathfrak{k}} + \frac{2m}{\hbar^2}(E_{\mathfrak{k}} - V)\psi_{\mathfrak{k}} = 0\,, \\ \Delta\psi_{\mathfrak{k}'}^* + \frac{2m}{\hbar^2}(E_{\mathfrak{k}'} - V)\psi_{\mathfrak{k}'}^* = 0\,. \end{aligned}\right\} \tag{9.8}$$

Multiplizieren wir die erste Gleichung mit $\psi_{\mathfrak{k}'}^*$, die zweite mit $\psi_{\mathfrak{k}}$, subtrahieren und integrieren über eine Elementarzelle, so kommt

$$\int(\psi_{\mathfrak{k}'}^*\Delta\psi_{\mathfrak{k}} - \psi_{\mathfrak{k}}\Delta\psi_{\mathfrak{k}'}^*)\,d\tau_0 = \frac{2m}{\hbar^2}(E_{\mathfrak{k}'} - E_{\mathfrak{k}})\int\psi_{\mathfrak{k}'}^*\psi_{\mathfrak{k}}\,d\tau_0\,. \tag{9.9}$$

Partielle Integration der linken Seite gibt ein Integral über die *Oberfläche* der Elementarzelle:

$$\int\left(\psi_{\mathfrak{k}'}^*\frac{\partial\psi_{\mathfrak{k}}}{\partial n} - \psi_{\mathfrak{k}}\frac{\partial\psi_{\mathfrak{k}'}^*}{\partial n}\right)d\sigma_0\,. \tag{9.10}$$

Wir nehmen nun an, daß $\mathfrak{k}$ und $\mathfrak{k}'$ bezüglich ihrer Komponenten in den Richtungen $\mathfrak{b}_2$, $\mathfrak{b}_3$ übereinstimmen und sich nur bezüglich der Komponente $\mathfrak{k}_1$ um einen kleinen Betrag unterscheiden:

$$\mathfrak{k}' - \mathfrak{k} = \varepsilon\,\mathfrak{b}_1\,. \tag{9.11}$$

Eine Betrachtung ähnlich zu der früheren zeigt dann, daß die „obere", „untere", „vordere" und „hintere" Seitenfläche der Elementarzelle nichts zu dem Oberflächenintegral (9.10) beiträgt, wobei noch die Formel (8.19) für $\psi_{\mathfrak{k}}$ zu Hilfe zu nehmen ist. Aus derselben Formel leiten wir ab, daß

$$\psi_{\mathfrak{k}'}^*\frac{\partial\psi_{\mathfrak{k}}}{\partial n} - \psi_{\mathfrak{k}}\frac{\partial\psi_{\mathfrak{k}'}^*}{\partial n} = G^{-3}e^{i(\mathfrak{k}-\mathfrak{k}',\mathfrak{r})}\left(u_{\mathfrak{k}'}^*\frac{\partial u_{\mathfrak{k}}}{\partial n} - u_{\mathfrak{k}}\frac{\partial u_{\mathfrak{k}'}^*}{\partial n} + i(\mathfrak{k} - \mathfrak{k}',\mathfrak{n})\,u_{\mathfrak{k}'}^*u_{\mathfrak{k}}\right). \tag{9.12}$$

Das Integral über die rechte Seitenfläche unterscheidet sich also von dem über die linke durch den Faktor $e^{i(\mathfrak{k}-\mathfrak{k}',\mathfrak{a}_1)} = e^{-i\varepsilon}$ und durch das Vorzeichen, so daß

$$\int\left(\psi_{\mathfrak{k}'}^*\frac{\partial\psi_{\mathfrak{k}}}{\partial n} - \psi_{\mathfrak{k}}\frac{\partial\psi_{\mathfrak{k}'}^*}{\partial n}\right)d\sigma_0 = G^{-3}(e^{-i\varepsilon} - 1)\cdot\int\left(u_{\mathfrak{k}'}^*\frac{\partial u_{\mathfrak{k}}}{\partial x} - u_{\mathfrak{k}}\frac{\partial u_{\mathfrak{k}'}^*}{\partial x} + i\varepsilon\,u_{\mathfrak{k}'}^*u_{\mathfrak{k}}\right)df_0\,. \tag{9.13}$$

Das Integral rechts geht, genau wie in (9.5) und (9.7), nur über die rechte Seitenfläche der Elementarzelle. Es geht in (9.7) über, sobald wir mit $\varepsilon = (\mathfrak{k}' - \mathfrak{k}, \mathfrak{a}_1)$ zur Grenze Null gehen. Also wird nach (8.21), (9.7), (9.9), (9.13)

$$\frac{2mG^3}{\hbar^2}(E_{\mathfrak{k}'} - E_{\mathfrak{k}})\int|\psi_{\mathfrak{k}}|^2\,d\tau_0 = \frac{2m}{\hbar^2}(E_{\mathfrak{k}+\varepsilon\mathfrak{b}_1} - E_{\mathfrak{k}}) = -i\varepsilon\frac{2i}{\hbar}(\mathfrak{p}\,\mathfrak{b}_1)\,. \tag{9.14}$$

Daraus erhält man allgemein

$$\mathfrak{p} = \frac{m}{\hbar}\frac{\partial E}{\partial\mathfrak{k}} \tag{9.15}$$

unter $\partial E/\partial\mathfrak{k}$ den Gradienten der Energie im $\mathfrak{k}$-Raum verstanden. Die Beziehung (9.15) ist die berühmte DE BROGLIEsche Beziehung zwischen Gruppengeschwindigkeit $\mathfrak{v} = \mathfrak{p}/m$ und Phasengeschwindigkeit: Wir hätten sie unmittelbar aus der zeitabhängigen Form der Wellenfunktion

$$\psi = e^{i\left((\mathfrak{k}\mathfrak{r}) - \frac{E}{\hbar}t\right)}$$

ableiten können, indem wir davon Gebrauch gemacht hätten, daß die Partikelgeschwindigkeit $\mathfrak{v}$ der Elektronen gleich der Geschwindigkeit einer Wellengruppe ist.

b) Nichtdiagonalelemente[2]. Wir haben bisher den Strom behandelt, der zu einem *Zustand* des Elektrons gehört, also die Diagonalelemente der Strommatrix. Nunmehr wollen wir zusehen, ob die Strommatrix nicht auch Elemente außerhalb der Diagonalen hat und wie diese beschaffen sind.

---

[1] Nach R. PEIERLS, l. c.

[2] Für Spezialfall s. R. DE L. KRONIG u. W. G. PENNEY, Proc. Roy. Soc. London Bd. 130, S. 499. 1931; vgl. auch Ziff. 10d, 22, 23.

Zunächst kann man leicht einsehen, daß das Nichtdiagonalelement

$$\mathfrak{S}_{\mathfrak{k}\mathfrak{k}'} = -\frac{ie\hbar}{2m}\int (\psi_{\mathfrak{k}'}^* \operatorname{grad}\psi_{\mathfrak{k}} - \psi_{\mathfrak{k}} \operatorname{grad}\psi_{\mathfrak{k}'}^*)\, d\tau \tag{9.16}$$

nur dann von Null verschieden ist, wenn sich $\mathfrak{k}$ und $\mathfrak{k}'$ gerade um $2\pi\mathfrak{g}$ unterscheiden, wobei $\mathfrak{g}$ ein Vektor im reziproken Gitter ist, wenn also die „reduzierten" Wellenzahlen $\mathfrak{k}$ und $\mathfrak{k}'$ identisch sind.

Setzen wir nämlich den Ausdruck (8.19) für die Wellenfunktion ein, so erhalten wir, wie in (9.1), (9.12)

$$\mathfrak{S}_{\mathfrak{k}\mathfrak{k}'} = -\frac{ie\hbar}{2m} G^{-3}\int e^{i(\mathfrak{k}-\mathfrak{k}',\mathfrak{r})}(u_{\mathfrak{k}'}^* \operatorname{grad} u_{\mathfrak{k}} - u_{\mathfrak{k}} \operatorname{grad} u_{\mathfrak{k}'}^* + i(\mathfrak{k}-\mathfrak{k}')u_{\mathfrak{k}}u_{\mathfrak{k}'}^*)\, d\tau. \tag{9.17}$$

Das Integral rechts, welches über das ganze Grundgebiet geht, können wir vorteilhaft in die Beiträge der einzelnen Elementarzellen zerlegen. Es sei $\mathfrak{n}$ [vgl. (8.1)] der Ortsvektor des dem Punkt $\mathfrak{r}$ nächstgelegenen Gitterpunkts, $\mathfrak{r}' = \mathfrak{r} - \mathfrak{n}$ der Vektor von diesem Gitterpunkt zum Punkt $\mathfrak{r}$, dann ist

$$\mathfrak{S}_{\mathfrak{k}\mathfrak{k}'} = -\frac{ie\hbar}{2m} G^{-3}\sum_{n_1 n_2 n_3 = 1}^{G} e^{i(\mathfrak{k}-\mathfrak{k}',\mathfrak{n})}\int e^{i(\mathfrak{k}-\mathfrak{k}',\mathfrak{r}')}(u_{\mathfrak{k}'}^* \operatorname{grad} u_{\mathfrak{k}} - u_{\mathfrak{k}} \operatorname{grad} u_{\mathfrak{k}'}^* + i(\mathfrak{k}-\mathfrak{k}')u_{\mathfrak{k}}u_{\mathfrak{k}'}^*)\, d\tau_0, \tag{9.18}$$

wo nunmehr das Integral nur noch über eine Elementarzelle zu erstrecken und von der Nummer n der Zelle unabhängig ist. Schreibt man dann $\mathfrak{k}$ und $\mathfrak{k}'$ in der Form (8.18), so sieht man, daß die Summe über $n_1 n_2 n_3$ stets Null gibt, außer wenn $\varkappa_1 - \varkappa_1'$, $\varkappa_2 - \varkappa_2'$ und $\varkappa_3 - \varkappa_3'$ Vielfache von G sind, d. h. wenn

$$\mathfrak{k} - \mathfrak{k}' = 2\pi\mathfrak{g}, \qquad \mathfrak{g} = g_1\mathfrak{b}_1 + g_2\mathfrak{b}_2 + g_3\mathfrak{b}_3, \qquad g_1 g_2 g_3 \text{ ganz} \tag{9.19}$$

ist. In diesem letzteren Fall ist $e^{i(\mathfrak{k}-\mathfrak{k}',\mathfrak{n})}$ gleich Eins, also gibt die Summe G^3, und wir bekommen

$$\mathfrak{S}_{\mathfrak{k}\mathfrak{k}'} = -\frac{ie\hbar G^3}{2m}\int (\psi_{\mathfrak{k}'}^* \operatorname{grad}\psi_{\mathfrak{k}} - \psi_{\mathfrak{k}} \operatorname{grad}\psi_{\mathfrak{k}'}^*)\, d\tau_0, \tag{9.20}$$

$$= -\frac{ie\hbar}{2m}\int (u_{\mathfrak{k}}'^* \operatorname{grad} u_{\mathfrak{k}} - u_{\mathfrak{k}} \operatorname{grad} u_{\mathfrak{k}}'^*)\, d\tau_0,$$

wobei das Integral über eine Elementarzelle zu erstrecken ist. u und u' sollen die den beiden Zuständen entsprechenden periodischen Funktionen sein; der reduzierte Ausbreitungsvektor $\mathfrak{k}$ ist in beiden Zuständen gleich, wie wir soeben gezeigt haben: Wir schreiben daher $u_{\mathfrak{k}}'$ und nicht $u_{\mathfrak{k}'}$.

$\mathfrak{S}_{\mathfrak{k}\mathfrak{k}'}$ ist dann im allgemeinen von Null verschieden, seine Berechnung erfordert aber, im Gegensatz zu den Diagonalelementen der Strommatrix, die genaue Kenntnis der Elektroneneigenfunktion im Gitter. Die Nichtdiagonalelemente des Stroms spielen bei der Theorie des Absorptionskoeffizienten des Metalls eine ausschlaggebende Rolle, während in das Leitfähigkeitsproblem nur die Diagonalelemente eingehen.

c) Die Oszillatorstärke. Die Oszillatorstärke f_{mn} ist bekanntlich ein sehr bequemes Maß für die Übergangswahrscheinlichkeit vom Zustand n zum Zustand m, sie steht zum Matrixelement des Impulses in der einfachen Beziehung

$$f_{mn}^{(x)} = \frac{2}{m(E_m - E_n)}|p_{mn}^x|^2 \tag{9.21}$$

(Oszillatorstärke für Polarisation in der Richtung x);

$$f_{mn} = \tfrac{1}{3}(f_{mn}^{(x)} + f_{mn}^{(y)} + f_{mn}^{(z)}) \tag{9.22}$$

nennen wir die *mittlere* Oszillatorstärke. Der Hauptgrund für die Einführung von f ist, daß für die Oszillatorstärken der überaus einfache Summensatz von THOMAS-KUHN-REICHE gilt:

$$\sum_m f_{mn}^{(x)} = \sum_m f_{mn}^{(y)} = \sum_m f_{mn}^{(z)} = 1\,. \tag{9.23}$$

Die Summe der Oszillatorstärken aller Übergänge eines Elektrons von einem bestimmten Zustand n zu allen möglichen Zuständen m ist Eins. Infolgedessen sind auch die Oszillatorstärken der starken Übergänge selbst von der Größenordnung Eins. Diese Tatsache, die ganz unabhängig ist von der speziellen Eigenfunktion, wird uns später (Ziff. 13b) wichtige Rückschlüsse auf das Energiespektrum der Metallelektronen ermöglichen.

Betrachten wir nun speziell den Fall der Metallelektronen: Von einem bestimmten Zustand n aus können Übergänge nach sämtlichen Zuständen m erfolgen, deren reduzierter Ausbreitungsvektor mit demjenigen von n übereinstimmt[1], d. h. für alle diese Übergänge ist p_{mn} und daher auch f_{mn} von Null verschieden (vgl. Abschn. b dieser Ziffer). Die Besonderheit der Metallelektronen ist es nun, daß die Impulsmatrix *auch Diagonalelemente* enthält, daß sich also unter den Zuständen m, die mit n optisch kombinieren, auch der Zustand n selbst befindet. Das Absorptionsspektrum, das durch die Übergänge des Metallelektrons vom Zustand n aus nach Zuständen m entsteht, enthält also unter anderem eine Linie der Frequenz Null. Während nun die Oszillatorstärken aller übrigen Absorptionslinien ohne weiteres aus (9.21) berechnet werden können, ergibt diese Formel für die Oszillatorenstärke $f_{nn} = f_0$, die zur Absorptionslinie der Frequenz Null gehört, das sinnlose Resultat $\pm\infty$.

Wir müssen daher f_0 auf andere Weise berechnen. Wir gehen zu der ursprünglichen Definition der Oszillatorstärke

$$f_{mn}^{(x)} = \frac{i}{\hbar}\left(p_{mn}^{x*} x_{mn} - p_{mn}^{x} x_{mn}^{*}\right) = \frac{i}{\hbar}\left(p_{nm}^{x} x_{mn} - x_{nm} p_{mn}^{x}\right), \tag{9.24}$$

die wegen

$$p_{mn}^{x} = 2\pi i m \nu_{mn} x_{mn} \qquad (h\nu_{mn} = E_m - E_n) \tag{9.25}$$

mit (9.21) identisch ist. Die Definition (9.24) läßt unmittelbar den Summensatz (9.23) erkennen: Es ist nach der Vertauschungsrelation

$$\sum_m f_{mn}^{x} = \frac{i}{\hbar}\left(p_x x - x p_x\right)_{nn} = 1\,. \tag{9.26}$$

Auch Formel (9.24) läßt sich noch nicht ohne weiteres auf unseren Fall anwenden: Denn setzen wir etwa für die Eigenfunktion des Zustands n

$$\psi_{\mathfrak{k}} = e^{i(\mathfrak{k}\mathfrak{r})} u_{\mathfrak{k}}(\mathfrak{r})\,,$$

so wird

$$x_{nn} = \int x\,|\psi_n|^2\, d\tau$$

unbestimmt, da das Integral, über das ganze unendliche Metall erstreckt, nicht konvergiert. Um das Integral konvergent zu machen, müssen wir als Wellenfunktion ein *Wellenpaket* nehmen, welches auf ein gewisses Raumgebiet in der Umgebung eines Punktes $\mathfrak{r}_0$ konzentriert ist. Wir setzen also

$$\psi_n = \sum_{\mathfrak{k}'} c_{\mathfrak{k}'} \psi_{\mathfrak{k}'}\,. \tag{9.27}$$

Enthält das Gebiet, in dem ψ_n beträchtlich ist, viele Atome, so kann man erreichen, daß die Koeffizienten $c_{\mathfrak{k}'}$ nur für Werte von $\mathfrak{k}'$ in der Umgebung eines bestimmten $\mathfrak{k}_0$ beträchtlich sind. Im Zustand n sind dann Ort und Impuls *annähernd* festgelegt (soweit es die Ungenauigkeitsrelation erlaubt).

Es läge nun nahe, aus der Eigenfunktion (9.27) in üblicher Weise die Matrixelemente p_{nn}^{x} und x_{nn} zu berechnen und daraus f_0. Das ist jedoch *nicht* erlaubt. Denn die Relation

$$\sum_m p_{nm}^{x} x_{mn} = (p^x x)_{nn}\,,$$

welche wir zum Beweise des Summensatzes (9.26) benötigen, gilt nur, wenn die Eigenfunktionen ψ_m ein vollständiges System orthogonaler Funktionen bilden.

[1] Es gibt also Übergänge nach je einem Zustand jedes Energiebandes.

(Über die Funktion ψ_n braucht nichts vorausgesetzt zu werden.) Wir dürfen daher als Eigenfunktionen der Zustände m *nicht* Wellenpakete der Form (9.27) nehmen[1], sondern müssen hierfür die Eigenfunktionen $\psi_{\mathfrak{k}}$ selbst wählen. Dabei interessiert uns dann aber nicht die Oszillatorstärke f_{mn}, die dem Übergang vom Zustand n zu einem Zustand m mit bestimmtem Ausbreitungsvektor $\mathfrak{k}$ zugeordnet ist. f_0 wird vielmehr gegeben durch die *Summe* aller Oszillatorstärken, welche den Übergängen von n nach allen den dicht benachbarten Zuständen m entsprechen, deren Eigenfunktionen in ψ_n enthalten sind.

Greifen wir einen bestimmten dieser Zustände mit der Eigenfunktion $\psi_{\mathfrak{k}}$ heraus, so ist zunächst offensichtlich

$$p_{nm}^x = \int \psi_n^* \frac{\hbar}{i} \frac{\partial}{\partial x} \psi_{\mathfrak{k}} \, d\tau = c_{\mathfrak{k}}^* p_x(\mathfrak{k}), \tag{9.28}$$

wobei $p_x(\mathfrak{k})$ der Wert des Impulses p_x für den Zustand $\mathfrak{k}$ ist. Auch die Auswertung des Matrixelements

$$x_{mn} = \int \psi_{\mathfrak{k}}^* x \, \psi_n \, d\tau$$

ist jetzt möglich, da der Faktor ψ_n Konvergenz erzeugt. Nach Ziff. 33 hat x_{mn} den Wert

$$x_{mn} = i \left(\frac{\partial c_{\mathfrak{k}'}}{\partial k_x'}\right)_{\mathfrak{k}'=\mathfrak{k}} + i c_{\mathfrak{k}} \int u_{\mathfrak{k}}^* \left(\frac{\partial u_{\mathfrak{k}'}}{\partial k_x'}\right)_{\mathfrak{k}'=\mathfrak{k}} d\tau, \tag{9.29}$$

wobei das letzte Integral über eine Elementarzelle geht. Wir finden daher

$$\left.\begin{aligned} f_0 &= \frac{i}{\hbar} \sum_m p_{nm}^x x_{mn} - x_{mn}^* (p_{nm}^x)^* \\ &= -\frac{1}{\hbar} \sum_{\mathfrak{k}} c_{\mathfrak{k}}^* p_x(\mathfrak{k}) \left[\left(\frac{\partial c_{\mathfrak{k}'}}{\partial k_x'}\right)_{\mathfrak{k}'=\mathfrak{k}} + c_{\mathfrak{k}} \int u_{\mathfrak{k}}^* \left(\frac{\partial u_{\mathfrak{k}'}}{\partial k_x'}\right)_{\mathfrak{k}'=\mathfrak{k}} d\tau_0\right] + \text{konj.} \\ &= -\frac{1}{\hbar} \sum_{\mathfrak{k}} p_x(\mathfrak{k}) \left[\frac{\partial |c_{\mathfrak{k}'}|^2}{\partial k_x'} + |c_{\mathfrak{k}}|^2 \frac{\partial}{\partial k_x'} \int |u_{\mathfrak{k}'}|^2 d\tau_0\right]_{\mathfrak{k}'=\mathfrak{k}}. \end{aligned}\right\} \tag{9.30}$$

Das letzte Integral ist das Normierungsintegral, es hat unabhängig von $\mathfrak{k}'$ den Wert 1, fällt also bei Differentiation nach k_x' fort. Das übrigbleibende Glied von (9.30) formen wir durch „partielle Summation" um[2] und erhalten

$$f_0 = -\frac{1}{\hbar} \sum_{\mathfrak{k}} p_x(\mathfrak{k}) \frac{\partial |c_{\mathfrak{k}}|^2}{\partial k_x} = \frac{1}{\hbar} \sum_{\mathfrak{k}} |c_{\mathfrak{k}}|^2 \frac{\partial p_x}{\partial k_x}. \tag{9.31}$$

Nun ist $|c_{\mathfrak{k}}|^2$ nur für $\mathfrak{k}$'s in der Umgebung eines bestimmten $\mathfrak{k}_0$ beträchtlich, in dieser Umgebung ändert sich p_x nur sehr wenig, so daß wir es vor die Summe ziehen können. Wegen der Normierung von ψ_n haben wir außerdem

$$\sum |c_{\mathfrak{k}}|^2 = 1.$$

Daraus folgt

$$f_0^{(x)} = \frac{1}{\hbar} \frac{\partial p_x}{\partial k_x} \tag{9.32}$$

oder auch mit Rücksicht auf (9.15)

$$f_0^{(x)} = \frac{m}{\hbar} \frac{\partial v_x}{\partial k_x} = \frac{m}{\hbar^2} \frac{\partial^2 E}{\partial k_x^2}. \tag{9.33}$$

Die Oszillatorstärke f_0 mißt also *die Abhängigkeit der Geschwindigkeit und der Energie von der Wellenzahl des Elektrons.* Die bekannten Formeln für völlig freie Elektronen

$$p_x = \hbar k_x, \qquad E = \frac{\hbar^2}{2m} k^2$$

[1] Aus solchen Wellenpaketen ein Orthogonalsystem zu konstruieren, wäre höchst kompliziert und undurchsichtig.

[2] Über deren Zulässigkeit vgl. Ziff. 33.

sind nach (9.32), (9.33) gleichbedeutend mit $f_0 = 1$. Das bedeutet wegen des f-Summensatzes, daß für freie Elektronen überhaupt keine optische Übergangswahrscheinlichkeit nach Zuständen mit anderer Energie existiert, was ja eine bekannte Tatsache ist.

10. Das eindimensionale Modell von KRONIG[1]. Die allgemeine Berechnung der Eigenwerte aus einer Determinantengleichung vom Typ (8.14) bei beliebig vorgegebenem Potential erscheint ziemlich hoffnungslos. Wir wollen daher zunächst ein sehr einfaches eindimensionales Modell studieren, das sich in Strenge behandeln läßt, und wollen dann später die an diesem Modell gemachten Erfahrungen verallgemeinern.

a) Potentialansatz und Beziehung zwischen Energie und Wellenzahl. Wir wählen ein Potential von der in Abb. 9 dargestellten Form: Gebiete hohen und niedrigen Potentials wechseln in regelmäßiger Folge miteinander ab, das Potential im „Tal" wählen wir willkürlich gleich Null, die Höhe des Potentialberges sei V_0, seine Breite b, die Talbreite a. Unser Potentialgitter hat also die Gitterkonstante $a + b$, es soll sich beiderseits ins Unendliche erstrecken.

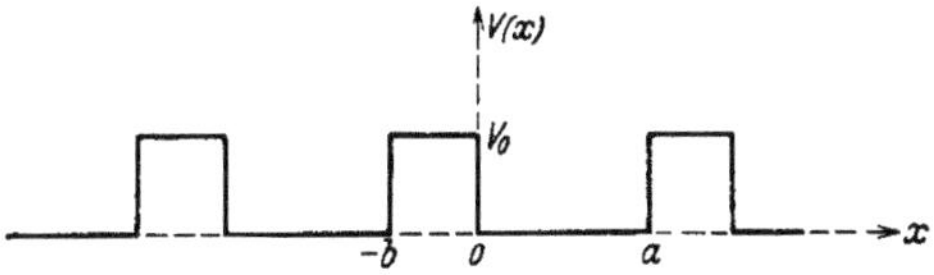

Abb. 9. Der Potentialansatz von KRONIG.

Wählen wir den Nullpunkt, wie in Abb. 9 angegeben, so ist in dem Tal zwischen $x = 0$ und $x = a$ die allgemeinste Lösung der Schrödingergleichung

$$\frac{d^2\psi}{dx^2} + \frac{2m}{\hbar^2} E = 0 \qquad (V = 0!) \qquad (10.1)$$

gegeben durch

$$\psi = \alpha\, e^{i\varkappa x} + \beta\, e^{-i\varkappa x} \qquad (10.2)$$

mit

$$\hbar\varkappa = \sqrt{2mE}\,. \qquad (10.3)$$

Das Potential des Berges, V_0, soll höher sein als die Energie E des Elektrons, dann wird im Gebiet des Berges zwischen $-b$ und 0

$$\psi = \gamma\, e^{\lambda x} + \delta\, e^{-\lambda x} \qquad (10.4)$$

mit

$$\hbar\lambda = \sqrt{2m(V_0 - E)} \qquad (10.5)$$

und ebenso für $a < x < a + b$

$$\psi = \gamma'\, e^{\lambda(x-(a+b))} + \delta'\, e^{-\lambda(x-(a+b))}, \qquad (10.6)$$

Die Koeffizienten γ', δ' werden von γ, δ im allgemeinen verschieden sein. Entsprechend unserem allgemeinen Ansatz (8.5) müssen wir aber auch in unserem eindimensionalen Spezialfall fordern, daß sich die Eigenfunktion beim Fortschreiten um die Gitterkonstante $c = a + b$ einfach mit einer Einheitswurzel e^{ikc} multipliziert. Dann muß

$$\gamma' = e^{ikc}\gamma\,, \quad \delta' = e^{ikc}\,\delta \qquad (10.7)$$

sein. Die Energie E und die Koeffizienten $\alpha\beta\gamma\delta$ lassen sich nun leicht als Funktionen der Wellenzahl k bestimmen, wenn man beachtet, daß an den Sprungstellen des Potentials, $x = 0$ und $x = a$, die Eigenfunktion ψ und ihre erste Ableitung $d\psi/dx$ stetig sein müssen. Die elementare Rechnung liefert

$$\mathfrak{Cos}\,\lambda b \cos\varkappa a + \frac{\lambda^2 - \varkappa^2}{2\varkappa\lambda}\,\mathfrak{Sin}\,\lambda b \sin\varkappa a = \cos kc\,. \qquad (10.8)$$

[1] R. DE L. KRONIG u. W. G. PENNEY, Proc. Roy. Soc. London Bd. 130, S. 499. 1931.

Im Verein mit den Definitionen (10.3), (10.5) von λ und $\varkappa$ ergibt sich daraus die Energie E als Funktion von k (sowie der Konstanten, die das Potential beschreiben: a, b, V_0).

Um die Diskussion zu vereinfachen, wollen wir das Potential noch etwas mehr idealisieren, als dies bisher schon der Fall ist: Wir wollen die Breite der Potentialberge b gegen Null und dafür ihre Höhe V_0 gegen Unendlich gehen lassen, so zwar, daß wir das Produkt $V_0 b$ konstant halten, und die neue Bezeichnung

$$\frac{m V_0}{\hbar^2} a b = \frac{1}{2} \lambda^2 a b = P \tag{10.9}$$

einführen. λb geht dann wie $\sqrt{b}$ zu Null, $\varkappa$ ist gegen λ zu vernachlässigen, die Gitterkonstante c wird gleich a und aus (10.8) wird:

$$P \frac{\sin \varkappa a}{\varkappa a} + \cos \varkappa a = \cos k a. \tag{10.10}$$

b) Diskussion des Eigenwertspektrums. Energiebänder. (10.10) ist die gesuchte Beziehung zwischen der Energie E, welche durch $\varkappa$

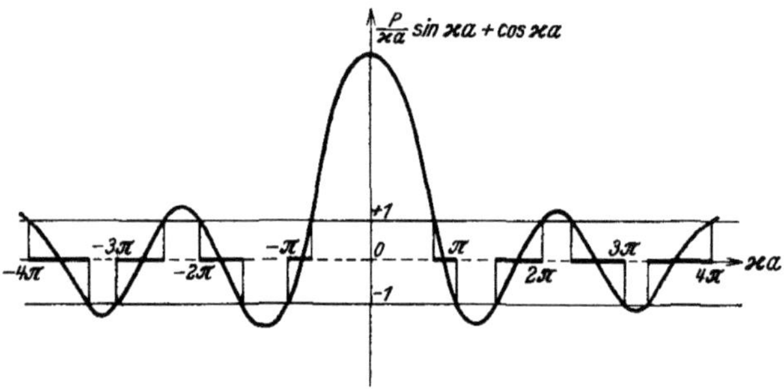

Abb. 10. $f(\varkappa a) = P \frac{\sin \varkappa a}{\varkappa a} + \cos \varkappa a$ als Funktion von $\varkappa a$ für $P = \frac{3\pi}{2}$ nach KRONIG. $\varkappa$ ist gleich $\frac{\sqrt{2mE}}{\hbar}$, wo E die Energie ist. Die erlaubten Energiebänder ($|f(\varkappa a)| < 1$) sind auf der $\varkappa a$-Achse durch Verstärkung hervorgehoben. Man sieht, daß die Unterbrechungen (verbotene Energiebänder) nach wachsenden Energien hin schmaler werden. (Nach R. DE L. KRONIG und W. G. PENNEY.)

repräsentiert wird, und der Wellenzahl k. P ist definitionsgemäß stets positiv und mißt die Höhe der Potentialwand, welche die „Täler“ trennt. a ist die Gitterkonstante.

In Abb. 10 ist nach KRONIG der Verlauf der linken Seite von (10.10), $f(\varkappa a)$ als Funktion von $\varkappa a$ dargestellt. Für P ist dabei ein mittlerer Wert, $P = \frac{3}{2}\pi$, gewählt. Damit nun überhaupt eine Lösung von (10.10) mit reellem k existiert, muß offenbar der Wert der linken Seite der Gleichung zwischen -1 und $+1$ liegen. Die Abbildung zeigt aber sofort, daß dies nur für gewisse Wertebereiche von $\varkappa a$ der Fall ist, während für andere, dazwischenliegende Wertebereiche von $\varkappa a$ die linke Seite größer als 1 oder kleiner als -1 wird. Liegt $\varkappa$ in einem der letztgenannten Gebiete, so gibt es keine Wellenfunktion, welche im ganzen Kristall endlich ist. Da nun $\varkappa$ im wesentlichen die Energie darstellt, folgt daraus, daß *die Energie eines Elektrons im Kristallgitter nicht wie beim freien Elektron jeden beliebigen Wert annehmen kann, sondern auf eine Reihe mehr oder weniger breiter voneinander getrennter Energiebänder beschränkt ist.* Das Energiespektrum hat die in Abb. 11 gezeichnete Form, die schraffierten Gebiete sind die erlaubten Energiebänder, die weißen Gebiete enthalten die für das Elektron verbotenen Werte der Energie.

Die Lage der verbotenen Energiebänder läßt sich leicht genauer bestimmen: Wenn $\varkappa a = n\pi$ ist (n ganz und positiv), erreicht die linke Seite von (10.10) jedesmal den Wert ± 1, genauer $(-1)^n$. Für etwas kleinere Werte von $\varkappa$ haben $\sin\varkappa a$ und $\cos\varkappa a$ entgegengesetztes Vorzeichen, der Absolutbetrag der linken Seite von (10.10) wird daher *kleiner* als 1, *die Energiewerte unmittelbar unterhalb* $\varkappa a = n\pi$ *sind erlaubt*. Für $\varkappa a > n\pi$ dagegen wird das Vorzeichen von $\sin\varkappa a$ und $\cos\varkappa a$ gleich, der Absolutwert der linken Seite von (10.10) wird *größer* als 1: *An jeder Stelle* $\varkappa a = n\pi$ *schließt sich also nach rechts hin ein Gebiet verbotener Energie an.* Nun ist $\varkappa$ definiert als die Wellenzahl eines freien Elektrons mit der Energie E, und $\varkappa = n\pi/a$ ist einfach die BRAGGsche Bedingung für die Reflexion einer Welle mit der Wellenzahl $\varkappa$ am Gitter mit der Gitterkonstante a *. Ein verbotenes Energieband tritt also immer dann auf, wenn die betreffende Elektronenwelle BRAGGsche Reflexion am Metallgitter erleidet. Die BRAGGsche Reflexion verhindert die Ausbildung eines Elektronenstroms durch das Gitter.

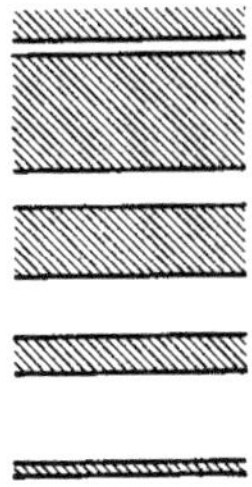

Abb. 11. Das Energiespektrum eines Elektrons im Metall. Schraffiert erlaubte, weiß verbotene Energiebänder.

Die *Breite* der verbotenen Bänder ergibt sich ebenfalls leicht aus Gleichung (10.10). Setzen wir

$$\operatorname{tg}\varphi = P/\varkappa a, \tag{10.11}$$

so erreicht die linke Seite von (10.10) den Wert $(-1)^n$, sobald

$$\cos(\varkappa a - \varphi) = (-1)^n \cos\varphi, \tag{10.12}$$

d. h. außer für $\varkappa a = n\pi$ noch für $\varkappa a = n\pi + 2\varphi$. Die Breite der verbotenen Energiebänder beträgt also 2φ. Für große n kann man in (10.11) $\varkappa a$ durch $n\pi$ ersetzen, so daß

$$\varphi = \operatorname{arctg}\frac{P}{n\pi} \approx \frac{P}{n\pi}. \tag{10.13}$$

Die Breite der verbotenen Energiebänder nimmt also mit wachsender Energie mehr und mehr ab, sie ist bei unserem Modell etwa umgekehrt proportional der Nummer n des verbotenen Bandes, d. h. der Wurzel aus der zugehörigen Energie. Je höher die Energie der Elektronen, um so mehr verhalten sie sich wie „freie" Elektronen, um so weniger spürbar ist der Effekt des Gitters. Im übrigen wächst die Breite der verbotenen Energiebänder mit P: Für $P = 0$ kann das Elektron jede beliebige Energie haben, es ist vollkommen frei, entsprechend der Tatsache, daß die Potentialwände zwischen den „Tälern" verschwunden sind. Im anderen Extremfall, $P = \infty$, hat (10.10) überhaupt nur Lösungen für $\varkappa a = n\pi$, das Energiespektrum wird diskret, das Elektron ist nunmehr fest in der einzelnen Potentialmulde gebunden und kann nicht mehr durch das Gitter wandern. Die endlichen Werte von P stellen den Übergang von den völlig freien Elektronen zu den völlig gebundenen her: Abb. 12 (nach KRONIG) zeigt, wie bei diesem Übergang die Breite der erlaubten Energiebänder abnimmt (von links nach rechts)[1].

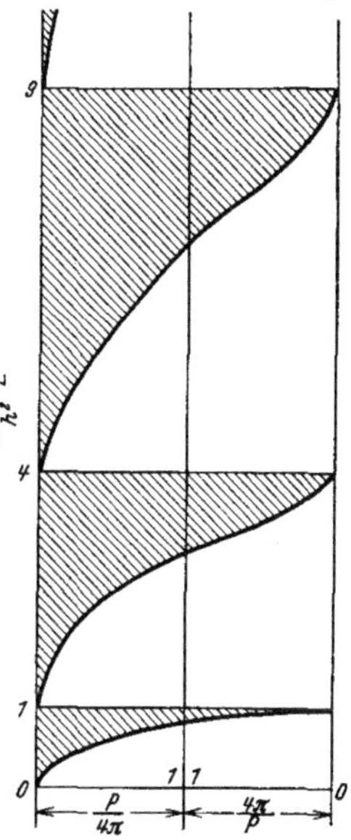

Abb. 12. Die verbotenen und erlaubten Energiebänder eines Elektrons im KRONIGschen Potentialfeld als Funktion der Stärke der Bindung. Man erkennt die Abnahme der Breite der erlaubten Energiebänder (schraffiert) mit wachsender Bindungsstärke P. (Nach KRONIG.)

Innerhalb eines jeden Energiebandes durchläuft $\cos ka$ alle Werte von -1 bis $+1$. Die reduzierte Wellenzahl k, die wir früher in der allgemeinen Diskussion (Ziff. 8c) durch die Festsetzung $-\frac{\pi}{a} < k < \frac{\pi}{a}$ definiert haben, läuft mit wachsender Energie im

* Man kann die Bedingung unter Benutzung der Beziehung $\varkappa = 2\pi/\lambda$ zwischen Wellenzahl und Wellenlänge in die geläufigere Form $n\lambda = 2a$ umschreiben: Der Glanzwinkel ϑ ist bei uns (eindimensionales Gitter!) gleich $\pi/2$.

[1] Daß die obere Grenze jedes Energiebandes von P unabhängig ist, liegt an unserem speziellen Potentialfeld.

ersten, dritten, fünften ... Energieband von 0 bis π/a, in den Energiebändern mit gerader Nummer dagegen von π/a bis 0. (Zur Wellenzahl $-k$ gehört die gleiche Energie wie zu $+k$.) Trägt man die Energie als Funktion von k auf (Abb. 13), so erhält man eine Reihe voneinander getrennter Kurven, welche den verschiedenen Energiebändern entsprechen. An der Stelle $k=0$ haben die Kurven abwechselnd[1] ein Minimum und ein Maximum. In der Nähe von $k=0$ und $\pm\frac{\pi}{a}$ hängt die Energie (wie wir es auch gezeichnet haben), *quadratisch* von k ab. Das folgt daraus, daß die rechte Seite von (10.10) dann eine quadratische Funktion von k bzw. $\pi - ka$ ist, während die linke linear von $\varkappa - \varkappa_0$ abhängt $\left(\varkappa_0 \text{ soll } k=0 \text{ bzw. } \pm\frac{\pi}{a} \text{ entsprechen}\right)$. Ein Zustand wird durch die reduzierte Wellenzahl k und die Nummer des Energiebandes gekennzeichnet.

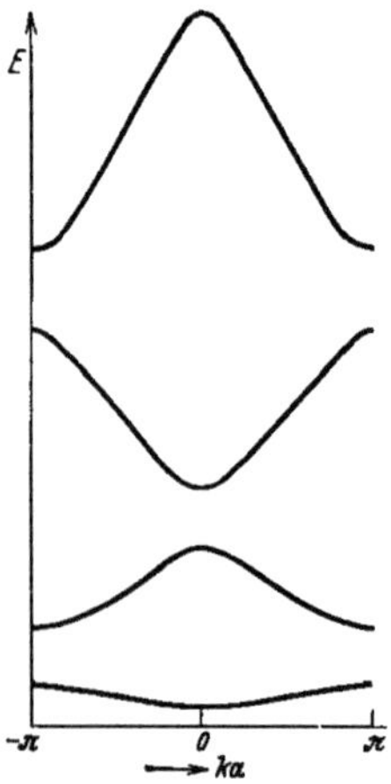

Abb. 13. Die Energie als Funktion der reduzierten Wellenzahl k im KRONIGschen Potentialfeld. Bindungskonstante $P=\frac{3\pi}{2}$.

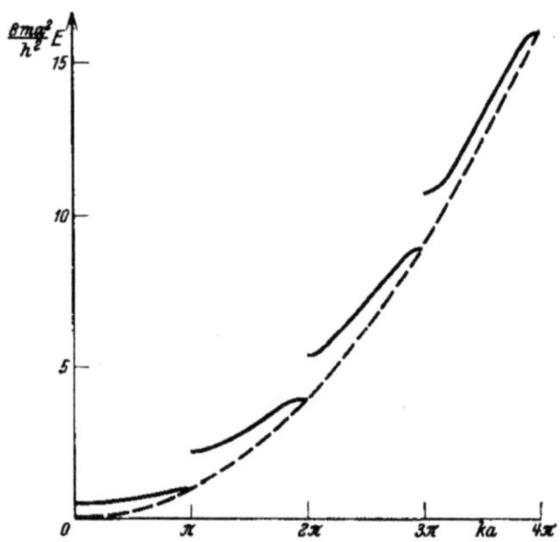

Abb. 14. Die Energie als Funktion der „freien" Wellenzahl $\bar{k}$ im KRONIGschen Potentialfeld $\left(P=\frac{3\pi}{2}\right)$.

Es hat natürlich auch etwas für sich, die Normierung der Wellenzahl im Anschluß an die Wellenzahl der freien Elektronen zu wählen: Dem ersten Energieband kommen dann die Wellenzahlen $\bar{k}$ von $-\frac{\pi}{a}$ bis $\frac{\pi}{a}$ zu, im zweiten läuft $\bar{k}$ von $\pm\frac{\pi}{a}$ bis $\pm\frac{2\pi}{a}$, im $n$ten von $(n-1)\pi/a$ bis $n\pi/a$ usw., so daß für große Energien die Wellenzahl $\bar{k}$ nahezu übereinstimmt mit der Größe $\varkappa$, die die Wellenzahl eines freien Elektrons gleicher Energie angeben würde[2]. Wir nennen die so normierte Wellenzahl $\bar{k}$ daher die „freie Wellenzahl". Zu jedem Wert der „freien" Wellenzahl gehört ein und nur ein Zustand, die Energie wächst dauernd mit zunehmendem $\bar{k}$ und macht lediglich an den kritischen Stellen $\bar{k} = n\pi/a$ *Sprünge*. Abb. 14 gibt die Energie als Funktion der freien Wellenzahl $\bar{k}$, die gestrichelte Kurve zeigt $E(\bar{k})$ für freie Elektronen:

$$E(\bar{k}) = \frac{\hbar^2 \bar{k}^2}{2m}. \tag{10.14}$$

Abb. 13 erhält man aus Abb. 14, indem man die einzelnen Stücke der Energiekurve durch Verschiebung um ein Vielfaches von 2π längs der k-Achse auf den Streifen $-\pi < k < \pi$ überträgt.

[1] D. h. die unterste, dritte, fünfte ... ein Minimum, die zweitunterste, vierte, sechste usw. ein Maximum.

[2] Für kleine Energien ist dies $\left(\text{außer zufällig bei } \varkappa = \frac{n\pi}{a}\right)$ nicht der Fall.

c) Die Eigenfunktionen. Die *Eigenfunktionen* lassen sich auf Grund der Gleichungen (10.1) bis (10.10) bestimmen. Man erhält

$$\left.\begin{aligned} \alpha &= c\,(e^{ika} - e^{-i\varkappa a}), \\ \beta &= -c\,(e^{ika} - e^{i\varkappa a}), \\ \gamma &= i c \sin\varkappa a + i\frac{\varkappa}{\lambda}\,c\,(e^{ika} - \cos\varkappa a), \\ \delta &= i c \sin\varkappa a - i\frac{\varkappa}{\lambda}\,c\,(e^{ika} - \cos\varkappa a). \end{aligned}\right\} \tag{10.15}$$

c ist durch die Normierungsvorschrift

$$\int\limits_0^{Ga} |\psi|^2 dx = 1 = 4c^2 G a \sin\varkappa a \left(\sin\varkappa a - P\frac{\cos\varkappa a}{\varkappa a} + P\frac{\sin\varkappa a}{(\varkappa a)^2}\right) \tag{10.16}$$

zu bestimmen. Je mehr sich e^{ika} und $e^{i\varkappa a}$ einander nähern, um so mehr überwiegt α gegen β oder anders gesagt: Je mehr das Elektron als frei anzusehen ist, um so mehr nähert sich seine Wellenfunktion einer einfachen, nach rechts fortschreitenden Welle $e^{i\varkappa x}$. Ausgenommen sind nur die Zustände, deren Energie nahe an der Grenze eines Energiebandes liegt. Dort wird nämlich $e^{ika} = \pm 1$ und (vorausgesetzt, daß $\varkappa a$ *nicht* gleich einem Vielfachen von π ist):

$$\frac{\alpha}{\beta} = -\frac{\pm 1 - \cos\varkappa a + i\sin\varkappa a}{\pm 1 - \cos\varkappa a - i\sin\varkappa a} = \pm e^{-i\varkappa a}, \tag{10.17}$$

so daß

$$\psi = \begin{cases} c'\cos\varkappa\,(\tfrac{1}{2}a - x), & \text{wenn} \quad k = 2n\pi, \\ c'\sin\varkappa\,(\tfrac{1}{2}a - x), & \text{wenn} \quad k = (2n+1)\,\pi \end{cases} \tag{10.18}$$

wird (c' eine Konstante vom Absolutwert $2c$). An den Grenzen des Energiebandes wird also aus ψ eine stehende statt einer fortschreitenden Welle. Das gleiche geschieht, wenn P sehr groß, also die Elektronen sehr fest gebunden sind.

Wir wollen noch die Koeffizienten der Fourierentwicklung unserer Eigenfunktion berechnen. Schreiben wir analog zu (8.20)

$$\psi = G^{-1/2} \sum_{h=-\infty}^{+\infty} a_h\, e^{i\left(k + \frac{2\pi}{a}h\right)x}, \tag{10.19}$$

wobei die Summe über alle ganzzahligen h geht, so ist

$$\left.\begin{aligned} a_h = G^{1/2}\int\limits_0^a e^{-i\left(k+\frac{2\pi}{a}h\right)x}\,\psi\,\frac{dx}{a} &= iG^{1/2}\alpha\,\frac{e^{-i(k-\varkappa)a} - 1}{ka + 2\pi h - \varkappa a} + iG^{1/2}\beta\,\frac{e^{-i(k+\varkappa)a} - 1}{ka + 2\pi h + \varkappa a} \\ &= -\frac{4ic\,G^{1/2} P \sin\varkappa a}{(ka + 2\pi h)^2 - (\varkappa a)^2}. \end{aligned}\right\} \tag{10.20}$$

c ist der in (10.16) definierte Normierungsfaktor. Die Koeffizienten a_h sind danach um so größer, je näher $|ka + 2\pi h|$ mit $|\varkappa a|$ übereinstimmt. Führen wir in (10.19) statt k die „freie Wellenzahl" $\bar{k}$ ein [vgl. Abb. 14, $\bar{k}$ liegt zwischen $(n-1)\frac{\pi}{a}$ und $n\frac{\pi}{a}$, falls $\varkappa$ zwischen diesen Grenzen liegt], so wird im allgemeinen a_0 der größte Koeffizient. Und zwar wird a_0 die übrigen Koeffizienten um so stärker überwiegen, je größer die Energie und je schwächer die Bindung (je kleiner P) ist: Unter diesen Voraussetzungen wird also unsere Eigenfunktion im wesentlichen durch *eine* ebene Welle dargestellt, deren Wellenzahl nahezu gleich der „freien Wellenzahl" ist. Für kleine Energie sowie stets am Rande eines Energiebandes treten dagegen eine Reihe nahezu gleich großer Fourierkoeffizienten auf.

d) Die Strommatrix. Die Diagonalelemente des Stroms lassen sich, wie in Ziff. 9 auseinandergesetzt, aus der Abhängigkeit der Energie von der Wellenzahl gewinnen:

$$S = \frac{e}{m}p = \frac{e}{\hbar}\frac{\partial E}{\partial k} \tag{10.21}$$

[vgl. (9.15)]. An den Rändern jedes Energiebandes hängt nun, wie wir oben gesehen haben (Abb. 13), *E quadratisch* von k ab; dort *verschwindet* also der

Strom. Das stimmt mit unserer früheren Bemerkung (Abschnitt c) überein, daß die Eigenfunktionen der Zustände am Rande eines Energiebandes stehende und keine fortschreitende Wellen sind. Die BRAGGsche Reflexion der Wellen am Gitter verhindert das Zustandekommen eines stärkeren Stroms. Quantitativ gesprochen verschwindet der Strom proportional dem Abstand der Wellenzahl vom Rande des Energiebandes, d. h. proportional mit λ, wenn $\bar{k} = \frac{\pi n}{a} \pm \lambda$.

Vergleicht man Zustände in verschiedenen Energiebändern, so ist der Strom cet. par. für die höheren Energiebänder größer: Da die Energie (von den Rändern jedes Bandes abgesehen) angenähert den gleichen Wert (10.14) hat wie für freie Elektronen, ergibt sich

$$\frac{\partial E}{\partial k} \approx \frac{\hbar^2}{m} \bar{k}$$

($\bar{k}$ = freie Wellenzahl). Abb. 15 gibt die Abhängigkeit des Stroms von der *Energie* für $P = \frac{3}{2}\pi$ wieder, man sieht das starke Anwachsen von Energieband zu Energieband und die Abnahme des Stroms an den Rändern jedes Bandes. Am Orte des Maximums erreicht der Strom beinahe den Wert, den er für freie Elektronen gleicher Energie haben würde.

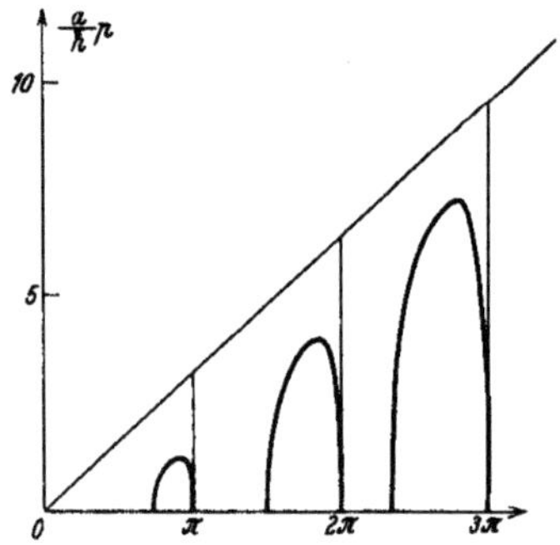

Abb. 15. Der Impuls der Metallelektronen als Funktion der Energie im KRONIGschen Potentialfeld. Abszisse $\varkappa a = \frac{\sqrt{2m} \cdot a}{\hbar} \cdot \sqrt{E}$, Ordinate Impuls. Die gerade Linie gibt den Impuls freier Elektronen. Der Impuls gebundener Elektronen wird jeweils am Rande eines Energiebandes Null und wächst im übrigen von Band zu Band. (Nach KRONIG und PENNEY.)

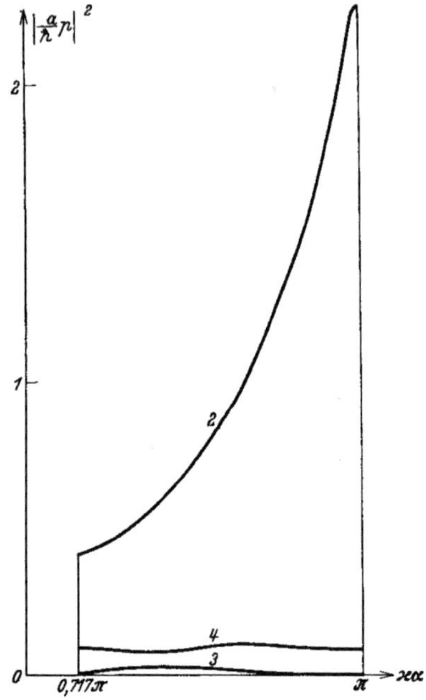

Abb. 16. Nicht-Diagonalelemente des Impulses der Metallelektronen im KRONIGschen Potentialfeld. Übergang vom ersten Energieband zum zweiten, dritten und vierten (Kurven *2, 3, 4*). Abszisse $\varkappa a = \frac{\sqrt{8m} \cdot a}{\hbar} \sqrt{E}$, Ordinate Quadrat der Matrixelemente des Impulses (Übergangswahrscheinlichkeit). (Nach KRONIG und PENNEY.)

Wählen wir für k die „reduzierte" Wellenzahl (Ziff. 8) statt der „freien", so wird für die Energiebänder mit gerader Nummer die Geschwindigkeit *negativ* für positive k. Eine physikalische Bedeutung kommt dieser Tatsache natürlich nicht zu.

Die Nichtdiagonalelemente sind in Abb. 16 dargestellt, und zwar für die Übergänge vom ersten Energieband zum zweiten, dritten und vierten (Kurven *2, 3, 4*) als Funktion der Energie des Ausgangszustands bzw. der zugehörigen Größe $\varkappa a$. Wie man sieht, ist die Wahrscheinlichkeit des Übergangs zum zweiten Energieband weitaus überwiegend, und allgemein die zu „geraden" Bändern. Das Übergangselement für Übergänge zum zweiten Band ist vergleichbar mit dem Diagonalelement des Stroms für das erste Energieband, jedoch wesentlich kleiner als das Diagonalelement für das zweite Band. Die Abhängigkeit von der Wellenzahl ist *schwächer* als bei den Diagonalelementen der Strommatrix.

e) **Allgemeines lineares Modell.** Die von uns für ein spezielles Modell abgeleiteten Ergebnisse bleiben im wesentlichen auch für ein beliebiges komplizierteres periodisches Potential erhalten. Besonders gut diskutiert[1] ist das rein sinusförmige Potential $V = c \sin \frac{2\pi x}{a}$. In diesem Fall geht die Schrödingergleichung in die MATHIEUsche Differentialgleichung über. — Auch kann man natürlich das Potential von Abb. 9 diskutieren, *ohne* zur Grenze $V = \infty$, $b = 0$ überzugehen: In allen Fällen bekommt man ein Energiespektrum, in dem Bereiche erlaubter Energien mit verbotenen Bereichen abwechseln. *Und zwar treten die verbotenen Gebiete auch noch bei Energien auf, welche das Maximum des Potentials weit übersteigen.* Während also die Wellenmechanik *den* Elektronen, deren Energie kleiner ist als dieses Maximum, unter Umständen das Durchdringen des Potentialbergs ermöglicht, verhindert sie die Bewegung gewisser schnellerer Elektronen, obwohl diese klassisch ohne Schwierigkeit durch das Gitter hindurchgehen könnten.

Die verbotenen Energiebänder treten stets auf, wenn die Wellenzahl die BRAGGsche Reflexionsbedingung erfüllt, also in der Umgebung der Werte $\pi n/a$ liegt, unabhängig davon, wie das Gitterpotential im einzelnen beschaffen ist; daß jedoch die Energien $E_n = (\hbar^2/2m) \cdot (\pi n/a)^2$ gerade die untere Grenze eines verbotenen Energiebandes bilden, ist eine Spezialität des KRONIGschen Modells. Das Verschwinden des Stromes für die Zustände am Rande eines Energiebandes dagegen ist wieder eine allgemeine Eigenschaft für beliebige periodische Potentiale. Auch bei dreidimensionalen Gittern bleiben diese allgemeinen Eigenschaften erhalten, wie wir in den nächsten beiden Ziffern zeigen wollen.

Wir möchten noch darauf hinweisen, daß das rein sinusförmige Potential in gewisser Beziehung eine schlechtere Näherung ist als das von uns behandelte KRONIGsche Potential: Die Breite der verbotenen Energiebänder nimmt beim Sinuspotential exponentiell (wie $e^{-\alpha n}$), beim KRONIGschen wie $1/n$ mit wachsender Nummer n des Bandes ab; letzteres kommt der Wahrheit ($1/n^2$) wesentlich näher.

11. Näherung von freien Elektronen her[2]. a) SCHRÖDINGERsche Störungstheorie. Um die Eigenfunktionen von Elektronen in dreidimensionalen Gittern näher zu studieren, wollen wir zunächst annehmen, daß das Gitterpotential *klein* ist gegenüber der Energie des Elektrons. Wir können dann in der Schrödingergleichung (8.2) das Gitterpotential V als Störung betrachten und die Differentialgleichung

$$\Delta \psi_0 + \frac{2m}{\hbar^2} E_0 \psi_0 = 0 \tag{11.1}$$

als ungestörtes Problem. Die Eigenfunktionen nullter Näherung sind also einfache ebene Wellen

$$\psi_0 = e^{i(\bar{\mathfrak{k}}\mathfrak{r})}, \qquad E_0 = \frac{\hbar^2}{2m} \bar{k}^2. \tag{11.2}$$

Wir wollen, von diesen Eigenfunktionen ausgehend, die SCHRÖDINGERsche Störungstheorie durchführen. Dabei legen wir der Bequemlichkeit halber den Eigenfunktionen die Periodizitätsbedingung (8.17) auf [$\bar{\mathfrak{k}}$ muß die Form (8.18) haben!]. ψ_0 normieren wir im „Grundgebiet", dann ist

$$\psi_0 = \Omega^{-1/2} e^{i(\bar{\mathfrak{k}}\mathfrak{r})}, \tag{11.3}$$

wo Ω das Volum des Grundgebiets ist.

---

[1] P. M. MORSE, Phys. Rev. Bd. 35, S. 1310. 1930; M. J. O. STRUTT, LAMÉsche, MATHIEUsche und verwandte Funktionen in Physik und Technik. Ergebnisse der Mathematik und ihrer Grenzgebiete, 1. Band, 3. Heft. Berlin: Julius Springer 1932.

[2] R. PEIERLS, Ann. d. Phys. Bd. 4, S. 121. 1930; H. BETHE, ebenda Bd. 87, S. 55. 1928.

Die Störungsenergie erster Näherung ist nach der SCHRÖDINGERschen Theorie

$$E_1 = \int V |\psi_0|^2 d\tau = \frac{1}{\Omega} \int V d\tau = V_{000}, \tag{11.4}$$

also gleich dem räumlichen Mittelwert des Potentials[1]. Die Störungsenergie zweiter Näherung ist

$$E_2 = \sum_n \frac{|\int \psi_0 \psi_n^* V d\tau|^2}{E_0 - E_n} = \sum_{k_1' k_2' k_3'} \frac{|\int e^{i(\mathfrak{k}\mathfrak{r})} e^{-i(\mathfrak{k}'\mathfrak{r})} V d\tau\, \Omega^{-1}|^2}{E_{\mathfrak{k}} - E_{\mathfrak{k}'}}. \tag{11.5}$$

Da V die Periode des Gitters hat, ist das Matrixelement

$$V_{\mathfrak{k}\mathfrak{k}'} = \Omega^{-1} \int V e^{i(\mathfrak{k} - \mathfrak{k}', \mathfrak{r})} d\tau \tag{11.6}$$

nur dann von Null verschieden, wenn die Exponentialfunktion die gleiche Periodizität besitzt, d. h. wenn

$$\frac{1}{2\pi}(\mathfrak{k}' - \mathfrak{k}) = \mathfrak{g} \tag{11.7}$$

ein Vektor im reziproken Gitter ist [vgl. $\mathfrak{h}$ in (8.7a)]. In diesem Fall wird

$$V_{\mathfrak{k}\mathfrak{k}'} = V_{\mathfrak{g}}, \tag{11.8}$$

d. h. gleich einem Koeffizienten in der Fourierentwicklung (8.7) des Gitterpotentials. Es wird also [vgl. (11.2), (11.5), (11.8)]

$$E_2 = \sum_{\mathfrak{g}} \frac{|V_{\mathfrak{g}}|^2}{E_{\mathfrak{k}} - E_{\mathfrak{k}+2\pi\mathfrak{g}}} = \frac{2m}{\hbar^2} \sum_{\mathfrak{g}} \frac{|V_{\mathfrak{g}}|^2}{k^2 - (\mathfrak{k} + 2\pi\mathfrak{g})^2}, \tag{11.9}$$

$$= -\frac{m}{2\pi\hbar^2} \sum_{\mathfrak{g}} \frac{|V_{\mathfrak{g}}|^2}{(\mathfrak{g}, \mathfrak{k} + \pi\mathfrak{g})}. \tag{11.10}$$

Nach unserer Voraussetzung, daß das Gitterpotential klein sein soll, wird E_2 im allgemeinen nur eine kleine Korrektur der Energie darstellen. Ausgenommen ist davon aber der Fall, daß ein Nenner in (11.9) verschwindet oder sehr klein wird, d. h. daß für irgendeinen Gittervektor $\mathfrak{g}$ die Bedingung

$$k^2 = (\mathfrak{k} + 2\pi\mathfrak{g})^2 \tag{11.11}$$

nahezu erfüllt ist. Für alle $\mathfrak{k}$, bei denen dies der Fall ist, wird die Störung durch das Gitter groß sein und die Eigenfunktion erheblich von der ebenen Welle abweichen. Die Bedingung (11.11) ist identisch mit der LAUE-BRAGGschen Reflexionsbedingung: $\mathfrak{k} + 2\pi\mathfrak{g}$ ist nämlich der Ausbreitungsvektor einer Welle, die durch Reflexion der primären Welle $e^{i(\mathfrak{k}\mathfrak{r})}$ an der Netzebene $\mathfrak{g}$ des Gitters entsteht. (11.11) bedeutet also, daß die Wellenlänge der reflektierten und der einfallenden Welle nahezu gleich sein sollen.

b) BRAGGsche **Reflexionen und reziprokes Gitter.** Um auf anschaulichem Wege festzustellen, ob bei gegebener Fortpflanzungsrichtung und Wellenzahl k der einfallenden Elektronenwelle eine BRAGGsche Reflexion möglich ist, bedient man sich mit Vorteil der EWALDschen[2] Konstruktion der Ausbreitungskugel: Man zeichnet sich das reziproke Gitter des gerade in Frage stehenden Metalls auf (Abb. 17) und trägt vom Nullpunkt aus den Vektor $-\mathfrak{k}/2\pi$ ein. Den Endpunkt

[1] Wir hätten auch V so normieren können, daß sein Mittelwert verschwindet, also V_{000} in das ungestörte Problem hineinnehmen können.

[2] P. P. EWALD, Ann. d. Phys. Bd. 54, S. 519 u. 557. 1917.

nennen wir den „Ausbreitungspunkt" A. Der Vektor von A nach dem Gitterpunkt $\mathfrak{g}$ des reziproken Gitters ist dann gleich $\frac{\bar{\mathfrak{f}}}{2\pi} + \mathfrak{g}$, also im wesentlichen der Ausbreitungsvektor der reflektierten Welle. Zeichnet man nun um A die Kugel mit dem Radius $\bar{k}/2\pi$ (Ausbreitungskugel, sie geht durch den Nullpunkt des reziproken Gitters), so ist die Bedingung (11.11) für alle diejenigen Gitterpunkte $\mathfrak{g}$ erfüllt, die auf oder nahe der Ausbreitungskugel liegen. Demnach wird die Elektronenwelle $e^{i(\bar{\mathfrak{f}}\mathfrak{r})}$ also *nicht* wesentlich gestört, wenn kein Gitterpunkt nahe der Ausbreitungskugel liegt.

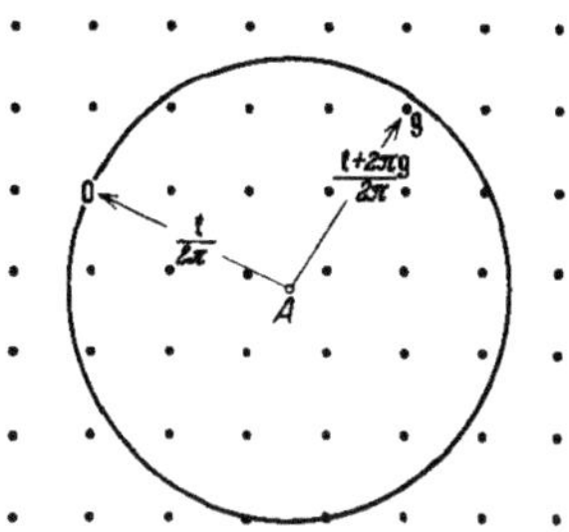

Abb. 17. Reziprokes Gitter. 0 = Nullpunkt, A = Ausbreitungspunkt. Der Ausbreitungsvektor des einfallenden Strahls $\bar{\mathfrak{f}}$ und des reflektierten, $\bar{\mathfrak{f}} + 2\pi\mathfrak{g}$, und die Ausbreitungskugel sind eingezeichnet.

Einen Überblick darüber, *welche* Elektronenwellen $\bar{\mathfrak{f}}$ stark an einer *bestimmten* Netzebene $\mathfrak{g}$ reflektiert werden, gewinnt man nach BRILLOUIN[1] am einfachsten aus der Form (11.10) für die Störungsenergie: Der Nenner in (11.10) verschwindet, falls $\bar{\mathfrak{f}} + \pi\mathfrak{g}$ senkrecht zu $\mathfrak{g}$ steht. Um diese Bedingung geometrisch darzustellen, zeichnen wir (Abb. 18) eine Ebene senkrecht zum reziproken Gittervektor $\mathfrak{g}$ im Abstand $-g/2$ vom Nullpunkt des reziproken Gitters. Sodann tragen wir vom Nullpunkt aus den Ausbreitungsvektor $\bar{\mathfrak{f}}/2\pi$ ein. Falls dessen Endpunkt in der gezeichneten Ebene liegt, so liegt der Vektor $\bar{\mathfrak{f}}/2\pi + \frac{1}{2}\mathfrak{g}$ senkrecht zu $\mathfrak{g}$. Wir machen nun die entsprechende Konstruktion für alle $\mathfrak{g}$, zeichnen also ein reziprokes Gitter mit der *Hälfte* der normalen Gitterkonstanten und legen durch jeden Gitterpunkt die Ebene senkrecht zur Verbindungslinie des Gitterpunkts mit dem Nullpunkt. Dann sind BRAGGsche Reflexionen für alle diejenigen Elektronenwellen zu erwarten, für welche der Endpunkt des Ausbreitungsvektors $\bar{\mathfrak{f}}/2\pi$ in eine der soeben konstruierten Ebenen oder in deren Nähe fällt. Abb. 19 gibt die kritischen Ebenen (hier Linien) für ein quadratisches Flächengitter wieder (nach BRILLOUIN). Auf die genauere Diskussion der Abbildung kommen wir in Abschnitt f noch einmal zu sprechen.

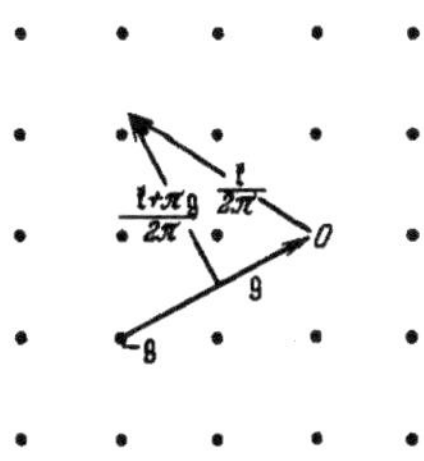

Abb. 18. BRILLOUINsche Konstruktion zur Bestimmung der Elektronenwellen, die BRAGGsche Reflexion an einer bestimmten Netzebene $\mathfrak{g}$ erleiden (vgl. Text).

Liegt der Ausbreitungsvektor nahe einem kritischen Wert, ist also (11.11) für irgendein $\mathfrak{g}$ nahezu erfüllt, so gilt natürlich die Störungstheorie in der bisher verwendeten Form nicht mehr, weil die Störung $V_{\mathfrak{g}}$ nicht mehr klein gegenüber der Energiedifferenz der ungestörten Niveaus $E_{\bar{\mathfrak{f}}}$ und $E_{\bar{\mathfrak{f}}+2\pi\mathfrak{g}}$ ist.

c) Berechnung der Energie im Falle der BRAGGschen Reflexion. Wir wollen annehmen, daß bei einem vorgegebenen Wert von $\bar{\mathfrak{f}}$ nur für *ein* $\mathfrak{g}$ die LAUEsche Bedingung (11.11) ungefähr erfüllt ist: Die beiden Energieniveaus $E_{\bar{\mathfrak{f}}}$ und $E_{\bar{\mathfrak{f}}+2\pi\mathfrak{g}}$ des freien Elektrons sollen also nahezu entartet sein, während alle anderen Energieniveaus $E_{\bar{\mathfrak{f}}+2\pi\mathfrak{h}}$ ($\mathfrak{h} \neq \mathfrak{g}$) weit entfernt vom Niveau $E_{\bar{\mathfrak{f}}}$ liegen sollen. Dann muß man als Eigenfunktion nullter Näherung im Sinne der SCHRÖDINGERschen Störungstheorie eine Linearkombination der beiden zu den fast entarteten Niveaus gehörigen Eigenfunktionen wählen:

$$\psi_0 = \alpha e^{i(\bar{\mathfrak{f}}\mathfrak{r})} + \beta e^{i(\bar{\mathfrak{f}}+2\pi\mathfrak{g},\,\mathfrak{r})}. \tag{11.12}$$

[1] L. BRILLOUIN, Quantenstatistik, S. 281 ff. Berlin 1931.

Die Energie berechnet sich nach üblichen Methoden zu

$$\left.\begin{aligned} E &= \tfrac{1}{2}(E_{\bar{\mathfrak{k}}} + E_{\bar{\mathfrak{k}}+2\pi\mathfrak{g}}) + V_{000} \pm \sqrt{\tfrac{1}{4}(E_{\bar{\mathfrak{k}}+2\pi\mathfrak{g}} - E_{\bar{\mathfrak{k}}})^2 + |V_{\mathfrak{g}}|^2} \\ &= \frac{\hbar^2}{4m}(\bar{k}^2 + (\bar{\mathfrak{k}} + 2\pi\mathfrak{g})^2) + V_{000} \pm \sqrt{|V_{\mathfrak{g}}|^2 + \frac{\hbar^4}{m^2}(\pi\mathfrak{g}, \bar{\mathfrak{k}} + \pi\mathfrak{g})^2}, \end{aligned}\right\} \tag{11.13}$$

und die Koeffizienten α und β werden, falls $V_{\mathfrak{g}}$ negativ ist,

$$\left.\begin{aligned} \alpha_2 &= -\sqrt{\frac{1-\gamma}{2\Omega}}, \quad \beta_2 = \sqrt{\frac{1+\gamma}{2\Omega}} \quad \text{für den höheren Eigenwert,} \\ \alpha_1 &= \sqrt{\frac{1+\gamma}{2\Omega}}, \quad \beta_1 = \sqrt{\frac{1-\gamma}{2\Omega}} \quad \text{für den tieferen Eigenwert,} \end{aligned}\right\} \tag{11.14}$$

mit der Abkürzung

$$\gamma = \frac{E_{\bar{\mathfrak{k}}+2\pi\mathfrak{g}} - E_{\bar{\mathfrak{k}}}}{\sqrt{(E_{\bar{\mathfrak{k}}+2\pi\mathfrak{g}} - E_{\bar{\mathfrak{k}}})^2 + 4|V_{\mathfrak{g}}|^2}}. \tag{11.14a}$$

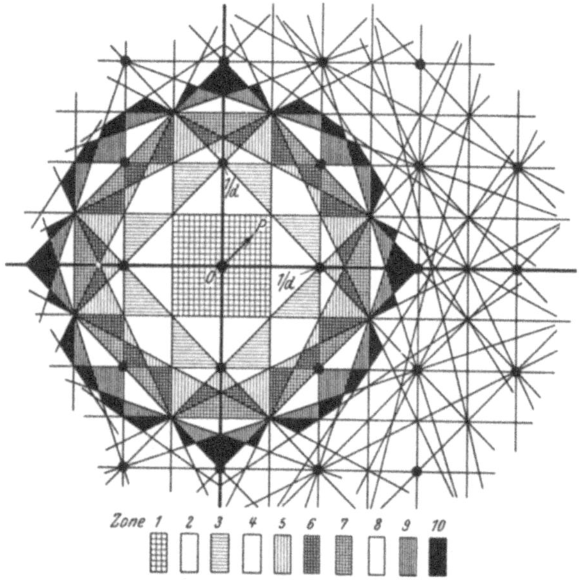

Abb. 19. Kritische BRILLOUINsche Linien und BRILLOUINsche Zonen beim quadratischen Flächengitter. Liegt der Endpunkt des Ausbreitungsvektors in der Nähe einer der ausgezogenen Linien, so tritt starke BRAGGsche Reflexion ein. (Nach L. BRILLOUIN, Quantenstatistik. Berlin: Julius Springer 1931.)

Energie und Eigenfunktion hängen nach (11.13), (11.14) im wesentlichen von dem Verhältnis

$$\frac{E_{\bar{\mathfrak{k}}+2\pi\mathfrak{g}} - E_{\bar{\mathfrak{k}}}}{V_{\mathfrak{g}}}$$

ab. Die Energiedifferenz $E_{\bar{\mathfrak{k}}+2\pi\mathfrak{g}} - E_{\bar{\mathfrak{k}}}$ ihrerseits wird ausschließlich durch die Komponente des Ausbreitungsvektors *in* der Richtung von $\mathfrak{g}$, also senkrecht zur reflektierenden Netzebene, bestimmt: Nennen wir diese Komponente $-k'$, so ist

$$E_{\bar{\mathfrak{k}}+2\pi\mathfrak{g}} - E_{\bar{\mathfrak{k}}} = \frac{\hbar^2}{2m}\left[4\pi(\bar{\mathfrak{k}}\mathfrak{g}) + 4\pi^2 g^2\right] = 2\frac{\hbar^2}{m}\pi g(\pi g - k'). \tag{11.15}$$

BRAGGsche Reflexion tritt ein, wenn $k' = \pi g$ ist; die Differenz

$$\eta = \pi g - k' \tag{11.16}$$

mißt die Abweichung von der BRAGGschen Bedingung und wird *Resonanzfehler* genannt. Die Komponente von $\bar{\mathfrak{k}}$ senkrecht zu $\mathfrak{g}$, also die Projektion des Ausbreitungsvektors auf die reflektierende Ebene, ist nur für den Absolutwert der Energie E wesentlich, wir nennen sie $\mathfrak{k}''$, definieren also k' und $\mathfrak{k}''$ durch

$$\bar{\mathfrak{k}} = \mathfrak{k}'' - \frac{k'}{g}\mathfrak{g}; \qquad (\mathfrak{k}''\mathfrak{g}) = 0; \qquad \bar{k}^2 = k'^2 + k''^2. \tag{11.17}$$

Damit geht (11.13) über in

$$E = \frac{\hbar^2}{2m}k''^2 + E_g + V_{000} + \frac{\hbar^2}{2m}\eta^2 \pm \sqrt{V_{\mathfrak{g}}^2 + 2E_g\frac{\hbar^2}{m}\eta^2}, \tag{11.18}$$

wobei

$$E_g = \frac{\hbar^2}{2m}\pi^2 g^2 \tag{11.19}$$

die kinetische Energie eines Elektrons ist, welches sich senkrecht zur reflektierenden Netzebene bewegt und gerade BRAGGsche Reflexion erleidet.

Wir haben nun zwei Grenzfälle zu unterscheiden:

1. Die BRAGG*sche Bedingung ist nicht erfüllt,* der Resonanzfehler η [vgl. (11.16)] ist groß, in Formeln

$$|E_{\bar{\mathfrak{k}}+2\pi\mathfrak{g}} - E_{\bar{\mathfrak{k}}}| \gg 2V_{\mathfrak{g}} \tag{11.20}$$

bzw.

$$\eta = \pi g - k' \gg \frac{m V_{\mathfrak{g}}}{\pi\hbar^2 g} = \pi g \frac{V_{\mathfrak{g}}}{2E_{\mathfrak{g}}}. \tag{11.20a}$$

Dann erhält man durch Entwicklung von (11.18) nach fallenden Potenzen des Resonanzfehlers:

$$\left.\begin{aligned} E_1 &= E_{\bar{\mathfrak{k}}+2\pi\mathfrak{g}} + V_{000} + \frac{|V_{\mathfrak{g}}|^2}{E_{\bar{\mathfrak{k}}+2\pi\mathfrak{g}} - E_{\bar{\mathfrak{k}}}} \\ &= E_g + \frac{\hbar^2}{2m}(k''^2 + \eta^2) + V_{000} + \frac{\hbar^2}{m}\pi g\eta + \frac{m}{2\hbar^2}\frac{|V_{\mathfrak{g}}|^2}{\pi g\eta} + 0\left(\frac{1}{\eta^2}\right) + \cdots \end{aligned}\right\} \tag{11.21}$$

für den oberen und

$$\left.\begin{aligned} E_2 &= E_{\bar{\mathfrak{k}}} + V_{000} - \frac{|V_{\mathfrak{g}}|^2}{E_{\bar{\mathfrak{k}}+2\pi\mathfrak{g}} - E_{\bar{\mathfrak{k}}}} \\ &= E_g + \frac{\hbar^2}{2m}(k''^2 + \eta^2) + V_{000} - \frac{\hbar^2}{m}\pi g\eta - \frac{m}{2\hbar^2}\frac{|V_{\mathfrak{g}}|^2}{\pi g\eta} + 0\left(\frac{1}{\eta^2}\right) + \cdots \end{aligned}\right\} \tag{11.21a}$$

für den tieferen Eigenwert, das sind im wesentlichen unsere früheren Formeln (11.2), (11.4), (11.10).

Der Abstand der beiden Terme ist, wie man sieht, stets *größer* als für freie Elektronen. Die Eigenfunktion (z. B. des oberen Niveaus) enthält neben der Wellenfunktion $e^{i(\bar{\mathfrak{k}}+2\pi\mathfrak{g},\mathfrak{r})}$ auch die Funktion $e^{i(\bar{\mathfrak{k}}\mathfrak{r})}$ mit dem kleinen Koeffizienten $\alpha = \dfrac{V_{\mathfrak{g}}}{E_{\bar{\mathfrak{k}}} - E_{\bar{\mathfrak{k}}+2\pi\mathfrak{g}}}$.

2. Die BRAGG*sche Bedingung* $\pi g = k'$ sei *nahezu erfüllt,* explizit sei:

$$\eta = \pi g - k' \ll \pi g \frac{V_{\mathfrak{g}}}{2E_{\mathfrak{g}}}. \tag{11.22}$$

Dann müssen wir, umgekehrt wie vorher, nach *steigenden* Potenzen des Resonanzfehlers $\eta = \pi g - k'$ entwickeln und erhalten

$$\left.\begin{aligned} E_1 &= \frac{1}{2}(E_{\bar{\mathfrak{k}}} + E_{\bar{\mathfrak{k}}+2\pi\mathfrak{g}}) + V_{000} + |V_{\mathfrak{g}}| + \frac{(E_{\bar{\mathfrak{k}}+2\pi\mathfrak{g}} - E_{\bar{\mathfrak{k}}})^2}{8|V_{\mathfrak{g}}|} + \cdots \\ &= E_g + \frac{\hbar^2}{2m}k''^2 + V_{000} + |V_{\mathfrak{g}}| + \frac{\hbar^2}{2m}\eta^2\left(\frac{2E_g}{|V_{\mathfrak{g}}|} + 1\right) + \cdots \end{aligned}\right\} \tag{11.23}$$

für den oberen und

$$E_2 = E_g + \frac{\hbar^2}{2m}k''^2 + V_{000} - |V_{\mathfrak{g}}| - \frac{\hbar^2}{2m}\eta^2\left(\frac{2E_g}{|V_{\mathfrak{g}}|} - 1\right) + \cdots \tag{11.23a}$$

für den unteren Eigenwert.

Wenn die BRAGGsche Bedingung *exakt* erfüllt ist, bekommen wir also zwei Eigenwerte, deren Abstand gleich dem doppelten Reflexionskoeffizienten $V_{\mathfrak{g}}$ der reflektierenden Netzebene ist,

$$\left.\begin{aligned} E_{\max} &= E_{\mathfrak{g}} + V_{000} + \frac{\hbar^2}{2m} k''^2 + |V_{\mathfrak{g}}| \\ \text{und} \quad E_{\min} &= E_{\mathfrak{g}} + V_{000} + \frac{\hbar^2}{2m} k''^2 - |V_{\mathfrak{g}}|. \end{aligned}\right\} \tag{11.24}$$

Bei nicht exakter Erfüllung der Reflexionsbedingung ist der obere Eigenwert höher als $E_{\max}$, der untere tiefer als $E_{\min}$: *Zwischen $E_{\min}$ und $E_{\max}$ liegt also* (bei festgehaltenem k'') *kein Eigenwert des Elektrons, das Gebiet $E_{\min}$ bis $E_{\max}$ ist ein verbotenes Energieband*. Obwohl wir von der Annahme freier Elektronen ausgegangen sind, finden wir also, daß bestimmte Energien für das Elektron im Kristall verboten sind, weil die Elektronenwelle bei diesen kritischen Werten der Energie BRAGGsche Reflexion an den Netzebenen des Kristalls erleidet. Allerdings sind die verbotenen Energiegebiete abhängig von der Bewegungsrichtung des Elektrons.

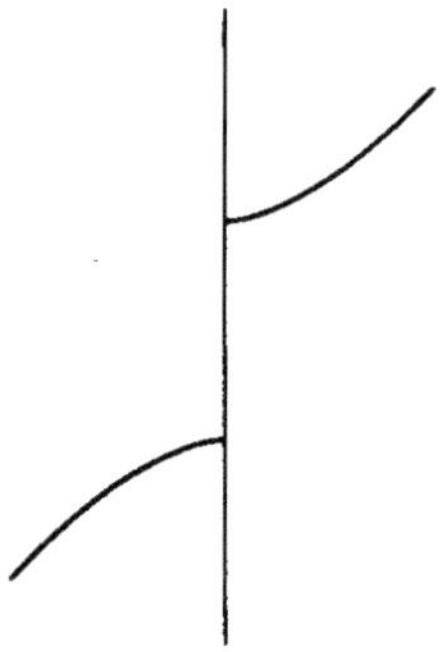

Abb. 20. Verlauf der Energie als Funktion der Wellenzahl in der Nähe einer BRAGGschen Reflexion. Die senkrechte Linie entspricht exakter Erfüllung der Reflexionsbedingung.

In der Nähe des verbotenen Energiebandes ändert sich die Energie wie das Quadrat des Resonanzfehlers η [vgl. (11.23)], und zwar ist die Abhängigkeit der Energie von der Wellenzahl um so stärker, je kleiner der Reflexionskoeffizient $V_{\mathfrak{g}}$ der reflektierenden Netzebene und je größer die kinetische Energie $E_{\mathfrak{g}}$ des Elektrons senkrecht zur reflektierenden Ebene ist. Ist man etwa um die halbe Breite des verbotenen Energiebandes, $V_{\mathfrak{g}}$, von dessen Rand entfernt, so geht die quadratische Abhängigkeit (11.23) vom Resonanzfehler in die lineare (11.21) über. Abb. 20 stellt die Abhängigkeit der Energie von der Wellenzahl k' in der Nähe von $k' = \pi g$ dar. Dem oberen Eigenwert ist dabei die Wellenzahl $2\pi g - k'$ zugeordnet.

d) Eigenfunktionen. Wenn die BRAGGsche Bedingung schlecht erfüllt ist, sind die Eigenfunktionen einfache ebene Wellen:

$$\left.\begin{aligned} \psi_1 &= e^{i(\bar{\mathfrak{k}}\mathfrak{r})} = {}^{i(\mathfrak{k}''\mathfrak{r}) - i k' x} \\ \text{und} \quad \psi_2 &= e^{i(2\pi\mathfrak{g} + \bar{\mathfrak{k}}, \mathfrak{r})} = e^{i(\mathfrak{k}''\mathfrak{r}) + i(2\pi g - k')x}. \end{aligned}\right\} \tag{11.25}$$

Dabei ist die Richtung des Vektors $\mathfrak{g}$ als x-Achse gewählt. Wir wollen festsetzen, daß

$$k' < \pi g$$

ist[1], dann gehört ψ_1 zum niedrigeren Eigenwert

$$E_1 = \frac{\hbar^2}{2m}(k''^2 + k'^2) + V_{000} = E_{\bar{\mathfrak{k}}},$$

ψ_2 zum höheren Eigenwert

$$E_2 = \frac{\hbar^2}{2m}(k''^2 + (2\pi g - k')^2) + V_{000} = E_{\bar{\mathfrak{k}} + 2\pi\mathfrak{g}}.$$

Die Welle ψ_1 schreitet nach *negativen* x hin, also entgegen der Richtung des Vektors $\mathfrak{g}$, fort, die Welle ψ_2 *in* der Richtung $\mathfrak{g}$.

Ist die BRAGGsche Bedingung *exakt* erfüllt ($k' = \pi g$), so ergibt sich aus (11.14a) $\gamma = 0$, also nach (11.12), (11.14)

$$\psi_1 = \sqrt{\tfrac{1}{2}}\left(e^{i(\bar{\mathfrak{k}}\mathfrak{r})} + e^{i(\bar{\mathfrak{k}} + 2\pi\mathfrak{g}, x)}\right) = \sqrt{2}\, e^{i(\mathfrak{k}''\mathfrak{r})} \cos k' x \tag{11.26}$$

für den tieferen Eigenwert und

$$\psi_2 = \sqrt{2}\, i\, e^{i(\mathfrak{k}''\mathfrak{r})} \sin k' x \tag{11.26a}$$

[1] Diese Festsetzung haben wir bereits in (11.21) benutzt, indem wir $E_{\bar{\mathfrak{k}} + 2\pi\mathfrak{g}} + V_{000}$ als „oberen" Eigenwert bezeichneten.

für den höheren. Aus den fortschreitenden Wellen (11.25) werden also stehende. Und zwar hat die zum höheren Eigenwert gehörige Wellenfunktion ψ_2 einen Knoten in der Netzebene $x = 0$, die zum tieferen Eigenwert gehörige einen Bauch. Dies ist plausibel: Bei der Ableitung von (11.14) ist nämlich vorausgesetzt, daß $V_{\mathfrak{g}}$ negativ ist (andernfalls vertauschen sich die Vorzeichen bei α_1 und α_2), daß also die potentielle Energie

$$V = 2 V_{\mathfrak{g}} \cos 2\pi g x + \sum_{\mathfrak{h} \neq \mathfrak{g}} \dots$$

in der Netzebene $x = 0$ ein Minimum hat: Wenn also die Aufenthaltswahrscheinlichkeit $|\psi|^2$ in der Netzebene möglichst groß wird (ψ_1), wird die Energie des Elektrons am kleinsten.

e) Die Strommatrix. Den vom Elektron mitgeführten Strom (Impuls) erhält man nach (9.15), indem man einfach die Energie nach der Wellenzahl differenziert; es ist z. B. der Impuls in der x-Richtung

$$p_x = \frac{m}{\hbar} \frac{\partial E}{\partial k_x}. \tag{11.27}$$

Aus der Energieformel (11.18) erhält man daraus unmittelbar für die Impulskomponente parallel zur reflektierenden Netzebene

$$p_{\perp \mathfrak{g}} = \frac{m}{\hbar} \frac{\partial E}{\partial \mathfrak{k}''} = \hbar \mathfrak{k}'', \tag{11.28}$$

d. h. genau den gleichen Wert wie für ein freies Elektron. Der Impuls senkrecht zur reflektierenden Netzebene (parallel zum Vektor $\mathfrak{g}$) ist wesentlich komplizierter:

$$p_x = p_{\parallel \mathfrak{g}} = -\frac{m}{\hbar} \frac{\partial E}{\partial k'} = \hbar \eta \left(\pm \frac{2 E_g}{\sqrt{V_{\mathfrak{g}}^2 + 2 E_g \frac{\hbar^2}{m} \eta^2}} + 1 \right), \tag{11.29}$$

wo η der Resonanzfehler (11.16) ist.

Zunächst fällt an (11.29) auf, daß der Impuls in der Richtung x nur für den höheren Eigenwert einen positiven Wert hat, für den niedrigeren dagegen negativ ist. Das wird verständlich, wenn man sich die Wellenfunktion (11.25) ansieht: Die Elektronenwelle des tieferen Eigenwerts schreitet nach negativen x (entgegen $\mathfrak{g}$) fort.

Der Betrag des Impulses ergibt sich *bei schlechter Erfüllung der* BRAGG*schen Bedingung* in erster Näherung natürlich genau so groß wie für das freie Elektron, in zweiter Näherung (mit Bezug auf eine Entwicklung nach fallenden Potenzen von η) ergibt sich eine kleine Verminderung des Impulses: Die „Freiheit" des Elektrons wird beeinträchtigt.

Im Falle der BRAGGschen Reflexion [Erfüllung der Bedingung (11.22)] erhält man dagegen

$$p_x = \pm \hbar \eta \frac{2 E_g}{V_{\mathfrak{g}}}, \tag{11.30}$$

die Geschwindigkeit des Elektrons wird also proportional mit dem Resonanzfehler klein. Bei exakter Erfüllung der BRAGGschen Reflexionsbedingung verschwindet der Strom senkrecht zur Reflexionsebene völlig, im Einklang damit, daß die Eigenfunktion den Charakter einer stehenden Welle besitzt.

Der Impuls des Elektrons ist im Falle angenäherter Erfüllung der BRAGGschen Bedingung im wesentlichen parallel zur reflektierenden Netzebene gerichtet und keineswegs parallel zum Ausbreitungsvektor $\bar{\mathfrak{k}}$, wie für völlig freie Elektronen.

f) Die BRILLOUINsche Zonenkonstruktion[1]. Wir haben schon im Abschnitt b gezeigt, daß eine Elektronenwelle *dann* besonders stark durch BRAGGsche Reflexion beeinflußt wird, wenn der Endpunkt ihres Ausbreitungsvektors in der Nähe von einer der BRILLOUINschen Ebenen liegt (Abb. 19). In diesem Fall ist die Eigenfunktion des Elektrons eine Linearkombination *zweier* ebener Wellen mit verschiedenem Ausbreitungsvektor (vgl. Abschnitt d), die Zuordnung von Eigenwerten zu den „freien" Ausbreitungsvektoren ist daher etwas will-

[1] L. BRILLOUIN, l. c.

kürlich. Sie wird sofort eindeutig, wenn man die naturgemäße Festsetzung trifft, daß *zwischen* zwei BRILLOUINschen Ebenen die Energie eine stetige Funktion der Wellenzahl sein und nur beim Überschreiten einer kritischen Ebene einen Sprung erleiden soll. Man braucht dann nur hinzuzunehmen, daß in genügend großer Entfernung von den BRILLOUINschen Ebenen die Energie wie bei freien Elektronen proportional $\bar{k}^2$ ist. Daraus folgt sofort, daß auf der dem Nullpunkt des reziproken Gitters zugewandten Seite einer BRILLOUINschen Netzebene jeweils die niedrigeren, auf der abgewandten Seite die höheren Eigenwerte zu suchen sind. Zu dem Eigenwert E_{min} in (11.24) gehört also ein Ausbreitungsvektor $\bar{\mathfrak{k}}_{min}$, der gerade noch diesseits, zu E_{max} ein Vektor $\bar{\mathfrak{k}}_{max}$, der gerade schon jenseits der BRILLOUINschen Ebene $\mathfrak{g}$ endet.

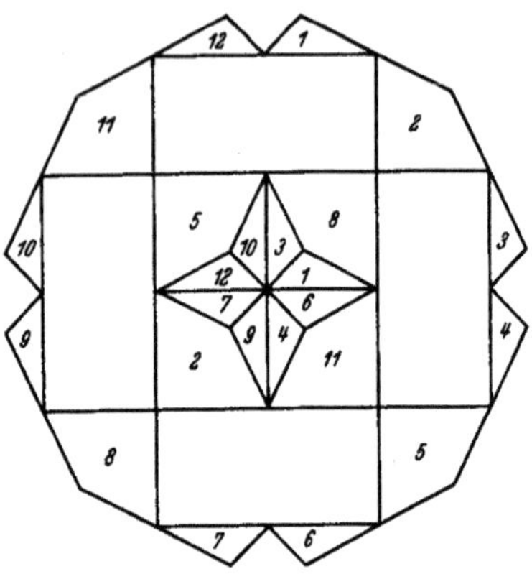

Abb. 21. Reduktion der vierten BRILLOUINschen Zone (vgl. Abb. 19) auf die Grundzone. Entsprechende Flächenstücke sind mit gleichen Nummern bezeichnet.

Durch die BRILLOUINschen Ebenen wird das reziproke Gitter in Zonen eingeteilt, innerhalb deren die Energie nach Voraussetzung eine stetige Funktion des Ausbreitungsvektors $\bar{\mathfrak{k}}$ ist. Die ersten Zonen sind in Abb. 19 durch verschiedene Schraffierung hervorgehoben. Die Zonen sind so numeriert, daß wachsende Zonennummern wachsender Energie entsprechen[1]. Der Voluminhalt einer jeden Zone ist gleich demjenigen der innersten Zone, d. h. gleich dem Volum der Elementarzelle des reziproken Gitters $(\mathfrak{b}_1[\mathfrak{b}_2\mathfrak{b}_3])$ gewählt. Jede Zone läßt sich daher auf die erste Zone projizieren. Man hat zu diesem Zweck bloß zu den bisher gewählten Ausbreitungsvektoren 2π mal einem passenden reziproken Gittervektor $\mathfrak{h}$ zu addieren: Eine solche Reduktion der vierten Zone auf die Grundzone für den Fall eines quadratischen Flächengitters zeigt Abb. 21.

Innerhalb jeder Zone nimmt die Energie mit wachsender Entfernung vom Nullpunkt des reziproken Gitters, also mit wachsender Länge des Ausbreitungsvektors, *zu*. Projiziert man die Zone auf die Grundzone, so ergeben sich recht komplizierte Verhältnisse, die in der Abb. 22 für den Fall des quadratischen Flächengitters dargestellt sind. Die Punkte M bedeuten Maxima, m Minima der Energie. Die Entstehung dieser Punkte ergibt sich ohne weiteres aus der Abbildung. Die Linien geben an, wo zwei Teile der Zone aneinandergefügt sind, stellen also die Projektionen BRILLOUINscher Ebenen auf die Grundzone dar. Der Strom in Richtung senkrecht zur Linie verschwindet jeweils.

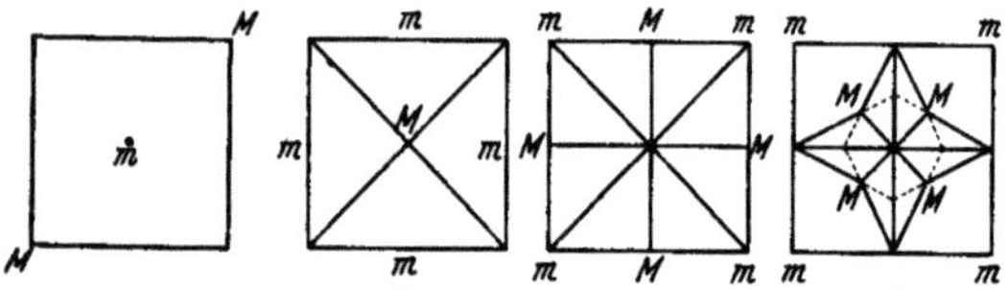

Abb. 22. Maxima und Minima der Energie nahezu freier Elektronen als Funktion des reduzierten Ausbreitungsvektors beim quadratischen Flächengitter nach BRILLOUIN. M = Maximum, m = Minimum der Energie. a) Erste BRILLOUINsche Zone; b) zweite BRILLOUINsche Zone; c) dritte BRILLOUINsche Zone; d) vierte BRILLOUINsche Zone. (Nach L. BRILLOUIN, Quantenstatistik. Berlin: Julius Springer 1931.)

Die *quantitativen* Resultate (Lage der Maxima und Minima der Energie) gelten aber *nur* für den Grenzfall, daß die Elektronen als nahezu frei zu be-

[1] Zwar kann man natürlich nicht erreichen, daß etwa der tiefste Eigenwert der 5. Zone höher liegt als der höchste der vierten; wohl aber, daß an den Berührungsstellen der Zonen dem in die 5. Zone hineinreichenden Ausbreitungsvektor eine höhere Energie entspricht als dem in der 4. Zone endenden. Die Zone mit höherer Nummer liegt also stets auf der dem Nullpunkt zugewandten Seite der trennenden BRILLOUINschen Ebene.

trachten sind. Wir zeigen im nächsten Abschnitt, daß dies bei den in Metallen vorliegenden quantitativen Verhältnissen *nicht* erfüllt ist. Daher entsprechen in realen Metallen die am weitesten vom Nullpunkt des reziproken Gitters entfernten Punkte einer BRILLOUINschen Zone im allgemeinen *nicht* der höchsten Energie (vgl. Ziff. 12). Die von BRILLOUIN aus seiner Konstruktion gezogenen Schlüsse auf die Leitfähigkeit[1] werden dadurch hinfällig.

Die BRILLOUINschen Zonen als solche behalten aber auch für reale Metalle ihren guten Sinn als Hilfsmittel für die Anschauung, weil es mit ihrer Hilfe möglich ist — trotz des *quantitativen* Versagens der Näherung der freien Elektronen, — stets eine eineindeutige Zuordnung von Eigenwerten und Ausbreitungsvektoren — also Punkten im reziproken Gitter — vorzunehmen[2]. Nehmen wir an, wir hätten durch Lösung der Determinantengleichung (8.14) alle Eigenwerte bestimmt, die dem reduzierten Ausbreitungsvektor (vgl. Ziff. 8c) $\mathfrak{k}_0$ entsprechen. Wir ordnen diese Eigenwerte, mit dem kleinsten beginnend, in eine Reihe $E_1, E_2, E_3, \ldots$ Ebenso ordnen wir die Ausbreitungsvektoren $\bar{\mathfrak{k}}_{\mathfrak{g}} = \mathfrak{k}_0 + 2\pi\mathfrak{g}$, die aus $\mathfrak{k}_0$ durch Hinzufügen des 2πfachen eines beliebigen Vektors im reziproken Gitter $\mathfrak{g}$ entstehen, ihrer Größe nach. (Der erste Vektor $\bar{\mathfrak{k}}_1$ wird im allgemeinen $\mathfrak{k}_0$ selbst sein.) Wir ordnen nun dem $n$ten Eigenwert E_n den $n$ten Ausbreitungsvektor $\bar{\mathfrak{k}}_n$ zu. Dieser liegt nach Definition der BRILLOUINschen Zonen in der $n$ten Zone. Wir erreichen dadurch unabhängig von der Güte der Annäherung durch „freie Elektronen" folgendes:

1. Innerhalb jeder Zone ist die Energie eine stetige Funktion des Ausbreitungsvektors.

2. Der niedrigste, zu einem gegebenen *reduzierten* Ausbreitungsvektor $\mathfrak{k}_0$ gehörige Eigenwert entspricht der ersten, der $n$te Eigenwert der $n$ten BRILLOUINschen Zone. Wachsende Zonennummer entspricht also wachsender Energie. Solange das Energiespektrum der Elektronen im Metall aus einzelnen, voneinander getrennten Bändern besteht, ist die Nummer des Bandes gleich der Nummer der BRILLOUINschen Zone.

3. Bei sehr hoher Energie haben wir den Eigenwerten automatisch den *richtigen* Ausbreitungsvektor zugeordnet, d. h. zum Eigenwert $E_n(\mathfrak{k}_0)$ (n groß) gehört wirklich die Eigenfunktion $e^{i(\bar{\mathfrak{k}}_n \mathfrak{r})}$.

Daß unsere Zuordnung automatisch richtig wird, erkennt man am besten, indem man sich zunächst das Gitterpotential stark, etwa im Verhältnis 1:1000, verkleinert denkt[3]: Dann sind die Elektronen bei beliebiger Energie als frei zu betrachten, ihre Eigenfunktionen sind, ausgenommen in unmittelbarster Nähe der BRILLOUINschen Ebenen, ebene Wellen. In diesem Grenzfall ist unsere Zuordnung von Eigenwerten und Ausbreitungsvektoren sicher richtig. Lassen wir nun das Gitterpotential proportional zu sich selbst bis zu seiner wahren Höhe anwachsen, so bleibt die Zuordnung von Ausbreitungsvektoren und Energiewerten für *die* Zustände richtig, für welche sich der Ausbreitungsvektor noch eindeutig definieren läßt; und dies ist für die Zustände hoher Energie der Fall.

g) Gültigkeitsgrenzen der Annahme nahezu freier Elektronen. Wir wollen noch untersuchen, wieweit die in dieser Ziffer zugrunde gelegten Annahmen überhaupt gültig sind: Wann ist bei gegebenem Ausbreitungsvektor $\bar{\mathfrak{k}}$ die BRAGGsche Bedingung (11.22) entweder überhaupt nicht oder höchstens für *eine* Gitterreflexion $\mathfrak{g}$ erfüllt?

Wir entnehmen zunächst aus Ziff. 14g, daß für *kleine* $\mathfrak{g}$ die Fourierkoeffizienten $V_{\mathfrak{g}}$ von der Größenordnung 10 bis 20 Volt sind. Wir betrachten dann einen Elektronenzustand, der möglichst *wenig* durch BRAGGsche Reflexion ge-

---

[1] M. BRILLOUIN, Quantenstatistik, S. 312.

[2] Dies ist z. B. bei der Theorie der Feinstruktur der Röntgenabsorptionskanten wesentlich. (Ziff. 23.)

[3] Nach R. DE L. KRONIG, ZS. f. Phys. Bd. 70, S. 317. 1931.

stört wird, dessen Ausbreitungsvektor also möglichst weit entfernt von allen BRILLOUINschen Ebenen liegt. Das ist am besten für den Ausbreitungsvektor Null erfüllt. Damit ein Elektron mit dem Ausbreitungsvektor Null *keine* BRAGGsche Reflexion an der Netzebene $\mathfrak{g}$ erleidet, muß nach (11.20)

$$E_{2\pi\mathfrak{g}} - E_0 \gg V_{\mathfrak{g}} \tag{11.31}$$

sein. Nun ist z. B. für einen kubischen Kristall mit der Gitterkonstante a

$$E_{2\pi\mathfrak{g}} = \frac{\hbar^2}{2m} 4\pi^2 g^2 = \frac{\hbar^2}{2m} \frac{4\pi^2}{a^2} (g_1^2 + g_2^2 + g_3^2); \qquad E_0 = 0. \tag{11.32}$$

Wenn das Metall, wie das am häufigsten in der Natur vorkommt, kubisch-flächenzentrierte Struktur besitzt, so ist der kleinstmögliche Wert für g (und damit für $E_{2\pi\mathfrak{g}}$) gegeben durch $g_1 = g_2 = g_3 = 1$ (Reflexion an der Oktaederebene 111). Für Ag ($a = 4{,}06$ Å) ist z. B.

$$E_{111} = \frac{\hbar^2}{2ma^2} \cdot 3 = 26\, e\text{-Volt}. \tag{11.32a}$$

Die Bedingung (11.31) ist daher nicht erfüllt; vielmehr sind $E_{2\pi\mathfrak{g}} - E_0$ und $V_{\mathfrak{g}}$ von gleicher Größenordnung. Das Elektron mit dem Ausbreitungsvektor 0 erleidet also schon recht starke BRAGGsche Reflexion an der Netzebene 111; da außerdem noch Reflexion an sieben weiteren symmetrisch gelegenen Netzebenen ($11\bar{1}, 1\bar{1}1, \bar{1}11, 1\bar{1}\bar{1}, \bar{1}1\bar{1}, \bar{1}\bar{1}1, \bar{1}\bar{1}\bar{1}$) sowie an den sechs Netzebenen 200 usw. hinzutritt, kann nicht die Rede davon sein, daß das Elektron als frei zu betrachten wäre[1]. Wir haben aber $\mathfrak{k}$ ausdrücklich so gewählt, daß die Störung durch BRAGGsche Reflexionen möglichst klein wird. Die Approximation dieser Ziffer ist also auf langsame (auch noch Leitungs-) Elektronen sicher nicht anwendbar.

Eine Abschätzung ergibt, daß noch bei sehr hohen Energien (bis etwa 10000 Volt bei Na, 300000 Volt bei Ag) die Eigenfunktion des Metallelektrons im allgemeinen nicht einfach eine ebene Welle ist, sondern durch mindestens einen Nachbarzustand stark gestört wird. Die *Energie* eines Zustandes $\mathfrak{k}$ dürfte dagegen bereits durch Formel (11.2) bis auf wenige Volt genau gegeben werden, wenn sie nur einige hundert Volt beträgt.

12. Annäherung von gebundenen Elektronen her[2]. In der vorigen Ziffer betrachteten wir die Potentialfelder des Metallgitters als *klein* gegen die kinetische Energie der Metallelektronen. Wir sahen am Schluß unserer Betrachtungen, daß diese Voraussetzung im allgemeinen schlecht erfüllt ist. Wir gehen darum jetzt vom umgekehrten Standpunkt aus und nehmen an, daß die Bindungsenergie der Elektronen an die Metallatome weitaus *größer* ist als die kinetische Energie ihrer Bewegung durch das Gitter. Das heißt, jedes Elektron soll den größten Teil der Zeit um irgendeinen einzelnen Atomrumpf „umlaufen" und nur ab und zu von einem Atom zum anderen „weitergehen". Wir werden finden, daß dieses Modell qualitativ die gleichen Eigenschaften hat wie das Modell der freien Elektronen, vor allem, daß auch hier Energiebereiche, in denen Eigenwerte kontinuierlich verteilt sind, abwechseln mit solchen, die für das Elektron verboten sind. Quantitativ bestehen natürlich große Unterschiede.

a) Die Eigenfunktion nullter Näherung. Wir betrachten zunächst das Potentialfeld im Inneren des Metalls etwas genauer: Innerhalb der Atomrümpfe wird es sicher sehr angenähert übereinstimmen mit dem Potential, das der be-

[1] In der Tat entspricht der Zustand $\mathfrak{k} = 0$ einem K-Elektron (Ziff. 12, Ende) sein Eigenwert ist also bei Ag etwa -25000 Volt statt 0 bei freien Elektronen.

[2] F. BLOCH, ZS. f. Phys. Bd. 52, S. 555. 1929.

treffende Atomrumpf allein erzeugen würde, das also etwa im Inneren eines freien Atoms des Metalldampfes herrscht. (In den Zwischenräumen zwischen den Atomen läßt sich der Potentialverlauf nicht so leicht übersehen, jedoch sind diese Zwischenräume auch zunächst weniger wesentlich, da sie Potentialberge für die Elektronen darstellen, so daß die Eigenfunktionen der Metallelektronen in den „Zwischenräumen" relativ klein sind.) Im Inneren der Atomrümpfe wird daher die Eigenfunktion der Metallelektronen sehr angenähert mit derjenigen irgendeines Quantenzustandes[1] des freien Gasatoms übereinstimmen müssen, da sie ja der gleichen Differentialgleichung genügt. Zur Charakterisierung eines Quantenzustands eines Metallelektrons kann man also in erster Linie die Quantenzahlen des entsprechenden Zustandes des freien Atoms angeben. Es möge nun z. B. die in Frage kommende Eigenfunktion des Elektrons im freien Atom, $\psi_0(r)$, nur vom Abstand r des Elektrons vom Kern abhängen (s-Zustand). Befindet sich dann das Metallelektron etwa in der Nähe des Metallatoms Nummer $\mathfrak{n}$, dessen Kern die Koordinate

$$\mathfrak{n} = n_1 \mathfrak{a}_1 + n_2 \mathfrak{a}_2 + n_3 \mathfrak{a}_3 \tag{12.1}$$

haben möge, so ist seine Eigenfunktion fast genau gegeben durch

$$c\,\psi_0(|\mathfrak{r} - \mathfrak{n}|) \qquad (c \text{ eine Konstante}).$$

Wir wissen nun weiter aus der allgemeinen Theorie, daß die Eigenfunktion sich einfach mit einer Einheitswurzel multipliziert, falls man das Metallelektron um ein Vielfaches des Gitterabstandes verschiebt, genauer gesagt, daß

$$\psi(\mathfrak{r} + \mathfrak{m}) = e^{i(\mathfrak{k}\mathfrak{m})}\,\psi(\mathfrak{r})$$

ist, falls $\mathfrak{m}$ ein Gittervektor ist[2]. Daher liegt es nahe, für die Eigenfunktion nullter Näherung ψ allgemein den Ansatz zu machen:

$$\psi_{\mathfrak{k}}(\mathfrak{r}) = c \sum_{\mathfrak{n}} e^{i(\mathfrak{k}\mathfrak{n})}\,\psi_0(\mathfrak{r} - \mathfrak{n}), \tag{12.2}$$

wobei die Summe rechts über alle Gitterpunkte $\mathfrak{n}$ geht, in denen ein Metallatom liegt, d. h. über alle ganzzahligen Werte der Zahlen $n_1 n_2 n_3$ [vgl. (12.1)].

(12.2) erfüllt alle Bedingungen, die wir an die Eigenfunktion gestellt haben: In der Nähe des $\mathfrak{n}$ten Metallatoms ist nur $\psi_0(\mathfrak{r} - \mathfrak{n})$ wesentlich, da ja die Eigenfunktionen des freien Atoms exponentiell mit wachsender Entfernung vom Atom abfallen. Ferner ist

$$\psi_{\mathfrak{k}}(\mathfrak{r} + \mathfrak{m}) = c \sum_{\mathfrak{n}} e^{i(\mathfrak{k}\mathfrak{n})}\psi_0(\mathfrak{r} + \mathfrak{m} - \mathfrak{n}) = c\, e^{i(\mathfrak{k}\mathfrak{m})} \sum_{\mathfrak{n}} e^{i(\mathfrak{k}, \mathfrak{n} - \mathfrak{m})}\psi_0(\mathfrak{r} - (\mathfrak{n} - \mathfrak{m})) = \psi_{\mathfrak{k}}(\mathfrak{r})\, e^{i(\mathfrak{k}\mathfrak{m})}. \tag{12.3}$$

Den Aufbau der Eigenfunktion (12.2) kann man sich auch im Rahmen der SCHRÖDINGERschen Störungstheorie klarmachen: Wir betrachten einen Metallkristall, welcher G^3 Atome enthält, also das in Ziff. 8d definierte „Grundgebiet". Nehmen wir die Gitterkonstante des Metalls unendlich groß an, so gibt es G^3 Eigenfunktionen für ein Elektron: Es kann sich bei jedem der G^3 Atome befinden. Seine Eigenfunktion ist z. B. $\psi_0(\mathfrak{r} - \mathfrak{n})$, wenn es sich beim Atom Nummer n befindet. Alle G^3 Eigenfunktionen $\psi_0(\mathfrak{r} - \mathfrak{n})$, die man erhält, indem man für $\mathfrak{n}$ nacheinander die Koordinaten jedes Atomkerns setzt, gehören zum gleichen Eigenwert. Bringen wir nun die Atome näher zusammen, so sind die richtigen Eigenfunktionen nullter Näherung nicht mehr die für getrennte Atome gültigen Eigenfunktionen $\psi_0(\mathfrak{r} - \mathfrak{n})$, sondern gewisse Linearkombinationen dieser Funktionen. Denn das Elektron kann bei endlichem (wenn auch noch so großem) Abstand der Atome voneinander niemals in der Nähe einer bestimmten Potentialmulde (eines bestimmten Atoms) festgehalten werden, sondern ist stets fähig, von einem Atom zum anderen zu gehen. Führt man die SCHRÖDINGERsche Störungstheorie durch, so findet man, daß die Funktionen (12.2) die richtigen Linearkombinationen sind[3].

---

[1] Gegebenfalls eines Zustands des kontinuierlichen Spektrums.

[2] Vgl. die Definition des Gittervektors im Anschluß an Gleichung (8.1).

[3] Das erkennt man am einfachsten daraus, daß das Matrixelement

$$V_{\mathfrak{k}\mathfrak{k}'} = \int \psi_{\mathfrak{k}'}^* V \psi_{\mathfrak{k}}\, d\tau$$

verschwindet, wenn $\mathfrak{k} \neq \mathfrak{k}'$ ist und V das Gitterpotential.

Indem man die Wellenzahl $\mathfrak{k}$ in (12.1) alle möglichen Werte durchlaufen läßt, welche mit der Periodizitätsbedingung (8.18) im Einklang sind, erhält man G^3 verschiedene Eigenfunktionen. Aus den G^3 Eigenfunktionen bei unendlich weit getrennten Atomen haben wir also G^3 Linearkombinationen gebildet. Wir sind daher sicher, in (12.2) *alle* Eigenfunktionen des Metallelektrons erfaßt zu haben, welche dem Zustand ψ_0 des freien Atoms entsprechen.

b) Berechnung der Energie. Wir berechnen die Energie erster Näherung für die Elektronen im Metallgitter, indem wir von den Eigenfunktionen nullter Näherung (12.2) ausgehen. Es gilt nach SCHRÖDINGER

$$E = \frac{\int \psi^* \left(-\frac{\hbar^2}{2m}\Delta + V(\mathfrak{r})\right) \psi \, d\tau}{\int |\psi|^2 d\tau}, \tag{12.4}$$

wo $V(r)$ die potentielle Energie des Elektrons am Punkte $\mathfrak{r}$ ist und ψ seine Eigenfunktion. Ist andererseits die potentielle Energie im Abstand $\mathfrak{r}$ vom Kern des *freien* Atoms $U(r)$, so genügt ψ_0 der Differentialgleichung

$$\left[\frac{\hbar^2}{2m}\Delta + E_0 - U(r)\right]\psi_0(\mathfrak{r}) = 0, \tag{12.5}$$

wobei E_0 die Energie des Elektrons im freien Atom (ungestörte Energie) ist. Setzen wir (12.2) und (12.5) in (12.4) ein, so wird

$$E = E_0 + \frac{\int \sum_{\mathfrak{n}'} e^{-i(\mathfrak{k}\mathfrak{n}')} \psi_0^*(\mathfrak{r}-\mathfrak{n}') \sum_{\mathfrak{n}} e^{i(\mathfrak{k}\mathfrak{n})} (V(\mathfrak{r}) - U(|\mathfrak{r}-\mathfrak{n}|)) \psi_0(\mathfrak{r}-\mathfrak{n}) d\tau}{\int \sum_{\mathfrak{n}'} \sum_{\mathfrak{n}} e^{i(\mathfrak{k},\mathfrak{n}-\mathfrak{n}')} \psi_0^*(\mathfrak{r}-\mathfrak{n}') \psi_0(\mathfrak{r}-\mathfrak{n}) d\tau}. \tag{12.6}$$

Die Integrale im Zähler und Nenner von (12.6) hängen nur vom Abstand $\mathfrak{n}-\mathfrak{n}'$ ab[1], nicht von $\mathfrak{n}$ und $\mathfrak{n}'$ einzeln. Die Summation über $\mathfrak{n}'$ kann daher unmittelbar ausgeführt werden: Sie liefert im Zähler und Nenner den Faktor G^3, der natürlich weggekürzt werden kann. Die Energie des Elektrons im Gitter wird daher, wenn wir statt $\mathfrak{n}-\mathfrak{n}'$ einfach $\mathfrak{n}$ schreiben und die Integrationsvariable $\mathfrak{r}-\mathfrak{n}$ durch $\mathfrak{r}$ bezeichnen:

$$E = E_0 + \frac{\sum_{\mathfrak{n}} \int \psi_0^*(\mathfrak{r}-\mathfrak{n})(V(\mathfrak{r}) - U(\mathfrak{r}))\psi_0(\mathfrak{r}) e^{-i(\mathfrak{k}\mathfrak{n})} d\tau}{\sum_{\mathfrak{n}} \int \psi_0^*(\mathfrak{r}-\mathfrak{n})\psi_0(\mathfrak{r}) e^{-i(\mathfrak{k}\mathfrak{n})} d\tau}. \tag{12.7}$$

Von den Summen in Zähler und Nenner von (12.7) sind nur ganz wenige Glieder wesentlich: Wenn nämlich $|\mathfrak{n}|$ groß ist, so überdecken sich die Eigenfunktionen $\psi_0(\mathfrak{r})$ und $\psi_0(\mathfrak{r}-\mathfrak{n})$ praktisch überhaupt nicht, die Integrale verschwinden. Die Summen gehen also praktisch nur über die nächsten Nachbarn des Atoms Null.

In der *Nennersumme* überwiegt sogar der Beitrag des Atoms $\mathfrak{n} = 0$ selbst im allgemeinen weit den aller übrigen Atome:

$$\int \psi_0^*(\mathfrak{r})\psi_0(\mathfrak{r}) d\tau = 1 \tag{12.8}$$

ist das Normierungsintegral, während

$$\int \psi_0^*(\mathfrak{r}-\mathfrak{n})\psi_0(\mathfrak{r}) d\tau = S \tag{12.9}$$

ein Maß dafür ist, wie stark die Eigenfunktionen der Atome $\mathfrak{n}$ und 0 sich überdecken, S ist im allgemeinen schon für die nächstbenachbarten Atome $\mathfrak{n}$ klein gegen Eins. In der *Zählersumme* sind die Beiträge vom Atom Null und den Nachbaratomen von gleicher Größenordnung: Denn für $\mathfrak{r} \approx 0$ wird der Unter-

[1] Wenigstens, wenn das Metallgitter ein BRAVAISsches Gitter ist. Für Gitter mit Basis vgl. Gleichung (12.17).

schied zwischen Gitterpotential $V(\mathfrak{r})$ und Potential des Atoms Null, $U(\mathfrak{r})$, sehr klein; dadurch wird der Wert des Integrals für $\mathfrak{n} = 0$

$$C = \int |\psi_0|^2(\mathfrak{r})(V(\mathfrak{r}) - U(\mathfrak{r}))\,d\tau \tag{12.10}$$

herabgedrückt. In der Nähe des Kerns eines Nachbaratoms, z. B. für $\mathfrak{r} \approx \mathfrak{n}'$ ($\mathfrak{n}' \neq 0$) wird dagegen $V(\mathfrak{r})$ sehr groß, während das Atompotential $U(\mathfrak{r})$ des nullten Atoms an dieser Stelle schon praktisch Null ist: Die Umgebung des Kerns des Atoms $\mathfrak{n}$ liefert daher im allgemeinen einen großen Beitrag zum „Austauschintegral"

$$A_{\mathfrak{n}} = \int \psi_0^*(\mathfrak{r} - \mathfrak{n})(V(\mathfrak{r}) - U(\mathfrak{r}))\,\psi_0(\mathfrak{r})\,d\tau\,. \tag{12.11}$$

Es ist also konsequent, das Nichtorthogonalitätsintegral S gegen 1 zu vernachlässigen, dagegen das Austauschintegral A neben C beizubehalten. Dann wird

$$E = E_0 + C + \sum_{\mathfrak{n} \neq 0} A_{\mathfrak{n}} e^{i(\mathfrak{k}\mathfrak{n})}\,. \tag{12.12}$$

Die Summe geht über alle Nachbarn $\mathfrak{n}$ des Atoms Null (nächste und weiter entfernte).

Zur Vereinfachung, nehmen wir weiter an, jedes Metallatom besitze eine gewisse Anzahl z nächster Nachbarn, alle in gleicher Entfernung von ihm; die Austauschintegrale, die dem Übergang zu irgendeinem der nächsten Nachbarn entsprechen, sind natürlich alle gleich: Wir nennen sie A. Die Austauschintegrale für Übergänge zu weiter entfernten Atomen sollen praktisch verschwinden. Dann reduziert sich die Energieformel (12.12) auf

$$E = E_0 + C + A \sum_{\mathfrak{n}} e^{i(\mathfrak{k}\mathfrak{n})}\,, \tag{12.13}$$

wo nunmehr die Summe bloß noch über die *nächsten Nachbarn* des Atoms Null geht.

Wir berechnen als Beispiel die Energie (12.13) als Funktion der Wellenzahl $\mathfrak{k}$ für die drei kubischen Gittertypen. Bei einem Metall, das im einfachkubischen Gitter kristallisiert, hat jedes Atom sechs nächste Nachbarn. Diejenigen des Atoms Null haben die Koordinaten [vgl. (12.1)]

$$\begin{array}{lll} n_1=1,\quad n_2=0,\ n_3=0, & n_1=0,\ n_2=1,\quad n_3=0, & n_1=0,\ n_2=0,\ n_3=1, \\ n_1=-1,\ n_2=0,\ n_3=0, & n_1=0,\ n_2=-1,\ n_3=0, & n_1=0,\ n_2=0,\ n_3=-1. \end{array}$$

Setzen wir diese Koordinaten in (12.13) ein, so wird

$$E = E_0 + C + 2A(\cos\xi + \cos\eta + \cos\zeta)\,, \tag{12.14}$$

wobei $\xi = (\mathfrak{k}\mathfrak{a}_1)$, $\eta = (\mathfrak{k}\mathfrak{a}_2)$, $\zeta = (\mathfrak{k}\mathfrak{a}_3)$ die (dimensionslosen) Komponenten des Ausbreitungsvektors in Richtung der drei Kristallachsen sind. Für das flächenzentriert-kubische Gitter hat man zwölf nächste Nachbarn, die Energie wird

$$\left.\begin{aligned} E &= E_0 + C + 2A\left(\cos\frac{\xi+\eta}{2} + \cos\frac{\xi-\eta}{2} + \cos\frac{\eta+\zeta}{2} + \cos\frac{\eta-\zeta}{2} + \cos\frac{\zeta+\xi}{2} + \cos\frac{\zeta-\xi}{2}\right) \\ &= E_0 + C + 4A\left(\cos\tfrac{1}{2}\xi\cos\tfrac{1}{2}\eta + \cos\tfrac{1}{2}\eta\cos\tfrac{1}{2}\zeta + \cos\tfrac{1}{2}\zeta\cos\tfrac{1}{2}\xi\right), \end{aligned}\right\} \tag{12.15}$$

für das raumzentrierte Gitter (acht Nachbarn) erhält man

$$E = E_0 + C + 8A\cos\tfrac{1}{2}\xi\cos\tfrac{1}{2}\eta\cos\tfrac{1}{2}\zeta\,. \tag{12.16}$$

Wir geben noch die allgemeine Formel für den Fall eines Gitters mit Basis (vgl. die Anmerkung auf S. 396). i soll die Atome in der Elementarzelle numerieren ($i = 1 \ldots \zeta$), $\mathfrak{n}_i$ sei der Ort des $i$ten Atoms,

$$A_{\mathfrak{n},\mathfrak{n}_i} = \int \psi_0^*(\mathfrak{r} - \mathfrak{n})(V(\mathfrak{r}) - U(\mathfrak{r} - \mathfrak{n}_i))\,\psi(\mathfrak{r} - \mathfrak{n}_i)\,d\tau$$

das Austauschintegral zwischen dem Atom i und dem am Ort $\mathfrak{n}$ gelegenen Nachbaratom, dann ist

$$E = E_0 + \frac{1}{\zeta}\sum_{i=1}^{\zeta}\left[C_i + \sum_{\mathfrak{n}} e^{i(\mathfrak{k},\mathfrak{n}-\mathfrak{n}_i)} A_{\mathfrak{n},\mathfrak{n}_i}\right]. \tag{12.17}$$

c) Diskussion der Energieformel. Die Energie besteht nach (12.13) bis (12.16) aus drei Teilen

1. der Energie E_0 des Elektrons im freien Atom,
2. der konstanten Zusatzenergie C,
3. einem von der Wellenzahl abhängigen Bestandteil.

Die konstante Zusatzenergie C ist einfach der Mittelwert des Potentials, das am Orte eines bestimmten Metallatoms von sämtlichen übrigen Atomen erzeugt wird, und zwar gemittelt über die zu diesem Atom gehörige Eigenfunktion. C ist für die meisten unserer Betrachtungen ziemlich belanglos und läßt sich sehr schwer abschätzen, selbst dem Vorzeichen nach. Seine Größenordnung ist für äußere und innere Schalen des Atoms gleich.

Die Existenz des von der Wellenzahl *abhängigen* Bestandteiles der Energie bedeutet, daß einem *jeden diskreten Eigenwert des Elektrons im freien Atom ein ganzes Band von dichtbenachbarten Eigenwerten des Metallelektrons entspricht.* Die *Breite dieses Energiebandes* ist *proportional* mit dem *Austauschintegral A*, sie beträgt z. B. 12 A für das einfach kubische, 16 A für das flächenzentrierte und raumzentrierte Gitter.

Für die inneren Elektronen des Atoms ist das Austauschintegral sehr klein: Die Eigenfunktion z. B. eines K-Elektrons fällt ja außerordentlich rasch mit zunehmender Entfernung vom zugehörigen Atomkern ab; die K-Eigenfunktionen benachbarter Atome überdecken sich daher außerordentlich wenig. Eine Abschätzung zeigt, daß z. B. für die K-Elektronen des Na der Wert von A etwa $4 \cdot 10^{-22} e^2/a_0$ ist (a_0 = Wasserstoffradius): Das K-Niveau des Na wird also im Metall in ein Energieband der Breite $16\,A \approx 6 \cdot 10^{-21} \frac{e^2}{a_0} = 2 \cdot 10^{-19}$ Volt auseinandergezogen; d. h. praktisch bleibt der Eigenwert völlig scharf[1]. Je weiter außen ein Elektron im Atom liegt, um so wahrscheinlicher wird es im Metall in die benachbarte Potentialmulde übergehen und um so breiter wird das entsprechende Energieband.

Das Spektrum der Elektronen im Metall erhält damit etwa die in Abb. 11 gezeichnete Gestalt: Die erlaubten Energiebänder werden mit wachsender Energie immer breiter, die verbotenen immer schmäler, genau wie wir es in Ziff. 10 für das spezielle Modell von KRONIG fanden.

Mit der Breite der Energiebänder proportional ist die Geschwindigkeit, mit der sich die Elektronen durch das Metall bewegen: Wir fanden ja in Ziff. 9, daß diese direkt durch die Ableitung der Energie nach der Wellenzahl gegeben ist. Es ist sehr anschaulich, daß die Geschwindigkeit des Elektrons mit dem Austauschintegral A zusammenhängt: Denn A mißt ja direkt die Häufigkeit des Übergangs eines Elektrons von einem Atom zum anderen und durch solche Übergänge kommt die Bewegung des Elektrons durch das Gitter zustande.

Innerhalb eines Energiebandes nimmt die Energie im allgemeinen mit wachsenden Wellenzahlen $\xi\eta\zeta$ zu, da A im allgemeinen *negativ* ist[2]. Im einzelnen wird die Abhängigkeit der Energie von der Wellenzahl durch die spezielle Struktur

---

[1] Das K-Elektron eines Na-Atoms geht etwa einmal in 5 Tagen zum Nachbaratom über.

[2] Wenigstens dann, wenn der Atomzustand E_0 ein s-Zustand ist — und nur für diesen Fall gilt unsere bisherige Theorie, da wir stillschweigend vorausgesetzt haben, daß zur Energie E_0 nur *eine* Eigenfunktion ψ_0 im freien Atom gehört. Die Eigenfunktionen der s-Elektronen haben nämlich (vgl. z. B. V. GUILLEMIN u. C. ZENER, ZS. f. Phys. Bd. 61, S. 199. 1930) ihre Knoten im allgemeinen weit im Inneren des Atoms, so daß im weitaus überwiegenden Teil des Integrationsgebietes in (12.11) $\psi_0(\mathfrak{r})$ und $\psi_0(\mathfrak{r} - \mathfrak{n})$ das gleiche Vorzeichen haben. $V - U$ ist andererseits wohl immer negativ, d. h. durch das Hinzutreten weiterer bindender Atome wird das Elektron *fester* gebunden (seine potentielle Energie erniedrigt).

des Metallgitters bestimmt. Nur für sehr kleine Werte der Wellenzahlen gilt ein allgemeines Gesetz. Entwickelt man die Kosinusse in (12.14) bis (12.16) nach $\xi\eta\zeta$, so erhält man

$$E = E_0' - A(\xi^2 + \eta^2 + \zeta^2) = E_0' + |A|\,k^2, \tag{12.18}$$

wo

$$E_0' = \begin{cases} E_0 + C + 6A & \text{für einfach-kubische Struktur,} \\ E_0 + C + 12A & \text{für kubisch-flächenzentrierte Struktur,} \\ E_0 + C + 8A & \text{für kubisch-raumzentrierte Struktur} \end{cases}$$

die untere Grenze des erlaubten Energiebandes ist. Solange man sich *im untersten Teil eines Energiebandes* befindet, *hängt* also *die Energie nur von dem absoluten Betrag der Wellenzahl k und nicht von der Richtung* des Ausbreitungsvektors $\mathfrak{k}$ der Elektronenwelle *ab*. Wenn man sich im Raum der Wellenzahlkomponenten $\xi\eta\zeta$ die Flächen konstanter Energie aufzeichnet, so bilden diese in der Nähe des Nullpunkts $\xi = \eta = \zeta = 0$ einfach Kugeln um diesen Punkt. Die Energieformel (12.17) ist in formaler Übereinstimmung mit der für freie Elektronen geltenden Formel:

$$E = \frac{\hbar^2}{2m}\,\bar{k}^2. \tag{12.19}$$

Die Formeln unterscheiden sich nur durch ein additives Zusatzglied und durch einen anderen Zahlenfaktor bei dem von $\mathfrak{k}$ abhängigen Term: Die gebundenen Elektronen verhalten sich, „als ob" ihre Masse von der gewöhnlichen Elektronenmasse verschieden wäre, und zwar ist im allgemeinen $|A|$ kleiner als $\hbar^2/2m$, also die scheinbare Masse der Elektronen größer als die wahre (vgl. Ziff. 13b). Physikalische Bedeutung hat die Übereinstimmung von (12.18) und (12.19) natürlich durchaus nicht, schon deshalb, weil der Ausbreitungsvektor $\mathfrak{k}$ in (12.18) „reduzierter" Ausbreitungsvektor (Ziff. 8) ist, $\bar{k}$ in (12.19) dagegen die „freie" Wellenzahl bezeichnet, wohl aber wird durch die formale Übereinstimmung die Übertragung der bei freien Elektronen gewonnenen Formeln für Leitfähigkeit usw. auf gebundene erleichtert (Ziffer 35 bis 39).

Für größere Werte von $\xi\eta\zeta$ ist die einfache Formel (12.18) auch nicht mehr annähernd richtig: Die Energie hängt außer von der Größe ganz wesentlich von der *Richtung* des Ausbreitungsvektors $\mathfrak{k}$ ab. In Abb. 23 bis 25 sind z. B. einige Flächen konstanter Energie (Energieflächen) im Raum der $\xi\eta\zeta$ dargestellt. Ihre Formen weichen teilweise stark von der Kugelgestalt ab und hängen wesentlich von der Kristallstruktur des Metalls ab.

Ehe wir zu komplizierteren Verhältnissen übergehen, wollen wir noch etwas über die möglichen Werte der Wellenzahlen $\xi\eta\zeta$ sagen: Wir können uns natürlich, wie immer, auf die Betrachtung solcher Ausbreitungsvektoren $\mathfrak{k}$ beschränken, deren Endpunkte in die innerste Zone der BRILLOUINschen Konstruktion (Abb. 19) fallen (reduzierte Ausbreitungsvektoren). Diese Zone hat im Falle des einfach kubischen Gitters die Form eines Würfels: Es ist $-\pi < \xi < \pi$ usw. Für das kubisch-*raum*zentrierte Gitter kann der Endpunkt von $\mathfrak{k}$ innerhalb eines Rhombendekaeders liegen, das in Abb. 26 dargestellt ist und dessen Ecken die Punkte: $(\xi\eta\zeta) = (2\pi, 0, 0)$, (π, π, π) ... und die durch Vorzeichenumkehr und zyklische Vertauschung daraus hervorgehenden 12 weiteren Punkte sind. Bei kubisch-*flächen*zentrierter Struktur des Metallgitters endlich ist die Begrenzung des für $\mathfrak{k}$ zulässigen Gebiets ein Oktaeder mit abgeschnittenen Ecken (Abb. 27), die Koordinaten *eines* Eckpunktes sind $(2\pi, \pi, 0)$, die übrigen 23 gehen daraus durch Vertauschung von $\xi\eta\zeta$ und Vorzeichenumkehr hervor. Liegt der Endpunkt des

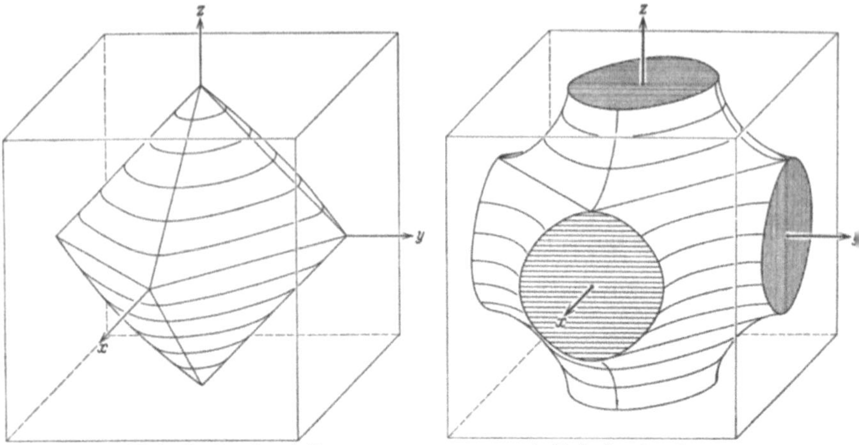

a) Fläche $E = E_0 + C - 2|A|$ b) Fläche $E = E_0 + C$

Abb. 23 a u. b*. Flächen konstanter Energie im Raum der Wellenzahlen ξ, η, ζ bei einfach-kubischer Kristallstruktur. Gezeichnet sind die Umrisse der ersten Brillouinschen Zone (Würfel mit der Kantenlänge 2π) und die Flächen E = konst., soweit sie im Inneren der Zone verlaufen. Abb. 23a zeigt eine Energiefläche bei ziemlich kleiner Energie; sie hat die Form eines Oktaeders, dessen Flächen nach außen gewölbt sind. Das Oktaeder berührt mit seinen Ecken gerade die Seitenflächen des Würfels, die Energiefläche weicht bereits beträchtlich von der Kugelgestalt ab. Noch größer wird diese Abweichung bei höherer Energie (Abb. 23b). In diesem Fall schneidet die Energiefläche die Seitenflächen des Würfels in ziemlich großen Kreisen, was für die Peierlsschen Umklapp-Prozesse (Ziff. 41) von Wichtigkeit ist. Wenn pro Atom ein Leitungselektron vorhanden ist, so sind gerade alle Zustände innerhalb der Fläche Abb. 23b besetzt. Abb. 23a entspricht geringerer Besetzung des Energiebandes.

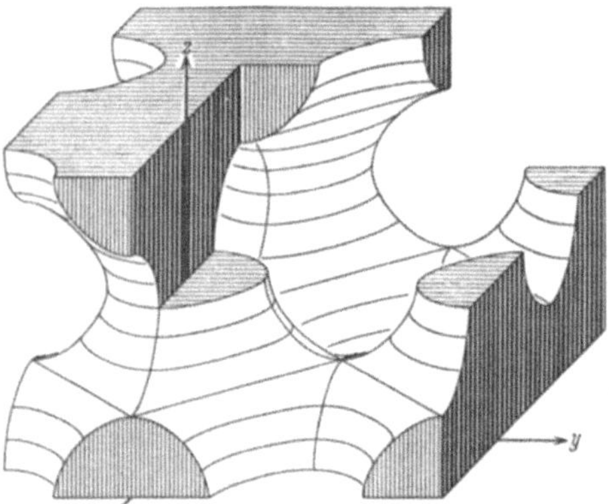

Abb. 24. Zusammenhang der Fläche der Abb. 23b. Alle Flächen E = konst. ziehen sich durch den ganzen Raum der Wellenzahlen $\xi\eta\zeta$ hindurch, falls man nicht, wie in Abb. 23, künstlich den Wertebereich von $\xi\eta\zeta$ auf das Gebiet zwischen $-\pi$ und $+\pi$ einschränkt. Und zwar wiederholt sich in jedem Elementarwürfel des $\xi\eta\zeta$-Raumes die in Abb. 23a, b gezeichnete Form der Fläche. Unser Bild zeigt, daß die Fläche der Abb. 23b, wenn man sie über den ersten Elementarbereich hinaus fortsetzt, mehrfach zusammenhängend wird. Die Fläche der Abb. 23a dagegen würde nur an den Eckpunkten der Oktaeder zusammenhängen, während man bei noch kleinerer Energie (z. B. Abb. 25a) in unserer Darstellung unzusammenhängende, fast kugelförmige Flächen erhalten würde, welche die Gitterpunkte $(\xi, \eta, \zeta) = 2\pi\,(g_1\, g_2,\, g_3)$ umschließen. Ebenso erhält man *größerer* Energie wieder unzusammenhängende Kugeln, die aber nunmehr die Punkte $(\xi, \eta, \zeta) = 2\pi\,(g_1 + \frac{1}{2},\, g_2 + \frac{1}{2},\, g_3 + \frac{1}{2})$ umschließen.

Vektors $\mathfrak{k}$ außerhalb der soeben beschriebenen Grundzonen, so wiederholen sich die gleichen Energieflächen, die in der Grundzone vorkommen.

Liegt der Endpunkt von $\mathfrak{k}$ nahe einem Eckpunkt der Grundzone, so sind im Fall der einfachkubischen Struktur die Energieflächen Kugeln um den Eckpunkt, beim kubisch-raumzentrierten Gitter Kugeln bzw. Hyperboloide, beim flächenzentrierten Zylinder. Liegt der Endpunkt von $\mathfrak{k}$ irgendwie nahe einer Begrenzungsfläche der Grundzone, so besteht die Energie aus einem Bestandteil, der von der Projektion $\mathfrak{k}''$ des Vektors $\mathfrak{k}$ auf die betreffende Begrenzungsfläche (reflektierende Ebene) abhängt, und einem Bestandteil, der proportional dem Quadrat des Abstandes k' des Endpunktes von $\mathfrak{k}$ von der Begrenzungsfläche ist:

$$E(\mathfrak{k}) = E(\mathfrak{k}'') + c\,k'^2,$$

der Impuls des Elektrons senkrecht zur Begrenzungsfläche ist daher proportional k'. Genau dieselben Verhältnisse fanden wir in Ziff. 11, als wir von freien Elektronen ausgingen.

* Herrn R. Rühle (Techn. Hochsch. Stuttgart) sind wir für die Zeichnung der Figuren 23 bis 25 dankbar.

d) Aufspaltung entarteter Elektronenniveaus im Metall. Wir haben bisher nur das Verhalten unentarteter Eigenwerte des Atoms beim Einbau in den Metallkristall verfolgt. Nunmehr wollen wir untersuchen, wie ein *entarteter*

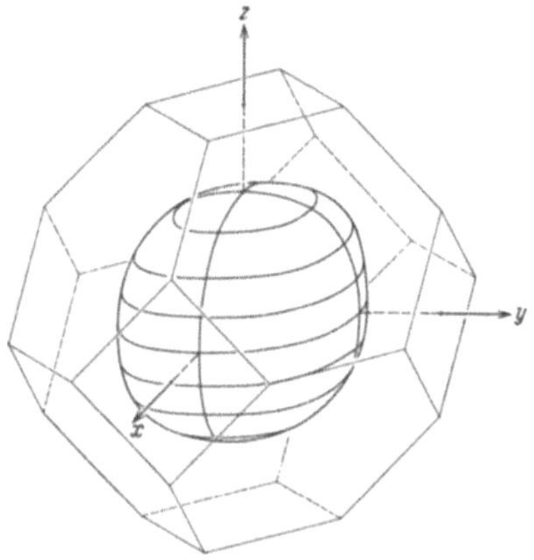

Abb. 25a. $E = E_0 + C - 2|A|$.

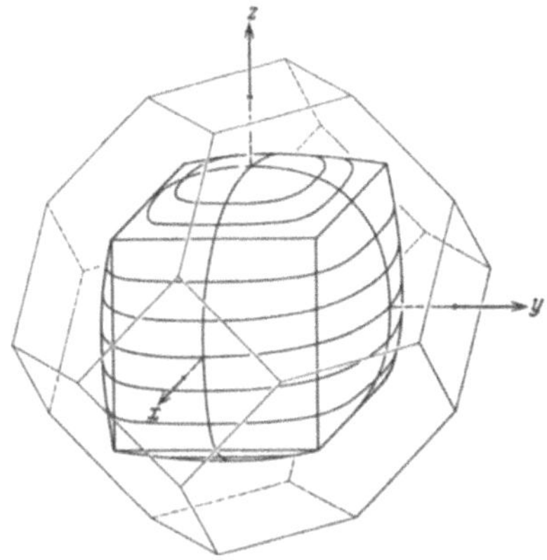

Abb. 25b. $E = E_0 + C$.

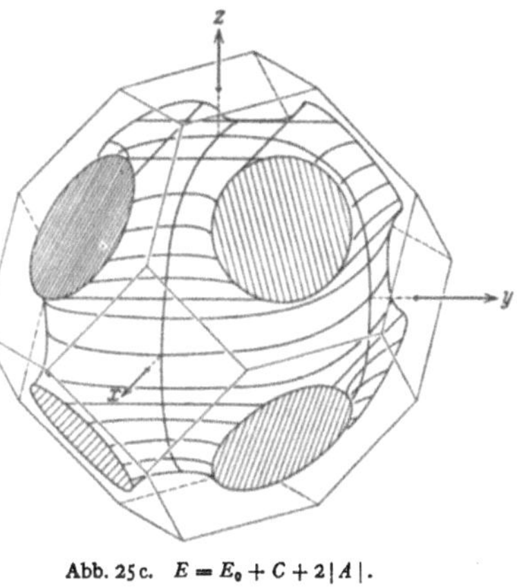

Abb. 25c. $E = E_0 + C + 2|A|$.

Abb. 25a bis c. Flächen konstanter Energie im Raum der Wellenzahlen ξ, η, ζ bei kubisch-flächenzentrierter Kristallstruktur. Gezeichnet sind die Umrisse der ersten Brillouinschen Zone (abgestumpftes Oktaeder) und die Flächen $E =$ konst., soweit sie im Inneren dieser Zone verlaufen. Abb. 25a bis c entsprechen wachsender Energie; Abb. 25a (sehr kleine Energie) zeigt noch beinahe kugelförmige Struktur der Energiefläche, in Abb. 25b hat die Energiefläche die Form eines Würfels mit ausgebauchten Seitenflächen, die Würfelecken berühren gerade die Seitenflächen der Elementarzelle (vgl. Abb. 23a), während die Fläche der Abb. 25c (große Energie) diese Seitenflächen in ziemlich großen Kreisen schneidet (vgl. Abb. 23b). Falls ein Elektron pro Atom vorhanden ist, ist die Fläche $E = \zeta$ ein Mittelding zwischen den Flächen der Abb. 25b und c, sie würde also bei Fortsetzung über die erste Elementarzelle hinaus (analog zu Abb. 24) mehrfach zusammenhängend sein und beträchtlich von der Kugelgestalt abweichen. Im übrigen sind die Flächen $E =$ konst. in unserem Fall ersichtlich kugelähnlicher als in Abb. 23 (einfach-kubisches Gitter).

Eigenwert E_0 aufspaltet. Wir denken z. B. an ein p-Elektron des freien Atoms: Seine Eigenfunktionen im freien Atom sind

$$\left.\begin{aligned} \psi_x(\mathfrak{r}) &= \psi(r)\sin\vartheta\cos\varphi, \\ \psi_y(\mathfrak{r}) &= \psi(r)\sin\vartheta\sin\varphi, \\ \psi_z(\mathfrak{r}) &= \psi(r)\operatorname{sos}\vartheta, \end{aligned}\right\} \qquad (12.20)$$

falls der Atomkern als Zentrum des Polarkoordinatensystems gewählt wird und eine beliebige Richtung z als Achse.

Die Eigenfunktion des Elektrons im Kristall wird dann, ganz analog zu (12.2):

$$\psi = \sum_{\mathfrak{n}} e^{i(\mathfrak{k}\mathfrak{n})}\left(\alpha\psi'_x(\mathfrak{r}-\mathfrak{n}) + \beta\psi_y(\mathfrak{r}-\mathfrak{n}) + \gamma\psi_z(\mathfrak{r}-\mathfrak{n})\right), \qquad (12.21)$$

mit vorläufig noch unbekannten Koeffizienten α, β, γ. Die Koeffizienten α, β, γ und die Energiestörung erster Näherung E_1 lassen sich daraus bestimmen, daß $(E_1 - V')\psi$ orthogonal sein muß auf allen Eigenfunktionen, die überhaupt zum ungestörten Eigenwert E_0 gehören. V' ist dabei das Störungspotential. Es muß also gelten

$$\left.\begin{aligned}\int \psi_x(\mathfrak{r}-\mathfrak{n})\,(V'-E_1)\,\psi\,d\tau &= \int \psi_y(\mathfrak{r}-\mathfrak{n})\,(V'-E_1)\,\psi\,d\tau \\ &= \int \psi_z(\mathfrak{r}-\mathfrak{n})\,(V'-E_1)\,\psi\,d\tau = 0\end{aligned}\right\} \qquad (12.22)$$

für alle $\mathfrak{n}$.

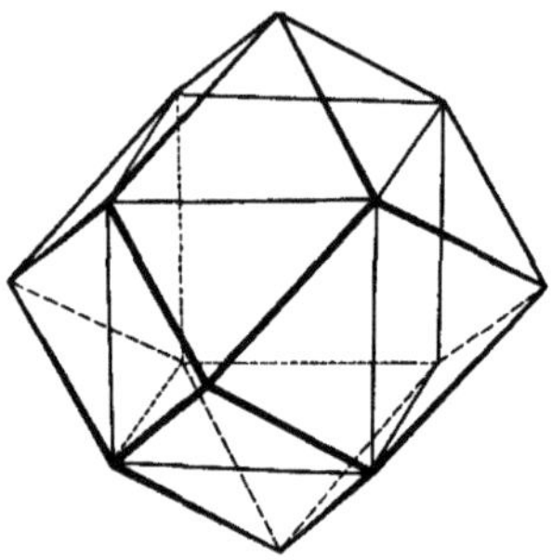

Abb. 26. Die erste BRILLOUINsche Zone für kubisch-raumzentrierte Struktur. (Eingezeichnet ist der Würfel mit der Kantenlänge π.)

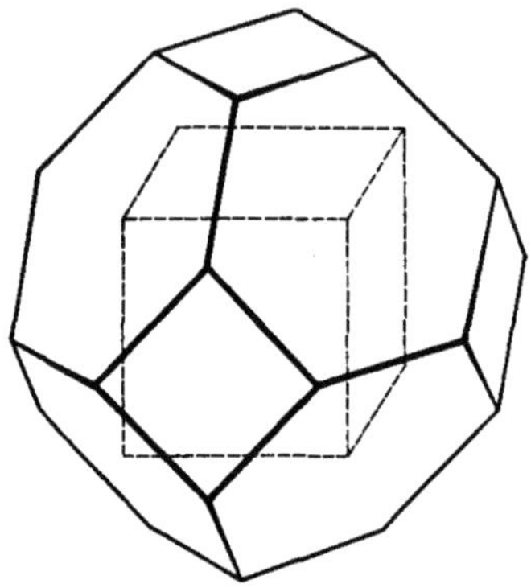

Abb. 27. Die erste BRILLOUINsche Zone für kubisch-flächenzentrierte Struktur. (Nach L. BRILLOUIN, Quantenstatistik. Berlin: Julius Springer 1931.)

Das Störungspotential V' ist definiert als die Differenz der wirklichen potentiellen Energie V, der das Elektron im Metall unterliegt, und der potentiellen Energie nullter Näherung U, die der Eigenfunktion nullter Näherung ψ durch die Schrödingergleichung

$$\left(\frac{\hbar^2}{2m}\Delta + E_0 - U\right)\psi = 0$$

zugeordnet ist. Nun genügt ψ selbst keiner Differentialgleichung, sondern die einzelnen Summanden in (12.20) befriedigen verschiedene Differentialgleichungen; z. B. ist

$$\left(\frac{\hbar^2}{2m}\Delta + E_0 - U_\mathfrak{n}\right)\psi_{x,y,z}(\mathfrak{r}-\mathfrak{n}) = 0,$$

wo $U_\mathfrak{n} = U(|\mathfrak{r}-\mathfrak{n}|)$ das vom $\mathfrak{n}$ten Atom erzeugte Potential ist.

Also ist

$$\left.\begin{aligned}V'\psi = (V-U)\psi = \sum_\mathfrak{n} e^{i(\mathfrak{k}\mathfrak{n})}\,(V(\mathfrak{r}) - U(|\mathfrak{r}-\mathfrak{n}|))\,[\alpha\psi_x(\mathfrak{r}-\mathfrak{n}) \\ + \beta\psi_y(\mathfrak{r}-\mathfrak{n}) + \gamma\psi_z(\mathfrak{r}-\mathfrak{n})],\end{aligned}\right\} \qquad (12.23)$$

und es muß für alle $\mathfrak{n}'$ gelten

$$\left.\begin{aligned}E_1\int \psi_x(\mathfrak{r}-\mathfrak{n}')\sum_\mathfrak{n}[\alpha\psi_x(\mathfrak{r}-\mathfrak{n}) + \beta\psi_y(\mathfrak{r}-\mathfrak{n}) + \gamma\psi_z(\mathfrak{r}-\mathfrak{n})]\,e^{i(\mathfrak{k}\mathfrak{n})}\,d\tau \\ = \sum_\mathfrak{n}\int \psi_x(\mathfrak{r}-\mathfrak{n}')\,e^{i(\mathfrak{k}\mathfrak{n})}\,(V - U(|\mathfrak{r}-\mathfrak{n}|))\,[\alpha\psi_x(\mathfrak{r}-\mathfrak{n}) + \beta\psi_y(\mathfrak{r}-\mathfrak{n}) \\ + \gamma\psi_z(\mathfrak{r}-\mathfrak{n})]\,d\tau\end{aligned}\right\} \qquad (12.24)$$

und zwei entsprechende Gleichungen mit $\psi_y(\mathfrak{r}-\mathfrak{n}')$ und $\psi_z(\mathfrak{r}-\mathfrak{n}')$ an Stelle von $\psi_x(\mathfrak{r}-\mathfrak{n}')$. Man sieht ohne weiteres, daß (12.24) für alle $\mathfrak{n}'$ gilt, falls es für einen bestimmten Wert von $\mathfrak{n}'$, z. B. $\mathfrak{n}' = 0$, richtig ist. Dies beweist, daß unser

Ansatz (12.21) für die Eigenfunktion nullter Näherung dem Problem angepaßt ist. Wesentlich hierfür ist die Periodizität des Potentials V mit dem Gitterabstand.

Auf der linken Seite von (12.24) lassen wir wieder, wie früher (Abschnitt b), die kleinen Glieder $\mathfrak{n} \neq \mathfrak{n}'$ fort; für $\mathfrak{n} = \mathfrak{n}'$ andererseits ist

$$\int \psi_x(\mathfrak{r} - \mathfrak{n}')\,\psi_y(\mathfrak{r} - \mathfrak{n}')\,d\tau = \int \psi_x(\mathfrak{r} - \mathfrak{n}')\,\psi_z(\mathfrak{r} - \mathfrak{n}')\,d\tau = 0$$

und

$$\int \psi_x^{*}(\mathfrak{r} - \mathfrak{n}')\,d\tau = 1\,,$$

so daß auf der linken Seite von (12.24) nur $\alpha E_1 e^{i(\mathfrak{k}\mathfrak{n}')}$ stehen bleibt. Ob die Integrale auf der rechten Seite verschwinden oder nicht, hängt ganz wesentlich von der Kristallsymmetrie ab. Im Falle kubischer Symmetrie verschwinden z. B. für $\mathfrak{n} = \mathfrak{n}'$ alle Integrale, in deren Integrand zwei Eigenfunktionen mit verschiedener Winkelabhängigkeit stehen, z. B.

$$\int \psi_x(\mathfrak{r} - \mathfrak{n}')(V - U(|\mathfrak{r} - \mathfrak{n}'|))\,\psi_y(\mathfrak{r} - \mathfrak{n}')\,d\tau = 0\,.$$

Denn wenn man den ganzen Kristall um die durch das Atom $\mathfrak{n}'$ hindurchgehende z-Achse um den Winkel $\pi/2$ dreht, so ändert sich das Kristallpotential $V(\mathfrak{r})$ gar nicht, da die Drehung eine Symmetrieoperation des Kristalls ist. Ebenso bleibt das Atompotential $U(|\mathfrak{r} - \mathfrak{n}'|)$ ungeändert. ψ_x geht jedoch in ψ_y, ψ_y in $-\psi_x$ über, weil der Azimutalwinkel φ um $\pi/2$ vergrößert wird: Daher kehrt das Integral sein Vorzeichen um, es darf andererseits seinen Wert bei einer Koordinatentransformation nicht ändern, muß also Null sein. Ebenso sieht man sofort, daß

$$\left.\begin{aligned} &\int \psi_x^{2}(\mathfrak{r} - \mathfrak{n}')(V - U(|\mathfrak{r} - \mathfrak{n}'|))\,d\tau = \int \psi_y^{2}(\mathfrak{r} - \mathfrak{n}')(V - U(|\mathfrak{r} - \mathfrak{n}'|))\,d\tau \\ &= \int \psi_z^{2}(\mathfrak{r} - \mathfrak{n}')(V - U(|\mathfrak{r} - \mathfrak{n}'|))\,d\tau = C \end{aligned}\right\}\quad(12.25)$$

ist, da von den Achsen xyz bei kubischer Symmetrie keine ausgezeichnet ist. Wenn man daher in (12.24) von den Austauschgliedern $\mathfrak{n} \neq \mathfrak{n}'$ absehen würde, so würde ein p-Term im Kristall überhaupt nicht aufspalten, sondern nur um den Energiebetrag $E_1 = C$ verschoben werden[1].

Von den Austauschgliedern $\mathfrak{n} \neq \mathfrak{n}'$ auf der rechten Seite von (12.24) wollen wir (wie in b) wieder nur die Austausche mit den nächsten Nachbarn berücksichtigen. Die Verbindungslinie der Atome $\mathfrak{n}$ und $\mathfrak{n}'$ möge z. B. die Richtung z haben. Dann sind jedenfalls die von den Atomen $\mathfrak{n}$ und $\mathfrak{n}'$ selbst erzeugten Potentiale unabhängig von dem Azimutalwinkel φ um die z-Achse, d. h. die Potentiale haben Zylindersymmetrie. Die von den Nachbaratomen gelieferten Beiträge zum Potential sind sicher in den Gebieten, wo $\psi(\mathfrak{r} - \mathfrak{n})\,\psi(\mathfrak{r} - \mathfrak{n}')$ bedeutend ist, ziemlich klein gegenüber den Potentialen der Atome $\mathfrak{n}$ und $\mathfrak{n}'$, können also bei Berechnung der Austauschintegrale außer Betracht bleiben[2]. Daher ist das Integral

$$J_{ab} = \int \psi_a(\mathfrak{r} - \mathfrak{n})\,\psi_b(\mathfrak{r} - \mathfrak{n}')(V - U(|\mathfrak{r} - \mathfrak{n}|))\,d\tau \qquad (12.26)$$

nur dann von Null verschieden, wenn das Produkt $\psi_a\psi_b$ vom Azimutalwinkel φ unabhängig ist: J_{ab} verschwindet also, wenn $a = x, b = y$ oder $a = z, b = x$ oder $a = z, b = y$ ist, ferner ist

$$J_{yy} = J_{xx} = B\,, \qquad \text{sagen wir,} \qquad (12.27)$$

während

$$J_{zz} = A \qquad (12.28)$$

einen im allgemeinen von B verschiedenen Wert hat. Unser Nachbaratom liefert daher zur rechten Seite von (12.24) den Beitrag $e^{i(\mathfrak{k}\mathfrak{n})}\cdot\alpha B$.

Bei einfach-kubischer Struktur hat nun ein bestimmtes Atom sechs Nachbarn, je einen in der positiven und negativen x, y, z-Richtung. Diskutiert man diese alle in der eben beschriebenen Weise durch, so wird aus (12.24)

$$E_1\alpha = [C + 2\cos\xi\cdot A + 2(\cos\eta + \cos\zeta)B]\,\alpha\,. \qquad (12.29)$$

Entsprechend erhält man, wenn man statt $\psi_x(\mathfrak{r} - \mathfrak{n}')$ in (12.24) die Eigenfunktionen $\psi_y(\mathfrak{r} - \mathfrak{n}')$ und $\psi_z(\mathfrak{r} - \mathfrak{n}')$ setzt:

$$\left.\begin{aligned} E_1\beta &= [C + 2\cos\eta\cdot A + 2(\cos\xi + \cos\zeta)B]\,\beta\,,\\ E_1\gamma &= [C + 2\cos\zeta\cdot A + 2(\cos\xi + \cos\eta)B]\,\gamma\,. \end{aligned}\right\}\quad(12.30)$$

---

[1] Vgl. H. Bethe, Ann. d. Phys. Bd. 3, S. 133. 1929.

[2] Außerdem läßt sich für die meisten wichtigen Fälle zeigen, daß die für unsere Betrachtungen wesentlichen Symmetrieeigenschaften des Potentials auch für das von den anderen Atomen erzeugte Potential erfüllt sind.

Die drei Gleichungen (12.29), (12.30) müssen gleichzeitig erfüllt sein. Man erhält unmittelbar die Lösungen[1]

$$\left.\begin{aligned} &1.\quad E_1 = C + 2A\cos\xi + 2B(\cos\eta + \cos\zeta), &&\alpha = 1, &&\beta = \gamma = 0,\\ &2.\quad E_2 = C + 2A\cos\eta + 2B(\cos\xi + \cos\zeta), &&\beta = 1, &&\alpha = \gamma = 0,\\ &3.\quad E_3 = C + 2A\cos\zeta + 2B(\cos\eta + \cos\zeta), &&\gamma = 1, &&\alpha = \beta = 0.\end{aligned}\right\} \quad (12.31)$$

Bei der ersten Lösung ist also die Eigenfunktion einfach

$$\psi = \sum_{\mathfrak{n}} \psi_x(\mathfrak{r} - \mathfrak{n})\, e^{i(\mathfrak{k}\mathfrak{n})},$$

der Kristall wird, wie man leicht überlegt, in der x-Richtung von Ketten großer Ladungsdichte durchzogen.

Die drei Eigenwerte (12.31) sind für $\xi \neq \eta \neq \zeta$ voneinander verschieden, für $\xi < \eta < \zeta$ und $A > B$ ist z. B. $E_1 > E_2 > E_3$. Die sechs Eigenfunktionen, die durch Vertauschung von x-, y- und z-Richtung auseinander hervorgehen, gehören stets zum gleichen Eigenwert.

Im Falle der kubisch-flächenzentrierten Struktur sind die Formeln weniger einfach, weil die Verbindungslinien eines bestimmten Atoms mit seinen Nachbaratomen nicht mehr aufeinander senkrecht stehen. Wir wollen wieder mit A das Austauschintegral für den Fall bezeichnen, daß die Richtung maximaler Ladungsdichte des Elektrons im Einzelatom übereinstimmt mit der Richtung der Verbindungslinie der beiden Atome, zwischen denen der Elektronenaustausch stattfindet, also das Integral

$$\int \psi_z(\mathfrak{r} - \mathfrak{n})\,\psi_z(\mathfrak{r} - \mathfrak{n}')\,(V - U(|\mathfrak{r} - \mathfrak{n}|))\,d\tau = A,$$

falls die Verbindungslinie der Atome $\mathfrak{n}$ und $\mathfrak{n}'$ in der z-Richtung liegt. B soll das Austauschintegral heißen, wenn die Richtung maximaler Ladungsdichte und die Kernverbindungslinie senkrecht zueinander stehen. Dann erhält man aus (12.23) die Gleichung

$$\left.\begin{aligned} (E - E_0 - C)\alpha &= 2(A + B)\alpha(\cos\tfrac{1}{2}\xi\cos\tfrac{1}{2}\eta + \cos\tfrac{1}{2}\eta\cos\tfrac{1}{2}\zeta + \cos\tfrac{1}{2}\zeta\cos\tfrac{1}{2}\xi)\\ &\quad - 2(A - B)(\alpha\cos\tfrac{1}{2}\eta\cos\tfrac{1}{2}\zeta + \beta\sin\tfrac{1}{2}\xi\sin\tfrac{1}{2}\eta + \gamma\sin\tfrac{1}{2}\xi\sin\tfrac{1}{2}\zeta).\end{aligned}\right\} \quad (12.32)$$

Dazu kommen zwei weitere Gleichungen, die hieraus durch Vertauschung von $\xi\eta\zeta$ und gleichzeitige Vertauschung von $\alpha\beta\gamma$ entstehen. Für die Energie E_1 ergibt sich daraus

$$E = E_0 + C + 2(A + B)(\cos\tfrac{1}{2}\xi\cos\tfrac{1}{2}\eta + \cos\tfrac{1}{2}\eta\cos\tfrac{1}{2}\zeta + \cos\tfrac{1}{2}\zeta\cos\tfrac{1}{2}\xi) - 2(A - B)\varepsilon, \quad (12.33)$$

wobei ε eine der drei Wurzeln der kubischen Gleichung

$$\left.\begin{aligned} &\varepsilon^3 - \varepsilon^2(\cos\tfrac{1}{2}\xi\cos\tfrac{1}{2}\eta + \cos\tfrac{1}{2}\eta\cos\tfrac{1}{2}\zeta + \cos\tfrac{1}{2}\zeta\cos\tfrac{1}{2}\xi) + \varepsilon(\cos^2\tfrac{1}{2}\xi\cos\tfrac{1}{2}\eta\cos\tfrac{1}{2}\zeta\\ &\quad + \cos^2\tfrac{1}{2}\eta\cos\tfrac{1}{2}\zeta\cos\tfrac{1}{2}\xi + \cos^2\tfrac{1}{2}\zeta\cos\tfrac{1}{2}\xi\cos\tfrac{1}{2}\eta - \sin^2\tfrac{1}{2}\xi\sin^2\tfrac{1}{2}\eta - \sin^2\tfrac{1}{2}\eta\sin^2\tfrac{1}{2}\zeta\\ &\quad - \sin^2\tfrac{1}{2}\zeta\sin^2\tfrac{1}{2}\xi) - (\cos^2\tfrac{1}{2}\xi\cos^2\tfrac{1}{2}\eta\cos^2\tfrac{1}{2}\zeta + 2\sin^2\tfrac{1}{2}\xi\sin^2\tfrac{1}{2}\eta\sin^2\tfrac{1}{2}\zeta\\ &\quad - \cos\tfrac{1}{2}\xi\cos\tfrac{1}{2}\eta\sin^2\tfrac{1}{2}\xi\sin^2\tfrac{1}{2}\eta - \cos\tfrac{1}{2}\eta\cos\tfrac{1}{2}\zeta\sin^2\tfrac{1}{2}\eta\sin^2\tfrac{1}{2}\zeta\\ &\quad - \cos\tfrac{1}{2}\zeta\cos\tfrac{1}{2}\xi\sin^2\tfrac{1}{2}\zeta\sin^2\tfrac{1}{2}\xi) = 0\end{aligned}\right\} \quad (12.33\,\mathrm{a})$$

ist. Die Koeffizienten $\alpha\beta\gamma$ in der Eigenfunktion werden recht komplizierte Funktionen der Wellenzahlen $\xi\eta\zeta$, die Eigenfunktion enthält also nicht bloß die Funktionen $\psi_x(\mathfrak{r} - \mathfrak{n})$, sondern auch die Funktionen ψ_y und ψ_z. Zu einem bestimmten Wellenzahltripel $\xi\eta\zeta$ gehören, wie in (12.31), *drei* Eigenwerte $E_{1,2,3}$; die zugehörigen Eigenfunktionen sind natürlich orthogonal zueinander.

Im Falle des kubisch-raumzentrierten Gitters endlich ergibt sich

$$E_1 = E_0 + C + 8(\tfrac{1}{3}A + \tfrac{2}{3}B)\cos\tfrac{1}{2}\xi\cos\tfrac{1}{2}\eta\cos\tfrac{1}{2}\zeta + \tfrac{8}{3}(A - B)\varepsilon\sin\tfrac{1}{2}\xi\sin\tfrac{1}{2}\eta\sin\tfrac{1}{2}\zeta, \quad (12.34)$$

wo ε aus der kubischen Gleichung

$$\varepsilon^3 - \varepsilon(\mathrm{ctg}^2\tfrac{1}{2}\xi + \mathrm{ctg}^2\tfrac{1}{2}\eta + \mathrm{ctg}^2\tfrac{1}{2}\zeta) - 2\,\mathrm{ctg}\tfrac{1}{2}\xi\,\mathrm{ctg}\tfrac{1}{2}\eta\,\mathrm{ctg}\tfrac{1}{2}\zeta = 0 \quad (12.34\,\mathrm{a})$$

zu bestimmen ist. Die Eigenfunktion wird ähnlich kompliziert wie für den kubisch-flächenzentrierten Fall.

---

[1] Die Formeln wurden zuerst von A. H. WILSON angegeben. Proc. Roy. Soc. London Bd. 133, S. 458. 1931.

e) Berechnung des Austauschintegrals. Herr SCHNAIDT und Herr WIDENBAUER[1] haben auf unsere Veranlassung die Austauschintegrale für Na ausgerechnet. Die Eigenfunktionen der Elektronen im freien Atom wurden mit Hilfe des HARTREEschen Potentials berechnet, welches für Polarisation des Atomrumpfs durch das Leuchtelektron ein wenig korrigiert wurde[2]. Unter Zugrundelegung des beobachteten Abstands der Nachbaratome von 3,72 Å ergab sich das Austauschintegral A für $3s$-Elektronen (Leuchtelektron) zu $-0{,}5$ atomaren Einheiten $= -14$ Volt. Da die ganze Ionisierungsspannung des Na nur ca. 5 Volt beträgt, folgt daraus, daß unsere Näherung sehr schlecht ist, daß also die Eigenfunktionen des Elektrons im Na-Gitter sehr erheblich vom Ansatz (12.2) abweicht. Außerdem zeigt die Abschätzung, daß das Energieband, welches dem $3s$-Niveau des freien Atoms entspricht, sicher sehr breit (von der Größenordnung einiger Volt) ist.

Die Austauschintegrale für $3p$-Elektronen ergaben sich merklich kleiner als das für s-Elektronen, nämlich $A \approx 10$ Volt und $B \approx -12$ Volt. Wir glauben nun, daß trotz des offenbaren Versagens unserer Näherung doch wenigstens die *relative* Größe der Austauschintegrale durch unsere Rechnung richtig wiedergegeben wird, daß also stets für p-Elektronen A positiv, B negativ und $A < |B|$

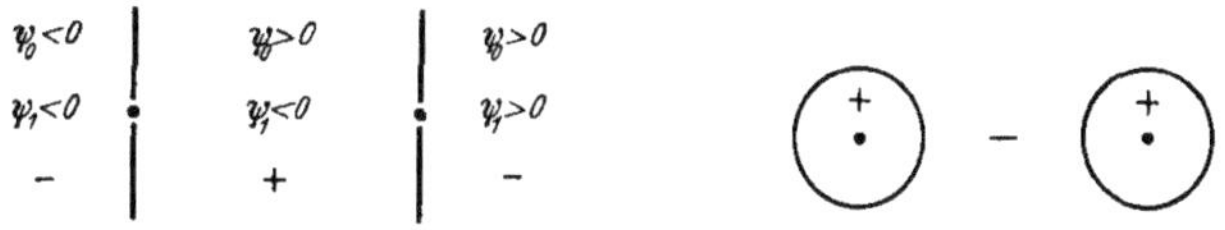

a b

Abb. 28 a u. b. Integranden der Austauschintegrale A. Dicke Punkte = Kerne der beiden Atome, die Linien trennen Gebiete mit positiven und negativen Integranden voneinander. Die Abbildungen sind um die Kernverbindungslinie rotiert zu denken. a) Integrand für $2p$-Elektronen, b) für $2s$-Elektronen.

ist. Die Eigenfunktionen ψ_z, welche in das Austauschintegral A eingehen, haben nämlich Knotenebenen senkrecht zur Kernverbindungslinie, so daß der Integrand in A zweimal sein Vorzeichen wechselt (Abb. 28a). Der Integrand im Austauschintegral B hat dagegen überall das gleiche Vorzeichen (—). Man kann daher $|B| > |A|$ erwarten. Das gleiche wie für B gilt vom Integranden des Austauschintegrals für s-Elektronen[3] (vgl. Abb. 28b): Hier ist außerdem die Eigenfunktion in der Nähe der beiden Atomkerne, d. h. dort, wo das Potential groß ist, viel größer als die p-Eigenfunktion, so daß man einen besonders großen Wert für das Austauschintegral erwarten darf.

f) Eigenfunktionen der Metallelektronen nach WIGNER und SEITZ[4]. Eine wesentlich bessere Näherung für die Eigenfunktionen und Eigenwerte erhält man nach WIGNER und SEITZ, wenn man von vornherein auf die Berechnung der Eigenfunktionen der Metallelektronen ausgeht und auf die Heranziehung des freien Atoms verzichtet. Das ist relativ einfach für den jeweils tiefsten Eigenwert eines Energiebandes, welcher zur Wellenzahl $\mathfrak{k} = 0$ gehört.

Wir ordnen zunächst jedem Atom ein Elementargebiet zu, welches wir für alle Atome von gleicher Form und Größe wählen; für die Alkalien, welche kubisch-raumzentriert kristallisieren, hat das Elementargebiet die Form des in Abb. 27 abgebildeten abgestumpften Oktaeders. Nun wissen wir, daß die Eigenfunktion des Zustands $\mathfrak{k} = 0$ rein periodisch mit der Periode des Gitters ist.

---

[1] Wir sind den Herren SCHNAIDT und WIDENBAUER dafür zu großem Dank verpflichtet.

[2] Derart, daß die Eigenwerte mit den beobachteten Werten übereinstimmten.

[3] Die Eigenfunktion des s-Elektrons hat zwar zwei Knotenflächen, welche Kugeln um den Kern bilden. Doch sind die Beiträge der Gebiete im Inneren dieser Knotenflächen verschwindend klein.

[4] E. WIGNER und F. SEITZ, Phys. Rev. Bd. 43, S. 804. 1933.

Man überlegt sich leicht, daß damit gleichbedeutend die einfache Forderung ist, daß an allen Seitenflächen eines Elementaroktaeders die Ableitung der Eigenfunktion in Richtung der Normalen verschwinden muß. Nun kommt es einem für die Rechnung weiter zugute, daß das Elementargebiet fast kugelförmig ist. Man wird daher nur einen geringen Fehler begehen, wenn man als Grenzbedingung verlangt

$$\left(\frac{\partial \psi}{\partial r}\right)_{r_0} = 0 \tag{12.35}$$

auf der Oberfläche einer Kugel, deren Volum gleich demjenigen des Elementargebiets, d. h. eines Atoms, ist.

Die numerische Rechnung wurde von WIGNER und SEITZ für den $3s$-Zustand des Na durchgeführt. Dort ist der Radius r_0 der Elementarkugel gleich 3,95 Wasserstoffradien. In Abb. 29 ist die berechnete Eigenfunktion für das Elektron im Metall dargestellt, zum Vergleich dazu ist die des $3s$-Elektrons im freien Atom dazu gezeichnet. Bemerkenswert ist, daß die Eigenfunktion des Metallelektrons von $r = 2a_0$ (Rand des Metallions) bis zur Grenze der Elementarkugel fast konstant ist. Bei ganz freien Elektronen sollte ψ völlig konstant sein, da die Wellenzahl Null ist. — Man sieht weiterhin, daß die Grenzbedingung (12.35) einen wesentlich niedrigeren Eigenwert für das Elektron zur Folge hat als die beim freien Atom ($\psi = 0$ für $r = \infty$). In der Tat finden WIGNER und SEITZ als Eigenwert des Metallelektrons $-0{,}60$ Rydberg $= -8{,}2$ Volt gegen $-0{,}38$ Ry $= -5{,}15$ Volt für das Leuchtelektron des freien Atoms.

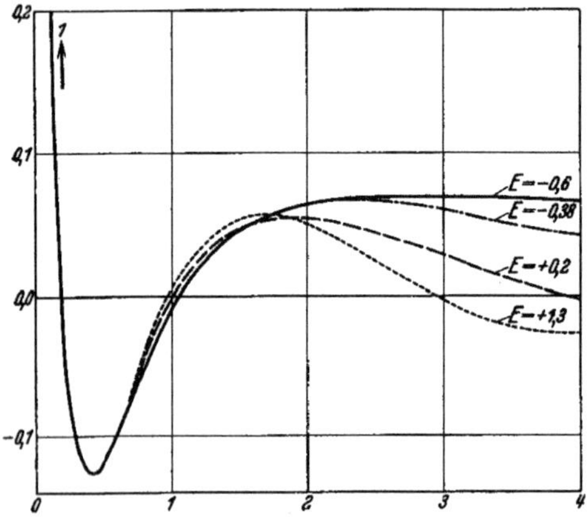

Abb. 29. Eigenfunktionen der Elektronen im metallischen Na. ——— Valenzelektron niedrigster Energie. – – – – Valenzelektron höchster Energie. ·········· Tiefster Zustand des nächsthöheren Energiebandes. —·—·— Valenzelektron des freien Atoms.

Für den *höchsten* Eigenwert eines Energiebandes tritt an Stelle der Grenzbedingung (12.35) offenbar die Bedingung $\psi(r_0) = 0$. Die entsprechende Eigenfunktion ist gestrichelt in Abb. 29 eingetragen. Man sieht, daß der Eigenwert *höher* liegen muß als beim freien Atom, nach unserer Rechnung wird $E = +0{,}2$ Ry $= +2{,}7$ Volt. Die Breite des Energiebandes würde danach ca. 11 Volt betragen gegen etwa 8 Volt bei freien Elektronen. Allerdings ist anzunehmen, daß eine exakte Rechnung, welche auch die Abweichung der Eigenfunktion von der Kugelsymmetrie berücksichtigt, eine geringere Breite liefern wird (vgl. Oszillatorsummensatz, Ziff. 13b).

g) Zuordnung von Energieniveaus im freien Atom und im Kristall, Zusammenhang mit den BRILLOUINschen Zonen. Jedes $g$fach entartete Elektronenniveau des freien Atoms spaltet im Kristall in ein Energieband mit $g \cdot G^3$ einzelnen Zuständen auf. Dabei ist angenommen, daß das Grundgebiet des Kristalls (vgl. Ziff. 8c) G^3 Atome enthält: Dann läßt nämlich die Periodizitätsbedingung (8.17) G^3 Werte für den Ausbreitungsvektor $\mathfrak{k}$ zu, bei gegebenem $\mathfrak{k}$ gibt es aber genau g Eigenfunktionen, welche sich aus den g Eigenfunktionen des Elektrons im freien Atom aufbauen (vgl. das Beispiel der p-Elektronen, Abschnitt d). Die Anzahl der Elektronenniveaus im Metall, die einem bestimmten Niveau im freien Atom entsprechen, ist genau gleich der Gesamtzahl der Zustände, die in sämtlichen voneinander getrennten Atomen zu dem betreffenden Niveau gehören.

Den untersten Zuständen im freien Atom entsprechen sehr schmale Energiebänder im Metall. Bei den höheren Zuständen werden die Energiebänder breit und vermischen sich. Man kann aber *trotzdem eine eindeutige Zuordnung der Elektronenniveaus im Gitter zu denen im freien Atom* vornehmen: Man ordnet die Eigenwerte mit fester Wellenzahl $\mathfrak{k}$ ihrer Größe nach und ordnet ihnen die Eigenwerte des Elektrons im freien Atom in derselben Reihenfolge und unter Beachtung der Entartung der letzteren zu: Dem tiefsten Eigenwert im Gitter soll also der $1s$-Zustand im freien Atom, dem zweiten Eigenwert der $2s$-Zustand, dem dritten bis fünften Gittereigenwert das $2p$-Niveau zugeordnet werden usw. (man beachte die Entartung des $2p$-Zustands!). Bei dieser Zuordnung gehen die Zustände im Metallgitter automatisch in die ihnen zugeordneten Zustände des Elektrons im freien Atom über, wenn man die Gitterkonstante des Metalls adiabatisch vergrößert und dadurch das Austauschintegral, d. h. die Breite der Energiebänder, verkleinert[1]. Außerdem erreicht man, daß sich die Eigenfunktionen der tiefen Elektronenzustände im Gitter fast ausschließlich aus den ihnen zugeordneten Eigenfunktionen des Elektrons im Atom aufbauen.

Besonders interessant ist dabei die Frage, welche Zustände der Metallelektronen einigermaßen bezüglich Eigenwert und Eigenfunktion mit den ihnen zugeordneten Zuständen der Atomelektronen übereinstimmen. Eine Antwort hierauf gibt die in f) beschriebene Methode zur Berechnung der Eigenfunktionen: Die Eigenfunktion des $3s$-Elektrons im Metall stimmt danach im Atominnern sehr gut, außen noch einigermaßen mit der des Elektrons im Atom überein, und auch der Eigenwert hat wenigstens die gleiche Größenordnung. Beim $4s$-Zustand wäre dies nicht mehr der Fall. Die betreffende Eigenfunktion des Metallelektrons muß *drei* Knoten zwischen 0 und r_0 haben und außerdem die Bedingung (12.35) befriedigen (in Abb. 29 punktiert eingezeichnet). Man sieht unmittelbar, daß der Eigenwert zu dieser Eigenfunktion außerordentlich hoch liegen muß, die numerische Rechnung ergibt $E = 1{,}3$ Ry $= 17{,}6$ Volt, während das $4s$-Elektron *im Atom* eine Energie von -3 Volt hat.

Allgemein muß die Annäherung vom isolierten Atom her versagen, sobald der Durchmesser der „Bahn" des Elektrons im Atom wesentlich größer ist als der Gitterabstand im Metall. Bei Na werden infolgedessen die Zustände mit der Hauptquantenzahl 3 gerade noch einigermaßen ähnlich für Metall und Atom sein, die Zustände $n = 4$ dagegen gar nicht mehr. Dort ist die Zuordnung von Metallzuständen zu Atomzuständen nur noch formal. Für andere Metalle gilt Entsprechendes.

Endlich haben wir noch den Zusammenhang mit den BRILLOUINschen Zonen zu besprechen. Nach Ziff. 11f soll der $n$te Zustand mit gegebenem reduziertem Ausbreitungsvektor $\mathfrak{k}_0$ der $n$ten BRILLOUINschen Zone zugeordnet werden. Daraus folgt durch Vergleich mit unseren jetzigen Betrachtungen, daß dem Elektronenniveau $1s$ des freien Atoms die Eigenwerte der ersten BRILLOUINschen Zone im Gitter entsprechen, dem Niveau $2s$ die zweite, $2p$ die dritte bis fünfte Zone usw. Wir gehen darauf in der nächsten Ziffer noch näher ein.

[1] Denn wenn man sämtliche Eigenwerte, die zu einem bestimmten Wert des reduzierten Ausbreitungsvektors $\mathfrak{k}$ gehören, etwa als Funktion der Gitterkonstante aufträgt, können sich die so entstehenden Kurven niemals überschneiden. Dagegen können Überschneidungen der Eigenwertkurven für verschiedene $\mathfrak{k}$ beliebig oft vorkommen: Innerhalb eines bestimmten Energiebandes kann also leicht eine Umordnung der Eigenwerte stattfinden, wenn man von großen zu kleinen Atomabständen geht, und es können auch Überdeckungen von Energiebändern entstehen und verschwinden.

13. Vergleich der beiden Näherungsmethoden. a) Zusammenfassung der qualitativen Resultate. Die Resultate, die wir durch Annäherung von freien und von fest gebundenen Elektronen her erhielten, stimmen in folgenden Punkten überein:

1. Das Spektrum der Elektronen im Kristall ist ein *unterbrochenes kontinuierliches Spektrum: Bereiche erlaubter Energie wechseln mit verbotenen Energiebändern ab.*

Im Sinne der *gebundenen* Elektronen entspricht jedes *erlaubte Energieband* einem *diskreten Energieniveau* des freien Atoms, im Sinne der Annäherung von *freien* Elektronen her entspricht jedes *verbotene Energieband* einer BRAGG*schen Reflexion.*

2. *Die Breite der erlaubten Energiebänder nimmt mit wachsender Energie der Elektronen zu, die der verbotenen Bänder ab.*

Vom Standpunkt der gebundenen Elektronen aus erklärt sich die Zunahme der Breite der erlaubten Bänder mit der Vergrößerung des Austauschintegrals beim Übergang von inneren zu äußeren Schalen des Atoms, die Verkleinerung des Abstands der erlaubten Bänder entspricht der Abnahme des Abstands der diskreten Atomniveaus voneinander beim Übergang von tiefen zu hohen Elektronenniveaus.

Vom Standpunkt der freien Elektronen aus kommt die Abnahme der Breite der verbotenen Bänder von der Abnahme der Fourierkoeffizienten des Potentiales, $V_{\mathfrak{g}}$, mit wachsendem Index $\mathfrak{g}$ der reflektierenden Netzebene. Die Zunahme der Breite der erlaubten Bänder hängt damit zusammen, daß die Energie eines Elektrons proportional mit dem Quadrat der Wellenzahl $\bar{k}$ ist.

Aus dem Satz 2 folgt, daß man bei niedrigen Energien rascher zum Ziel kommt, wenn man von gebundenen Elektronen ausgeht. Dann ist der Eigenwert in nullter Näherung diskret, in erster Näherung hat er eine gewisse (kleine) Breite. Für hohe Energien geht man besser von freien Elektronen aus: Das Spektrum ist in erster Näherung kontinuierlich und wird nur durch schmale verbotene Energiebänder (BRAGGsche Reflexionen) unterbrochen. Die uns hauptsächlich interessierenden Leuchtelektronen der Atome (Leitungselektronen) stehen in der Mitte, ihre Eigenfunktionen werden im Inneren der Atomrümpfe durch die der Elektronen im freien Atom (Ziff. 12), außerhalb der Atome durch ebene Wellen (Ziff. 11) besser approximiert.

3. Am oberen und unteren Rande eines jeden Energiebandes verschwindet der Impuls des Elektrons. Genauer gesagt: Trägt man den Ausbreitungsvektor $\mathfrak{k}/2\pi$ der Elektronenwelle vom Nullpunkt des reziproken Gitters aus auf, und fällt sein Endpunkt in die Nähe einer der BRILLOUINschen Ebenen (Ziff. 11c) (der Abstand von dieser Ebene sei η), so verschwindet der Impuls des Elektrons senkrecht zu dieser reflektierenden Ebene proportional mit dem Abstand η, und die Energie des Elektrons hängt quadratisch von η ab.

Alle diese Tatsachen können, da sie für beide Grenzfälle (gebundene und freie Elektronen) abgeleitet sind, als gültig für beliebig zwischenliegende Fälle, also für beliebig starke Bindung und beliebig große kinetische Energie, angesehen werden.

b) Summensatz der Oszillatorstärken und Breite der Energiebänder. Wir können nun auch *quantitative* Aussagen machen, die vom speziellen Modell unabhängig sind, indem wir den Summensatz der Oszillatorstärken heranziehen. Er lautet

$$\sum_m f_{mn}^{(x)} = 1\,. \tag{13.1}$$

Wir interessieren uns nun speziell für diejenigen Zustände n, welche den Leitungs- (Valenz-) Elektronen entsprechen. Die Übergänge von einem solchen Zustand n aus können wir in drei Gruppen einteilen:

1. Übergänge nach tieferen Zuständen, $E_m < E_n$. Für diese Übergänge sind die f_{mn} negativ [vgl. (9.21)]. Im unteren Zustand befindet sich (wegen unserer Voraussetzung über den Zustand n) das Elektron in einer inneren Schale. Die Eigenfunktion ψ_m stimmt daher sehr nahezu überein mit der des entsprechenden Zustandes im freien Atom und ist außerdem in der unmittelbaren Umgebung des Atomkerns konzentriert. Dort wird aber, wie wir wissen, auch die Eigenfunktion des oberen Zustandes n nahezu identisch mit der entsprechenden Atomeigenfunktion. Infolgedessen hat f_{mn} in unserem Fall nahezu den gleichen Wert wie im freien Atom. Dort lassen sich die Oszillatorstärken aber annähernd abschätzen[1]. Man erhält für

$$\varphi_n = \sum_{E_m < E_n} f_{mn} \tag{13.2}$$

größenordnungsmäßig bei Na:

$$\varphi_{3s} \approx -0{,}05\,, \qquad \varphi_{3p} \approx -0{,}15\,, \qquad \varphi_{3d} \approx -0{,}4\,,$$

bei Au:

$$\varphi_{6s} \approx -0{,}2\,, \qquad \varphi_{6p} \approx -0{,}4\,, \qquad \varphi_{6d} \approx -0{,}6\,.$$

Allgemein ist $|\varphi_n|$ höchstens von der Größenordnung $\frac{1}{2}$, es wächst mit steigender Ordnungszahl, weil dort mehr Zustände m zur Verfügung stehen, und mit steigender Azimutalquantenzahl.

2. Übergänge nach höheren Zuständen, $E_m > E_n$. Hier ist f_{mn} positiv. Sonst lassen sich keine Aussagen über diese Übergänge machen.

3. Den Übergang ohne Energieänderung, $E_m = E_n$. Die zugehörige Oszillatorstärke ist nach (9.33)

$$f_0^{(x)} = \frac{m}{\hbar}\,\frac{\partial v_x}{\partial k_x} = \frac{m}{\hbar^2}\,\frac{\partial^2 E}{\partial k_x^2}\,. \tag{13.3}$$

Nach dem Summensatz und dem Obigen muß aber gelten

$$f_0^{(x)} < 1 - \sum_{E_m < E_n} f_{mn} = 1 + \varphi_n = 1 \text{ bis } 1{,}5\,. \tag{13.4}$$

Nun wissen wir aber, daß für $\mathfrak{k} = 0$ die Geschwindigkeit des Elektrons verschwindet. Daraus folgt für beliebiges $\mathfrak{k}$

$$v_x < \frac{m}{\hbar}\,(1 + \varphi_0)\,k_x\,, \qquad v_y\, v_z \text{ entsprechend.} \tag{13.5}$$

Die Geschwindigkeit eines Leitungselektrons kann daher (je nach dem Metall) *höchstens gleich dem ein- bis anderthalbfachen der Geschwindigkeit eines freien Elektrons mit gleicher Wellenzahl sein.*

Im allgemeinen wird man damit rechnen dürfen, daß die Geschwindigkeit auch tatsächlich die Größenordnung dieses zulässigen Maximalwerts hat. Denn der Durchmesser der Ladungswolke der Valenzelektronen ist, wie wir wissen, stets von der Größenordnung des Gitterabstandes, weil dieser ja direkt durch die Dimensionen der Bahn des Valenzelektrons bestimmt wird. Daher wird das Austauschintegral für Valenzelektronen immer sehr groß sein, und demnach auch die Geschwindigkeit nahezu so groß, wie der Summensatz erlaubt. Wir kommen daher zu dem Satz:

---

[1] Z. B. aus den Oszillatorstärken für Wasserstoff (vgl. etwa H. BETHE, ds. Handb. Bd. XXIV/1, S. 443) mit gebührender Berücksichtigung der Abschirmung.

Die Geschwindigkeit eines Valenzelektrons mit der reduzierten Wellenzahl $\mathfrak{k}$ im Metall ist von der Größenordnung der Geschwindigkeit eines freien Elektrons mit gleicher Wellenzahl

$$\mathfrak{v} \approx \frac{m}{\hbar}\mathfrak{k},$$

mit anderen Worten die Oszillatorstärke f_0 ist von der Größenordnung Eins. Das wird bestätigt durch die Ultrarotabsorption der Metalle. Aus dieser ergibt sich $f_0 = 0{,}4$; $0{,}9$; $0{,}8$ für Cu, Ag, Au (Ziff. 52).

Der soeben ausgesprochene Satz scheint uns der *Grund dafür* zu sein, *daß* man mit der *Annahme freier Elektronen vernünftige Absolutwerte für die elektrischen Konstanten* erhält, z. B. in Ziff. 6 für die Thermokräfte der Alkalien und in Ziff. 36 für die Leitfähigkeit von Alkalien und Edelmetallen.

Auch die Breite des Energiebandes, das den Valenzelektronen entspricht, sowie der benachbarten Energiebänder (z. B. $3p$-Band bei Na) ist nach (13.3) von der gleichen Größenordnung wie die des *untersten* Energiebandes freier Elektronen. Energetisch entspricht das Band der Valenzelektronen also ungefähr der *innersten* BRILLOUINschen Zone bei nahezu freien Elektronen, obwohl es *adiabatisch* bei Verkleinerung des Gitterpotentials in eine ziemlich weit außen gelegene Zone, nämlich die Zone Nummer $\frac{1}{2}Z$ (Z = Ordnungszahl) übergehen würde. Da wir wissen, daß für hohe Energien die „adiabatische" Zuordnung auch die Energie der Elektronen richtig wiedergibt, erhalten wir folgendes Endresultat:

Die Energiebänder, die den inneren Schalen zugeordnet sind, sind sehr schmal; ihre Breite berechnet sich nach Ziff. 12 aus dem Austauschintegral; die Eigenfunktionen sind praktisch dieselben wie im freien Atom, die energetische Lage in erster Näherung auch.

Das Energieband, das den Valenzelektronen entspricht, und die Nachbarbänder haben etwa dieselbe Breite wie das unterste Energieband bei freien Elektronen. Die Eigenfunktionen sind nahe den Atomkernen etwa dieselben wie die der Valenzelektronen im freien Atom, in größerer Entfernung vom Kern weichen sie ganz beträchtlich davon ab.

Die höheren Energiebänder sind schmaler als die ihnen „adiabatisch zugeordneten" Energiebänder der freien Elektronen, nähern sich aber der Breite der letzteren mit wachsender Energie mehr und mehr an. Eine Zuordnung zu Zuständen des isolierten Atoms ist (außer formal) nicht mehr möglich. Die Eigenfunktionen sind außer in der Nähe der Atomkerne nahezu ebene Wellen.

c) Die Abhängigkeit der Energie von der Wellenzahl innerhalb der Energiebänder. Je nachdem ob man von freien oder gebundenen Elektronen ausgeht, erhält man hierfür ganz verschieden Resultate. Wir zeigen dies am Beispiel des quadratischen Flächengitters: Die BRILLOUINschen Zonen für diesen Fall sind in Abb. 19 dargestellt, in Abb. 22 sind die Zonen 2 bis 4 auf die Grundzone reduziert, indem jeder Punkt der Zonen um einen passenden Gittervektor $\mathfrak{g}$ des reziproken Gitters verschoben ist. Die Punkte M und m geben an, für welche Werte des reduzierten Ausbreitungsvektors $\mathfrak{k}$ die Energie eines nahezu freien Elektrons ein Maximum bzw. Minimum hat: Um diese Punkte zu finden, hatten wir zu beachten, daß die Energie eines freien Elektrons mit wachsender „freier Wellenzahl" $\bar{\mathfrak{k}}$ zunimmt. Im übrigen verweisen wir auf die Erklärung in Ziff. 11f.

Für den Fall *gebundener* Elektronen sind die Lagen der Maxima und Minima in Abb. 30 dargestellt, wobei große Gitterkonstante vorausgesetzt ist.

Die erste BRILLOUINsche Zone entspricht dem $1s$-Niveau im freien Atom (vgl. Ziff. 12f). Das Austauschintegral (12.11) ist für $1s$-Eigenfunktionen negativ, da die 1 s-Eigenfunktion im ganzen Raum positiv ist und das Potential $V - U$ negativ. Also entspricht [vgl. (12.14)] der Ausbreitungsvektor $\mathfrak{k} = 0\,(\xi = \eta = 0)$ dem Minimum der Energie, dagegen $\xi = \eta = \pi$ einem Energiemaximum. „Freie" und „gebundene" Elektronen geben hier das gleiche Resultat.

Zweite BRILLOUINsche Zone: Die Eigenfunktion eines 2*s*-Elektrons besitzt eine Knotenfläche $r =$ konst., hat also für kleine und für große Abstände des Elektrons vom Atomkern verschiedenes Vorzeichen. Das Produkt der 2*s*-Eigenfunktionen zweier benachbarter Atome hat also im Inneren von zwei Kreisen um die beiden Atomkerne negatives, außerhalb dieser Kreise positives Vorzeichen (Abb. 28b). Ist der Abstand der Atomkerne voneinander groß, so liefert der Raum außerhalb der Knotenlinien den Hauptbeitrag zum Austauschintegral, dieses wird daher negativ, die Energie nimmt, wie im untersten Energieband, mit wachsender reduzierter Wellenzahl $\mathfrak{k}$ zu. Rücken sich die Atome aber näher, so kann eine Umkehrung dieser Verhältnisse eintreten, da dann die Gebiete um die Atomkerne herum, in denen die beiden Eigenfunktionen entgegengesetztes Vorzeichen haben, wesentlich werden: In diesem Grenzfall wird die Anordnung der Eigenwerte innerhalb des Energiebandes also genau so wie für freie Elektronen und umgekehrt wie bei großem Atomabstand.

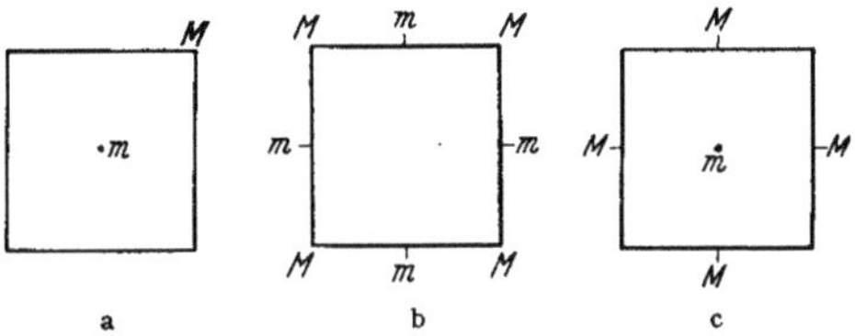

Abb. 30a bis c. Energie *gebundener* Elektronen der ersten bis vierten BRILLOUINschen Zone als Funktion des reduzierten Ausbreitungsvektors beim quadratischen Flächengitter. a) Erste und zweite BRILLOUINsche Zone; b) dritte BRILLOUINsche Zone; c) vierte BRILLOUINsche Zone.

Der 2*p*-Zustand des freien Atoms entspricht der dritten und vierten BRILLOUINschen Zone[1]. Wir haben in Ziff. 12e gezeigt, daß für *p*-Elektronen im allgemeinen das Austauschintegral A positiv, B dagegen negativ ist, und daß außerdem $|A| < |B|$ anzunehmen ist. Nun sind die beiden Eigenwerte eines *p*-Elektrons mit der reduzierten Wellenzahl $\mathfrak{k} = \left(\frac{\xi}{a}, \frac{\eta}{a}\right)$ im quadratischen Flächengitter offenbar

$$E_1 = E_0 + C + 2A\cos\xi + 2B\cos\eta\,,$$
$$E_2 = E_0 + C + 2B\cos\xi + 2A\cos\eta$$

[vgl. die Formel (12.28) für das *p*-Elektron im kubischen Gitter]. Setzen wir voraus:

$$0 < \xi < \eta < \pi\,,$$

so ist $E_2 < E_1$. Der Eigenwert E_2 gehört also der dritten BRILLOUINschen Zone an, er erreicht sein Minimum für $\xi = 0$, $\eta = \pi$, sein Maximum für $\xi = \eta = \pi$ (vgl. Abb. 30b), also genau umgekehrt wie bei fast freien Elektronen (Abb. 22c). In der vierten Zone (Eigenwert E_1, Abb. 30c) ist die Abhängigkeit der Energie vom Ausbreitungsvektor überhaupt nicht mit derjenigen für freie Elektronen (Abb. 22d) zu vergleichen.

Wie wir sehen, ist es unmöglich, aus der in einem Grenzfall (z. B. für fast freie Elektronen) gefundenen Abhängigkeit der Energie von der Wellenzahl Schlüsse auf die Art dieser Abhängigkeit bei den Leitungselektronen eines realen Metalls zu ziehen, wie dies z. B. BRILLOUIN tut[2]. Auch der *f*-Summensatz (Abschnitt b) vermag uns hier nicht weiterzuhelfen. Wir werden mangels einer besseren Theorie annehmen, daß die Energie innerhalb eines Bandes monoton

[1] Beim zweidimensionalen Problem ist der 2*p*-Term bloß zweifach entartet.

[2] L. BRILLOUIN, Quantenstatistik, S. 310.

von den reduzierten Wellenzahlen $\xi\eta\zeta$ abhängt, wie dies aus unseren Rechnungen für gebundene Elektronen auch tatsächlich sich ergab.

d) Auffüllung der Energiebänder. Die „Anzahl freier Elektronen“ und der Mißbrauch dieses Begriffs. Die Anzahl der Zustände in einem Energieband ist, wie wir schon mehrfach bemerkten, gleich der Anzahl Atome im „Grundgebiet“ des Kristalls (Ziff. 8c). Wenn also jedes der G^3 Atome des Grundgebiets gerade ein Elektron in den Kristall mitbringt, so können diese G^3 Elektronen genau in dem untersten Energieband untergebracht werden. Dabei ist allerdings noch der Elektronenspin vernachlässigt, der eine Verdoppelung der Anzahl der verfügbaren Energieniveaus verursacht. Im untersten Energieband können also in Wirklichkeit zwei Elektronen pro Atom untergebracht werden: Ist im freien Atom gerade die K-Schale besetzt (Helium), so füllen die Elektronen, wenn man die Atome zum Kristall zusammenfügt, gerade das unterste Energieband (die erste BRILLOUINsche Zone) voll aus. Entsprechendes gilt für alle Atome mit abgeschlossenen Schalen. Solange wir annehmen dürfen, daß sich nicht mehrere Energiebänder im Kristall überdecken (vgl. unten), werden durch die Elektronen in den abgeschlossenen Schalen des Atoms die entsprechenden Energiebänder im Gitter gerade eben voll ausgefüllt; es gibt nur einerseits ganz volle, andererseits ganz leere Energiebänder. Ein Kristall, in dem dies der Fall ist, ist ein Isolator: Zwar bewegen sich die einzelnen Elektronen genau so ungehindert und genau so schnell durch das Gitter wie im Metall, doch kann nie ein resultierender Strom zustande kommen: Es gibt in jedem Moment genau ebenso viele Elektronen, die sich in der einen, wie solche, die sich in der entgegengesetzten Richtung bewegen. An dieser Tatsache kann auch ein äußeres elektrisches Feld nichts ändern. Denn es müßte zu diesem Zweck Elektronen, die sich entgegengesetzt zum Feld bewegen, in Zustände mit Bewegungsrichtung parallel zum Feld versetzen, und das ist nicht möglich, da alle Zustände bereits besetzt sind. Ein Kristall, der aus Atomen mit abgeschlossenen Schalen besteht, ist also stets ein Isolator. Beispiele: Edelgase, Salze vom Typ NaCl, MgO usw. Er kann nur dadurch leitend gemacht werden, daß durch erhöhte Temperatur, durch Einstrahlung usw. Elektronen in das nächst höhere noch unbesetzte Energieband hinein angeregt werden (Ziff. 17b).

Bei Metallen kommen aus dem gleichen Grunde nur *die* Elektronen für den Leitungsvorgang in Frage, die sich außerhalb abgeschlossener Schalen befinden. *Die Anzahl der Leitungselektronen ist also gleich der Zahl der Elektronen außerhalb abgeschlossener Schalen* (*Außenelektronen* = Valenzelektronen). Dies gilt allerdings nur dann streng, wenn sich keine Energiebänder überdecken, und man muß bei sehr vielen Metallen annehmen, daß eine solche Überdeckung stattfindet. Z. B. wird man bei Cu wohl erwarten dürfen, daß das Energieband, welches aus dem $3d$-Niveau des freien Atoms entsteht, sich mit dem Band, das dem $4s$-Zustand entspricht, weitgehend überdeckt, denn der Abstand der Terme $3d$ und $4s$ im freien Atom ist sehr klein ($\sim$ 1,4 Volt) und vermutlich kleiner als die Breite der Energiebänder. Das $3d$-Band wird daher nicht vollständig, das $4s$-Band dafür mehr als zur Hälfte von Elektronen besetzt sein[1] (Abb. 31). Entsprechendes gilt für die analogen Metalle Ag und Au. Ebenso werden sich etwa bei Mg die Bänder $3s$ und $3p$ überdecken: Wäre dies nicht der Fall, so wäre das $3s$-Band gerade voll, das $3p$-Band noch völlig leer, das Mg also ein Isolator entgegen der Erfahrung. In dieselbe Rubrik gehören alle anderen Erdalkalien, Erdmetalle

[1] Wäre keine Überdeckung vorhanden, so wäre das $4s$-Band gerade zur Hälfte besetzt. Denn jedes freie Cu-Atom besitzt ein $4s$-Elektron und das $4s$-Band könnte deren zwei aufnehmen.

und viele andere. Allen den genannten Substanzen ist gemeinsam, daß die chemische Valenz nicht (oder nicht immer) mit der Anzahl der Elektronen außerhalb abgeschlossener Schalen übereinstimmt: Die Erdalkalien sind zweiwertig, obwohl gerade eine s-Schale abgeschlossen ist, die Edelmetalle Cu und Au nur selten ein-, meist zwei- oder dreiwertig, obwohl nur ein Elektron außerhalb abgeschlossener Schalen liegt. Bei der Molekülbildung findet also bei diesen Atomen eine Überführung von Elektronen aus der schon abgeschlossenen Schale in eine weiter außen gelegene statt. Wir können wohl allgemein erwarten: *Wenn immer die chemische Valenz eines Atoms verschiedener Werte fähig ist oder von der Anzahl der Außenelektronen abweicht, überdecken sich im Metall die Energiebänder, welche der äußersten abgeschlossenen und der nächstäußeren Elektronenschale des Atoms entsprechen.* Das erstgenannte Energieband ist nicht ganz voll, das zweite entsprechend stärker besetzt. Es ist dann zweckmäßig, als Zahl der Leitungselektronen etwa die Anzahl Elektronen im höchsten noch besetzten Energieband plus der Anzahl der freien Plätze im zweithöchsten Band zu bezeichnen: Diese Zahl ist in den genannten Fällen pro Atom gerechnet *größer* als die Zahl der Elektronen außerhalb abgeschlossener Schalen im freien Atom, und etwa gleich einem Mittelwert der chemischen Valenzen des Atoms. Der genaue Wert der so definierten Zahl der freien Elektronen läßt sich nicht angeben und ist auch für die Theorie ziemlich belanglos, da es für die Leitungsvorgänge nur auf *die* Elektronen ankommt, deren Energie etwa gleich der Grenzenergie der Fermiverteilung ist (Ziff. 5, 34—38).

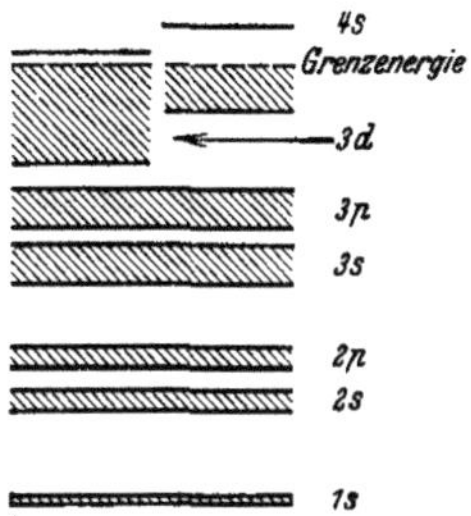

Abb. 31. Schematische Darstellung der Energiebänder von KUPFER. Es ist angenommen, daß 3d- und 4s-Band sich überdecken. Besetzte Elektronenniveaus sind schraffiert.

Die einzigen Metalle, bei denen die Zahl der Leitungselektronen mit Sicherheit angebbar ist, sind wohl die Alkalien: Dort scheint eine Überdeckung des Energiebandes, das dem Quantenzustand $n s$ des Leuchtelektrons entspricht, und des nächsttieferen, der abgeschlossenen Schale $n-1, p$ entsprechenden Bandes ausgeschlossen, da die entsprechenden Terme im freien Atom sehr weit getrennt sind. Die Alkalien haben also *ein* Leitungselektron pro Atom.

Mit dem Begriff „Anzahl der freien Elektronen" sind noch in allerletzter Zeit unzutreffende Annahmen verbunden worden. Manche Autoren haben — noch von der vorquantenmechanischen Theorie her — die Vorstellung, es gäbe im Metall einerseits Elektronen, die fest an die Atomrümpfe gebunden, andererseits solche, die frei durch das Gitter beweglich sind. Eine solche Trennung ist vom Standpunkt der Quantenmechanik aus nicht bloß überflüssig, sondern durchaus falsch. Jedes Elektron, auch das der innersten Atomschalen, hat die Fähigkeit, sich durch das Gitter hindurchzubewegen, von diesem Standpunkt aus sind *alle* Elektronen, auch die K-Elektronen, „frei". Daß die Elektronen der Innenschalen trotzdem nichts zur Leitfähigkeit beitragen, liegt allein an dem obenerwähnten Umstand, daß sich stets gleich viele in zwei entgegengesetzten Richtungen bewegen. Das wesentliche Merkmal eines „freien Elektrons" ist, daß es einer nichtabgeschlossenen Schale angehört. Eine nennenswerte Änderung der Anzahl der „freien Elektronen" mit der Temperatur[1] kommt daher, außer bei Halbleitern, nicht in Frage. Abwegig ist auch die Vorstellung, die „freien Elektronen" unterlägen nur dem COULOMBschen Potential der Metallionen und nicht dem sehr viel stärkeren Potential, das sich beim Eindringen in die Atomrümpfe geltend macht[2].

[1] E. KRETSCHMANN, Ann. d. Phys. Bd. 13, S. 564. 1932.
[2] R. SCHACHENMEIER, ZS. f. Phys. Bd. 74, S. 503. 1932.

14. Das Potential im Metallgitter. Wir haben bisher durchweg angenommen, das Potential, was im Inneren des Metalls auf ein Elektron wirkt, sei bekannt. Wir müssen uns jetzt damit beschäftigen, wie dieses Potential (wenigstens prinzipiell) zu bestimmen wäre. Von einer quantitativen Bestimmung sind wir allerdings noch weit entfernt.

a) Allgemeine Theorie des Potentials. Die potentielle Energie eines Elektrons an einem gegebenen Punkte $\mathfrak{r}$ des Metalls setzt sich zusammen aus einem Beitrag der Kerne und einem der übrigen Elektronen. Der erstere kann unmittelbar hingeschrieben werden, da die Kerne ein für allemal an den Gitterpunkten $\mathfrak{n}$ festliegen sollen:

$$V_K = -\sum_{\mathfrak{n}} \frac{e^2 Z}{|\mathfrak{r} - \mathfrak{n}|}, \tag{14.1}$$

wo Ze die Kernladung ist. Um den Beitrag der Elektronen zu berechnen, muß deren Ladungsverteilung bekannt sein. Da wir andererseits die Ladungsverteilung (Eigenfunktionen!) der Elektronen ja gerade aus dem Potential berechnen wollen, sind wir auf ein Verfahren sukzessiver Näherung angewiesen, das dem HARTREEschen Verfahren zur Behandlung der Atome genau analog ist. Wir werden später (Abschnitt b) zu besprechen haben, wie man passende Annäherungen gewinnen kann.

Zunächst wollen wir aber auf einen Punkt prinzipieller Art eingehen: In erster Näherung liegt es nahe, anzunehmen, daß die Ladungsverteilung der „übrigen" Elektronen unabhängig ist von der Lage unseres Aufelektrons. Diese Annahme wird ja auch in der HARTREEschen Theorie ganz allgemein gemacht, sie bedeutet in unserem Fall, daß in jeder Elementarzelle des Metallkristalls gerade Z Elektronen vorhanden sind, daß jede Zelle also elektrisch neutral ist. Wir nennen die potentielle Energie am Punkte $\mathfrak{r}$, die unter dieser Annahme berechnet ist, „Gleichverteilungspotential".

In Wirklichkeit wird die Annahme der Gleichverteilung der „übrigen" Elektronen aber nicht zutreffen: Vielmehr wird die Wahrscheinlichkeit, in nächster Nähe unseres „Aufelektrons" ein anderes Elektron anzutreffen, *geringer* sein als in größerer Entfernung, genau wie etwa in der DEBYEschen Theorie der starken Elektrolyte in der Umgebung eines negativen Ions ein Defizit an negativen Ionen festzustellen ist. Diese „Polarisation" des „Elektronengases der übrigen Elektronen" liefert einen negativen Beitrag (Polarisationspotential) zur potentiellen Energie des Elektrons an jedem Punkt des Metalls. Sie verfestigt also die Bindung des Elektrons an das Metall, d. h. sie vergrößert die Austrittsarbeit und trägt, wie wir in Ziff. 15 zeigen werden, wahrscheinlich einen sehr beträchtlichen Anteil zur letzteren bei.

Wenn das Aufelektron aus dem Metallinneren entfernt wird, so geht das Polarisationspotential in die klassische *Bildkraft* über. Bekanntlich wird ein Elektron ja von einem Metallstück, von dessen Oberfläche es um die kleine Strecke r entfernt ist, mit der Kraft

$$\frac{dB}{dr} = \frac{e^2}{4r^2}$$

angezogen, hat also die potentielle Energie

$$B = -\frac{e^2}{4r}. \tag{14.2}$$

Wenn wir nun annehmen würden, daß die Elektronen im Inneren des Metalls unabhängig von der Lage des Aufelektrons gleichmäßig verteilt wären, so würde das Metall auf das Aufelektron überhaupt keine Kraft ausüben, solange dieses nicht ins Innere[1] des Metalls eindringt — denn das Metall ist ja praktisch neutral[2]. Die Bildkraft kann erst dadurch zustande kommen, daß die Elektronenwolke im Metallinneren durch das Aufelektron „polarisiert" wird — derart, daß in der Nähe des Aufelektrons weniger Elektronen pro Volumeinheit vorhanden sind als in größerer Entfernung.

Klassisch entsteht die Bildkraft dadurch, daß sich die Ladung auf der Metall*oberfläche* ungleichmäßig verteilt. Vom Standpunkt der Elektronentheorie aus müssen wir annehmen, daß die ungleichmäßige Ladungsverteilung sich nicht nur auf die Oberfläche selbst, sondern etwa auf die zwei oder drei obersten Atomschichten erstreckt: Dem Aufelektron gegenüber besteht in den obersten Atomschichten ein Elektronendefizit. Wir bemerken noch, daß der klassische Ausdruck für die Bildkraft natürlich nur dann gelten kann, wenn das Aufelektron sich mindestens etwa einen Atomabstand von der Metalloberfläche entfernt befindet, nur dann darf die atomistische Struktur des Metalls vernachlässigt werden.

Im Metallinneren ist das Polarisationspotential natürlich periodisch mit der Gitterperiodizität, d. h. wenn man das Aufelektron vom Punkt $\mathfrak{r}$ um einen Gittervektor $\mathfrak{n}$ verschiebt, bleibt das Polarisationspotential $P(\mathfrak{r})$ unverändert:

$$P(\mathfrak{r} + \mathfrak{n}) = P(\mathfrak{r}). \tag{14.3}$$

Der räumliche Mittelwert von P gibt *ungefähr* den Beitrag, den die „Bildkraft" zur Austrittsarbeit der Elektronen liefert.

Das Polarisationspotential *verfestigt* natürlich die Bindung von positiv geladenen Teilchen, insbesondere von Protonen, an das Metall in genau derselben Weise wie die der Elektronen. Es ist also kein Potential im elektrostatischen Sinne, wie etwa das „Gleichverteilungspotential" $G(\mathfrak{r})$. Die potentielle Energie eines Elektrons am Punkt $\mathfrak{r}$ ist

$$V_E(\mathfrak{r}) = G(\mathfrak{r}) + P(\mathfrak{r}), \tag{14.4}$$

die eines Protons

$$V_P(\mathfrak{r}) = -G(\mathfrak{r}) + P(\mathfrak{r}). \tag{14.4a}$$

Sowohl G wie P sind negativ. Die potentielle Energie eines Elektrons ist an jedem Punkt des Metalls niedriger als die eines Protons; das besagt aber noch nichts über die Austrittsarbeiten[3]: erstens hat das Elektron notwendigerweise *kinetische* Energie im Metall (Grenzenergie der Fermiverteilung), zweitens kommt es für die Austrittsarbeit auf die über die Aufenthaltswahrscheinlichkeit *gemittelte* potentielle Energie an.

b) Prinzip der Berechnung des „Gleichverteilungspotentials" nach HARTREE und FERMI. Wir sehen zunächst von der „Polarisation" des Elektronengases durch das am Punkte $\mathfrak{r}$ befindliche Aufelektron ab und suchen die Verteilung der Elektronen im Metall zu berechnen. Es ist zweckmäßig, hierfür die Elektronen der „inneren" und der „äußeren" Schalen getrennt zu behandeln. Die ersten werden im Metall praktisch genau so verteilt sein wie im freien Atom, so daß man für sie direkt die HARTREEschen Eigenfunktionen im Atom benutzen kann; die Verteilung der Außenelektronen dagegen wird wesentlich durch die Kristallstruktur bestimmt, und man kann wenig über sie aussagen. Wenn die von WIGNER und SEITZ berechnete Eigen-

[1] D. h. mindestens in die Elektronenwolke, welche das Metall umgibt (vgl. Abschnitt e).

[2] Die Aufladung des Metalls auf $+e$ durch Ablösung unseres Aufelektrons macht natürlich nichts aus: Wir können uns das Metall etwa als Kugel vom (großen) Radius R vorstellen, wenn dann die Ladung gleichmäßig verteilt ist, ist die Kraft auf ein Elektron an der Oberfläche e^2/R^2, also minimal.

[3] Dies hat zuerst J. FRENKEL, ZS. f. Phys. Bd. 51, S. 232. 1928, betont.

funktion des $3s$-Zustandes von Na (Ziff. 12f) auch für andere Metalle typisch ist, so sind die Leitungselektronen einigermaßen gleichmäßig verteilt — jedenfalls über den Raum außerhalb der Atomrümpfe.

Von einer wirklichen Durchführung des HARTREEschen Verfahrens für die Berechnung von Potentialverteilung und Eigenfunktionen in einem Metall sind wir noch weit entfernt. Für eine erste Näherung würde uns auch schon damit gedient sein, wenn wir das FERMIsche Potential in einem Metall berechnen könnten. FERMI geht bekanntlich von folgendem Gedanken aus: Man kann im Metall kleine Raumgebiete $d\tau$ abgrenzen, in denen die potentielle Energie des Elektrons genügend genau konstant gleich $V(\mathfrak{r})$ ist, die aber andererseits mehrere Elektronen enthalten. Diese letzteren werden dann (beim absoluten Nullpunkt) alle Zustände mit einer Energie kleiner als ζ (Grenzenergie, vgl. Ziff. 3) besetzen, d. h. mit einer kinetischen Energie $\varepsilon < \zeta - V$. Dies sind nach (3.32)

$$n(\mathfrak{r})\,d\tau = \frac{4\pi}{3} G h^{-3} (2m(\zeta - V))^{3/2} d\tau \tag{14.5}$$

Zustände, wo $G = 2$ der Gewichtsfaktor des Spins ist. Wir setzen nun allgemein für die Elektronendichte am Punkt $\mathfrak{r}$ den Ausdruck (14.5) und führen der Bequemlichkeit halber die neue Potentialfunktion

$$\Phi = \zeta - V \tag{14.6}$$

ein, die sich von V nur durch das Vorzeichen und eine Konstante unterscheidet[1]. Beachten wir dann die POISSONsche Gleichung[2]

$$\Delta\Phi = -\Delta V = 4\pi\varrho e = 4\pi e^2 n, \tag{14.7}$$

so folgt für Φ die Differentialgleichung

$$\Delta\Phi = \frac{2^{13/2}\pi^2}{3} \frac{m^{3/2} e^2}{h^3} \Phi^{3/2}. \tag{14.8}$$

Diese ist zu lösen mit folgenden Randbedingungen:

1. Φ muß sich in der Umgebung eines jeden Atomkerns wie Z/r verhalten.

2. Das Metall als Ganzes muß elektrisch neutral sein, d. h. wenn N Atome vorhanden sind

$$\int n(\mathfrak{r})\,d\tau = \frac{1}{4\pi e^2}\int \Delta\Phi\, d\tau = NZ, \tag{14.9}$$

wobei das Integral über den ganzen Raum, soweit er Elektronen enthält, mit Ausschluß der Kerne zu erstrecken ist.

3. Wenn an irgendeiner Stelle des Raumes Φ negativ wird, so ist dort die Differentialgleichung (14.8) zu ersetzen durch

$$\Delta\Phi = 0,$$

da nach unseren Voraussetzungen keine Elektronen in Gebiete negativen Φ's dringen können. (Dort würde die maximale kinetische Energie negativ werden.)

Auch das Fermipotential im Metall ist bisher nicht berechnet, immerhin scheint dies ohne allzu große Schwierigkeiten möglich, evtl. indem man nach LENZ und JENSEN[3] die Differentialgleichung durch ein Variationsprinzip ersetzt.

c) Versuch eines statistischen Ansatzes für das „Polarisationspotential". Wir versuchen nun die Verteilung der „übrigen" Elektronen mit Rücksicht auf die polarisierende Wirkung des „Aufelektrons" zu berechnen. Dabei benutzen wir wieder die FERMIsche statistische Methode.

---

[1] V kann etwa so normiert sein, daß es im Unendlichen verschwindet. Dann wird $\Phi(\infty)$ gleich der Konstanten ζ.

[2] V ist die potentielle Energie eines Elektrons, also gleich e mal dem elektrostatischen Potential. $\varrho = en$ ist die Elektronenladungsdichte.

[3] W. LENZ, ZS. f. Phys. Bd. 77, S. 713; H. JENSEN, ebenda S. 722. 1932.

Auf jedes Elektron des Metalls wirkte bei unserer früheren Rechnung bloß das Potential der festliegenden Atomkerne und dasjenige der FERMIschen Ladungsverteilung der übrigen Elektronen. Jetzt kommt außerdem noch das Potential des *ortsfesten* Aufelektrons hinzu. Dementsprechend muß die FERMIsche Potentialfunktion Φ außer den drei im vorigen Abschnitt angegebenen Bedingungen[1] noch die vierte Bedingung erfüllen, daß sie in der Nähe des Aufelektrons wie

$$\Phi(\mathfrak{r}') = -\frac{e^2}{|\mathfrak{r}-\mathfrak{r}'|} + \text{endlicher Betrag} \tag{14.10}$$

unendlich wird.

Der wesentlichste Unterschied gegenüber früher besteht aber darin, daß früher das Fermipotential $\Phi(\mathfrak{r})$ direkt die potentielle Energie des Aufelektrons angab, während dies jetzt schon deshalb unmöglich ist, weil $\Phi(\mathfrak{r})$ unendlich ist. Vielmehr muß jetzt die potentielle Energie des Aufelektrons erst nachträglich aus der nun bekannten Ladungsverteilung der übrigen Elektronen berechnet werden:

$$V(\mathfrak{r}) = -\sum_{\mathfrak{n}} \frac{Z e^2}{|\mathfrak{r}-\mathfrak{n}|} + \frac{e^2}{4\pi}\int \frac{\Delta\Phi(\mathfrak{r}')}{|\mathfrak{r}-\mathfrak{r}'|}\,d\tau'. \tag{14.11}$$

Äquivalent damit ist es, die (endliche) Differenz zwischen Fermipotential $\Phi(\mathfrak{r}')$ und dem Potential des „Aufelektrons" $-\frac{e^2}{|\mathfrak{r}-\mathfrak{r}'|}$ in der Nähe des Punktes $\mathfrak{r}$ zu bilden

$$V(\mathfrak{r}) = \lim_{|\mathfrak{r}-\mathfrak{r}'|=0}\left(-\Phi(\mathfrak{r}') + \frac{e^2}{|\mathfrak{r}-\mathfrak{r}'|}\right), \tag{14.12}$$

also das sog. „erregende Potential". Man weist leicht die Identität von (14.11) und (14.12) nach.

Unser Fermipotential Φ ist definitionsgemäß *negativ* in der Nähe des Aufelektrons. Das bedeutet [vgl. die Definition von Φ, (14.6)], daß in einem gewissen Umkreis des Aufelektrons überhaupt *kein* anderes Elektron sich aufhalten kann[2]. Natürlich bildet diese Eigenschaft unseres Potentials eigentlich einen Einwand gegen unsere statistische Rechenmethode: In Wirklichkeit können sich zwei Elektronen in der Wellenmechanik stets beliebig nahe kommen — man denke nur z. B. an die Eigenfunktion des Heliumatoms. Die Wahrscheinlichkeit dafür, daß ein Elektron im Volumelement $d\tau$ nahe $\mathfrak{r}$ ist, wird sogar, wie man abschätzen kann, wellenmechanisch nur um einen Faktor 2 bis 3 kleiner als diejenige seines Aufenthalts in einem gleich großen, weit entfernten Volumelement.

Es ist also wahrscheinlich, daß wir den Polarisationseffekt durch unsere Rechnung überschätzen. Dies wird auch bestätigt durch eine rohe Abschätzung, bei der die Atomkerne als gleichmäßig über das Metall verschmiert angenommen werden (vgl. zu dieser Annahme Abschnitt e), man erhält dann für Na ein Polarisationspotential von ca. 7 Volt, wogegen die gesamte beobachtete Austrittsarbeit nur 2 Volt beträgt. Vielleicht würde eine Kombination von statistischer und wellenmechanischer Methode weiterführen.

d) Das Vorzeichen des Potentials im Metall. Die potentielle Energie eines Elektrons, V, ist im Inneren eines Metalls an jedem Punkte negativ, wenn das Potential im Unendlichen gleich Null gesetzt wird. Das läßt sich für das Fermipotential leicht beweisen: Das in (14.6) definierte $\Phi = \zeta - V$ ist nämlich von Natur aus an jeder Stelle positiv, an der sich Elektronen befinden. Es bleibt also nur zu beweisen, daß Φ im Unendlichen verschwindet, daß also in (14.6) $\zeta = 0$ zu setzen ist[3].

[1] Bedingung 2 ist derart abzuändern, daß sich im ganzen Metall $NZ - 1$ Elektronen befinden, was aber praktisch belanglos ist.

[2] Natürlich genügt in der Nähe des Aufelektrons $\mathfrak{r}$ die Fermifunktion Φ der Differentialgleichung $\Delta\Phi = 0$ des elektronenfreien Raums anstatt (14.8), und zwar gilt dies bis zur Fläche $\Phi = 0$.

[3] Das ist für spezielle Systeme, z. B. für freie Atome (FERMI) und für ein Metall mit gleichmäßig verteilter positiver Ladung (FRENKEL, ZS. f. Phys. Bd. 51, S. 232. 1928) bereits bekannt.

Die Metallelektronen werden sich im wesentlichen im Inneren des Metalls befinden, ein kleiner Bruchteil außerhalb in der Nähe der Oberfläche. Es wird aber jedenfalls eine Fläche F geben, welche gerade alle Elektronen einschließt (Abb. 32). D. h. innerhalb von F soll an jedem Punkte die Elektronendichte, und damit auch Φ, positiv sein, außerhalb von F soll sich kein Elektron befinden, so daß dort

$$\varDelta\Phi = 0$$

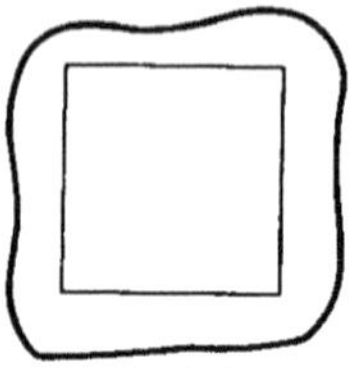

Abb. 32. Fläche F, welche sämtliche Elektronen eines Metalls einschließt.

gilt, und auf der Fläche F selbst muß überall $\Phi = 0$ sein, weil ja die Ladungsdichte gerade verschwinden soll. Nun schließt die Fläche F ebensoviel positive Ladung ein wie negative (das Metall als Ganzes soll elektrisch neutral sein), also ist

$$\int_F \frac{\partial\Phi}{\partial n}\, d\sigma = 0\,.$$

Nun kann aber $\partial\Phi/\partial n$ nirgends positiv sein, weil sonst innerhalb der Fläche F in deren Nähe Punkte liegen würden, in denen Φ negativ wird, gegen die Voraussetzung. Also muß überall auf der Fläche $\frac{\partial\Phi}{\partial n} = 0$ sein. Dies im Verein mit der Bedingung $\Phi = 0$ auf F und $\varDelta\Phi = 0$ außerhalb F hat zur Folge, daß im ganzen Raum außerhalb F das Potential Φ identisch verschwindet, w. z. b. w. Übrigens läßt sich weiterhin zeigen, daß die Fläche F im Unendlichen liegen muß, daß also die Elektronenwolke eines Metalls sich theoretisch ins Unendliche erstreckt, wie die des FERMIschen Atoms.

Unser Beweis bezieht sich auf das „Gleichverteilungspotential" im Sinne des Abschnitts a. Da aber durch den Polarisationseffekt die potentielle Energie eines Elektrons jedenfalls herabgedrückt wird, ist die gesamte potentielle Energie (= Gleichverteilungs- + Polarisationspotential) a fortiori negativ.

Der wesentliche Grund dafür, daß die potentielle Energie stets negativ ist, liegt darin, daß die positiven Atomkerne feste, punktförmige Kraftzentren sind, während die Elektronen ausgedehnte Ladungswolken bilden, welche die Kerne umschließen. Macht man die Annahme, daß das Metall aus kugelförmigen Atomen aufgebaut ist, so läßt sich der Beweis für das negative Vorzeichen der potentiellen Energie leicht allgemein führen: Betrachten wir irgendeinen Aufpunkt im Inneren eines der kugelförmigen Atome im Abstand r vom Kern dieses Atoms, so ist nach bekannten elektrostatischen Sätzen das elektrische Feld gleich $1/r^2$ mal der gesamten Ladung, die sich näher am Kern befindet als der Aufpunkt r; diese Ladung ist aber auf jeden Fall positiv[1], denn das Atom als Ganzes ist neutral und die negative[1] Ladung, die weiter vom Kern entfernt ist als der Aufpunkt, ist wirkungslos. Daraus folgt, daß ein Elektron stets zum Atomkern *hin* gezogen wird, daß also seine potentielle Energie beim Eindringen in das Atom stets abnimmt und daher negativ ist. (Über die quantitative Berechnung des mittleren Potentials vgl. Abschnitt g.)

e) Das Potential am Rande des Metalls[2]. Da die potentielle Energie der Elektronen im Inneren eines Metalls negativ ist und im Unendlichen verschwindet, muß an der Oberfläche eine elektrische Doppelschicht vorhanden sein, deren negative[1] Belegung nach außen gekehrt ist. Es leuchtet unmittelbar ein, wie diese zustande kommt: Die Elektronen laufen vermöge ihrer großen

---

[1] Positiv und negativ im gewöhnlichen elektrostatischen Sinn (Elektronenladung negativ).

[2] Vgl. J. FRENKEL, ZS. f. Phys. Bd. 51, S. 232. 1928.

kinetischen Energie über den Rand des Metalls (die letzte Reihe von Atomkernen) hinaus, bis sie infolge der allzu groß werdenden potentiellen Energie zur Umkehr gezwungen werden.

Wir stellen uns die Aufgabe, den Potentialabfall am Rande des Metalls näher zu verfolgen. Zu diesem Zweck machen wir die sehr grobe Annahme, daß *im Inneren des Metalls die positive Ladung gleichmäßig verteilt* ist. Wir sehen also von der atomistischen Struktur ganz ab. Die Anzahl positiver Teilchen pro Volumeinheit sei $n_+ = n_0$. Die Elektronen werden dann im Metallinneren in genügender Entfernung von der Metalloberfläche natürlich ebenfalls gleichmäßig mit der Dichte $n_- = n_0$ verteilt sein, so daß die potentielle Energie der Elektronen den konstanten Wert

$$V_0 = -\Phi_0 = -\frac{h^2}{8m}\left(\frac{3n_0}{\pi}\right)^{2/3} \tag{14.13}$$

bekommt. Die gleichmäßige Verteilung der Elektronen wird am ehesten für Alkalimetalle zutreffen: Dort sind wegen der Kleinheit des Atomrumpfes die Leitungselektronen wirklich sehr weitgehend frei und nahezu gleichmäßig verteilt, für n_0 ist ein Elektron pro Atom zu setzen. Für andere Metalle, z. B. die Edelmetalle, dürfte die Annahme allzu grob sein, da dort der Atomrumpf sehr groß ist.

An der Metalloberfläche werden Potential und Elektronendichte nicht ortsunabhängig sein: Sie hängen jedoch bei unseren Annahmen nur von der Koordinate x *senkrecht zur Oberfläche* $x = 0$ des Metalls ab, und zwar gilt

$$\Delta\Phi = \frac{d^2\Phi}{dx^2} = 4\pi e^2 n_- = \frac{2^{13/2}\pi^2 e^2 m^{3/2}}{3h^3}\Phi^{3/2} = b^2\Phi^{3/2} \quad \text{für } x > 0 \text{ (Außenraum)}, \tag{14.14}$$

$$\left.\begin{aligned}\frac{d^2\Phi}{dx^2} = 4\pi e^2(n_- - n_+) = b^2\Phi^{3/2} - 4\pi e^2 n_0 = b^2(\Phi^{3/2} - \Phi_0^{3/2})\\ \text{für } x < 0 \text{ (Inenraum)},\end{aligned}\right\} \tag{14.14a}$$

$$\Phi = 0\,,\ \Phi' = 0 \text{ für } x = +\infty \text{ (vgl. Abschnitt d, Neutralitätsbedingung)}, \tag{14.14b}$$

$$\Phi = \Phi_0\,,\ \Phi' = 0 \text{ für } x = -\infty \text{ (vgl. 14.13)}. \tag{14.14c}$$

Im Außenraum läßt sich die Lösung unmittelbar angeben: Man multipliziere (14.14) mit $\Phi' = \frac{d\Phi}{dx}$ und integriere, dann wird

$$\tfrac{1}{2}\Phi'^2 = \tfrac{2}{5}b^2\Phi^{5/2}, \tag{14.15}$$

da die Integrationskonstante wegen (14.14b) verschwindet. Nochmalige Integration gibt

$$\Phi = \frac{400}{b^4(c+x)^4}. \tag{14.16}$$

Im Inneren kann unmittelbar nur das erste Integral angegeben werden

$$\Phi'^2 = \tfrac{4}{5}b^2\Phi^{5/2} - 2b^2\Phi_0^{3/2}\Phi + \tfrac{6}{5}b^2\Phi_0^{5/2}, \tag{14.17}$$

wobei die Integrationskonstante so bestimmt ist, daß $\Phi' = 0$ für $\Phi = \Phi_0$ [vgl. (14.14c)]. (14.17) genügt jedoch bereits, um die Konstante c in (14.16) festzulegen: Da an der Oberfläche Φ und Φ' stetig sein sollen, müssen die Formeln (14.16) und (14.17) dort gleichzeitig gelten. Daraus folgt mit Rücksicht auf (14.13), (14.14)

$$\Phi(x=0) = \tfrac{3}{5}\Phi_0; \qquad c = 3^{-1/4}\cdot 2\cdot 5^{3/4}b^{-1}\Phi_0^{-1/4} = \pi^{1/6}3^{1/12}5^{3/4}2^{-1/2}a_0^{1/2}n_0^{-1/6}, \tag{14.18}$$

wo $a_0 = h^2/4\pi^2 m e^2$ der Wasserstoffradius ist. Für Na ($n_0 = 2{,}62\cdot 10^{22}$) ergibt sich $c = 5{,}13$ Å, das ist etwas größer als der Atomabstand. Nun beträgt nach (14.16) das Potential im Abstand c von der Oberfläche nur noch $^1/_{16}$ seines Wertes in der Oberfläche, im Abstand $0{,}19\,c$ ist es bereits auf die Hälfte abgeklungen. Der Potentialabfall am Rande des Metalls erfolgt daher nach der hier zugrunde gelegten Theorie (Gleichverteilungspotential) auf einer ganz minimalen Strecke. Bereits in *einem* Atomabstand wirkt praktisch bloß noch die Bildkraft (vgl. a).

Die Elektronenkonzentration fällt mit $\Phi^{3/2} \sim (c + x)^{-6}$, also noch steiler ab als das Potential. Würde man die Bildkraft (Polarisationspotential) mit berücksichtigen, so würde die Steilheit des Abfalls weiter vergrößert werden. Ja, die Elektronenwolke, die sich nach unserer bisherigen Rechnung theoretisch (wenn auch mit minimaler Dichte) bis ins Unendliche erstreckt, würde dann eine feste Grenze nahe der Oberfläche haben.

Denn die „Grenzenergie" ζ ist bei Mitberücksichtigung der Polarisation nicht mehr Null, sondern negativ; d. h. $\Phi = \zeta - V$ ist im Unendlichen negativ. Die Fläche $\Phi = 0$, d. h. die Grenze der Elektronenwolke, liegt etwa einen halben Atomabstand von der Metalloberfläche. Zu dieser Abschätzung kommt man so: Das „Gleichverteilungspotential" darf für $x =$ einige Ångström vernachlässigt, das Polarisationspotential gleich der Bildkraft $-e^2/4x$ gesetzt werden. Damit die schnellsten Elektronen noch gerade zum Punkt x gelangen können, muß ihre potentielle Energie dort gleich der negativen Austrittsarbeit $-w$ sein, also muß gelten:

$$w = e^2/4x; \qquad x = e^2/4w = \frac{3{,}55}{w}\,\text{Å}, \tag{14.19}$$

wenn w in Volt gemessen wird. Für Na ($w = 2{,}6$ Volt) gibt das $x = 1{,}35$ Å.

Der Elektronenwolke, die über die Oberfläche hinausragt, steht ein Defizit an Elektronen auf der Innenseite der Oberfläche gegenüber. Dieses ist jedoch auch nur in unmittelbarster Nähe der Oberfläche zu konstatieren, und zwar gilt in guter Näherung

$$\Phi = \Phi_0\left(1 - \tfrac{2}{5}e^{5\sqrt[4]{\frac{15}{4}\frac{x}{c}}}\right), \qquad n_- = n_0\left(1 - \tfrac{3}{5}e^{5\sqrt[4]{\frac{15}{4}\frac{x}{c}}}\right). \tag{14.20}$$

Die Elektronendichte, die in der Oberfläche bloß 46% ihres Wertes im Metallinneren hat, erreicht bereits im Abstand $\frac{1}{4}c$ davon etwa 90% und im Abstand $\frac{1}{2}c$ von der Oberfläche schon 98% dieses Normalwertes.

f) Das statistische Potential in einem zweidimensionalen Metallmodell[1]. Der Verlauf des Potentials im Inneren eines Metalls ist, wie schon bemerkt, sehr schwierig zu berechnen, selbst wenn man den Polarisationseffekt außer acht läßt und die statistische Methode von FERMI benutzt. Doch konnte LENARD-JONES[1] das statistische Potential für ein zweidimensionales Modell berechnen, da in diesem Fall an Stelle der nichtlinearen Differentialgleichung (14.8) eine lineare tritt.

Das Modell von LENARD-JONES mußte etwas künstlich gewählt werden: Das Metall sei eine flache Platte mit vollkommen spiegelnden Wänden, deren Abstand c sehr klein sein soll. Die z-Achse liege senkrecht zur Oberfläche. Die positiven Ladungen sind auf Linien parallel z gleichmäßig verteilt, in der xy-Ebene bilden diese Linien ein quadratisches Flächengitter mit der Gitterkonstante b. Das Potential hängt nach LENARD-JONES nicht von z ab[2], die Eigenfunktionen der Elektronen haben daher die Form

$$\psi = \psi(x, y)\sin\frac{\pi n}{c}z. \tag{14.21}$$

Dabei ist berücksichtigt, daß an den Wänden $z = 0$ und $z = c$ die Eigenfunktion verschwinden soll (vollkommene Spiegelung). Die zu ψ gehörige Energie ist

$$E = E' + \frac{h^2}{8m}\frac{n^2}{c^2}, \tag{14.22}$$

wo E' der Eigenwertparameter in der Differentialgleichung

$$\frac{h^2}{8\pi^2 m}\Delta\psi(x,y) + (E' - V(x,y))\,\psi(x,y) = 0$$

ist. Die Dicke der Platte sei nun so klein, daß die Energie aller Zustände mit $n > 1$ höher wird als die Grenzenergie der Fermiverteilung. Dann kommen nur die Zustände $n = 1$

---

[1] J. E. LENARD-JONES u. H. J. WOODS, Proc. Roy. Soc. London Bd. 120, S. 727. 1928.

[2] Es ist allerdings fraglich, ob dies zutrifft, da (vgl. unten) die Elektronendichte an der Oberfläche der Platte kleiner ist als in der Mitte.

für uns in Frage, Zustände also, deren Eigenfunktion keinen Knoten zwischen den Oberflächen besitzt.

Wir betrachten nun ein Flächenelement $d\sigma$ in der x-y-Ebene. Die potentielle Energie[1] des Elektrons betrage dort $-\Phi$. Dann kann die kinetische Energie in der x-y-Ebene maximal Φ betragen, und es sind alle Quantenzustände mit einem Impuls $p < p_0 = \sqrt{2m\Phi}$ besetzt. Diese füllen im Impulsraum einen *Kreis* vom Radius p_0 aus, dem das Phasenvolumen $\pi p_0^2 d\sigma$ entspricht. Die Anzahl der verfügbaren Quantenzustände erhält man hieraus durch Division mit h^2 (zweidimensionales Problem!), die Anzahl der in $d\sigma$ vorhandenen *Elektronen* dN ist wegen des Spins doppelt so groß:

$$dN = 2\pi p_0^2 d\sigma h^{-2} = 4\pi m \Phi h^{-2} d\sigma. \tag{14.23}$$

Nun ist dN die Anzahl Elektronen im Volum $c\,d\sigma$, also folgt mit Hilfe der Poissonschen Beziehung[2]:

$$\Delta\Phi = 4\pi e^2 \frac{dN}{c\,d\sigma} = \frac{16\pi^2 m e^2}{h^2}\cdot\frac{1}{c}\,\Phi = \frac{4}{a_0 c}\,\Phi, \tag{14.24}$$

wo a_0 der Wasserstoffradius ist.

Diese Differentialgleichung ist zu lösen mit der Randbedingung, daß Φ sich in der Nähe der positiven „Ladungslinien" wie $\lg r$ verhalten (und überall sonst endlich bleiben) soll. Die Lösung hängt wesentlich nur von der Größe

$$\varkappa = \frac{b}{\sqrt{a_0 c}} \tag{14.25}$$

ab, und wenn man die Plattendicke c z. B. gleich der Gitterkonstante b wählt, bloß noch von der letzteren. Lenard-Jones hat den Fall $\varkappa = 2{,}5$ durchgerechnet (also $b = 6{,}25\,a_0 = 3{,}32$ Å), Abb. 33 stellt für diesen Fall die Kurven konstanten Potentials dar. Man erhält bei hohem Potential kreisähnliche Kurven um die „Kerne" herum, bei niedrigem Potential „zentrieren" die Kurven das von den Kernen gebildete Flächengitter. In der Mitte zwischen den Kernen ist wegen (14.23) auch die Elektronendichte am geringsten, wie man dies wohl von vornherein erwartet[3]. Es ist noch interessant, daß das minimale Potential gleich $0{,}713\,Z$ Volt ist, falls die Ladung jeder der Linien positiver Ladung gleich Ze ist.

Abb. 33. Äquipotentialkurven in einem zweidimensionalen Metall. Nach Lenard-Jones und Woods. Die Kreuze stellen die Atomkerne dar.

g) Die Fourierkoeffizienten des Potentials[4] sind von Wichtigkeit für die Theorie der Elektronenbeugung (Ziff. 28, 29), für Abschätzungen betreffend die Frage, ob ein Elektron als „frei" betrachtet werden kann (Ziff. 11g) usw.

Das größte Interesse beansprucht der nullte Fourierkoeffizient V_{000}, d. h. der räumliche Mittelwert der potentiellen Energie. Wir nehmen wie in Abschnitt d an, daß die Atome Kugelform haben. Wir nehmen zunächst die gesamte Elektronenladung[5] Ze auf einer Kugelschale mit dem Radius R

---

[1] Φ soll wieder wie in (14.6) definiert sein, also die Grenzenergie ζ einschließen. Die kinetische Energie $h^2/8mc^2$, die der Bewegung in der z-Richtung entspricht, ist dagegen *nicht* einbegriffen.

[2] Man beachte, daß Φ die potentielle Energie, also gleich e mal dem elektrostatischen Potential ist.

[3] Es scheint uns daher nicht richtig, mit Lenard-Jones zu schließen, daß seine Rechnungen eine gewisse Rechtfertigung für das Metallmodell von Lindeman und J. J. Thomson seien, demzufolge die Elektronen ein starres Gitter bilden, welches das Metallgitter zentriert.

[4] H. Bethe, Ann. d. Phys. Bd. 87, S. 55. 1928 (§ 10, 11).

[5] $+e$ = Ladung des Elektrons.

konzentriert an[1], dann ist das elektrostatische Potential am Punkte r im Inneren der Kugelschale

$$\varphi = Ze\left(\frac{1}{R} - \frac{1}{r}\right),$$

außerhalb der Schale dagegen Null. Mitteln wir das Potential über das Volumen Ω_0, welches unserem Atom zukommt, so erhalten wir

$$\overline{\varphi} = -\frac{Ze}{\Omega_0}\int_0^R \left(\frac{1}{r} - \frac{1}{R}\right) 4\pi r^2 dr = -\frac{2\pi}{3}\frac{Ze}{\Omega_0} R^2. \tag{14.26}$$

Verschmieren wir nun die Elektronenladung über das ganze Atom, so tritt an die Stelle des festen Wertes R^2 der wellenmechanische *Mittelwert* des Abstandsquadrats der Elektronen vom Kern. Gehen wir noch durch Multiplikation mit e vom Potential zur potentiellen Energie eines Elektrons über, so finden wir

$$V_{000} = -\frac{2\pi}{3}\frac{e^2}{\Omega_0} Z\overline{R^2} = -\frac{2\pi e^2}{3\Omega_0}\int \varrho(r) r^2 dr, \tag{14.27}$$

wo $\varrho(r)\,dr$ die Anzahl der Elektronen bedeutet, welche sich zwischen den Kugeln mit den Radien r und $r + dr$ befinden.

Die Formel (14.27) läßt an Einfachheit nichts zu wünschen übrig: Die mittlere potentielle Energie ist mit dem „Trägheitsmoment" der Elektronenwolke verknüpft[2]. Sie steht daher in unmittelbarem Zusammenhang mit der diamagnetischen Suszeptibilität χ, welche bekanntlich[3] gegeben ist durch

$$\chi = -\frac{e^2}{6mc^2\Omega_0} Z\overline{R^2}, \tag{14.28}$$

falls χ pro Volumeinheit (cm^3) gerechnet wird. Es besteht also die Beziehung

$$V_{000} = 4\pi mc^2\chi = 6{,}4\cdot 10^6\chi \text{ Volt}. \tag{14.29}$$

Die Beziehung ist größenordnungsmäßig gut erfüllt, wenn man für V_{000} den Wert von ca. -15 Volt einsetzt, der sich aus Messungen des Brechungsindex bei der Elektronenbeugung ergibt[4].

Rein theoretisch läßt sich das mittlere Potential nur sehr ungenau berechnen. Denn, wie man sieht, spielt die Verteilung der Elektronen in großer Entfernung vom Kern eine ausschlaggebende Rolle, und diese kann nur berechnet werden, wenn das auf die Elektronen wirkende Potential *sehr* genau bekannt ist; und ist z. B. sehr verschieden für das freie Atom einerseits und das Atom im Kristall andererseits. Die Berechnung, die der eine von uns[5] früher angestellt hat, kann darum nicht mehr geben als die Größenordnung[6]: diese beträgt ca. 10 bis 20 Volt für Atome mittleren Atomgewichts[7] (Eisenmetalle, Cu usw.).

---

[1] Diese Form der Ableitung zuerst bei J. FRENKEL, ZS. f. Phys. Bd. 59, S. 649. 1930.

[2] Wir verweisen in diesem Zusammenhang nochmals auf unsere Behauptung in Abschnitt d, daß die räumliche Ausdehnung der Elektronenwolke die Schuld an dem stets positiven Vorzeichen des Potentials trägt.

[3] Vgl. z. B. C. VAN VLECK, Theory of Electric and Magnetic Susceptibilities, Kap. IV, § 23. Oxford 1932.

[4] L. ROSENFELD, Naturwissensch. Bd. 17, S. 44. 1929.

[5] H. BETHE, Ann. d. Phys. Bd. 87, S. 55. 1928.

[6] Daran kann auch die Verbesserung von L. PAULING (Phys. Rev. Bd. 34, S. 954. 1929, Benutzung besserer Abschirmungszahlen) nichts ändern.

[7] Für sehr schwere Atome gibt die Abschätzung erheblich höhere Werte, ca. 40 bis 60 Volt, im Einklang mit dem größeren Diamagnetismus. Dieses Resultat ist verschiedentlich als „unwahrscheinlich" und mit den Elektronenbeugungsexperimenten unvereinbar angesehen worden. Nun liegt aber erstens noch gar keine einwandfreie Bestimmung des Brechungsindex schwerer Metalle für Elektronen vor, zweitens ist die Aufenthaltswahrscheinlichkeit langsamer Elektronen in der Nähe des Kerns (also an Punkten hohen Potentials) äußerst gering, so daß das über die Aufenthaltswahrscheinlichkeit (anstatt räumlich) gemittelte Potential (absolut genommen) sehr viel kleiner wird als V_{000} — und dieses kleinere Potential dürfte experimentell von Bedeutung sein (vgl. Ziff. 29g).

Die höheren Fourierkoeffizienten des Potentials $V_{\mathfrak{g}}$ (vgl. Ziff. 8) lassen sich zurückführen auf die Fourierkoeffizienten der Ladungsdichte. Die letztere denken wir uns in eine Fourierreihe entwickelt:

$$\varrho = \sum_{\mathfrak{g}} \varrho_{\mathfrak{g}} e^{2\pi i(\mathfrak{g}\mathfrak{r})}. \tag{14.30}$$

Dann besteht wegen der POISSONschen Gleichung

$$\Delta V = -4\pi\varrho e$$

die Beziehung

$$V_{\mathfrak{g}} = \frac{e}{\pi g^2}\varrho_{\mathfrak{g}}. \tag{14.31}$$

Die Fourierkoeffizienten $\varrho_{\mathfrak{g}}$ lassen sich nun leicht berechnen, es ist

$$\varrho_{\mathfrak{g}} = \frac{1}{\Omega_0}\int \varrho(\mathfrak{r})\, e^{-2\pi i(\mathfrak{g}\mathfrak{r})}\, d\tau,$$

wo das Integral über eine Elementarzelle (Volum Ω_0) zu erstrecken ist. Am Punkte $\mathfrak{r} = 0$ liegt der Kern mit der Ladung[1] $-Ze$, also wird

$$\varrho_{\mathfrak{g}} = \frac{e}{\Omega_0}\left(-Z + \int n(\mathfrak{r})\, e^{-2\pi i(\mathfrak{g}\mathfrak{r})}\, d\tau\right), \tag{14.32}$$

wenn $n(\mathfrak{r})$ die Anzahl der Elektronen im Volumelement $d\tau$ bedeutet. Das Integral in (14.32) ist nun nichts anderes als der Atomformfaktor F, welcher aus der Theorie der Röntgenstreuung bekannt ist. Also wird

$$\varrho_{\mathfrak{g}} = -\frac{e}{\Omega_0}(Z - F(\mathfrak{g})). \tag{14.33}$$

$$V_{\mathfrak{g}} = -\frac{e^2}{\Omega_0 \pi g^2}(Z - F). \tag{14.34}$$

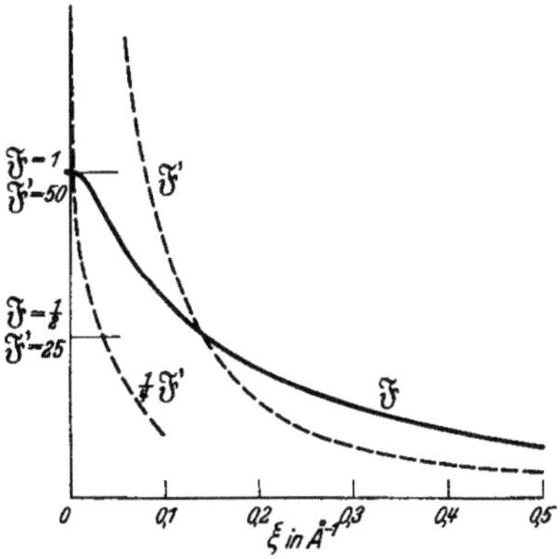

Abb. 34. Der universelle Atomfaktor $\mathfrak{F} = F/Z$ sowie der „universelle Fourierkoeffizient des Potentials" $\mathfrak{F}' = (1-\mathfrak{F})/\xi^2$ als Funktionen von $\xi = \frac{1}{2} g Z^{-\frac{1}{3}}$. Der Ordinatenmaßstab für $\mathfrak{F}'$ ist gegenüber dem für $\mathfrak{F}$ fünfzigfach verkleinert, der Anfang der Kurve $\mathfrak{F}'$ nochmals in vierfacher Verkleinerung gezeichnet.

Zur theoretischen Berechnung des Atomformfaktors benötigt man in erster Linie die Kenntnis der Elektronenverteilung im *Inneren* des Atoms: Die Beiträge der äußeren Schalen zum Integral in (14.32) sind nämlich sehr klein, weil die Beiträge der einzelnen weit vom Kern entfernten Volumelemente sich durch Interferenz (Exponentialfaktor!) weitgehend aufheben. Da die Elektronenverteilung im Inneren theoretisch sehr genau bekannt ist, kennt man auch die höheren Fourierkoeffizienten des Potentials ziemlich exakt (bis auf wenige Prozent). Zur Berechnung kann man z. B. die FERMIsche statistische Verteilung der Elektronen im Atom zugrunde legen, dann bekommt man

$$F(\mathfrak{g}) = Z\mathfrak{F}\left(\tfrac{1}{2} g Z^{-1/3}\right). \tag{14.35}$$

Die universelle Funktion $\mathfrak{F}$ ist in Abb. 34 dargestellt. g ist dabei in Å^{-1} zu messen. Außer $\mathfrak{F}$ ist auch noch die Größe

$$\mathfrak{F}' = \frac{1-\mathfrak{F}}{\xi^2} \tag{14.36}$$

aufgezeichnet, wo

$$\xi = \tfrac{1}{2} g Z^{-1/3} \tag{14.37}$$

$\mathfrak{F}'$ ist direkt proportional zu $V_{\mathfrak{g}}$ und zwar ist, wenn $V_{\mathfrak{g}}$ in Volt, ξ in Å^{-1} und Ω_0 in Å^3 gemessen wird:

$$V_{\mathfrak{g}} = -\frac{e^2 Z^{1/3}}{4\pi\Omega_0}\mathfrak{F}' = -\frac{4{,}77\cdot 10^{-10}\cdot 300}{4\cdot 3{,}14\cdot 10^{-8}}\cdot\frac{Z^{1/3}\mathfrak{F}'}{\Omega_0} = -1{,}14\,\frac{Z^{1/3}\mathfrak{F}'}{\Omega_0}. \tag{14.38}$$

[1] Man beachte, daß die Elektronenladung mit $+e$ bezeichnet ist.

Für Ag z. B. ist die Gitterkonstante $a = 4{,}06$ Å, für den ersten Fourierkoeffizienten V_{111} wird also

$$g = \frac{\sqrt{3}}{a} = 0{,}42\,\text{Å}^{-1} \quad \text{und} \quad \tfrac{1}{2} g Z^{-1/3} = 0{,}059\,.$$

Man liest aus der Kurve ab: $\mathfrak{F}' = 68$, also wird mit $\Omega_0 = \frac{1}{4} a^3 = 16{,}8$ Å^3

$$V_{111} = -1{,}14 \cdot \frac{3{,}61 \cdot 68}{16{,}8} = -17 \text{ Volt}.$$

Die Formel (14.38) und die numerischen Werte für $\mathfrak{F}$ haben wir schon in Ziff. 11g für die Abschätzung der Störung einer Elektronenwelle durch BRAGGsche Reflexion benutzt.

15. Die Austrittsarbeit. Der richtige Weg zur Berechnung der Austrittsarbeit wäre natürlich folgender: Man berechnet zunächst das Potential an jedem Punkte des Metalls, wobei das Potential im Unendlichen gleich Null zu setzen ist. Dann löst man die Schrödingergleichung mit dem nun vorgegebenen Potential. Von den so erhaltenen Eigenwerten werden (beim absoluten Nullpunkt) die N tiefsten besetzt sein, wenn N die Anzahl der Elektronen im Metall ist. Der höchste der besetzten Eigenwerte ist bis auf das Vorzeichen gleich der Austrittsarbeit w.

Dieses Verfahren, das allein quantitativ richtige Resultate geben würde, scheitert natürlich bereits an der ungenügenden Kenntnis des Potentials. Außerdem wäre selbstverständlich selbst bei bekanntem Potential die Berechnung aller Eigenfunktionen und Eigenwerte überaus mühsam. Schließlich kann an der Oberfläche das Gitter verzerrt sein, was wiederum eine Änderung des Potentials und der Eigenwerte verursacht. Man ist also auf mehr oder weniger gute Abschätzungen angewiesen.

Die nächstliegende Abschätzung wäre folgende: Die kinetische Energie der schnellsten Elektronen an einem gegebenen Punkte $\mathfrak{r}$ ist — bei Zugrundelegung des FERMIschen Modells — gleich der in (14.6) definierten Größe Φ. Die potentielle Energie ist $V = \zeta - \Phi$, die Gesamtenergie also ζ. Die Austrittsarbeit müßte demnach gleich $-\zeta$ sein. Von ζ haben wir aber bewiesen (Ziff. 14d), daß es verschwindet. Die Austrittsarbeit würde nach dieser Überlegung also Null[1].

[1] FRENKEL hat aus einer ähnlichen Betrachtung abgeleitet, daß die Austrittsarbeit ein Fünftel der maximalen kinetischen Energie der Elektronen betrage (ZS. f. Phys. Bd. 49, S. 31. 1928, sowie Wave Mechanics, Elementary Theory, S. 223f. Oxford 1932). Wir halten dieses Resultat für *irrig*. FRENKEL geht davon aus, daß die mittlere kinetische Energie der Elektronen drei Fünftel der maximalen beträgt [vgl. (2.11)]. Dann benutzt er den Virialsatz, welcher besagt, daß die gesamte potentielle Energie eines Systems elektrischer Teilchen bis auf das Vorzeichen doppelt so groß ist wie die gesamte kinetische, sie wäre also pro Elektron gerechnet $-{}^6/_5\,\Phi$. Die Gesamtenergie der schnellsten Elektronen würde demnach $-{}^6/_5\,\Phi + \Phi = -{}^1/_5\,\Phi$ betragen, also $w = {}^1/_5\,\Phi$. Die „äußere Austrittsarbeit" $W = \Phi + w$ [vgl. (4.16)] würde gleich $6w$.

Der Fehlschluß beruht darauf, daß FRENKEL nicht unterscheidet zwischen der gesamten potentiellen Energie des *Systems* und der potentiellen Energie *eines Elektrons* im Felde der übrigen. Die erstere ist gegeben durch

$$W = -\sum_i \sum_k \frac{Ze^2}{R_{ik}} + \sum_{k<l} \frac{e^2}{r_{kl}}, \tag{a}$$

wobei R_{ik} den Abstand des $k$ten Elektrons vom $i$ten Kern bedeutet und r_{kl} den Abstand des $k$ten vom $l$ten Elektron. Die Wechselwirkung jedes Elektronenpaares wird in (a) nur *einmal* gezählt. Die potentielle Energie eines Elektrons (Nummer k) im Felde der Kerne und der übrigen Elektronen ist dagegen

$$V(r_k) = -\sum_i \frac{Ze^2}{R_{ik}} + \sum_l \frac{e^2}{r_{kl}}. \tag{b}$$

Wenn man dies über alle Elektronen summiert, erhält man

$$V = \sum_k V(r_k) = -\sum_i \sum_k \frac{Ze^2}{R_{ik}} + \sum_k \sum_l \frac{e^2}{r_{kl}}, \tag{c}$$

Dieses unsinnige Resultat ist nicht verwunderlich. Es ist nämlich sofort einzusehen, daß die eben angestellte Überlegung versagen *muß*, denn sie würde auch beim freien Atom die Ionisierungsspannung Null liefern. Das Fermipotential ist eben zu grob, als daß man aus ihm unmittelbar Schlüsse ziehen könnte; man muß erst die Eigenwerte des Elektrons *im* Fermipotential berechnen, diese werden dann dank den tiefen Potentialmulden, die von den Kernen geliefert werden, für die Metallelektronen genau so negativ wie für die Atomelektronen. Aus der Analogie zum Atom müssen wir übrigens schließen, daß es zur Berechnung des Absolutwertes der Energie der Metallelektronen, und damit der Austrittsarbeit, niemals berechtigt ist, die Atomrümpfe zu vernachlässigen: Wäre der Atomrumpf nicht vorhanden, so wären im freien Atom die Rydbergkorrekturen Null, die Ionisierungsspannung des Na wäre also $\frac{1}{9}$ Ry = 1,50 Volt (statt 5,12 beobachtet), des Cs sogar nur $\frac{1}{36}$ Ry = 0,38 Volt (3,87 beob.). Die Eigenwerte der Leitungselektronen im Metall werden sicher durch das Eindringen in die Atomrümpfe ähnlich stark herabgedrückt wie die der Atomelektronen.

Außer dem Eindringen der Leitungselektronen in die Atomrümpfe wirkt natürlich auch die *Polarisation* im Sinne einer Erniedrigung der Energie. TAMM und BLOCHINZEV[1] haben eine Rechnung durchgeführt, aus der sich ergibt, daß sich durch die Polarisation — also durch die Rückwirkung des Elektrons auf die übrigen Elektronen — die *ganze* Austrittsarbeit der Alkalien erklären läßt. Das ist zwar, wie wir später sehen werden, nicht recht verständlich, doch ist ihre Methode so einfach und erfolgreich, daß wir sie hier mitteilen wollen.

---

also einen Ausdruck, der sich von W dadurch unterscheidet, daß jedes Elektronenpaar *doppelt gezählt* wird. Die mittlere potentielle Energie eines Elektrons, $V(r_k)$, ist also stets *größer* als die potentielle Energie des Gesamtsystems dividiert durch die Anzahl N der Elektronen.

Der Virialsatz besagt nun etwas über die gesamte potentielle Energie W, diese beträgt $-{}^6/_5 N\Phi$. Für den Austritt eines Elektrons kommt aber dessen potentielle Energie im Felde der übrigen in Frage, und diese ist gleich $-\Phi$.

Die Verhältnisse werden vielleicht noch klarer, wenn wir zum Vergleich das Heliumatom heranziehen. Um dessen erste Ionisierungsspannung zu berechnen, betrachtet man nach HARTREE das eine Elektron im Potentialfeld des Kerns und des anderen Elektrons und löst die Schrödingergleichung. Der Eigenwert (negative Ionisierungsspannung) ist also gleich dem Mittelwert der potentiellen Energie des Elektrons 1

$$V = -\frac{2e^2}{R_1} + \frac{e^2}{r_{12}},$$

genommen über die Bahn des Elektrons 1, plus dem Mittelwert seiner kinetischen Energie. Wenn das Elektron 1 abgelöst ist, bleibt für das zweite Elektron eine sehr viel tiefere potentielle Energie, nämlich $-2e^2/R_2$, übrig, so daß die zweite Ionisierungsspannung wesentlich größer wird als die erste. Beide Ionisierungsspannungen *zusammen* geben nach dem Virialsatz die Hälfte der gesamten potentiellen Energie (bis auf das Vorzeichen). Diese tritt also nur in Erscheinung, wenn man *alle* Elektronen ablöst, nicht wenn man nur eines entfernt. (Bei der Berechnung der Sublimationswärme des Metalls [vgl. unten] ist die Verwendung der gesamten potentiellen Energie legitim.)

Der mangelhaften Grundlage der FRENKELschen Theorie entsprechend ist denn auch die Übereinstimmung mit dem Experiment sehr schlecht (vgl. J. FRENKEL, Wave Mechanics, l. c.): Wenn man Φ aus (2.6) berechnet, so ist die beobachtete Austrittsarbeit w etwa gleich Φ (vgl. Tabelle 2 auf S. 426) anstatt ${}^1/_5\Phi$. Es kann auch nicht zugunsten der FRENKELschen Rechnung angeführt werden, daß die beobachtete Austrittsarbeit w etwa ein Sechstel des mittleren Potentials ist, welches aus dem Brechungsindex bei der Elektronenbeugung folgt. Das letztere ist nämlich bei den Alkalien noch nicht experimentell bestimmt und dürfte wohl dort viel kleiner sein als bei den gut untersuchten Metallen, wie Ni und Cu. Nur bei den Alkalien kann aber die Vorstellung freier Elektronen, die bei FRENKEL stets zugrunde gelegt ist, einigermaßen gerechtfertigt erscheinen. Bei allen übrigen Metallen haben mittleres Potential und Energie der langsamsten Leitungselektronen — die bei Annahme freier Elektronen identisch sein müßten — gewiß nicht das mindeste miteinander zu tun. Die erwähnte Übereinstimmung kann daher nur zufällig sein.

[1] J. TAMM u. D. BLOCHINZEV, ZS. f. Phys. Bd. 77, S. 774. 1932.

Die beiden Autoren berechnen die Gesamtenergie des Metalls einmal, wenn das Metall neutral ist, und zweitens, wenn ein Elektron fehlt. Die Differenz gibt die Austrittsarbeit. Im ersten Fall sei die FERMIsche Potentialfunktion Φ_0, im zweiten Fall $\Phi = \Phi_0 + \varphi$. Die Elektronendichte ist $\frac{1}{4\pi e^2} \Delta\Phi_0$ bzw. $\frac{1}{4\pi e^2} \Delta\Phi$; da im zweiten Fall ein Elektron weniger vorhanden ist, muß

$$\frac{1}{4\pi e^2}\int \Delta\varphi \, d\tau = -1 \tag{15.1}$$

sein. Die mittlere kinetische Energie der Elektronen am Punkt $\mathfrak{r}$ ist $^3/_5\,\Phi(\mathfrak{r})$, die gesamte kinetische Energie aller Elektronen im neutralen Metall

$$E_0 = \frac{1}{4\pi e^2}\,\frac{3}{5}\int \Phi_0 \Delta\Phi_0 \, d\tau . \tag{15.2}$$

Die gesamte potentielle Energie ist nach dem Virialsatz $-2E_0$, die Gesamtenergie also $-E_0$. Die Energie, die zur Entfernung des einen Elektrons aufzuwenden ist, beträgt demnach

$$w = E_0 - E = \frac{1}{4\pi e^2}\,\frac{3}{5}\int (\Phi_0 \Delta\Phi_0 - \Phi\Delta\Phi)\, d\tau = -\frac{1}{4\pi e^2}\,\frac{3}{5}\int (\varphi\Delta\Phi_0 + \Phi_0\Delta\varphi)\, d\tau , \tag{15.3}$$

wenn man bedenkt, daß wegen der großen Anzahl der Elektronen im Metall $\varphi \ll \Phi_0$ sein muß. Nun gelten für Φ_0 und Φ die FERMIschen Differentialgleichungen

$$\Delta\Phi_0 = c\,\Phi_0^{3/2}; \qquad \Delta\Phi = c\,\Phi^{3/2}; \qquad \text{also } \Delta\varphi = \tfrac{3}{2}\,c\,\Phi_0^{1/2}\varphi , \tag{15.4}$$

wo c die in (14.8) berechnete Konstante ist, deren Wert wir hier nicht brauchen. Aus (15.4) folgt nämlich sofort

$$\varphi\Delta\Phi_0 = \tfrac{2}{3}\,\Phi_0\Delta\varphi . \tag{15.5}$$

In (15.3) eingesetzt, gibt das

$$w = -\frac{1}{4\pi e^2}\int \Phi_0 \Delta\varphi \, d\tau . \tag{15.6}$$

Nun wird, insbesondere bei Alkalien, die Änderung φ des Potentials durch die Wegnahme des einen Elektrons nur in den Gebieten außerhalb der Atomrümpfe merklich sein. Wenn $\bar{\Phi}_0$ den Mittelwert des ungestörten Fermipotentials in diesen Gebieten bedeutet, ergibt sich dann einfach mit Rücksicht auf (15.1)

$$w = \bar{\Phi}_0 . \tag{15.7}$$

Die Austrittsarbeit ist also gleich dem Mittelwert des Fermipotentials über die vom Leitungselektron vornehmlich überstrichenen Gebiete. In guter Näherung darf man, jedenfalls für Alkalien, für $\bar{\Phi}_0$ die Grenzenergie der Fermiverteilung eines Gases freier Elektronen setzen, welches ein Elektron pro Metallatom enthält.

Man erhält dann

Tabelle 2. Austrittsarbeiten der Alkalien.

für	Li	Na	K	Rb	Cs
berechnet aus Theorie nach (15.7) .	4,72	3,13	2,05	1,79	1,51 Volt
beobachtet	2,35	1,84	1,61	1,55	1,38 „
berechnet aus Sublimationsarbeit (15.8)	—	1,8	1,8	1,7	1,6 „

Für andere Metalle ist die Übereinstimmung naturgemäß weniger gut, aber es ist eigentlich schon wunderbar, daß sie für die Alkalien verhältnismäßig so gut ist und insbesondere, daß die berechneten Austrittsarbeiten (erste Zeile der Tabelle) *höher* sind als die beobachteten. Denn unsere Rechnung berücksichtigt eigentlich *nur* die Polarisation, d. h. die Änderung des auf die übrigen Leitungselektronen wirkenden Potentials durch das Vorhandensein bzw. Fehlen unseres einen Elektrons. In Wirklichkeit würden wir erwarten, daß das *Eindringen* des Elektrons in den Atomrumpf eine Rolle spielen und die Austrittsarbeit erhöhen sollte (vgl. oben). Auch ergibt die analoge Rechnung, für das Atom durchgeführt, ganz falsche Werte; nämlich für die erste Ionisierungsspannung eines Atoms mit der Ordnungszahl Z *

$$\frac{1{,}35}{1 - Z^{-1/4}}\ \text{Volt},$$

was selbst für die Alkalien nur gleich 25—30% des beobachteten Wertes ist. Man könnte hier höchstens entgegnen, daß die FERMIsche Statistik bei den Metallelektronen besser angebracht ist als bei den Elektronen im Atom.

Möglicherweise ist die gute Übereinstimmung aber eine Kompensation zweier Fehler: Einerseits würden die eben angeführten Gründe erwarten lassen, daß die beobachtete Austrittsarbeit höher ist als die berechnete. Andererseits wird vermutlich $\Delta\varphi$ in (15.6) am größten in möglichst großem Abstand von den Kernen sein, wie ja auch beim *atomaren Ion* das Fermipotential gegenüber dem Atom nur am Rand merklich verändert ist. Dann wäre für $\overline{\Phi}_0$ statt eines Mittelwertes etwa der Minimalwert von Φ_0 einzusetzen, der sehr viel kleiner sein kann.

Zum Schlusse dieser Ziffer möchten wir noch eine Abschätzung der *Sublimationswärme* der Metalle von FRENKEL[1] erwähnen. Sie beruht wieder auf dem Virialsatz: Gesamtenergie = — kinetische Energie. Durch das Zusammenfügen der Atome zum Metall nimmt die Gesamtenergie um ebensoviel ab, wie die kinetische Energie der Elektronen zu. Nun bleibt die letztere bei den inneren Elektronen gewiß fast unverändert, bei den Valenzelektronen auf dem inneren Teil ihrer Bahn gleichfalls; nur bei dem außerhalb des Rumpfes liegenden Stück nimmt sie zu. Dort beträgt sie im freien Atom nahezu Null, im Metall im Mittel $^3/_5\Phi$, wobei für Φ bei den Alkalien wieder die Grenzenergie eines Gases freier Elektronen gesetzt werden kann. Die Sublimationswärme wird demnach etwa gleich $^3/_5$ der Elektronenaustrittsarbeit, also

$$w = \tfrac{5}{3} \cdot \text{Sublimationswärme}. \tag{15.8}$$

Die Übereinstimmung mit der Erfahrung ist sehr befriedigend, für die Alkalien vgl. letzte Zeile der Tabelle 2, für andere Metalle J. FRENKEL, l. c. S. 40.

B. Statistik.

16. Fermistatistik der Elektronen im Gitter. Wir haben uns bisher nur mit den Eigenwerten und Eigenfunktionen der Elektronen im Metallgitter beschäftigt. Damit haben wir eine Vorarbeit geleistet, die wir im ersten Kapitel anläßlich der Behandlung der freien Elektronen gar nicht ausdrücklich erwähnt haben. Wir haben uns nun mit der *Statistik* der Metallelektronen zu befassen: Während wir bisher nur wissen, welche Zustände für die Metallelektronen überhaupt *möglich* sind, soll uns die Statistik sagen, welche von diesen möglichen Zuständen nun wirklich von einem Elektron besetzt sind bzw. mit welcher Wahrscheinlichkeit dies der Fall ist. Dabei können wir wesentliche Teile der Betrachtungen der Ziff. 2, 3 übertragen.

Die Wahrscheinlichkeit dafür, daß ein Quantenzustand von der Energie E von einem Elektron besetzt ist, ist nach der FERMIschen Statistik bekanntlich [s. (3.19)]

$$f = \frac{1}{e^{\frac{E-\zeta}{kT}} + 1}, \tag{16.1}$$

* Vgl. A. SOMMERFELD, ZS. f. Phys. Bd. 80, S. 415. 1933.

[1] J. FRENKEL, ZS. f. Phys. Bd. 49, S. 31. 1928.

wobei T die Temperatur ist und ζ die Grenzenergie der Fermistatistik, welche sich daraus bestimmt, daß alle vorhandenen Elektronen in den verfügbaren Zuständen gerade untergebracht werden können, daß also

$$\sum_{\text{alle Quantenzust.}} f(E) = N \tag{16.2}$$

ist (N = Anzahl der Elektronen).

Die Grundformel (16.1) gilt unabhängig davon, wie die den Elektronen zur Verfügung stehenden Quantenzustände definiert und verteilt sind, also für freie Elektronen genau wie für Elektronen im Gitter. Um von ihr aus zu einer vollständigen Statistik zu gelangen, müssen wir die Anzahl der Quantenzustände kennen, deren Energie zwischen E und $E + dE$ liegt, sie betrage

$$N(E)\,dE\,.$$

$N(E)$ hängt von der speziellen Natur des in Frage stehenden Metalls ab und läßt sich nicht allgemein angeben. Bei *völlig freien* Elektronen ist

$$N(E) = 2^{5/2}\pi V h^{-3} m^{3/2} E^{1/2} \tag{16.3}$$

[vgl. (2.2), (3.31)], wenn V das Volum des Metalls ist. Dabei sind die Quantenzustände nur durch die *räumliche* Bewegung des Elektrons definiert; berücksichtigt man noch die zwei Einstellungsmöglichkeiten des *Spins*, so gibt es $2N(E)dE$ Zustände im Energieintervall dE. $N(E)$ wächst nach (16.3) mit der Energie, bei gebundenen Elektronen hängt $N(E)$ davon ab, ob man sich am Rand oder in der Mitte eines Energiebandes befindet.

Um die Anzahl $N(E)$ zu finden, konstruiert man am einfachsten im Raum der Wellenzahlen $\xi\eta\zeta$ zwei benachbarte Flächen konstanter Energie (Energie $= E$ und Energie $= E + dE$), der von beiden Flächen eingeschlossene Raum ergibt, mit $(G/2\pi)^3$ multipliziert[1], die gesuchte Anzahl Zustände $N(E)\,dE$. Dabei ist G^3 die Anzahl Elementarzellen in unserem Metallstück. Zur Auffindung von $N(E)$ braucht man also nur die Energie als Funktion der Wellenzahlen zu kennen — und das ist gerade das Problem, mit dem wir uns in den Ziff. 8 bis 15 beschäftigt haben. Das gesamte von der Energiefläche E eingeschlossene Volum $V(E)$ im Wellenzahlraum ist nach unseren Definitionen

$$V(E) = \left(\frac{2\pi}{G}\right)^3 \int_{E_{\min}}^{E} N(E')\,dE'\,, \tag{16.4}$$

wo $E_{\min}$ die untere Grenze des Energiebandes ist, in dem das Energieniveau E liegt.

Es sei nun ζ_0 *die Grenzenergie der Fermiverteilung beim absoluten Nullpunkt* $T = 0$. Die Anzahl der Quantenzustände mit einer Energie $E < \zeta_0$ soll also genau gleich der Anzahl der unterzubringenden Elektronen sein.

Im Falle des Na z. B. wird die Energie ζ_0 etwa in der Mitte desjenigen Energiebandes liegen, welches der 3 s-Schale des freien Atoms entspricht; denn das ganze Energieband würde gerade genug Quantenzustände enthalten, um zwei Elektronen pro Atom aufzunehmen. Entsprechendes kann man sich für andere Metalle überlegen. Wir wollen hier ferner annehmen, daß wir wirklich ein *Metall*

---

[1] In Ziff. 8 (Ende) zeigten wir, daß wegen der Periodizitätsbedingung (8.17) die Wellenzahlen ξ, η, ζ die Form

$$\xi = \frac{2\pi}{G}\varkappa_x\,, \qquad \eta = \frac{2\pi}{G}\varkappa_y\,, \qquad \zeta = \frac{2\pi}{G}\varkappa_z$$

haben müssen, wobei jedes ganzzahlige Wertetripel $\varkappa_x\varkappa_y\varkappa_z$ einen Zustand repräsentiert. Das Volum $(2\pi/G)^3$ des Wellenzahlraums enthält also genau *einen* Quantenzustand.

vor uns haben, daß also die Energie ζ_0 im *Inneren* eines Energiebandes liegt: Bei einem Isolator würde dagegen bei der Temperatur Null ein Energieband voll besetzt und das nächsthöhere vollkommen unbesetzt sein (vgl. Ziff. 13 sowie besonders Ziff. 17b).

Die Anzahl Quantenzustände $N(\zeta_0)dE$ im Energieintervall ζ_0 bis $\zeta_0 + dE$ und die ersten Ableitungen der Funktion $N(E)$ an der Stelle ζ_0 seien bekannt. Auf diesen Größen läßt sich die gesamte Statistik aufbauen.

Wir berechnen zunächst die Grenzenergie ζ bei einer bestimmten Temperatur T. Sie ist definiert durch Formel (16.2), die wir in der Form

$$2\int_0^\infty f(E)\,N(E)\,dE = N \tag{16.5}$$

schreiben können. Der Faktor 2 rührt wieder vom Spin her. Aus der Definition von $f(E)$, (16.1), findet man leicht für das links stehende Integral den Wert [vgl. (3.37) bis (3.41)]

$$\int_0^\zeta N(E)\,dE + \frac{\pi^2}{6}\left(\frac{dN}{dE}\right)_\zeta \cdot (kT)^2 + \cdots = \frac{1}{2}N. \tag{16.6}$$

Andererseits ist nach Definition von ζ_0 (vgl. oben)

$$\int_0^{\zeta_0} N(E)\,dE = \tfrac{1}{2}N, \tag{16.7}$$

also

$$\int_{\zeta_0}^{\zeta} N(E)\,dE = (\zeta - \zeta_0)N(\zeta_0) = -\frac{\pi^2}{6}\left(\frac{dN}{dE}\right)_{\zeta_0}(kT)^2, \tag{16.8}$$

$$\zeta = \zeta_0 - \frac{\pi^2}{6}\left(\frac{d\lg N}{dE}\right)_{\zeta_0}(kT)^2. \tag{16.9}$$

Mit steigender Temperatur rückt die Grenzenergie der Fermiverteilung nach kleineren Energien, falls die Anzahl Quantenzustände pro Energieintervall, $N(E)$, mit wachsender Energie zunimmt, und umgekehrt. Die Verschiebung von ζ ist proportional dem Quadrat der absoluten Temperatur, sie wird vollständig bestimmt durch die Verteilung der Quantenzustände in der Nähe der Grenzenergie ζ_0, während die Quantenzustände, deren Energie wesentlich von ζ_0 abweicht, überhaupt keine Rolle spielen. Nur in der Nähe von ζ_0 wird ja auch die statistische Verteilung der Elektronen auf die Quantenzustände durch Temperaturerhöhung geändert.

Wir haben in Zukunft oft den wahrscheinlichen Wert $\bar{g}$ irgendeiner Größe g, z. B. des gesamten elektrischen Stromes, des gesamten Energieinhalts usw. statistisch zu berechnen. Wenn zu dieser Größe jeder Quantenzustand der Energie E im Durchschnitt den Beitrag $g(E)$ liefert, so ist

$$g = 2\int_{-\infty}^{+\infty} g(E)\,f(E)\,N(E)\,dE \tag{16.10}$$

$$= 2\int_{-\infty}^{\zeta} g(E)\,N(E)\,dE + 2\frac{\pi^2}{6}\left(\frac{d}{dE}gN\right)_\zeta (kT)^2 + \cdots,$$

$$= 2\int_{-\infty}^{\zeta_0} g(E)\,N(E)\,dE + 2\frac{\pi^2}{6}N(\zeta_0)\left(\frac{dg}{dE}\right)_0 (kT)^2 + \cdots. \tag{16.11}$$

Die angegebenen Formeln stellen sämtlich nur die ersten Glieder einer Entwicklung nach Potenzen der Temperatur T dar und sind nur gültig, wenn sich in einem Energieintervall von der Größenordnung kT* die für die Theorie wesentlichen Größen, wie die Funktion $N(E)$ usw., nicht merklich ändern. Die Voraussetzung hierfür ist, daß die Temperaturenergie kT klein ist, verglichen mit der Breite der Energiebänder: Da diese von der Größenordnung chemischer Bindungsenergien, d. h. einiger Volt, ist[1], so ist die Voraussetzung für alle Temperaturen bis zu 10000 Grad und mehr erfüllt; die Voraussetzung entspricht genau dem Entartungskriterium in der Statistik der freien Elektronen (vgl. Ziff. 3b).

17. Spezifische Wärme des Elektronengases. a) Von Leitern. Wir berechnen den gesamten Energieinhalt U eines Metallstückes, welches G^3 Elementarzellen enthält. Hierzu haben wir bloß in die allgemeine Formel (16.11) für g speziell die Energie E der Elektronen einzusetzen. Das ergibt

$$U = \int_{-\infty}^{\zeta_0} E \cdot N(E)\, dE + 2\frac{\pi^2}{6} N(\zeta_0)(kT)^2 . \tag{17.1}$$

Daraus bekommen wir unmittelbar die spezifische Wärme, indem wir nach T differenzieren:

$$C_v = \frac{dU}{dT} = 2\frac{\pi^2}{3} N(\zeta_0)\, k^2 T . \tag{17.2}$$

Diese spezifische Wärme bezieht sich auf ein Mol, wenn unser Grundgebiet des Kristalls gerade $G^3 = 6{,}06 \cdot 10^{23}$ Atome enthält. Sie ist proportional der absoluten Temperatur T, genau wie bei völlig freien Elektronen. Sie ist im übrigen um so größer, je größer die Anzahl Quantenzustände pro Energieintervall ist. Diese Zahl steigt im allgemeinen, je schmaler das in Frage stehende Energieband ist, d. h. je fester die Elektronen gebunden sind. Andererseits kann $N(\zeta_0)$ natürlich im konkreten Fall sehr wohl etwas *kleiner* sein als der für freie Elektronen geltende Wert (16.3). Die spezifische Wärme des Elektronengases guter Leiter dürfte nahezu ebenso groß sein wie die freier Elektronen, d. h. etwa $10^{-4} \cdot T$ cal pro Mol und Grad. Natürlich gilt die Proportionalität mit T nur für nicht allzu hohe Temperaturen, nämlich nur, solange starke Entartung herrscht, bei guten Metallen also sicher bis zum Schmelzpunkt. Der erste Posten in (17.1) gibt die Nullpunktsenergie des Metalls.

b) Isolatoren und Halbleiter[2]. Bei Isolatoren ist der Verlauf der spezifischen Wärme des Elektronengases qualitativ verschieden von dem bei Leitern. Wie wir wissen, ist beim absoluten Nullpunkt ein Energieband (Nr. 1) gerade voll besetzt, während im nächsthöheren (Nr. 2) sich kein Elektron befindet. Die obere Grenze des Energiebandes Nr. 1 möge der Energie Null entsprechen, die untere Grenze des oberen Bandes Nr. 2 der Energie ε. Die Anzahl Quantenzustände pro Energieintervall und Volumeinheit möge am oberen Ende des unteren Bandes N_1 betragen, am unteren Ende des oberen Bandes N_2. Die Anzahl Elektronen im oberen Band beträgt dann angenähert[3]

$$n_2 = N_2 \int_{\varepsilon}^{\infty} \frac{1}{1 + e^{\frac{E-\zeta}{kT}}}\, dE , \tag{17.3}$$

* D. h. in einem Intervall, in dem der wesentliche Abfall der FERMIschen Verteilungsfunktion f enthalten ist.

[1] Das ergab sich aus unserer theoretischen Diskussion, insbesondere Ziff. 13b. Außerdem folgt es aus den experimentellen Werten des Paramagnetismus (Ziff. 25).

[2] A. H. WILSON, Proc. Roy. Soc. London Bd. 133, S. 458. 1931; Bd. 134, S. 277. 1932.

[3] D. h. wenn man annimmt, daß die Anzahl Zustände pro Energieintervall sich nicht wesentlich ändert, wenn die Energie um die Größenordnung kT zunimmt.

wobei ζ vorläufig unbekannt ist. Auf der anderen Seite beträgt die Anzahl der freien Plätze im unteren Energieband offenbar

$$n_1 = N_1 \int_{-\infty}^{0} \left(1 - \frac{1}{1 + e^{E - \zeta/kT}}\right) dE\,, \tag{17.4}$$

ζ bestimmt sich daraus, daß

$$n_1 = n_2 \tag{17.5}$$

gelten muß. Wir nehmen nun an, daß der Abstand ε der beiden Bänder groß gegen kT ist. Dann ist

$$n_2 \approx N_2 k T e^{-\frac{\varepsilon - \zeta}{kT}}; \qquad n_1 \approx N_1 k T e^{-\frac{\zeta}{kT}}. \tag{17.6}$$

also

$$e^{-\frac{\zeta}{kT}} = \sqrt{\frac{N_2}{N_1}}\, e^{-\frac{1}{2}\frac{\varepsilon}{kT}}; \qquad \zeta = \frac{1}{2}\varepsilon + \frac{1}{2} k T \lg \frac{N_1}{N_2}, \tag{17.7}$$

$$n_1 = n_2 = \sqrt{N_1 N_2}\, k T e^{-\frac{\varepsilon}{2kT}}. \tag{17.8}$$

Bei einer Steigerung der Temperatur von 0° auf T° werden also n_1 Elektronen vom unteren in das obere Energieband befördert, diese erfahren eine Energievermehrung um je etwa ε. Die Energievermehrung des ganzen Kristalls ist also $n_1 \varepsilon$ und die spezifische Wärme des Elektronengases

$$C_v = \frac{d n_1}{d T} \cdot \varepsilon = \sqrt{N_1 N_2}\, e^{-\frac{\varepsilon}{2kT}} \cdot \frac{\varepsilon^2}{2T}\left(1 + \frac{2kT}{\varepsilon}\right). \tag{17.9}$$

C_v ist außerordentlich klein bei tiefen Temperaturen und wächst erst zu meßbarer Größe an, wenn die Temperaturenergie kT von der Größenordnung des Abstands ε der Energiebänder wird.

Unsere Theorie ist allerdings noch nicht quantitativ richtig: Am Rande eines Energiebandes ist nämlich die Zahl der Zustände pro Energieintervall nicht konstant. Wenn z. B. der untere Rand des oberen Energiebandes (Energie ε) der Wellenzahl Null entspricht, so ist die Energie in der Nähe dieses unteren Randes eine quadratische Funktion der Wellenzahlkomponenten $\xi \eta \zeta$

$$E = \varepsilon + a\xi^2 + b\eta^2 + c\zeta^2. \tag{17.10}$$

Die Flächen $E =$ konst. sind Ellipsoide, deren große Achse proportional $\sqrt{E - \varepsilon}$ ist. Das von der Fläche $E =$ konst. eingeschlossene Volum im Wellenzahlraum ist proportional der dritten Potenz der Hauptachse, also proportional $(E - \varepsilon)^{3/2}$:

$$\left(\frac{2\pi}{G}\right)^3 \cdot \int_{\varepsilon}^{E} N(E')\, dE' = \varkappa (E - \varepsilon)^{3/2}\,, \tag{17.11}$$

$\varkappa$ hängt mit den Konstanten abc zusammen. Also wird

$$N_2(E) \sim \frac{d}{dE}(E - \varepsilon)^{3/2} = \nu_2 (E - \varepsilon)^{1/2}\,, \tag{17.12}$$

wo ν_2 eine Konstante ist. Ebenso ist am oberen Rande des unteren Bandes

$$N_1(E) = \nu_1 \cdot (-E)^{1/2}. \tag{17.13}$$

Die Anzahl Elektronen im oberen Energieband ist also

$$n_2 = \int_{\varepsilon}^{\infty} N_2(E) \frac{1}{1 + e^{\frac{E - \zeta}{kT}}}\, dE \approx \nu_2 e^{-\frac{\varepsilon - \zeta}{kT}} \int_{\varepsilon}^{\infty} (E - \varepsilon)^{1/2} e^{-\frac{E - \varepsilon}{kT}}\, dE$$

$$= \nu_2 (kT)^{3/2} \frac{\sqrt{\pi}}{2} e^{-\frac{\varepsilon - \zeta}{kT}}. \tag{17.6a}$$

Ebenso die Anzahl freier Plätze im unteren Band

$$n_1 = \nu_1 (kT)^{3/2} \frac{\sqrt{\pi}}{2} e^{-\frac{\zeta}{kT}}. \tag{17.6b}$$

Aus der Forderung $n_1 = n_2$ erhält man

$$e^{-\frac{\zeta}{kT}} = \sqrt{\frac{\nu_2}{\nu_1}} e^{-\frac{\varepsilon}{2kT}}, \tag{17.7a}$$

$$n_1 = n_2 = \sqrt{\nu_1 \nu_2}\, (kT)^{3/2} \frac{\sqrt{\pi}}{2} e^{-\frac{\varepsilon}{2kT}}, \tag{17.8a}$$

$$C_v = \frac{dn_1}{dT} \cdot \varepsilon = \sqrt{\nu_1 \nu_2}\, e^{-\frac{\varepsilon}{2kT}} \cdot \frac{\varepsilon^2}{4} \sqrt{\frac{\pi k}{T}} \left(1 + \frac{3kT}{\varepsilon}\right), \tag{17.14}$$

(17.14) unterscheidet sich von (17.9) im wesentlichen nur durch den Faktor $\sqrt{T}$, der allgemeine Verlauf der spezifischen Wärme wird aber nach wie vor durch ein Exponentialgesetz bestimmt.

C. Effekte, die nicht von der Wechselwirkung mit den Gitterwellen abhängen.

a) Strahlungslose Elektronenemission.

18. Richardsoneffekt. Durchlässigkeitskoeffizient[1]. Wir haben schon in Ziff. 4 eine elementare Theorie des Richardsoneffekts gegeben. Diese bleibt auch vom Standpunkt der Wellenmechanik aus im wesentlichen richtig. Der einzige Punkt, der neu zu berücksichtigen ist, ist der, daß die Elektronen, die auf die Grenzfläche des Metalls auftreffen, an der Grenzfläche von Metall und Vakuum auch *dann* reflektiert werden können, wenn sie die nötige Energie zum Austritt besitzen. Dadurch wird die Thermionenemission eine Kleinigkeit herabgesetzt, aber die allgemeinen Züge der Erscheinung, insbesondere die Temperaturabhängigkeit, nicht wesentlich beeinflußt.

a) Potentialsprung am Rande des Metalls. Um den Begriff des Durchlässigkeitskoeffizienten zu erläutern, betrachten wir zunächst folgendes eindimensionale Modell: Im Gebiete $x < 0$ (Metall) herrsche das (konstante) Potential $V_0 = -W$, im Gebiet $x > 0$ (Vakuum) das Potential Null. Wir suchen bei gegebener Energie $E > 0$ eine Eigenfunktion, welche im Vakuum die Form einer vom Metall *fort*laufenden Welle hat, also einen aus dem Metall *aus*tretenden Elektronenstrom repräsentiert. Die Eigenfunktion muß also für $x > 0$ die Form haben:

$$\psi_+ = a e^{+i\lambda x}; \quad \lambda = \frac{1}{\hbar}\sqrt{2mE} \tag{18.1}$$

(a eine willkürliche Konstante). Für $x < 0$ ist die allgemeinste Form einer Eigenfunktion, die zum Eigenwert E gehört:

$$\psi_- = b e^{i\varkappa x} + c e^{-i\varkappa x}; \quad \varkappa = \frac{1}{\hbar}\sqrt{2m(E+W)}, \tag{18.2}$$

b und c lassen sich durch a ausdrücken, weil an der Grenzstelle $x = 0$ die Eigenfunktion und ihre erste Ableitung stetig sein müssen:

$$\psi_+(0) = \psi_-(0), \quad \text{also} \quad b + c = a,$$

$$\frac{d\psi_+(0)}{dx} = \frac{d\psi_-(0)}{dx}, \quad \text{also} \quad b - c = a\frac{\lambda}{\varkappa} = a\sqrt{\frac{E}{E+W}},$$

$$b = \frac{1}{2} a \left(1 + \sqrt{\frac{E}{E+W}}\right); \quad c = \frac{1}{2} a \left(1 - \sqrt{\frac{E}{E+W}}\right).$$

[1] L. NORDHEIM, ZS. f. Phys. Bd. 46, S. 833. 1928; s. a. R. H. FOWLER, Proc. Roy. Soc. London Bd. 118, S. 229. 1928; Bd. 122, S. 36. 1929.

Die Eigenfunktion im Inneren des Metalls besteht aus einer nach der Grenzfläche hinlaufenden („einfallenden") Welle mit der Amplitude b und einer reflektierten Welle mit der Amplitude c. Das Verhältnis der Intensität der reflektierten zur einfallenden Welle

$$R = \frac{c^2}{b^2} = \left(\frac{\sqrt{E+W} - \sqrt{E}}{\sqrt{E+W} + \sqrt{E}}\right)^2 = \frac{W^2}{(\sqrt{E+W} + \sqrt{E})^4} \tag{18.3}$$

gibt den Reflexionskoeffizienten der Metalloberfläche, er ist 1 für $E = 0$ und nimmt mit wachsender Energie der Elektronen rasch ab. Für normale Metalle ist die Austrittsarbeit W von der Größenordnung 10 Volt, für Elektronen der Energie $E = 0{,}1$ Volt (thermische Energie bei 1000° abs.) ist also z. B.

$$R = \left(\frac{\sqrt{10{,}1} - \sqrt{0{,}1}}{\sqrt{10{,}1} + \sqrt{0{,}1}}\right)^2 = 0{,}67\,.$$

Der Rest der einfallenden Intensität

$$D = 1 - R = 4\frac{\sqrt{E+W}\sqrt{E}}{(\sqrt{E+W} + \sqrt{E})^2} \tag{18.4}$$

tritt durch die Grenzfläche ins Vakuum über. D wird als Durchlässigkeitskoeffizient bezeichnet, er beträgt in unserem Beispiel 33%.

Der Durchlässigkeitskoeffizient kommt also ziemlich klein heraus, d. h. die Glühelektronenemission würde nach unserer Theorie gegenüber dem in Ziff. 5 berechneten Wert ziemlich stark herabgesetzt werden. Auch die Temperaturabhängigkeit wird etwas beeinflußt: Der Durchlässigkeitskoeffizient ist ja nach (18.4) ungefähr proportional $\sqrt{E}$, die Energie der austretenden Elektronen ist aber nach dem Austritt im Mittel etwa kT (vgl. Ziff. 5), so daß der austretende Sättigungsstrom in erster Näherung mit einem mittleren Durchlässigkeitskoeffizienten

$$\overline{D} = 4\sqrt{\frac{kT}{W}} \tag{18.5}$$

zu multiplizieren wäre. Der Sättigungsstrom würde demnach proportional mit $T^{5/2}e^{-\frac{w}{kT}}$ anstatt mit $T^2 e^{-\frac{w}{kT}}$. Experimentell wäre dieser Unterschied allerdings kaum festzustellen.

Eine andere Konsequenz der Theorie ist aber experimentell prüfbar und wird durch das Experiment widerlegt: Die Elektronen würden, wenn die Theorie richtig wäre, nach dem Austritt *nicht* die MAXWELLsche Verteilung besitzen. Denn die raschen[1] Elektronen, sagen wir mit Energien $E = 5\,kT$, sollten ja einen viel größeren Durchlässigkeitskoeffizienten haben als die langsamen (Energien von $\frac{1}{2}\,kT$ und weniger). Dies würde aber den Experimenten von RICHARDSON und besonders von L. H. GERMER[2] widersprechen, welche gezeigt haben, daß die ausgetretenen Elektronen sehr genau die MAXWELLsche Verteilung besitzen.

Der kleine und von der Energie stark abhängige Wert für den Durchlässigkeitskoeffizienten, den wir erhielten, rührt aber einzig und allein von der Voraussetzung her, daß das Potential am Metallrand einen Sprung hat. Wir werden im nächsten Abschnitt zeigen, daß bei Berücksichtigung des wirklich vorliegenden

[1] Eigentlich kommt es allerdings für D nicht auf die Absolutgeschwindigkeit an, sondern auf deren x-Komponente.

[2] L. H. GERMER, Phys. Rev. Bd. 25, S. 795. 1925; O. W. RICHARDSON, Phil. Mag. Bd. 16, S. 890. 1908; Bd. 18, S. 681. 1909; O. W. RICHARDSON u. F. C. BROWN, ebenda Bd. 16, S. 353. 1908.

allmählichen Abfalls des Potentials am Metallrand der Durchlässigkeitskoeffizient fast Eins wird. Damit werden dann auch die soeben gezogenen Schlüsse hinfällig.

b) Allmähliche Änderung des Potentials am Rande (Bildkraft)[1]. Der Übergang des Potentials vom Wert $-W$ im Metallinneren zum Wert Null im Vakuum erfolgt, wie wir wissen (Ziff. 14e), in Wirklichkeit stetig und nicht sprunghaft. Insbesondere ist es das Bildkraftpotential

$$B = \frac{-e^2}{4x}, \tag{18.6}$$

das noch in großer Entfernung von der Oberfläche wirksam bleibt. Den Verlauf des Potentials in nächster Nähe der Oberfläche selbst kennen wir kaum, immerhin können wir aus dem einfachen Modell der Ziff. 14e entnehmen, daß der Hauptabfall des Potentials sich auf eine Strecke von ca. einem Atomabstand verteilt.

Die Behandlung des Problems geschieht am durchsichtigsten nach der WENTZEL-KRAMERS-BRILLOUINschen Methode (W.K.B.). Wenn wir wieder von den Potentialschwankungen im Metall absehen, hängt das Potential nur von x ab. Die Differentialgleichung für den von x abhängigen Bestandteil der Eigenfunktion hat dann die Form

$$\frac{d^2\psi}{dx^2} + \frac{2m}{\hbar^2}(E - V(x))\psi = 0. \tag{18.7}$$

Setzen wir

$$\Phi = \frac{2m}{\hbar^2}(E - V(x)), \tag{18.8}$$

so wird (18.7) in sehr guter Annäherung gelöst durch

$$\psi(x) = a\Phi^{-1/4}(x)\, e^{i\int^x \sqrt{\Phi(\xi)}\, d\xi}, \tag{18.9}$$

wobei die untere Grenze des Integrals und der konstante Faktor a beliebig sind.

Die Voraussetzung für die Gültigkeit von (18.9) lautet $\Phi > 0$ und[2]

$$\left| \Phi^{-3/4} \frac{d^2}{dx^2}(\Phi^{-1/4}) \right| = \frac{1}{4\Phi} \left| \frac{\Phi''}{\Phi} - \frac{5}{4}\left(\frac{\Phi'}{\Phi}\right)^2 \right| \ll 1, \tag{18.10}$$

d. h. das Potential soll sich nicht zu rasch ändern. Solange das Potential durch die Bildkraft (18.6) gegeben ist, ist (18.10) gut erfüllt. Man erhält nämlich durch Auswertung der linken Seite

$$\frac{3a_0}{8x} \frac{1 + \frac{32}{3}\frac{Ex}{e^2}}{\left(1 + 4\frac{Ex}{e^2}\right)^3} \ll 1, \tag{18.11}$$

wobei a_0 der BOHRsche Wasserstoffradius ist. Solange also x z. B. größer ist als 1 Å, gilt (18.11) und damit das W.K.B. sicher. Fraglich ist nur, ob die Gültigkeit auch noch in unmittelbarer Nähe der Oberfläche erhalten bleibt — d. h. dort, wo der Übergang vom Bildkraftpotential zum konstanten Potential des Metallinneren stattfindet — oder ob sich dort das Potential zu rasch ändert.

Nehmen wir zunächst an, das W.K.B. bliebe auch im Übergangsgebiet gültig. Dann gilt die Darstellung (18.9) der Eigenfunktion im ganzen Raum, z. B. auch im Metallinneren. Dort ist aber Φ konstant

$$\Phi = \frac{2m}{\hbar^2}(E + W) = \varkappa^2, \tag{18.12}$$

[vgl. (18.2)], also wird

$$\psi(x) = \frac{a}{\sqrt{\varkappa}} e^{i\varkappa x}. \tag{18.13}$$

[1] Vgl. L. W. NORDHEIM, Proc. Roy. Soc. London Bd. 121, S. 626. 1928.

[2] E. MADELUNG, ZS. f. Phys. Bd. 67, S. 516. 1931.

Es existiert dann also im Inneren nur eine einfallende, keine reflektierte Welle. Wenn das Potential am Rande des Metalls sich so allmählich ändert, daß überall das W.K.B. Verfahren zur Bestimmung der Eigenfunktion angewendet werden kann, so findet keine Reflexion der Elektronenwellen an der Metalloberfläche statt, der Durchlässigkeitskoeffizient ist Eins[1].

Wir wollen nun eine obere Grenze für den Reflexionskoeffizienten feststellen. Wir wissen, daß die Reflexion um so stärker sein wird, je rascher sich das Potential an der Oberfläche des Metalls ändert. Wir überschätzen nun jedenfalls die Änderungsgeschwindigkeit von V, wenn wir annehmen, daß $V(x)$ einen Knick hat: Wir setzen speziell voraus[2], daß das Bildkraftpotential (18.6) gilt, bis $B = V_0$ geworden ist, d. h. für alle x, die größer sind als

$$x_0 = \frac{e^2}{4|V_0|} = \frac{e^2}{4W}, \tag{18.14}$$

und daß für kleinere x das Potential konstant gleich $V_0 = -W$ ist. Dann ist an der Stelle x_0 die zweite Ableitung V'' unendlich, die Fortsetzung der Eigenfunktion ins Metallinnere kann daher nicht mit Hilfe des W.K.B. erfolgen, sondern nur, wie in a), mit Hilfe der Grenzbedingungen.

Der Bequemlichkeit halber machen wir im Inneren statt (18.2) den Ansatz

$$\psi = b e^{i\varkappa(x-x_0)} + c e^{-i\varkappa(x-x_0)}, \tag{18.2a}$$

das entspricht lediglich einer anderen komplexen Phase von b und c. Ferner setzen wir in (18.9) als untere Grenze des Integrals x_0. Dann ergeben die Grenzbedingungen:

$$\left.\begin{aligned} \psi_i = \psi_a:&\quad a\Phi^{-1/4}(x_0) = b + c,\\ \frac{\partial\psi_i}{\partial x} = \frac{\partial\psi_a}{\partial x}:&\quad a\Phi^{-1/4}\left(i\sqrt{\Phi(x_0)} - \frac{\Phi'(x_0)}{4\Phi(x_0)}\right) = (b-c)i\varkappa. \end{aligned}\right\} \tag{18.15}$$

Nun ist nach (18.12), (18.14) $\Phi(x_0) = \varkappa^2$, daher

$$\left.\begin{aligned} 2b &= a\Phi^{-1/4}\left(2 + i\frac{\Phi'(x_0)}{4\Phi^{3/2}(x_0)}\right),\\ 2c &= -a\Phi^{-1/4}i\frac{\Phi'(x_0)}{4\Phi^{3/2}(x_0)}. \end{aligned}\right\} \tag{18.16}$$

$$R = \frac{|c|^2}{|b|^2} = \frac{|\Phi'(x_0)|^2}{64(\Phi(x_0))^3 + |\Phi'(x_0)|^2}. \tag{18.17}$$

Setzen wir Φ aus (18.8) und die Bildkraft aus (18.6) explizit ein und berücksichtigen (18.14), so wird

$$R = \frac{W^4}{16\,Ry\cdot(E+W)^3 + W^4}, \tag{18.18}$$

wo Ry die Ionisierungsspannung des Wasserstoffs ist (13,54 Volt). W ist, wie man weiß (Ziff. 14), von der gleichen Größenordnung.

Der Reflexionskoeffizient wird also etwa $^1/_{17}$, d. h. sehr klein. Außerdem wird er nur wenig abhängig von der Energie E, solange diese klein gegen W bleibt. Beide Resultate werden bestätigt durch die exakte Rechnung von NORDHEIM, der das W.K.B. vermeidet: Er findet für $W = 12{,}6$ Volt und $E = 0$ den Reflexionskoeffizienten $R = 0{,}073$, während unsere Formel (18.18) den Wert $R = 0{,}055$ liefert.

Da wir schon ein für die Reflexion möglichst günstiges Potential gewählt haben, schließen wir, daß die Oberfläche des Metalls praktisch alle Elektronen, deren Energie dazu ausreicht, ins Vakuum durchtreten läßt. Um zu zeigen, daß die Theorie der Ziff. 4 zu Recht besteht, brauchen wir also bloß noch zu beweisen, daß auch die Potentialschwankungen im Metallinneren für den austretenden Strom nichts ausmachen.

---

[1] An sich ist dies Resultat nicht wunderbar, denn das W.K.B. entspricht einer Näherung von der klassischen Mechanik her, und dort gibt es keine Reflexion an Potentialwänden, falls die kinetische Energie zur Überschreitung der Wand ausreicht. Das W.K.B. gestattet nur darüber hinaus, genau die Gültigkeitsgrenzen der klassischen Mechanik anzugeben.

[2] Ebenso wie L. W. NORDHEIM, l. c.

c) Einfluß der Potentialschwankungen. Wir betrachten ein Elektron, das (im Metall) die Wellenzahlen $k_x k_y k_z$ und die Energie E hat. Dabei setzen wir die Energie eines ruhenden Elektrons im Vakuum gleich Null. E ist also die kinetische Energie im Vakuum (die mittlere kinetische Energie unseres Elektrons im Metall wäre dagegen $E + W$). Die Grenzenergie der Fermiverteilung, ζ, ist in unserer Bezeichnung negativ, und zwar entgegengesetzt gleich der RICHARDSONschen Austrittsarbeit [vgl. (4.11)]

$$\zeta = -w. \tag{18.19}$$

Damit unser Elektron austreten kann, muß

$$E \geqq \frac{\hbar^2}{2m}(k_y^2 + k_z^2) \tag{18,20}$$

sein[1], außerdem muß es sich auf die Grenzfläche des Metalls zu bewegen. Durch den cm² der Metalloberfläche treten pro Sekunde alle Elektronen, die sich zur Zeit $t = 0$ in einem Gebiet von 1 cm² Querschnitt und v_x cm Höhe befinden, wobei [vgl. (9.15)]

$$v_x = \frac{1}{\hbar}\frac{\partial E}{\partial k_x} \tag{18.21}$$

ist. Also wird die Gesamtzahl der austretenden Elektronen

$$J = \frac{2}{(2\pi)^3}\int_{-\infty}^{\infty} d k_y \int_{-\infty}^{\infty} d k_z \int_{E = \frac{\hbar^2}{2m}(k_y^2 + k_z^2)}^{\infty} d k_x \cdot \frac{1}{\hbar}\frac{\partial E}{\partial k_x}\frac{1}{1 + e^{\frac{E-\zeta}{kT}}}. \tag{18.22}$$

Das Integral über k_x wird einfach zu einem Integral über die Energie, das sich sofort ausführen läßt. Man überzeugt sich unmittelbar, daß sowohl Verlauf der Rechnung wie *Resultat genau identisch* werden *mit der elementaren Behandlung* in Ziff. 4 *.

19. Austrittserscheinungen in starken elektrischen Feldern[2]. a) Klassische und wellenmechanische Theorie. Ein starkes elektrisches Feld von der Größenordnung 1 Million Volt/cm ist imstande, aus einem Metall erheblich mehr Elektronen herauszuziehen, als bei derselben Temperatur von Natur aus austreten würden. Dieser „Austritt aus kalten Metallen" wird durch zwei

---

[1] Der Eigenfunktion $e^{i(k_x x + k_y y + k_z z)} \cdot u(xyz)$ im Metallinneren möge im Vakuum die Funktion $e^{i(k_x' x + k_y' y + k_z' z)}$ entsprechen. Dann folgt aus der Stetigkeit der Eigenfunktion für $x = 0$, daß die Tangentialkomponenten der Ausbreitungsvektoren der beiden Wellen übereinstimmen müssen: $k_y' = k_y$, $k_z' = k_z$. Die Energie eines Elektrons im Vakuum ist aber

$$E = \frac{\hbar^2}{2m}(k_x'^2 + k_y'^2 + k_z'^2) > \frac{\hbar^2}{2m}(k_y^2 + k_z^2).$$

Strenggenommen kann auch $k_y' = k_y + \frac{2\pi n_2}{a_2}$, $k_z' = k_z + \frac{2\pi n_3}{a_3}$ sein ($n_2 n_3$ ganze Zahlen, $a_2 a_3$ Gitterkonstanten in y- und z-Richtung), dann würde die untere Grenze der Energie aber noch sehr viel größer.

* R. H. FOWLER (Proc. Roy. Soc. London Bd. 122, S. 36. 1929) hat darauf hingewiesen, daß in dem RICHARDSONschen Gesetz $J = A T^2 e^{-w/kT}$ die Konstante A experimentell nicht immer den aus (4.13) folgenden Wert hat, sondern z. B. bei Pt etwa 100 mal größer ist. *Ein* Grund hierfür ist wahrscheinlich, daß sich verschiedene Energiebänder überdecken, welche alle den Eigenwert $E = 0$ enthalten: Dies bedingt eine Multiplikation von A mit der Anzahl der Bänder. Doch reicht dies nicht aus, um die Diskrepanz zu beseitigen, deren Grund wohl noch nicht völlig klar ist.

[2] R. H. FOWLER u. L. NORDHEIM, Proc. Roy. Soc. London Bd. 119, S. 173. 1928; L. NORDHEIM, ebenda Bd. 121, S. 626. 1928; T. E. STERN, B. S. GOSSLING u. R. H. FOWLER, ebenda Bd. 124, S. 699. 1929; OPPENHEIMER, Phys. Rev. Bd. 31, S. 66. 1928; Proc. Nat. Acad. Amer. Bd. 14, S. 303. 1928.

verschiedene Mechanismen ermöglicht, von denen der eine klassischer, der andere, wichtigere, wellenmechanischer Art ist.

Um die beiden Effekte zu verstehen, betrachten wir den Verlauf der potentiellen Energie V des Elektrons am Rande des Metalls, wir haben ihn in Abb. 35b dargestellt. V ist konstant gleich $-W$ im Inneren des Metalls (von den periodischen Schwankungen des Potentials sei wieder abgesehen), dann steigt es beim Überschreiten des Randes nahezu auf Null und nimmt schließlich wieder ab, und zwar in genügender Entfernung x von der Oberfläche linear mit x. In der Entfernung x vom Rand beträgt die potentielle Energie des Elektrons im äußeren Feld $-eFx$, dazu kommt die Bildkraft $-e^2/4x$, also wird insgesamt

$$V = -eFx - \frac{e^2}{4x}, \tag{19.1}$$

sofern x größer als, sagen wir, 1 Atomabstand ist¹. Die potentielle Energie erreicht nach (19.1) ein Maximum für

$$x_0 = \frac{1}{2}\sqrt{\frac{e}{F}}, \tag{19.2}$$

dieses Maximum beträgt

$$V(x_0) = -\sqrt{e^3 F}. \tag{19.3}$$

Alle Elektronen, deren Energie größer als $V(x_0)$ ist, sind *nach der klassischen Mechanik* befähigt, über den Potentialwall am Rande des Metalls hinwegzukommen; das elektrische Feld bewirkt also eine scheinbare Verminderung der Austrittsarbeit auf

$$w_F = w - \sqrt{e^3 F}. \tag{19.4}$$

Um wirklich starke Elektronenströme herauszubekommen, müßte w_F auf etwa Null vermindert werden, das wäre der Fall, wenn F gleich

$$F_0 = \frac{w^2}{e^3} = 7 \cdot 10^6 w^2 \frac{\text{Volt}}{\text{cm}} \tag{19.5}$$

würde, wobei w in Volt zu messen ist². Für Wolfram ($w = 4{,}9$ Volt) würde also ein Feld von fast $2 \cdot 10^8$ Volt/cm notwendig sein, während MILLIKAN und EYRING schon bei $4 \cdot 10^6$ Volt/cm starke Ströme beobachtet haben.

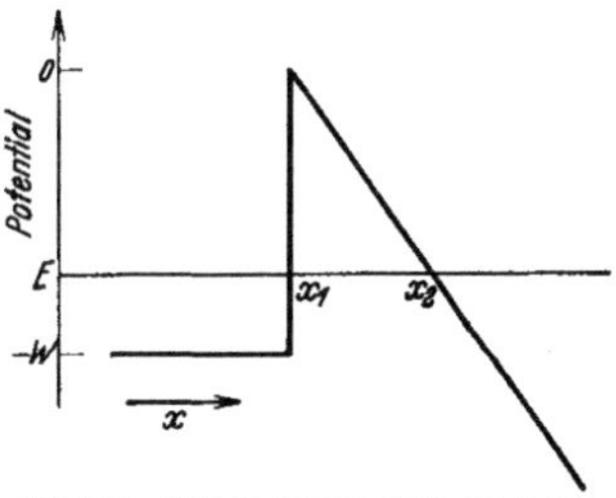

Abb. 35a. Verlauf des Potentials am Rande eines Metalls unter der Wirkung eines starken elektrischen Feldes. Bildkraft und Potentialschwankungen im Inneren sind nicht berücksichtigt. Das Potential im Vakuum in unmittelbarer Nähe der Oberfläche des Metalls ist gleich Null gesetzt. x_1 und x_2 sind die klassischen Umkehrpunkte für ein Elektron der Energie E. Zwischen x_1 und x_2 liegt die Potentialschwelle für das Elektron.

Nach der Wellenmechanik sind nicht so große Felder notwendig. Ein Austritt des Elektrons aus dem Metall ist nämlich wellenmechanisch bekanntlich auch dann möglich, wenn seine Energie niedriger ist als das Potentialmaximum (19.3): Das Elektron kann durch den Potentialwall *hindurch*gehen. Wellenmechanisch ist sogar die Bildkraft gar nicht notwendig, um einen Elektronenaustritt in elektrischen Feldern zu bekommen: Auch wenn das Potential am Rande des Metalls auf Null springen und dann linear abfallen würde (Abb. 35a), könnte stets das Elektron die Potentialschwelle durchdringen. Die Herabsetzung des Potentialmaximums durch die vereinte Wirkung von Bildkraft und äußerem Feld dient bloß zur weiteren Erleichterung des Durchtritts durch die Schwelle.

¹ Andernfalls gilt der Ausdruck für die Bildkraft nicht, da wir uns bereits in der Ladungswolke der elektrischen Doppelschicht an der Oberfläche befinden (vgl. Ziff. 14e).

² W. V. HOUSTON (ZS. f. Phys. Bd. 47, S. 33. 1928) hat diese Annahme gemacht und theoretisch diskutiert. Daß das unzureichend ist, erkannte zuerst A. T. WATERMAN, Proc. Roy. Soc. London Bd. 121, S. 28. 1928.

b) Durchgang durch die Potentialschwelle. Wir wollen die Wahrscheinlichkeit des Durchgangs eines Elektrons von der Energie $E < V(x_0)$ durch die Potentialschwelle berechnen. Zu diesem Zweck haben wir eine Eigenfunktion aufzusuchen, die sich im Vakuum in genügender Entfernung vom Metall wie eine auslaufende Welle verhält. Außerdem muß sie natürlich im Außenraum die Schrödingergleichung

$$\Delta\psi + \frac{2m}{\hbar^2}(E - V(x))\psi = 0 \tag{19.6}$$

befriedigen, wo $V(x)$ durch (19.1) gegeben ist.

Zur Berechnung der Eigenfunktion benutzen wir wieder das W.K.B. Näherungsverfahren. Die Eigenfunktion hat aber nicht durchweg die Form (18.9), weil die kinetische Energie $E - V(x)$ — und damit auch Φ — nicht überall positiv ist, sondern in einem gewissen Gebiet, sagen wir zwischen x_1 und x_2, negativ wird (Potentialschwelle, vgl. Abb. 35b). Für $x > x_2$ muß die Eigenfunktion eine auslaufende Welle sein, wir können dort für ψ den Ausdruck (18.9) übernehmen oder, für das Folgende etwas bequemer, schreiben

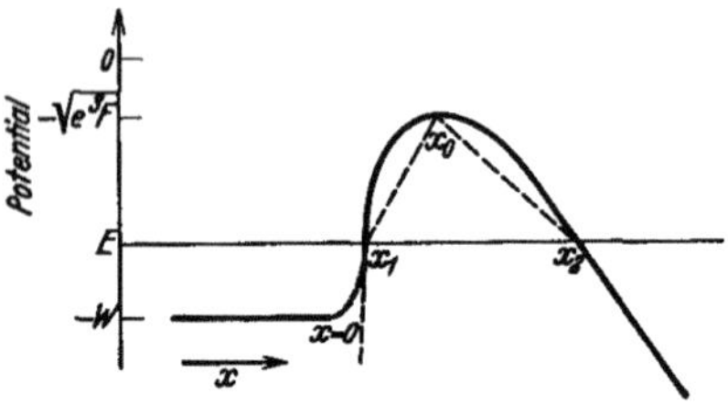

Abb. 35b. Potential am Rande eines Metalls im starken elektrischen Feld *mit* Berücksichtigung der *Bildkraft*.

$$\psi(x) = a\,\Phi^{-1/4}(x)\, e^{i\left(\int\limits_{x_2}^{x}\sqrt{\Phi(\xi)}\,d\xi + \frac{\pi}{4}\right)}, \tag{19.7}$$

was nur eine spezielle Wahl der unteren Integrationsgrenze in (18.9) bedeutet. Im Gebiet negativer kinetischer Energie zwischen x_1 und x_2 hat ψ exponentiellen Charakter. Und zwar hat KRAMERS[1] gezeigt, daß die Eigenfunktion von x_2 nach x_1 hin exponentiell *ansteigt*, falls sie sich für $x > x_2$ verhält wie

$$\Phi^{-1/4}\cos\left(\int\sqrt{\Phi(\xi)}\,d\xi + \frac{\pi}{4}\right),$$

daß sie dagegen exponentiell *fällt*, wenn ihr Verhalten für $x > x_2$ durch

$$\Phi^{-1/4}\sin\left(\int\sqrt{\Phi(\xi)}\,d\xi + \frac{\pi}{4}\right)$$

dargestellt wird. Entsprechend lautet die Fortsetzung der Funktion (19.7) im Gebiet $x_1 < x < x_2$

$$\psi(x) = a\,|\Phi|^{-1/4}\left(e^{\int\limits_x^{x_2}\sqrt{|\Phi(\xi)|}\,d\xi} + \tfrac{1}{2}\,i\,e^{-\int\limits_x^{x_2}\sqrt{|\Phi(\xi)|}\,d\xi}\right). \tag{19.8}$$

Wenn wir über x_1 hinaus, d. h. in das Innere des Metalls, fortschreiten, bekommt ψ wieder Wellencharakter, und zwar geht (19.8) über in

$$\left.\begin{aligned}\psi &= a\,\Phi^{-1/4}(x)\left[2e^{\int\limits_{x_1}^{x_2}\sqrt{|\Phi(\xi)|}\,d\xi}\cos\left(\int\limits_{x_1}^{x}\sqrt{\Phi(\xi)}\,d\xi + \frac{\pi}{4}\right)\right.\\ &\quad\left. + \frac{1}{2}\,i\,e^{-\int\limits_{x_1}^{x_2}\sqrt{|\Phi(\xi)|}\,d\xi}\sin\left(\int\limits_{x_1}^{x}\sqrt{\Phi(\xi)}\,d\xi + \frac{\pi}{4}\right)\right]\\ &= a\,\Phi^{-1/4}(x)\,e^{K}\left[(1 + \tfrac{1}{4}e^{-2K})\,e^{i\left(\int\limits_{x_1}^{x}\sqrt{\Phi(\xi)}\,d\xi + \frac{\pi}{4}\right)}\right.\\ &\quad\left. + (1 - \tfrac{1}{4}e^{-2K})\,e^{-i\left(\int\limits_{x_1}^{x}\sqrt{\Phi(\xi)}\,d\xi + \frac{\pi}{4}\right)}\right]\end{aligned}\right\} \tag{19.9}$$

[1] H. A. KRAMERS, ZS. f. Phys. Bd. 39, S. 828. 1926.

mit

$$K = \int_{x_1}^{x_2} \sqrt{|\Phi(\xi)|}\, d\xi. \tag{19.10}$$

Nun wissen wir aber, daß genügend weit im Inneren des Metalls die Funktion Φ den konstanten Wert $\varkappa^2$ annimmt. Dort wird also aus (19.9)

$$\psi = \frac{a}{\sqrt{\varkappa}} e^K \left[\left(1 + \frac{1}{4} e^{-2K}\right) e^{i(\varkappa x + \gamma)} + \left(1 - \frac{1}{4} e^{-2K}\right) e^{-i(\varkappa x + \gamma)}\right], \tag{19.11}$$

wo γ eine uninteressante Phase ist.

Die Eigenfunktion im Inneren besteht also aus einer einfallenden und einer reflektierten Welle von fast gleicher Amplitude; der Durchlässigkeitskoeffizient der Potentialschwelle ergibt sich zu

$$D = 1 - R = 1 - \frac{(1 - \frac{1}{4} e^{-2K})^2}{(1 + \frac{1}{4} e^{-2K})^2} = \frac{e^{-2K}}{(1 + \frac{1}{4} e^{-2K})^2} \approx e^{-2K}. \tag{19.12}$$

Denselben Wert würde man erhalten, wenn man das Verhältnis des im Vakuum fließenden Elektronenstromes zu dem im Metallinneren von der *einfallenden* Welle transportierten Strom berechnen würde.

Es kommt nun darauf an, das Integral K zu berechnen.

1. Sehen wir von der Bildkraft ab, so wird

$$V(x) = \begin{cases} -W & \text{für } x < 0, \\ -eFx & \text{für } x > 0, \end{cases}$$

$$x_1 = 0, \quad x_2 = \frac{-E}{eF} = \frac{|E|}{eF},$$

$$K_0 = \frac{\sqrt{2m}}{\hbar} \int_0^{x_2} \sqrt{|E + eFx|}\, dx = \frac{2}{3} \frac{\sqrt{2m}}{\hbar} \frac{|E|^{3/2}}{eF}. \tag{19.13}$$

2. Mit Berücksichtigung der Bildkraft wird V durch (19.1) gegeben, es ist

$$x_1 = \frac{|E| - \sqrt{E^2 - e^3 F}}{2eF} \approx \frac{e^2}{4|E|},$$

$$x_2 = \frac{|E| + \sqrt{E^2 - e^3 F}}{2eF} \approx \frac{|E|}{eF} - \frac{e^2}{4|E|};$$

$$K = \frac{\sqrt{2m}}{\hbar} \int_{x_1}^{x_2} \sqrt{|E| - \frac{e^2}{4x} - eFx}\, dx \tag{19.14}$$

wird ein vollständiges elliptisches Integral. Es ist von NORDHEIM (l. c.) berechnet worden. Er setzt

$$K = K_0 \cdot \varphi(y), \tag{19.15}$$

wo K_0 das Integral ohne Bildkraft (19.13) ist und

$$y = \sqrt{e^3 F} / |E| \tag{19.15a}$$

die Erniedrigung der Austrittsarbeit durch das Feld relativ zum Absolutwert der Energie des Elektrons. $\varphi(y)$ ist von NORDHEIM tabellarisch gegeben worden, es ist

$y = 0$	0,2	0,3	0,4	0,5	0,6	0,7	0,8	0,9	1
$\varphi = 1{,}000$	0,951	0,904	0,849	0,781	0,696	0,603	0,494	0,345	0

Die Durchlässigkeit des Potentialwalls nimmt mit wachsender Feldstärke und mit wachsender Energie (abnehmendem $|E|$) sehr rasch zu, wie aus Tabelle 3 hervorgeht. Man sieht aus der Tabelle auch, daß die Bildkraft den Durchgang durch die Schwelle stark erleichtert.

Tabelle 3. Durchlässigkeit der Potentialschwelle in starken elektrischen Feldern.

$F =$	10^6	$5 \cdot 10^6$	10^7	$2 \cdot 10^7$	$3 \cdot 10^7$	$5 \cdot 10^7$	10^8 Volt/cm
			a) ohne Bildkraft:				
$E = -2$ Volt	10^{-84}	$1{,}3 \cdot 10^{-17}$	$3{,}5 \cdot 10^{-9}$	$6 \cdot 10^{-5}$	$1{,}5 \cdot 10^{-3}$	0,02	0,14
-3 ,,	10^{-154}	$1{,}3 \cdot 10^{-31}$	$3{,}5 \cdot 10^{-16}$	$1{,}9 \cdot 10^{-8}$	$7 \cdot 10^{-6}$	$8 \cdot 10^{-4}$	0,029
-5 ,,	10^{-332}	$4 \cdot 10^{-67}$	$6 \cdot 10^{-34}$	$2{,}5 \cdot 10^{-17}$	10^{-11}	$2{,}5 \cdot 10^{-7}$	$5 \cdot 10^{-4}$
			b) mit Bildkraft:				
$E = -2$ Volt	10^{-80}	$8 \cdot 10^{-15}$	$1{,}3 \cdot 10^{-6}$	0,013	1*	1	1
-3 ,,	10^{-150}	$5 \cdot 10^{-28}$	$7 \cdot 10^{-14}$	$2{,}3 \cdot 10^{-6}$	$7 \cdot 10^{-4}$	0,07	1
-5 ,,	10^{-328}	$8 \cdot 10^{-65}$	10^{-31}	$2 \cdot 10^{-15}$	$6 \cdot 10^{-10}$	10^{-5}	0,01

c) Berechnung des austretenden Elektronenstroms. Der austretende Elektronenstrom wird ganz entsprechend wie beim Richardsoneffekt gegeben durch [vgl. (4.2), (4.3)]

$$J = \int_0^\infty dv_x \int_{-\infty}^\infty dv_y \int_{-\infty}^\infty dv_z \cdot 2\left(\frac{m}{h}\right)^3 v_x D(v_x) \frac{1}{1 + e^{\frac{m}{2}(v_x^2+v_y^2+v_z^2)-\zeta/kT}}. \tag{19.16}$$

Ein wesentlicher Unterschied gegen die thermische Emission ist aber, daß Elektronen *aller* Geschwindigkeiten austreten können — nur mit verschiedener Wahrscheinlichkeit — und nicht bloß diejenigen, deren Energie größer ist als die Potentialdifferenz zwischen Metall und Vakuum W. Es kann also *nicht* mehr angenommen werden, daß

$$e^{\frac{m}{2}(v_x^2+v_y^2+v_z^2)-\zeta/kT} \gg 1$$

ist. Im Gegenteil: Bei der Elektronenemission in elektrischen Feldern spielen die stark mit Elektronen besetzten Zustände niedriger Energie die ausschlaggebende Rolle.

Wir können in (19.16) zunächst die Integration über dv_y und dv_z ausführen. Indem wir im v-Raum Zylinderkoordinaten v_x, ϱ, φ einführen:

$$v_y = \varrho\cos\varphi, \qquad v_z = \varrho\sin\varphi$$

und über φ und ϱ integrieren, erhalten wir (exakt)

$$J = \frac{4\pi m^2 kT}{h^3} \int_0^\infty v_x\, dv_x D(v_x) \lg\left(1 + e^{-\left(\frac{m}{2}v_x^2 - \zeta\right)/kT}\right). \tag{19.17}$$

Wir nehmen nun zunächst an, daß die Temperatur $T = 0$ ist. Wir werden später (Abschnitt d) zeigen, daß die Elektronenemission in starken Feldern in der Tat weitgehend unabhängig von der Temperatur ist. Wir führen weiter als neue Variable ein

$$\varepsilon = \frac{m}{2} v_x^2 - \zeta. \tag{19.18}$$

Dann ist für $T \approx 0$

$$A = \lg\left(1 + e^{-\left(\frac{m}{2}v_x^2 - \zeta\right)/kT}\right) = \lg\left(1 + e^{-\varepsilon/kT}\right) = \begin{Bmatrix} -\frac{\varepsilon}{kT} & \text{für} & \varepsilon < 0, \\ 0 & \text{für} & \varepsilon > 0, \end{Bmatrix} \tag{19.19}$$

also

$$J = -\frac{4\pi m}{h^3} \int_{-\infty}^0 \varepsilon\, d\varepsilon\, D(\varepsilon). \tag{19.20}$$

* Durchlässigkeit 1 bedeutet, daß nach der klassischen Mechanik ein Elektronenaustritt möglich ist.

Den Exponenten des Durchlässigkeitskoeffizienten entwickeln wir nach ε:

$$D = D_0 \cdot e^{\lambda \varepsilon}. \tag{19.21}$$

Dabei ist [vgl. (19.13), (19.15)]

$$D_0 = e^{-\frac{4}{3} \frac{\sqrt{2m}\, w^{\frac{3}{2}}}{\hbar e F} \varphi\left(\frac{\sqrt{e^3 F}}{w}\right)} \tag{19.22}$$

der Durchlässigkeitskoeffizient für Elektronen, deren kinetische Energie im Metallinneren gleich der Grenzenergie ζ der Fermiverteilung ist und die sich senkrecht zur Metalloberfläche bewegen[1]. w bedeutet in (19.22) die RICHARDSONsche Austrittsarbeit, $w = W - \zeta$. Endlich ist

$$\lambda = 2 \frac{\sqrt{2mw}}{\hbar e F} \left(\varphi - \frac{2}{3} y \frac{d\varphi}{dy}\right)_{y = \frac{\sqrt{e^3 F}}{w}}, \tag{19.23}$$

wobei die Klammer im allgemeinen gleich Eins gesetzt werden darf. Gehen wir mit (19.21) in (19.20) ein, so wird

$$J = \frac{4\pi m}{h^3 \lambda^2} D_0 \approx \frac{e^2 F^2}{8\pi h w} D_0 \frac{\text{Elektr}}{\text{cm}^2\,\text{sec}}. \tag{19.24}$$

Mißt man die Austrittsarbeit w in Volt, die Feldstärke F in Volt/cm, so wird

$$J = 1{,}55 \cdot 10^{-6} \frac{F^2}{w} \cdot 10^{-2{,}98 \cdot 10^7 \frac{w^{\frac{3}{2}}}{F} \varphi\left(\frac{3{,}62 \cdot 10^{-4} \sqrt{F}}{w}\right)} \frac{\text{Amp}}{\text{cm}^2}. \tag{19.24a}$$

Daraus ergeben sich folgende numerische Werte für den austretenden Strom:

Tabelle 4. Elektronenstrom in starken elektrischen Feldern in Amp/cm².

Feldstärke		$F = 10^6$	$5 \cdot 10^6$	10^7	$2 \cdot 10^7$	$3 \cdot 10^7$	F_0
Austrittsarbeit . .	2 Volt	10^{-74}	$1{,}5 \cdot 10^{-7}$	100	$4 \cdot 10^6$	$7 \cdot 10^8$	$2{,}8 \cdot 10^7$
	3 „	10^{-144}	$6 \cdot 10^{-21}$	$4 \cdot 10^{-6}$	500	$3 \cdot 10^5$	$6{,}4 \cdot 10^7$
	5 „	10^{-322}	$6 \cdot 10^{-58}$	$3 \cdot 10^{-24}$	$3 \cdot 10^{-7}$	0,18	$17{,}6 \cdot 10^7$

Die Elektronenemission setzt also bei Feldern von einigen Millionen Volt/cm sehr plötzlich ein und erreicht sehr bald nach dem Einsetzen außerordentlich hohe Werte. Sie ist bereits beträchtlich, wenn der Durchlässigkeitskoeffizient der Potentialschwelle noch sehr klein (von der Größenordnung 10^{-10}) ist. Die Anzahl der Elektronen, die in der Zeiteinheit von innen auf die Metalloberfläche auftreffen, ist nämlich so ungeheuer groß, daß der geringe Bruchteil, der durch die Potentialschwelle durchdringt, bereits einen recht beträchtlichen Strom ergibt. In der letzten Spalte der Tabelle 4 sind die kritischen Feldstärken F_0 aufgezeichnet, bei denen nach der klassischen Mechanik der Elektronenaustritt einsetzen würde; sie sind 4- bis 6mal so hoch wie die Felder, die nach der Wellenmechanik zur Erzielung eines Stromes von 1 Amp/cm² erforderlich sind.

Auch diese sind jedoch immer noch sehr viel größer als die Feldstärken, bei denen MILLIKAN und EYRING[2] experimentell Elektronenemission fanden: 400000 bis 1000000 Volt bei thoriertem Wolfram, dessen Austrittsarbeit etwa 2,6 Volt beträgt. Wir würden hier erwarten, daß etwa 10^7 Volt/cm zur Erzielung

---

[1] Die Energie E, bezogen auf Vakuum, die in die Formeln des Abschnitts b einzusetzen ist, ist also gleich $\zeta - W = -w$, da die kinetische Energie im Metall gleich ζ ist und die potentielle gleich $-W$.

[2] R. A. MILLIKAN u. C. F. EYRING, Phys. Rev. Bd. 27, S. 51. 1926. F. ROTHER (Ann. d. Phys. Bd. 81, S. 321) findet dagegen für Tantal etwa $8 \cdot 10^6$ Volt/cm erforderlich, was unserer Rechnung sehr gut entsprechen würde. Für reines Wolfram (Austrittsarbeit fast 5 Volt) fanden MILLIKAN und EYRING nach Ausglühen Emission bei $4 \cdot 10^6$ Volt/cm Feldstärke. Weitere Literatur in der Arbeit von MILLIKAN und EYRING und von STERN, GOSSLING und FOWLER.

beträchtlicher Ströme erforderlich sind. Die Diskrepanz (eine Größenordnung!) ist jedenfalls dadurch zu verstehen, daß kleine Unregelmäßigkeiten in der Metalloberfläche rein elektrostatisch eine starke lokale Erhöhung der Feldstärke bewirken: In der Tat gehen die Ströme, wie MILLIKAN und EYRING gezeigt haben, nicht von der ganzen Oberfläche der Kathode aus, sondern bloß von engbegrenzten Punkten. Eine Herabsetzung der Austrittsarbeit durch Oberflächenverunreinigungen (vgl. Ziff. 20) ist ebenfalls von großer Wirkung; dafür spricht der Befund von MILLIKAN und EYRING, daß längere Entgasung des Metalls durch Erhitzen das erforderliche Feld stark heraufsetzte. Sehr befriedigend ist, daß experimentell $\log J$ eine lineare Funktion $1/F$ ist[1], wie es die Theorie fordert. Es ist also trotz der numerischen Diskrepanz wohl sicher, daß die hier entwickelte Theorie richtig ist. Näheres vgl. die zitierte Arbeit von STERN, GOSSLING und FOWLER.

d) Temperaturabhängigkeit. Bisher haben wir die Elektronenemission im elektrischen Feld bei der Temperatur Null betrachtet. Mit zunehmender Temperatur ändert sich die Emission außerordentlich wenig, und zwar nimmt sie zu, weil schnellere Elektronen häufiger werden und diese die Potentialschwelle leichter durchdringen können. Bei einer kritischen Temperatur erfolgt dann eine rasche Änderung, und die Emission geht in die gewöhnliche thermische Elektronenemission über.

Nach dem Verhältnis von Feldstärke und Temperatur haben wir drei Fälle zu unterscheiden:

1. *Starkes Feld, tiefe Temperatur.* Emittiert werden praktisch nur Elektronen, deren Energie *kleiner* als die Grenzenergie der Fermiverteilung ist. Für $E > \zeta$ fällt die Anzahl Elektronen pro Quantenzustand

$$f(E) = 1/\left(1 + e^{(E-\zeta)/kT}\right)$$

zu rasch ab, als daß dieser Abfall durch den Anstieg des Durchlässigkeitskoeffizienten ausgeglichen werden könnte. Da der letztere in der Nähe der Grenzenergie durch (19.21), (19.23) gegeben wird, ist unsere Bedingung erfüllt, falls

$$\frac{2\sqrt{2mw}}{\hbar e F} < \frac{1}{kT}, \quad \text{d. h.} \quad F > T\,\frac{2k\sqrt{2mw}}{\hbar e} = 9000\,T\sqrt{w}\,\frac{\text{Volt}}{\text{cm}} \tag{19.25}$$

ist. Der Strom ist dann nahezu unabhängig von der Temperatur, er verhält sich zum Strom beim absoluten Nullpunkt und gleicher Feldstärke annähernd wie

$$\frac{J(T)}{J(0)} = 1 + \frac{4\pi^2 k^2 T^2 m w}{e^2 F^2 \hbar^2} = 1 + \frac{4\cdot 10^8\, T^2 w}{F^2}. \tag{19.26}$$

Dies Resultat stimmt gut mit dem Befund von MILLIKAN und EYRING, daß durch Erhöhung der Temperatur eine kleine Erhöhung des Stromes eintritt, welche nahezu proportional dem bei tiefer Temperatur und gleichem Feld gemessenen Strom ist.

2. *Hohe Temperatur und relativ schwaches Feld.* Emittiert werden vorwiegend Elektronen, welche die Potentialschwelle *überschreiten* können, d. h. solche, deren Energie im Inneren des Metalls mindestens $W + V(x_0) = W - \sqrt{e^3 F}$ beträgt [vgl. (19.3)]: Man hat also im wesentlichen thermische Elektronenemission, nur ist die Austrittsarbeit scheinbar um den Betrag $\sqrt{e^3 F}$ herabgesetzt[2], d. h. z. B. bei einer Feldstärke $F = 10^7$ Volt/cm um 1,2 Volt. (Nebenbei können auch noch Elektronen mit niedrigerer Energie als $W - \sqrt{e^3 F}$ durch die Potentialschwelle hindurchtreten.) Definieren wir

$$\varkappa = \frac{\pi m^{1/2} k T}{2^{1/2} e^{1/4} F^{3/4} \hbar} = \frac{\pi}{4}\,\frac{\sqrt{8m\,|V(x_0)|}\,kT}{eF\hbar} \tag{19.27}$$

und ist $\varkappa$ mindestens etwa 1,1, so ist der emittierte Strom annähernd

$$J = \frac{4\pi m (kT)^2}{h^3}\,\frac{\varkappa}{\varkappa - 1}\,e^{-\frac{w-\sqrt{e^3 F}}{kT}}. \tag{19.28}$$

Die Emission steigt rasch mit der Temperatur, langsamer mit dem angelegten Feld.

---

[1] R. A. MILLIKAN u. C. C. LAURITZEN, Proc. Nat. Acad. Amer. Bd. 14, S. 45. 1928.

[2] Diese Herabsetzung der Austrittsarbeit in *schwachen* Feldern wurde zuerst von W. SCHOTTKY (ZS. f. Phys. Bd. 18, S. 63. 1923) theoretisch abgeleitet und verschiedentlich durch die Erfahrung bestätigt, z. B. von W. S. PFORTE, ZS. f. Phys. Bd. 49, S. 333. 1928, und von N. A. DE BRUYNE, Proc. Roy. Soc. London Bd. 120, S. 423. 1928.

3. Im *Übergangsgebiet* treten hauptsächlich Elektronen aus, deren Energie *zwischen* der Grenzenergie ζ der Fermiverteilung und der zum Überschreiten des Potentialmaximums nötigen Energie $W - \sqrt{e^3 F}$ liegt, die also gerade durch den obersten Teil des Potentialbergs dringen.

20. Berührung zweier Metalle. Voltadifferenz[1]. Elektronenaustritt aus Metallen mit Oberflächenschichten. a) Potentiale zweier sich berührender Metalle. Zwei Metalle 1 und 2 mögen sich berühren. Dann besteht im thermischen Gleichgewicht zwischen dem Inneren des einen und des anderen Metalls die Potentialdifferenz

$$P_i = \zeta_1 - \zeta_2, \tag{20.1}$$

wo ζ_1 und ζ_2 die Grenzenergien der Fermiverteilung des ersten und des zweiten Metalls sind. Ein Elektron, das im ersten Metall ruht, besitzt die gleiche Gesamtenergie wie eines, das sich im zweiten Metall mit der kinetischen Energie $\zeta_1 - \zeta_2$ bewegt, und bekommt diese kinetische Energie, wenn es in das zweite Metall übertritt. Ein Elektron, dessen kinetische Energie im Metall 1 gerade gleich der *Grenzenergie* ζ_1 ist, besitzt auch beim Übertritt ins zweite Metall die Grenzenergie der Fermiverteilung — aber nunmehr diejenige des zweiten Metalls ζ_2.

Die Angabe der Potentialdifferenz zwischen den Innenräumen der Metalle hat natürlich nur einen Sinn, wenn man sich das Potential im Inneren konstant denkt. Berücksichtigt man die Potentialschwankungen, so hat die Trennung der Energie in kinetische und potentielle keinen Sinn mehr, sondern nur noch die Angabe der Gesamtenergie. Diese ist, wie wir wissen, eine gewisse Funktion der Wellenzahlen des Elektrons, wobei die Abhängigkeit von der Wellenzahl für die beiden Metalle im allgemeinen verschieden sein wird, z. B.

$$\left.\begin{aligned} E &= E_1(k_x, k_y, k_z) \quad \text{für das erste Metall,} \\ E &= E_2(k_x, k_y, k_z) \quad \text{für das zweite Metall.} \end{aligned}\right\} \tag{20.2}$$

In den Funktionen E_1 und E_2 ist *eine additive Konstante willkürlich*; sie sei in irgendeiner gerade für das betreffende Metall zweckmäßigen Weise fixiert. Wir wollen z. B. festsetzen, daß jeweils die *untere Grenze des höchsten von Elektronen besetzten Energiebandes* als *Nullpunkt der Energieskala* gewählt wird. Wenn die Energie als Funktion der Wellenzahl bekannt ist, kann man dann nach den Vorschriften der Ziff. 16 die Grenzenergie der Fermiverteilung bestimmen, sie sei ζ_1 bzw. ζ_2 für die beiden Metalle. Unsere Behauptung besagt dann, daß die Nullpunkte der beiden Energieskalen E_1 und E_2 um den Betrag $P_i = \zeta_1 - \zeta_2$ gegeneinander verschoben sind.

Tritt ein Elektron mit den Wellenzahlen $k_x^{(1)} k_y^{(1)} k_z^{(1)}$ vom ersten Metall in das zweite über, so lassen sich mit Hilfe unseres Satzes seine Wellenzahlen im zweiten Metall genau voraussagen: Ist etwa die Trennungsfläche des Metalls die YZ-Ebene, so haben die Wellenzahlen k_y und k_z im zweiten Metall die gleichen Werte wie im ersten[2]. Zweitens ist nach unserer Behauptung die Energie

$$E_2 = E_1(k_x^{(1)}, k_y^{(1)}, k_z^{(1)}) + \zeta_2 - \zeta_1, \tag{20.3}$$

und hieraus kann dann die Komponente $k_x^{(2)}$ der Wellenzahl im zweiten Metall berechnet werden, da $k_x^{(2)}$ als Funktion von E_2, k_y, k_z ja bekannt ist.

---

[1] C. Eckart, ZS. f. Phys. Bd. 47, S. 38. 1928.

[2] Das folgt daraus, daß die Eigenfunktion an der Grenzfläche stetig sein muß. Handelt es sich um gebundene Elektronen, so gilt die Bedingung für die y- und z-Komponente der *reduzierten* Wellenzahl (vgl. Ziff. 8c), wenigstens wenn die beiden Metalle das gleiche Gitter haben und die x-Achse in beiden Metallen Kristallachse ist.

Wir kommen zum *Beweis*, den wir so anschaulich wie möglich führen[1]: Man muß offenbar fordern, daß im Gleichgewichtszustand ebenso viele Elektronen vom Metall 1 ins Metall 2 übertreten wie umgekehrt. Die erstgenannte Anzahl beträgt pro cm² und Sekunde [vgl. (18.23)]

$$\frac{2}{(2\pi)^3}\int d k_x^1\, d k_y^1\, d k_z^1\, \frac{1}{\hbar}\frac{\partial E_1}{\partial k_x^1}\cdot D\,(k_x^1\, k_y^1\, k_z^1)\cdot\frac{1}{e^{(E_1(k_x k_y k_z)-\zeta_1)/kT}+1}\,. \tag{20.4}$$

Dabei ist D der Durchlässigkeitskoeffizient der Trennungsfläche für Elektronen mit dem Ausbreitungsvektor $\mathfrak{k}_1$. Die Anzahl der Elektronen, die vom Metall 2 nach 1 übertreten, ist

$$\frac{2}{(2\pi)^3}\int d k_x^2\, d k_y^2\, d k_z^2\, \frac{1}{\hbar}\frac{\partial E_2}{\partial k_x^2}\, D'\,(k_x^2\, k_y^2\, k_z^2)\cdot\frac{1}{e^{(E_2(k_x k_y k_z)-\zeta_2)/kT}+1}\,. \tag{20.4a}$$

Nun ist der Durchlässigkeitskoeffizient $D'\,(k_x^2\, k_y^2\, k_z^2)$ für den Übertritt vom Metall 2 nach 1 genau gleich dem für den umgekehrten Übergang[2] $D\,(k_x^1\, k_y^1\, k_z^1)$, wenn $k_x^2\, k_y^2\, k_z^2$ die Wellenzahlen sind, welche das Elektron mit dem Ausbreitungsvektor $\mathfrak{k}_1 = (k_x^1\, k_y^1\, k_z^1)$ nach dem Übertritt ins zweite Metall erhält, wenn also gilt (vgl. oben)

$$k_y^2 = k_y^1\,,\qquad k_z^2 = k_z^1\,,\qquad E_2(k_x^2\, k_y^2\, k_z^2) = E_1(k_x^1\, k_y^1\, k_z^1) - P_i\,. \tag{20.5}$$

P_i ist dabei die *vorläufig noch unbestimmte* Verschiebung der Nullpunkte der Energieskalen E_1 und E_2 gegeneinander. Wir werden nun zweckmäßigerweise die Variablen $k_y = k_y^1$, $k_z = k_z^1$ und E_1 in unsere Integrale einführen. Dann müssen wir fordern:

$$\left.\begin{aligned}&\int d k_y\, d k_z\, d E_1\cdot D\,(E_1 k_y k_z)\cdot\frac{1}{e^{(E_1-\zeta_1)/kT}+1}\\ &=\int d k_y\, d k_z\, d E_1\, D\,(E_1 k_y k_z)\,\frac{1}{e^{(E_1-P_i-\zeta_2)/kT}+1}\,.\end{aligned}\right\} \tag{20.6}$$

Dies ist dann und nur dann erfüllt, wenn die noch unbekannte Größe P_i den Wert

$$P_i = \zeta_1 - \zeta_2$$

hat, wie oben behauptet.

Wenn zwei Metalle frisch aneinandergebracht werden, wird ihre Potentialdifferenz im ersten Moment natürlich nicht den vorgeschriebenen Wert P_i haben. Es fließen dann so lange Elektronen von einem Metall zum anderen, bis sich die richtige Potentialdifferenz eingestellt hat.

Die Potentialdifferenz P_i (Galvanipotential) ist natürlich nicht meßbar und hat auch keinen wesentlichen physikalischen Sinn, da ja die Nullpunkte unserer Energieskalen E_1 und E_2 ganz willkürlich fixiert wurden.

Die Abfallstelle der Fermiverteilung liegt in zwei sich berührenden Metallen bei der gleichen Gesamtenergie.

b) Voltadifferenz. Wenn zwei Metalle durch einen engen Zwischenraum getrennt sind, so bildet sich in diesem Zwischenraum ein elektrisches Feld aus, welches die Wanderung der Elektronen von dem Metall mit hoher Austrittsarbeit zu dem mit niedriger Austrittsarbeit begünstigt. Die Potentialdifferenz zwischen zwei Punkten, die in der Nähe der Oberfläche je eines der Metalle, jedoch beide im Vakuum liegen, wird Voltadifferenz genannt; sie ist, wie wir sofort zeigen werden, gleich der Differenz der RICHARDSONschen Austrittsarbeiten der beiden Metalle.

---

[1] Vgl. J. FRENKEL, Wave Mechanics, S. 244. Einen thermodynamischen Beweis findet man bei C. ECKART, ZS. f. Phys. Bd. 47, S. 38. 1928.

[2] Dies folgt aus dem allgemeinen quantenmechanischen Satz, daß die Wahrscheinlichkeit eines Prozesses und des dazu inversen stets gleich sind.

Wir wollen zunächst annehmen, daß unsere beiden Metalle leitend verbunden sind, wie es Abb. 36 zeigt. Dann folgt unsere Behauptung unmittelbar aus dem unter a bewiesenen Satz: Wir konnten ja damals die Nullpunkte unserer Energieskalen ganz willkürlich wählen. Z. B. können wir festsetzen[1], daß ein Elektron, welches sich in der Nähe der Oberfläche des Metalls, jedoch außerhalb von diesem, in Ruhe befindet, die Energie Null haben soll. Dann ist die Grenzenergie der Fermiverteilung gleich der negativen Austrittsarbeit, $-w$. Unser Satz von Abschnitt a sagt dann aus, daß die Nullpunkte der für die beiden Metalle gewählten Energieskalen um $w_1 - w_2$ gegeneinander verschoben sind, daß also die potentielle Energie eines Elektrons, das sich (im Vakuum) in der Nähe der Oberfläche des ersten Metalls befindet, um die Differenz der Austrittsarbeiten, $w_1 - w_2$, höher ist als die eines Elektrons nahe der Oberfläche des zweiten Metalls. Das ist gerade unsere Behauptung.

Eine Voltasche Potentialdifferenz in genau der gleichen Höhe muß aber auch dann vorhanden sein, wenn die beiden Metalle *nicht* leitend verbunden sind. Aus dem Metall mit der hohen Austrittsarbeit (1) treten ja nur wenig Elektronen aus, aus dem anderen Metall (2) sehr viele: Wenn also kein elektrisches Feld bestehen würde, so würde ein dauernder Strom von Elektronen vom zweiten zum ersten Metall fließen. In Wirklichkeit wird dieser Strom auch im ersten Moment entstehen, dadurch wird aber das erste Metall negativ, das zweite positiv aufgeladen, und es bildet sich dadurch eben die Voltasche Potentialdifferenz aus, welche die aus dem zweiten Metall austretenden Elektronen dort zurückhält, die aus dem ersten austretenden dagegen ungehindert zum zweiten gelangen läßt und dadurch den resultierenden Elektronenstrom zum Verschwinden bringt. Wenn man die Bedingung stellt, daß z. B. durch die Oberfläche des zweiten Metalls gleichviel Elektronen ein- wie austreten, erhält man wieder genau den Ausdruck $w_1 - w_2$ für die Voltadifferenz, unabhängig von der speziellen Struktur der Metalle.

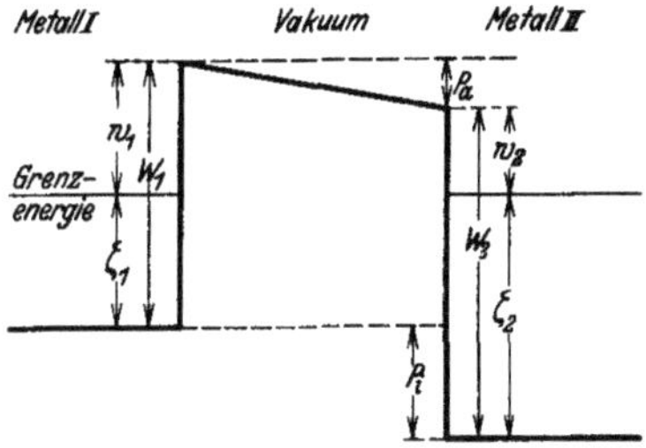

Abb. 36. *Zur Voltadifferenz.* Stark ausgezogene Kurve: Potentialverlauf zwischen zwei Metallen mit parallelen Oberflächen, die durch Vakuum getrennt sind. Abszisse Ort, Ordinate Potential. W_1 = Potentialdifferenz zwischen dem Inneren des Metalls 1 und Vakuum. $\zeta_{1,2}$ = Fermische Grenzenergien. $w_{1,2}$ = Richardsonsche Austrittsarbeiten. P_a = Voltadifferenz = Potentialdifferenz im Vakuum. P_i = Galvanische Potentialdifferenz zwischen dem *Inneren* der beiden Metalle. (Konstantes Potential im Metallinneren vorausgesetzt.)

c) Austritt aus Metallen mit Oberflächenschichten. Wenn auf die Oberfläche eines Grundmetalls 1 eine Schicht eines anderen Metalls 2 aufgebracht wird, so reguliert sich das Potential in diesem zweiten Metall in der Weise ein, daß die Abfallstelle der Fermiverteilung in beiden Metallen bei der gleichen Energie liegt. Wenn also ein Elektron aus dem Metall 1 *durch das Metall 2* hindurch ins Vakuum übertreten soll, so braucht seine Energie *nur um die Austrittsarbeit w_2 des Oberflächenmetalls* größer zu sein als die Grenzenergie der Fermiverteilung, während sie bei *direktem* Austritt aus dem Grundmetall um die Austrittsarbeit w_1 *dieses* Metalls über der Grenzenergie liegen müßte. Die Austrittsarbeit wird also auf den Wert reduziert, den sie für das reine Oberflächenmetall haben würde. Der austretende Strom ist allerdings meist doch etwas kleiner, als man hiernach erwarten würde, in der Hauptsache liegt das nach Fowler und Wilson[2] an der im allgemeinen geringen Leitfähigkeit der üblichen Oberflächenschichten.

[1] Anders als in a.
[2] R. H. Fowler u. A. H. Wilson, Proc. Roy. Soc. London Bd. 124, S. 493. 1929.

21. Theorie des elektrischen Kontakts[1]. Ein Stromkreis sei an einer Stelle durch einen engen Zwischenraum (Vakuum) unterbrochen (Wackelkontakt). Wir fragen nach dem *Potentialabfall an der Kontaktstelle als Funktion der Stromstärke und der Breite des Zwischenraums* (Abb. 37). Der *Potentialabfall* soll dabei *definiert* sein als *Differenz der Grenzenergien der Fermiverteilungen der beiden Metalle*; diese Differenz wäre ja nach Ziff. 20a gleich Null, wenn kein Strom fließt. Die Energien der Elektronen wollen wir (im Gegensatz zu Ziff. 20a) in beiden Metallen nach der gleichen Skala messen, so daß ein Elektron mit der Energie E_1 auch nach dem Übertritt ins zweite Metall die Energie E_1 behält.

a) Qualitative Theorie. Der Zwischenraum zwischen den beiden Metallen wirkt natürlich als Potentialschwelle. Deren Durchlässigkeitskoeffizient sei als Funktion der Komponente der Elektronengeschwindigkeit senkrecht zur Oberfläche bekannt: $D(v_x)$. Er hängt von der Breite der Potentialschwelle und von

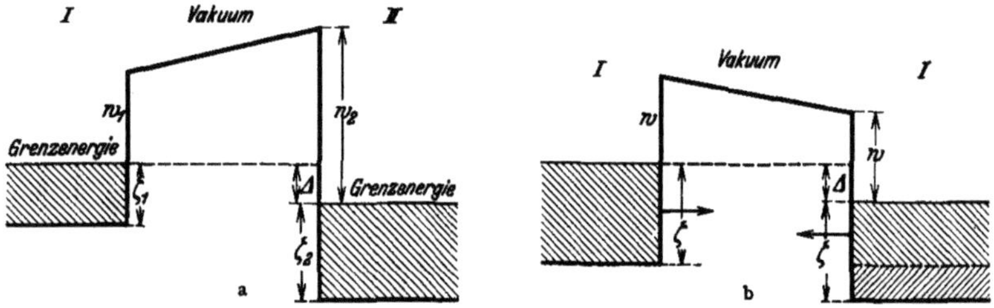

Abb. 37 a u. b. Potentialdifferenz an Kontaktstellen. Stark ausgezogen: Potentialverlauf (ohne Berücksichtigung der Bildkraft). Für den Stromübergang ist die Differenz der FERMIschen Grenzenergien der beiden Metalle, die Kontaktpotentialdifferenz Δ, maßgebend. Der Strom fließt von *I* nach *II*. a) Potentialverlauf bei Kontakt zweier *ungleicher* Metalle. Die Voltadifferenz ist so gewählt, daß das Potential im Vakuum von *I* nach *II*, also in der Stromrichtung, *steigt*. Schraffiert: Besetzte Energieniveaus. b) Kontakt *gleicher* Metalle. In Abb. 37 b bedeutet ⧹⧹⧹ Elektronen, welche zum anderen Metall übergehen können, ⧸⧸⧸ Elektronen, die nicht übergehen können.

der (gesuchten) Potentialdifferenz ab. Durch die Metalle fließe der Strom J Elektronen/cm²sec.

Der Strom, der durch das Vakuum zwischen den Metallen fließt, setzt sich aus zwei Bestandteilen zusammen, die wir als „Strombestandteil" und „Spannungsbestandteil" bezeichnen können. Der erstere würde auch dann vorhanden sein, wenn keine Potentialdifferenz zwischen den beiden Metallen bestünde. Er rührt daher, daß sich in beiden Metallen mehr Elektronen *in* der Stromrichtung bewegen als entgegengesetzt, und daß daher mehr Elektronen von der Kathodenseite her auf den Zwischenraum treffen als von der Anodenseite: entsprechend gelangen auch mehr *in* der Stromrichtung durch den Potentialberg hindurch als umgekehrt. Jedoch ist der Strom, der auf diese Weise durch das Vakuum fließt, stets kleiner als der Strom im Metall, sagen wir gleich JD_1, wo D_1 ein mittlerer Durchlässigkeitskoeffizient der Potentialschwelle für die am Strom beteiligten Elektronen ist (Berechnung s. Abschnitt b).

Der Rest des Stroms im Vakuum, $J(1 - D_1)$, muß dadurch zustande kommen, daß die FERMIsche Grenzenergie im Kathodenmetall 1 um einen gewissen Betrag Δ größer ist als im Anodenmetall 2. Dieser *Spannungsbestandteil* ist unabhängig vom Fließen eines Stroms in den Metallen, d. h. man kann bei seiner Berechnung annehmen, daß die Verteilung der Elektronen auf die Quantenzustände einfach durch die FERMIsche Funktion geregelt wird, und die wegen des Stromes vor-

[1] W. EHRENBERG u. H. HÖNL, ZS. f. Phys. Bd. 68, S. 289. 1931; J. FRENKEL, Phys. Rev. Bd. 36, S. 1604. 1930.

handene Unsymmetrie der Verteilung außer acht lassen. Der Spannungsbestandteil des Stroms vom Metall 1 nach 2 ist also

$$J_2 = \frac{2}{(2\pi)^3} \int_{-\infty}^{\infty} d k_y \int_{-\infty}^{\infty} d k_z \int_{0}^{\infty} d k_x \frac{1}{\hbar} \frac{\partial E}{\partial k_x} D(k_x k_y k_z) \left(\frac{1}{e^{(E-\zeta_1)/kT} + 1} - \frac{1}{e^{(E-\zeta_2)/kT} + 1} \right). \quad (21.1)$$

Wenn nun die Grenzenergien ζ_1 und ζ_2 nicht allzusehr voneinander verschieden sind — sagen wir um weniger als 1 Volt —, so hat die Differenz der Verteilungsfunktionen

$$f_1 - f_2 = \frac{1}{e^{(E-\zeta_1)/kT} + 1} - \frac{1}{e^{(E-\zeta_2)/kT} + 1},$$

ein ziemlich scharfes Maximum; sie ist für E zwischen ζ_2 und ζ_1 gleich Eins, sonst Null. Der Durchlässigkeitskoeffizient $D(E, k_y, k_z)$ kann dann (bei festem $k_y k_z$) in dem ganzen Bereich, in dem $f_1 - f_2$ beträchtlich ist, als konstant angesehen werden. Der Spannungsbestandteil des Stroms S ist daher bei kleinem Δ proportional mit $\Delta = \zeta_1 - \zeta_2$, und da $S = J(1 - D_1)$ sein soll, ist der Potentialsprung Δ auch proportional mit dem Gesamtstrom J. Das bedeutet *Gültigkeit des* Ohm*schen Gesetzes*. Man kann von dem Widerstand der Kontaktstelle sprechen, und dieser ist nur abhängig von der Breite des Zwischenraumes zwischen den beiden Metallen.

Vorausgesetzt ist dabei, wie gesagt, daß der Potentialsprung Δ nicht zu groß ist. Diese Voraussetzung ist aber selbst dann noch erfüllt, wenn der Durchlässigkeitskoeffizient D schon recht klein, der Abstand der Metalle also ziemlich groß geworden ist. Denn die Größenordnung des Stromes im Vakuum ist offenbar gegeben durch die Anzahl Elektronen mit einer Energie zwischen ζ_2 und ζ_1 pro cm³ des Metalls mal der Geschwindigkeit dieser Elektronen im Metall mal dem mittleren Durchlässigkeitskoeffizienten D_2*, also

$$J_2 \approx n \frac{\zeta_1 - \zeta_2}{\zeta_1} \sqrt{\frac{2\zeta_1}{m}} \cdot D_2 \frac{\text{Elektr}}{\text{cm}^2\,\text{sec}} = \frac{n\Delta}{\sqrt{\frac{1}{2} m \zeta_1}} D \frac{e}{c} \cdot 10 \frac{\text{Amp}}{\text{cm}^2}. \quad (21.2)$$

Hierin ist n die Gesamtzahl Elektronen pro cm³, also etwa (für Ag) $6 \cdot 10^{22}$, die Grenzenergie ζ_1 nehmen wir zu 6 Volt $= 10^{-11}$ erg an. Dann wird

$$J_2 \approx 22 \cdot 10^{10} \cdot \Delta \cdot D_2 \,\text{Amp/cm}^2,$$

wenn Δ in Volt gemessen wird. Bei einem Strom von 1 Amp/cm² beträgt also die Potentialdifferenz Δ erst ***dann*** 1 Volt (der Widerstand des Kontakts also 1 Ohm cm²), wenn der Durchlässigkeitskoeffizient D_2 auf 10^{-11} gesunken ist: Das liegt an der ungeheuren Anzahl der Elektronen, die zum Durchtritt zur Verfügung stehen. Die Elektronen, die normalerweise an der Stromleitung im Metall beteiligt sind, sind eben nur ein verschwindend kleiner Bruchteil der überhaupt vorhandenen.

Unterschreitet der Durchlässigkeitskoeffizient die eben angegebene Grenze von ca. 10^{-11}, so wird der Potentialabfall zwischen den beiden Metallen so groß, daß Elektronen vom Anodenmetall zum Kathodenmetall überhaupt nicht mehr übergehen können[1]. Das Phänomen des Stromübergangs ändert dann vollständig seinen Charakter: Während bei kleinem Abstand der beiden Metalle (großer Durchlässigkeit) in beiden Richtungen viele Elektronen durch das Vakuum

* Bezeichnung zur Unterscheidung von dem für den Strombestandteil gültigen Durchlässigkeitskoeffizienten D_1.

[1] Das tritt ein, sobald ζ_2 kleiner wird als der untere Rand des obersten mit Elektronen besetzten Energiebandes im Metall 1.

fliegen und nur ein kleiner Überschuß von Elektronen besteht, die sich in der Stromrichtung bewegen, gehen bei großem Abstand überhaupt *nur* Elektronen in der Stromrichtung. Die Anzahl dieser Elektronen, d. h. der fließende Strom, richtet sich nach der Durchlässigkeit der Potentialschwelle, und diese wieder wird, wie wir aus Ziff. 19 wissen, durch das elektrische Feld bestimmt, das im Zwischenraum herrscht: Dieses Feld ist übrigens (vgl. Ziff. 19) nur sehr wenig (logarithmisch) vom Strom abhängig. Das OHM*sche Gesetz* gilt demnach bei großem Abstand der Metalle durchaus *nicht mehr*, vielmehr ist der *Potentialabfall* vom einen Metall zum anderen *fast unabhängig vom Strom* und genau *proportional dem Abstand*, da ja das erforderliche Feld vom Abstand der Metalle unabhängig ist. Abb. 38 zeigt den Potentialverlauf zwischen den beiden Metallen im Fall großen Abstands (starkes homogenes elektrisches Feld im Vakuum), Abb. 37 im Fall kleinen Abstands (schwaches Feld, Potentialdifferenz klein gegen die Austrittsarbeit).

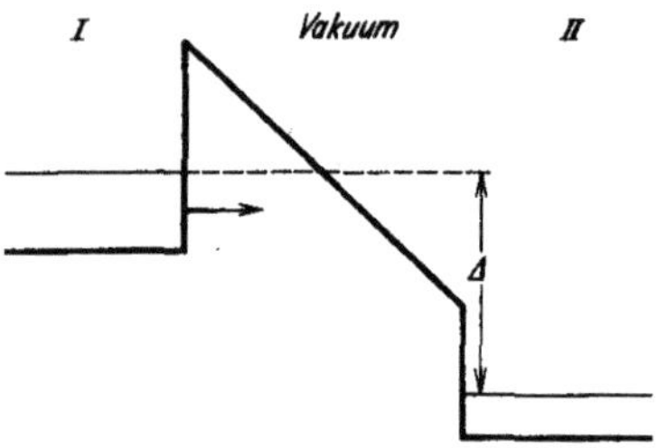

Abb. 38. Potentialverlauf an der Kontaktstelle zweier Metalle bei großem Abstand derselben. Elektronen können nur von I nach II übergehen.

b) Rechnung bei kleinem Abstand der Metalle unter Vernachlässigung der Bildkraft. Wir nehmen zunächst an, daß sich auf beiden Seiten des Vakuums das gleiche Metall befindet, vernachlässigen die Bildkraft und rechnen der Einfachheit halber mit freien Elektronen. Dann hat das Potential den in Abb. 37b gezeichneten Verlauf, wir bezeichnen das Potential im Vakuum mit 0, im Metall mit $-W$. Der Durchlässigkeitskoeffizient des Zwischenraums beträgt für Elektronen, deren Geschwindigkeit in der x-Richtung im Metall gleich v_x ist:

$$D(v_x) = e^{-2\frac{\sqrt{2m}}{\hbar}a\sqrt{W-\frac{m}{2}v_x^2}}, \tag{21.3}$$

wobei a die Breite des Zwischenraums ist. Dabei haben wir (vgl. Ziff. 18b) angenommen, daß das Potential am Rande des Metalls *allmählich*[1] von $-W$ auf 0 steigt.

Die Verteilungsfunktion der Metallelektronen lautet, wenn ein Strom in der x-Richtung fließt,

$$f = f_0(E) + \frac{v_x}{v}\chi(E), \tag{21.4}$$

wobei $f_0(E)$ die gewöhnliche FERMIsche Funktion ist und $\chi(E)$ eine Funktion mit einem steilen Maximum an der Stelle E = Grenzenergie ζ (vgl. Ziff. 5 und 36 bis 38). $\chi(E)$ steht zum Strom in der Beziehung

$$J = \int f v_x \cdot 2\left(\frac{m}{h}\right)^3 dv_x\,dv_y\,dv_z = \frac{16\pi}{3}\frac{m\zeta}{h^3}\int dE\,\chi(E)\,\frac{\text{Elektronen}}{\text{cm}^2}. \tag{21.5}$$

Der Strom durch das Vakuum ist jedenfalls

$$J = 2\left(\frac{m}{h}\right)^3\left(\int_0^\infty dv_x\int_{-\infty}^\infty dv_y\int_{-\infty}^\infty dv_z\cdot v_x\cdot D(v_x)\cdot f_1 + \int_{-\infty}^0 dv_x\int_{-\infty}^\infty dv_y\int_{-\infty}^\infty dv_z\cdot v_x\cdot D(v_x)\cdot f_2\right), \tag{21.6}$$

[1] D. h. auf einer Strecke von atomaren Dimensionen.

wobei f_1 und f_2 die Verteilungsfunktionen für das erste und das zweite Metall sind[1]. Setzen wir den Ausdruck (21.4) für die Verteilungsfunktion ein, so zerfällt J in zwei Teile, den „Strombestandteil"

$$J_1 = 2\left(\frac{m}{h}\right)^3 \int_0^\infty dv_x \iint_{-\infty}^{\infty} dv_y\, dv_z \cdot D(v_x)\, \frac{v_x^2}{v}\, \chi(E) \cdot 2 \tag{21.7}$$

und den „Spannungsbestandteil"

$$J_2 = 2\left(\frac{m}{h}\right)^3 \int_0^\infty dv_x \iint_{-\infty}^{\infty} dv_y\, dv_z \cdot v_x D(v_x) \left(\frac{1}{e^{(E-\zeta_1)/kT}+1} - \frac{1}{e^{(E-\zeta_2)/kT}+1}\right). \tag{21.8}$$

Zur Auswertung des Strombestandteils (21.7) führen wir im Geschwindigkeitsraum Zylinderkoordinaten v_x, ϱ, φ ein und beachten, daß $E = \frac{m}{2}(v_x^2 + \varrho^2)$, also $dE = m\varrho\, d\varrho$ ist. Dann lassen sich die Integrationen über φ und ϱ ausführen, mit Beachtung von (21.5) und $v = \sqrt{2\zeta/m}$ wird

$$J_1 = \frac{3}{v^3} \int_0^v v_x^2 D(v_x)\, dv_x \cdot J = J \cdot D_1. \tag{21.9}$$

D_1 ist, wie man sieht, stets kleiner als 1; sein genauer Wert interessiert nur, wenn er noch vergleichbar mit Eins ist (vgl. die qualitative Theorie). Unter dieser Voraussetzung kann die Exponentialfunktion (21.3) in eine Potenzreihe entwickelt und die Integration gliedweise ausgeführt werden, man erhält

$$\left.\begin{aligned} D_1 &= 1 - \frac{\sqrt{2mW}\, a}{\hbar}\, f\left(\frac{\zeta}{W}\right), \\ \text{wo}\qquad f(x) &= \tfrac{3}{4} \cdot x^{-3/2}\left[\arcsin\sqrt{x} + \sqrt{x(1-x)}\,(2x-1)\right] \end{aligned}\right\} \tag{21.10}$$

von 1,66 auf 1,18 fällt, wenn x von 0,5 auf 1 steigt. $\hbar/\sqrt{2mW}$ ist $1/2\pi$ mal der de Broglie-Wellenlänge eines Elektrons der Energie W; D_1 ist also schon wesentlich von 1 verschieden, wenn a von atomaren Dimensionen wird. Bereits in diesem Fall besteht also eine Potentialdifferenz an der Kontaktstelle. (Man vgl. jedoch den Einfluß der Bildkraft, Abschnitt c.)

Der Spannungsbestandteil (21.8) kann ganz ähnlich ausgewertet werden. Die Integration über $\varrho = \sqrt{v_y^2 + v_z^2}$ ist gleichbedeutend mit einer Integration über die Energie. Nun ist

$$\int dE\,(f_1 - f_2) = \int dE\left(\frac{1}{e^{(E-\zeta_1)/kT}+1} - \frac{1}{e^{(E-\zeta_2)/kT}+1}\right) = \zeta_1 - \zeta_2 = \Delta,$$

also bleibt die Integration über v_x auszuführen:

$$J_2 = 4\pi \frac{m^2}{h^3}\, \Delta \int_0^{\sqrt{2\zeta/m}} v_x\, dv_x\, D(v_x) = 4\pi \frac{m^2}{h^3}\, \Delta \int_{\sqrt{\frac{2}{m}w}}^{\sqrt{\frac{2}{m}W}} e^{-\frac{2mua}{\hbar}}\, u\, du, \tag{21.11}$$

mit $u = \sqrt{\frac{2}{m}W - v_x^2}$, $\Delta = \zeta_1 - \zeta_2$ und $w = W - \zeta$ = Austrittsarbeit. Die Integration läßt sich exakt ausführen und gibt

$$J_2 = \frac{\Delta}{4\pi h a^2}\left(e^{-2\frac{a}{\hbar}\sqrt{2mw}}\left(1 + 2\frac{a}{\hbar}\sqrt{2mw}\right) - e^{-2\frac{a}{\hbar}\sqrt{2mW}}\left(1 + 2\frac{a}{\hbar}\sqrt{2mW}\right)\right). \tag{21.12}$$

---

[1] Man beachte, daß im ersten Integral v_x positiv sein muß (Strom von der Kathode zur Anode), im zweiten negativ.

Wird der Abstand a der beiden Metalle groß gegen die Wellenlänge eines Elektrons von der Energie w, $\lambda = h/\sqrt{2mw}$, so ist in genügender Näherung

$$\left.\begin{aligned} J_2 &= \frac{\sqrt{2mw}}{h^2 a}\cdot\Delta\cdot e^{-2\frac{a}{h}\sqrt{2mw}} = \frac{1}{h a\lambda}\cdot\Delta\cdot e^{-4\pi a/\lambda}\,\frac{\text{Elektronen}}{\text{cm}^2} \\ &= 3{,}88\cdot 10^{11}\,\frac{\Delta}{a\lambda}\cdot 10^{-5{,}45 a/\lambda}\,\frac{\text{Amp}}{\text{cm}^2}, \end{aligned}\right\} \tag{21.13}$$

wenn Δ in Volt, a und λ in Ångström gemessen werden. Bei einer Austrittsarbeit $w = 3$ Volt ist z. B. $\lambda = 7$ Å, also

$$\Delta = 1{,}8\cdot 10^{-11}\, a J_2\cdot 10^{0{,}78 a}\ \text{Volt},$$

J_2 ist (außer bei ganz kleinen Abständen a, bei denen der „Strombestandteil" J_1 noch eine Rolle spielt) gleich dem Gesamtstrom J. Bei Abständen a von atomarer Größenordnung (2 bis 5 Å) ist der Widerstand der Kontaktstelle $\Omega = \Delta/J$ unmeßbar klein, bei etwa 10 Å beginnt er rasch zu steigen und erreicht bei 12 Å ein Ohm (wenn die Austrittsarbeit größer ist, schon etwas früher). Bis zu diesem Abstand gilt ungefähr das OHMsche Gesetz.

Wenn die beiden Metalle, welche die Kontaktstelle begrenzen, verschieden sind, insbesondere verschiedene Austrittsarbeit haben, ändert sich nichts Wesentliches. Insbesondere tritt keine Begünstigung des Stromes in einer bestimmten Richtung ein[1], da der Durchlässigkeitskoeffizient der Potentialschwelle in beiden Richtungen gleich ist. Quantitativ ändert sich natürlich der Widerstand der Kontaktstelle ein wenig, doch kann man in guter Annäherung einfach die *mittlere* Austrittsarbeit der beiden Metalle in unsere Formeln einsetzen, besonders bei etwas größeren Abständen der beiden Metalle.

c) Einfluß der Bildkraft. Die Bildkraft vermindert die Höhe der zu durchdringenden Potentialschwelle, erhöht also den Durchlässigkeitskoeffizienten bzw. vermindert den Widerstand des Kontaktes.

1. Bei sehr kleinem Abstand der Metalle tritt bei Berücksichtigung der Bildkraft nach der klassischen Elektrodynamik überhaupt keine Potentialschwelle auf. Um dies quantitativ zu verfolgen, muß man natürlich zunächst die Bildkraft berechnen, wenn sich ein Elektron zwischen zwei planparallelen Metallplatten befindet, deren Abstand a beträgt. Ist x der Abstand des Elektrons von einem Metall, so ergibt die klassische Elektrodynamik

$$\begin{aligned} B &= -\frac{e^2}{4}\left(\frac{1}{x} - \frac{1}{a} + \frac{1}{a+x} - \frac{1}{2a} + \cdots + \frac{1}{a-x} - \frac{1}{a} + \frac{1}{2a-x} - \frac{1}{2a} + \cdots\right) \\ &= -\frac{e^2}{2a}\left(\psi(1) - \frac{1}{2}\psi\!\left(\frac{x}{a}\right) - \frac{1}{2}\psi\!\left(1-\frac{x}{a}\right)\right) \end{aligned}$$

mit

$$\psi(u) = \frac{1}{\Gamma(u)}\,\frac{d\Gamma(u)}{du}.$$

Das Maximum von B liegt bei $x = \frac{1}{2}a$ (Elektron in der Mitte beider Metalle), in der Umgebung des Maximums ist

$$B = -\frac{e^2}{a}\left(\lg 2 + \left(\frac{2x}{a} - 1\right)^2\left(1 + \frac{1}{3^3} + \frac{1}{5^3} + \cdots\right)\right) = -\frac{e^2}{a}\left(0{,}694 + \left(\frac{2x}{a} - 1\right)^2\cdot 1{,}054\right). \tag{21.14}$$

Solange also

$$\frac{e^2}{a}\lg 2 > W, \qquad a < \frac{e^2\lg 2}{W} = \frac{10}{W} \qquad (W \text{ in Volt, } a \text{ in Ångström})$$

bleibt, ist die potentielle Energie im Zwischenraum nach der klassischen Elektrodynamik überall niedriger als im Metallinneren $(-W)$. Wenn das Gitterpotential W also z. B. 15 Volt beträgt, können die Metalle um 0,7 Å voneinander entfernt werden, ohne daß überhaupt eine Potentialschwelle auftritt, ohne daß also irgendeine Änderung gegenüber vollkommener Berührung erfolgt. (Das gilt allerdings nur, wenn der klassische Ausdruck für die Bildkraft bis in beliebige Nähe der Metalloberfläche richtig ist, und das ist bekanntlich in Wirklichkeit nicht der Fall. Immerhin wird durch die Bildkraft, auch wenn man sie quantenmechanisch

[1] Vgl. dazu jedoch Abschnitt e.

berechnet, die Abnahme des Durchlässigkeitskoeffizienten bei geringer Entfernung der beiden Metalle auf jeden Fall stark verlangsamt.)

2. Mittlere Abstände. Der Abstand a sei zwar größer als $e^2 \lg 2/W$, jedoch kleiner als

$$a_0 = e^2 \lg 2/w = 10/w \quad (w \text{ Austrittsarbeit in Volt}). \tag{21.15}$$

Dann müssen zwar die langsameren Elektronen eine Potentialschwelle durchdringen, die schnelleren, für welche v_x nahezu $\sqrt{\frac{2}{m}\zeta}$ ist, gehen dagegen ungehindert über den Potentialberg fort. Es gilt:

$$\begin{cases} D(v_x) = 1 & \text{für} \quad v_x > \sqrt{\frac{2}{m}\left(W - \frac{e^2}{a}\lg 2\right)}, \\ D(v_x) \text{ nimmt exponentiell ab für} & v_x < \sqrt{\frac{2}{m}\left(W - \frac{e^2}{a}\lg 2\right)}. \end{cases}$$

Einsetzen in (21.11) gibt

$$J_2 = 4\pi \frac{m}{h^3} \Delta \left(\frac{e^2}{a}\lg 2 - w\right). \tag{21.16}$$

Der Widerstand Δ/J nimmt also nicht exponentiell mit a zu, sondern nur wie $a/(a_0 - a)$, wo der kritische Abstand a_0 für $w = 3$ Volt etwa 3,3 Å beträgt. (Bei derartigen Abständen von der Metalloberfläche dürfte die Anwendung der klassischen Bildkrafttheorie bereits legitim sein.)

3. Größere Abstände. Erst für $a > a_0$ [vgl. (21.15)] beginnt der Durchlässigkeitskoeffizient der Kontaktstelle überhaupt merklich abzufallen. Er ist (vgl. Ziff. 19)

$$D(v_x) = e^{-\frac{\sqrt{8m}}{\hbar}\int dx \sqrt{W + B - \frac{m}{2}v_x^2}},$$

wobei das Integral über das Gebiet zu erstrecken ist, in welchem der Ausdruck unter der Wurzel positiv ist. Approximiert man diesen Ausdruck durch eine quadratische Funktion

$$Q = W - \frac{e^2}{a}\lg 2 - \frac{m}{2}v_x^2 - c\left(x - \frac{a}{2}\right)^2,$$

welche die gleichen Nullstellen und das gleiche Maximum hat wie der Wurzelausdruck selbst, so erhält man

$$D = \exp\left[-\frac{\pi}{2\hbar}\sqrt{2m}\left(a - \frac{e^2}{2W - m v_x^2}\right)\sqrt{W - \frac{1}{2}m v_x^2 - \frac{e^2}{a}\lg 2}\right], \tag{21.17}$$

und für den Strom ergibt sich anstatt (21.13)

$$J = \frac{4}{\pi}\frac{\sqrt{2mw}}{h^2 a} \cdot \Delta \cdot e^{-\frac{\pi a}{2\hbar}\sqrt{2mw}\sqrt{1 - \frac{e^2}{aw}\lg 2}\left(1 - \frac{e^2}{2aw}\right)}. \tag{21.18}$$

Der Widerstand $\Omega = \Delta/J$ wird gleich 1 Ohm, wenn der Abstand a = ca. 20 Å ist (anstatt 12 Å ohne Bildkraft)[1].

d) Widerstand bei sehr großem Abstand der Metalle. Die Potentialdifferenz Δ wird in diesem Fall, wie schon in Abschnitt a bemerkt, so groß, daß nur noch Elektronen in der Stromrichtung vom einen Metall zum anderen gehen. Die Stärke des Stroms ist ebenso groß, wie wenn ein homogenes Feld der Stärke $F = \Delta/a$ wirken würde. Nach Tabelle 4 (S. 441) ist zur Erzielung eines Stroms von 1 Amp je nach der Austrittsarbeit ein Feld von ca. 8 bis 30 Millionen Volt/cm erforderlich, also ist die Potentialdifferenz an der Kontaktstelle

$$\Delta = 0{,}08 \text{ bis } 0{,}3\,a, \tag{21.19}$$

wenn a in Ångström gemessen wird und Δ in Volt.

---

[1] Allerdings kommt der Durchlässigkeitskoeffizient etwas zu groß heraus, wenn man die quadratische Funktion Q statt des richtigen Wurzelausdrucks setzt. Besser setzt man in (21.18) etwa 3,5 bis 3,7, anstatt π, dann wird für a = ca. 18 Å der Widerstand 1 Ohm erreicht.

Bei einer Änderung des Stroms auf das Zehnfache ändert sich die nötige Potentialdifferenz (vgl. Tab. 4) um etwa 10%, das OHMsche Gesetz gilt also keineswegs.

e) Detektorwirkung[1]. Wir haben bisher angenommen, daß die beiden aneinandergrenzenden Substanzen einen genügenden Vorrat von Leitungselektronen besitzen, also Metalle sind. Unter diesen Umständen ist der Strom, der bei gegebener Potentialdifferenz Δ zwischen den Metallen[2] vom einen zum anderen fließt, praktisch unabhängig davon, welches von beiden Anode ist und welches Kathode. Der Strom wird also durch die Kontaktstelle nicht gerichtet.

Anders, wenn eine der beiden Substanzen ein Halbleiter ist: Bei Halbleitern befinden sich (vgl. Ziff. 17) die weitaus meisten Elektronen in „abgeschlossenen Schalen", nur ein geringer, mit der Temperatur wachsender Bruchteil ist „frei" (befindet sich im obersten, unabgeschlossenen Energieband) und kann an der Leitung teilnehmen. Ausschließlich dieser Bruchteil ist auch nur befähigt, in ein angrenzendes Metall überzutreten: Wenn also die potentielle Energie der Elektronen im Halbleiter erhöht wird, so tritt dadurch nur eine sehr begrenzte Steigerung des Stromes vom Halbleiter zum Metall ein: Dieser kann höchstens gleich der Anzahl „freier" Elektronen pro Volumeinheit mal deren Geschwindigkeit werden, und das ist, besonders bei tiefen Temperaturen, ein verhältnismäßig kleiner Strom. Beim umgekehrten Übergang vom Metall in den Halbleiter wäre dagegen der Sättigungsstrom wegen der großen Anzahl „freier" Elektronen im Metall außerordentlich groß und wird in praxi nie erreicht.

Wir kommen zur quantitativen Rechnung. Wir wissen aus Ziff. 17, daß bei Halbleitern die Grenzenergie der Fermiverteilung im allgemeinen etwa in der Mitte zwischen zwei Energiebändern liegt. Wir setzen die Grenzenergie willkürlich gleich 0, E_1 sei die Energie des unteren Randes des nächsthöheren Bandes. Dann ist die Verteilung der Elektronen auf dieses höhere Band praktisch die MAXWELLsche, d. h. die Wahrscheinlichkeit der Besetzung eines Zustands, dessen Energie um E höher liegt als der untere Rand des Bandes, ist nahezu

$$f_1 = e^{-(E_1 + E)/kT} \tag{21.20}$$

vorausgesetzt, daß $E_1 \gg kT$. Wir brauchen uns wegen des raschen Abfalls der Verteilungsfunktion mit steigender Energie bloß um die untersten Teile des Energiebandes kümmern. Dort wird die Energie bei kubischer Gitterstruktur dargestellt durch

$$E = \omega_1 (k_x^2 + k_y^2 + k_z^2)\,, \tag{21.21}$$

wo ω_1 eine Konstante ist. Die Anzahl Quantenzustände pro Energieintervall ist

$$N(E)\,dE = \frac{1}{(2\pi)^3} \frac{2\pi}{\omega_1^{3/2}} \sqrt{E}\, dE\,. \tag{21.22}$$

Die Anzahl Elektronen, die pro Zeiteinheit durch die Flächeneinheit vom Halbleiter ins Metall (Abb. 39) übertreten, ist

$$J_1 = \frac{1}{(2\pi)^3} \int_0^\infty dk_x \int_{-\infty}^\infty dk_y \int_{-\infty}^\infty dk_z\, e^{-[E_1 + \omega_1 (k_x^2 + k_y^2 + k_z^2)]/kT} \cdot D(k_x)\, \frac{2\omega_1 k_x}{\hbar}\,. \tag{21.23}$$

Wenn die Grenzenergie der Fermiverteilung im Metall den *gleichen* Wert hat wie im Halbleiter, so muß der Strom vom Metall in den Halbleiter J_2 nach unseren

[1] J. FRENKEL, Wave Mechanics, S. 249.

[2] Wenn die Grenzenergie der Fermiverteilung in beiden Metallen die gleiche ist, soll die Potentialdifferenz nach wie vor Null heißen.

allgemeinen Sätzen (Ziff. 20) genau so groß sein wie J_1*. Ist die potentielle Energie der Elektronen im Metall um Δ höher, so wird

$$J_2 = \frac{1}{(2\pi)^3}\int_0^\infty dk_x \int_{-\infty}^{\infty} dk_y \int_{-\infty}^{\infty} dk_z\, e^{-[E_1-\Delta+\omega_1(k_x^2+k_y^2+k_z^2)]/kT}\cdot D(k_x)\,\frac{2\omega_1 k_x}{\hbar} \qquad (21.24)$$

$$= J_1 e^{\Delta/kT}.$$

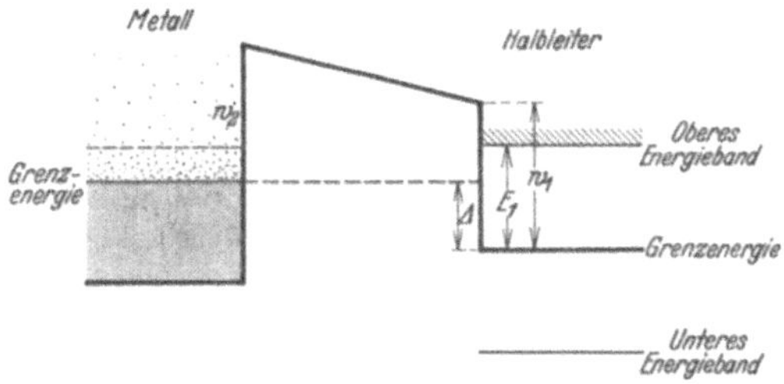

Abb. 39. Detektorwirkung. Dick ausgezogen: Potentialverlauf. Δ = Kontaktpotentialdifferenz. Der Strom fließt vom Metall (links) zum Halbleiter (rechts). Nur die Elektronen oberhalb der gestrichelten Linie links können übertreten. Die Dichte der Punkte links soll der Besetzungszahl der Zustände proportional sein.

Es ergibt sich ein resultierender Strom vom Metall zum Halbleiter

$$J = J_1(e^{\Delta/kT} - 1). \qquad (21.25)$$

Ist umgekehrt die potentielle Energie im Metall *niedriger* als im Halbleiter, so findet man einen Strom in umgekehrter Richtung von der Größe

$$J' = J_1'(1 - e^{-\Delta/kT}). \qquad (21,25\text{a})$$

J_1' stimmt nicht genau mit J_1 überein, weil der Durchlässigkeitskoeffizient des Kontakts davon abhängt, ob das Potential vom Halbleiter zum Metall steigt oder fällt. Abb. 39 erläutert die Verhältnisse: Da wir die Fermische Grenzenergie im Halbleiter gleich Null gesetzt haben, ist die potentielle Energie eines Elektrons im Vakuum nahe der Oberfläche des Halbleiters w_1 (Austrittsarbeit des Halbleiters). Die Grenzenergie im Metall ist nach Voraussetzung Δ, die potentielle Energie nahe der Oberfläche also $w_2 + \Delta$. Beträgt die Gesamtenergie eines Elektrons nun E_1 (unterer Rand des oberen Energiebandes im Halbleiter), so ist der Durchlässigkeitskoeffizient des Kontakts bei Absehung von der Bildkraft

$$\left.\begin{aligned} D(0) &= e^{-2\frac{\sqrt{2m}}{\hbar}\int_0^a dx\sqrt{w_1-E_1+(w_2+\Delta-w_1)\frac{x}{a}}} \approx e^{-2\frac{\sqrt{2m}}{\hbar}a\left(\frac{1}{2}\sqrt{w_1-E_1}+\frac{1}{2}\sqrt{w_2+\Delta-E_1}\right)} \\ &\approx D_0\, e^{-\sqrt{\frac{m}{2(w_2-E_1)}}\frac{\Delta}{\hbar}a}, \end{aligned}\right\} \qquad (21.26)$$

mit

$$D_0 = e^{-\frac{\sqrt{2m}}{\hbar}a\left(\sqrt{w_1-E_1}+\sqrt{w_2-E_1}\right)}. \qquad (21.26\text{a})$$

Also ist

$$J_1' = J_1 e^{\sqrt{\frac{2m}{w_2-E_1}}\frac{\Delta}{\hbar}a} \qquad (21.27)$$

und

$$J/J' = e^{\Delta\left(\frac{1}{kT}-\frac{a}{\hbar}\sqrt{\frac{2m}{w_2-E_1}}\right)} = e^{\frac{\Delta}{k}\left(\frac{1}{T}-\frac{1}{T_0}\right)}, \qquad (21.28)$$

wo

$$T_0 = \frac{\hbar}{ak}\sqrt{\frac{w_2-E_1}{2m}} \qquad (21.28\text{a})$$

im allgemeinen sehr groß ist; z. B. wird für $a = 10^{-7}$ cm und $w_2 - E_1 = 1$ Volt $T_0 = 2200°$.

Der Strom vom Metall zum Halbleiter ist also nahezu im Verhältnis $e^{\Delta/kT}$ größer als umgekehrt, der Strom hat eine ausgesprochene Vorzugsrichtung. Diese Vorzugsrichtung wird noch begünstigt durch den Umstand, daß die

* Das sieht auf den ersten Blick unmöglich aus, man erwartet $J_2 \gg J_1$. Daß $J_1 = J_2$ ist, liegt daran, daß der Durchlässigkeitskoeffizient der Kontaktstelle in der Richtung Metall-Halbleiter Null wird, wenn die Energie des Elektrons kleiner als $E_1 + \omega_1(k_y^2 + k_z^2)$ ist, weil dann der betreffende Quantenzustand im Halbleiter nicht existenzfähig ist. Für $E > E_1 + \omega_1(k_y^2 + k_z^2)$ ist der Durchlässigkeitskoeffizient in beiden Richtungen der gleiche.

Potentialdifferenz Δ zwischen Halbleiter und Metall viel größer sein muß, als sie (bei gleichem Abstand der Leiter voneinander zur Erzielung des gleichen Stromes) bei zwei Metallen sein müßte. Das liegt wieder daran, daß nur ganz wenige Elektronen überhaupt im oberen Energieband des Halbleiters vorhanden sind. Ausrechnung von (21.23) gibt

$$J_1 = \left(\frac{1}{2\pi}\right)^3 \pi \frac{(kT)^2}{\hbar\omega_1} D_0 e^{-\frac{1}{2}\frac{\Delta}{kT_0} - \frac{E_1}{kT}} = \frac{2\pi m^* k^2 T^2}{h^3} D_0 e^{-\frac{E_1}{kT} - \frac{1}{2}\frac{\Delta}{kT_0}}, \qquad (21.29)$$

wenn $\omega_1 = h^2/8\pi^2 m^*$ gesetzt wird. Mit $m^* = 2 \cdot 10^{-27}$ g, $E_1 = 1$ Volt und $T = 300°$ wird der Strom

$$J_1 = 2 \cdot 10^{-10} D_0 \cdot e^{-\frac{\Delta}{2kT_0}} \text{ Amp/cm}^2. \qquad (21.30)$$

Der Faktor $e^{-E_1/kT}$ reduziert demnach den Strom Halbleiter-Metall auf ein Minimum. *Ein nennenswerter Strom vom Halbleiter zum Metall kann selbst dann nicht fließen, wenn der Kontakt alle Elektronen durchläßt* ($D_0 = 1$). Die Übergangsstelle läßt praktisch überhaupt *nur* einen (Elektronen-) Strom vom Metall zum Halbleiter durch, und auch dieser ist bloß nennenswert, wenn Δ von der Größenordnung E_1 wird, wenn also die Grenzenergie der Fermiverteilung im Metall etwa übereinstimmt mit der unteren Grenze des schwachbesetzten Energiebandes im Halbleiter. Weniger extrem sind die Verhältnisse, wenn E_1 sehr klein, etwa gleich $^1/_2$ Volt ist, dann wird

$$J_1 = 0{,}05 \cdot D_0 e^{-\frac{1}{2}\Delta/kT_0} \frac{\text{Amp}}{\text{cm}^2}, \qquad (21.31)$$

d. h. ein Strom vom Halbleiter zum Metall ist dann bei inniger Berührung möglich. Bei einigermaßen großem Abstand von Metall und Halbleiter (kleinem Durchlässigkeitskoeffizienten) kann aber auch hier nur ein Strom vom Metall zum Halbleiter übergehen, und zwar muß $\Delta \gg kT$ sein.

Wir haben bisher noch vergessen, daß auch die unbesetzten Zustände am oberen Rande des nächsttieferen, fast vollbesetzten Energiebandes des Halbleiters zur Leitfähigkeit beitragen. Auf den ersten Blick scheint es, als ob die Mitberücksichtigung dieser Zustände den eben besprochenen Detektoreffekt vollkommen wieder aufheben würde. Dies wäre aber nur dann der Fall, wenn der Durchlässigkeitskoeffizient für die betreffenden Elektronen derselbe wäre wie für die Elektronen am unteren Rande des oberen Bandes. In Wirklichkeit ist er viel kleiner als für die letzteren, sobald die Entfernung zwischen Metall und Halbleiter wenigstens etwa 5 Å beträgt. Dadurch wird der Beitrag dieser Zustände tiefer Energie zum übergehenden Strom sehr stark reduziert und die Detektorwirkung bleibt erhalten.

b) Strahlungsvorgänge.

22. Allgemeines über die Absorption von Metallen. a) Berechnung des Absorptionskoeffizienten. Auf ein Metall falle eine Lichtwelle mit dem Vektorpotential

$$\mathfrak{A} = A_x = \frac{c \cdot F}{2\pi\nu} \cos 2\pi\nu\left(t - \frac{nz}{c}\right), \qquad A_y = A_z = 0. \qquad (22.1)$$

Die Welle pflanzt sich in der z-Richtung fort, ihr elektrischer Vektor schwingt in der x-Richtung, n ist der Brechungsindex des Metalls für Licht von der Frequenz ν. Die Lichtwelle regt Elektronen zu höheren Energieniveaus an und wird dabei absorbiert.

Um die Wahrscheinlichkeit eines Absorptionsprozesses zu berechnen, gehen wir aus von der zeitabhängigen Schrödingergleichung für ein Elektron im Metall unter dem Einfluß der Lichtwelle:

$$i\hbar \frac{\partial\psi}{\partial t} = -\frac{\hbar^2}{2m}\Delta\psi + V\psi + \frac{e\hbar}{mci}(\mathfrak{A}, \operatorname{grad}\psi). \qquad (22.2)$$

Bei Abwesenheit der Lichtwelle wird die Schrödingergleichung durch die Eigenfunktionen der Metallelektronen gelöst:

$$\psi_{n\mathfrak{k}} = G^{-3/2} u_{n\mathfrak{k}}(\mathfrak{r})\, e^{i(\mathfrak{k},\mathfrak{r}) - \frac{i}{\hbar} E_n(\mathfrak{k})\, t}. \tag{22.3}$$

Dabei soll $\mathfrak{k}$ die „reduzierte" Wellenzahl sein (Ziff. 8c), $E_n(\mathfrak{k})$ der $n$te der zur Wellenzahl $\mathfrak{k}$ gehörigen Eigenwerte; die Funktion $u_{n\mathfrak{k}}(\mathfrak{r})$ hat die Periodizität des Metallgitters und ist pro Elementarzelle normiert, während ψ in einem „Grundgebiet" normiert ist, welches G^3 Elementarzellen enthält. Die Komponenten des Ausbreitungsvektors $\mathfrak{k}$ müssen die Form haben

$$k_1 = \frac{2\pi}{G a_1}\varkappa_1, \qquad k_2 = \frac{2\pi}{G a_2}\varkappa_2, \qquad k_3 = \frac{2\pi}{G a_3}\varkappa_3, \tag{22.4}$$

(Periodizitätsbedingung), wobei a_1, a_2, a_3 die Längen der drei Kristallachsen sind und $\varkappa_1, \varkappa_2, \varkappa_3$ ganze Zahlen.

Die Lösung der Schrödingergleichung (22.2) kann in bekannter Weise nach den Eigenfunktionen der Metallelektronen *ohne* Lichtwelle entwickelt werden:

$$\psi = \sum_{n\mathfrak{k}} a_{n\mathfrak{k}}(t)\, \psi_{n\mathfrak{k}}(\mathfrak{r}). \tag{22.5}$$

Nehmen wir an, daß zur Zeit Null nur der Zustand $n, \mathfrak{k}$ angeregt war:

$$a_{n\mathfrak{k}}(0) = 1, \qquad a_{n'\mathfrak{k}'} = 0, \qquad \text{wenn} \quad n' \neq n \quad \text{oder} \quad \mathfrak{k}' \neq \mathfrak{k}, \tag{22.6}$$

so berechnet sich die Wahrscheinlichkeit dafür, daß zur Zeit t der Zustand $n'\mathfrak{k}'$ angeregt ist, nach bekannten Methoden der Störungstheorie (DIRAC) zu

$$\left.\begin{aligned} |a_{n'\mathfrak{k}'}(t)|^2 = \left(\frac{eF}{4\pi m\nu}\right)^2 \cdot G^{-6} \left| \int e^{i\left(\mathfrak{k} + \frac{2\pi n\nu}{c}\mathfrak{z} - \mathfrak{k}', \mathfrak{r}\right)} \overset{*}{u}_{n'\mathfrak{k}'} \left(\frac{\partial u_{n\mathfrak{k}}}{\partial x} + i k_x u_{n\mathfrak{k}}\right) d\tau \right|^2 \\ \cdot 2\, \frac{1 - \cos 2\pi\left(\nu - \frac{E_{n'} - E_n}{h}\right) t}{(2\pi)^2 \left(\nu - \frac{E_{n'} - E_n}{h}\right)^2}. \end{aligned}\right\} \tag{22.7}$$

Dabei ist $\mathfrak{z}$ ein Einheitsvektor in der Fortpflanzungsrichtung der Lichtwelle. Die Integration in dem Matrixelement

$$M_{n\mathfrak{k}}^{n'\mathfrak{k}'} = G^{-3} \int e^{i\left(\mathfrak{k} + \frac{2\pi n\nu}{c}\mathfrak{z} - \mathfrak{k}', \mathfrak{r}\right)} \overset{*}{u}_{n'\mathfrak{k}'} \left(\frac{\partial u_{n\mathfrak{k}}}{\partial x} + i k_x u_{n\mathfrak{k}}\right) d\tau \tag{22.8}$$

ist über das „Grundgebiet" von G^3 Elementarzellen zu erstrecken. Wegen der Größe des Grundgebietes bedeutet es keine Einschränkung der Allgemeinheit, wenn wir annehmen, daß die Komponenten des Ausbreitungsvektors der Lichtwelle, $\frac{2\pi\nu n}{c}\mathfrak{z}$, in Richtung der drei Kristallachsen die Form $\frac{2\pi}{G a_1}\lambda_1, \frac{2\pi}{G a_2}\lambda_2, \frac{2\pi}{G a_3}\lambda_3$ mit ganzzahligen $\lambda_1\lambda_2\lambda_3$ haben. Wir können ferner das Integral über das Grundgebiet (22.8) ersetzen durch eine Summe von Integralen über die einzelnen Elementarzellen, indem wir den Ortsvektor $\mathfrak{r}$ zerlegen in den Ortsvektor des nächstbenachbarten Gitterpunkts, $\mathfrak{n}$, und die Entfernung des Punktes $\mathfrak{r}$ vom Gitterpunkt, $\mathfrak{r}' = \mathfrak{r} - \mathfrak{n}$. Beachtet man dann, daß die Funktionen u die Periodizität des Gitters haben, so wird

$$\left.\begin{aligned} M_{n\mathfrak{k}}^{n'\mathfrak{k}'} = G^{-3} \int e^{i\left(\mathfrak{k} + \frac{2\pi n\nu}{c}\mathfrak{z} - \mathfrak{k}', \mathfrak{r}'\right)} \cdot \overset{*}{u}_{n'\mathfrak{k}'}(\mathfrak{r}') \left[\frac{\partial u_{n\mathfrak{k}}}{\partial x} + i k_x u_{n\mathfrak{k}}\right] d\tau_0 \\ \cdot \sum_{\mathfrak{n}} e^{i\left(\mathfrak{k} + \frac{2\pi\nu n}{c}\mathfrak{z} - \mathfrak{k}', \mathfrak{n}\right)}, \end{aligned}\right\} \tag{22.9}$$

wobei das erste Integral nur mehr über die Elementarzelle Null geht, während in der Summe $\mathfrak{n}$ alle Gitterpunkte des Grundgebiets durchläuft. Man sieht unmittelbar, daß der Wert der Summe Null ist, außer wenn

$$\mathfrak{k}' = \mathfrak{k} + \frac{2\pi\nu n}{c}\mathfrak{z}\,(+\, 2\pi\mathfrak{g}) \tag{22.10}$$

ist, wo $\mathfrak{g}$ ein Vektor im reziproken Gitter ist.

Es muß also der reduzierte Ausbreitungsvektor des Elektrons nach der Lichtabsorption gleich dem Ausbreitungsvektor vor der Absorption plus demjenigen des absorbierten Lichtes sein (evtl. bis auf einen Vektor im reziproken Gitter). Bei Erfüllung dieser Bedingung ist der Wert der Summe in (22.9) G^3, also

$$M_{n\mathfrak{k}}^{n'\mathfrak{k}'} = \int u_{n'\mathfrak{k}'}^{*}(\mathfrak{r}') \left[\frac{\partial u_{n\mathfrak{k}}}{\partial x} + i k_x u_{n\mathfrak{k}}\right] d\tau_0, \tag{22.11}$$

wenn, wie im allgemeinen der Fall, der Vektor $\mathfrak{g}$ in (22.10) verschwindet. Für sichtbares und ultraviolettes Licht ist nun die Wellenzahl $\frac{2\pi\nu n}{c} = \frac{2\pi}{\lambda}$ der Lichtwelle von der Größenordnung 10^4 bis 10^5 cm^{-1}, während die Wellenzahl k der Elektronen von der Größenordnung des reziproken Atomabstands, also 10^8 cm^{-1}, ist. Man kann also sagen, daß die Wellenzahl des Elektrons bei der Absorption praktisch ungeändert bleiben muß. [Das zweite Glied in (22.11) verschwindet dann, da $u_{n'\mathfrak{k}'}$ und $u_{n\mathfrak{k}}$ orthogonal sind.] Erst bei der Absorption von Röntgenstrahlen wird das anders.

Damit Absorption eintritt, muß aber außer der Interferenzbedingung (22.10) auch der Energiesatz

$$E_{n'} = E_n + h\nu \tag{22.12}$$

befriedigt (oder mindestens nahezu befriedigt) sein, denn nur dann hat der in (22.7) eingehende zeitabhängige Faktor $\Omega(E + h\nu - E')$ einen beträchtlichen Wert. Dabei ist definiert

$$\Omega(x) = 2 \cdot \frac{1 - \cos\frac{x}{\hbar}t}{\left(\frac{x}{\hbar}\right)^2}. \tag{22.13}$$

Nun interessiert uns nicht die Wahrscheinlichkeit eines einzelnen Absorptionsprozesses, sondern die Gesamtabsorption. Um diese zu erhalten, haben wir (22.7) über alle Zustände $\mathfrak{k}$ zu summieren, für welche der Energiesatz

$$W(\mathfrak{k}) = E_{n'}\left(\mathfrak{k} + \frac{2\pi n\nu}{c}\mathfrak{z}\right) - E_n(\mathfrak{k}) = h\nu \tag{22.14}$$

nahezu erfüllt ist. Um die in Frage kommenden Zustände besser übersehen zu können, zeichnen wir im Raume der Wellenzahlen $\xi = a_1 k_1$, $\eta = a_2 k_2$, $\zeta = a_3 k_3$ die Flächen, auf denen die Energiedifferenz $W(\mathfrak{k})$ konstant ist, insbesondere diejenige, auf der $W(\mathfrak{k})$ gerade den Wert $h\nu$ hat.

Auf dieser Fläche führen wir orthogonale Koordinaten u, v ein sowie eine dritte Koordinate w in der Richtung senkrecht zur Fläche. Nun befinden sich in einem Volumen $(2\pi/G)^3$ des Wellenzahlraumes gerade zwei (Spin!) der durch (22.4) charakterisierten Quantenzustände. Die Gesamtzahl der Absorptionsprozesse in unserem Metallstück beträgt also

$$A' = 2\int |a_{n'\mathfrak{k}'}(t)|^2 du\,dv\,dw \left(\frac{G}{2\pi}\right)^3, \tag{22.15}$$

wobei das Integral über die Umgebung unserer Fläche, also über ein kleines Gebiet der Koordinate w zu erstrecken ist. Beachten wir nun, daß für alle w, für welche $\Omega(W - h\nu)$ beträchtlich ist,

$$E' - E - h\nu = W - h\nu = |\operatorname{grad} W|\, w \tag{22.16}$$

gilt, so können wir die Integration nach w ausführen und erhalten

$$A' = 2\left(\frac{G}{2\pi}\right)^3 \left(\frac{eF}{4\pi m\nu}\right)^2 \cdot \int \frac{|M(\mathfrak{k})|^2}{|\operatorname{grad} W|}\, d\sigma\, h t$$

für die Anzahl Absorptionsprozesse in einem Metallstück mit G^3 Atomen während der Zeit t.

Also ist
$$A = 2\frac{Nh}{(2\pi)^3}\left(\frac{eF}{4\pi m\nu}\right)^2\int\frac{|M|^2}{|\operatorname{grad} W|}\,d\sigma \tag{22.17}$$
die Anzahl der Absorptionsprozesse pro cm³ und sec, wenn N die Anzahl Atome pro cm³ bedeutet. Das Integral geht über die Fläche $W = h\nu$ im Wellenzahlraum, das Matrixelement M und der Gradient der Energiedifferenz W variieren auf dieser Fläche von Punkt zu Punkt.

Wir berechnen noch den Absorptionskoeffizienten $\varkappa$: Der POYNTINGsche Energiestrom der einfallenden Strahlung beträgt $J = \frac{cn}{8\pi}\cdot\frac{F^2}{h\nu}$ Quanten pro sec und cm², so daß der Absorptionskoeffizient
$$\varkappa = \frac{A}{J} = \frac{Ne^2\hbar^2}{2\pi^2 m^2 c\nu n}\cdot\int\frac{|M|^2}{|\operatorname{grad} W|}\,d\sigma = \frac{\varrho}{A}\cdot 87\cdot\lambda_i\cdot\int\frac{|M|^2}{|\operatorname{grad} W|}\,d\sigma \tag{22.18}$$
wird, wo ϱ die Dichte und A das Atomgewicht des absorbierenden Metalls und λ_i die Wellenlänge des Lichts im Metallinnern in Ångström ist, während die Energiedifferenz W und das Matrixelement M (Übergangswahrscheinlichkeit) in atomaren Einheiten (e^2/a_0 bzw. $1/a_0$, a_0 = Wasserstoffradius) zu messen sind und $\varkappa$ in cm⁻¹.

Die Formel (22.18) gewinnt an Klarheit, wenn man sie ein wenig schematischer schreibt. Wir wollen uns für ein Metallstück vom Volum 1 cm³ sämtliche Energiedifferenzen zwischen je zwei Zuständen gleicher Wellenzahl der Größe nach geordnet denken und die Anzahl der Energiedifferenzen zwischen $h\nu$ und $h(\nu + d\nu)$ mit $h\gamma(\nu)\,d\nu$ bezeichnen. $\overline{|M|^2(\nu)}$ sei der Mittelwert von $|M|^2$ über alle diese Übergänge. Dann ist
$$\gamma(\nu)\,\overline{|M|^2(\nu)} = \frac{N}{(2\pi)^3}\int\frac{|M|^2}{|\operatorname{grad} W|}\,d\sigma,$$
folglich
$$\varkappa = \frac{1}{n\nu}\cdot\frac{1}{\pi c}\cdot\left(\frac{eh}{m}\right)^2\gamma(\nu)\,\overline{|M|^2(\nu)}\,. \tag{22.19}$$

b) Allgemeine Struktur des Absorptionsspektrums. Die Absorption von Licht kann natürlich nur dann stattfinden, wenn das untere (Ausgangs-) Niveau von einem Elektron besetzt, das obere (End-) Niveau unbesetzt ist.

Es zeigt sich nun zunächst, daß ein Übergang zwischen zwei Zuständen des *gleichen Energiebands* durch einen Absorptionsprozeß *nicht möglich* ist. Betrachten wir nämlich zwei Zustände $(k_x k_y k_z)$ und $(k_x, k_y, k_z + \Delta k_z)$ des gleichen Bandes, so unterscheidet sich deren Energie um den Betrag
$$\Delta E = \frac{\partial E}{\partial k_z}\cdot\Delta k_z = \hbar v_z\cdot\Delta k_z, \tag{22.20}$$
wo v_z die Geschwindigkeit des Elektrons in der z-Richtung ist. Nun muß nach den Interferenzbedingungen (22.10), (22.14) die Frequenz des Lichtes den Bedingungen
$$\frac{2\pi\nu n}{c} = \Delta k_z, \quad \text{also} \quad \nu = \frac{c}{2\pi n}\Delta k_z, \tag{22.21}$$
und
$$\nu = \frac{\Delta E}{h} = \frac{v_z}{2\pi}\Delta k_z \tag{22.22}$$
gleichzeitig genügen, was wegen $v_z \ll c$ offenbar unmöglich ist.

Die wichtigste Aussage, die sich rein theoretisch über das Absorptionsspektrum machen läßt, ist die, daß die Absorption stets erst bei höheren Frequenzen, jenseits einer Grenzfrequenz ν_0, einsetzen kann[1]. Damit es nämlich

[1] Wir sprechen dabei von der „eigentlichen“ Absorption, für die wir im vorigen Abschnitt die Formeln abgeleitet haben. Bei dieser Absorption springt ein Elektron in ein anderes Energieband. Davon zu unterscheiden ist die „klassische“ Absorption, die wesentlich durch die Leitfähigkeit bedingt wird (Ziff. 52), und die Absorption, bei der außer einem Elektron auch Gitterschwingungen mit angeregt werden (Ziff. 53).

möglich wäre, daß Licht von der Frequenz Null absorbiert wird, müßten zwei Zustände existieren:

(1) deren Energie gleich (bzw. fast gleich) ist,
(2) von denen der eine besetzt ist, der andere unbesetzt,
(3) welche die gleiche Wellenzahl haben,
(4) welche verschiedenen Energiebändern angehören.

Um diese Bedingungen zu erfüllen, muß man vor allem verlangen, daß Zustände mit einer Energie nahe gleich der FERMIschen Grenzenergie nicht bloß in einem, sondern in mindestens zwei Energiebändern vorkommen, mit anderen Worten, daß es nicht bloß *ein* „höchstes besetztes Energieband" gibt, sondern mindestens zwei sich überdeckende. Diese Überdeckung müßte aber weiterhin derart erfolgen, daß für gewisse Wellenzahlen $\mathfrak{k}$ die zu den beiden Bändern gehörigen Eigenwerte $E_1(\mathfrak{k})$ und $E_2(\mathfrak{k})$ gleich sind („ideale Überdeckung").

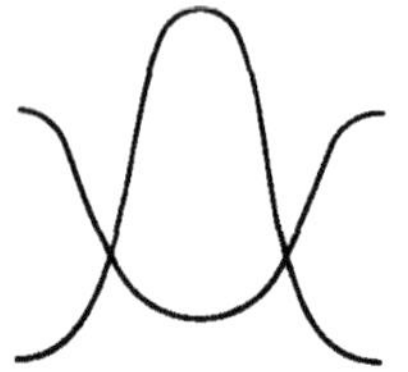

Abb. 40a. Schnitt zweier Energiekurven (wellenmechanisch nicht gestattet, vgl. Abb. 40b). Abszisse: Wellenzahl, Ordinate: Energie.

Was das bedeutet, erkennt man am besten am eindimensionalen Fall: Wir denken uns die Kurven der Energie als Funktion der reduzierten Wellenzahl gezeichnet, jedem Energieband entspricht eine Kurve. Dann müssen sich, damit Licht von der Frequenz Null absorbiert werden kann, zwei der Kurven schneiden (Abb. 40a) und zudem muß die Energie des „Schnittpunktes" nahezu gleich der Grenzenergie ζ sein. Schon das erste — der Schnitt der Kurven — ist aber bekanntlich unmöglich: Wenn irgendeine noch so kleine „Wechselwirkung" zwischen den Energiebändern vorhanden ist, müssen die Kurven aneinander vorbeigehen, wie es Abb. 40b zeigt. Die kleinste absorbierbare Frequenz wäre dann $\nu_0 = \Delta/h$, wo Δ der Minimalabstand der beiden Energiekurven ist. Dabei ist aber die Bedingung (2) noch nicht berücksichtigt, und diese wird in den meisten Fällen die Absorption der Frequenz Δ/h verhindern. Denn im allgemeinen wird, wie in Abb. 40b gezeichnet, die Grenzenergie ζ wesentlich über (oder unter) der Energie liegen, bei der sich die Kurven E_1 und E_2 maximal nähern. Die minimale absorbierbare Frequenz ist dann $\nu_0 = \varepsilon/h$, dabei ist ε (vgl. Abb. 40b) die Energiedifferenz zwischen *demjenigen* Zustand des oberen Energiebandes, dessen Energie gleich der Grenzenergie ist, und dem Zustand gleicher Wellenzahl im unteren Band. ε wird im allgemeinen nicht besonders klein sein.

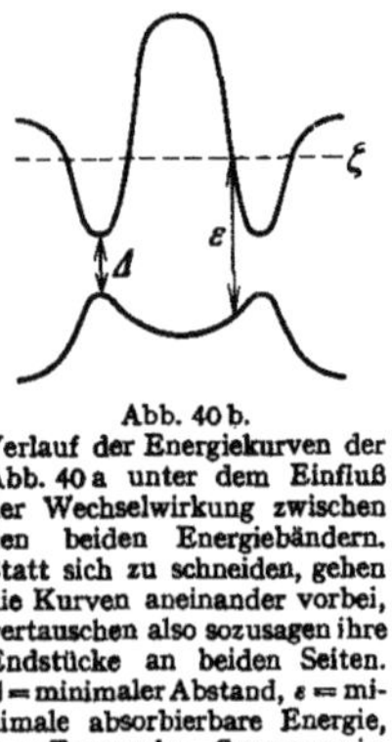

Abb. 40b. Verlauf der Energiekurven der Abb. 40a unter dem Einfluß der Wechselwirkung zwischen den beiden Energiebändern. Statt sich zu schneiden, gehen die Kurven aneinander vorbei, vertauschen also sozusagen ihre Endstücke an beiden Seiten. Δ = minimaler Abstand, ε = minimale absorbierbare Energie, ζ = FERMIsche Grenzenergie.

Beim dreidimensionalen Fall ist die Bedingung (2) nicht ganz so scharf wie im eindimensionalen: Nehmen wir einmal an, zwei Energiebänder hätten *keine* Wechselwirkung und es gäbe Wellenzahlen $\mathfrak{k}$, für welche $E_1(\mathfrak{k}) = E_2(\mathfrak{k})$. Dann werden diese $\mathfrak{k}$'s im Wellenzahlraum auf einer Fläche liegen, welche sicher nicht gerade mit einer Fläche $E =$ konst. zusammenfallen wird: Wenn also im Dreidimensionalen überhaupt eine „ideale Überdeckung" zweier Energiebänder stattfindet, so gibt es innerhalb eines ganzen Energie*bereiches* Paare von Zuständen, die bezüglich Energie und Wellenzahl übereinstimmen. In diesem Energiebereich kann dann natürlich auch die Grenzenergie ζ liegen. Als Hauptgrund für die endliche langwellige Grenze der Absorption bleibt also im dreidimensionalen Fall die Wechselwirkung zwischen den Bändern, die eine ideale Überdeckung überhaupt nicht zuläßt.

Die langwellige Grenze selbst kann nun sehr verschiedene Bedeutung haben: Einen Fall haben wir an Hand von Abb. 40b diskutiert. Ein anderer Fall ist das in Abb. 41 a (wieder im Eindimensionalen) dargestellte Energiespektrum, wo sich das oberste besetzte Band überhaupt mit keinem anderen überdeckt: Hier ist $h\nu_0$ gleich der Energiedifferenz zwischen dem (einzigen) Zustand mit der FERMIschen Grenzenergie und dem nächsthöheren Zustand mit derselben (reduzierten) Wellenzahl. Sowohl im Beispiel der Abb. 40b wie in Abb. 41a besaß entweder der Anfangs- oder der Endzustand des Absorptionsprozesses die Energie ζ (Grenzenergie). Dies ist aber nicht allgemein die Regel: Bei der in Abb. 41 b dargestellten Struktur des Energiespektrums z. B. wird die geringstmögliche Frequenz absorbiert, wenn ein Elektron *der Wellenzahl Null* aus dem obersten besetzten in das erste unbesetzte Energieband übergeht.

Die Termstruktur der Abb. 41 b ist z. B. bei gebundenen Elektronen realisiert, wenn das untere Energieband der K-Schale, das erste unbesetzte der LI-Schale entspricht (vgl. Ziff. 13c und Abb. 30a): In diesen beiden Energiebändern gehört zum Ausbreitungsvektor Null die kleinste Energie, und mit wachsendem Ausbreitungsvektor steigt die Energie im LI-Band stärker als im K-Band. Vermutlich wird diese Termstruktur aber auch in anderen Fällen realisiert sein.

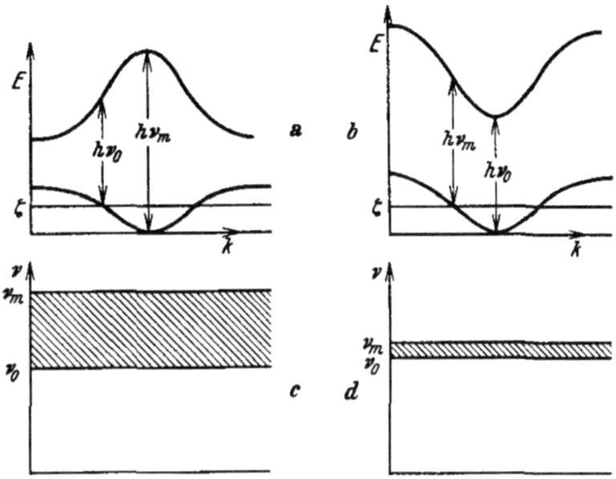

Abb. 41a bis d. Eindimensionales Beispiel für die Absorption von Metallen. *a*, *b*: Typische Kurven für die Energie als Funktion der reduzierten Wellenzahl. ζ = FERMIsche Grenzenergie. *c*, *d*: Absorptionsbanden, welche dem Übergang vom unteren zum oberen Energieband entsprechen. ν_0 = rote, ν_m = violette Grenzfrequenz des Absorptionsspektrums. Im Falle *b*, *d* schmales und intensives Absorptionsband, im Falle *a*, *c* breites und entsprechend schwächeres.

Diese Beispiele zeigen, daß man recht vorsichtig sein muß mit der Deutung der langwelligen Absorptionsgrenze der Metalle[1]. Nach kurzen Wellen schließen sich dann — so erwarten wir theoretisch — an die Absorptionsgrenze mehr oder weniger breite Absorptionsbanden an, die durch Lücken größerer Durchlässigkeit getrennt sein oder auch ineinander übergehen können.

c) Vergleich mit dem Experiment. Diese Voraussage wird durch das Experiment vollkommen bestätigt. Dabei ist allerdings — wie besonders FRÖHLICH betont hat — vor allem notwendig, aus dem Experiment eine Größe zu entnehmen, die möglichst direkt auf die atomaren Konstanten des Metalls schließen läßt. Dies ist, wie aus (22.19) hervorgeht, nicht der Absorptionskoeffizient $\varkappa$ selbst, sondern das Produkt[2]

$$n\varkappa\nu = \frac{1}{\pi c}\left(\frac{e h}{m}\right)^2 \gamma(\nu)\,\overline{|M|^2(\nu)}, \qquad (22.23)$$

welches im wesentlichen direkt die Übergangswahrscheinlichkeit $|M|^2$ angibt.

Trägt man nun das experimentell bestimmte „Absorptionsprodukt" $n\varkappa\nu$ als Funktion von ν auf, so findet man allgemein (und ganz besonders bei den Edelmetallen) einen ziemlich flachen Verlauf und niedrigen Wert von $n\varkappa\nu$ im Ultraroten und Roten, der dann gegen das Violett hin von einem scharfen Anstieg des Absorptionsprodukts abgelöst wird (vgl. Abb. 42). Mit diesem Anstieg setzt erst die hier besprochene „eigentliche" Absorption ein.

[1] Die Deutung von H. FRÖHLICH (ZS. f. Phys. Bd. 81, S. 297. 1933) scheint uns z. B. etwas unvorsichtig, obgleich manches Wertvolle in ihr enthalten ist.

[2] Auch aus der MAXWELLschen Theorie ergibt sich bereits, daß $n\varkappa = 4\pi\sigma/c$ die physikalisch bedeutsame Größe ist, nicht etwa $\varkappa$ selbst.

Die kleine Restabsorption im Roten ist jedenfalls von ganz anderer Natur, sie ist vermutlich auf *Doppelprozesse* zurückzuführen, bei denen durch ein und dasselbe Lichtquant gleichzeitig ein Elektron und eine Gitterschwingung angeregt wird (vgl. Ziff. 53).

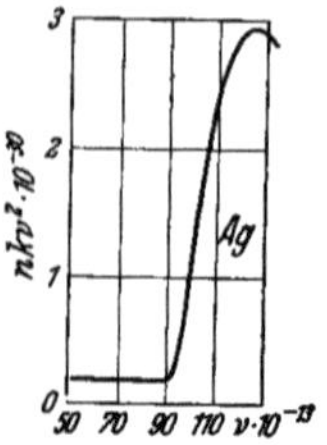

a) Ag. Messungen von MINOR.

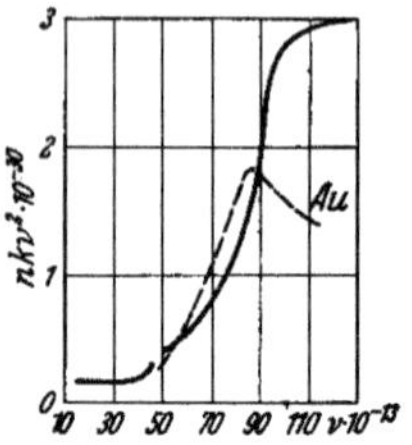

b) Au. — — — Messungen von MEIER, — von PFESTORF, $\nu < 50\cdot 10^{13}$ von FÖRSTERLING und FRÉDERICKSZ.

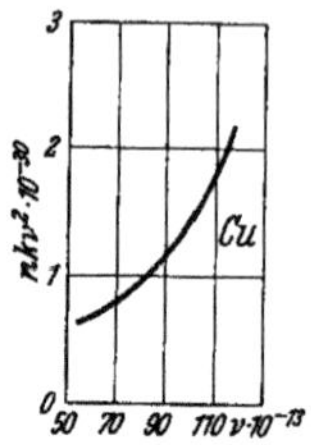

c) Cu. Messung von PFESTORF.

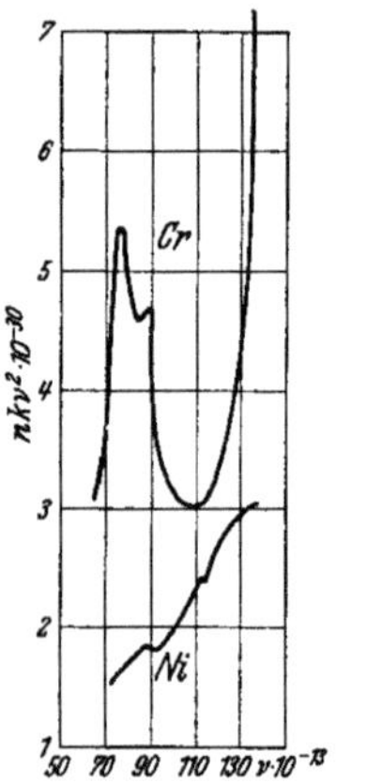

d) Cr. Messung von FRÉDERICKSZ. Ni. Messung von PFESTORF.

Abb. 42a bis d. „Absorptionsprodukt" $n\varkappa\nu$ als Funktion der Frequenz für verschiedene Metalle. Abszisse: Frequenz in der Einheit $10^{13}\,\mathrm{sec}^{-1}$ (die Frequenz $30\cdot 10^{13}\,\mathrm{sec}^{-1}$ entspricht der Wellenzahl $10000\,\mathrm{cm}^{-1}$), Ordinate: $\frac{n\varkappa\nu c}{4\pi}$ in $10^{30}\,\mathrm{sec}^{-2}$. Nach FRÖHLICH.

Bei Schlüssen von der langwelligen Grenze ν_0 der Absorption auf irgendwelche charakteristische Konstanten des Eigenwertspektrums muß man, wie schon oben bemerkt, äußerst vorsichtig sein, da die Bedeutung der langwelligen Grenze allzusehr von der speziellen Struktur des Spektrums abhängt. *Einen* Schluß kann man aber immerhin aus ν_0 ziehen, jedenfalls für die Edelmetalle: daß nämlich die Elektronen sicher nicht „fast frei" im Sinne der Ziff. 11 sein können.

Wäre das nämlich der Fall, so würden die mit Leitungselektronen besetzten Zustände eine Kugel in der ersten BRILLOUINschen Zone ausfüllen, deren Volum gleich dem halben Zonenvolum ist, da pro Atom ein Leitungselektron vorhanden ist und zwei in der ersten Zone Platz haben würden. Der Radius der Kugel ist bei rein kubischer Struktur

$$k_0 = \sqrt[3]{\frac{3}{\pi}}\cdot\frac{\pi}{a}, \qquad \text{da} \qquad \frac{4\pi}{3}k_0^3 = \frac{1}{2}\left(\frac{2\pi}{a}\right)^3,$$

die Kugel berührt also beinahe den Rand der ersten Zone. Abb. 43 stellt die Verhältnisse im Zweidimensionalen dar. Bei der Absorption der langwelligen Grenzfrequenz findet dann etwa ein Übergang vom Zustand P in Abb. 43 zum Zustand Q statt. Dabei ändert sich die Wellenzahl des Elektrons — also auch, wenn es ganz frei ist, seine Energie — fast gar nicht.

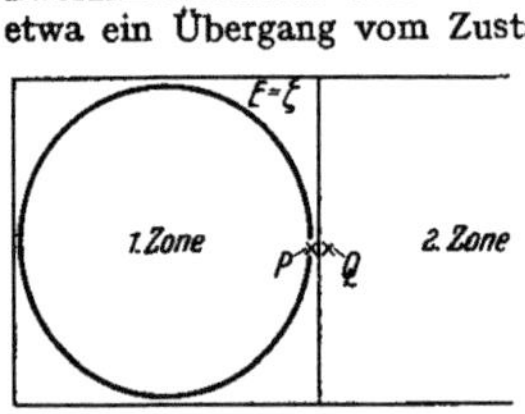

Abb. 43. Energiefläche $E = \zeta$ bei freien Elektronen und halbbesetztem Energieband. Die kleinste Frequenz wird beim Übergang vom Zustand P zum Zustand Q absorbiert.

Die langwellige Grenzfrequenz gibt daher nahezu die Breite des verbotenen Energiebandes an, diese ist also z. B. bei Ag gleich 4 Volt. Sie ist also von der gleichen Größenordnung wie etwa die Energie eines freien Elektrons mit der Wellenzahl $(\pi/a, 0,0)$ (5,5 Volt), während sie sehr viel kleiner sein müßte als diese, falls die Hypothese der freien Elektronen zu Recht bestehen sollte. Die Nichtzulässigkeit dieser Hypothese haben wir schon in Ziff. 11g theoretisch nachgewiesen, ein weiterer Beweis ist der thermoelektrische Effekt (Ziff. 6 u. 50) usw.

Für Alkalien ist das Absorptionsspektrum leider sehr unübersichtlich, so daß die Lage der langwelligen Absorptionsgrenze nicht feststellbar ist. Es wäre interessant, ob diese Grenze sehr weit im Ultraroten liegt, wie das nach der Vorstellung freier Elektronen zu erwarten wäre.

Die *Breite* der Absorptionsbanden ist bei den drei Edelmetallen Cu, Ag, Au auffällig verschieden: Beim Silber reicht die erste Bande nur von ca. 32000 cm^{-1} bis gegen 50000 cm^{-1} ($\nu = 95$ bis $150 \cdot 10^{13}\,sec^{-1}$, vgl. Abb. 42a), hat also eine Breite von nur etwa 2 Volt. Bei Gold ist nach Abb. 42b die Breite etwa doppelt so groß, während bei Kupfer von 15000 bis zu 40000 cm^{-1} — also soweit Messungen vorliegen — das Absorptionsprodukt noch dauernd ansteigt. Die Breite des Bandes beträgt hier mindestens etwa 6 Volt. Wir möchten daraus mit allem Vorbehalt folgenden Schluß ziehen: Bei Cu ist die Anordnung der Eigenwerte im obersten besetzten umgekehrt wie im ersten freien Energieband; während im unteren (besetzten) Band z. B. die Energie mit wachsendem Ausbreitungsvektor zunimmt, wird sie im oberen mit wachsendem $\mathfrak{k}$ kleiner (wie im eindimensionalen Fall der Abb. 41a). Bei dieser Termordnung wird nämlich die Breite des Absorptionsbandes proportional der *Summe* der Breiten des „unteren" und „oberen" Energiebandes. Bei Ag dagegen vermuten wir, daß im Gegensatz zu Cu sowohl im obersten besetzten wie im untersten unbesetzten Band die Energie mit wachsendem Ausbreitungsvektor *steigt* (oder auch in *beiden* Bändern fällt), so daß die Termordnung im Eindimensionalen der Abbildung 41b entsprechen würde. In diesem Fall kommt offenbar für die Breite des Absorptionsbandes nur die *Differenz* der Breiten der beiden Energiebänder in Frage. Bei Gold können wir keine Entscheidung treffen.

Endlich interessiert noch die *Stärke* der Absorption. Dazu ist zunächst zu bemerken, daß $n\varkappa\nu$ cet. par. natürlich um so größer ist, je *schmaler* das Absorptionsband ist [wegen des Faktors $\gamma(\nu)$ in (22.19)]. Um eine Aussage über das Matrixelement M zu erhalten, integrieren wir am besten über das ganze Absorptionsband: Dabei beachten wir, daß $2h\int\gamma(\nu)\,d\nu$ offenbar die Gesamtzahl der Elektronen im obersten Energieband angibt, d. h. bei einwertigen Metallen gleich der Anzahl Atome pro cm^3, N, ist. Dann bekommen wir

$$\overline{\overline{|M|^2}} = \frac{2\pi c}{N h} \cdot \left(\frac{m}{e}\right)^2 \cdot \int\limits_{\text{Abs. Band}} n\varkappa\nu\, d\nu .$$

(Der zweite Querstrich deutet Mittelung über das ganze Absorptionsband an.) Bei Ag ist das Produkt $n\varkappa\nu$ maximal etwa $12 \cdot 10^{20}\,cm^{-1}\,sec^{-1}$, das Absorptionsband erstreckt sich im Frequenzmaß über rund $6 \cdot 10^{14}\,sec^{-1}$, das Integral wird also ungefähr $\frac{1}{2} \cdot 12 \cdot 10^{20} \cdot 6 \cdot 10^{14} \approx 2 \cdot 10^{35}\,cm^{-1}\,sec^{-2}$. Mit $N = 6 \cdot 10^{22}$ wird daher $\overline{\overline{|M|^2}} \approx 7 \cdot 10^{14}\,cm^{-2}$, also von der gleichen Größenordnung (wenn auch etwas kleiner) wie das Quadrat des reziproken Abstands der Atome im Gitter $a^{-2} \approx 12 \cdot 10^{14}\,cm^{-2}$, in Übereinstimmung mit plausiblen Erwartungen.

23. Absorption und Emission von Röntgenstrahlen. a) Die Feinstruktur des Röntgen-Absorptionsspektrums[1]. Wir diskutieren nunmehr speziell den Fall, daß das Elektron vor der Lichtabsorption in einer *inneren* Schale ist. Den inneren Schalen entsprechen im Metall bekanntlich sehr schmale Energiebänder, d. h. die Energie des Elektrons hängt praktisch nicht von seinem Ausbreitungsvektor ab, und alle Zustände sind besetzt, also alle Ausbreitungsvektoren vertreten. Durch die Absorption kann das Elektron in jeden beliebigen Zustand übergehen, dessen Energie höher ist als die Grenzenergie der Fermiverteilung. Das Röntgen-Absorptionsspektrum eines Metalls hat also langwellige Grenzen in der Nähe der Ionisierungsspannungen der Elektronenschalen des freien Atoms. Auf der kurzwelligen Seite jeder Grenze stellt das Absorptionsspektrum ein genaues Abbild des *Energie*spektrums der Metallelektronen dar, d. h. Gebiete fehlender oder schwacher Absorption (Endzustand des Elektrons

[1] Vgl. R. DE L. KRONIG, ZS. f. Phys. Bd. 70, S. 317. 1931; Bd. 75, S. 191 u. 468. 1932.

fällt in verbotenes Energieband!) wechseln mit solchen starker Absorption (erlaubte Energiebänder) ab.

Die exakte Berechnung des Verlaufs des Absorptionskoeffizienten würde die Kenntnis der optischen Übergangswahrscheinlichkeiten vom „unteren" zum „oberen" Zustand erfordern, d. h. der Eigenfunktionen des Elektrons in den beiden Zuständen. Da wir diese nicht besitzen, wollen wir der Einfachheit halber annehmen, daß die Übergangswahrscheinlichkeit nahezu unabhängig von der Energie des oberen Zustands ist.

Diese einfachste Annahme wird auch in praxi einigermaßen zutreffen: Denn die Eigenfunktion des inneren Elektrons ist nur in unmittelbarer Nähe des Kerns von Null verschieden, und dort sind die Eigenfunktionen von Elektronen *hoher* Energie relativ unabhängig von dieser.

Wenn unsere Annahme richtig ist, so wird der Absorptionskoeffizient für Röntgenstrahlen der Frequenz ν einfach durch die Anzahl der Eigenwerte im Energieintervall von $E_2 = E_1 + h\nu$ bis $E_2 + h d\nu$ gegeben sein (E_1 = Energie des Elektrons in der inneren Schale), denn die Anzahl der möglichen Absorptionsprozesse ist proportional der Anzahl der Eigenwerte, und jeder Prozeß ist gleich wahrscheinlich[1].

Wir haben also nur die Anzahl Eigenwerte pro Energieintervall zu berechnen. Wären die Elektronen nach der Absorption *frei*, so wäre ihre Energie

$$E = \frac{\hbar^2}{2m}(k_x^2 + k_y^2 + k_z^2) = \frac{\hbar^2}{2m} k^2 . \tag{23.1}$$

Wenn das Grundgebiet des Metalls ein Würfel von 1 cm Kante ist, so entfällt ein Quantenzustand auf das Volum $(2\pi)^3$ des Wellenzahlraums. Dem Energieintervall dE entspricht das Volum $4\pi k^2 dk$ im Wellenzahlraum, dieses enthält bei Annahme freier Elektronen

$$N_0(E)\, dE = \frac{1}{2\pi^2} k^2\, dk = \frac{2\pi(2m)^{3/2}}{h^3} \sqrt{E}\, dE \tag{23.2}$$

Quantenzustände. Im Metall gibt es dagegen, wie wir wissen, Energieintervalle, in denen sich überhaupt kein Quantenzustand befindet, während an den Rändern dieser Intervalle die Quantenzustände besonders dicht liegen. Wir nehmen nun an, die Energie des Elektrons sei nach der Absorption schon so hoch, daß im allgemeinen die Energieformel (23.1) gilt und nur dann Störungen auftreten, wenn die BRAGGsche Reflexionsbedingung nahezu erfüllt ist. Wir betrachten also die Voraussetzungen der Ziff. 11 für gegeben und interessieren uns für die Reflexion an einer bestimmten Netzebene $\mathfrak{g}$.

Nach (11.18) ist bei näherungsweiser Erfüllung der BRAGGschen Bedingung die Energie gegeben durch[2]

$$E = \frac{\hbar^2}{2m} k''^2 + E_g \pm \sqrt{\left(\frac{\hbar^2}{m}\right)^2 (\pi g)^2 \eta^2 + |V_g|^2}, \tag{23.3}$$

wo $E_g = \dfrac{\hbar^2}{2m}(\pi g)^2$ ist, ferner $k' = \pi g + \eta$ die Komponente des Ausbreitungsvektors in der Richtung $\mathfrak{g}$ bedeutet und $\mathfrak{k}''$ die Komponente senkrecht dazu. Dabei ist die konstante Zusatzenergie V_0 weggelassen, ein Elektron, das im Vakuum ruht, hat also in unserer Normierung die Energie $-V_0$.

---

[1] Diese Behauptung folgt auch aus der allgemeinen Formel (22.18). Denn M soll konstant sein (Voraussetzung), die Energiedifferenz W wird lediglich durch die Energie E' des oberen Niveaus bestimmt, da die Energie des unteren Niveaus unabhängig vom Ausbreitungsvektor ist: $W = E' - E_1$. Das Integral $\int d\sigma / |\operatorname{grad} E'|$ ist aber proportional der Anzahl Eigenwerte im Energieintervall E' bis $E' + dE$.

[2] Da nur für $k' \approx \pi g$ wesentliche Abweichungen von den Formeln für freie Elektronen bestehen, lassen wir das Zusatzglied $\dfrac{\hbar^2}{2m}(k' - \pi g)^2$ fort.

Bei festgehaltenem $\mathfrak{k}''$ gibt es keinen Zustand, dessen Energie zwischen $E_{\min} = E_g + \frac{\hbar^2}{2m} k''^2 - |V_g|$ und $E_{\max} = E_g + \frac{\hbar^2}{2m} k''^2 + |V_g|$ liegt, bei festem fehlen entsprechend die Zustände, für die k'' zwischen den Grenzen k_1 und k_2 liegt, wobei

$$\frac{\hbar^2}{2m} k_1^2 = E - E_g - |V_g|, \qquad \frac{\hbar^2}{2m} k_2^2 = E - E_g + |V_g| \tag{23.4}$$

ist. Im übrigen kann k'' alle Werte von 0 bis k_3 annehmen, wobei

$$\frac{\hbar^2}{2m} k_3^2 = E \tag{23.4a}$$

ist[1]. Die Zustände, bei denen $|\mathfrak{k}''|$ zwischen k'' und $k'' + dk''$ und die Energie zwischen E und $E + dE$ liegt, füllen einen Hohlzylinder aus, dessen innerer und äußerer Radius k'' bzw. $k'' + dk''$, und dessen Höhe $d k' = dE \left(\frac{\partial E}{\partial k'}\right)^{-1}$ ist. Da auf das Volumen $(2\pi)^3$ des k-Raumes ein Quantenzustand entfällt, wird demnach die Anzahl Quantenzustände im Energieintervall dE:

$$N(E)\, dE = \frac{dE}{(2\pi)^3} \left[\int_0^{k_1} + \int_{k_2}^{k_3}\right] 2\pi k''\, dk'' \left(\frac{\partial E}{\partial k'}\right)^{-1}. \tag{23.5}$$

Nun folgt aus (23.3)

$$\frac{\partial E}{\partial k'} = \frac{\partial E}{\partial \eta} = \frac{(\hbar^2/m)^2 (\pi g)^2 |\eta|}{\sqrt{(\hbar^2/m)^2 (\pi g)^2 \eta^2 + V_g^2}}, \tag{23.6}$$

während für freie Elektronen

$$\left(\frac{\partial E}{\partial k'}\right)_0 = \frac{\hbar^2}{m} k' \approx \frac{\hbar^2}{m} \pi g \tag{23.7}$$

wäre[2]. Drücken wir in (23.6) η nach (23.3) durch E aus und setzen in (23.5) ein, so erhalten wir

$$\left.\begin{aligned} N(E) &= \frac{1}{8\pi^2} \frac{m}{\hbar^2 \pi g} \left[\int_0^{k_1^2} \frac{\left(E - E_g - \frac{\hbar^2}{2m} k''^2\right) dk''^2}{\sqrt{\left(E - E_g - \frac{\hbar^2}{2m} k''^2\right)^2 - V_g^2}} + \int_{k_2^2}^{k_3^2} \frac{\left(\frac{\hbar^2}{2m} k''^2 - (E - E_g)\right) dk''^2}{\sqrt{\left(E - E_g - \frac{\hbar^2}{2m} k''^2\right)^2 - V_g^2}} \right] \\ &= \frac{1}{4\pi^2} \left(\frac{m}{\hbar^2}\right)^2 \frac{1}{\pi g} \left(\sqrt{E_g^2 - V_g^2} + \sqrt{(E - E_g)^2 - V_g^2}\right). \end{aligned}\right\} \tag{23.8}$$

Würden wir dagegen den für freie Elektronen gültigen Ausdruck (23.7) einsetzen, so würden wir bekommen

$$N_0(E) = \frac{1}{8\pi^2} \cdot \frac{m}{\hbar^2 \pi g} \int_0^{k_3^2} dk''^2 = \frac{1}{4\pi^2} \left(\frac{m}{\hbar^2}\right)^2 \frac{E}{\pi g}. \tag{23.9}$$

Daraus folgt

$$\frac{N(E) - N_0(E)}{N_0(E)} = \frac{E_g - E + \sqrt{(E - E_g)^2 - V_g^2}}{E}, \tag{23.10}$$

wenn wir V_g neben E_g vernachlässigen, was bei unserer Voraussetzung nahezu freier Elektronen gestattet ist[3]. Nun haben wir bei unserer bisherigen Rechnung stets vorausgesetzt, daß $E > E_g + |V_g|$ ist, sonst würde nämlich die in (23.4) definierte Größe k_1 gar nicht existieren. Wegen $E > E_g$ ist nun aber der Ausdruck (23.10) jedenfalls negativ, d. h. die Anzahl der Elektronen pro Energieintervall ist im Metall *kleiner* als sie im Vakuum sein würde.

---

[1] Falls $k'' = k_3$ ist, so wird die ganze Energie des Elektrons für die Bewegung parallel zur reflektierenden Netzebene $\mathfrak{g}$ verbraucht, und es bleibt keine mehr für die Bewegung senkrecht dazu: k' ist Null.

[2] Die Fortlassung von $\eta = k' - \pi g$ neben πg entspricht der früher bei der Energieformel (23.3) gemachten Annäherung.

[3] Dagegen ist $E - E_g$ von derselben Größenordnung wie V_g.

Das Umgekehrte ist der Fall, wenn $E < E_g - V_g$ ist. Dann werden k_1 und k_2 imaginär und

$$\left.\begin{aligned} N(E) &= \frac{1}{8\pi^2}\int\limits_0^{k_1^2} dk''^2 \left(\frac{dE}{dk'}\right)^{-1} = \frac{1}{4\pi^2}\left(\frac{m}{\hbar^2}\right)^2 \frac{1}{\pi g}\left(\sqrt{E_g^2 - V_g^2} - \sqrt{(E_g - E)^2 - V_g^2}\right), \\ \frac{N(E) - N_0(E_0)}{N_0(E_0)} &= \frac{E_g - E - \sqrt{(E_g - E)^2 - V_g^2}}{E}, \end{aligned}\right\} \quad (23.10\text{a})$$

was nun wegen $E_g > E$ positiv ist. Wenn schließlich

$$E_g - V_g < E < E_g + V_g$$

ist, so erhält man

$$N(E) = \frac{1}{8\pi^2}\int\limits_{k_2^2}^{k_1^2} dk''^2 \left(\frac{\partial E}{\partial k'}\right)^{-1}$$

und

$$\frac{N(E) - N_0(E)}{N_0(E)} = \frac{E_g - E}{E}. \quad (23.10\text{b})$$

Der Verlauf von $N(E)/N_0(E)$ als Funktion der Energie E in der Nähe der kritischen Energie $E_g = \frac{h^2 g^2}{8m}$ ist gemäß Formel (23.10) bis (23.10b) in Abb. 44 dargestellt. Da $N(E)$ dem Absorptionskoeffizienten für Röntgenstrahlen der Frequenz

$$\nu = \frac{1}{h}(E - E_1)$$

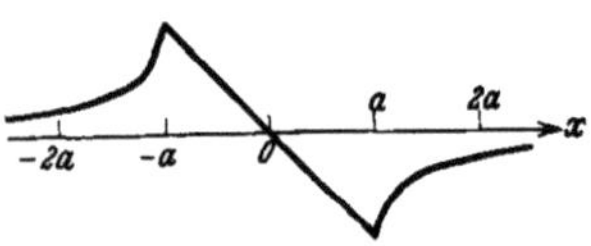

Abb. 44. Verlauf des Absorptionskoeffizienten in der Nähe eines verbotenen Energiebandes. $x = E - E_g$, $a = |V_g|$, Ordinate = Absorptionskoeffizient $\varkappa$. Auf der Abszissenachse ist $\varkappa$ gleich dem Abs.-Koeff. des Atoms.

proportional ist, gibt die Kurve gleichzeitig den Verlauf des Absorptionskoeffizienten in der Nähe der kritischen Stelle $E = E_g$. Der Absorptionskoeffizient ist, wie man sieht, auf der langwelligen Seite der kritischen Stelle größer als normal, erreicht für $E = E_g - V_g$ ein Maximum, fällt dann linear ab, um bei $E = E_g + V_g$ ein Minimum zu haben und bei noch kürzeren Wellen wieder zu seinem Normalwert anzusteigen.

Was die Größe der Abweichung des Absorptionskoeffizienten vom Normalwert betrifft, so würde sich im Maximum ($E = E_g \pm V_g$) aus (23.10), (23.10a), (23.10b) übereinstimmend ergeben

$$\frac{N - N_0}{N_0} = \frac{\varkappa_{\text{Metall}} - \varkappa_{\text{Atom}}}{\varkappa_{\text{Atom}}} = \pm \frac{|V_g|}{E_g}. \quad (23.11)$$

Da V_g von der Größenordnung einiger Volt ist, würden die Schwankungen des Absorptionskoeffizienten ein bis einige Prozent ausmachen, falls die Energie des Elektrons nach der Absorption einige hundert Volt beträgt. Man muß aber noch berücksichtigen, daß meist bei der gleichen Energie mehrere BRAGGsche Reflexionen stattfinden können. Sei etwa die reflektierende Netzebene die Ebene (321) eines kubischen Kristalls, also $E_g = \frac{h^2}{8ma^2}(3^2 + 2^2 + 1^2)$. Dann werden Elektronen der Energie E_g nicht bloß an der Ebene (321) reflektiert, sondern auch an (231), (123), (123) usw., insgesamt an 48 Ebenen, deren Indizes aus 321 durch Permutationen und Vorzeichenumkehr hervorgehen. Entsprechend ist die Schwankung des Absorptionskoeffizienten mit 24 zu multiplizieren[1], er-

[1] Nicht mit 48, denn wir haben bei unseren früheren Rechnungen nur die Elektronen berücksichtigt, für die $k' > 0$ ist. Damit der von den anderen Elektronen $k' < 0$ gelieferte Beitrag zum Absorptionskoeffizienten eine gleichartige Schwankung zeigt, ist die Existenz einer zweiten reflektierenden Ebene $-\mathfrak{g}$ notwendig. Zwei reflektierende Ebenen bringen erst die in (23.10), (23.11) berechnete Schwankung zustande.

reicht also recht hohe Beiträge. Besonders starke Schwankungen des Absorptionskoeffizienten wird man dann erhalten, wenn möglichst viele kritische Energien E_g nahe beieinander liegen.

Um die *Lage* der Sprungstellen des Absorptionskoeffizienten zu berechnen, hat man in dem Ausdruck[1]

$$E_g = \frac{\hbar^2}{2m}\pi^2 g^2 = \frac{h^2}{8ma^2}(g_1^2 + g_2^2 + g_3^2) \tag{23.12}$$

die Zahlen g_1, g_2, g_3 alle ganzzahligen Werte durchlaufen zu lassen — mit der Einschränkung, daß z. B. bei flächenzentrierter Struktur des Gitters die g entweder alle gerade oder alle ungerade sein müssen usw. E_g gibt dann die Energie der Sprungstellen des Absorptionskoeffizienten, aber in einer etwas ungewöhnlichen Skala: Die Energie eines ruhenden Elektrons im Vakuum ist, wie oben bereits bemerkt, gleich dem Absolutwerte des mittleren Potential $|V_0|$ gesetzt. Das Bequemste für den Vergleich mit dem Experiment ist andererseits die Angabe des Abstandes der Sprungstellen von der *Absorptionskante*. Letztere ist dadurch definiert, daß die Elektronen nach der Absorption in die energetisch tiefsten unbesetzten Quantenzustände gelangen, daß also ihre Energie gleich der Grenzenergie der Fermiverteilung wird. Diese ist in unserer Skala $|V_0| - w$, also der Abstand der Sprungstelle g von der Kante $E_g - |V_0| + w$.

Die ersten reflektierenden Netzebenen (mit kleinsten Indizes g_1, g_2, g_3) kommen für die Produktion von Anomalien im Absorptionsspektrum nicht in Frage. Denn die Reflexion an einer Ebene g betrifft ja im wesentlichen die Zustände, deren „freier" Ausbreitungsvektor[2] ungefähr gleich $\pi g = \frac{\pi}{a}\sqrt{g_1^2 + g_2^2 + g_3^2}$ ist; die Zustände mit kleinem Ausbreitungsvektor sind aber bekanntlich im Metall bereits von Elektronen besetzt (Ziff. 11f), kommen also als Endzustände der Absorption nicht in Betracht. Bei Cu z. B. existieren 29 Elektronen, welche die ersten 14 BRILLOUINschen Zonen (vgl. Ziff. 11f) voll und die fünfzehnte halb besetzen. Die erste BRILLOUINsche Ebene, die völlig außerhalb der besetzten Zonen verläuft, ist die Ebene 321, und diese gibt auch die erste Anomalie im Absorptionsspektrum[3].

Schließlich ist noch zu bemerken, daß die von mehreren benachbarten Netzebenen verursachten Diskontinuitäten des Absorptionskoeffizienten miteinander verschmelzen können, da jede einzelne Diskontinuität eine recht beträchtliche Breite hat — von dem Moment, wo der Absorptionskoeffizient merklich seinen Normalwert überschreitet, bis zu dem Punkt, wo er ihn (von unten her) wieder erreicht, steigt die Energie um etwa 4 V_g.

In Abb. 45a haben wir nach KRONIG als Abszisse die Größe $S = g_1^2 + g_2^2 + g_3^2$ aufgetragen. Bei jedem Wert von S, den man erhält, wenn man für g_1, g_2, g_3 ganze (und zwar entweder durchweg gerade oder durchweg ungerade) Zahlen wählt, haben wir ein schwarzes Rechteck errichtet, dessen Höhe angibt, wie viele Zahlentripel g_1, g_2, g_3 auf den betreffenden Wert für S führen (wie viele äquivalente reflektierende Netzebenen es gibt). Man sieht, daß sich bei bestimmten Werten von S die Rechtecke häufen: An diesen Stellen werden starke Diskontinuitäten des Absorptionskoeffizienten zu erwarten sein. Dies ist auch, wie die von COSTER und VELDKAMP[4] an Cu aufgenommene experimentelle Kurve Abb. 45b zeigt, in der Tat der Fall. Bei größerer Entfernung von der Ab-

---

[1] (23.12) gilt natürlich nur für kubische Strukturen.
[2] Bezeichnung wie in Ziff. 8c.
[3] Vgl. die zitierte Arbeit von KRONIG.
[4] D. COSTER u. J. VELDKAMP, ZS. f. Phys. Bd. 70, S. 306. 1931.

sorptionskante glättet sich die Absorptionskurve aus, weil nach (23.11) die Schwankung des Absorptionskoeffizienten proportional V_g/E_g ist, wo E_g direkt den Abstand von der Absorptionskante bedeutet, während V_g mit wachsendem E_g abnimmt.

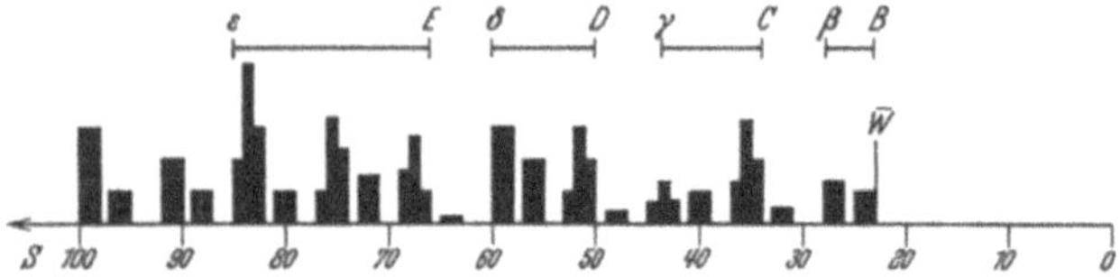

Abb. 45a. Reflektierende Netzebenen nach KRONIG. Abszisse $S = g_1^2 + g_2^2 + g_3^2$, Ordinate = Anzahl der Netzebenen mit bestimmten $g_1 g_2 g_3$. Die Häufungsstellen von Netzebenen sind jeweils mit zwei Buchstaben bezeichnet, z. B. γC, sie entsprechen den Anomalien des Absorptionskoeffizienten (siehe Abb. 45b).

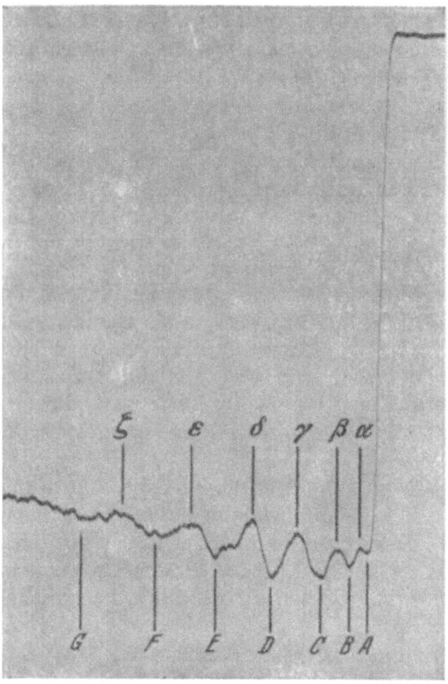

Abb. 45b. Experimentelle Photometerkurve nach COSTER und VELDKAMP. Die Frequenz wächst von rechts nach links. Je kleiner die Ordinate, um so stärker die Absorption. Jedem Abfall der Absorption, z. B. $C\gamma$, entspricht eine Gruppe von reflektierenden Netzebenen, die in Abb. 45a mit den gleichen Buchstaben bezeichnet ist.

Abb. 45a und b. Röntgenabsorptionskoeffizient von KUPFER.

Der Anstieg des Absorptionskoeffizienten an der Kante selbst geht natürlich außerordentlich steil. Seine Breite ist von der Größenordnung kT, das ist bei Zimmertemperatur ca. $^1/_{40}$ Volt. Denn die Zustände mit einer Energie $\zeta - kT$ sind nach der FERMIschen Verteilungsfunktion noch fast vollbesetzt, kommen also als Endzustände für den Absorptionsprozeß noch nicht in Frage, während die Zustände der Energie $\zeta + kT$ fast unbesetzt sind, so daß Licht von der Frequenz $\frac{1}{h}(\zeta + kT - E_1)$ ungehindert absorbiert werden kann.

b) **Das Röntgenemissionsspektrum**[1]. Da die höheren Energieniveaus des Atoms im Metall in Bänder auseinandergezogen werden, entsteht beim Übergang von einem solchen Niveau in eine innere Schale eine Emissionsbande, deren Breite einige Volt beträgt und mit der Breite des oberen Elektronenniveaus übereinstimmt. Die Intensitätsverteilung in der Emissionslinie gibt genau die Verteilung der Eigenwerte im oberen Energieband wieder. Da an den Rändern jedes Energiebandes wenig Quantenzustände liegen, nimmt auch die Intensität der Emissionsbande nach dem Rande hin ab (Abb. 46a), vorausgesetzt, daß das Energieband, welches den Ausgangspunkt der Röntgenlinie bildet, voll besetzt ist. Liegt dagegen die FERMIsche Grenzenergie inmitten des Bandes, so zeigt die entstehende Emissions-

[1] W. V. HOUSTON, Phys. Rev. Bd. 38, S. 1997. 1931; Experimente von R. GLOCKER, Phys. ZS. Bd. 33, S. 963. 1932, und anderen.

bande auf der kurzwelligen Seite einen steilen Abfall dessen Lage genau übereinstimmt mit der Absorptionskante (Abb. 46b).

Neben der Verbreiterung der Röntgenlinien im Metall tritt natürlich auch eine kleine Verschiebung (Größenordnung gleichfalls einige Volt) ein, weil die von den Nachbaratomen erzeugte potentielle Energie am Orte der äußeren und inneren Schale im allgemeinen nicht gleich ist.

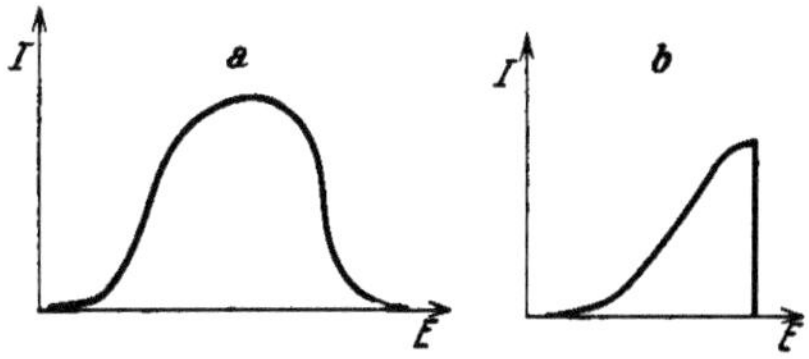

Abb. 46a und b. Röntgenemissionsbande. a) Bei voller Besetzung des Ausgangsniveaus; b) bei teilweiser Besetzung des Ausgangsniveaus. Abszisse: Frequenz, Ordinate: Intensität.

24. Der lichtelektrische Effekt[1]. Durch Licht können aus einem Metall Elektronen ausgelöst werden, sobald die Energie eines Lichtquants $h\nu$ größer ist als die Austrittsarbeit w.

Dieser lichtelektrische Effekt läßt sich *nicht* mit Hilfe unserer allgemeinen Absorptionstheorie (Ziff. 22) verstehen. Denn wenn ein Elektron durch Zufuhr der Energie w ausgelöst werden soll, so muß es vorher genau die FERMIsche Grenzenergie $-w$ besessen haben und nachher genau die Energie Null haben, d. h. nach dem Austritt ins Vakuum ruhen. Jeder andere Auslösungsprozeß würde mehr Energie erfordern. Ein ruhendes Elektron hat aber im Vakuum auf jeden Fall die Wellenzahlen $k'_x = k'_y = k'_z = 0$, es müßte also auch im Metall einen ganz bestimmten Ausbreitungsvektor besitzen ($k_y = k_z = 0$, k_x so groß, daß die Energie gerade Null wird, sagen wir $k_x = k$). Nach unserer Interferenzbedingung (22.10) ändert sich aber beim Absorptionsprozeß der Ausbreitungsvektor nicht (oder, genau genommen, um einen ganz bestimmten, durch den Ausbreitungsvektor des absorbierten Lichtes gegebenen Betrag). Damit also unser Absorptionsprozeß nach dem Mechanismus der Ziff. 22 möglich wäre, müßte unter den Zuständen mit der FERMIschen Grenzenergie einer sein, dessen Wellenzahlen genau die Werte $k_x = k$, $k_y = k_z = 0$ haben. Dies ist natürlich extrem unwahrscheinlich. Daraus folgt, daß in der Nähe der langwelligen Grenze ν_g der lichtelektrische Effekt *nicht* nach dem einfachen Mechanismus der Ziff. 22 verlaufen kann; dieser Mechanismus setzt erst bei einer „zweiten" sehr viel höheren „Grenzfrequenz" ν'_g ein.

Für den lichtelektrischen Effekt in der Nähe der ersten (gewöhnlichen) Grenze ist eine Durchbrechung der Interferenzbedingungen (22.10) nötig. Hierfür sind im wesentlichen drei Mechanismen denkbar:

1. An der *Oberfläche* des Metalls wird die Periodizität der *Elektroneneigenfunktion*, welche für das Zustandekommen der Interferenzbedingung wesentlich ist, gestört und geht in einen *exponentiellen* Abfall über (FRÖHLICH l. c.).

2. Die *Lichtwelle*, welche die Elektronen auslöst, ist in Wirklichkeit nicht rein periodisch, sondern infolge *Absorption* gedämpft. Auch hierdurch wird die Interferenzbedingung zerstört (WENTZEL[2]).

3. Beim Absorptionsprozeß kann gleichzeitig mit dem Elektron auch noch eine Gitterwelle angeregt werden. Dabei wird nur eine minimale Energie verbraucht und gleichfalls die Interferenzbedingung zerstört. Oder aber, es kann zunächst ein gewöhnlicher Absorptionsprozeß stattfinden, bei dem die Interferenzbedingung gilt, und es kann dann das beschleunigte Elektron durch Zusammenstoß mit dem Gitter die richtige Bewegungsrichtung bekommen[3].

---

[1] Vgl. die sehr sorgfältige Diskussion von IG. TAMM u. S. SCHUBIN, ZS. f. Phys. Bd. 68, S. 97. 1931; sowie H. FRÖHLICH, Ann. d. Phys. Bd. 7, S. 103. 1930.

[2] G. WENTZEL, Sommerfeld-Festschrift S. 79.

[3] „Volumeffekt" in der zitierten Arbeit von TAMM und SCHUBIN.

a) Lichtelektrischer Effekt an der Oberfläche des Metalls. Zur Behandlung des Effektes der Metalloberfläche kann ohne Einfluß auf die *qualitativen* Resultate von den Potentialschwankungen im Metall abgesehen werden[1]. Die Eigenfunktionen der Elektronen sind dann im Metallinnern ebene Wellen, außerhalb des Metalls klingen sie exponentiell ab, sofern die Energie des Elektrons nicht zur Überwindung der Potentialschwelle am Rande ausreicht. Wir wählen als Modell ein Metallstück, das in der x-Richtung die (relativ kleine) Dicke $2l$ hat, in der y- und z-Richtung dagegen sehr ausgedehnt ist (Oberfläche F). Der Potentialsprung an der Oberfläche sei W, die Energie des Elektrons $E = \frac{\hbar^2}{2m} k^2 = \frac{\hbar^2}{2m}(k_x^2 + k_y^2 + k_z^2)$. Wir nehmen an, daß $\frac{\hbar^2}{2m} k_x^2 < W$, daß also ein Austritt aus dem Metall unmöglich ist. Dann ist die Eigenfunktion im Innern des Metalls $(-l < x < l)$

$$\psi_i = A\, e^{i(k_y y + k_z z)} \cdot \begin{matrix}\cos\\ \sin\end{matrix}\, k_x x, \tag{24.1}$$

während sie außerhalb exponentiell abklingt:

$$\left.\begin{aligned} \psi_a &= a \cdot e^{i(k_y y + k_z z) - \varkappa(x - l)} && \text{für} \quad x > l, \\ \psi_a &= \pm a\, e^{i(k_y y + k_z z) + \varkappa(x + l)} && \text{für} \quad x < -l. \end{aligned}\right\} \tag{24.2}$$

Dabei ist

$$\frac{\hbar^2}{2m}\varkappa^2 = W - \frac{\hbar^2}{2m} k_x^2. \tag{24.3}$$

Die Form (24.1) für die Eigenfunktion im Innern folgt unmittelbar aus der Symmetrie des Problems, in der zweiten Gleichung (24.2) steht $+$ oder $-$, je nachdem in (24.1) der cos oder sin steht. Aus den Grenzbedingungen, daß ψ und $\partial\psi/\partial x$ an den Oberflächen $x = \pm l$ stetig sein müssen, folgt eine Quantenbedingung für k_x:

$$\begin{matrix}\cos\\ \sin\end{matrix}\, k_x l = \pm \frac{k_x}{\sqrt{k_x^2 + \varkappa^2}}, \tag{24.4}$$

und der Wert von a:

$$a = A \begin{matrix}\cos\\ \sin\end{matrix}\, k_x l. \tag{24.5}$$

Wenn andererseits das Elektron zum Austritt imstande ist, $\hbar^2 k_x'^2/2m > W$, so lautet die Eigenfunktion im Außenraum $x > l$

$$\psi_a' = B\left(\sin k_x' l \cdot \cos\lambda(x - l) + \frac{k_x'}{\lambda}\cos k_x' l \cdot \sin\lambda(x - l)\right) e^{i(k_y' y + k_z' z)}, \tag{24.6}$$

falls innen

$$\psi_i' = B \sin k_x' x \cdot e^{i(k_y' y + k_z' z)}, \tag{24.7}$$

gilt und

$$\frac{\hbar^2}{2m}\lambda^2 = \frac{\hbar^2}{2m} k_x'^2 - W \tag{24.8}$$

gesetzt wird. Eine Quantenbedingung gibt es in diesem Fall nicht, das Spektrum ist kontinuierlich.

Die Normierung hat im ersten Fall (diskreter Zustand) in üblicher Weise zu erfolgen:

$$\int |\psi|^2 d\tau = 1, \qquad A = (F \cdot l)^{-1/2}, \tag{24.9}$$

im zweiten Fall (kontinuierliches Spektrum) ist zu fordern

$$\int dx\, dy\, dz\, \psi^*(\lambda, k_y, k_z) \int_{\lambda - \Delta\lambda}^{\lambda + \Delta\lambda} \psi(\lambda', k_y, k_z)\, d\lambda' = 1. \tag{24.10}$$

[1] Für die normale Absorption des Metalls (Ziff. 22) ist dies nicht möglich, sie würde für freie Elektronen (Eigenfunktionen ebene Wellen) verschwinden.

Von den drei Wellenzahlen λ, k_y, k_z ist nämlich nur die erste kontinuierlich variabel, die beiden anderen sind nur diskreter Werte fähig, weil die Eigenfunktion ψ nur in einem Zylinder definiert sein soll, der in der x-Richtung (Höhe) unendlich ausgedehnt ist, dessen Querschnitt in der yz-Ebene jedoch den endlichen, wenn auch sehr großen, Wert F haben soll (F gleich Oberfläche des Metalls)[1]. Aus (24.8) folgt

$$B = F^{-1/2}\pi^{-1/2}\lambda\{k_x'^2 - (k_x'^2 - \lambda^2)\sin^2 k_x' l\}^{-1/2}. \tag{24.11}$$

Die Wahrscheinlichkeit dafür, daß das Elektron unter dem Einfluß einer in der Richtung ξ polarisierten Lichtwelle im Verlaufe der Zeit t aus dem „ungestrichenen" Zustand (24.1), (24.2) in den „gestrichenen" (24.6), (24.7) übergeht, beträgt nach (22.7), (22.13)

$$|a'(t)|^2 = \left(\frac{eF}{4\pi m\nu}\right)^2 \cdot \left|\int \psi'^* \frac{\partial\psi}{\partial\xi} d\tau\right|^2 \cdot \Omega(E' - E - h\nu), \tag{24.12}$$

wenn im Matrixelement der langsam veränderliche Faktor $\exp\left(\frac{2\pi i n\nu\mathfrak{z}}{c}\right)$ (Ortsabhängigkeit der Lichtamplitude) fortgelassen wird. Wir haben zwei Fälle zu unterscheiden:

α) Die Lichtwelle ist *parallel* zur Metalloberfläche polarisiert, z. B. $\xi = y$. Dann ist $\frac{\partial\psi}{\partial\xi} = i k_y \psi$, das Matrixelement in (24.12) wird $i k_y \int \psi'^* \psi d\tau$ und verschwindet wegen der Orthogonalität der Eigenfunktionen ψ und ψ'. Bei Polarisation parallel zur Metalloberfläche gibt also unser Mechanismus *keinen* Photoeffekt. Dieses Resultat ist allerdings wesentlich dadurch bedingt, daß wir mit völlig freien Elektronen im Metall gerechnet haben: Berücksichtigt man die Potentialschwankungen, so läßt sich ψ nicht mehr separieren in je einen von x, y und z abhängigen Bestandteil und $\partial\psi/\partial y$ wird nicht mehr ein einfaches Multiplum von ψ. Wir werden aber insbesondere für die Alkalien, deren Elektronen als weitgehend frei zu betrachten sind, erwarten können, daß parallel zur Oberfläche polarisiertes Licht einen viel kleineren Photoeffekt gibt als senkrecht polarisiertes. In der Tat findet man experimentell für das Verhältnis der lichtelektrischen Effekte durch parallel und senkrecht zur Oberfläche polarisiertes Licht an Kalium etwa 1 : 10.

β) Polarisation *senkrecht* zur Oberfläche (parallel x): Wenn die Eigenfunktion anfangs symmetrisch zu $x = 0$ war (cos-Funktion in 24.1), muß sie nach der Absorption antisymmetrisch sein [Funktion (24.7)]. Die Wellenzahlen k_y und k_z können sich bei der Absorption nicht ändern. Das für die Absorption maßgebende Matrixelement wird

$$\left.\begin{aligned}
\int \psi'^* \frac{\partial\psi}{\partial x} d\tau &= -B^* A \int dy\,dz\, e^{-i(k_y y + k_z z)} \cdot e^{i(k_y y + k_z z)} \cdot 2 \\
&\cdot \left[\int_0^l dx \sin k_x' x \cdot k_x \cdot \sin k_x x + \int_l^\infty e^{-\varkappa(x-l)} \cdot \cos k_x l \cdot \varkappa\, dx\right. \\
&\left.\cdot \left(\sin k_x' l \cdot \cos\lambda(x-l) + \frac{k_x'}{\lambda}\cos k_x' l \cdot \sin\lambda(x-l)\right)\right] \\
= -2B^* A F \frac{k_x\sqrt{k_x^2 + \varkappa^2}}{\varkappa^2 + \lambda^2} \sin k_x' l &= -2B^* A F \frac{\sqrt{W - \frac{\hbar^2}{2m}k_x^2}}{h\nu} \sin k_x' l.
\end{aligned}\right\} \tag{24.13}$$

Der Faktor 2 rührt von der Symmetrie des Problems bezüglich $x = 0$ her.

---

[1] Würde man ψ (bei endlicher Oberfläche des Metalls) im ganzen Raum definieren, so wäre eine Separation $\psi = \psi_1(x)\psi_2(y)\psi_3(z)$ nicht möglich.

Bei der Ausrechnung der letzten Zeile von (24.13) hat man außer der Quantenbedingung (24.4) noch zu berücksichtigen, daß

$$\lambda^2 + \varkappa^2 = \frac{2m}{\hbar^2}(E' - E) = \frac{2m}{\hbar^2} h\nu = k_x'^2 - k_x^2 \tag{24.14}$$

ist [vgl. (24.3), (24.8)]. Wir setzen nun (24.13) in (24.12) ein und berechnen die Gesamtabsorption des Zustandes (24.1): Da die kontinuierlichen Eigenfunktionen „pro $d\lambda$" normiert sind [vgl. (24.10)], haben wir zu diesem Zweck zu bilden

$$\left.\begin{aligned} &\int |a'(t)|^2 d\lambda = \left(\frac{eF_x}{4\pi m\nu}\right)^2 (\pi l)^{-1} \cdot \lambda^2 \cdot \frac{4W}{(h\nu)^2} \cdot \frac{\hbar^2}{2m} k_x^2 \frac{\sin^2 k_x' l}{k_x'^2 - (k_x'^2 - \lambda^2)\sin^2 k_x' l} \\ &\cdot \int \Omega(E' - E - h\nu)\, d\lambda . \end{aligned}\right\} \tag{24.15}$$

Das Integral über $d\lambda$ ist über einen kleinen Bereich zu erstrecken, in dem der Energiesatz $E' = E + h\nu$ nahezu erfüllt ist, wegen $E' = \text{konst.} + \frac{\hbar^2}{2m}\lambda^2$ erhält man

$$\int \Omega(E' - E - h\nu)\, d\lambda = 2\pi t \frac{m}{\hbar\lambda} . \tag{24.16}$$

Der Ausdruck unmittelbar vor dem Integral in (24.15) ist sehr rasch veränderlich, wenn sich k_x' nur wenig ändert; für die Beobachtung kann nur sein Mittelwert, etwa über eine Periode des $\sin k_x' l$, in Frage kommen, er beträgt

$$\overline{\left(\frac{\sin^2 k_x' l}{k_x'^2 - (k_x'^2 - \lambda^2)\sin^2 k_x' l}\right)} = \frac{1}{\lambda(k_x' + \lambda)} . \tag{24.17}$$

Nun interessiert uns nicht so sehr die Wahrscheinlichkeit, daß ein *bestimmtes* Elektron des Metalls photoelektrisch ausgelöst wird, sondern die Gesamtzahl der Photoelektronen pro Zeiteinheit. Diese erhalten wir, indem wir (24.15) nach t differenzieren, mit der Anzahl der Metallelektronen im Wellenzahlintervall k_x bis $k_x + dk_x$*,

$$N(k_x)\, dk_x = (2\pi)^{-3} \cdot 8Fl \cdot \pi\left(\frac{2m}{\hbar^2}\zeta - k_x^2\right) dk_x \tag{24.18}$$

multiplizieren und über dk_x integrieren. Wollen wir nur die Elektronen erfassen, die auf *einer* Seite des Metalls austreten, so haben wir dann noch durch 2 zu dividieren.

Wir erhalten für die Gesamtzahl der austretenden Elektronen pro Zeiteinheit

$$J = \frac{e^2 F_x^2}{16\pi^5 m^2 \nu^3} \cdot \frac{W}{h\nu} \cdot F \cdot \int\limits_{\max(0,\, k_3)}^{k_1} \frac{k_x^2 (k_1^2 - k_x^2)}{\sqrt{k_x^2 + k_2^2} + \sqrt{k_x^2 - k_3^2}}\, dk_x , \tag{24.19}$$

wobei

$$\frac{\hbar^2}{2m} k_1^2 = \zeta, \quad \frac{\hbar^2}{2m} k_2^2 = h\nu, \quad \frac{\hbar^2}{2m} k_3^2 = W - h\nu, \quad \frac{\hbar^2}{2m}(k_1^2 - k_3^2) = h(\nu - \nu_g) \tag{24.20}$$

und ν_g die langwellige Grenze des Photoeffekts ist. An der Formel (24.19) fällt auf, daß die Dicke des Metalls, l, herausgefallen ist, ein Zeichen, daß wir es mit einem Oberflächeneffekt zu tun haben.

Das Integral in (24.19) kann nicht exakt ausgewertet werden, zur Abschätzung setzen wir für den Nenner

$$k_x\left(\sqrt{1 + \frac{k_2^2}{k_3^2}} + \sqrt{1 - \frac{k_3^2}{\frac{2}{3}k_3^2 + \frac{1}{3}k_1^2}}\right) \approx \frac{k_x}{k_3}\left(\sqrt{k_3^2 + k_2^2} + \sqrt{\tfrac{1}{3}(k_1^2 - k_3^2)}\right),$$

---

* In unserem Metallstück vom Volum $F \cdot 2l$ gibt es pro Volumeinheit des Wellenzahlraumes $F \cdot 2l \cdot (2\pi)^{-2}\pi^{-1} G$ Zustände, wo der Gewichtsfaktor $G = 2$ wegen des Spins auftritt und einmal π^{-1} statt $(2\pi)^{-1}$ steht, weil die x-abhängige Eigenfunktion reell definiert ist: Auf jedes Intervall $\Delta k_x = \frac{2\pi}{2l}$ entfallen zwei Eigenfunktionen, eine cos- und eine sin-Eigenfunktion [vgl. (24.4)]. Die Elektronen füllen im Wellenzahlraum eine Halbkugel (k_x ist positiv) vom Radius $k_0 = \sqrt{2m\zeta}/\hbar$ aus, zwischen den Ebenen k_x und $k_x + dk_x$ liegt eine zylinderförmige Schicht der Kugel mit dem Volum $\pi(k_0^2 - k_x^2)\, dk_x$.

was darauf hinauskommt, daß für k_x^2 ein Mittelwert gewählt wird, und zwar in der zweiten, empfindlicheren Wurzel $\frac{2}{3}k_3^2 + \frac{1}{3}k_1^2$, in der ersten, gegen Änderungen von k_x unempfindlicheren, einfach k_3^2. Natürlich geht das nur, solange k_3^2 positiv ist. Damit wird das Integral in (24.19) einfach

$$\frac{k_3}{\sqrt{k_2^2 + k_3^2} + \sqrt{\frac{1}{3}(k_1^2 - k_3^2)}} \cdot \frac{1}{4} \cdot (k_1^2 - k_3^2)^2 = \frac{m^2}{\hbar^4} \frac{\sqrt{W - h\nu}}{\sqrt{W} + \sqrt{\frac{1}{3}h(\nu - \nu_g)}} h^2(\nu - \nu_g)^2 .$$

Die photoelektrische Ausbeute, d. h. der austretende Strom dividiert durch die Anzahl der einfallenden Quanten,

$$N_0 = c \frac{F_0^2}{8\pi h\nu} F \cos\psi , \tag{24.21}$$

(ψ = Winkel zwischen Richtung des einfallenden Strahls und der Normalen auf der Oberfläche), ergibt sich jetzt zu[1]

$$A = \frac{8e^2}{\hbar^2 c} \cdot \frac{(\nu - \nu_g)^2}{\nu^3} \cdot W \cdot \frac{\sqrt{W - h\nu}}{\sqrt{W} + \sqrt{\frac{1}{3}h(\nu - \nu_g)}} \cdot \frac{\sin^2\psi}{\cos\psi} . \tag{24.22}$$

Vorausgesetzt ist dabei, daß W mindestens etwa $1{,}5\, h\nu$ beträgt (bei der Auswertung des Integrals in 24.19). Im entgegengesetzten Grenzfall, $h\nu > W$, bekommt man durch eine ähnliche Approximation

$$A = \frac{8e^2}{\hbar^2 c} \cdot \frac{(\zeta/h)^2}{\nu^3} \cdot W \cdot \frac{16}{15} \frac{\sqrt{\frac{1}{2}\zeta}}{\sqrt{\zeta + 2h\nu} + \sqrt{\zeta + 2(h\nu - W)}} \cdot \frac{1}{2} \cdot \frac{\sin^2\psi}{\cos\psi} . \tag{24.23}$$

Bei hohen Frequenzen fällt also der Oberflächenphotoeffekt wie $\nu^{-7/2}$, bei 1,5 bis 1,8 ν_g hat er ein Maximum. Die Ausbeute beträgt dort 1 bis $5 \cdot 10^{-4}$, was den Experimenten sehr gut entspricht. Unter der Annahme $W = \zeta + w = 2\zeta = 2w = 2h\nu_g$, die bei den Alkalien ziemlich richtig zu sein scheint (vgl. Ziff. 15), haben wir die gestrichelte Kurve der Abb. 47 berechnet, sie stimmt mit der Beobachtungskurve (ausgezogen) an Kalium recht befriedigend überein, wenn man die Einfachheit unserer Annahmen (freie Elektronen) berücksichtigt. Nur ist die experimentelle Kurve etwas steiler. Der zweite Anstieg der experimentellen Kurve jenseits 2800 Å ist darauf zurückzuführen, daß *dann* durch einen gewöhnlichen Absorptionsprozeß im Metall*innern* ein Photoelektron erzeugt werden kann (zweite photoelektrische Grenze, vgl. den Anfang dieses Paragraphen).

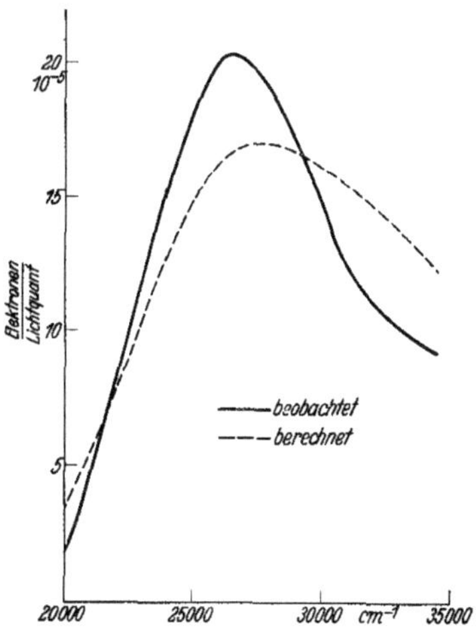

Abb. 47. Photoeffekt an Kalium. Ordinate Anzahl austretende Elektronen pro einfallendes Quant, Abszisse Frequenz in cm⁻¹. Beobachtete Kurve gestrichelt, berechnete ausgezogen.

Die *Energie*verteilung der austretenden Photoelektronen hat ein Maximum in unmittelbarer Nähe der Maximalenergie $h(\nu - \nu_g)$, sie stimmt nach FRÖHLICH befriedigend mit der Beobachtung überein.

b) Lichtelektrischer Effekt durch Abklingen der Lichtwelle[2]. Infolge der Absorption im Metallinneren klingt die erregende Lichtwelle exponentiell ab, es ist also statt (22.1) für ihr Vektorpotential zu setzen

$$\mathfrak{A} = A_\xi = \frac{F_0 c}{2\pi\nu} \cos 2\pi\nu \left(t - \frac{n\eta}{c}\right) e^{-\varkappa x} \tag{24.24}$$

[1] Die x-Komponente der Feldstärke, F_x, ist bei natürlichem Licht $\sqrt{\frac{1}{2}} F_0 \sin\psi$.

[2] G. WENTZEL, Sommerfeld-Festschrift. S 79.

($2\varkappa$ = Absorptionskoeffizient, η = Fortpflanzungsrichtung, ξ = Polarisationsrichtung des Lichts). An die Stelle des Matrixelements (22.8) tritt, wenn wir wieder freie Elektronen annehmen und von dem in a) erörterten Oberflächeneffekt absehen:

$$M_{n\mathfrak{k}}^{n'\mathfrak{k}'} = V^{-1/2} F^{-1/2} (2\pi)^{-1/2} \int e^{i(\mathfrak{k}-\mathfrak{k}', \mathfrak{r}) + \frac{2\pi i n \nu}{c}\eta - \varkappa x} \cdot i k_\xi d\tau . \tag{24.25}$$

Dabei ist V das Volumen des Metalls, F seine Oberfläche (yz-Ebene). Die Normierung der Eigenfunktion vor der Absorption (Ausbreitungsvektor $\mathfrak{k}$) ist im Volum V, die der anderen Eigenfunktion pro $d\lambda$ vorgenommen [vgl. (24.10)]. Der Ausdruck (24.25) verschwindet *nicht*, wenn sich $\mathfrak{k}$ und $\mathfrak{k}'$ bezüglich ihrer x-Komponente unterscheiden. Vernachlässigen wir $2\pi n\nu/c$, da die Wellenlänge des Lichtes groß ist verglichen mit atomaren Dimensionen, so erhalten wir

$$M_{n\mathfrak{k}}^{n'\mathfrak{k}'} = V^{-1/2} F^{-1/2} (2\pi)^{-1/2} \int_0^{2l} e^{i(k_x - k_x')x - \varkappa x} i k_\xi \, dx\, dy\, dz = (2\pi V)^{-1/2} F^{1/2} i \frac{k_\xi}{\varkappa + i(k_x' - k_x)}, \tag{24.26}$$

wenn die Dicke $2l$ sehr groß angenommen wird ($2\varkappa l \gg 1$). Einsetzen in (22.7) gibt

$$|a'(t)|^2 = \left(\frac{e F_0}{4\pi m \nu}\right)^2 (2l)^{-1} (2\pi)^{-1} \frac{k_\xi^2}{(k_x' - k_x)^2 + \varkappa^2} \cdot \Omega(E' - E - h\nu). \tag{24.27}$$

Dieser Ausdruck ist ähnlich gebaut und *von gleicher Größenordnung* wie (24.15). Der Absorptionskoeffizient $\varkappa$ fällt, wie man sieht, heraus, da er klein gegen k_x ist. Dies ist natürlich sehr erwünscht.

Trotzdem halten wir den hier entwickelten Mechanismus des lichtelektrischen Effekts *nicht* für richtig. Denn die Elektronen werden nach der „Lichtabsorptionstheorie" in tieferen Schichten des Metalls ausgelöst, und zwar so tief, wie das Licht noch einzudringen imstande ist. Auf dem verhältnismäßig langen Weg zur Oberfläche werden die Elektronen sicher mehrfache Zusammenstöße erleiden. Von diesen sind die Zusammenstöße mit Gitterwellen (Atomen) noch relativ harmlos, da sie nur eine Ablenkung des Elektrons bedingen. Viel schlimmer sind die Zusammenstöße mit anderen Elektronen, weil dabei dem Photoelektron Energie verlorengeht. Die Häufigkeit solcher Prozesse ist sehr schwer zu berechnen, man kann aber abschätzen, daß wahrscheinlich nur ganz wenige Atomabstände erforderlich sind, um das Elektron so weit abzubremsen, daß es nicht mehr austreten kann. Von den erzeugten Photoelektronen kommen also nur *die* wirklich zum Austritt, die etwa in den obersten 10^{-7} cm erzeugt sind, und da die Lichtwelle ungefähr 10^{-5} cm eindringt, sind dies nur etwa 1% der Photoelektronen, die nach (24.27) entstehen müssen. Folglich ist der *lichtelektrische Effekt*, der durch das Abklingen der Lichtwelle hervorgerufen wird, in Wirklichkeit etwa 100mal kleiner als der in a) behandelte Oberflächeneffekt.

Gegen den in b) gegebenen Mechanismus sprechen auch noch folgende experimentelle Gründe: Erstens nimmt experimentell der lichtelektrische Effekt mit dem Dünnerwerden der Metallschicht nicht merklich ab, was er nach der Theorie b) tun müßte, sobald die Schicht durchsichtig wird. Und zweitens müßte nach der Theorie b) parallel zur Oberfläche polarisiertes Licht fast ebenso wirksam sein wie senkrecht polarisiertes, entgegen der auf S. 469 erwähnten Erfahrung.

c) Der Volumeffekt. Jenseits einer „zweiten photoelektrischen Grenze", welche weit im Ultraviolett liegt, kann durch Absorption eines Lichtquants im Metall*innern* ein Photoelektron erzeugt werden. Bei genügend hoher Frequenz des Lichtes müßte, wenn keine Sekundäreffekte vorhanden wären, pro einfallendes Lichtquant ein halbes[1] Elektron austreten, wenn das Metall dick genug ist, um alles Licht zu absorbieren. Diese Ausbeute wird allerdings wegen der Bremsung der Elektronen auf ihrem Weg zur Oberfläche praktisch doch nie erreicht werden: Die wirklich zu beobachtende Ausbeute wird etwa $\frac{1}{2}$mal der Reichweite der Photoelektronen durch die Reichweite des Lichtquants sein, das ist etwa 1%, also über eine Größenordnung mehr als die Ausbeute, die man beim Oberflächeneffekt zwischen der „ersten" und „zweiten" lichtelektrischen Grenze erzielt.

---

[1] Die Hälfte der Elektronen bewegt sich nach der rückwärtigen Oberfläche des Metalls und wird auf dem Wege dorthin auf Null abgebremst.

Zur Berechnung der zweiten lichtelektrischen Grenze wäre die genaue Kenntnis des Eigenwertspektrums im Metall notwendig. Man muß dann zu jedem Wert des Ausbreitungsvektors $\mathfrak{k}$ einerseits den höchsten von einem Elektron besetzten Zustand $E_1(\mathfrak{k})$ aufsuchen, andererseits den tiefsten aller Zustände, deren Energie den kritischen Wert

$$E_0(\mathfrak{k}) = W + \frac{\hbar^2}{2m}(k_y^2 + k_z^2)$$

überschreitet, $E_2(\mathfrak{k})$. Daraufhin muß man das Minimum von $E_2(\mathfrak{k}) - E_1(\mathfrak{k})$ als Funktion von $\mathfrak{k}$ bestimmen. Dies ist gleich $h$mal der zweiten lichtelektrischen Grenze ν_g'. Unter der Annahme völlig freier Elektronen berechnen TAMM und SCHUBIN

$$h\nu_g' = 2 \cdot \sqrt{\frac{h^2}{2ma^2} W} - \frac{h^2}{2ma^2},$$

wobei a die Gitterkonstante des einfach-kubisch gedachten Gitters ist. Sie kommen damit in die richtige Größenordnung, betonen jedoch selbst, daß die Annahme äußerst roh ist.

Schon unterhalb der „zweiten lichtelektrischen Grenze" kann ein Elektron, welches durch Lichtabsorption im Metallinneren beschleunigt ist, durch Zusammenstöße mit Gitterschwingungen derart günstig abgelenkt werden, daß es zum Austritt befähigt wird. Dieser Effekt muß von der Anregung der Gitterschwingungen, d. h. von der Temperatur, stark abhängen. Der Photoeffekt durch parallel zur Oberfläche des Metalls polarisiertes Licht, der nach unseren Auseinandersetzungen in a) sehr klein sein sollte, zeigt nun nach IVES und JOHNSRUD tatsächlich eine starke Temperaturabhängigkeit, ist also wahrscheinlich in der eben angegebenen Weise zu erklären.

c) Magnetische Eigenschaften.

25. Paramagnetismus[1]. Wirkt auf die Elektronen eines Metalls ein magnetisches Feld H, so versuchen sich die Spins parallel zum Felde zu stellen, da dann die Energie um den Betrag $2H\mu$ geringer ist als bei entgegengesetzter Stellung. μ ist dabei das BOHRsche Magneton

$$\mu = \frac{e\hbar}{2mc}. \tag{25.1}$$

Durch die Einstellung der Spins erhält das Metall ein magnetisches Moment in der Feldrichtung, es wird paramagnetisch. Die Stärke des Paramagnetismus ist, wie wir sehen werden, praktisch unabhängig von der Temperatur und läßt wichtige Schlüsse auf das Eigenwertspektrum der Metallelektronen, insbesondere auf die Breite der Energiebänder, zu. Die Theorie des temperaturabhängigen Paramagnetismus rührt von PAULI[1] her und gab den Anstoß zur ganzen Entwicklung der Elektronentheorie der Metalle.

Beim absoluten Nullpunkt läßt sich der Paramagnetismus ganz elementar berechnen[2]. Es sind stets die energetisch tiefsten Zustände besetzt. Wirkt zunächst kein Magnetfeld, so ist die Energie eines Elektrons einfach die seiner „Bahnbewegung" in den elektrischen Potentialfeldern des Metalls. Alle Zustände mit einer Bahnenergie kleiner als ζ_0 sind von je zwei Elektronen mit entgegengesetztem Spin besetzt.

Schalten wir nun das Magnetfeld ein, so wird die Energie eines Elektrons mit feldparallelem Spin um $H\mu$ herabgesetzt, während bei antiparallelem Spin eine Energievermehrung um $H\mu$ eintritt. Die Elektronen werden nun wieder alle Zustände besetzen, deren Energie kleiner ist als eine gewisse Grenzenergie ζ; da aber nunmehr die Gesamtenergie gleich Bahnenergie *plus* magnetischer Energie ist, besetzen die Elektronen, deren Spin *parallel* zum Magnetfeld ist,

[1] W. PAULI, ZS. f. Phys. Bd. 41, S. 81. 1926.
[2] J. FRENKEL, ZS. f. Phys. Bd. 49, S. 31. 1928.

alle Zustände mit einer Bahnenergie kleiner als $\zeta + H\mu$, die mit antiparallelem Spin dagegen bloß die Zustände, deren Bahnenergie kleiner als $\zeta - H\mu$ ist. Die Zustände mit Bahnenergie kleiner als $\zeta - H\mu$ sind daher nach wie vor *doppelt* besetzt, die Zustände im Energieintervall $\zeta - H\mu$ bis $\zeta + H\mu$ dagegen nur einfach, und zwar mit Elektronen, deren Spin parallel zum Magnetfeld liegt. Die Anzahl der einfach besetzten Zustände beträgt

$$N(\zeta) \cdot 2H\mu, \tag{25.2}$$

wenn $N(\zeta)dE$ die Anzahl der Quantenzustände pro Energieintervall dE in der Umgebung der FERMIschen Grenzenergie ζ ist. Jedes der in einfach besetzten Zuständen befindlichen Elektronen besitzt ein magnetisches Moment μ in der Feldrichtung, während die magnetischen Momente der beiden Elektronen, die in einem doppelt besetzten Zustand sind, sich natürlich aufheben. Das gesamte magnetische Moment des Metalls ist daher

$$M = 2H\mu^2 N(\zeta_0)$$

und die Suszeptibilität

$$\chi = \frac{M}{HV} = 2\mu^2 N_1(\zeta_0), \tag{25.3}$$

wo V das Volum des Metalls und $N_1(\zeta_0)$ die Anzahl Quantenzustände pro Energieintervall in einem Metallstück vom Volum 1 cm^3 ist.

Um die Größenordnung abzuschätzen, setzen wir für N_1 den für freie Elektronen gültigen Wert [vgl. (5.8)]

$$N_1 = \frac{2\pi}{h^3}(2m)^{3/2}\sqrt{\zeta_0} = (3\pi^2 n)^{1/3}\frac{2m}{h^2}, \tag{25.4}$$

wobei ζ_0 nach (2.6) eingesetzt ist. Nach (25.1), (25.3) wird dann

$$\chi = \left(\frac{3n}{\pi}\right)^{1/3}\frac{e^2}{4\pi m c^2} = 1{,}88 \cdot 10^{-6}\left(\frac{\varrho n_0}{A}\right)^{1/3}, \tag{25.5}$$

wo ϱ die Dichte, A das Atomgewicht der Substanz und n_0 die Anzahl „freier“ Elektronen pro Atom ist. Für die Alkalien ergibt sich ($n_0 = 1$):

Tabelle 5a. Temperaturunabhängiger Paramagnetismus der Alkalien.

	Li	Na	K	Rb	Cs
ϱ	0,534	0,97	0,86	1,52	1,87
A	6,94	23	39,10	85,5	132,8
χ_{ber}	0,81	0,66	0,52	0,49	$0{,}45 \cdot 10^{-6}$
χ_{beob}	+0,27	+0,63	+0,48	+0,13	$-0{,}19 \cdot 10^{-6}$
Differenz	(0,54)	0,03	0,04	0,36	0,64
Diam. des Ions[1] (beob.)	0,05	0,25	0,29	0,50	0,54

Die Differenzen zwischen Berechnung und Beobachtung sind durch den Diamagnetismus zu erklären. Dabei ist in erster Linie an den Diamagnetismus des Atomrumpfes zu denken. Dieser nimmt mit zunehmender Größe des Rumpfes bekanntlich stark zu, wie dies aus der letzten Zeile der Tabelle 5a hervorgeht[1].

[1] Der Diamagnetismus der Atomrümpfe, d. h. der Ionen $Na^+K^+Rb^+Cs^+$, ist aus den Messungen von K. IKENMEYER (Ann. d. Phys. Bd. 1, S. 169. 1929) an Alkalihalogeniden entnommen. Dabei ist für die Suszeptibilität von Li^+ der aus dem HARTREEschen Atommodell berechnete Wert $0{,}6 \cdot 10^{-6}$ pro *Mol* eingesetzt und Additivität der Ionensuszeptibilitäten angenommen. Dann ergibt sich die Suszeptibilität pro Mol für $Na^+K^+Rb^+Cs^+$ bzw. zu 6,13, 28, 37 $\cdot 10^{-6}$. Aus diesen Werten wurden durch Inter- bzw. Extrapolation die Suszeptibilitäten der Schwermetallionen berechnet. (Unsere Auswertung der IKENMEYERschen Messungen weicht von der seinigen wesentlich ab, letztere scheint uns abwegig. Auch dem Vorschlag von B. MROWKA [ZS. f. Phys. Bd. 80, S. 495. 1933] vermögen wir nicht zu folgen, da dort grobe Näherungsformeln von KIRKWOOD zwischen Diamagnetismus und Dielektrizitätskonstante zu weitgehend benutzt werden.)

Dementsprechend ist χ_{beob} anfangs wenig, später viel kleiner als χ_{ber}, um schließlich bei Cs sogar negativ zu werden: Dort überwiegt der Diamagnetismus des Rumpfes über den Paramagnetismus der Leitungselektronen. Die Differenz zwischen beobachtetem und nach Formel (25.5) berechneten Paramagnetismus stimmt größenordnungsmäßig mit dem beobachteten Diamagnetismus des Rumpfes.

In zweiter Linie ist dann aber noch zu berücksichtigen, daß auch die Leitungselektronen selbst, und zwar vermöge ihrer Bahnbewegung, gleichfalls einen Beitrag zum Diamagnetismus liefern. Dieser beträgt bei freien Elektronen, wie wir sie hier vorausgesetzt haben, ein Drittel des Paramagnetismus des Spins (vgl. Ziff. 26). Von diesem Standpunkt aus ist die gute Übereinstimmung von beobachteter und berechneter Suszeptibilität bei Na und K eigentlich sehr unbefriedigend. Man sollte z. B. bei Na erwarten, daß die effektive Suszeptibilität gleich $\frac{2}{3} \cdot 0{,}66 - 0{,}25 = 0{,}19$ ist (zwei Drittel des Paramagnetismus des Spins minus Diamagnetismus des Rumpfes). Der höhere Beobachtungswert zeigt, daß der Paramagnetismus der Leitungselektronen in Wirklichkeit um ca. 50% größer ist, als nach Formel (25.5) herauskommt.

Dasselbe Ergebnis, nur noch schärfer ausgeprägt, findet man bei anderen Metallen, von denen wir in Tabelle 5b einige herausgreifen.

Tabelle 5b. Paramagnetismus einiger Metalle.

1 Element	2 $\chi_{\text{beob}} \cdot 10^6$	3 Diamagnetismus des Rumpfes pro Mol	4 pro cm³	5 Paramagnetismus der Leitungselektronen (Sp. 2 + Sp. 4)	6 n_0	7 χ_{ber} nach (25.5)	8 Breite des Energiebands Volt
Cu	−0,8	20	2,9	2,1	1	0,99	4,5
Ag	−1,5	33	3,2	1,7	1	0,87	3,7
Au	−3,1	48	4,7	1,6	1	0,87	4,0
Mg	0,99	7	0,5	1,5	2	0,99	4,3
Ca	1,70	14	0,5	2,2	2	0,80	2,9
Sr	(0,88?)	29	0,9	1,7	2	0,74	3,8
Ba	6,6	38	1,0	7,6	2	0,71	0,86
Al	1,8	8	0,8	2,6	3	1,24	2,5
Pb	−1,4	50	2,7	1,3	4	0,90	2,7
Cr	26	17	2,4	28	6	1,80	0,32
Pd	60	33	3,6	64	10	1,95	0,11
Os	0,5	45	5,4	5,9	8	1,86	1,32
Ir	4,9	46	5,5	10,4	9	1,92	0,74
Pt	23	47	5,2	28	10	1,95	0,25

Um den „beobachteten“ Wert des Paramagnetismus zu erhalten, haben wir zu dem experimentellen Wert der Suszeptibilität des Metalls die diamagnetische Suszeptibilität des Atomrumpfs addiert. Die letztere haben wir durch Interpolation aus den bekannten Suszeptibilitäten der Alkaliionen (vgl. Anm. vor. Seite) gewonnen, sie bezieht sich demgemäß auf das einfach geladene Ion, kann also als Näherungswert für den gesamten Diamagnetismus einschließlich demjenigen der Leitungselektronen betrachtet werden. Bei der *Berechnung* nach Formel (25.5) (Spalte 7) andererseits haben wir für n_0 die Gesamtzahl der Elektronen außerhalb abgeschlossener Schalen eingesetzt, χ_{ber} sollte daher eher zu hoch ausfallen. In Wirklichkeit beträgt es nur 3 bis 70% des „beobachteten“ Wertes.

Daraus geht hervor, daß die Anzahl der Quantenzustände pro Energieintervall sicher *größer* ist, als aus der Annahme freier Elektronen folgt. Das läßt darauf schließen, daß das Energieband, welches die Leitungselektronen enthält, *schmäler* ist als bei freien Elektronen. Man kann die Breite ΔE der Energiebänder ganz roh abschätzen, wenn man annimmt, daß

1. die Anzahl der Zustände pro dE durch das ganze Band hindurch konstant ist und

2. sich nicht mehrere Energiebänder überdecken. Auf diese Weise würde man erhalten

$$\Delta E = \frac{N}{N_1(\zeta_0)} = \frac{2\mu^2 N}{\chi} = \frac{6{,}4 \cdot 10^{-5}}{\chi} \cdot \frac{\varrho}{A}\,\text{Volt}. \tag{25.6}$$

(N = Anzahl Atome pro cm³ des Metalls). Aus (25.6) folgen die in der letzten Spalte verzeichneten Breiten der Energiebänder, welche sich, wie man sieht, zwischen 0,1 und 5 Volt bewegen. Die kleineren dieser Zahlen dürften allerdings falsch sein. Denn bei den betreffenden Elementen werden sich vermutlich mehrere — sagen wir n — Energiebänder überdecken, bei der Abschätzung (25.6) hätte man daher im Zähler die Anzahl der Zustände in sämtlichen Energiebändern, Nn, statt derjenigen in einem Band, N, einzusetzen. Nehmen wir z. B. an, daß sich bei den Elementen der Übergangsgruppen (Cr bis Pt) 5 Energiebänder überdecken, entsprechend den 5 magnetischen Zuständen eines d-Elektrons, so würden wir einen 5mal größeren Wert für die Breite der Bänder bekommen und damit auch hier in die übliche Größenordnung 1 bis 5 Volt gelangen. Eine Ausnahme würde dann nur noch Pd und allenfalls Pt machen. Es scheint bemerkenswert, daß bei diesen Elementen gerade die d-Schale abgeschlossen wird und die entsprechenden Energiebänder im Metall daher fast voll sind. Es wäre möglich, daß am oberen Rande der Bänder die Eigenwerte besonders dicht liegen, also $N_1(E)$ besonders groß ist. Evtl. haben wir hier aber einen Effekt des Elektronenaustauschs (vgl. Ziff. 27) vor uns, d. h. einen dem Ferromagnetismus sich nähernden Paramagnetismus.

Wir haben eingangs behauptet, der Paramagnetismus sei im wesentlichen temperaturunabhängig. Wir beweisen dies nunmehr, indem wir das magnetische Moment des Metalls bei der Temperatur T berechnen. Wenn E die Bahnenergie eines Zustands ist, so ist die Gesamtenergie, falls der Spin parallel zum Magnetfeld steht, $E - H\mu$, die Wahrscheinlichkeit der Besetzung des Zustands also

$$f(E - H\mu) = \frac{1}{e^{(E - H\mu - \zeta)/kT} + 1},$$

und die Gesamtzahl der Elektronen mit Spin parallel zum Feld

$$Z_1 = \int N(E) f(E - H\mu)\, dE = \int_0^{\zeta + H\mu} N(E)\, dE + \frac{\pi^2}{6}(kT)^2 \left(\frac{dN}{dE}\right)_{\zeta + H\mu}, \tag{25.7}$$

die Gesamtzahl der Elektronen mit antiparallelem Spin

$$Z_2 = \int_0^{\zeta - H\mu} N(E)\, dE + \frac{\pi^2}{6}(kT)^2 \left(\frac{dN}{dE}\right)_{\zeta - H\mu}, \tag{25.7a}$$

die Differenz beträgt

$$Z_1 - Z_2 = 2H\mu \left[N(\zeta) + \frac{\pi^2}{6}(kT)^2 \left(\frac{d^2N}{dE^2}\right)_\zeta\right]. \tag{25.8}$$

Da nun nach (16.9)

$$\zeta(T) = \zeta_0 - \frac{\pi^2}{6}(kT)^2 \cdot \frac{1}{N(\zeta_0)} \left(\frac{dN}{dE}\right)_{\zeta_0},$$

so ergibt sich für das magnetische Moment des Metalls

$$M = (Z_1 - Z_2)\mu = 2H\mu^2 N(\zeta_0) \left[1 + \frac{\pi^2}{6}(kT)^2 \left(\frac{d^2 \log N}{dE^2}\right)_{\zeta_0}\right]. \tag{25.9}$$

Die Temperaturabhängigkeit ist also außerordentlich gering, nämlich von der Größenordnung $(kT/\zeta_0)^2 \approx 10^{-3}$ bei Zimmertemperatur. Auch experimentell ist kaum eine Temperaturabhängigkeit des Paramagnetismus der Metalle feststellbar[1], nur bei Pd und Pt ist zwischen 300 und 1400° abs. eine Abnahme um 65 bzw. 35% beobachtet. Diese erklärt sich, wie uns scheint, zwanglos aus der Annahme, daß wir uns in der Nähe des Randes eines Energiebandes befinden, wo $N(E)$ jedenfalls stark von der Energie abhängt. Bemerkenswert scheint uns noch, daß die Suszeptibilität ebenso häufig mit der Temperatur zu- wie abnimmt. Das würde man nach (25.9) auch erwarten, während die WEISSsche phänomenologische Theorie des Paramagnetismus nur eine Abnahme mit wachsender Temperatur kennt.

26. Diamagnetismus der Leitungselektronen[2]. In der klassischen Theorie besitzt ein Gas freier Elektronen keinen Diamagnetismus. Das liegt daran, daß das Magnetfeld an den Elektronen keine Arbeit leistet. Die Energie aller Zustände des Elektrons bleibt daher unverändert, es gibt im Magnetfeld genau ebenso viele Zustände, deren Energie in einem bestimmten Intervall liegt, wie ohne Feld. Die Gesamtenergie des Elektronengases wird daher unabhängig vom Magnetfeld. Nun wird die Suszeptibilität bekanntlich befiniert durch die Beziehung

$$E = E_0 - \tfrac{1}{2}\chi H^2, \tag{26.1}$$

wo E die Energie der Volumeinheit des betreffenden Körpers im Magnetfeld H und E_0 die gleiche Energie ohne Feld ist. Da $E = E_0$ ist, wird also die Suszeptibilität Null.

In der Quantentheorie ist dagegen, wenn man vom Elektronenspin absieht, ein Gas freier Elektronen *diamagnetisch*. Im Gegensatz zur klassischen Theorie wird nämlich durch das magnetische Feld die Energie der Zustände der Elektronen verändert: Es bilden sich Bahnen heraus, deren magnetische Momente Vielfache des BOHRschen Magnetons sind, das Energiespektrum der Elektronen wird (teilweise) *diskret*. Dadurch wird natürlich auch die *Gesamt*energie des Elektronengases geändert.

a) Berechnung der Eigenwerte und Eigenfunktionen eines freien Elektrons im Magnetfeld. Auf ein Elektron soll ein Magnetfeld in der z-Richtung von der Stärke H wirken, sonst seien keine äußeren Kräfte vorhanden. Das Magnetfeld läßt sich aus dem Vektorpotential

$$A_x = -Hy, \qquad A_y = A_z = 0 \tag{26.2}$$

ableiten, welches, wie man sich unmittelbar überzeugt, die zu stellenden Forderungen $\operatorname{div}\mathfrak{A} = 0$ und $\operatorname{rot}\mathfrak{A} = (0, 0, H)$ erfüllt. Die Schrödingergleichung lautet bekanntlich bei Anwesenheit eines Vektor- und bei Abwesenheit eines skalaren Potentials

$$E\psi - \frac{1}{2m}\left(-i\hbar\,\mathrm{grad} - \frac{e}{c}\mathfrak{A}\right)^2\psi = 0,$$

ausgerechnet:

$$\frac{\hbar^2}{2m}\Delta\psi - \frac{ie\hbar}{mc}(\mathfrak{A}, \mathrm{grad}\,\psi) + \left(E - \frac{e^2}{2mc^2}A^2\right)\psi = 0, \tag{26.3}$$

oder, wenn wir (26.2) einsetzen,

$$\frac{\hbar^2}{2m}\Delta\psi + iH\frac{e\hbar y}{mc}\frac{\partial\psi}{\partial x} + \left(E - \frac{e^2}{2mc^2}H^2y^2\right)\psi = 0. \tag{26.4}$$

---

[1] Z. B. bei Cu und Au keine meßbare Änderung zwischen 300 und 1300° abs., bei Ag ca. 10% Verminderung von 300 bis 1400°, Pb keine meßbare Änderung von Zimmertemperatur bis Schmelzpunkt (600° abs.), Cr 10% *Zunahme* von 300 bis 1400° usw.

[2] L. LANDAU, ZS. f. Phys. Bd. 64, S. 629. 1930; vgl. auch E. TELLER, ebenda Bd. 67, S. 311. 1931; R. PEIERLS, ebenda Bd. 80, S. 763. 1933.

Die Koordinaten x und z kommen hier nicht explizit vor, die Gleichung wird also gelöst durch den Ansatz

$$\psi = e^{\frac{i}{\hbar}(-\varkappa x + \lambda z)} \cdot \varphi(y), \tag{26.5}$$

$-\varkappa$ und λ sind die Impulse in der x- bzw. z-Richtung. Durch Einsetzen ergibt sich für φ die Differentialgleichung

$$\frac{\hbar^2}{2m}\frac{\partial^2\varphi}{\partial y^2} + \left(E' - \frac{1}{2m}\left(\frac{eH}{c}y - \varkappa\right)^2\right)\varphi = 0, \tag{26.6}$$

mit

$$E' = E - \frac{\lambda^2}{2m}. \tag{26.6a}$$

(26.6) ist die Differentialgleichung eines harmonischen Oszillators, dessen Ruhepunkt an der Stelle

$$y_0 = \frac{c\varkappa}{eH} \tag{26.7}$$

gelegen ist und dessen Frequenz

$$\nu_0 = \frac{eH}{2\pi mc}$$

beträgt (Frequenz der Larmorprässion). Die Energieniveaus sind also

$$E' = h\nu_0\left(n + \frac{1}{2}\right) = \frac{e\hbar}{mc}H\left(n + \frac{1}{2}\right) = H\mu(2n + 1), \tag{26.8}$$

wobei μ das in (25.1) eingeführte BOHRsche Magneton ist. Die Eigenfunktionen sind HERMITEsche Funktionen; sie werden bekanntlich sehr klein, wenn die Entfernung des Elektrons von seinem Ruhepunkt y_0 größer ist als die klassische Amplitude

$$a = \frac{c}{eH}\cdot\sqrt{2mE} = \sqrt{\frac{\hbar c}{eH}(2n + 1)}, \tag{26.9}$$

das Elektron bewegt sich also im wesentlichen zwischen $y_0 - a$ und $y_0 + a$.

Um nachher die Gesamtenergie des Metalls berechnen zu können, müssen wir die Anzahl der Energieniveaus pro Energieintervall kennen, besser gesagt die Anzahl der Niveaus mit gegebener Quantenzahl n und gegebenem Impuls λ in der z-Richtung — von $\varkappa$ hängt die Energie ja nicht ab. Wir verlangen in üblicher Weise Periodizität der Eigenfunktion in x, y, z mit den großen Perioden A, B, C. Dann gibt es offenbar

$$\frac{AC}{h^2}\Delta\varkappa\Delta\lambda \tag{26.10}$$

Zustände im Impulsintervall $\Delta\varkappa\Delta\lambda$ bei festgehaltenem n. Während aber λ ganz beliebig variiert werden kann, ist dies bei $\varkappa$ nicht der Fall. Denn der Ruhepunkt der y-Bewegung des Elektrons hängt ja nach (26.7) von $\varkappa$ ab, und dieser Ruhepunkt muß natürlich in das Innere unseres Grundgebietes fallen, d. h.

$$0 < y_0 < B, \quad 0 < \varkappa < \frac{eHB}{c}. \tag{26.10a}$$

Indem wir $\varkappa$ alle zulässigen Werte annehmen lassen, d. h. in (26.10) $\Delta\varkappa = eHB/c$ setzen, bekommen wir

$$N(n)\,d\lambda = ABC\frac{eH}{h^2c}\,d\lambda = V\frac{eH}{h^2c}\,d\lambda, \tag{26.11}$$

für die Anzahl Zustände im Impulsbereich λ bis $\lambda + d\lambda$ bei festgehaltenem n. Dabei ist $V = ABC$ das Volumen unseres „Grundgebiets". — Wenn wir H gegen Null gehen lassen, erhalten wir aus (26.11) die Eigenwertverteilung im freien Elektronengas.

b) Energie des Metalls. Es wäre das Nächstliegende, die Energie des Metalls im Feld H beim absoluten Nullpunkt zu berechnen. Leider stößt das auf rechnerische Schwierigkeiten aus Gründen, die wir späterhin noch zu erörtern haben. Wir berechnen daher die Energie bei *endlicher* Temperatur T.

Die Wahrscheinlichkeit, daß ein Zustand mit der Energie E_i besetzt ist, beträgt in der FERMIschen Statistik bekanntlich

$$2f(E_i) = \frac{2}{1 + e^{(E_i - \zeta)/kT}}$$

(Faktor 2 wegen des Spins), die Gesamtenergie des Metalls daher

$$E = \sum_i 2E_i f(E_i) = \sum_i \frac{2E_i}{1 + e^{(E_i - \zeta)/kT}}\,.$$

Dabei ist ζ selbst im allgemeinen mit dem Magnetfeld veränderlich und muß daraus bestimmt werden, daß

$$\sum_i 2f(E_i) = N$$

ist. Setzen wir den Wert der Energieniveaus aus (26.6a), 26.8) und die Anzahl Niveaus pro Energieintervall aus (26.11) ein, so ist für ein Metall von 1 cm^3 Volumen

$$N = \frac{2eH}{h^2 c} \sum_{n=0}^{\infty} \int_{-\infty}^{\infty} d\lambda \frac{1}{1 + \exp\left[\left(H\mu(2n+1) + \frac{\lambda^2}{2m} - \zeta\right)/kT\right]}\,. \tag{26.12}$$

Bezeichnen wir das Integral über λ mit $f(n + \frac{1}{2})$, so ist

$$N = \frac{2eH}{h^2 c} \sum_{n=0}^{\infty} f\left(n + \frac{1}{2}\right). \tag{26.13}$$

Dies läßt sich nach der bekannten Formel von EULER

$$\sum_{n=a}^{b-1} f\left(n + \frac{1}{2}\right) = \int_a^b f(x)\,dx - \frac{1}{24}\left[f'(x)\right]_a^b \tag{26.14}$$

auswerten. Die Formel gilt allerdings, wie man weiß, nur, wenn für alle n

$$|f(n) - f(n-1)| \ll |f(n)|$$

ist. Dies setzt, wie man leicht nachrechnet, $H\mu \ll kT$ voraus[1].

Hier liegt der Grund, weswegen die Rechnung nur bei endlicher Temperatur T durchführbar ist.

Zur Berechnung von $\int_0^\infty f(x)\,dx$ kann man einfach setzen

$$f(x) = 2\int_0^\infty d\lambda \cdot \frac{1}{e^{\left(2H\mu x + \frac{\lambda^2}{2m} - \zeta\right)/kT} + 1} = 2\bar{\lambda},$$

wo $\bar{\lambda}$ die Abfallstelle der Fermiverteilung[2] ist, d. h.

$$\bar{\lambda} = \begin{cases} \sqrt{2m(\zeta - 2H\mu x)}, & \text{wenn} \quad x < \zeta/2H\mu, \\ 0, & \text{wenn} \quad x > \zeta/2H\mu. \end{cases}$$

---

[1] Andernfalls ändert sich $f(n)$ sehr rasch, sobald $n \approx n_0 = \zeta/2H\mu$ wird. Ist z. B. $T = 0$, so erhält man bekanntlich

$$f(n) = 2\bar{\lambda} = 2\sqrt{2m(\zeta - 2H\mu n)} = 4\sqrt{H\mu m}\sqrt{n_0 - n}\,,$$

also eine für $n \approx n_0$ in hohem Maße unstetige Funktion. Die Energie hängt dann in sehr komplizierter Weise von dem genauen Wert von H ab, das magnetische Moment dE/dH wird eine äußerst komplizierte Funktion der Feldstärke H. Nach PEIERLS (ZS. f. Phys. Bd. 81, S. 186. 1933) ist hierauf die komplizierte Feldabhängigkeit des Diamagnetismus von *Wismut* bei tiefen Temperaturen zurückzuführen, die von DE HAAS beobachtet worden ist.

[2] Dabei begeht man im Fall $|\zeta - 2H\mu x| \ll kT$ einen kleinen Fehler, der aber nicht ins Gewicht fällt, weil dort $\bar{\lambda}$ sowieso sehr klein ist.

Dann ergibt sich

$$\int_0^\infty f(x)\,dx = \frac{2}{3}\cdot\frac{\sqrt{2m}}{H\mu}\zeta^{3/2}. \tag{26.15}$$

Andererseits ist, wenn wir abkürzend $2H\mu x + \frac{\lambda^2}{2m} - \zeta = \varepsilon$ setzen:

$$\frac{df}{dx} = 2\int_0^\infty d\lambda \frac{\partial}{\partial x}\left(\frac{1}{1+e^{\varepsilon/kT}}\right) = 4H\mu \int_{2H\mu x-\zeta}^\infty \frac{m}{\lambda}\,d\varepsilon \frac{\partial}{\partial\varepsilon}\left(\frac{1}{1+e^{\varepsilon/kT}}\right). \tag{26.16}$$

Wir brauchen [vgl. (26.13), (26.14)] die Werte von df/dx für $x = 0$ und ∞. Im zweiten Fall wird die untere Grenze für ε gleich ∞ und daher nach (26.16) $f' = 0$. Im ersten Fall hat die Ableitung $\partial/\partial\varepsilon$ in (26.16) ein scharfes Maximum an der Stelle $\varepsilon = 0$, d. h. $\lambda = \sqrt{2m\zeta}$, so daß

$$\left(\frac{df}{dx}\right)_0 = 4H\mu\frac{m}{\sqrt{2m\zeta}}\int_0^\infty d\varepsilon\frac{\partial}{\partial\varepsilon}\left(\frac{1}{1+e^{\varepsilon/kT}}\right) = -2H\mu\sqrt{\frac{2m}{\zeta}}. \tag{26.17}$$

Einsetzen von (26.14), (26.15), (26.17) und (25.1) in (26.13) gibt

$$N = \frac{8\pi}{3}\frac{(2m\zeta)^{3/2}}{h^3}\left(1 - \frac{1}{8}\frac{(H\mu)^2}{\zeta^2}\right). \tag{26.18}$$

Auf genau dieselbe Weise berechnet man

$$\left.\begin{aligned} E &= \frac{2eH}{h^2c}\sum_{n=0}^\infty \int_{-\infty}^\infty \frac{d\lambda[H\mu(2n+1)+\lambda^2/2m]}{1+e^{\cdots}} \\ &= \frac{8\pi}{3}\frac{(2m\zeta)^{3/2}}{h^3}\zeta\left(\frac{3}{5}+\frac{1}{8}\frac{(H\mu)^2}{\zeta^2}\right). \end{aligned}\right\} \tag{26.19}$$

Bezeichnen wir nun die Grenzenergie in Abwesenheit des Magnetfeldes mit ζ_0, so folgt aus (26.18)

$$N = \frac{8\pi}{3}\frac{(2m\zeta_0)^{3/2}}{h^3} \quad \text{also} \quad \zeta_0^{3/2} = \zeta^{3/2}\left(1 - \frac{1}{8}\frac{(H\mu)^2}{\zeta_0^2}\right).$$

Daraus ergibt sich ζ, und durch Einsetzen in (26.19)

$$\left.\begin{aligned} E &= \frac{8\pi}{3}\frac{(2m)^{3/2}}{h^3}\zeta_0^{5/2}\left[\frac{3}{5}\left(1+\frac{5}{3}\cdot\frac{1}{8}\cdot\frac{(H\mu)^2}{\zeta_0^2}\right)+\frac{1}{8}\frac{(H\mu)^2}{\zeta_0^2}\right] \\ &= E_0 + \frac{2\pi}{3}\frac{(2m)^{3/2}}{h^3}\sqrt{\zeta_0}\,(H\mu)^2, \end{aligned}\right\} \tag{26.20}$$

wo E_0 die Energie ohne Magnetfeld ist. Da nun [vgl. (5.8), (25.4)] die Anzahl Eigenwerte pro Energieintervall

$$N_1 = 2\pi(2m)^{3/2}h^{-3}\sqrt{\zeta_0}$$

ist, so folgt

$$E = E_0 + \tfrac{1}{3}N_1(H\mu)^2 \tag{26.21}$$

und für die Suszeptibilität nach (26.1)

$$\chi = -\tfrac{2}{3}N_1\mu^2. \tag{26.22}$$

Das ist genau ein Drittel des im vorigen Paragraphen behandelten PAULIschen Paramagnetismus des Spins. Vom letzteren bleiben also nur zwei Drittel übrig.

Es geht aus unserer Ableitung klar hervor, daß der LANDAUsche Diamagnetismus nur dadurch zustande kommt, daß das Eigenwertspektrum durch das Magnetfeld *diskret* gemacht wird. Stünde in (26.12) das Integral über n anstatt der Summe, so würde das typische Zusatzglied $f'(x)$ in (26.14) fehlen, und dieses ist es, was in den Formeln (26.18), (26.19) die Abhängigkeit vom Magnetfeld hervorbringt. Ein klassisches Elektronengas, in dem die Energie nicht gequantelt ist, hat, wie anfangs bemerkt, keine diamagnetische Suszeptibilität.

Die Formel für die Suszeptibilität läßt sich übrigens natürlich nicht bloß durch Berechnung der Energie der Volumeinheit gewinnen, sondern auch durch Betrachtung des *Stromes*, der unter dem Einfluß des Magnetfeldes um ein Metall herumfließt, und direkte Berechnung seines magnetischen Momentes. Dies ist von TELLER[1] ausgeführt worden.

c) Diamagnetismus gebundener Elektronen. Der Einfluß der Bindung auf den Diamagnetismus der Leitungselektronen ist von PEIERLS[2] untersucht worden. Die wesentliche Erschwerung gegenüber dem Fall der freien Elektronen besteht darin, daß die Energieniveaus bei gleichzeitiger Wirkung eines Magnetfelds und eines periodischen elektrischen Feldes nicht leicht angegeben werden können. PEIERLS hat daher eine Methode ausgearbeitet, um ohne Kenntnis der Eigenwerte die diamagnetische Suszeptibilität berechnen zu können. Dies ist durchführbar, solange $\mu H \ll kT$ ist, also für nicht zu starke Felder.

Wesentlich ist, daß die HAMILTONsche Funktion in geeigneten Variabeln geschrieben wird. Die Wellenzahlen k_x, k_y, k_z eignen sich hierzu *nicht*, genau sowenig wie beim *freien* Elektron die Impulse: Die Energie eines freien Elektrons im homogenen Magnetfelde $\mathfrak{H} = \mathfrak{H}_z = H$ ist nämlich bekanntlich

$$E = \frac{1}{2m}\left(\mathfrak{p} - \frac{e}{c}\mathfrak{A}\right)^2 = \frac{1}{2m}\left[p^2 + H(p_x y - p_y x) + \frac{e^2}{4c^2} H^2(x^2 + y^2)\right], \tag{26.23}$$

wenn, etwas symmetrischer als in (26.2), für das Vektorpotential gesetzt wird

$$A_x = -\tfrac{1}{2} H y, \quad A_y = \tfrac{1}{2} H x, \quad A_z = 0. \tag{26.23a}$$

Wenn sich daher das Elektron nicht gerade in der Nähe der Ebene $x = 0$ befindet, ist der vom Magnetfeld abhängige Anteil in der Hamiltonfunktion keineswegs klein und kann daher nicht als Störung behandelt werden, was für eine einfache Übersicht sehr erstrebenswert wäre. Hingegen sind — immer noch beim freien Elektron — die *Geschwindigkeitskomponenten* geeignete Variable: Die Energie beträgt im Magnetfeld einfach

$$E = \tfrac{1}{2} m v^2, \tag{26.24}$$

genau wie ohne Feld. Dafür muß man in Kauf nehmen, daß die Komponenten v_x und v_y der Geschwindigkeit nicht mehr vertauschbar sind: Aus

$$m v_x = p_x - \frac{e}{c} A_x = p_x + \frac{e}{2c} H y; \quad m v_y = p_y - \frac{e}{2c} H x \tag{26.25}$$

folgt sofort

$$v_x v_y - v_y v_x = i \frac{e\hbar}{m^2 c} H = 2 \frac{i \mu H}{m}. \tag{26.26}$$

Auf der Unabhängigkeit der Energie vom Magnetfeld in der Formel (26.24) beruht die Abwesenheit des Diamagnetismus freier Elektronen in der klassischen Mechanik, auf der Nichtvertauschbarkeit der Geschwindigkeitskomponenten sein Vorhandensein in der Quantenmechanik.

[1] E. TELLER, ZS. f. Phys. Bd. 67, S. 311. 1931.
[2] R. PEIERLS, ZS. f. Phys. Bd. 80, S. 763. 1933.

Als geeigneter Ersatz für die Geschwindigkeit bei (stark) gebundenen Elektronen erwies sich nun der Operator

$$\mathfrak{K} = \frac{a}{\hbar}\left(\mathfrak{p} + \frac{e}{2c}[\mathfrak{r} - \mathfrak{r}_0, \mathfrak{H}]\right), \tag{26.27}$$

wobei der Operator $\mathfrak{r}_0$ definiert ist durch

$$\mathfrak{r}_0 \varphi_{\mathfrak{m}} = \mathfrak{m}\varphi_{\mathfrak{m}}, \tag{26.28}$$

($\varphi_{\mathfrak{m}}$ = Eigenfunktion des am Gitterpunkt $\mathfrak{m}$ befindlichen Atoms, a = Gitterabstand). Von den Komponenten von $\mathfrak{K}$ hängt die Energie ganz ähnlich ab wie im Fall verschwindenden Magnetfeldes von den drei Wellenzahlen ξ, η, ζ; z. B. ist für ein einfach-kubisches Gitter ([vgl. (12.14)]

$$E = E_1 + 2A(\cos K_x + \cos K_y + \cos K_z). \tag{26.29}$$

Dabei ist A ein Austauschintegral, das allerdings selbst noch eine geringe Abhängigkeit vom Magnetfeld besitzt; ferner ist

$$E_1 = E_0 + \tfrac{1}{2}\chi_e H^2 \tag{26.30}$$

bis auf eine additive Konstante die Energie des Leuchtelektrons des freien Atoms im Magnetfeld, insbesondere ist χ_e ungefähr die Suszeptibilität des Leuchtelektrons im Atom.

Die Komponenten von $\mathfrak{K}$ sind, wie aus (26.27) hervorgeht, im Magnetfeld nicht vertauschbar, genau sowenig wie v_x und v_y beim freien Elektron. Will man z. B. E durch die K_i ausdrücken, so hat man zu beachten, daß $e^{i(K_x+K_y)}$, $e^{iK_x}\cdot e^{iK_y}$ und $e^{iK_y}\cdot e^{iK_x}$ alle voneinander verschieden sind; dies ist auch bei der Berechnung der Verteilungsfunktion $f_0 = \left(e^{\frac{E-\zeta}{kT}} + 1\right)^{-1}$ zu beachten. Die Rechnung läßt sich aber durchführen, solange K_x und K_y *nahezu* vertauschbar sind, und dies ist bei nicht zu starken Magnetfeldern der Fall. Man kann dann nach Potenzen der Nichtvertauschbarkeit entwickeln.

Das *Resultat* von PEIERLS ist, daß die Suszeptibilität aus drei Anteilen besteht[1]: Der erste Anteil ist der Diamagnetismus des Atoms

$$\chi_1 = \chi_a. \tag{26.31}$$

Zweitens ist das Austauschintegral von H abhängig, der betreffende Beitrag zur Suszeptibilität ist von der Größenordnung[2]

$$\chi_2 \sim \frac{1}{10}\chi_e \cdot \frac{\zeta a^2}{Ry \cdot a_0^2}, \tag{26.32}$$

wo ζ die FERMIsche Grenzenergie ist, Ry die Ionisierungsspannung des Wasserstoffs, a_0 der Wasserstoffradius und χ_e die Suszeptibilität des Leuchtelektrons des freien Atoms. Wenn ζ den gleichen Wert hat wie für freie Elektronen, so ist χ_2 etwa gleich χ_e, χ_2 kann übrigens positiv und negativ sein.

Der dritte und interessanteste Beitrag ist derjenige, der von der Nichtvertauschbarkeit von K_x und K_y herrührt, er beträgt pro Atom

$$\chi_3 = -\frac{e^2 a^4}{12\hbar^2 c^2}\int \frac{d\sigma}{|\operatorname{grad} E|}\cdot\left[\frac{\partial^2 E}{\partial \xi^2}\cdot\frac{\partial^2 E}{\partial \eta^2} - \left(\frac{\partial^2 E}{\partial\xi\,\partial\eta}\right)^2\right]. \tag{26.33}$$

Das Integral geht dabei über die Fläche $E = \zeta$ im Wellenzahlraum, $d\sigma$ ist das Flächenelement auf der Fläche, der Gradient ist im Wellenzahlraum (Raum der ξ, η, ζ) verstanden. Die eckige Klammer stellt im wesentlichen die Krümmung

---

[1] Dazu käme noch der Spin-Paramagnetismus (Ziff. 25) und der quasiferromagnetische Effekt der Ziff. 27.

[2] Der Faktor $\frac{1}{10}$, der bei PEIERLS fehlt, ergibt sich durch genauere Abschätzung.

der Energiefläche dar. Sie kann im Mittel ebensowohl positiv wie negativ sein, χ_3 entspricht im ersten Fall einem Diamagnetismus, im zweiten einem Paramagnetismus. Bei *freien* Elektronen ist χ_3 natürlich negativ und entspricht genau dem LANDAUschen Diamagnetismus (Abschnitt b), die beiden anderen Beiträge fallen dann fort. Bei gebundenen Elektronen ist χ_3 *dann* negativ, wenn die Energiefläche noch nahezu eine Kugel ist, d. h. wenn nur sehr wenige (oder fast alle) Plätze im obersten Energieband besetzt sind. Ist aber z. B. bei einfach-kubischer Struktur gerade die *Hälfte* aller Plätze besetzt (ein Elektron pro Atom), so entspricht χ_3 einem *Paramagnetismus* ($\chi_3 > 0$). Denn bei einfach-kubischer Struktur ist

$$E = E_0 + 2A(\cos\xi + \cos\eta + \cos\zeta), \tag{26.34}$$

also wird die eckige Klammer in (26.33)

$$[\;] = 4A^2\cos\xi\cos\eta. \tag{26.35}$$

Der Mittelwert hiervon über den ganzen Elementarwürfel ($-\pi < \xi, \eta, \zeta < +\pi$) ist Null; andererseits wissen wir, daß in der Nähe des Nullpunktes und der Würfelecken $\cos\xi \cdot \cos\eta$ *positiv* ist. Infolgedessen muß in der Mitte — also in der Umgebung der Energiefläche $E = \zeta$, die uns interessiert — das Produkt $\cos\xi \cdot \cos\eta$ im Durchschnitt negativ sein. Dies wird durch eine genauere Überlegung bestätigt. Bei anderen Strukturen, insbesondere kubisch-flächenzentriert und kubisch-raumzentriert, ist χ_3 wohl häufiger negativ als positiv, da die Energieflächen dort viel mehr der Kugelgestalt angenähert sind als bei einfach-kubischer Struktur (vgl. Fig. 23 und 25). Im übrigen ist der Beitrag χ_3 um so größer, je freier die Elektronen sind.

27. Ferromagnetismus freier Elektronen. Austausch. Gültigkeitsgrenzen unserer Theorie[1]. Wir haben bisher stets angenommen, daß in jedem durch die „Bahnbewegung" definierten Quantenzustand *zwei* Elektronen mit verschiedenem Spin sitzen, sofern die Energie des Zustands kleiner als die FERMIsche Grenzenergie ζ ist[2]. Nur bei der Behandlung des PAULIschen Paramagnetismus, Ziff. 25, fanden wir, daß sich unter der Einwirkung eines Magnetfelds die Spins einiger weniger Elektronen gleichrichten, so daß einzelne Quantenzustände mit nur einem Elektron besetzt sind: Dabei erhöhte sich zwar die Bahnenergie der Elektronen, was aber durch eine Verminderung der magnetischen Energie überkompensiert wurde. Unter gewissen Umständen kann es nun aber vorkommen, daß die Spins *sämtlicher* Leitungselektronen sich parallel stellen — und zwar bereits ohne äußeres Magnetfeld —, obwohl zu diesem Zweck natürlich doppelt so viele Quantenzustände der räumlichen Bewegung besetzt werden müssen und die Grenzenergie der Fermiverteilung sich dementsprechend sehr stark erhöht. *Hervorgerufen* wird eine solche Gleichrichtung der Spins durch *Austauschkräfte* zwischen den Elektronen; die Gleichrichtung tritt dann ein, wenn die durch sie bedingte Verminderung der Austauschenergie *größer* ist als die Vermehrung der kinetischen Energie der Elektronen. Sind in einem Metall alle Elektronenspins gleichgerichtet, so ist das Metall ferromagnetisch. Es besitzt ein permanentes magnetisches Moment, welches gleich der Summe der Spinmomente aller Leitungselektronen ist.

Wir haben schon gesagt, daß die Gleichrichtung durch die Austauschkräfte bewirkt wird, d. h. durch die Wechselwirkung der Elektronen untereinander. Es genügt also *nicht*, wie bisher die Energie einzelner Elektronen zu berechnen und zu addieren, man muß vielmehr die Energie des ganzen Metalls betrachten.

---

[1] F. BLOCH, ZS. f. Phys. Bd. 57, S. 545. 1929.

[2] Der einfacheren Ausdrucksweise zuliebe sprechen wir von den Verhältnissen beim absoluten Nullpunkt.

Diese ist nach SLATER[1] gleich der Summe der Eigenwerte der einzelnen Elektronen vermehrt um die COULOMBsche Wechselwirkungsenergie der Elektronen und vermindert um die Summe aller Austauschintegrale zwischen irgend zwei Elektronen mit gleichem Spin. Dabei ist vorausgesetzt:

1. Die Eigenfunktionen und Eigenwerte der einzelnen Elektronen sind nach dem HARTREEschen Verfahren des self-consistent field berechnet[2].

2. Soweit die Elektronen nicht paarweise in den Quantenzuständen sitzen (zwei Elektronen mit entgegengesetztem Spin), sind ihre Spins alle gleichgerichtet.

Beide Voraussetzungen treffen in unserem Falle zu.

Das Austauschintegral zwischen zwei Elektronenzuständen m, n lautet bekanntlich

$$J_{mn} = e^2 \int \psi_m(r_1)\,\psi_n^*(r_1)\,\psi_m^*(r_2)\,\psi_n(r_2)\,\frac{1}{r_{12}}\,d\tau_1\,d\tau_2, \tag{27.1}$$

es ist stets positiv[3], da es das Selbstpotential der Ladungsverteilung $\psi_m\psi_n^*$ darstellt. Die Energie des Metalls wird also durch die Subtraktion der Austauschintegrale stets vermindert.

Die Berechnung des Austauschintegrals wollen wir nur für ganz freie Elektronen durchführen, wir setzen also

$$\psi_m = \Omega^{-1/2}\,e^{i(\mathfrak{k}\mathfrak{r})}, \qquad \psi_n = \Omega^{-1/2}\,e^{i(\mathfrak{k}'\mathfrak{r})}, \tag{27.2}$$

(Ω das Volumen des Metalls). Dann ist[4]

$$U(\mathfrak{r}_2) = \int \psi_m(r_1)\,\psi_n^*(r_1)\,\frac{1}{r_{12}}\,d\tau_1 = \Omega^{-1}\int e^{i(\mathfrak{k}-\mathfrak{k}',\mathfrak{r}_1)}\,\frac{1}{r_{12}}\,d\tau_1, \tag{27.3}$$

das Potential der Ladungsverteilung $\Omega^{-1}\,e^{i(\mathfrak{k}-\mathfrak{k}',\mathfrak{r}_1)}$ auf den Punkt $\mathfrak{r}_2$. Es gilt also die POISSONsche Gleichung

$$\Delta U(\mathfrak{r}_2) = -4\pi\,\Omega^{-1}\,e^{i(\mathfrak{k}-\mathfrak{k}',\mathfrak{r}_2)}, \tag{27.3a}$$

woraus unmittelbar folgt

$$U(\mathfrak{r}_2) = \frac{4\pi}{|\mathfrak{k}-\mathfrak{k}'|^2\,\Omega}\,e^{i(\mathfrak{k}-\mathfrak{k}',\mathfrak{r}_2)}. \tag{27.4}$$

Dies sowie (27.2) in (27.1) eingesetzt, gibt

$$J_{mn} = e^2 \int e^{-i(\mathfrak{k}-\mathfrak{k}',\mathfrak{r}_2)}\,\Omega^{-1}\,d\tau_2\,U(\mathfrak{r}_2) = \frac{4\pi e^2}{|\mathfrak{k}-\mathfrak{k}'|^2}\,\Omega^{-1}. \tag{27.5}$$

Wir müssen nun die Austauschintegrale J_{mn} über alle Paare von Elektronen mit gleichem Spin summieren. Dabei interessieren uns nur die N Leitungselektronen, und zwar nehmen wir zunächst an, daß deren Spins alle gleichgerichtet sind. Sie füllen dann im Wellenzahlraum eine Kugel vom Radius

$$k_0 = 2\pi\left(\frac{3N}{4\pi\Omega}\right)^{1/3} \tag{27.6}$$

aus, innerhalb dieser Kugel entfällt auf das Volumen $(2\pi)^3/\Omega$ des Wellenzahlraumes ein Elektron (ein Quantenzustand). Wir berechnen die Summe der Austauschintegrale zwischen

---

[1] J. C. SLATER, Phys. Rev. Bd. 36, S. 57. 1930.

[2] Die COULOMBsche Störungsenergie ist

$$C = e^2 \int \left[\sum_{k<l}\frac{1}{r_{kl}} - \sum_{ik}\frac{Z_i}{r_{ik}} + \sum_{i<j}\frac{1}{R_{ij}} - \sum_k V(r_k)\right] \prod_m \psi_m^2(m)\,d\tau_m,$$

r_{kl} Abstand des $k$ten Elektrons vom $l$ten, r_{ik} Abstand des $k$ten Elektrons vom $i$ten Kern, $Z_i e$ dessen Ladung, R_{ij} Abstand des $i$ten vom $j$ten Kern, $V(r_k)$ ungestörtes Potential auf das $k$te Elektron, $\psi_m(m)$ Eigenfunktion des $m$ten Elektrons. Ist V das HARTREEsche Potential, so ist C besonders klein.

[3] Im Gegensatz zu dem LONDON-HEITLERschen Austauschintegral, vgl. Ziff. 56. Der Unterschied liegt darin, daß bei LONDON und HEITLER die ungestörten Eigenfunktionen nicht alle Lösung des gleichen Eigenwertproblems sind, so daß zur Wechselwirkungsenergie e^2/r_{12} noch weitere Glieder hinzukommen.

[4] Vgl. zum Folgenden H. BETHE, Ann. d. Phys. Bd. 5, S. 325. 1930 (Ziff. 3).

einem Zustand n mit der Wellenzahl $\mathfrak{k}$ und allen übrigen; hierzu legen wir die Achse eines Polarkoordinatensystems in die Richtung $\mathfrak{k}$. Dann ist

$$|\mathfrak{k}-\mathfrak{k}'|^2 = k^2 + k'^2 - 2kk'\cos\vartheta$$

und

$$\left.\begin{aligned}\sum_m J_{mn} &= \frac{4\pi e^2}{\Omega}\frac{\Omega}{(2\pi)^3}\int_0^{k_0} k'^2 dk' \int_0^{\pi} \sin\vartheta\, d\vartheta \cdot 2\pi \frac{1}{k^2+k'^2-2kk'\cos\vartheta}\\ &= \frac{e^2}{\pi k}\int_0^{k_0} k'dk' \lg\frac{k+k'}{|k-k'|} = \frac{e^2}{\pi}\left(\frac{k_0^2-k^2}{2k}\log\frac{k_0+k}{k_0-k}+k_0\right).\end{aligned}\right\} \quad (27.7)$$

Dies haben wir nun über alle Zustände n zu summieren:

$$\sum_n\sum_m J_{nm} = \frac{e^2}{\pi}\frac{\Omega}{(2\pi)^3}\int_0^{k_0} 4\pi k^2 dk\left(\frac{k_0^2-k^2}{2k}\lg\frac{k_0+k}{k_0-k}+k_0\right) = \frac{2e^2\Omega}{(2\pi)^3}k_0^4. \quad (27.8)$$

Hierbei haben wir jedes Austauschintegral *doppelt* gezählt, die Verminderung der Energie durch den Austausch beträgt also, wenn wir noch k_0 nach (27.6) einsetzen:

$$J = \frac{1}{2}\sum_n\sum_m J_{mn} = \frac{3}{2}e^2 N\left(\frac{3N}{4\pi\Omega}\right)^{1/3}. \quad (27.9)$$

Wenn andererseits alle Quantenzustände *doppelt* besetzt sind, so dürfen wir nur die Austausche von Elektronen gleicher Spinrichtung berücksichtigen. Die Summe der Austauschintegrale zwischen allen Elektronen mit nach rechts gerichtetem Spin erhalten wir, wenn wir in (27.9) $\frac{1}{2}N$ statt N einsetzen, sie ist also $2^{-4/3}J$. Ebenso groß ist die Summe der Austauschintegrale zwischen den Elektronen mit Linksspin, also die Summe aller Austauschintegrale

$$J' = 2J\cdot 2^{-4/3} = 2^{-1/3}J. \quad (27.9\text{a})$$

Die Bahnenergie der Elektronen beträgt, wenn alle Elektronen gleichgerichteten Spin haben

$$E = \frac{3}{5}N\zeta = \frac{3}{5}N\frac{\hbar^2}{2m}k_0^2 = \frac{3}{10}N\frac{h^2}{m}\left(\frac{3n}{4\pi}\right)^{2/3}, \quad (27.10)$$

wobei $n = N/V$ die Anzahl Elektronen pro Volumeinheit ist. Die Gesamtenergie wird also bei gleichgerichteten Spins

$$F = E - J = N\left(\frac{3}{10}\frac{h^2}{m}\left(\frac{3n}{4\pi}\right)^{2/3} - \frac{3}{2}e^2\left(\frac{3n}{4\pi}\right)^{1/3}\right). \quad (27.11)$$

Wenn dagegen, wie wir das früher immer angenommen haben, *zwei* Elektronen in jedem Quantenzustand sind, so wird k_0 um den Faktor $2^{-1/3}$ und die Grenzenergie ζ um den Faktor $2^{-2/3}$ kleiner, also die Gesamtenergie

$$F' = E' - J' = E\cdot 2^{-2/3} - J\cdot 2^{-1/3}. \quad (27.11\text{a})$$

Bei der Gleichrichtung der Spins muß also an Arbeit aufgewendet werden

$$F - F' = E(1-2^{-2/3}) - J(1-2^{-1/3}). \quad (27.12)$$

Damit dieser Arbeitsaufwand negativ wird, muß also

$$J > E(1+2^{-1/3}) \quad (27.13)$$

sein, oder wenn wir (27.9), (27.10) einsetzen:

$$n^{-1/3} > \left(\frac{3}{4\pi}\right)^{1/3}\frac{1}{5}\frac{h^2}{me^2}(1+2^{-1/3}) = 8{,}8\,a_0 = 4{,}7\,\text{Å}. \quad (27.14)$$

Nun ist $n^{-1/3}$ bei einfach-kubischer Gitterstruktur gleich dem Abstand zweier Atome: Ferromagnetismus der Leitungselektronen tritt also bei unserer Annäherung auf, wenn der Gitterabstand eine gewisse Grenze überschreitet.

Dieses Resultat würde natürlich noch modifiziert werden, wenn man zur Berechnung der Austauschintegrale die richtigen Eigenfunktionen einsetzen würde anstatt der ebenen Wellen. Es hat aber nicht viel Zweck, die Rechnung derart zu verfeinern, denn die Bedingung für das Eintreten des Ferromagnetismus ist gleichzeitig die Bedingung dafür, daß unsere Annäherung überhaupt versagt. Denn wenn es überhaupt einen Sinn haben soll, die Bewegung der Elektronen in erster Näherung als voneinander unabhängig zu betrachten, so müssen wir doch verlangen, daß die „ungestörte Energie", das ist im wesentlichen die Nullpunktsenergie des Elektronengases, *groß* sein soll gegenüber der Störungs-, d. h. der Austauschenergie. Für das Zustandekommen des Ferromagnetismus ist gerade das Umgekehrte notwendig. Konsequent kann also der Ferromagnetismus nur behandelt werden, wenn man von vornherein das Metall als Ganzes betrachtet (Ziff. 54ff.). Jedoch ist es interessant, daß auch das Modell der freien Elektronen einen Ferromagnetismus zu liefern imstande ist.

Übrigens wird die Austauschenergie, auch wenn sie zur Erzielung von Ferromagnetismus nicht ausreicht, doch stets die Parallelstellung der Spins, also den *Paramagnetismus, begünstigen.* Bei völlig freien Elektronen vergrößert sich dadurch der Paramagnetismus der Ziff. 25 im Verhältnis

$$\zeta/(\zeta - \tfrac{2}{3}J). \tag{27.15}$$

d) Streuung von Elektronen.

28. Allgemeines über die elastische Streuung[1] (Elektronenbeugung). Fallen von außen auf einen Kristall (Metall oder Isolator) Elektronen auf, so werden sie teilweise ohne Geschwindigkeitsverlust abgebeugt, teilweise gebremst. Nur der erste Prozeß, die elastische Streuung, soll uns hier interessieren. Er bildet bekanntlich den direktesten Beweis für die Wellennatur der Elektronen. Wir werden hier nur die „dynamische" Theorie der Elektronenbeugung behandeln, welche mit den Eigenfunktionen eines Elektrons im periodischen Potentialfeld in engem Zusammenhang steht; die elementare (wellenkinematische) Theorie setzen wir als bekannt voraus.

a) Bestimmung der Richtung der reflektierten Strahlen. Der Kristall werde begrenzt von den Ebenen $z = 0$ und $z = D$, seine Achsen seien orthogonal[2], die Gitterkonstanten a, b, c in der x-, y-, z-Richtung. Die einfallende Welle sei

$$\psi_0 = e^{i(k_x x + k_y y + k_z z)}, \qquad (z < 0) \tag{28.1}$$

sonst sollen außerhalb des Metalls nur vom Metall *fort*laufende Wellen vorhanden sein, die Wellenfunktion auf der Einfallsseite, d. h. für $z < 0$, soll also die Form haben

$$\psi_a = \psi_0 + \sum_n a_n e^{i(k_{xn} x + k_{yn} y - k_{zn} z)}. \tag{28.2}$$

Dabei sind die Wellenzahlen k_{xn}, k_{yn} vorläufig beliebig, k_{zn} muß dagegen unter allen Umständen positiv sein und ist auch dem Betrag nach festgelegt, da außer k_{xn}, k_{yn} auch die Energie des Elektrons:

$$E = \frac{\hbar^2}{2m}(k_x^2 + k_y^2 + k_z^2) = \frac{\hbar^2}{2m}(k_{xn}^2 + k_{yn}^2 + k_{zn}^2) \tag{28.3}$$

vorgegeben ist. Auf der Rückseite des Metalls gilt entsprechend

$$\psi_a' = \sum_n a_n' e^{i(k_{xn}' x + k_{yn}' y + k_{zn}' z)}. \tag{28.2a}$$

---

[1] H. BETHE, Ann. d. Phys. Bd. 87, S. 55. 1928; und besonders PH. M. MORSE, Phys. Rev. Bd. 35, S. 1310. 1930.

[2] Die Theorie läßt sich genau so für nichtorthogonale Achsen durchführen.

Die *Eigen*funktionen im Metall*inneren* können bekanntlich als Fourierreihen geschrieben werden (vgl. Ziff. 8):

$$\psi = \sum_{\lambda\mu\nu=-\infty}^{+\infty} a_{\lambda\mu\nu} e^{i\left(\varkappa_x + \frac{2\pi\lambda}{a}\right)x + i\left(\varkappa_y + \frac{2\pi\mu}{b}\right)y + i\left(\varkappa_z + \frac{2\pi\nu}{c}\right)z}. \tag{28.4}$$

An den Oberflächen des Metalls müssen die Wellenfunktion und ihre erste Ableitung in der Richtung z stetig sein. Selbstverständlich ist es unmöglich, diese Grenzbedingung etwa dadurch zu befriedigen, daß man im Inneren nur eine einzige Eigenfunktion der Form (28.4) als angeregt annimmt. Die Wellenfunktion wird vielmehr im Inneren ein Linearaggregat von Eigenfunktionen der Form (28.4) sein. Dabei sieht man ohne weiteres, daß man nur solche Funktionen heranzuziehen braucht, für die

$$\varkappa_x = k_x, \qquad \varkappa_y = k_y \tag{28.5}$$

ist[1]. Außerdem müssen die Eigenfunktionen alle zum Eigenwert E gehören (Energie der ankommenden Elektronen). Es gibt nun, wie man sich leicht überlegt[2], zwei zweifach unendliche Scharen von Eigenfunktionen, welche die genannten Bedingungen befriedigen: Die beiden Scharen unterscheiden sich dadurch, daß der Elektronenstrom bei der einen nach positiven, bei der anderen nach negativen z gerichtet ist, wir unterscheiden die zugehörigen Eigenfunktionen durch links oben angebrachte Indizes 1 und 2; innerhalb der Scharen numerieren wir mit l und m. Es sei z. B.

$$\left.\begin{aligned} {}^1\psi_{lm} &= \sum_{\lambda\mu\nu} {}^1a^{lm}_{\lambda\mu\nu} e^{i\left(k_x + \frac{2\pi\lambda}{a}\right)x + i\left(k_y + \frac{2\pi\mu}{b}\right)y + i\left(\varkappa_{\lambda\mu} + \frac{2\pi\nu}{c}\right)z}, \\ {}^2\psi_{lm} &= \sum_{\lambda\mu\nu} {}^2a^{lm}_{\lambda\mu\nu} e^{i\left(k_x + \frac{2\pi\lambda}{a}\right)x + i\left(k_y + \frac{2\pi\mu}{b}\right)y - i\left(\varkappa_{\lambda\mu} + \frac{2\pi\nu}{c}\right)z}. \end{aligned}\right\} \tag{28.6}$$

Bei den meisten Kristallstrukturen ist ${}^2a^{lm}_{\lambda\mu\nu} = \left({}^1a^{lm}_{\lambda\mu\nu}\right)$. Die Indizes lm können wir etwa so wählen, daß nach Möglichkeit jeweils die Amplituden $a^{lm}_{lm\nu}$ die größten werden.

Die gesamte Wellenfunktion im Innern setzen wir nunmehr an:

$$\psi_i = \sum_{lm} {}^1\gamma_{lm}\, {}^1\psi_{lm} + {}^2\gamma_{lm}\, {}^2\psi_{lm}. \tag{28.7}$$

Die γ sind gewisse noch zu bestimmende Koeffizienten. Da nun die Eigenfunktionen im Innern Wellen mit den Wellenzahlen

$$k'_x = k_x + \frac{2\pi\lambda}{a}, \qquad k'_y = k_y + \frac{2\pi\mu}{b} \tag{28.8}$$

enthalten, ist es klar (Grenzbedingungen!), daß auch vom Kristall ins Vakuum Streuwellen mit diesen Wellenzahlen laufen müssen, und daß *nur* Wellenzahlen

---

[1] Eigentlich $\varkappa_x = k_x + \frac{2\pi\lambda_0}{a}$, $\varkappa_y = k_y + \frac{2\pi\mu_0}{b}$ mit beliebigen ganzen Zahlen $\lambda_0\mu_0$. Jedoch ist der Ausbreitungsvektor einer Elektronenwelle im Metall nach Ziff. 8 sowieso nur bis auf einen Vektor im reziproken Gitter definiert, (28.5) ist daher keine Einschränkung der Allgemeinheit.

[2] Man betrachte etwa fast freie Elektronen. Dann sind die Eigenfunktionen, die in Frage kommen, in erster Näherung

$$e^{i\left(k_x + \frac{2\pi l}{a}\right)x + i\left(k_y + \frac{2\pi m}{b}\right)y \pm i\varkappa z}, \tag{a}$$

wobei $\varkappa$ durch die Energie festgelegt ist:

$$\frac{\hbar^2}{2m}\left[\left(k_x + \frac{2\pi l}{a}\right)^2 + \left(k_y + \frac{2\pi m}{b}\right)^2 + \varkappa^2\right] = E. \tag{b}$$

Man kann nun erstens l und m alle ganzen Zahlen durchlaufen lassen und zweitens in (a) bei $i\varkappa z$ das positive und negative Vorzeichen wählen.

von der Form (28.8) vorkommen können. Daher können wir die Ansätze (28.2), (28.2a) für die Wellen im Außenraum präzisieren in

$$\psi_a = e^{i(k_x x + k_y y + k_z z)} + \sum_{rs} \alpha_{rs} e^{i\left(k_x + \frac{2\pi r}{a}\right)x + i\left(k_y + \frac{2\pi s}{b}\right)y - k_{rs} z}, \tag{28.9}$$

$$\psi_a' = \sum \beta_{rs} e^{i\left(k_x + \frac{2\pi r}{a}\right)x + i\left(k_y + \frac{2\pi s}{b}\right)y + k_{rs} z}, \tag{28.9a}$$

wobei k_{rs} wieder nach (28.3) aus der Energie und den Wellenzahlen in der x- und y-Richtung zu berechnen ist.

Die Gleichungen (28.9), (28.9a) enthalten schon ein sehr wichtiges Resultat: Die Richtung der Streuwellen, die von einer planparallelen Kristallplatte ausgehen, ist durch die Einfallsrichtung und die Wellenlänge (Energie) der Elektronen eindeutig festgelegt, und zwar in genau derselben Weise wie in der elementaren LAUEschen Interferenztheorie: Die Projektion des Ausbreitungsvektors jeder Streuwelle auf die Kristalloberfläche unterscheidet sich von der entsprechenden Größe bei der einfallenden Welle um das 2π-fache eines Vektors im reziproken Gitter[1].

Wir möchten betonen, daß wir bei der Ableitung von (28.8) nicht die mindeste Annahme über das Potentialfeld im Kristall gemacht haben (außer über dessen Periodizität), die Interferenzbedingung ergibt sich ausschließlich aus der Grenzbedingung für die Eigenfunktion an der Oberfläche $z = 0$: (28.8) ist eigentlich die Bedingung für das Auftreten von *Flächengitter*interferenzen und würde schon gelten, wenn der Kristall nur aus einer einzigen Netzebene bestünde. Während sie invariant ist gegen alle Einzelheiten des Kristallinneren, hängt ihre Gütigkeit aber wesentlich von der Lage der Oberfläche des Kristalls im Raum (x, y-Ebene) ab.

b) Formale Bestimmung der Intensitäten. Wir müssen nun die Grenzbedingungen

$$\psi_a(x, y, 0) = \psi_i(x, y, 0), \quad \frac{\partial \psi_a}{\partial z}(x, y, 0) = \frac{\partial \psi_i}{\partial z}(x, y, 0) \tag{28.10}$$

bzw.

$$\psi_a'(x, y, D) = \psi_i(x, y, D), \quad \frac{\partial \psi_a'}{\partial z}(x, y, D) = \frac{\partial \psi_i}{\partial z}(x, y, D) \tag{28.10a}$$

durch Wahl der Konstanten $\alpha\beta\gamma$ erfüllen. Indem wir (28.6), (28. 7), (28.9) einsetzen und die Koeffizienten von $\exp\left[i\left(k_x + \frac{2\pi r}{a}\right)x + i\left(k_y + \frac{2\pi s}{b}\right)\right]$ vergleichen, bekommen wir aus (28.10)

$$\left.\begin{aligned} \alpha_{rs} &= \sum_{l,m}\left({}^1\gamma_{lm}\sum_\nu {}^1a^{lm}_{rs\nu} + {}^2\gamma_{lm}\sum_\nu {}^2a^{lm}_{rs\nu}\right) \\ -i k_{rs}\alpha_{rs} &= i\sum_{lm}\left[{}^1\gamma_{lm}\sum_\nu {}^1a^{lm}_{rs\nu}\left(\varkappa_{rs} + \frac{2\pi\nu}{c}\right) - {}^2\gamma_{lm}\sum_\nu {}^2a^{lm}_{rs\nu}\left(\varkappa_{rs} + \frac{2\pi\nu}{c}\right)\right]. \end{aligned}\right\} \tag{28.11}$$

Hieraus kann α_{rs} eliminiert werden. Setzen wir zur Abkürzung[2]

$$\left.\begin{aligned} &\sum_\nu {}^1a^{lm}_{rs\nu} = {}^1b^{lm}_{rs}; \qquad \sum_\nu {}^1a^{lm}_{rs\nu}\,\frac{\varkappa_{rs} + \frac{2\pi\nu}{c}}{k_{rs}} = {}^1c^{lm}_{rs}; \\ &\frac{1}{2}\left({}^1b^{lm}_{rs} + {}^1c^{lm}_{rs}\right) = {}^1d^{lm}_{rs}; \qquad \frac{1}{2}\left({}^2b^{lm}_{rs} - {}^2c^{lm}_{rs}\right) = {}^2d^{lm}_{rs}. \end{aligned}\right\} \tag{28.12}$$

---

[1] Daß durch die Projektion von $\mathfrak{k}'$ auf die Oberfläche, also durch k_x' und k_y' die Richtung der Streuwelle bereits festgelegt ist, liegt daran, daß der Betrag von $\mathfrak{k}'$ durch die Energie ein für allemal bestimmt ist.

[2] Die in (28.12) definierten Größen sind *bekannte* Größen, die für die Eigenfunktionen der Metallelektronen charakteristisch sind. Die γ's dagegen sind unbekannte.

so folgt aus (28.11)

$$\sum_{lm} {}^1\gamma_{lm}\, {}^1d_{rs}^{lm} + {}^2\gamma_{lm}\, {}^2d_{rs}^{lm} = 0\,. \tag{28.13}$$

Dies gilt für alle rs außer $r = s = 0$, in diesem Fall ist wegen des Vorhandenseins der einfallenden Welle

$$\sum_{lm} {}^1\gamma_{lm}\, {}^1d_{00}^{lm} + {}^2\gamma_{lm}\, {}^2d_{00}^{lm} = 1\,. \tag{28.13a}$$

Aus den Grenzbedingungen für $z = D$ folgen entsprechende Beziehungen von der Form

$$\sum_{lm} {}^1\gamma_{lm}\, {}^1d'^{lm}_{rs} + {}^2\gamma_{lm}\, {}^2d'^{lm}_{rs} = 0\,. \tag{28.13b}$$

Das lineare Gleichungssystem (28.13) bis (28.13b) enthält gerade genügend Gleichungen, um die γ's zu berechnen: sie lassen sich in Determinantenform anschreiben. Durch Einsetzen in (28.11) erhält man dann die Amplituden der Streuwellen α_{rs} bzw. deren Intensität $|\alpha_{rs}|^2$.

Die hiermit durchgeführte formale Lösung des Streuproblems ist zwar insofern wichtig, als sie zeigt, daß die Grenzbedingungen gerade zu einer vollständigen Bestimmung der Streuintensitäten ausreichen. Um aber praktisch etwas auszusagen, müssen wir spezielle Annahmen über das Potential des Kristalls machen.

29. Die reguläre Reflexion. a) Spezialisierung des Modells. Wir nehmen an:

1. Die Elektronen seien im Kristall „nahezu frei", ihre Eigenfunktion sei also im allgemeinen nahezu eine einzige ebene Welle. D. h. in dem Ansatz (28.6) für die Eigenfunktion soll ein bestimmter Koeffizient, sagen wir a_{lm0}^{lm}, über alle anderen dominieren.

2. Das Potential, das auf die Elektronen wirkt, bestehe aus drei Summanden, die je nur von einer Koordinate abhängen:

$$V = V_0 + V_1(x) + V_2(y) + V_3(z)\,. \tag{29.1}$$

V_0 ist der räumliche Mittelwert des Potentials. Die Mittelwerte von V_1, V_2, V_3 seien Null. Dann ist

$$\psi_i = \psi_1(x)\,\psi_2(y)\,\psi_3(z)\,, \tag{29.2}$$

und die Energie besteht gleichfalls aus drei Bestandteilen:

$$E = E_1(k_x) + E_2(k_y) + E_3(\varkappa) + V_0\,. \tag{29.3}$$

Wir beschränken uns außerdem auf die Untersuchung der regulär reflektierten Welle [$\lambda = \mu = 0$ in (28.8)]. Für die Eigenfunktion im Außenraum soll also gesetzt werden

$$\psi_a = e^{i(k_x x + k_y y)}\left(e^{ik_z z} + a\,e^{-ik_z z}\right), \qquad z < 0 \tag{29.4}$$

$$\psi'_a = b\,e^{i(k_x x + k_y y + k_z z)}, \qquad z > D \tag{29.4a}$$

unter Vernachlässigung der (als schwach angenommenen) Streuwellen $\lambda, \mu \neq 0$. Wegen der Grenzbedingung $\psi_a(z=0) = \psi_i(z=0)$ muß im Innern des Kristalls

$$\psi_1(x) = e^{ik_x x} + \text{kleine Glieder}; \qquad \psi_2(y) = e^{ik_y y} + \text{kleine Glieder} \tag{29.5}$$

sein. Zu diesen Eigenfunktionen gehören gewisse Energiewerte E_1, E_2 [vgl. (29.3)]; da die Elektronen fast frei sein sollen, wird

$$E_1 = \frac{\hbar^2}{2m} k_x^2 + \varepsilon_1(k_x)\,, \qquad E_2 = \frac{\hbar^2}{2m} k_y^2 + \varepsilon_2(k_y) \tag{29.6}$$

sein, wobei ε_1 und ε_2 relativ kleine Korrekturen von der Größenordnung ein bis einige Volt sind. Nehmen wir speziell den Kronigschen Potentialansatz für V_1, V_2, V_3 (Ziff. 10), so sind die Korrekturen ε stets positiv, und zwar am größten am unteren Rande eines jeden Energiebandes (d. h. wenn k_x etwas größer als $n\pi/a$ ist) (vgl. Abb. 14). Unabhängig vom speziellen Potential nehmen die ε's durchschnittlich mit zunehmenden Wellenzahlen k_x, k_y ab.

Aus (29.3), (29.6) ergibt sich

$$E_3(\varkappa) = E - E_1(k_x) - E_2(k_y) - V_0 = \frac{\hbar^2}{2m} k_z^2 - V_0 - \varepsilon_1(k_x) - \varepsilon_2(k_y). \quad (29.7)$$

E_3 ist durch die Einfallsrichtung und die Gesamtenergie eindeutig festgelegt.

b) Gewöhnliche und selektive Reflexion. Es können nun zwei Fälle eintreten:

1. *Gewöhnliche Reflexion.* Die Energie E_3, die man nach (29.7) berechnet, fällt in ein *erlaubtes* Energieband. Dann gehören zur Energie E_3 zwei Wellenzahlen, $\varkappa$ und $-\varkappa$ (vgl. z. B. die Theorie des KRONIGschen Modells, Ziff. 10). Die Wellenfunktion $\psi_3(z)$ hat also sicher die Form

$$\psi_3(z) = c_1 e^{i\varkappa z} + c_2 e^{-i\varkappa z}. \quad (29.8)$$

Die Grenzbedingungen (28.10), (28.10a) führen dann zu folgenden Gleichungen:

$$1 + a = c_1 + c_2; \qquad 1 - a = (c_1 - c_2)\frac{\varkappa}{k_z}, \quad (29.9)$$

$$b e^{ik_z D} = c_1 e^{i\varkappa D} + c_2 e^{-i\varkappa D} = \frac{\varkappa}{k_z}\left(c_1 e^{i\varkappa D} - c_2 e^{-i\varkappa D}\right). \quad (29.9a)$$

Daraus folgt

$$c_1 = \frac{k_z(k_z + \varkappa)e^{-i\varkappa D}}{2k_z\varkappa\cos\varkappa D - i(k_z^2 + \varkappa^2)\sin\varkappa D}; \qquad c_2 = \frac{k_z(\varkappa - k_z)e^{i\varkappa D}}{2k_z\varkappa\cos\varkappa D - i(k_z^2 + \varkappa^2)\sin\varkappa D}, \quad (29.10)$$

$$a = \frac{(k_z^2 - \varkappa^2)\sin\varkappa D}{(k_z^2 + \varkappa^2)\sin\varkappa D + 2ik_z\varkappa\cos\varkappa D}; \qquad b = \frac{2k_z\varkappa e^{-ik_z D}}{2k_z\varkappa\cos\varkappa D - i(k_z^2 + \varkappa^2)\sin\varkappa D}. \quad (29.11)$$

Da $\varkappa D$ sehr groß ist, schwanken die Ausdrücke sehr stark bei kleinen Schwankungen der Dicke. Mitteln wir die reflektierte Intensität über D, so erhalten wir

$$R = \overline{|a|^2} = \frac{(\varkappa - k_z)^2}{\varkappa^2 + k_z^2}; \qquad \overline{|b|^2} = 1 - R. \quad (29.12)$$

Da sich bei unseren Annahmen (fast freie Elektronen!) $\varkappa$ und k_z nur sehr wenig voneinander unterscheiden, ist der Reflexionskoeffizient im allgemeinen sehr klein. Setzen wir, analog zu (29.6)

$$E_3 = \frac{\hbar^2}{2m}\varkappa^2 + \varepsilon_3(\varkappa), \quad (29.6a)$$

so wird angenähert

$$\left.\begin{aligned} \varkappa - k_z &= \frac{-m}{\hbar^2 k_z}(V_0 + \varepsilon_1 + \varepsilon_2 + \varepsilon_3), \\ R &= \left(\frac{m}{\hbar^2}\right)^2 \frac{1}{2k_z^4}(V_0 + \varepsilon_1 + \varepsilon_2 + \varepsilon_3)^2 = \frac{(V_0 + \varepsilon_1 + \varepsilon_2 + \varepsilon_3)^2}{8E^2\cos^4\vartheta}, \end{aligned}\right\} \quad (29.13)$$

falls ϑ der Einfallswinkel der Elektronen ist. Der Reflexionskoeffizient nimmt daher bei unseren Annahmen rasch mit wachsender Energie ab.

2. *Selektive Reflexion.* Die Energie E_3 fällt in ein *verbotenes* Energieband. Dies ist immer dann der Fall, wenn

$$E_3 \approx \frac{h^2}{8mc^2}n^2 \quad (29.14)$$

ist (n eine ganze Zahl). Wenn man nämlich in (29.6a) die kleine Korrektur ε_3 vernachlässigt, so wird, falls E_3 den Wert (29.14) hat,

$$\varkappa = \frac{n\pi}{c}, \quad (29.15)$$

und dies ist gerade die BRAGGsche Bedingung für Reflexion $n$ter Ordnung an der zur Oberfläche parallelen Schar von Netzebenen. Wir wissen aber aus Ziff. 11, daß durch BRAGGsche Reflexion jedesmal ein verbotenes Energieband entsteht. Die Breite des verbotenen Bandes ist nach Ziff. 11 bei fast freien Elektronen doppelt so groß wie der Fourierkoeffizient V_{00n} des Potentials, die Mitte des Bandes ist etwas verschoben gegen die „ideale Energie der BRAGGschen Reflexion" (29.14). Das Band reicht also von

$$E_3^{\min} = \frac{h^2}{8mc^2}n^2 + \varepsilon_3(n) - |V_{00n}| \quad \text{bis} \quad E_3^{\max} = \frac{h^2}{8mc^2}n^2 + \varepsilon_3(n) + |V_{00n}|. \tag{29.16}$$

Beim KRONIGschen Modell ist ε_3 wiederum positiv und übrigens gleich $|V_{00n}|$. $\varepsilon_3(n)$ und $|V_{00n}|$ nehmen mit wachsendem n ab und betragen einige Volt.

Liegt die Energie E_3 innerhalb des verbotenen Energiebandes, so läßt sich keine Eigenfunktion mit reeller Wellenzahl $\varkappa$ angeben, die zum Eigenwert E_3 gehört. Wohl aber existieren zwei Wellenfunktionen, die beim Fortschreiten ins Innere des Kristalls exponentiell ab- bzw. zunehmen. Beide sind, vom Standpunkt des unendlichen Kristalls betrachtet, *keine* Eigenfunktionen, da sie entweder für $z = -\infty$ oder $+\infty$ unendlich werden würden. Für den begrenzten Kristall, mit dem wir es hier zu tun haben, kommt die exponentiell zunehmende Funktion natürlich auch nicht in Frage[1], wohl aber die exponentiell abklingende.

Für diese machen wir den Ansatz

$$\psi = e^{-\varkappa z}\left(\alpha e^{\frac{\pi i n z}{c}} + \beta e^{-\pi\frac{i n z}{c}}\right), \tag{29.17}$$

welcher der Tatsache Rechnung tragen soll, daß die Elektronenwelle BRAGGsche Reflexion an der Netzebene $(00n)$ erleidet. Einsetzen in die Schrödingergleichung ergibt

$$\left.\begin{aligned} \alpha\left(E_3 - \frac{\hbar^2}{2m}\left(\frac{\pi n}{c} + i\varkappa\right)^2\right) - \beta V_{00n} &= 0, \\ -\alpha V_{00n}^* + \beta\left(E_3 - \frac{\hbar^2}{2m}\left(\frac{\pi n}{c} - i\varkappa\right)^2\right) &= 0. \end{aligned}\right\} \tag{29.18}$$

Dabei ist das Potential V_3 in (28.14) in eine Fourierreihe

$$V_3 = \sum_n{}' V_{00n} e^{\frac{2\pi i n}{c} z}, \tag{29.19}$$

entwickelt und der kleine Einfluß der Koeffizienten $V_{00\nu} (\nu \neq n)$ vernachlässigt, wie das unserer Annäherung „fast freier" Elektronen entspricht. Aus (29.18) können $\varkappa$ und α/β berechnet werden; man sieht aber auch ohne Rechnung, daß α und β gleichen Absolutwert haben müssen und daher speziell konjugiert komplex gewählt werden können

$$\alpha = \gamma + i\delta; \quad \beta = \gamma - i\delta. \tag{29.20}$$

Dabei ist δ/γ durch (29.18) festgelegt, der Absolutwert von γ jedoch willkürlich. Die Grenzbedingungen an der Oberfläche $z = 0$* lauten nun:

$$1 + a = \alpha + \beta = 2\gamma;$$

$$1 - a = \left(\frac{\pi n}{c k} + \frac{i\varkappa}{k}\right)\alpha + \left(-\frac{\pi n}{c k} + \frac{i\varkappa}{k}\right)\beta = 2i\left(\frac{\pi n}{c k}\delta + \frac{\varkappa}{k}\gamma\right).$$

Also wird

$$a = \frac{\gamma - i\left(\frac{\pi n}{c k}\delta + \frac{\varkappa}{k}\gamma\right)}{\gamma + i\left(\frac{\pi n}{c k}\delta + \frac{\varkappa}{k}\gamma\right)}. \tag{29.21}$$

---

[1] Das gilt in Strenge nur für den einseitig begrenzten, auf der anderen Seite bis ins Unendliche ausgedehnten Kristall. Doch hat die Funktion auch für den endlichen, mindestens ca. 10 Atomschichten dicken, Kristall eine sehr kleine Amplitude.

* Die rückwärtige Oberfläche $z = D$ interessiert uns nun nicht mehr, weil die Eigenfunktion dort praktisch auf Null abgeklungen ist.

Daraus folgt unmittelbar für den Reflexionskoeffizienten

$$R = |a|^2 = 1\,. \tag{29.22}$$

Wenn also die einfallende Energie gerade so gewählt ist, daß E_3 in ein verbotenes Energieband fällt, so wird die gesamte einfallende Intensität regulär reflektiert[1]. Liegt E_3 *in der Nähe* eines verbotenen Bandes, so ist die Reflexion sehr stark, aber nicht vollständig. Trägt man bei festgehaltener Einfallsrichtung des Elektronenstrahls den Reflexionskoeffizienten als Funktion der Energie auf, so erhält man das in Abb. 48a dargestellte Bild, welches theoretisch von KRONIG berechnet worden ist (Potential der Ziff. 10). Zum Vergleich ist in Abb. 48b der beobachtete Reflexionskoeffizient für die Reflexion an Ni-Einkristallen nach Experimenten von DAVISSON und GERMER aufgezeichnet.

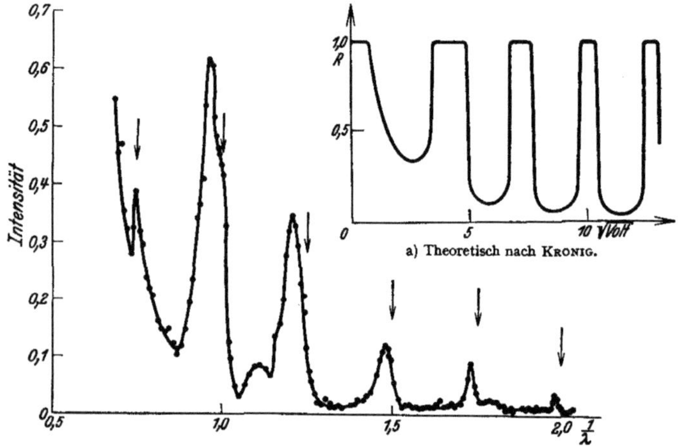

a) Theoretisch nach KRONIG.

b) Experimentell nach DAVISSON und GERMER. Reflexion an Ni. Die Pfeile geben die Lage der Maxima für den Fall, daß der Kristall den Brechungsindex 1 hat ($V = 0$).

Abb. 48a und b. Reflexionskoeffizient für Elektronen als Funktion der Energie bei festgehaltenem Einfallswinkel.

c) Lage der Reflexionsmaxima. Brechungsindex. Das Interessanteste ist natürlich die *Lage* der BRAGGschen Reflexionsmaxima, d. h. die Bestimmung der Energien, bei denen die reguläre Reflexion maximale Intensität erreicht. Hierzu hat man von (29.7), (29.16) auszugehen. Die *Mitte* eines BRAGGschen Reflexionsmaximums wird erreicht, wenn

$$\frac{\hbar^2}{2m} k_z^2 = E\cos^2\vartheta = \frac{h^2}{8mc^2} n^2 + (V_0 + \varepsilon_1(k_x) + \varepsilon_2(k_y) + \varepsilon_3(n)) = \frac{h^2}{8mc^2} n^2 + V \tag{29.23}$$

ist. Würde der Kristall die Elektronenwelle nicht wesentlich beeinflussen, so wäre $V = 0$ und für die de-Broglie-Wellenlänge $\lambda = 2\pi/k$ würde gelten

$$n\lambda = 2c\cos\vartheta\,; \tag{29.24}$$

das ist das gewöhnliche BRAGGsche Reflexionsgesetz[2]. Für reale Kristalle ist aber V nicht Null, sondern von der Größenordnung 10 bis 20 Volt. Das ist

[1] In Wirklichkeit findet doch eine kleine Schwächung des reflektierten Strahles durch Abspaltung anderer Interferenzstrahlen und vor allem durch unelastische Streuung statt.

[2] ϑ ist der Einfallswinkel, $\frac{\pi}{2} - \vartheta$ der Glanzwinkel und $\pi - 2\vartheta$ der Ablenkungswinkel des Strahls.

gleichbedeutend damit, daß der Kristall einen *Brechungsindex*[1] für Elektronenwellen

$$\mu = \sqrt{1 - \frac{V}{E}} \tag{29.25}$$

hat, dessen Größe von der Energie und von der Richtung des einfallenden Strahls abhängt.

Um die Verhältnisse genauer zu verfolgen, fassen wir etwa eine bestimmte Reflexionsordnung n ins Auge und nehmen außerdem an, daß der einfallende (und damit auch der reflektierte) Strahl in der xz-Ebene liegt. Dann haben ε_2 und ε_3 in Formel (29.23) feste Werte, und es ist praktisch, die Größe

$$V_1 = (V_0 + \varepsilon_2(0) + \varepsilon_3(n)) \tag{29.26}$$

einzuführen: V_1 wird im allgemeinen, ebenso wie V_0, negativ sein, da die Größen ε_2, ε_3, wenigstens bei einfachen Ansätzen für das Potential, im allgemeinen nur wenige Volt betragen, während V_0 von der Größenordnung minus 20 Volt ist. Beim KRONIGschen Potentialansatz (Ziff. 10) sind übrigens ε_2 und ε_3 stets positiv, also $|V_1| < |V_0|$. Mit (29.26) wird

$$V = V_1 + \varepsilon_1(k_x) = V_1 + \varepsilon_1(E\sin^2\vartheta)\,. \tag{29.27}$$

Im allgemeinen ist nun ε_1 eine stetige Funktion seines Arguments, ebenfalls von der Größenordnung weniger Volt. Trägt man also etwa die Wellenlänge, bei der das $n$te Reflexionsmaximum auftritt

$$\lambda = \frac{h}{\sqrt{2mE}} = 2c\cos\vartheta\left[n^2 + \frac{8mc^2}{h^2}(V_1 + \varepsilon_1)\right]^{-1/2} \tag{29.28}$$

als Funktion von $\cos\vartheta$ auf, so erhält man fast eine gerade Linie, die durch den Nullpunkt geht. Man würde *genau* eine Gerade bekommen, wenn ε_1 von seinem Argument unabhängig wäre. In diesem Fall wäre die Beziehung zwischen Wellenlänge und Einfallswinkel genau die BRAGGsche Beziehung (29.24), nur daß die ganze Zahl n (Ordnung der Reflexion) durch die gebrochene Zahl

$$n' = \sqrt{n^2 + \frac{8mc^2}{h^2}V} \tag{29.28a}$$

zu ersetzen wäre. Je höher die Reflexionsordnung, um so geringer sind übrigens nach (29.28) die Abweichungen vom BRAGGschen Gesetz. (29.28a) stellt die Modifikation dar, die am BRAGGschen Gesetz anzubringen ist, wenn der Brechungsindex des Kristalls entsprechend Formel (29.25) von der Energie abhängt und das Potential V eine Konstante ist.

d) Anomale Dispersion. Die kleinen Schwankungen von ε_1 werden verursachen, daß unsere Kurve, welche λ bei festgehaltener Reflexionsordnung n als Funktion von $\cos\vartheta$ darstellt, kleine Abweichungen von der Geraden zeigt. Dies wäre an sich nicht sehr interessant: Viel wichtiger ist, daß ε_1 keine durchweg stetige Funktion seines Arguments ist, sondern an gewissen Stellen *einen Sprung hat.* Und zwar tritt ein Sprung jedesmal auf, wenn

$$k_x = \frac{\pi l}{a} \tag{29.29}$$

---

[1] Die Wellenlänge beträgt also im Inneren $\lambda' = \lambda/\mu$, die Wellenzahl $k' = k\mu$. Das Brechungsgesetz $\sin\vartheta' = \sin\vartheta/\mu$ besagt, daß $k'\sin\vartheta' = k\sin\vartheta$, d. h. die Komponente des Ausbreitungsvektors *parallel* zur Oberfläche ist innerhalb und außerhalb des Kristalls gleich. Für die Normalkomponente ergibt sich

$$k'\cos\vartheta' = \sqrt{k'^2 - k^2\sin^2\vartheta} = k\sqrt{\cos^2\vartheta + \mu^2 - 1}\,.$$

Durch Einsetzen von (29.23), (29.25) findet man, daß für k' und ϑ' tatsächlich die BRAGGsche Beziehung (29.24) erfüllt ist.

ist, wo l eine beliebige ganze Zahl bedeutet, also dann, *wenn die* BRAGG*sche Bedingung für die x-Richtung erfüllt ist.* Wenn k_x einen der kritischen Werte hat, ist die Elektronenwelle im Kristall keine nach positiven x zu fortschreitende Welle mehr, sondern eine stehende Welle. Es findet neben der regulären Reflexion eine starke Reflexion des einfallenden Strahls in sich statt, d. h. in die Richtung, welche der Einfallsrichtung genau entgegengesetzt ist.

An den kritischen Stellen (29.29) springt die Energie E_1, welche der Bewegung des Elektrons in der x-Richtung zugeordnet ist, bei fast freien Elektronen um das Doppelte des Fourierkoeffizienten V_{l00} des Potentials, und zwar von

$$E_1^{\min} = \frac{h^2}{8ma^2} l^2 + \varepsilon_1(l) - |V_{l00}| \quad \text{auf} \quad E_1^{\max} = \frac{h^2}{8ma^2} l^2 + \varepsilon_1(l) + |V_{l00}|, \tag{29.30}$$

d. h. es ist, falls δ eine sehr kleine positive Größe bezeichnet,

$$\varepsilon_1\left(\frac{\pi l}{a} - \delta\right) = \varepsilon_1(l) - |V_{l00}|; \quad \varepsilon_1\left(\frac{\pi l}{a} + \delta\right) = \varepsilon_1(l) + |V_{l00}|. \tag{29.31}$$

$\varepsilon_1(l)$ ist eine Korrekturgröße von wenigen Volt. Die fast lineare Abhängigkeit der Wellenlänge λ_n von $\cos\vartheta$ wird also durch einen Sprung unterbrochen, sobald

$$E \sin^2\vartheta = \frac{h^2}{8ma^2} l^2, \tag{29.32}$$

$$\lambda_n = \frac{2a}{l} \sin\vartheta, \tag{29.33}$$

also

$$\operatorname{tg}\vartheta = \frac{l}{\sqrt{n^2 + \frac{8mc^2}{h^2}(V_1 + \varepsilon_1(l) \pm |V_{l00}|)}} \cdot \frac{c}{a} \tag{29.34}$$

wird.

Die Abhängigkeit der „Wellenlänge $n$ter Ordnung[1]" λ_n vom Cosinus des Einfallswinkels ϑ ist in Abb. 49 dargestellt. Zur Berechnung der verschiedenen Korrekturen ε_1, ε_2, ε_3 haben wir für die Potentiale V_1, V_2, V_3 (28.14) den KRONIGschen Ansatz gemacht (vgl. Ziff. 11), für die Konstante P in diesem Ansatz wurde ein mittlerer Wert, $3\pi/2$, angenommen, die Kristallstruktur soll kubisch sein, für das Gitterpotential V_0 wurde angenommen

$$V_0 = -\frac{3h^2}{8ma^2}. \tag{29.35}$$

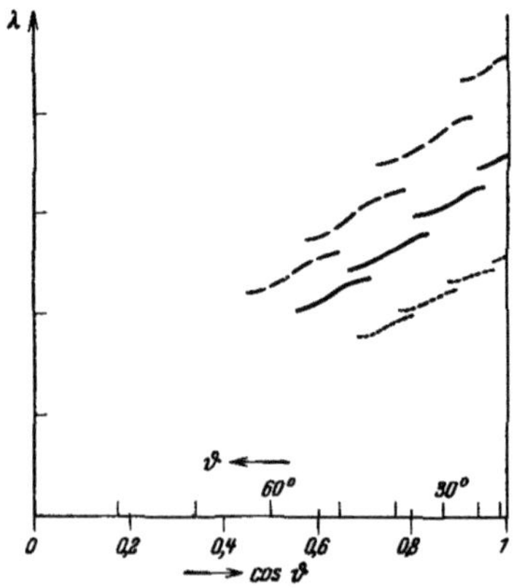

Abb. 49. Anomale Reflexion von Elektronen an Metallen. Oberfläche (100)-Ebene eines kubischen Kristalls. KRONIGsches Potential mit Bindungskonstante $P = \frac{3\pi}{2}$, mittleres Potential $V_0 = -3 \cdot \frac{h^2}{8ma^2}$. Abszisse: $\cos\vartheta$, Ordinate λ. Aufgetragen sind Einfallswinkel ϑ und Wellenlängen, bei denen selektive reguläre Reflexion auftritt. Bei konstantem Brechungsindex müßte λ proportional $\cos\vartheta$ sein, in Wirklichkeit ergeben sich zahlreiche anomale Reflexionsgebiete.

Setzt man etwa $a = 2{,}5$ Å, was dem minimalen Atomabstand in den meisten Schwermetallen entspricht, so folgt aus (29.35) $|V_0| \approx 18$ Volt. Die Oberfläche des Metalls ist eine Würfelfläche (100-Ebene), die Einfallsebene ebenfalls (010-Ebene).

Man ersieht aus der Abbildung, daß nur bei kurzer Wellenlänge die Beziehung zwischen λ und $\cos\vartheta$ einigermaßen linear ist, während dies allgemein der Fall sein müßte, wenn das wirksame Gitterpotential V konstant wäre. Selbst bei kurzen Wellen ist aber die „BRAGGsche Kurve" (λ als Funktion von $\cos\vartheta$) durch häufige, wenn auch sehr kleine

[1] D. h. der Wellenlänge, bei der das $n$te Reflexionsmaximum auftritt.

Sprünge unterbrochen. Bei langen Wellen werden dann diese Sprünge dominierend, so daß man oft gar nicht mehr recht weiß, welche Kurve zu welcher Reflexionsordnung gehört. Solche Anomalien der „BRAGGschen Kurven" sind schon 1929 von DAVISSON und GERMER[1] beobachtet und als „anomale Dispersion" bezeichnet worden. Die Bezeichnung soll andeuten, daß der Brechungsindex μ, den man aus (29.23), (29.25) bzw. aus der damit äquivalenten Beziehung

$$\mu = \sqrt{\sin^2\vartheta + \left(\frac{n\lambda}{2c}\right)^2} \tag{29.36}$$

ableiten kann, an den betreffenden Stellen einen Sprung hat, wie bei der anomalen Dispersion der Optik. Auch die von RUPP[2] verschiedentlich beobachteten Anomalien bei der Elektronenbeugung dürften wohl, soweit sie nicht durch Oberflächenschichten verursacht werden, auf anomale Dispersion zurückzuführen sein[3].

Die komplizierte Abhängigkeit der reflektierbaren Wellenlänge λ_n vom Einfallswinkel ϑ, welche bei anomaler Dispersion auftritt, macht es natürlich sehr schwierig, zuverlässige Daten über die Elektronenbeugung an Kristallen zu gewinnen. Es genügt keineswegs, etwa bei konstantem Einfallswinkel die Spannungsabhängigkeit der reflektierten Intensität zu untersuchen und die Maxima zu numerieren. Denn es kommt z. B. sehr oft vor, daß bei einem bestimmten Winkel zwei Reflexionsmaxima *ein und derselben Ordnung* bei zwei verschiedenen Wellenlängen auftreten. Man muß daher eine kontinuierliche Serie von Messungen bei allen möglichen Winkeln und Energien durchführen, dies ist unseres Wissens bisher nur von DAVISSON und GERMER für Ni gemacht worden[4]. Bei schnellen Elektronen ist man von einer solchen umständlichen Untersuchung natürlich frei, weil dort die anomale Dispersion praktisch nicht auftritt.

Wir wollen die Winkel und Wellenlängen, bei denen anomale Dispersion auftritt, etwas genauer untersuchen. Wenn wir z. B. die Reflexion $n$ter Ordnung von kleinen Einfallswinkeln zu großen verfolgen, so gibt λ als Funktion von ϑ aufgetragen zunächst eine glatte Kurve, bis k_x den Wert π/a erreicht. Dies ist der Fall für ϑ_1', wo

$$\operatorname{tg}\vartheta_1' = \frac{1}{\sqrt{n^2 + \frac{8mc^2}{h^2}(V_1 + \varepsilon_1(1) - |V_{100}|)}} \cdot \frac{c}{a} \tag{29.34a}$$

[vgl. (29.34), das negative Vorzeichen bei $|V_{100}|$ ist zu wählen, weil k_x sich von *unten* her dem Wert π/a nähert, vgl. (29.31)].

---

[1] J. DAVISSON u. L. H. GERMER, Proc. Nat. Acad. Amer. Bd. 14, S. 619. 1929.

[2] E. RUPP u. M. v. LAUE, Ann. d. Phys. Bd. 4, S. 1097. 1930; E. RUPP u. W. BOAS, ebenda Bd. 7, S. 983. 1930; Bd. 13, S. 1. 1932; E. RUPP u. V. LASS, ebenda Bd. 11, S. 611. 1931; Bd. 13, S. 101. 1932; E. RUPP u. A. BÜHL, ZS. f. Phys. Bd. 64, S. 572. 1931.

[3] Die an anomalen Stellen auftretenden Maxima wurden von RUPP und v. LAUE sicher zu Unrecht als „Reflexionen mit halbzahligem Reflexionsindex" n gedeutet. Dabei wurde angenommen, daß das Gitterpotential V für alle Reflexionen dasselbe sei, was nach unseren theoretischen Erörterungen durchaus *nicht* der Fall ist. Anwendung der elementaren wellenkinematischen Interferenztheorie ergab dann (ungefähr) halbzahlige Werte für n (neben ganzzahligen). Das Auftreten halbzahliger Indizes widerspricht aber unbedingt *jeder* Interferenztheorie. Dieses Resultat der Auswertung der Experimente von RUPP hätte an sich schon genügen können, um die RUPPsche Arbeitshypothese des konstanten Gitterpotentials zu widerlegen, selbst wenn die Theorie keine Schwankungen von V liefern würde (vgl. H. BETHE, Phys. ZS. Bd. 31, S. 1076. 1930 [Diskussionsbemerkung]). Die auf diese Weise von RUPP gewonnenen Gitterpotentiale sind bedeutungslos. Es wäre natürlich reizvoll, die „anomale Dispersion" der von RUPP untersuchten Substanzen zu berechnen, dazu reichen aber die RUPPschen Daten aus den im Text angeführten Gründen noch nicht aus.

[4] Außerdem hat W. EHRENBERG eingehende Untersuchungen an Cu begonnen (nach freundlicher mündlicher Mitteilung). Siehe auch H. E. FARNSWORTH, Phys. Rev. Bd. 40, S. 684. 1932.

In der Nähe des kritischen Wertes $k_x = \pi/a$ ändert sich bekanntlich (Ziff. 10 bis 13) die Energie E_1 nur sehr langsam (quadratisch) mit k_x. Da E_2 und E_3 bei festgehaltener Nummer n der Reflexionsordnung konstant sind, ist dann auch E [nach (29.3)] und damit λ nur wenig veränderlich. Das heißt aber, daß die BRAGGsche Kurve in der Nähe des kritischen Punktes λ_1', ϑ_1' ($\lambda_1' = 2a\sin\vartheta_1'$) *parallel zur ϑ-Achse* verläuft, wie dies auch in der Abb. 49 zu sehen ist. Geht man vom kritischen Punkt wieder zurück nach kleineren Winkeln ϑ zu, so nimmt λ allmählich zu und die BRAGGsche Kurve nähert sich einer Geraden durch den Nullpunkt.

Am Punkt λ_1', ϑ_1' bricht die BRAGGsche Kurve plötzlich ab. An der Stelle λ_1'', ϑ_1'' beginnt dann ein neuer Kurvenast. Dabei ist

$$\operatorname{tg}\vartheta_1'' = \frac{c}{a}\left(n^2 + \frac{8mc^2}{h^2}\left(V_1 + \varepsilon_1(1) + |V_{100}|\right)\right)^{-1/2}, \tag{29.34b}$$

also $\vartheta_1'' < \vartheta_1'$ und wegen

$$\lambda_1'' = 2a\sin\vartheta_1'' \tag{29.33a}$$

auch $\lambda_1'' < \lambda_1'$.

Der neue Kurvenast verläuft dann zunächst wieder parallel der ϑ-Achse nach größeren ϑ zu ($k_x = 2\pi\sin\vartheta/\lambda$ wächst), biegt sodann nach kleineren λ um, so daß er auf den Nullpunkt $\lambda = \cos\vartheta = 0$ zuläuft, bis man zum anomalen Dispersionsgebiet $l = 2$ kommt, d. h. bis k_x den Wert $2\pi/a$ erreicht: Dort biegt unser zweiter Kurvenast wieder in die ursprüngliche Richtung, hört auf und ein dritter Ast beginnt.

Für alle Winkel zwischen ϑ_1' und ϑ_1'' gibt es je *zwei* Wellenlängen, die eine starke Reflexion $n$ter Ordnung erleiden. Eine ist größer als $\lambda_1'(k_x < \pi/a)$, die andere kleiner als $\lambda_1''(k_x > \pi/a)$. Beide befriedigen nicht annähernd die BRAGGsche Beziehung (29.24). Untersucht man dagegen bei konstanter *Wellenlänge λ* zwischen λ_1' und λ_1'' die Winkelabhängigkeit der Reflexion, so findet man, daß das Reflexionsmaximum $n$ter Ordnung vollkommen *fehlt*.

Wenn die Oberfläche des Kristalls nicht senkrecht zu einer Kristallachse ist, so werden die BRAGGschen Kurven noch etwas komplizierter Abb. 50a zeigt nach MORSE das theoretische Bild, wenn die Oktaederfläche (111) Oberfläche des Kristalls ist. Dies entspricht der Versuchsanordnung von DAVISSON und GERMER, deren Resultate in Abb. 50b dargestellt sind. Bei der Rechnung ist — im Gegensatz zu Abb. 49 — ein rein harmonisches Potential zugrunde gelegt:

$$V_x = A\cdot\cos\frac{2\pi x}{a},$$

wobei $A = 6$ Volt gewählt ist. Dieses Potential ist insofern spezieller als das von KRONIG, als die „Anomalien höherer Ordnung" ($l = 2$ usw.) sehr schwach werden. Trotzdem ist die Übereinstimmung mit dem Experiment befriedigend: Das liegt daran, daß die qualitativen Resultate sowie die Stellen, an denen anomale Dispersion auftritt, weitgehend unabhängig sind von der speziellen Wahl des Potentials, nur die genaue Form der Dispersionskurve, insbesondere die Größe der „Sprünge", hängen davon ab.

e) Die nichtregulären Reflexionen. Die gebeugten Strahlen [$\lambda, \mu \neq 0$ in (28.8)] haben im allgemeinen eine geringere Intensität als der regulär reflektierte. Nach der elementaren Interferenztheorie tritt eine starke Reflexion (λ, μ) auf, wenn außer den beiden LAUEschen Interferenzbedingungen (28.8) noch die dritte Bedingung

$$\varkappa_z' = \varkappa_z + \frac{2\pi\nu}{c} \tag{29.37}$$

erfüllt ist, wobei $\varkappa_z$ und $\varkappa_z'$ die z-Komponenten der Ausbreitungsvektoren von einfallender und gestreuter Welle *im Inneren* des Kristalls sind. Besitzt der Kristall ein Gitterpotential V, so ist

$$\varkappa_z = \sqrt{k_z^2 - \frac{2mV}{\hbar^2}}; \quad \varkappa_z' = \sqrt{k_z'^2 - \frac{2mV}{\hbar^2}}. \tag{29.38}$$

Aus den Einfallsrichtungen und Wellenlängen, bei denen starke reflektierte Strahlen mit den Reflexionsindizes $\lambda\mu\nu$ auftreten, kann das Gitterpotential V berechnet werden. Auch hier zeigen sich natürlich Schwankungen des experimentellen Gitterpotentials V, dadurch hervorgerufen, daß gleichzeitig für mehrere Reflexionen die LAUEschen Bedingungen nahezu erfüllt sind[1].

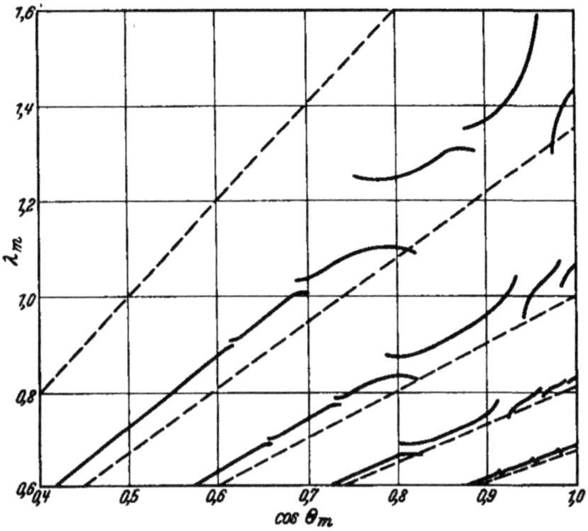

a) Theoretisch, berechnet von MORSE mit rein sinusförmigem Potential.

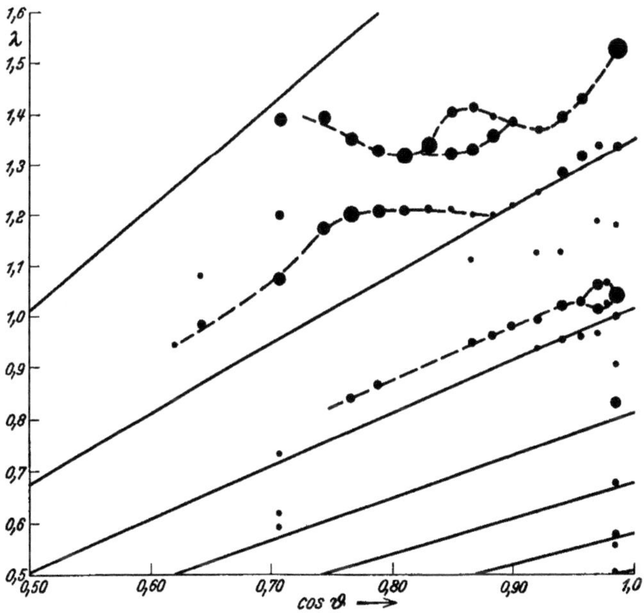

b) Experimentell nach DAVISSON und GERMER. Der Flächeninhalt der Punkte ist proportional der Intensität der Reflexion.

Abb. 50a und b. Anomale Reflexion von Elektronen an der (111)-Ebene von Nickel. Ordinate Wellenlängen, Abszisse Kosinus der Einfallswinkel, bei denen starke reguläre Reflexion eintritt. Die Geraden geben den Zusammenhang zwischen Wellenlänge und Einfallswinkel bei Abwesenheit eines Kristallpotentials. Die *mit* Berücksichtigung des letzteren berechneten Kurven (Abb. a) stimmen mit den beobachteten (Abb. b) qualitativ gut überein.

[1] Vgl. darüber H. BETHE, Ann. d. Phys. Bd. 87, S. 55. 1928.

f) Vortäuschung eines Gitterpotentials durch Absorption. Die Elektronenwelle möge durch unelastische Streuung absorbiert werden, der Absorptionskoeffizient sei $\varkappa$. Ein solcher Absorptionskoeffizient verursacht eine Verschiebung der Beugungsmaxima, welche einen Brechungsindex (Gitterpotential) vortäuscht.

Wir nehmen an, der Kristall sei für Elektronen „optisch leer", d. h. das Gitterpotential V_0 sei Null und die anderen Fourierkoeffizienten des Potentials seien so klein, daß zwar eine Streuung, aber keine Änderung der Wellenlänge im Kristall eintritt. Die einfallende Welle bekommt also im Kristall die Form

$$\psi_i = e^{i(k_x x + k_y y + k_z z) - \frac{\varkappa z}{\cos\vartheta}}. \tag{29.39}$$

Die Intensität der regulär reflektierten Welle wird dann

$$J = \left| F \sum_{n=0}^{\infty} e^{2cn\left(i k_z - \frac{\varkappa}{\cos\vartheta}\right)} \right|^2 = |F|^2 \left(1 + e^{-\frac{4\varkappa c}{\cos\vartheta}} - 2e^{-\frac{2\varkappa c}{\cos\vartheta}} \cdot \cos(2kc\cos\vartheta)\right)^{-1}. \tag{29.40}$$

Dabei ist $|F|^2$ die von einer Netzebene reflektierte Intensität, c der Gitterabstand in der z-Richtung. Halten wir ϑ fest, so wird die maximale Intensität nicht bei genauer Erfüllung der BRAGGschen Bedingung

$$kc\cos\vartheta = n\pi \tag{29.41a}$$

erreicht, sondern etwa an der Stelle

$$kc\cos\vartheta = n\pi - \varkappa\frac{d\varkappa}{dk}\cdot\frac{c}{\cos^3\vartheta}. \tag{29.41}$$

Der Absorptionskoeffizient $2\varkappa$ dürfte etwa $3\cdot 10^7\,\mathrm{cm}^{-1}$ betragen (vgl. Ziff. 30 Ende), er nimmt mit zunehmender Wellenzahl wie eine Potenz von k ab, im fraglichen Gebiet vermutlich etwa wie k^{-2}, so daß

$$\frac{d\varkappa}{dk} \approx -2\frac{\varkappa}{k} \approx -\frac{3\cdot 10^7}{5\cdot 10^8} = -0{,}06$$

wird bei einer Energie von etwa 100 Volt. Mit $c \approx 2{,}5$ Å, $\cos^3\vartheta \approx 0{,}5$ wird dann

$$kc\cos\vartheta \approx n\pi + 0{,}04. \tag{29.41b}$$

Das ist die gleiche Verschiebung, die ein Gitterpotential von etwa $+\frac{1}{2}$ Volt[1] verursachen würde. Der Effekt der Absorption ist also sicher klein gegen den des eigentlichen Gitterpotentials, sofern unsere Abschätzung für $\varkappa$ einigermaßen richtig ist. Nur *bei sehr streifendem Einfall* würde das „vorgetäuschte" Gitterpotential wichtig werden. Übrigens geht der Einfluß der Absorption in *entgegengesetztem Sinne* wie der des eigentlichen (negativen) Gitterpotentials.

g) Zur Bestimmung des mittleren Gitterpotentials. Wir haben schon gesehen, daß sich aus den Elektronenbeugungsversuchen nur mit Mühe das mittlere Gitterpotential V_0 entnehmen läßt. Die Beziehung (29.28) zwischen reflektierbarer Wellenlänge und Einfallswinkel gibt vielmehr ein Potential V, das von Ordnung zu Ordnung und von Winkel zu Winkel verschieden ist. Erst die Extrapolation auf sehr große Energien gibt das richtige Gitterpotential V_0, dort ist aber der Brechungsindex nach (29.25) so nahe an Eins, daß genaue Messungen sehr schwierig sind. Immerhin scheint die von KIRCHNER und RAETHER[2] angewandte Methode zur Bestimmung von V_0 bei sehr hoher einfallender Energie einwandfrei zu sein.

Soviel sich aus den Experimenten von DAVISSON und GERMER und von FARNSWORTH[3] entnehmen läßt, scheint (von Schwankungen abgesehen) das „scheinbare Gitterpotential V", das man aus der gleichzeitigen Messung von Wellenlänge und Einfallswinkel berechnet, mit steigender Gesamtenergie steigende Tendenz zu zeigen und bei Ni und Cu etwa auf einen Wert von -25 Volt bei hoher Energie zu konvergieren. Man kann das etwa so deuten, daß die Elektronen niedriger Energie sich vorwiegend *zwischen* den Kristallatomen, also in Gebieten relativ hohen Potentials aufhalten, weil sie diese Gebiete langsamer

[1] Mit dem sicher zu hohen Wert $2\varkappa = 5\cdot 10^7$ cm und dem Gesetz $\varkappa \sim k^{-4}$ würde die Absorption einem Gitterpotential von 3 Volt äquivalent.

[2] H. RAETHER, ZS. f. Phys. Bd. 78, S. 527. 1932.

[3] H. E. FARNSWORTH, Phys. Rev. Bd. 36, S. 1799. 1930.

durchlaufen (vgl. Ziff. 14). Das über die Aufenthaltswahrscheinlichkeit gemittelte Potential wird daher höher (dem Absolutwert nach *kleiner*) als der räumliche Mittelwert V_0.

Daß V_0 zur Austrittsarbeit keine direkte Beziehung hat, im Gegensatz zu einer früheren Annahme des einen von uns[1], betonten wir bereits in Ziff. 14 und 15.

30. Die unelastische Streuung. Die unelastische Streuung von Elektronen (und Protonen, α-Teilchen usw.) in Metallen ist im allgemeinen ganz analog zu der in Gasen. Nur zwei Besonderheiten sind hervorzuheben:

1. Es können beliebig kleine Energiebeträge vom Primärelektron auf ein Leitungselektron übertragen werden, während auf ein freies Atom mindestens die Resonanzspannung übertragen werden muß. Voraussetzung der Übertragung der Energie ε auf ein Leitungselektron, das anfangs die Energie E' hat, ist allerdings, daß der Endzustand mit der Energie $E' + \varepsilon$ unbesetzt ist. Beim absoluten Nullpunkt ist das der Fall, wenn $E' > \zeta_0 - \varepsilon$ ist, d. h. natürlich nur für einen kleinen Bruchteil der Leitungselektronen.

2. Die Sekundärelektronen[2], die das Metall verlassen, können nicht beliebige Richtungen und Geschwindigkeiten haben wie bei der Auslösung aus freien Atomen, sondern bei bestimmter Richtung des Austritts sind jeweils gewisse Geschwindigkeiten verboten (verbotene Energiebänder). Auch bei Mittelung über alle Austrittsrichtungen wird jedenfalls die Anzahl der emittierten Sekundärelektronen keine monotone Funktion ihrer Energie sein, genau wie die Anzahl der durch Röntgenstrahlabsorption ausgelösten Elektronen, Ziff. 23. Selbstverständlich sind aber im ganzen genommen langsame Sekundärelektronen sehr viel häufiger als rasche, genau wie bei Auslösung aus freien Atomen[3].

Was den Gesamtenergieverlust und den Wirkungsquerschnitt für unelastische Stöße betrifft, so darf man wohl nach Aussage des Experiments die für freie Atome gewonnenen Ergebnisse übernehmen. Der Wirkungsquerschnitt ist[4] ungefähr gegeben durch

$$\Phi = \frac{\lambda^2}{\pi} \cdot \sum_i Z_i \lg \frac{E}{A_i}, \tag{30.1}$$

wo λ die Wellenlänge des Primärelektrons, Z_i die Anzahl Elektronen in der $i$ten Schale des Atoms und A_i deren mittlere Anregungsspannung ist.

Für Metalle wie Fe, Cu usw., und $E = 100$ Volt Primärenergie kann man rechnen, daß etwa $Z_i = 8$ Elektronen der äußeren Schalen mit $A_i \approx 10$ Volt Ionisierungsspannung in Frage kommen, dann wird die Summe in (30.1) etwa 20 und $\Phi = 10$ Å^2, der Absorptionskoeffizient würde dann etwa $5 \cdot 10^7\,\text{cm}^{-1}$, d. h. in 1 Atomschicht wird bereits etwa die Hälfte der Elektronen einen Stoß erleiden. Allerdings haben wir damit wohl den Wirkungsquerschnitt überschätzt, da wir die Bornsche Methode in einem Fall anwandten, wo ihre Anwendbarkeit wegen der niedrigen Energie des Primärelektrons eigentlich unzulässig ist: Wir haben daher in Ziff. 29f als Absorptionskoeffizient $3 \cdot 10^7\,\text{cm}^{-1}$ eingesetzt.

D. Elektrische Leitfähigkeit. Wechselwirkung der Elektronen mit Gitterschwingungen.

a) Vorbereitende Tatsachen.

31. Allgemeine Übersicht über die Theorie der Leitfähigkeit. Die Berechnung der Leitfähigkeit eines Metalls, eigentlich die Hauptaufgabe der Metalltheorie, ist recht langwierig und erfordert umfangreiche Vorbereitungen. Wir halten es daher der Übersichtlichkeit halber für angebracht, hier zunächst die Grundidee kurz zu skizzieren, ehe wir zu der Rechnung im einzelnen übergehen.

---

[1] H. Bethe, Ann. d. Phys. Bd. 87, S. 55. 1928.

[2] Vgl. H. Fröhlich, Ann. d. Phys. Bd. 13, S. 229. 1932.

[3] H. Bethe, Ann. d. Phys. Bd. 5, S. 325 (Ziff. 6 u. 18); ds. Handb. Bd. XXIV/1, S. 517.

[4] H. Bethe, l. c.

In unseren bisherigen Betrachtungen haben wir die Metallatome als ruhend in den Gitterpunkten eines idealen Gitters angesehen. Unter dieser Voraussetzung wird das auf die Elektronen wirkende Potential rein periodisch, und die stationären Zustände der Elektronen entsprechen, wie wir in Ziff. 8 bis 15 gesehen haben, einer gleichförmigen Bewegung durch das Gitter. Die Bewegung erfolgt völlig ungehindert, d. h. der elektrische Widerstand ist Null. Um das Zustandekommen eines endlichen elektrischen Widerstands zu erklären, muß die thermische Bewegung der Atomrümpfe (Gitterschwingungen, s. Ziff. 32) berücksichtigt werden: Dadurch wird die Periodizität des Potentials gestört und der Durchgang der Elektronen durch das Metall gehindert.

Zur quantitativen Berechnung des von einem bestimmten elektrischen Feld erzeugten Stroms muß zunächst [analog wie früher im Fall freier Elektronen (Ziff. 5)] die sich im Feld einstellende stationäre Verteilung der Elektronen auf die Quantenzustände aufgefunden werden. Zu diesem Zweck müssen die Faktoren untersucht werden, welche die Verteilung zu ändern suchen: Das ist auf der einen Seite das elektrische Feld, welches die Elektronen beschleunigt und dessen Wirkung (Ziff. 33) ganz ähnlich zu berücksichtigen ist wie in der klassischen Theorie [vgl. (5.3)]. Auf der anderen Seite wirken die Zusammenstöße mit dem Gitter im Sinne einer Wiederherstellung der ungestörten FERMIschen Verteilung. Die Zusammenstöße haben bei uns die Form eines Energieaustausches zwischen einem Leitungselektron und einer elastischen Gitterwelle (Ziff. 34): Die letztere gewinnt (oder verliert) ein Quant Anregungsenergie, das Elektron gibt die entsprechende Energie ab (oder nimmt sie auf) und wird gleichzeitig abgelenkt: seine Wellenzahl ändert sich beim Zusammenstoß genau um den Ausbreitungsvektor der Gitterwelle [Interferenzbedingung (34.14)]. Aus der Forderung, daß die Verteilung der Elektronen auf die Quantenzustände stationär sein soll, ergibt sich dann eine Integralgleichung zur Bestimmung der Verteilungsfunktion selbst (Ziff. 35). Die Lösung der letzteren erfordert bei hoher (Ziff. 36) und bei tiefer (Ziff. 37) Temperatur verschiedene Methoden; sie ist jedoch überhaupt nur bei vereinfachenden Annahmen über das Eigenwertspektrum der Metallelektronen durchführbar, die darauf hinauslaufen, daß die Energie nur vom Absolutwert des Ausbreitungsvektors $\mathfrak{k}$ des Elektrons, nicht aber von dessen Richtung abhängt. Bei mittleren Temperaturen (von der Größenordnung der DEBYEschen charakteristischen Temperatur) kann die Verteilungsfunktion bisher nicht bestimmt und die Leitfähigkeit nur abgeschätzt werden (Ziff. 38).

Bis Ziff. 39 ist angenommen, daß die Gitterschwingungen stets im thermischen Gleichgewicht sind (BLOCHsche Theorie). In Ziff. 40 wird gezeigt, daß diese Annahme für tiefe Temperaturen nicht mehr berechtigt ist, in Ziff. 41, 42 werden hieraus die Konsequenzen für die Leitfähigkeit gezogen (PEIERLSsche Umklappprozesse).

32. Die Gitterschwingungen. a) Klassische Theorie der Gitterschwingungen. Lösung der Bewegungsgleichungen. Wir rekapitulieren[1] zunächst kurz die Theorie der Bewegung der Gitteratome allein, um nachher (Ziff. 34ff.) ihre Rückwirkung auf die Elektronen zu behandeln.

Die Gitteratome werden bekanntlich durch ihre Wechselwirkungskräfte an ihren Ruhelagen festgehalten. Den einfachsten Überblick über diese Kräfte erhält man aus der potentiellen Energie des ganzen Kristalls. Diese hängt von den Lagen sämtlicher Atomkerne ab, sie setzt sich aus den Wechselwirkungsenergien je zweier Atome des Kristalls zusammen:

$$V = \sum_{m,n} V_{mn}.$$

[1] Die genauere Darstellung findet sich im Artikel BORN, dieser Band, Kap. 4, Ziff. 11—17.

Die Wechselwirkungsenergie V_{mn} zwischen $m$tem und $n$tem Ion hängt dabei im allgemeinen nur vom Abstand der beiden Ionen, $|\mathfrak{R}_m - \mathfrak{R}_n|$, ab[1]. Die gesamte potentielle Energie ist ein Minimum, wenn sich alle Kerne an den zugehörigen Gitterpunkten (Ruhelagen) befinden. Sie kann daher bei Verrückung der Kerne aus ihren Ruhelagen jedenfalls nur quadratisch von diesen Verrückungen abhängen. Es muß also gelten

$$V = V_0 + \tfrac{1}{2}\sum_{m=1}^{N}\sum_{n=1}^{N}\sum_{i=1}^{3}\sum_{k=1}^{3} V_{mn}^{ik}\,(X_{mi} - \mathfrak{m}_i)\,(X_{nk} - \mathfrak{n}_k) + \cdots \qquad (32.1)$$

Hier ist V_0 die potentielle Energie im Gleichgewichtszustand, X_{mi} die $i$te Raumkoordinate ($i = 1, 2, 3$) des $m$ten Atoms, $\mathfrak{m}_i$ die $i$te Raumkoordinate des $m$ten Gitterpunkts, so daß der Vektor $\mathfrak{R}_m - \mathfrak{m}$ mit den Komponenten $X_{m1} - m_1$, $X_{m2} - m_2$, $X_{m3} - m_3$ die Verrückung des $m$ten Atoms angibt. N ist die Gesamtzahl der Atome des Metalls. Die Koeffizienten V_{mn}^{ik} hängen[2] nur von der relativen Lage der Gitterpunkte $\mathfrak{m}$ und $\mathfrak{n}$, also vom Vektor $\mathfrak{m} - \mathfrak{n}$ ab, nicht etwa von $\mathfrak{m}$ und $\mathfrak{n}$ einzeln; sie verschwinden bei großer Entfernung $|\mathfrak{m} - \mathfrak{n}|$. Vernachlässigt sind in (32.1) alle Glieder, welche die dritte oder höhere Potenzen der Verrückungen $\mathfrak{R}_m - \mathfrak{m}$ enthalten.

Die Bewegungsgleichung für das $n$te Atom lautet nun

$$M_n \ddot{X}_{n,k} = -\frac{\partial V}{\partial X_{nk}} = -\sum_m\sum_i V_{mn}^{ik}\,(X_{mi} - \mathfrak{m}_i)\,. \qquad (32.2)$$

Falls alle Atome gleiche Masse M haben und ein einfaches Bravaissches Gitter bilden, werden sämtliche Gleichungen (32.2) (d. h. für $n = 1$ bis N und $k = 1$ bis 3) befriedigt durch den Ansatz[3]

$$\mathfrak{R}_n - \mathfrak{n} = \mathfrak{u}_n = N^{-1/2}\, b\, \mathfrak{e}\cos(\mathfrak{q}\mathfrak{n} - \omega t + \beta)\,. \qquad (32.3)$$

Dieser entspricht einer ebenen fortschreitenden Welle; der Ausbreitungsvektor $\mathfrak{q}$ gibt gleichzeitig Fortpflanzungsrichtung und die Wellenlänge $\lambda = \frac{2\pi}{q}$ an, die Phasengeschwindigkeit ist

$$u = \frac{\omega}{q}\,. \qquad (32.4)$$

β ist eine konstante Phase, $\mathfrak{e}$ ein Einheitsvektor, welcher die Schwingungsrichtung angibt.

Geht man mit (32.3) in (32.2) ein, so ergeben sich die drei linearen Gleichungen

$$M\omega^2 \mathfrak{e}^i = \sum_m\sum_k V_{0m}^{ik}\,\mathfrak{e}^k\cos(\mathfrak{q}\mathfrak{m})\,, \qquad (i = 1, 2, 3)\,, \qquad (32.5)$$

zwischen den Komponenten $\mathfrak{e}^1, \mathfrak{e}^2, \mathfrak{e}^3$ des Vektors $\mathfrak{e}$, der Schwingungsfrequenz ω und bekannten Größen. Die Amplitude der Schwingung b ist vollkommen herausgefallen, bleibt also willkürlich. ω^2 bestimmt sich aus dem Verschwinden der Determinante der drei linearen Gleichungen (32.5); man erhält bei gegebenem Ausbreitungsvektor drei Werte für ω^2. Wir unterscheiden sie durch einen Index $j = 1, 2, 3$. Zu jedem Werte von j gehört eine bestimmte Richtung des Vektors $\mathfrak{e}$, die drei Vektoren $\mathfrak{e}_j$ ($j = 1, 2, 3$) stehen senkrecht aufeinander, wir nennen $\mathfrak{e}_j$ die Polarisationsrichtung.

Speziell für lange Wellen $\left(q \ll \frac{1}{a}\right)$ ist von den drei Polarisationsrichtungen $\mathfrak{e}_1, \mathfrak{e}_2, \mathfrak{e}_3$ eine, $\mathfrak{e}_1$, parallel zum Ausbreitungsvektor $\mathfrak{q}$ (longitudinale Schwingung) die beiden anderen senkrecht dazu (transversale Schwingungen). Die Phasengeschwindigkeit u ist für lange Wellen unabhängig von q und überdies für die beiden transversalen Schwingungen dieselbe;

---

[1] Die quantenmechanischen Kräfte sind stets Zentralkräfte, vorausgesetzt, daß der Grundzustand des isolierten Atoms nicht entartet ist (S-Term). Andernfalls besitzt jedes Atom noch eine ausgezeichnete Achse, und V_{mn} hängt von der Richtung des Vektors $\mathfrak{R}_m - \mathfrak{R}_n$ relativ zu diesen Achsen ab. Jedenfalls tritt jedoch in V_{mn} nur die Relativkoordinate $\mathfrak{R}_m - \mathfrak{R}_n$ der beiden Atome, niemals $\mathfrak{R}_m$ oder $\mathfrak{R}_n$ isoliert auf.

[2] Zum Zwecke einer exakten theoretischen Bestimmung der V_{mn}^{ik} — und damit der Dispersion der Debyeschen Gitterwellen — müßte man die Schrödingergleichung des Metalls bei beliebiger Lage der Kerne lösen. Der Schrödingersche Eigenwert ist dann das gesuchte Potential $V(\mathfrak{R}_1 \ldots \mathfrak{R}_N)$.

[3] Die Möglichkeit des räumlich-periodischen Ansatzes (32.3) ist wesentlich dadurch bedingt, daß die Koeffizienten des Potentials nur von $\mathfrak{m} - \mathfrak{n}$ abhängen. Der Ansatz *fortschreitender* Wellen ist für die Behandlung der Wechselwirkung mit den Elektronen bequemer als der übliche Ansatz mit stehenden Wellen. Wir bezeichnen den Ausbreitungsvektor der Gitterwellen mit $\mathfrak{q}$, anstatt des sonst üblichen $\mathfrak{k}$, um später Verwechslungen mit der Verteilungsfunktion der Elektronen zu vermeiden.

deren Schwingungsfrequenz berechnet sich also aus der Fortpflanzungsgeschwindigkeit u_t transversaler Wellen im Kristall nach der Formel

$$\omega_2 = \omega_3 = u_t q\,. \tag{32.6}$$

Die Frequenz der longitudinalen Gitterschwingung ist größer, da die Fortpflanzungsgeschwindigkeit longitudinaler Wellen (Schallgeschwindigkeit) u_0 größer ist als die transversaler; es ist

$$\omega_1 = u_0 q\,. \tag{32.7}$$

Bei höheren Frequenzen sind die Richtungen der Normalschwingungen nicht mehr einfach longitudinal oder transversal, sondern hängen von der Richtung des Ausbreitungsvektors $\mathfrak{q}$ der Gitterwelle relativ zu den Kristallachsen ab. Die drei Frequenzen $\omega_1, \omega_2, \omega_3$ sind dann bei festem $\mathfrak{q}$ im allgemeinen alle voneinander verschieden und hängen in komplizierter Weise von $\mathfrak{q}$ ab. Zur genauen Berechnung der ω's als Funktion von $\mathfrak{q}$, d. h. der Dispersionsformel der Gitterwellen, wäre eine exakte Kenntnis der potentiellen Energie bzw. der Koeffizienten V_{0m}^{ik} erforderlich, welche wir nicht besitzen. Für unsere Zwecke wird es genügen, die Beziehungen (32.6), (32.7) als allgemeingültig auch für kurze Gitterwellen (große q) anzunehmen.

b) Abzählung der Schwingungen. Ist das Kristallgitter ein einfaches rhombisches Gitter mit den Gitterkonstanten a, b, c, so können die Komponenten des Ausbreitungsvektors $\mathfrak{q}$ in den Richtungen der Achsen alle Werte von $-\frac{\pi}{a}$ bis $+\frac{\pi}{a}$, $-\frac{\pi}{b}$ bis $+\frac{\pi}{b}$, $-\frac{\pi}{c}$ bis $+\frac{\pi}{c}$ annehmen[1] $\mathfrak{q}$ hat also den gleichen Wertbereich wie der ,,reduzierte Ausbreitungsvektor" der Elektronen (Ziff. 8c). Häufig werden wir jedoch der Bequemlichkeit halber annehmen, daß die Endpunkte $\mathfrak{q}$ im reziproken Gitter nicht ein Parallelepiped, sondern eine Kugel vom gleichen Volum ausfüllen: deren Radius q_0 bestimmt sich offenbar aus

$$\frac{4\pi}{3} q_0^3 = \frac{(2\pi)^3}{abc} = \frac{(2\pi)^3}{\Omega_0} \quad \text{zu} \quad q_0 = 2\pi \left(\frac{3n}{4\pi}\right)^{1/3}, \tag{32.8}$$

wo Ω_0 das Volum eines Gitteratoms ist, und $n = \Omega_0^{-1}$ die Anzahl der Atome pro Volumeinheit. Nehmen wir gleichzeitig die Formeln (32.6), (32.7) als allgemein gültig an, so wird die maximale vorkommende Schwingungsfrequenz einer Gitterwelle

$$\left.\begin{aligned} \nu_0 &= \frac{\omega_0^{(1)}}{2\pi} = u_0 \left(\frac{3n}{4\pi}\right)^{1/3} \quad \text{für longitudinale Wellen,} \\ \nu_0' &= \frac{\omega_0^{(2,3)}}{2\pi} = u_t \left(\frac{3n}{4\pi}\right)^{1/3} \quad \text{für transversale Wellen.} \end{aligned}\right\} \tag{32.9}$$

Aus der Temperaturabhängigkeit der spezifischen Wärme der Metalle entnimmt man für ν_0 einen Wert von etwa $4 \cdot 10^{12}$ bis $10^{13}\,\text{sec}^{-1}$, entsprechend Wellenlängen der ,,Reststrahlen" von ca. 30 bis 80 μ.

An sich ist jeder Wert des Ausbreitungsvektors (innerhalb der oben angegebenen Grenzen) möglich. Um aber die Gitterschwingungen einfach abzählen zu können, führen wir wieder wie bei den Elektronenwellen eine willkürliche Periodizitätsbedingung mit der großen Periode $G\mathfrak{a}_1, G\mathfrak{a}_2, G\mathfrak{a}_3$ ein, dann gilt für die Komponenten des Ausbreitungsvektors $\mathfrak{q}$ im Falle rhombischer Gitterstruktur

$$q_x = \frac{2\pi}{Ga} p_x, \qquad q_y = \frac{2\pi}{Gb} p_y, \qquad q_z = \frac{2\pi}{Gc} p_z, \tag{32.10}$$

wobei p_x, p_y, p_z ganze Zahlen sind. Dem Volum $dq_x\,dq_y\,dq_z$ des $\mathfrak{q}$-Raumes entsprechen daher

$$\left(\frac{G}{2\pi}\right)^3 \Omega_0\, dq_x\, dq_y\, dq_z \tag{32.11}$$

Gitterschwingungen mit *bestimmter* Polarisationsrichtung $\mathfrak{e}_j$. Die Gesamtzahl der Gitterschwingungen in dem genannten Wellenzahlbereich ist dreimal so groß. Die Gesamtzahl aller Gitterschwingungen erhält man, indem man $p_x p_y p_z$ alle ganzen Zahlen von $-\frac{1}{2}G$ bis $+\frac{1}{2}G$ durchlaufen läßt und die drei möglichen Werte von j berücksichtigt: Es sind $3\,G^3$.

---

[1] Wäre z. B. q_x größer als $\frac{\pi}{a}$, jedoch $< \frac{3\pi}{a}$, so könnte man einen neuen Ausbreitungsvektor mit der x-Komponente $q_x' = q_x - \frac{2\pi}{a}$ wählen. Dabei würde sich nach (32.3) genau die gleiche Verrückung der Atome ergeben und es wäre $-\frac{\pi}{a} < q_x' < \frac{\pi}{a}$. Im Falle eines allgemeinen Gitters muß der Endpunkt von $\mathfrak{q}$ innerhalb der ersten BRILLOUINschen Zone liegen, wenn man $\mathfrak{q}$ im reziproken Gitter vom Nullpunkt aus aufträgt.

c) Normalkoordinaten und Energie. Selbstverständlich wird im allgemeinen die Verrückung $\mathfrak{R}_n - \mathfrak{n}$ nicht rein periodisch sein, wie wir es in (32.3) angenommen haben. Wir können sie aber stets nach rein periodischen Funktionen entwickeln. Der allgemeinste Ansatz lautet offenbar

$$\mathfrak{u}_n = \mathfrak{R}_n - \mathfrak{n} = G^{-3/2} \sum_{\mathfrak{q}} \sum_{j=1}^{3} \mathfrak{e}_{\mathfrak{q} j} b_{\mathfrak{q} j} \cos(\mathfrak{q}\mathfrak{n} - \omega_j t + \beta_{\mathfrak{q} j}). \tag{32.12}$$

Der Faktor $G^{-3/2} = 1/\sqrt{N}$ ist zu Normierungszwecken beigefügt (vgl. unten die Berechnung der Energie). Die Summe über $\mathfrak{q}$ geht über alle mit der Periodizitätsbedingung (32.10) verträglichen Werte. Nun gibt es, wie wir wissen, $3\,G^3$ verschiedene Schwingungen $\mathfrak{q}j$, und die G^3 Atome besitzen insgesamt gleichfalls gerade $3\,G^3$ Freiheitsgrade. Infolgedessen kann man alle Verrückungen $\mathfrak{u}_n$ und ihre zeitlichen Ableitungen $\dot{\mathfrak{u}}_n$ beliebig vorgeben: $b_{\mathfrak{q} j}$ und $\beta_{\mathfrak{q} j}$ lassen sich stets so bestimmen, daß alle $\mathfrak{u}$ und $\dot{\mathfrak{u}}$ durch Formel (32.12) gegeben sind. Die Bestimmung der b und β aus den $\mathfrak{u}$ und $\dot{\mathfrak{u}}$ ist außerdem eindeutig. Die Amplituden $b_{\mathfrak{q} j}$ im Verein mit den Phasen $\beta_{\mathfrak{q} j}$ beschreiben also vollständig den Zustand des Systems.

Wir fassen nun b und β zusammen in die zeitabhängigen *Normalkoordinaten*[1]

$$a_{\mathfrak{q} j} = \tfrac{1}{2} b_{\mathfrak{q} j} e^{-i\omega t + i\beta_{\mathfrak{q} j}} \tag{32.13}$$

ein. Für diese gilt offenbar

$$\dot{a}_{\mathfrak{q} j} = -i\omega a_{\mathfrak{q} j}, \tag{32.14}$$

und es ist

$$\mathfrak{u}_n = G^{-3/2} \sum_{\mathfrak{q}} \sum_{j} \mathfrak{e}_{\mathfrak{q} j} \left(a_{\mathfrak{q} j} e^{i(\mathfrak{q}\mathfrak{n})} + a^*_{\mathfrak{q} j} e^{-i(\mathfrak{q}\mathfrak{n})}\right). \tag{32.15}$$

Wir drücken nun die Energie des Kristalls durch die Normalkoordinaten aus. Die kinetische Energie ist

$$T = \tfrac{1}{2} M \sum_{\mathfrak{n}} \dot{\mathfrak{u}}_{\mathfrak{n}}^2 = \tfrac{1}{2} M G^{-3} \sum_{\mathfrak{q}} \sum_{\mathfrak{q}'} \sum_{j} \sum_{j'} (\mathfrak{e}_{\mathfrak{q} j} \cdot \mathfrak{e}_{\mathfrak{q}' j'}) \Big[\dot{a}_{\mathfrak{q} j} \dot{a}_{\mathfrak{q}' j'} \sum_{\mathfrak{n}} e^{i(\mathfrak{q}+\mathfrak{q}',\mathfrak{n})}$$
$$+ \dot{a}_{\mathfrak{q} j} \dot{a}^*_{\mathfrak{q}' j'} \sum_{\mathfrak{n}} e^{i(\mathfrak{q}-\mathfrak{q}',\mathfrak{n})} + \dot{a}^*_{\mathfrak{q} j} \dot{a}_{\mathfrak{q}' j'} \sum_{\mathfrak{n}} e^{i(-\mathfrak{q}+\mathfrak{q}',\mathfrak{n})} + \dot{a}^*_{\mathfrak{q} j} \dot{a}^*_{\mathfrak{q}' j'} \sum_{\mathfrak{n}} e^{-i(\mathfrak{q}+\mathfrak{q}',\mathfrak{n})}\Big].$$

Die Summen über $\mathfrak{n}$ ergeben Null, außer wenn

$$\mathfrak{q}' = -\mathfrak{q} \quad \text{für die erste und vierte,}$$
$$\text{bzw. } \mathfrak{q}' = \mathfrak{q} \quad \text{,, \quad ,, zweite und dritte Summe}$$

ist. Bei Erfüllung der Bedingungen ist jede Summe gleich G^3. Ferner ist dann $(\mathfrak{e}_{\mathfrak{q} j} \cdot \mathfrak{e}_{\mathfrak{q} j'}) = \delta_{jj'}$, so daß

$$T = \tfrac{1}{2} M \sum_{\mathfrak{q}} \sum_{j} \dot{a}_{\mathfrak{q} j} \dot{a}^*_{\mathfrak{q} j} + \dot{a}^*_{\mathfrak{q} j} \dot{a}_{\mathfrak{q} j} + \dot{a}_{\mathfrak{q} j} \dot{a}_{-\mathfrak{q} j} + \dot{a}^*_{\mathfrak{q} j} \dot{a}^*_{-\mathfrak{q} j}. \tag{32.16}$$

Entsprechend wird die potentielle Energie

$$V = \tfrac{1}{2} \sum_{\mathfrak{m}} \sum_{\mathfrak{n}} \sum_{i} \sum_{k} V^{ik}_{\mathfrak{m}-\mathfrak{n}} u_{\mathfrak{m} i} u_{\mathfrak{n} k}$$
$$= \tfrac{1}{2} G^{-3} \sum_{\mathfrak{q}\mathfrak{q}' j j'} a_{\mathfrak{q} j} a_{\mathfrak{q}' j'} \cdot \sum_{\mathfrak{m}\mathfrak{n} i k} e^{i(\mathfrak{q}\mathfrak{m}+\mathfrak{q}'\mathfrak{n})} V^{ik}_{\mathfrak{m}-\mathfrak{n}} \left(\mathfrak{e}^i_{\mathfrak{q} j} \mathfrak{e}^k_{\mathfrak{q}' j'}\right) + a_{\mathfrak{q} j} a^*_{\mathfrak{q}' j'} \ldots$$

Auch hier muß wieder im ersten Glied $\mathfrak{q} = -\mathfrak{q}'$ sein. In diesem Fall ergibt die Summe über $\mathfrak{m}\mathfrak{n}ik$:

$$G^3 \sum_{i} \Big(\mathfrak{e}^i_{\mathfrak{q} j} \sum_{k} \sum_{\mathfrak{m}-\mathfrak{n}} V^{ik}_{\mathfrak{m}-\mathfrak{n}} \cos(\mathfrak{q}, \mathfrak{m}-\mathfrak{n})\, \mathfrak{e}^k_{\mathfrak{q} j'}\Big) = G^3 M \omega^2_{\mathfrak{q} j} \sum_{i} \left(\mathfrak{e}^i_{\mathfrak{q} j} \mathfrak{e}^i_{\mathfrak{q} j'}\right) = G^3 M \omega^2 \delta_{jj'},$$

wenn man die Gleichung (32.5) sowie die Orthogonalität der Polarisationsrichtungen $\mathfrak{e}_{\mathfrak{q} j}$ bei gleichem $\mathfrak{q}$ und verschiedenem j berücksichtigt. Man erhält daher

$$V = \tfrac{1}{2} M \sum_{\mathfrak{q} j} \omega^2_{\mathfrak{q} j} \left(a_{\mathfrak{q} j} a_{-\mathfrak{q} j} + a^*_{\mathfrak{q} j} a^*_{-\mathfrak{q} j} + a_{\mathfrak{q} j} a^*_{\mathfrak{q} j} + a^*_{\mathfrak{q} j} a_{\mathfrak{q} j}\right). \tag{32.17}$$

Aus (32.14) und $\omega_{-\mathfrak{q}} = \omega_{\mathfrak{q}}$ folgt nun

$$\dot{a}_{\mathfrak{q} j} \dot{a}_{-\mathfrak{q} j} = -\omega^2 a_{\mathfrak{q} j} a_{-\mathfrak{q} j}; \qquad \dot{a}^*_{\mathfrak{q} j} \dot{a}^*_{-\mathfrak{q} j} = -\omega^2 a^*_{\mathfrak{q} j} a^*_{-\mathfrak{q} j}$$

dagegen

$$\dot{a}_{\mathfrak{q} j} \dot{a}^*_{\mathfrak{q} j} = +\omega^2 a_{\mathfrak{q} j} a^*_{\mathfrak{q} j}.$$

Daher fallen in der Gesamtenergie die gemischten Glieder $a_{\mathfrak{q} j} a_{-\mathfrak{q} j}$ fort und es bleibt

$$E = T + V = M \sum_{\mathfrak{q}} \sum_{j} \omega^2_{\mathfrak{q} j} \left(a_{\mathfrak{q} j} a^*_{\mathfrak{q} j} + a^*_{\mathfrak{q} j} a_{\mathfrak{q} j}\right). \tag{32.18}$$

---

[1] Wir verwenden die von R. PEIERLS (Ann. d. Phys. Bd. 3, S. 1055. 1929) eingeführten Normalkoordinaten. Wir konnten uns aber nicht entschließen, negative j und ω zu definieren.

Für die quantentheoretische Behandlung ist es angenehmer, komplexe Größen zu vermeiden. Wir setzen daher

$$a_{qj} = \tfrac{1}{2}(x_{qj} + i y_{qj}) \tag{32.19}$$

x und y haben also wegen (32.13) die Bedeutung

$$\left.\begin{aligned} x_{qj} &= b_{qj}\cos(\omega t - \beta_{qj}), \\ y_{qj} &= -b_{qj}\sin(\omega t - \beta_{qj}). \end{aligned}\right\} \tag{32.20}$$

Die Energieformel (32.18) schreibt sich

$$E = \tfrac{1}{2} M \sum_{q=1}^{N} \sum_{j=1}^{3} \omega_{qj}^2 (x_{qj}^2 + y_{qj}^2). \tag{32.21}$$

Da nach (32.20) $\dot{x}_{qj} = \omega y_{qj}$ ist, kann man x_{qj} als Koordinate und

$$p_{qj} = M\omega_{qj} y_{qj} \tag{32.22}$$

als Impuls des Oszillators qj auffassen. E ist die Summe der Energien von $3N$ Oszillatoren, wobei die Energie des Oszillators qj genau die übliche Form hat:

$$E_{qj} = \frac{1}{2} M\omega_{qj}^2 (x_{qj}^2 + y_{qj}^2) = \frac{1}{2} M\omega_{qj}^2 x_{qj}^2 + \frac{p_{qj}^2}{2M}. \tag{32.23}$$

d) Quantentheorie der Gitterschwingungen. Zur Bestimmung der Eigenwerte des Oszillators qj und der Matrixelemente von x_{qj}, y_{qj} folgen wir der Methode von DIRAC[1]. Aus (32.22) ergibt sich zunächst die Vertauschungsrelation

$$xy - yx = \frac{i\hbar}{M\omega}. \tag{32.24}$$

Aus ihr folgt

$$Ex - xE = M\omega^2 y(yx - xy) = -i\hbar\omega y \tag{32.25}$$

$$Ey - yE = i\hbar\omega x.$$

Bilden wir hiervon das Matrixelement, das dem Übergang von n nach m entspricht, so haben wir, da E Diagonalmatrix sein soll:

$$(Ex - xE)_{mn} = (E_m - E_n)x_{mn} = -i\hbar\omega y_{mn}, \tag{32.26}$$

$$(E_m - E_n)\, y_{mn} = i\hbar\omega x_{mn},$$

$$(E_m - E_n)^2 x_{mn} = (\hbar\omega)^2 x_{mn}, \tag{32.27}$$

woraus folgt, daß x_{mn} nur dann von Null verschieden ist, wenn

$$E_m - E_n = \pm\hbar\omega \tag{32.28}$$

ist. Folglich können wir setzen

$$E_n = \hbar\omega(n + \alpha), \tag{32.29}$$

wo n eine ganze Zahl ist (Quantenzahl) und α eine noch zu bestimmende Konstante, und wir haben

$$x_{mn} = 0, \qquad \text{außer wenn} \qquad m = n \pm 1, \tag{32.30}$$

und nach (32.26)

$$y_{n,n\pm1} = \mp i x_{n,n\pm1}. \tag{32.30a}$$

Setzen wir dies in die Vertauschungsrelation (32.24) ein, so ergibt sich

$$(xy - yx)_{nn} = 2i\,|x_{n,n+1}|^2 - 2i\,|x_{n-1,n}|^2 = \frac{i\hbar}{M\omega},$$

daher

$$|x_{n-1,n}|^2 = \frac{\hbar}{2M\omega}(n + \beta). \tag{32.31}$$

Dies in (32.23) eingesetzt, ergibt

$$E = M\omega^2(|x_{n-1,n}|^2 + |x_{n,n+1}|^2) = \hbar\omega(n + \beta + \tfrac{1}{2}), \tag{32.32}$$

also durch Vergleich mit (32.29)

$$\alpha = \beta + \tfrac{1}{2}. \tag{32.29a}$$

Nun ist E von Natur positiv. Andererseits muß es zu jedem Energieniveau E_n ein um $\hbar\omega$ niedrigeres Niveau E_{n-1} geben, weil ein Matrixelement $x_{n,n-1}$ existiert: Danach müßten

[1] P. A. M. DIRAC, Quantum Mechanics, § 41, S. 123. Oxford 1930.

beliebig niedrige Energieniveaus vorhanden sein ($E = -\infty$), entgegen dem positiven Charakter der Energie. Es muß daher einen gewissen Wert n_0 von n ($> -\alpha!$) geben, für welchen

$$x_{n_0, n_0 - 1} = 0$$

wird. Nehmen wir $n_0 = 0$, so wird dadurch β in (32.31) auf 0, α nach (32.29a) auf $\frac{1}{2}$ festgelegt, so daß

$$E_n = \hbar\omega(n + \tfrac{1}{2}). \tag{32.33}$$

Nunmehr haben wir noch die Zeitabhängigkeit der Eigenfunktionen ψ_n zu berücksichtigen:

$$\psi_n(x) = u_n(x)\, e^{-\frac{i}{\hbar} E_n t}, \tag{32.34}$$

wobei u_n die zeitunabhängige Eigenfunktion ist[1]. Daraus folgt nach (32.33) die Zeitabhängigkeit des Matrixelements

$$x_{n-1, n} = \sqrt{\frac{\hbar}{2M\omega} n} \cdot e^{\frac{i}{\hbar}(E_{n-1} - E_n)t} = \sqrt{\frac{\hbar}{2M\omega} n} \cdot e^{-i\omega t}, \tag{32.35}$$

ebenso

$$x_{n, n-1} = \sqrt{\frac{\hbar}{2M\omega} n} \cdot e^{+i\omega t}, \tag{32.36}$$

Schließlich gehen wir mittels (32.19) wieder zu den komplexen Amplituden a zurück und finden:

$$\left.\begin{aligned} a_{n-1, n} &= x_{n-1, n} = \sqrt{\frac{\hbar n}{2M\omega}}\, e^{-i\omega t} \\ a^*_{n, n-1} &= x_{n, n-1} = \sqrt{\frac{\hbar n}{2M\omega}}\, e^{+i\omega t} \end{aligned}\right\} \tag{32.37}$$

während alle übrigen Matrixelemente (z. B. $a_{n, n-1}$) verschwinden. Die Matrixelemente von a sind also nur endlich, wenn ein Gitterquant *absorbiert* wird, d. h. wenn die Quantenzahl des Gitteroszillators um 1 und damit seine Energie um $\hbar\omega$ *ab*nimmt, während die Matrixelemente von a^* bloß bei *Emission* eines Gitterquants von Null verschieden sind.

e) Die Deformation der Atome bei der Schwingung. Für die Größe der Wechselwirkung der Elektronen mit den Gitterschwingungen ist es von Bedeutung, ob die Metallionen ihre Schwingungen als starre Körper ausführen oder ob sie dabei deformiert werden[2]. Eine genaue Kenntnis der durch die Schwingung bewirkten Deformation würde man natürlich nur dadurch erhalten, daß man die Schrödingergleichung für den deformierten Kristall löst, also wellenmechanisch die Elektronenverteilung bestimmt, die sich bei einer bestimmten Verschiebung der Atomkerne aus ihrer Ruhelage einstellt. Doch kann man die für uns wesentlichen Punkte auch rein anschaulich ableiten:

Eine vollkommene Starrheit des Ions bei der Schwingung kommt nicht in Frage. Nur die Elektronen der *inneren* Schalen bleiben fast unbeeinflußt, weil die Energie ihrer Bindung an das eigene Ion sehr groß ist gegenüber den von den fremden Ionen des Metalls ausgeübten Kräften, so daß bei Änderung der letzteren keine merkliche Änderung der Eigenfunktion des betreffenden Elektrons eintritt. Die Kräfte, welche auf die *äußeren* Elektronen, speziell auf die Leitungselektronen, ausgeübt werden, ändern sich hingegen sehr stark bei Schwingungen des Gitters. Man kann daher auf keinen Fall annehmen, daß die Außenelektronen jedes einzelnen Atoms die Schwingung des zugehörigen Atomkerns genau mitmachen.

---

[1] Sie ist bei unserem Problem des harmonischen Oszillators bekanntlich eine Hermitesche Funktion, was uns aber nicht weiter interessiert.

[2] Die zweite Annahme liegt den Arbeiten von F. Bloch (ZS. f. Phys. Bd. 52, S. 555. 1928; Bd. 57, S. 545. 1929) und R. Peierls (Ann. d. Phys. Bd. 4, S. 121. 1930; Bd. 12, S. 154. 1932), die erste derjenigen von L. Nordheim (ebenda Bd. 9, S. 607. 1931) zugrunde. Keine der beiden Ansichten ist ausführlich begründet.

Es ist außerdem gar nicht zu entscheiden, ob die Elektronenladung, welche sich in einem gewissen Volumelement zwischen zwei Atomen befindet, zum einen oder zum anderen gehört. Rechnet man, um nur eine Abgrenzung zu haben, bei ruhenden Kernen jeweils die Elektronen in einer Elementarzelle des Kristalls als zugehörig zu dem in der Mitte der Zelle liegenden Kern, so würden sich bei starrer Schwingung benachbarter „Atome" gegeneinander ihre Ränder überdecken, d. h. es würde an den Rändern die Ladungsdichte entweder den doppelten Betrag ihres Normalwerts oder den Wert 0 annehmen, was offenbar in Wirklichkeit nicht der Fall sein kann.

Damit ist die wörtlich genommene Hypothese des *starren Ions* ad absurdum geführt. Sie könnte nun an sich — weniger wörtlich genommen — trotzdem eine bessere Näherung darstellen als die BLOCHsche Vorstellung des deformierbaren Ions. Die Annahme starrer Ionen kommt aber jedenfalls der Wahrheit um so weniger nahe, je *freier* sich die Elektronen im Gitter bewegen. Nun stimmt aber der von NORDHEIM auf Grund der Annahme starrer Ionen abgeleitete Ausdruck für die Leitfähigkeit mit dem BLOCHschen (deformierbare Ionen) nahezu *überein*, solange die Leitungselektronen relativ *fest* gebunden sind, während er bei weitgehend *freien* Elektronen entscheidend von ihm *abweicht* (vgl. Ziff. 34f). Gerade dort ist, wie wir gesehen haben, die NORDHEIMsche Voraussetzung am wenigsten erfüllt. Wir glauben daher die Annahme starrer Ionen überhaupt ablehnen zu müssen.

Andererseits ist es auch unmöglich, etwa die Leitungselektronen als unabhängig von den Gitterschwingungen verteilt anzunehmen[1]: Nehmen wir etwa an, die Gitterionen führen eine langwellige, longitudinale Schwingung aus, während die Leitungselektronen gleichmäßig verteilt bleiben, so entsteht in großen Gebieten (von der Größenordnung der halben Wellenlänge der Gitterschwingung) eine beträchtliche positive, in benachbarten Gebieten eine negative Überschußladung. Man erkennt unmittelbar, daß zu einer derartigen Trennung der Elektrizitäten sehr große Energie aufgewandt werden muß[2]. Die Leitungselektronen müssen also *im Durchschnitt* die Schwingung mitmachen.

Als vorläufig bester Ansatz erscheint es uns anzunehmen, daß jedes Volumelement des Metalls eine Verschiebung erfährt, welche sich aus (32.15) ergibt, indem man dort anstatt $\mathfrak{n}$ den Ort des Volumelements (vor der Verschiebung) einsetzt. Die Verschiebung des Punktes $\mathfrak{r}$ soll also gegeben sein durch

$$\mathfrak{u}(\mathfrak{r}) = \frac{1}{\sqrt{N}} \sum_{\mathfrak{q}} \sum_{j=1}^{3} \mathfrak{e}_{j\mathfrak{q}} \left(a_{\mathfrak{q}j} e^{i(\mathfrak{q}\mathfrak{r})} + a_{\mathfrak{q}j}^{*} e^{-i(\mathfrak{q}\mathfrak{r})}\right). \tag{32.38}$$

Die Verschiebung eines Elektrons in der Mitte zwischen zwei Ionen ist dann etwa gleich dem Mittelwert der Verschiebung der beiden Ionen, und ein „inneres" Elektron erfährt annähernd die gleiche Verschiebung wie der zugehörige Atomkern. Wir nehmen also mit BLOCH die Ionen als deformierbar an.

33. Beschleunigung der Elektronen durch ein elektrisches Feld[3]. Wir behandeln nunmehr den Einfluß des elektrischen Feldes auf die Elektronen. Hierbei ist es nicht möglich, die gewöhnliche Störungstheorie anzuwenden, d. h. anzunehmen, daß zur Zeit $t = 0$ ein bestimmter stationärer Elektronenzustand

---

[1] Dies scheint uns — neben anderen, schwerwiegenderen Bedenken — gegen die KRONIGsche Theorie der Supraleitung (ZS. f. Phys. Bd. 78, S. 744. 1932) zu sprechen: Dort wird für tiefe Temperaturen Unabhängigkeit der Bewegung der Leitungselektronen von den Gitterschwingungen gefordert.

[2] Eine Schwingung der genannten Art (positive Ionen schwingen gegen das „starre Gitter" der negativen Leitungselektronen) würde, wenn sie existierte, ähnliche Frequenzen haben wie die Grundschwingung eines Ionenkristalls, also etwa die des Na gegen das Cl-Gitter im Kochsalz.

[3] Dieser und die folgenden Abschnitte (bis Ziff. 37 einschl.) decken sich bis auf eine Anzahl formaler Vereinfachungen im wesentlichen mit der grundlegenden Arbeit von F. BLOCH (ZS. f. Phys. Bd. 52, S. 555. 1928), welche wir daher im folgenden nicht jedesmal von neuem zitieren.

angeregt ist, dann das elektrische Feld einzuschalten und die hierdurch bewirkten Übergänge zu anderen Zuständen zu untersuchen. Die durch das Feld hervorgerufene Störung ist nämlich groß gegenüber dem Abstand benachbarter „ungestörter" Energieniveaus. Infolgedessen muß man von Anfang an das Elektron durch ein *Wellenpaket* darstellen und die zeitliche Entwicklung dieses Wellenpakets verfolgen.

Es sei zur Zeit $t = 0$ die Wellenfunktion des Elektrons gegeben[1]:

$$\psi(\mathfrak{r}, 0) = \sum c_{\mathfrak{k}}(0)\, \psi_{\mathfrak{k}}(\mathfrak{r}). \tag{33.1}$$

Sie möge sich mit endlicher Amplitude über ein Gebiet von mehreren Atomen erstrecken, jedoch an den Rändern des „Grundgebiets" des Kristalls (d. h. des großen Parallelepipeds mit den Seiten $G\mathfrak{a}_1$, $G\mathfrak{a}_2$, $G\mathfrak{a}_3$, das wir in Ziff. 8d bei Aufstellung der Periodizitätsbedingung benutzten) praktisch Null sein. Die Koeffizienten $c_{\mathfrak{k}}$ sollen ebenfalls nur in der Umgebung eines bestimmten Mittelwerts $\mathfrak{k}_0$ beträchtliche Werte haben, hingegen verschwinden, wenn sich $\mathfrak{k}$ dem Rand der „ersten Brillouinschen Zone" nähert. Zur Zeit t ist

$$\psi(\mathfrak{r}, t) = \sum c_{\mathfrak{k}}(t)\, \psi_{\mathfrak{k}}(\mathfrak{r}). \tag{33.2}$$

Wir suchen die zeitliche Änderung der Besetzungswahrscheinlichkeit des $\mathfrak{k}$ten Zustandes $|c_{\mathfrak{k}}|^2$, wenn auf das Elektron ein Feld von der Feldstärke F in der x-Richtung wirkt. Die potentielle Energie des Elektrons in diesem Feld ist[2] $-eFx$, folglich ist nach der Schrödingerschen Störungstheorie

$$i\hbar \dot{c}_{\mathfrak{k}} = -eF \int \psi_{\mathfrak{k}}^{*}\, x\, \psi\, d\tau, \tag{33.3}$$

wobei das Integral über das ganze Grundgebiet zu erstrecken ist[3]. Wir schreiben nach (8.19)

$$\psi_{\mathfrak{k}} = G^{-3/2} u_{\mathfrak{k}}\, e^{i(\mathfrak{k}\mathfrak{r})}, \tag{33.4}$$

wo $u_{\mathfrak{k}}$ eine periodische Funktion mit der Periode des Gitters bedeutet, welche pro Elementarzelle normiert ist. Setzen wir (33.4) in (33.1) ein, so erhalten wir

$$x\psi = G^{-3/2} \sum c_{\mathfrak{k}}\, x\, u_{\mathfrak{k}}\, e^{i(\mathfrak{k}\mathfrak{r})}. \tag{33.5}$$

Unser Ziel ist, diesen Ausdruck nach Eigenfunktionen $\psi_{\mathfrak{k}}$ zu entwickeln. Dabei stört der Faktor x; es ist daher erwünscht, ihn durch eine Operation an der Eigenfunktion auszudrücken. Das ist leicht möglich, es ist ja

$$\frac{\partial}{\partial k_x} e^{i(\mathfrak{k}\mathfrak{r})} = i x\, e^{i(\mathfrak{k}\mathfrak{r})}. \tag{33.6}$$

Wenn wir dies in (33.5) einsetzen, so liegt es nahe, eine „partielle Summation" vorzunehmen und zu schreiben

$$\left.\begin{aligned} x\psi &= -iG^{-3/2} \sum_{\mathfrak{k}} c_{\mathfrak{k}} u_{\mathfrak{k}} \frac{\partial}{\partial k_x} e^{i(\mathfrak{k}\mathfrak{r})} \\ &= -iG^{-3/2} \sum_{\mathfrak{k}} \frac{\partial}{\partial k_x} \left(c_{\mathfrak{k}} u_{\mathfrak{k}} e^{i(\mathfrak{k}\mathfrak{r})}\right) + iG^{-3/2} \sum_{\mathfrak{k}} e^{i(\mathfrak{k}\mathfrak{r})} \frac{\partial}{\partial k_x} (c_{\mathfrak{k}} u_{\mathfrak{k}}). \end{aligned}\right\} \tag{33.7}$$

Stünde statt der ersten Summe in (33.7) ein Integral über $dk_x dk_y dk_z$, so könnten wir dieses unmittelbar ausführen und würden das Resultat Null erhalten, weil an den „Grenzen" — für sehr kleine und sehr große $\mathfrak{k}$ — $c_{\mathfrak{k}}$ nach Voraussetzung Null sein soll. Für die Summe

---

[1] Bloch setzt ein spezielles Wellenpaket an, Fujioka (ZS. f. Phys. Bd. 76, S. 537. 1932) hat ebenso wie wir ein allgemeines, führt jedoch die Ableitung nicht ganz korrekt durch.

[2] $+e$ = Elektronenladung.

[3] Wegen unserer Voraussetzung über ψ ist der Integrand aber nur endlich im Gebiet einiger Atome.

dagegen können wir das Entsprechende nur dann behaupten, wenn wir das einzelne Summenglied als Differenz der Werte einer gewissen Funktion $f(\mathfrak{k})$ für zwei benachbarte Werte von $\mathfrak{k}$ auffassen können, wenn also etwa

$$\Delta k_x \frac{\partial}{\partial k_x}\left(c_{\mathfrak{k}} u_{\mathfrak{k}} e^{i(\mathfrak{k}\mathfrak{r})}\right) = c_{\mathfrak{k}+\Delta k_x} u_{\mathfrak{k}+\Delta k_x} e^{i(\mathfrak{k}\mathfrak{r})+i\Delta k_x\cdot x} - c_{\mathfrak{k}} u_{\mathfrak{k}} e^{i(\mathfrak{k}\mathfrak{r})} \tag{33.8}$$

ist. Dabei haben wir für Δk_x die Differenz zweier „benachbarter" Werte von k_x zu setzen, d. h. gemäß der Periodizitätsbedingung (8.18)

$$\Delta k_x = \frac{2\pi}{G a_1}.$$

Die Bedingung (33.8) ist nun offenbar genügend genau erfüllt, wenn die Funktion

$$f(\mathfrak{k}) = c_{\mathfrak{k}} u_{\mathfrak{k}} e^{i(\mathfrak{k}\mathfrak{r})} \tag{33.9}$$

sich bei Änderung der x-Komponente von $\mathfrak{k}$ um Δk_x nur wenig ändert: Dann kann $f(\mathfrak{k} + \Delta k_x)$ nach TAYLOR entwickelt und nach dem ersten Gliede abgebrochen werden, wie in (33.8) geschehen. Nun ist

$$c_{\mathfrak{k}} = \int \psi_{\mathfrak{k}}^* \psi \, d\tau = G^{-3/2} \int u_{\mathfrak{k}}^* e^{-i(\mathfrak{k}\mathfrak{r})} \psi \, d\tau .$$

Da ψ nur in der Umgebung eines gewissen Punktes $\mathfrak{r}_0$ beträchtliche Werte annimmt, schreiben wir

$$c_{\mathfrak{k}} = e^{-i(\mathfrak{k}\mathfrak{r}_0)} G^{-3/2} \int u_{\mathfrak{k}}^* e^{-i(\mathfrak{k},\mathfrak{r}-\mathfrak{r}_0)} \psi \, d\tau$$

und erreichen damit, daß unter dem Integral bloß noch Funktionen stehen, die von $\mathfrak{k}$ *wenig* abhängen. Es ist also

$c_{\mathfrak{k}} = e^{-i(\mathfrak{k}\mathfrak{r}_0)}$ mal langsam veränderliche Funktion von $\mathfrak{k}$

$f(\mathfrak{k}) = e^{i(\mathfrak{k},\mathfrak{r}-\mathfrak{r}_0)}$ „ „ „ „ „ $\mathfrak{k}$

Da uns aber nur Punkte $\mathfrak{r}$ interessieren, die nahe an $\mathfrak{r}_0$ liegen (für die ψ groß ist), ist $f(\mathfrak{k})$ selbst langsam mit $\mathfrak{k}$ veränderlich, (33.8) besteht also zu Recht, wir können die erste Summe in (33.7) direkt aufsummieren und erhalten (genau wie bei der Integration) den Wert Null.

Also wird nach (33.4), (33.7)

$$x\psi = i \sum \psi_{\mathfrak{k}} \frac{\partial c_{\mathfrak{k}}}{\partial k_x} + i G^{-3/2} \sum e^{i(\mathfrak{k}\mathfrak{r})} c_{\mathfrak{k}} \frac{\partial u_{\mathfrak{k}}}{\partial k_x}. \tag{33.10}$$

Im ersten Glied[1] ist die gewünschte Entwicklung nach Eigenfunktionen bereits durchgeführt. Die Entwicklung des zweiten gibt

$$\left.\begin{aligned} G^{-3/2} \int \psi_{\mathfrak{k}}^* \sum_{\mathfrak{k}'} e^{i(\mathfrak{k}'\mathfrak{r})} c_{\mathfrak{k}'} \frac{\partial u_{\mathfrak{k}'}}{\partial k_x'} d\tau &= G^{-3} \sum_{\mathfrak{k}'} \int u_{\mathfrak{k}}^* \frac{\partial u_{\mathfrak{k}'}}{\partial k_x'} c_{\mathfrak{k}}' d\tau_0 \cdot \sum_{\mathfrak{n}} e^{i(\mathfrak{k}'-\mathfrak{k},\mathfrak{n})} \\ &= c_{\mathfrak{k}} \int u_{\mathfrak{k}}^* \frac{\partial u_{\mathfrak{k}}}{\partial k_x} d\tau_0 . \end{aligned}\right\} \tag{33.11}$$

[2]

Setzen wir (33.10), (33.11) in (33.3) ein, so wird

$$\dot{c}_{\mathfrak{k}} = -\frac{eF}{\hbar}\left(\frac{\partial c_{\mathfrak{k}}}{\partial k_x} + c_{\mathfrak{k}} \int u_{\mathfrak{k}}^* \frac{\partial u_{\mathfrak{k}}}{\partial k_x} d\tau_0\right), \tag{33.12}$$

und

$$\frac{\partial}{\partial t} |c_{\mathfrak{k}}|^2 = c_{\mathfrak{k}}^* \dot{c}_{\mathfrak{k}} + \dot{c}_{\mathfrak{k}}^* c_{\mathfrak{k}} = -\frac{eF}{\hbar}\left[\frac{\partial |c_{\mathfrak{k}}|^2}{\partial k_x} + |c_{\mathfrak{k}}|^2 \frac{\partial}{\partial k_x} \int u_{\mathfrak{k}}^* u_{\mathfrak{k}} d\tau_0\right]. \tag{33.13}$$

Das letzte Integral ist einfach das Normierungsintegral, es hat also unabhängig von k_x den Wert 1. Daher ist

$$\frac{d|c_{\mathfrak{k}}|^2}{dt} = -\frac{eF}{\hbar} \frac{\partial |c_{\mathfrak{k}}|^2}{\partial k_x} \tag{33.14}$$

---

[1] Bei *freien* Elektronen ist $u_{\mathfrak{k}} = 1$, also verschwindet das zweite Glied. Das erste Glied drückt dann wegen $\mathfrak{p} = \hbar\mathfrak{k}$ einfach die bekannte Beziehung $x = -\frac{\hbar}{i}\frac{\partial}{\partial p_x}$ aus.

[2] Das Volumelement $d\tau$ deutet Integration über das ganze Grundgebiet, $d\tau_0$ über eine Elementarzelle an.

die gesuchte zeitliche Änderung der Besetzungswahrscheinlichkeit eines bestimmten stationären Zustandes. Integration ergibt

$$\left| c_{\mathfrak{k}}\left(k_x + \frac{eF}{\hbar} t, k_y, k_z, t\right)\right|^2 = |c_{\mathfrak{k}}(k_x, k_y, k_z, 0)|^2 . \tag{33.15}$$

Unter dem Einfluß des elektrischen Feldes verschiebt sich das Wellenpaket, im Raum der Wellenzahlen betrachtet, unter Beibehaltung seiner Form mit gleichförmiger Geschwindigkeit *nach größeren Werten von* k_x. Die Wellenzahl in der x-Richtung nimmt zu, genau wie in der klassischen Mechanik der Impuls in dieser Richtung zunimmt, es gilt dort ja

$$\dot{p}_x = eF . \tag{33.16}$$

Ebenso bei uns für die mittlere Wellenzahl des Wellenpakets

$$\dot{\bar{k}}_x = \frac{eF}{\hbar}, \tag{33.17}$$

was bei freien Elektronen wegen $\mathfrak{p} = \hbar\mathfrak{k}$ genau mit der klassischen Beziehung (33.16) identisch ist. Der Einfluß des elektrischen Feldes auf die Verteilungsfunktion $|c_{\mathfrak{k}}|^2$ ist wellenmechanisch genau der gleiche wie klassisch, wenn man nur die Wellenzahl $\mathfrak{k}$ statt des Impulses einführt.

$|c_{\mathfrak{k}}|^2$ bedeutet in unserer bisherigen Rechnung die Wahrscheinlichkeit dafür, daß ein bestimmtes Elektron den Ausbreitungsvektor $\mathfrak{k}$ hat. Uns interessiert jedoch eigentlich die Verteilungsfunktion $f(\mathfrak{k})$, welche die Wahrscheinlichkeit angibt, daß der Zustand $\mathfrak{k}$ überhaupt besetzt ist. Es ist

$$f(\mathfrak{k}) = \sum_i |c_i(\mathfrak{k})|^2,$$

wobei $|c_i(\mathfrak{k})|^2$ die Wahrscheinlichkeit ist, daß das $i$te Elektron im Zustand $\mathfrak{k}$ ist. Daraus folgt sofort, daß für f die gleiche Differentialgleichung gilt wie für $|c_{\mathfrak{k}}|^2$, also

$$\frac{df}{dt} = -\frac{eF}{\hbar}\frac{\partial f}{\partial k_x}. \tag{33.18}$$

Kikuchi und Nordheim[1] haben gezeigt, daß bei Annahme der Beziehung (33.18) auch das Pauliprinzip für alle Zeiten erfüllt bleibt, wenn es zur Zeit $t = 0$ erfüllt war.

34. Wechselwirkung zwischen Gitterschwingungen und Elektronen.

a) Das Störungspotential. Infolge der thermischen Bewegung der Gitteratome erleidet (vgl. Ziff. 32) jeder Punkt des Metalls eine gewisse zeitlich veränderliche Verschiebung. Z. B. wird ein Punkt, der im Falle ruhender Atome am Ort $\mathfrak{r}$ liegen würde, nach $\mathfrak{r} + \mathfrak{u}$ transportiert, wobei nach (32.38)

$$\mathfrak{u} = G^{-3/2} \sum_{\mathfrak{q}} \sum_j \mathfrak{e}_{\mathfrak{q}j} \left(a_{\mathfrak{q}j} e^{i(\mathfrak{q}\mathfrak{r})} + a^*_{\mathfrak{q}j} e^{-i(\mathfrak{q}\mathfrak{r})}\right) \tag{34.1}$$

ist (vgl. insbesondere Ziff. 32e). Am Punkte $\mathfrak{r} + \mathfrak{u}$ herrscht also zur Zeit t das Potential, das „normalerweise" am Punkt $\mathfrak{r}$ herrschen sollte[2]

$$V(\mathfrak{r} + \mathfrak{u}) = V_0(\mathfrak{r}) . \tag{34.2}$$

Das Potential an einem bestimmten Orte wird demnach durch die Gitterschwingung geändert um

$$U(\mathfrak{r}) = V(\mathfrak{r}) - V_0(\mathfrak{r}) = -(\mathfrak{u}, \operatorname{grad} V), \tag{34.3}$$

da die Verrückung $\mathfrak{u}$ stets klein (gegenüber der Gitterkonstante) ist[3].

---

[1] S. Kikuchi u. L. Nordheim, ZS. f. Phys. Bd. 60, S. 652. 1930.

[2] L. Nordheim rechnet statt dessen mit starren Ionen, was unserer Ansicht nach nicht bloß komplizierter (vgl. das Resultat der Nordheimschen Rechnung!), sondern auch nicht zulässig ist (vgl. Ziff. 32e, 34f).

[3] In unmittelbarer Nähe der Kerne ändert sich das Potential zu rasch, als daß man eine Taylorsche Entwicklung nach (34.3) vornehmen könnte. Der Beitrag der fraglichen Gebiete zur Übergangswahrscheinlichkeit ist aber sehr klein.

(34.3) stellt die durch die Gitterschwingung verursachte Störung des auf ein Elektron wirkenden Potentials dar. Das Störungspotential U hängt dabei sowohl von den Koordinaten des Elektrons wie von den Normalkoordinaten $a_{\mathfrak{q}j}$ der Gitterschwingungen ab, es hat also den Charakter eines *Wechselwirkungspotentials*, welches *Gitterschwingungen* und *Elektronenbewegung* miteinander verknüpft. Ohne das Wechselwirkungspotential U bewegen sich Elektron und Gitter unabhängig voneinander, der Zustand des gesamten Systems wird beschrieben durch Angabe der Wellenzahl $\mathfrak{k}$ des Elektrons und der Besetzungszahlen $N_{\mathfrak{q}j}$ sämtlicher Gitterwellen. Das Wechselwirkungspotential U ruft nun Übergänge zwischen den stationären Zuständen hervor, bei denen sich $\mathfrak{k}$ und außerdem, wie wir sehen werden, *eine* der Quantenzahlen $N_{\mathfrak{q}j}$ ändert.

Die Eigenfunktion eines stationären Zustands des „ungestörten Problems" ist ein Produkt einer Elektroneneigenfunktion mit den Eigenfunktionen sämtlicher Gitteroszillatoren

$$\Psi(\mathfrak{k}, N_{\mathfrak{q}j}) = \psi_{\mathfrak{k}}(\mathfrak{r}) \prod_{\mathfrak{q}} \prod_{j} \psi_{N_{\mathfrak{q}j}}(a_{\mathfrak{q}j}). \tag{34.4}$$

Die Wellenfunktion des gestörten Systems entwickeln wir in üblicher Weise nach Eigenfunktionen:

$$\Psi(t) = \sum c(\mathfrak{k}, N_{\mathfrak{q}j}, t)\, \Psi(\mathfrak{k}, N_{\mathfrak{q}j})\, e^{-\frac{i}{\hbar}\left(E_{\mathfrak{k}} + \sum_{\mathfrak{q}} \sum_{j} \left(N_{\mathfrak{q}j} + \frac{1}{2}\right)\hbar\omega_{\mathfrak{q}j}\right)t}. \tag{34.5}$$

Dabei ist $E_{\mathfrak{k}} + \sum_{\mathfrak{q}} \sum_{j} (N_{\mathfrak{q}j} + \frac{1}{2})\hbar\omega_{\mathfrak{q}j}$ die Energie des durch die Quantenzahlen $\mathfrak{k}$, $N_{\mathfrak{q}j}$ definierten Zustands. Wir nehmen an, daß zur Zeit $t = 0$ das System in einem bestimmten Zustand $\mathfrak{k}$, $N_{\mathfrak{q}j}$ ist:

$$c(\mathfrak{k}, N_{\mathfrak{q}j}, 0) = 1, \quad c(\mathfrak{k}', N'_{\mathfrak{q}j}, 0) = 0 \quad \text{für} \quad \mathfrak{k}' \neq \mathfrak{k} \quad \text{oder} \quad N'_{\mathfrak{q}j} \neq N_{\mathfrak{q}j}. \tag{34.6}$$

Unter dem Einfluß der Störung (34.3) ändern sich nun die Koeffizienten c mit der Zeit, es ist bekanntlich für kleine t

$$\left.\begin{aligned} i\hbar\dot{c}(\mathfrak{k}', N'_{\mathfrak{q}j}) &= \int \Psi^*(\mathfrak{k}', N'_{\mathfrak{q}j})\, U \Psi(\mathfrak{k}, N_{\mathfrak{q}j})\, d\tau \,\cdot \\ &\cdot \exp\left[\frac{i}{\hbar}\left(E_{\mathfrak{k}'} - E_{\mathfrak{k}} + \sum_{\mathfrak{q}} \sum_{j} (N'_{\mathfrak{q}j} - N_{\mathfrak{q}j})\hbar\omega_{\mathfrak{q}j}\right)\right] t, \end{aligned}\right\} \tag{34.7}$$

wobei die Volumintegration sowohl eine Integration über die Koordinaten des Elektrons wie über die Koordinaten $a_{\mathfrak{q}j}$ umfaßt.

b) Berechnung der Matrixelemente. Interferenzbedingung. Wir setzen (34.1), (34.3) in das Integral in (34.7) ein, dieses wird dann

$$J = -G^{-3/2} \sum_{\mathfrak{q}} \sum_{j} (J^+_{\mathfrak{q}j} + J^-_{\mathfrak{q}j}), \tag{34.8}$$

$$\left.\begin{aligned} J^+_{\mathfrak{q}j} &= \left(\mathfrak{e}_{\mathfrak{q}j} \int \psi^*_{\mathfrak{k}'}(\mathfrak{r}) \operatorname{grad} V e^{i(\mathfrak{q}\mathfrak{r})} \psi_{\mathfrak{k}}(\mathfrak{r})\, d\mathfrak{r}\right) \cdot \int \psi_{N'_{\mathfrak{q}j}}(a_{\mathfrak{q}j})\, a_{\mathfrak{q}j} \psi_{N_{\mathfrak{q}j}}\, da_{\mathfrak{q}j} \\ &\cdot \prod_{\mathfrak{p}k \neq \mathfrak{q},j} \int \psi_{N'_{\mathfrak{p}k}}(a_{\mathfrak{p}k})\, \psi_{N_{\mathfrak{p}k}}(a_{\mathfrak{p}k})\, da_{\mathfrak{p}k}, \end{aligned}\right\} \tag{34.8a}$$

$$\begin{aligned} J^-_{\mathfrak{q}j} &= \left(\mathfrak{e}_{\mathfrak{q}j} \int \psi^*_{\mathfrak{k}'} \operatorname{grad} V e^{-i(\mathfrak{q}\mathfrak{r})} \psi_{\mathfrak{k}}(\mathfrak{r})\, d\mathfrak{r}\right) \cdot \int \psi_{N'_{\mathfrak{q}j}}(a_{\mathfrak{q}j})\, a^*_{\mathfrak{q}j} \psi_{N_{\mathfrak{q}j}}\, da_{\mathfrak{q}j} \\ &\cdot \prod_{\mathfrak{p}k \neq \mathfrak{q},j} \int \psi_{N'_{\mathfrak{p}k}}(a_{\mathfrak{p}k})\, \psi_{N_{\mathfrak{p}k}}(a_{\mathfrak{p}k})\, da_{\mathfrak{p}k}. \end{aligned}$$

In $J^+_{\mathfrak{q}j}$ wie in $J^-_{\mathfrak{q}j}$ verschwinden die Integrale über die Koordinaten $a_{\mathfrak{p}k}$ ($\mathfrak{p} \neq \mathfrak{q}$ oder $\mathfrak{p} = \mathfrak{q}$, $k \neq j$) der *nicht* unmittelbar beteiligten Gitterschwingungen, wenn sich die Quantenzahlen $N_{\mathfrak{p}k}$ beim Übergang ändern (Orthogonalität der Eigenfunktionen). Es muß also sein:

$$N'_{\mathfrak{p}k} = N_{\mathfrak{p}k} \quad \text{für} \quad \mathfrak{p}, k \neq \mathfrak{q}, j. \tag{34.9}$$

In diesem Fall hat jedes der Integrale über $a_{\mathfrak{p}k}$ den Wert 1 (Normierungsintegral). Das Integral über $a_{\mathfrak{q}j}$ andererseits ist nach (32.37) nur dann von Null verschieden, wenn

$$\left.\begin{aligned} N'_{\mathfrak{q}j} &= N_{\mathfrak{q}j} - 1 \quad \text{für} \quad J^+_{\mathfrak{q}j}, \\ N'_{\mathfrak{q}j} &= N_{\mathfrak{q}j} + 1 \quad \text{für} \quad J^-_{\mathfrak{q}j} \end{aligned}\right\} \tag{34.10}$$

ist. Die Quantenzahl $N_{\mathfrak{q}j}$ muß also in beiden Fällen um 1 springen. Bei Erfüllung von (34.10) sind die in $J^+_{\mathfrak{q}j}$ und $J^-_{\mathfrak{q}j}$ vorkommenden Matrixelemente nach (32.37):

$$\int \psi_{N_{\mathfrak{q}j}-1}\, a_{\mathfrak{q}j}\, \psi_{N_{\mathfrak{q}j}}\, d a_{\mathfrak{q}j} = (a_{\mathfrak{q}j})_{N-1,N} = \sqrt{\frac{\hbar}{2M\omega_{\mathfrak{q}j}} N_{\mathfrak{q}j}}, \tag{34.11}$$

bzw.

$$(a^*_{\mathfrak{q}j})_{N+1,N} = \sqrt{\frac{\hbar}{2M\omega_{\mathfrak{q}j}} (N_{\mathfrak{q}j}+1)}\,.$$

Schließlich behandeln wir das Integral über die Elektronenkoordinate $\mathfrak{r}$, indem wir für die Elektroneneigenfunktionen den Ausdruck (33.4) einsetzen:

$$\mathfrak{K}^+ = \int \psi^*_{\mathfrak{k}'}(\mathfrak{r}) \operatorname{grad} V e^{i(\mathfrak{q}\,\mathfrak{r})} \psi_{\mathfrak{k}}(\mathfrak{r})\, d\tau = G^{-3} \int e^{i(\mathfrak{k}+\mathfrak{q}-\mathfrak{k}',\mathfrak{r})} \operatorname{grad} V u_{\mathfrak{k}}(\mathfrak{r})\, u^*_{\mathfrak{k}'}(\mathfrak{r})\, d\tau\,. \tag{34.12}$$

Das Integral geht über das ganze „Grundgebiet" des Kristalls. Wir zerlegen es in die Beiträge der einzelnen Elementarzellen, indem wir beachten, daß V, $u_{\mathfrak{k}}$ und $u_{\mathfrak{k}'}$ die Gitterperiodizität besitzen. Sei $\mathfrak{n}$ die Koordinate des $n$ten Gitterpunkts, $\mathfrak{r}' = \mathfrak{r} - \mathfrak{n}$ eine Koordinate innerhalb der Elementarzelle Null des Kristalls, so ist

$$\mathfrak{K}^+ = G^{-3} \sum_{\mathfrak{n}} e^{i(\mathfrak{k}+\mathfrak{q}-\mathfrak{k}',\mathfrak{n})} \int e^{i(\mathfrak{k}+\mathfrak{q}-\mathfrak{k}',\mathfrak{r}')} \operatorname{grad} V(\mathfrak{r}')\, u_{\mathfrak{k}}(\mathfrak{r}')\, u^*_{\mathfrak{k}'}(\mathfrak{r}')\, d\tau_0\,. \tag{34.13}$$

Das Integral geht hier nur mehr über eine Elementarzelle und ist von $\mathfrak{n}$ unabhängig. Die Summation über $\mathfrak{n}$ gibt daher stets Null, außer wenn die *Interferenzbedingung*

$$\mathfrak{k}' = \mathfrak{k} + \mathfrak{q} \tag{34.14}$$

erfüllt ist.

Auf genau die gleiche Weise findet man, daß das in $J^-_{\mathfrak{q}j}$ vorkommende Integral

$$\mathfrak{K}^- = \int \psi^*_{\mathfrak{k}'}(\mathfrak{r}) \operatorname{grad} V e^{-i(\mathfrak{q}\,\mathfrak{r})} \psi_{\mathfrak{k}}\, d\tau$$

nur dann von Null verschieden ist, wenn

$$\mathfrak{k}' = \mathfrak{k} - \mathfrak{q} \tag{34.14a}$$

ist.

Der Ausbreitungsvektor des Elektrons nach dem Übergangsprozeß ist also gleich demjenigen vor dem Übergang, vermehrt oder vermindert um den Ausbreitungsvektor der am Übergang beteiligten Gitterwelle, je nachdem ob ein Gitterquant vom Elektron absorbiert oder emittiert wird. Im ersten Fall übernimmt also das Elektron sowohl die Energie [vgl. unten (34.35a)] wie die Wellenzahl des verschwindenden Gitterquants zu seiner bisherigen Energie bzw. Wellenzahl hinzu, im zweiten Fall verliert es sowohl die Energie $\hbar\omega$ wie die Wellenzahl $\mathfrak{q}$ und gibt beides an ein Gitterquant ab.

Es kann allerdings vorkommen, daß der Vektor $\mathfrak{k}+\mathfrak{q}$ bzw. $\mathfrak{k}-\mathfrak{q}$ kein „reduzierter" Ausbreitungsvektor mehr ist (Definition vgl. 8c), d. h. daß der Endpunkt des im reziproken Gitter aufgetragenen Vektors $\mathfrak{k}\pm\mathfrak{q}$ außerhalb der ersten Brillouinschen Zone fällt (vgl. Ziff. 11f). In diesem Fall wird der reduzierte Ausbreitungsvektor des Elektrons nach dem Übergang

$$\mathfrak{k}' = \mathfrak{k} \pm \mathfrak{q} + 2\pi\mathfrak{g}, \tag{34.14b}$$

wo $\mathfrak{g}$ ein Gittervektor des reziproken Gitters ist [Definition vgl. (8.7a)]. Man sieht unmittelbar, daß Erfüllung von (34.14b) genau wie die von (34.14) genügt, damit die Summe in (34.13) *nicht* verschwindet. Die Übergänge, welche die Interferenzbedingung (34.14b) mit $\mathfrak{g} \neq 0$ erfüllen, werden von PEIERLS als *Umklappprozesse* bezeichnet und sind, wie wir in Ziff. 40 sehen werden, von Wichtigkeit für die Erreichung eines stationären Zustandes im elektrischen Feld.

c) Explizite Auswertung des Matrixelements unter der Annahme, daß $E_{\mathfrak{k}}$ nur von $|\mathfrak{k}|$ abhängt. Ist die Bedingung (34.14) erfüllt, so wird jedes Glied der Summe in (34.13) gleich 1, also

$$\mathfrak{K} = \int u_{\mathfrak{k}}(\mathfrak{r}) \operatorname{grad} V u_{\mathfrak{k}'}^*(\mathfrak{r})\, d\tau_0, \tag{34.15}$$

wobei das Integral über eine Elementarzelle zu erstrecken ist. Indem wir die Polarisationsrichtung $\mathfrak{e}_{\mathfrak{q}j}$ der Gitterwelle mit s bezeichnen, wird der in (34.8a) eingehende Ausdruck

$$(\mathfrak{e}_{\mathfrak{q}j}\mathfrak{K}) = \int u_{\mathfrak{k}} u_{\mathfrak{k}'}^* \frac{\partial V}{\partial s} d\tau_0 = -\int V \frac{\partial}{\partial s}(u_{\mathfrak{k}} u_{\mathfrak{k}'}^*)\, d\tau_0, \tag{34.16}$$

da das bei der partiellen Integration entstehende Oberflächenintegral wegen der Periodizität aller vorkommenden Funktionen verschwindet. Wir benutzen nun die Schrödingergleichung

$$\frac{\hbar^2}{2m}(\Delta u_{\mathfrak{k}} + 2i(\mathfrak{k} \operatorname{grad} u_{\mathfrak{k}}) - k^2 u_{\mathfrak{k}}) + (E_{\mathfrak{k}} - V) u_{\mathfrak{k}} = 0, \tag{34.17}$$

welche sich unmittelbar durch Einsetzen von (33.4) in die Schrödingergleichung für die eigentliche Eigenfunktion $\psi_{\mathfrak{k}}$ ergibt, sowie die entsprechende Gleichung für $u_{\mathfrak{k}'}^*$,

$$\frac{\hbar^2}{2m}(\Delta u_{\mathfrak{k}'}^* - 2i(\mathfrak{k}' \operatorname{grad} u_{\mathfrak{k}'}^*) - k'^2 u_{\mathfrak{k}'}^*) + (E_{\mathfrak{k}'} - V) u_{\mathfrak{k}'}^* = 0, \tag{34.17a}$$

multiplizieren (34.17) mit $\partial u_{\mathfrak{k}'}^*/\partial s$, (34.17a) mit $\partial u_{\mathfrak{k}}/\partial s$, addieren und integrieren partiell. Dann ergibt sich

$$\left.\begin{aligned}(\mathfrak{e}_{\mathfrak{q}j}\mathfrak{K}) = -\int V \frac{\partial}{\partial s}(u_{\mathfrak{k}} u_{\mathfrak{k}'}^*)\, d\tau_0 = -\frac{\hbar^2 i}{m}\left(\mathfrak{k} - \mathfrak{k}', \int \operatorname{grad} u_{\mathfrak{k}} \frac{\partial u_{\mathfrak{k}'}^*}{\partial s} d\tau_0\right) \\ -\left[E_{\mathfrak{k}} - E_{\mathfrak{k}'} - \frac{\hbar^2}{2m}(k^2 - k'^2)\right] \cdot \int u_{\mathfrak{k}} \frac{\partial u_{\mathfrak{k}'}^*}{\partial s} d\tau_0.\end{aligned}\right\} \tag{34.18}$$

Für sehr kleine $\mathfrak{k} - \mathfrak{k}'$ ist dieser Ausdruck, die „Übergangsamplitude", proportional mit $\mathfrak{k} - \mathfrak{k}'$, wie auch immer die Eigenfunktionen $u_{\mathfrak{k}}$ im einzelnen beschaffen sein mögen. Diese Tatsache ist von Wichtigkeit für das Verhalten der Leitfähigkeit bei sehr tiefen Temperaturen, weil dann nur mehr lange Gitterwellen (kleine Ausbreitungsvektoren $\mathfrak{q}$!) angeregt sind und daher die Sprünge der Elektronenwellenzahl $\mathfrak{k}$ klein werden.

Bei hoher Temperatur dagegen sind auch große Änderungen von $\mathfrak{k}$ häufig. Um für diesen Fall eine einfache Näherungsformel zu erhalten, müssen wir eine ziemlich schwerwiegende Annahme über das Eigenwertspektrum machen, die bestenfalls bei den Alkalien annähernd erfüllt sein wird, ohne die aber die quantitative Berechnung der Leitfähigkeit nicht möglich ist. Wir setzen nämlich voraus, daß $E_{\mathfrak{k}}$ nur vom Absolutbetrag von $\mathfrak{k}$ abhängt, nicht von seiner Richtung, daß also die Flächen $E =$ konst. im Raume der Wellenzahlen Kugeln sind (vgl. dagegen das wirkliche Aussehen der Energieflächen, Abb. 23—25!):

$$E_{\mathfrak{k}} = E(k). \tag{34.19}$$

Ferner benutzen wir den Energiesatz (vgl. Abschnitt d), welcher besagt, daß die Änderung der Elektronenenergie gleich der Energie eines Quants derjenigen Gitterschwingung ist, mit der das Elektron zusammengestoßen ist:

$$E_{\mathfrak{k}'} - E_{\mathfrak{k}} = \pm \hbar \omega_{\mathfrak{q}}, \tag{34.20}$$

folglich klein ist gegen $E_{\mathfrak{k}}$ selbst. Dann kann in (34.18) $E_{\mathfrak{k}} - E_{\mathfrak{k}'}$ und wegen (34.19) auch gleichzeitig $k^2 - k'^2$ vernachlässigt werden, so daß

$$(\mathfrak{e}_{\mathfrak{q}j}\,\mathfrak{K}) = \frac{\hbar^2 i}{m}\left(\mathfrak{k}' - \mathfrak{k}, \int \operatorname{grad} u_{\mathfrak{k}} \frac{\partial u_{\mathfrak{k}'}^*}{\partial s}\, d\tau_0\right) \tag{34.21}$$

wird.

Wir machen jetzt die *weitere* grobe *Annahme*, daß $u_{\mathfrak{k}}$ und $u_{\mathfrak{k}'}$ ungefähr einander gleich und *kugelsymmetrisch* sind. Setzen wir gleichzeitig nach (34.14), (34.14a) $\pm\mathfrak{q}$ statt $\mathfrak{k}' - \mathfrak{k}$, so wird

$$(\mathfrak{e}_{\mathfrak{q}j}\,\mathfrak{K}) = \pm\frac{\hbar^2 i}{m}(\mathfrak{q}, \mathfrak{e}_{\mathfrak{q}j})\int\left|\frac{\partial u_{\mathfrak{k}}}{\partial s}\right|^2 d\tau_0 . \tag{34.22}$$

Für transversale Wellen ($j = 2,3$) wird dies Null, für longitudinale Wellen ist

$$(\mathfrak{e}_{\mathfrak{q}1}\,\mathfrak{K}) = \pm\frac{2i}{3} q C, \tag{34.23}$$

wo

$$C = 3\,\frac{\hbar^2}{2m}\int\left|\frac{\partial u}{\partial s}\right|^2 d\tau_0 = \frac{\hbar^2}{2m}\int|\operatorname{grad} u|^2\, d\tau_0 \tag{34.24}$$

die mittlere kinetische Energie eines Leitungselektrons ist[1]. (Das Integral allein bedeutet etwa das Quadrat des reziproken Atomradius.)

Nur longitudinale Gitterwellen haben also eine Wechselwirkung mit den Elektronen, wenn wir die Vernachlässigung (34.19) machen und gleichzeitig annehmen, daß die Polarisationsrichtungen der Gitterwellen wirklich „longitudinal" und „transversal" sind, was ja eigentlich auch nur für lange Wellen zulässig ist.

Das für die Wechselwirkung maßgebende Integral C kann in eine noch durchsichtigere Form gebracht werden. Zu diesem Zweck integrieren wir partiell, dann wird

$$\int \operatorname{grad} u \operatorname{grad} u^*\, d\tau = -\int u\,\Delta u^*\, d\tau = -\tfrac{1}{2}\int (u\,\Delta u^* + u^*\Delta u)\, d\tau, \tag{34.25}$$

da das auftretende Oberflächenintegral verschwindet. Wir benutzen nun noch einmal die Differentialgleichungen (34.17), (34.17a), setzen $\mathfrak{k}' = \mathfrak{k}$, multiplizieren die erste Gleichung mit u^*, die zweite mit u und addieren, dann kommt

$$\left.\begin{aligned} C = -\frac{\hbar^2}{4m} G^{-3}\int(u^*\Delta u + u\,\Delta u^*)\, d\tau &= G^{-3}\int\left(E - V - \frac{\hbar^2}{2m}k^2\right) u u^*\, d\tau \\ + G^{-3}\frac{\hbar^2 i}{2m}\left(\mathfrak{k}, \int\{u^* \operatorname{grad} u - u \operatorname{grad} u^*\}\, d\tau\right)&. \end{aligned}\right\} \tag{34.26}$$ [2]

Wir beachten nun, daß nach (33.4)

$$\psi^* \operatorname{grad}\psi - \psi \operatorname{grad}\psi^* = G^{-3}(u^* \operatorname{grad} u - u \operatorname{grad} u^* + 2i\mathfrak{k}\, u u^*) \tag{34.27}$$

ist, und daß nach (9.1), (9.15) das über das *Grundgebiet* (G^3 Elementarzellen) erstreckte Integral

$$\frac{\hbar}{2mi}\int(\psi^* \operatorname{grad}\psi - \psi \operatorname{grad}\psi^*)\, d\tau = \mathfrak{v} = \frac{1}{\hbar}\frac{\partial E}{\partial \mathfrak{k}} \tag{34.28}$$

die Geschwindigkeit des Elektrons bedeutet. Dann wird

$$G^{-3}\frac{\hbar^2 i}{2m}\left(\mathfrak{k}, \int(u^* \operatorname{grad} u - u \operatorname{grad} u^*)\, d\tau\right) = \frac{\hbar^2}{m}k^2 - k\frac{dE}{dk}. \tag{34.29}$$

[1] C unterscheidet sich von der entsprechenden Größe bei Bloch durch den Faktor $3\hbar^2/2m$, was den Vorteil hat, daß unser C eine anschauliche Bedeutung besitzt.

[2] Die Integrale gehen über das Grundgebiet, im Gegensatz zu (34.24), wo über eine Elementarzelle zu integrieren ist.

Wir erhalten damit

$$C = E - \frac{1}{2} k \frac{dE}{dk} - \overline{V} + \frac{1}{2} k \left(\frac{\hbar^2}{m} k - \frac{dE}{dk} \right). \tag{34.30}$$

$\overline{V}$ ist dabei die mittlere potentielle Energie

$$\overline{V} = \int V u u^* d\tau, \tag{34.31}$$

während $\frac{\hbar^2}{m} k - \frac{dE}{dk}$ und $E - \frac{1}{2} k \frac{dE}{dk}$ die Abweichung des Verhaltens der Leitungselektronen von demjenigen freier Elektronen messen: Bei freien Elektronen ist ja $E = \frac{\hbar^2}{2m} k^2$. Für völlig freie Elektronen würde übrigens C identisch Null werden: Das sieht man am einfachsten direkt aus (34.24)[1]: u ist für freie Elektronen konstant, also $\operatorname{grad} u = 0$. Völlig freie Elektronen haben naturgemäß keine Wechselwirkung mit dem Gitter, weil dieses keine Angriffsmöglichkeit besitzt. In Wirklichkeit ist stets sowohl $\underline{E_k} - \frac{1}{2} k \frac{dE}{dk} - \overline{V}$ wie $\frac{\hbar^2}{m} k - \frac{dE}{dk}$ positiv; der größte Term ist im allgemeinen $-\overline{V}$: Je stärker die Potentialfelder der Atome, um so größer ist naturgemäß die Wechselwirkung C zwischen Gitter und Elektronen.

d) Durchführung der Störungsrechnung. Energiesatz. Wir setzen (34.8) bis (34.14) und (34.23) in (34.7) ein und erhalten

$$\left.\begin{aligned} \dot{c}(\mathfrak{k} - \mathfrak{q}, N_{\mathfrak{q}1} + 1) &= \frac{2}{3\hbar} \sqrt{\frac{\hbar}{2M\omega_{\mathfrak{q}1}}} G^{-3/2} C q \sqrt{N_{\mathfrak{q}1} + 1}\, e^{\frac{i}{\hbar}(E_{\mathfrak{k}'} - E_{\mathfrak{k}} + \hbar\omega_{\mathfrak{q}1})t}, \\ \dot{c}(\mathfrak{k} + \mathfrak{q}, N_{\mathfrak{q}1} - 1) &= -\frac{2}{3\hbar} \sqrt{\frac{\hbar}{2M\omega_{\mathfrak{q}1}}} G^{-3/2} C q \sqrt{N_{\mathfrak{q}1}}\, e^{\frac{i}{\hbar}(E_{\mathfrak{k}'} - E_{\mathfrak{k}} - \hbar\omega_{\mathfrak{q}1})t} \end{aligned}\right\} \tag{34.32}$$

für jeden beliebigen Wert von q, während die übrigen Koeffizienten c sich in unserer Näherung[2] nicht ändern. Integration nach der Zeit gibt

$$|c(\mathfrak{k} - \mathfrak{q}, N_{\mathfrak{q}} + 1, t)|^2 = \frac{2G^{-3} C^2 q^2}{9M\hbar\omega_{\mathfrak{q}}} (N_{\mathfrak{q}} + 1)\, \Omega(E_{\mathfrak{k}-\mathfrak{q}} - E_{\mathfrak{k}} + \hbar\omega), \tag{34.33}$$

wo

$$\Omega(x) = 2\, \frac{1 - \cos\frac{x t}{\hbar}}{(x/\hbar)^2}. \tag{34.34}$$

$\Omega(x)$ wächst mit zunehmendem t rasch an, sofern sein Nenner nahezu verschwindet, sofern also der Energiesatz

$$E_{\mathfrak{k}-\mathfrak{q}} = E_{\mathfrak{k}} - \hbar\omega_{\mathfrak{q}} \tag{34.35}$$

nahezu erfüllt ist: Dies ist die notwendige Bedingung dafür, daß das Elektron im Quantenzustand $\mathfrak{k}$ mit merklicher Wahrscheinlichkeit einen Zusammenstoß mit der Gitterwelle $\mathfrak{q}$ erleiden kann, wobei diese ein Quant Energie gewinnt. Die Bedingung (34.34) ist bei gegebenem $\mathfrak{k}$ nur für einzelne Gitterwellen $\mathfrak{q}$ erfüllbar. Für die Prozesse, bei denen die Gitterwelle Energie *abgibt*, muß

$$E_{\mathfrak{k}+\mathfrak{q}} = E_{\mathfrak{k}} + \hbar\omega_{\mathfrak{q}} \tag{34.35a}$$

---

[1] Will man von (34.31) ausgehen, so hat man zu beachten, daß für freie Elektronen V konstant sein muß und ein ruhendes freies Elektron die Energie $E_0 = V$ besitzt.

[2] Wir führen nur die erste Näherung der Störungsrechnung durch, indem wir für $c(\mathfrak{k})$ auf der rechten Seite von (34.7) seinen Wert 1 zur Zeit $t = 0$ eingesetzt haben. In höheren Näherungen kommen Übergänge vor, bei denen *zwei* Gitterschwingungen gleichzeitig ihren Quantenzustand ändern und das Elektron abgelenkt wird. Diese dürften die Abweichungen des Widerstands von der Proportionalität mit T bei hohen Temperaturen verursachen (vgl. Anm. 1, S. 523).

sein, die Wahrscheinlichkeit solcher Prozesse ist

$$|c(\mathfrak{k}+\mathfrak{q}, N_\mathfrak{q}-1, t)|^2 = \frac{2G^{-3}C^2q^2}{9M\hbar\omega_\mathfrak{q}} N_\mathfrak{q}\Omega(E_{\mathfrak{k}+\mathfrak{q}} - E_\mathfrak{k} - \hbar\omega_\mathfrak{q}). \tag{34.36}$$

e) Einfluß der Stöße auf die Verteilungsfunktion. Pauliprinzip. (34.33) gibt die Wahrscheinlichkeit dafür, daß das Elektron in den Zustand $\mathfrak{k}-\mathfrak{q}$ übergeht und die Gitterwelle $\mathfrak{q}$ ein Quant Energie gewinnt, *wenn* zur Zeit $t=0$ das Elektron mit Sicherheit im Zustand $\mathfrak{k}$ und die Gitterwelle mit $N_\mathfrak{q}$ Quanten angeregt ist. Um die Häufigkeit zu bekommen, mit der unser Prozeß in Wirklichkeit stattfindet, muß man mit der Wahrscheinlichkeit der Realisierung des Anfangszustandes multiplizieren. Außerdem muß man berücksichtigen, daß das Elektron wegen des Pauliprinzips nur dann in den Endzustand $\mathfrak{k}-\mathfrak{q}$ übergehen kann, wenn dieser unbesetzt ist.

Die Wahrscheinlichkeit der Realisierung des Anfangszustands ist das Produkt der Wahrscheinlichkeit, daß ein[1] Elektron im Zustand $\mathfrak{k}$ ist und der Wahrscheinlichkeit, daß die Gitterwelle $N_\mathfrak{q}$ Quanten besitzt. Die erstere bezeichnen wir mit $f(\mathfrak{k})$ und nennen sie Verteilungsfunktion der Elektronen. Die letztere Wahrscheinlichkeit entnehmen wir aus der Statistik, sie ist

$$w(N_\mathfrak{q}) = \frac{e^{-N_\mathfrak{q}\hbar\omega_\mathfrak{q}/kT}}{\sum\limits_{N_\mathfrak{q}=0}^{\infty} e^{-N_\mathfrak{q}\hbar\omega_\mathfrak{q}/kT}}. \tag{34.37}$$

Hierbei ist die Annahme gemacht, daß die Gitterwellen im thermischen Gleichgewicht sind. Dies ist für tiefe Temperaturen nicht berechtigt (vgl. Ziff. 40). Multiplizieren wir nun (34.37) mit (34.33) und summieren über $N_\mathfrak{q}$, so tritt auf der rechten Seite statt der speziellen Quantenzahl $N_\mathfrak{q}$ ihr statistischer Mittelwert

$$\bar{N}_\mathfrak{q} = \left(e^{\frac{\hbar\omega_\mathfrak{q}}{kT}} - 1\right)^{-1} \tag{34.38}$$

auf.

Jetzt muß (34.33) noch mit $f(\mathfrak{k})$ multipliziert und außerdem das Paulische Prinzip berücksichtigt werden: Ein Übergang eines Elektrons in einen bestimmten Zustand $\mathfrak{k}'$ ist nur möglich, wenn dieser Zustand unbesetzt ist. Besteht die Wahrscheinlichkeit $f(\mathfrak{k}')$ dafür, daß der Zustand besetzt ist, so ist daher die bisher von uns ohne Rücksicht auf das Pauliprinzip berechnete Übergangswahrscheinlichkeit noch mit $1-f(\mathfrak{k}')$ zu multiplizieren[2]. Damit erhalten wir endlich für die Änderung der Verteilungsfunktion unter dem Einfluß von Stößen[3]

$$\left.\begin{aligned} f(\mathfrak{k}',t) - f(\mathfrak{k}',0) &= \frac{2C^2G^{-3}}{9M\hbar}\sum_\mathfrak{q}\frac{q^2}{\omega_\mathfrak{q}}\{\Omega(E_{\mathfrak{k}'} - E_{\mathfrak{k}'+\mathfrak{q}} + \hbar\omega) \\ &\cdot[f(\mathfrak{k}'+\mathfrak{q})(1-f(\mathfrak{k}'))(N_\mathfrak{q}+1) - f(\mathfrak{k}')(1-f(\mathfrak{k}'+\mathfrak{q}))N_\mathfrak{q}] \\ &+\Omega(E_{\mathfrak{k}'} - E_{\mathfrak{k}'-\mathfrak{q}} - \hbar\omega)[f(\mathfrak{k}'-\mathfrak{q})(1-f(\mathfrak{k}'))N_\mathfrak{q} - f(\mathfrak{k}')(1-f(\mathfrak{k}'-\mathfrak{q}))(N_\mathfrak{q}+1)]\}. \end{aligned}\right\} \tag{34.39}$$

[1] Wir betrachten von jetzt ab nicht mehr *ein* Elektron, sondern die Gesamtheit aller, gehen also zur Statistik über.

[2] Eine strenge Ableitung findet man bei S. Kikuchi u. L. Nordheim, ZS. f. Phys. Bd. 60, S. 652. 1930.

[3] Wir interessieren uns für die Änderung der Verteilungsfunktion für ein bestimmtes $\mathfrak{k}'$ und identifizieren daher in (34.33) $\mathfrak{k}-\mathfrak{q}$, in (34.36) $\mathfrak{k}+\mathfrak{q}$ mit $\mathfrak{k}'$. Der Zustand $\mathfrak{k}'$ kann nun aus jedem Anfangszustand $\mathfrak{k}$ durch Wechselwirkung mit einer bestimmten Gitterwelle $\mathfrak{q}=\mathfrak{k}-\mathfrak{k}'$ (bzw. $\mathfrak{k}'-\mathfrak{k}$) entstehen: Wir haben daher über alle $\mathfrak{q}$ zu summieren. Schließlich ist noch zu berücksichtigen, daß auch Elektronen aus dem Zustand $\mathfrak{k}'$ herausgeworfen werden, wenn dieser zu Anfang angeregt ist.

Hier gibt jeweils das *erste* Glied jeder eckigen Klammer die Anzahl der Elektronen an, die durch Stöße aus anderen Zuständen in den Zustand $\mathfrak{k}'$ *hinein*gelangen, das *zweite* Glied hingegen die Elektronen, welche durch Stöße aus dem gleichen Zustand *heraus*geworfen werden. Von sämtlichen Gliedern der geschweiften Klammer entsprechen das erste und vierte der „Emission" eines Gitterquants, d. h. Prozessen, bei denen die Gitterschwingung ein Quant Energie gewinnt und das Elektron Energie abgibt, das zweite und dritte „Absorptionsprozessen", bei denen das Umgekehrte der Fall ist. Die Interferenzbedingung (34.14) bzw. (34.14a) ist überall bereits berücksichtigt. — Es ist praktisch, im zweiten Glied der geschweiften Klammer in (34.39) noch den Summationsindex $\mathfrak{q}$ in $-\mathfrak{q}$ umzuändern: Dabei ändert sich sonst nichts, weil $\omega_{-\mathfrak{q}}=\omega_{\mathfrak{q}}$ ist. Außerdem schreiben wir wieder $\mathfrak{k}$ statt $\mathfrak{k}'$, beachten, daß Ω eine gerade Funktion seines Arguments ist und differenzieren nach t:

$$\left.\begin{aligned}\left(\frac{\partial f}{\partial t}\right)_{\text{Stoß}} = \frac{2C^2G^{-3}}{9M\hbar}\frac{\partial}{\partial t}\sum_{\mathfrak{q}}\frac{q^2}{\omega_{\mathfrak{q}}}\{\Omega(E_{\mathfrak{k}+\mathfrak{q}}-E_{\mathfrak{k}}-\hbar\omega_{\mathfrak{q}})\,[(1-f(\mathfrak{k}))\,f(\mathfrak{k}+\mathfrak{q})\,(N_{\mathfrak{q}}+1)\\ -f(\mathfrak{k})\,(1-f(\mathfrak{k}+\mathfrak{q}))\,N_{\mathfrak{q}}]+\Omega(E_{\mathfrak{k}+\mathfrak{q}}-E_{\mathfrak{k}}+\hbar\omega_{\mathfrak{q}})\,[(1-f(\mathfrak{k}))\,f(\mathfrak{k}+\mathfrak{q})\,N_{-\mathfrak{q}}\\ -f(\mathfrak{k})\,(1-f(\mathfrak{k}+\mathfrak{q}))\,(N_{-\mathfrak{q}}+1)]\}\,.\end{aligned}\right\} \tag{34.40}$$

Bei thermischem Gleichgewicht[1] ist $N_{-\mathfrak{q}} = N_{\mathfrak{q}}$.

f) Die NORDHEIMsche Theorie der starren Ionen ergibt einen etwas anderen Wert für die Stoßwahrscheinlichkeit: An die Stelle der Konstanten C tritt

$$G_{\mathfrak{k}\mathfrak{k}'} = C + \tfrac{2}{3}W_{\mathfrak{k}\mathfrak{k}'} = C + \tfrac{2}{3}\int W\psi_{\mathfrak{k}}\psi_{\mathfrak{k}'}^{*}d\tau. \tag{34.41}$$

W ist dabei das Potential eines *einzigen* Ions. NORDHEIM macht hierfür den Ansatz

$$W = \frac{e^2 z}{r}e^{-\frac{r}{b}} \tag{34.42}$$

(abgeschirmtes Coulombpotential), z wird mit der Wertigkeit des Metalls identifiziert, während für den Abschirmungsradius ein Wert von ca. einem Viertel des Abstands benachbarter Ionen gesetzt wird. Für die Eigenfunktionen der Elektronen setzt NORDHEIM ebene Wellen (Kritik s. unten) und erhält

$$W_{\mathfrak{k}\mathfrak{k}'} = \frac{2\pi e^2 z}{a^3}\cdot\left(\frac{1}{b^2} + 4k^2\sin^2\frac{1}{2}\vartheta\right)^{-1} \tag{34.43}$$

(WENTZELsche Streuformel[2]). Die Stoßwahrscheinlichkeit $G_{\mathfrak{k}\mathfrak{k}'}$ nimmt also, im Gegensatz zum BLOCHschen C, mit wachsendem Ablenkungswinkel ϑ des Elektrons stark ab.

Zur Kritik haben wir zunächst auf die Auseinandersetzungen in Ziff. 32e zu verweisen. Dort haben wir gezeigt, daß die Annahme starrer Ionen falsch ist, zum mindesten wenn die Leitungselektronen weitgehend frei sind. Nur dann macht aber, wie NORDHEIM gezeigt hat, sein Zusatzglied $W_{\mathfrak{k}\mathfrak{k}'}$ etwas aus — also gerade dann, wenn die für das Auftreten von $W_{\mathfrak{k}\mathfrak{k}'}$ grundlegende Annahme *nicht* zutrifft. Wir halten daher dieses Glied *nicht für reell.*

Hinzu kommt eine nebensächlichere Inkonsequenz: Wenn auf die Elektronen ein Potential W, (34.42), wirkt, so sind sie nicht frei, ihre Eigenfunktion also *keine* ebene Welle. Die WENTZELsche Streuformel (34.43) wird daher sicher nicht gelten. Ferner wird dann auch die BLOCHsche Konstante C nicht verschwinden, wie NORDHEIM es für die Alkalien annimmt.

---

[1] Vgl. jedoch Ziff. 40 bis 42.

[2] G. WENTZEL, ZS. f. Phys. Bd. 40, S. 590. 1927.

Obwohl wir aus diesen Gründen die NORDHEIMsche Formel (34.41) ablehnen, glauben wir, daß *eines* an ihr richtig ist, nämlich die Abnahme der Stoßwahrscheinlichkeit $G_{\mathfrak{k}\mathfrak{k}'}$ mit zunehmender Ablenkung des Elektrons ϑ (d. h. zunehmender Differenz $|\mathfrak{k} - \mathfrak{k}'|$). Diese Abnahme folgt nämlich unserer Ansicht nach auch schon aus der BLOCHschen Formel (34.21): Wenn $\mathfrak{k}$ und $\mathfrak{k}'$ sehr verschieden sind, werden $u_{\mathfrak{k}}$ und $u_{\mathfrak{k}'}$ sich teilweise durch Interferenz zerstören, so daß dann das Integral kleiner werden muß als für $\mathfrak{k} \approx \mathfrak{k}'$.

Eine solche Abnahme von $G_{\mathfrak{k}\mathfrak{k}'}$ mit wachsendem $|\mathfrak{k} - \mathfrak{k}'|$ hat wichtige Konsequenzen für die Temperaturabhängigkeit der Leitfähigkeit. Bei hohen Temperaturen sind nämlich [Ziff. 36, insbesondere Formel (36.3)] die Stöße mit großer Ablenkung des Elektrons (großem $\mathfrak{q} = \mathfrak{k} - \mathfrak{k}'$) wesentlich, bei tiefen Temperaturen die mit kleiner Ablenkung (Ziff. 37, die Gitterwellen mit großem Ausbreitungsvektor $\mathfrak{q} = \mathfrak{k} - \mathfrak{k}'$ sterben aus). Da die letztgenannten Stöße nach unserer Annahme relativ häufiger sein sollen, als nach der BLOCHschen Annahme eines konstanten C zu erwarten wäre, würde sich der *Widerstand bei tiefen Temperaturen größer* ergeben als nach der hier durchgeführten BLOCHschen Theorie. Insbesondere würde die BLOCHsche Relation (37.17) ungültig werden und ebenso müßte der Widerstandsverlauf bei mittleren Temperaturen (etwa flüssige Luft) anders sein, als in Ziff. 38 abgeleitet.

Man muß aber andererseits die BLOCHsche Theorie auch wegen der PEIERLSschen Bemerkungen über die Wechselwirkung mit den Gitterwellen (Ziff. 40, 41) korrigieren. Diese Korrektur verursacht aller Wahrscheinlichkeit nach eine *Verminderung* des Widerstands bei tiefen Temperaturen. Es ist daher möglich, daß die Effekte von NORDHEIM (größere Wahrscheinlichkeit der geringen Ablenkungen) und von PEIERLS (Abweichung der Gitterwellen vom thermischen Gleichgewicht bei tiefer Temperatur) sich ungefähr kompensieren und daß dadurch zufällig die BLOCHsche Theorie bei tiefen Temperaturen gut mit dem Experiment übereinstimmt. Es ist dabei noch zu betonen, daß die Proportionalität des Widerstands mit T^5 bei tiefen Temperaturen bei allen Abänderungen der BLOCHschen Theorie *erhalten* bleibt (vgl. Ziff. 41): Lediglich das Verhältnis des Widerstands bei tiefer zu dem bei hoher Temperatur wird durch die NORDHEIMsche Bemerkung erhöht, durch die PEIERLSsche vermindert.

Wir haben diese Konsequenzen der NORDHEIMschen Abänderung an der BLOCHschen Stoßformel gleich hier zusammenhängend besprochen, obwohl wir dabei vorgreifen mußten. In den folgenden Rechnungen werden wir stets das NORDHEIMsche $W_{\mathfrak{k}\mathfrak{k}'}$ weglassen und mit BLOCH für $G_{\mathfrak{k}\mathfrak{k}'}$ den konstanten Wert C einsetzen.

b) BLOCHsche Theorie (Annahme des thermischen Gleichgewichts der Gitterwellen).

35. Die BLOCHsche Integralgleichung. Wir wünschen die stationäre Verteilung der Elektronen auf die Quantenzustände zu berechnen, die sich im elektrischen Feld einstellt. Wir verlangen also, daß die totale zeitliche Änderung der Verteilungsfunktion unter dem Einfluß von Feld *und* Zusammenstößen mit den Gitterschwingungen Null wird:

$$\frac{df}{dt} = \left(\frac{\partial f}{\partial t}\right)_{\text{Feld}} + \left(\frac{\partial f}{\partial t}\right)_{\text{Stöße}} = 0\,. \tag{35.1}$$

$(\partial f/\partial t)_{\text{Feld}}$ ist dabei durch (33.18), $(\partial f/\partial t)_{\text{Stöße}}$ durch (34.40) gegeben. Für f machen wir den Ansatz

$$f = f_0 + g\,, \tag{35.2}$$

wo f_0 die FERMIsche Verteilungsfunktion ist und g das vom Feld herrührende Zusatzglied, welches proportional zum Feld ist. Wenn wir g vernachlässigen, so verschwindet die Änderung der Verteilungsfunktion durch Stöße: Die erste eckige Klammer in (34.40) wird dann nämlich

$$\left.\begin{aligned}&\left(1-\frac{1}{e^{\frac{E_{\mathfrak{k}}-\zeta}{kT}}+1}\right)\frac{1}{e^{\frac{E_{\mathfrak{k}+\mathfrak{q}}-\zeta}{kT}}+1}\left(\frac{1}{e^{\frac{E_{\mathfrak{k}+\mathfrak{q}}-E_{\mathfrak{k}}}{kT}}-1}+1\right)\\&-\frac{1}{e^{\frac{E_{\mathfrak{k}}-\zeta}{kT}}+1}\left(1-\frac{1}{e^{\frac{E_{\mathfrak{k}+\mathfrak{q}}-\zeta}{kT}}+1}\right)\frac{1}{e^{\frac{E_{\mathfrak{k}+\mathfrak{q}}-E_{\mathfrak{k}}}{kT}}-1}=0,\end{aligned}\right\}\tag{35.3}$$

wenn man berücksichtigt, daß der Ω-Faktor nur dann große Werte annimmt, wenn $\hbar\omega_{\mathfrak{q}}=E_{\mathfrak{k}+\mathfrak{q}}-E_{\mathfrak{k}}$ ist. Ebenso verschwindet natürlich die zweite eckige Klammer. D. h.: *Die Fermiverteilung der Elektronen f_0 ist im statistischen Gleichgewicht mit dem* PLANCK-BOSE*schen Verteilungsgesetz* (34.38) *der Energie auf die Gitterschwingungen*, vorausgesetzt daß nur Stöße eine Änderung des Zustands bewirken, d. h. in Abwesenheit eines äußeren Feldes.

Wir müssen also bei der Berechnung von $(\partial f/\partial t)_{\text{Stoß}}$ die Störung der Verteilungsfunktion durch das Feld, g, mitberücksichtigen. Bei der Berechnung von $(\partial f/\partial t)_{\text{Feld}}$ dagegen kann für f einfach die FERMIsche Verteilungsfunktion f_0 eingesetzt werden. Diese hängt bekanntlich nur von der Energie ab, so daß nach (33.18)

$$\left(\frac{\partial f}{\partial t}\right)_{\text{Feld}}=-\frac{eF}{\hbar}\frac{df_0}{dE}\frac{\partial E}{\partial k_x}=-eF\frac{df_0}{dE}v_x \tag{35.4}$$

ist, wo v_x die Geschwindigkeit des Elektrons in der x-Richtung bedeutet.

Bisher haben wir noch keinerlei Vernachlässigung gemacht: Zwar haben wir die Übergangswahrscheinlichkeit beim Stoß aus der stark vereinfachten Formel (34.23) entnommen, doch hätten wir ebensogut C statt als Konstante als abhängig von $\mathfrak{k}$ und $\mathfrak{k}'=\mathfrak{k}+\mathfrak{q}$ ansehen können[1] — dann wäre volle Allgemeinheit gewahrt geblieben. Nunmehr machen wir vereinfachende Annahmen:

1. C wird nun wirklich als Konstante angesehen.

2. Die Beziehung (32.7) („Dispersionsformel der Gitterwellen") zwischen $\omega_{\mathfrak{q}}$ und q wird als gültig angenommen.

3. Die Wellenzahlen der Gitterwellen werden als gleichmäßig verteilt innerhalb einer Kugel von Radius q_0 [vgl. (32.8)] betrachtet.

4. Die Gitterwellen werden im thermischen Gleichgewicht befindlich angenommen, so daß $N_{\mathfrak{q}}=N_{-\mathfrak{q}}=$ PLANCKsche Funktion $N(q)$ ist.

5. Die Energie des Elektrons soll nur von $|\mathfrak{k}|$, nicht von der Richtung von $\mathfrak{k}$ abhängen. (Diese Bedingung ist bereits implizit in Bedingung 1 enthalten, vgl. 34c).

Wir führen im Raum der Wellenzahlen $\mathfrak{q}$ ein Polarkoordinatensystem q,ϑ,φ ein, dessen Achse die Richtung $\mathfrak{k}$ haben möge. Statt der Summe über alle möglichen Werte von $\mathfrak{q}$ dürfen wir ferner ein Integral über $\left(\frac{G}{2\pi}\right)^3\Omega_0\,dq_x\,dq_y\,dq_z$ schreiben [vgl. (32.11)]. Mit Einführung der Polarkoordinaten wird dann

$$\sum_{\mathfrak{q}}F(\mathfrak{q})=\Omega_0\left(\frac{G}{2\pi}\right)^3\int q^2\,dq\sin\vartheta\,d\vartheta\,d\varphi\,F(\mathfrak{q}).$$

a) Integration über ϑ. Die Energie des Endzustands des Elektrons wird[2]

$$\left.\begin{aligned}E_{\mathfrak{k}+\mathfrak{q}}&=E_{\mathfrak{k}}+\frac{dE}{(dK^2)}[(\mathfrak{k}+\mathfrak{q})^2-K^2]+\frac{1}{2}\frac{d^2E}{(dK^2)^2}[(\mathfrak{k}+\mathfrak{q})^2-K^2]^2+\cdots\\&=E_{\mathfrak{k}}+\frac{dE}{dK}\left(q\cos\vartheta+\frac{q^2}{2K}\right)+\frac{1}{2}\,\frac{\frac{d^2E}{dK^2}-\frac{1}{K}\frac{dE}{dK}}{\left(\frac{dE}{dK}\right)^2}(E_{\mathfrak{k}+\mathfrak{q}}-E_{\mathfrak{k}})^2+\cdots.\end{aligned}\right\}\tag{35.5}$$

---

[1] Wie L. NORDHEIM, l. c.

[2] Eine ähnliche Beziehung gilt im Falle kleiner q auch dann, wenn $E_{\mathfrak{k}}$ auch von der Richtung von $\mathfrak{k}$ abhängt. Man muß dann die Polarachse des $\mathfrak{q}$-Raums in die Richtung des

Wir haben K für $|\mathfrak{k}|$ geschrieben, um später Verwechslungen mit der Boltzmannschen Konstante k zu vermeiden. Von der Energie $E_{\mathfrak{k}+\mathfrak{q}}$ — und damit von ϑ — hängen in (34.40) die Funktionen Ω und die eckigen Klammern ab. Die ersteren haben ein überaus scharfes Maximum, wenn ihr Argument Null wird. Daher genügt es, für die Funktionen $f(\mathfrak{k}+\mathfrak{q})$ in den eckigen Klammern ihren Wert an der Stelle $E_{\mathfrak{k}+\mathfrak{q}} = E_{\mathfrak{k}} \pm \hbar\omega_{\mathfrak{q}}$ zu setzen und die eckigen Klammern für die Integration über ϑ als Konstanten zu betrachten. Außerdem kann das letzte Glied in (35.5) vernachlässigt werden, da es nur von der relativen Größenordnung $\hbar\omega/E$ ist und die Energie der Gitterschwingungen, $\hbar\omega$, etwa um den Faktor 100 bis 1000 kleiner ist als die Elektronenenergie E. Die Integration nach ϑ läßt sich dann ausführen, es ist

$$\left.\begin{aligned}\int_{-1}^{+1}\Omega(E_{\mathfrak{k}+\mathfrak{q}} - E_{\mathfrak{k}} \pm \hbar\omega_{\mathfrak{q}})\,d\cos\vartheta &= \frac{1}{(dE/dK)\,q}\int_{-\infty}^{+\infty}\Omega(x)\,dx \\ &= \frac{\hbar}{(dE/dK)\,q}\int_{-\infty}^{+\infty} 2\cdot\frac{1-\cos\frac{xt}{\hbar}}{(x/\hbar)^2}\,\frac{dx}{\hbar} = \frac{2\pi\hbar t}{(dE/dK)\,q}.\end{aligned}\right\} \tag{35.6}$$

Die Festsetzung der Integrationsgrenzen im zweiten Integral auf ∞ anstatt auf $\frac{dE}{dK}\cdot q$ ist zulässig, weil $\Omega\left(\frac{dE}{dK}\cdot q\right)$ bereits außerordentlich klein ist. Im übrigen ist — neben (35.5) — die Voraussetzung 2 (s. vor. Seite) benutzt, daß $\omega_{\mathfrak{q}}$ nur von q, nicht von ϑ abhängt. Der Faktor t in (35.6) verschwindet gerade bei der in (34.40) vorgeschriebenen Differentiation nach t: Die Änderung der Verteilungsfunktion pro Zeiteinheit wird also unabhängig von t, wie es sein muß.

b) Spezialisierter Ansatz für die Verteilungsfunktion g. Wir schreiben nun die Gleichung (34.40) entsprechend unseren Ausführungen um, setzen gleichzeitig abkürzend E statt $E_{\mathfrak{k}}$, rechnen die eckigen Klammern aus und tragen das Ganze in die Stationaritätsbedingung (35.1) ein:

$$\left.\begin{aligned}\left(\frac{\partial f}{\partial t}\right)_{\text{Stöße}} &= \frac{4\pi C^2 G^{-3}\Omega_0}{9M\,(dE/dK)\,u_0}\left(\frac{G}{2\pi}\right)^3\int_0^{q_0} q^2\,dq\int_0^{2\pi} d\varphi\,\{[g(\mathfrak{k}+\mathfrak{q})\,(N+1-f_0(\mathfrak{k})) \\ &\quad - g(\mathfrak{k})(N+f_0(\mathfrak{k}+\mathfrak{q}))]_{E_{\mathfrak{k}+\mathfrak{q}}=E_{\mathfrak{k}}+\hbar\omega_{\mathfrak{q}}} + [g(\mathfrak{k}+\mathfrak{q})\,(N+f_0(\mathfrak{k})) \\ &\quad - g(\mathfrak{k})\,(N+1-f_0(\mathfrak{k}+\mathfrak{q}))]_{E_{\mathfrak{k}+\mathfrak{q}}=E_{\mathfrak{k}}-\hbar\omega_{\mathfrak{q}}}\} \\ &= \frac{C^2\Omega_0}{18\pi^2 M\,(dE/dK)\,u_0}\int_0^{q_0} q^2\,dq\int_0^{2\pi} d\varphi\,N_{\mathfrak{q}}\Big\{g(\mathfrak{k}+\mathfrak{q},E+\hbar\omega)\,\frac{f_0(E)}{f_0(E+\hbar\omega)} \\ &\quad - g(\mathfrak{k},E)\,e^{\frac{\hbar\omega}{kT}}\,\frac{f_0(E+\hbar\omega)}{f_0(E)} + g(\mathfrak{k}+\mathfrak{q},E-\hbar\omega)\,e^{\frac{\hbar\omega}{kT}}\,\frac{f_0(E)}{f_0(E-\hbar\omega)} \\ &\quad - g(\mathfrak{k},E)\,\frac{f_0(E-\hbar\omega)}{f_0(E)}\Big\} = -\left(\frac{\partial f}{\partial t}\right)_{\text{Feld}} = \frac{eF}{\hbar}\,\frac{df_0}{dE}\,\frac{dE}{dK}\,\frac{k_x}{K}.\end{aligned}\right\} \tag{35.7}$$

Hier ist f_0 die Fermische Verteilungsfunktion

$$f_0(E) = \frac{1}{e^{\frac{E-\zeta}{kT}}+1}, \tag{35.8}$$

während g außer von der Energie noch von der *Richtung* von $\mathfrak{k}$ abhängt. Unsere Annahme 5 (s. vor. Seite) ermöglicht es nun, g proportional mit k_x und im

Gradienten von E legen, und anstatt dE/dK tritt $|\text{grad}\,E_{\mathfrak{k}}|$ auf, wobei der Gradient im Raum der Wellenzahlen zu verstehen ist. Bei großen q dagegen würde man einen sehr komplizierten Ausdruck bekommen.

übrigen nur abhängig von der Energie anzunehmen, genau wie das bei den freien Elektronen in Ziff. 5 geschah.

$$g(E, \mathfrak{k}) = k_x \cdot \chi(E). \tag{35.9}$$

Dann entsteht aus (35.7)

$$\left.\begin{aligned} &\int_0^{q_0} q^2 dq N(q) \int_0^{2\pi} d\varphi \Big\{ (k_x + q_x) \cdot \left[\frac{f_0(E)}{f_0(E+\hbar\omega)} \chi(E+\hbar\omega) + \frac{f_0(E)}{f_0(E-\hbar\omega)} e^{\frac{\hbar\omega}{kT}} \chi(E-\hbar\omega) \right] \\ &- k_x \left[\frac{f_0(E+\hbar\omega)}{f_0(E)} e^{\frac{\hbar\omega}{kT}} + \frac{f_0(E-\hbar\omega)}{f_0(E)} \right] \chi(E) \Big\} = \frac{18\pi^2 M u_0 e F}{\hbar C^2 \Omega_0} \frac{k_x}{K} \frac{d f_0}{dE} \left(\frac{dE}{dK} \right)^2. \end{aligned}\right\} \tag{35.10}$$

Wir können nun übergehen zu

c) Integration über φ. Es sei Θ der Winkel zwischen $\mathfrak{k}$ und der x-Achse, also

$$k_x = k\cos\Theta, \tag{35.11}$$

ferner möge in unserem Polarkoordinatensystem die von $\mathfrak{k}$ und der x-Achse gebildete Ebene das Azimut $\varphi = 0$ haben. Dann ist der Winkel ϑ' zwischen $\mathfrak{q}$ und der x-Achse gegeben durch

$$\cos\vartheta' = \cos\Theta\cos\vartheta + \sin\Theta\sin\vartheta\cos\varphi. \tag{35.12}$$

Nun ist $q_x = q\cos\vartheta'$; bei Integration über φ fällt das zweite Glied von (35.12) fort, so daß

$$\int q_x d\varphi = 2\pi q \cos\Theta\cos\vartheta = 2\pi \frac{k_x}{K} q\cos\vartheta, \tag{35.13}$$

$\cos\vartheta$ ist nun aus (35.5) und dem Energiesatz (34.35) zu berechnen:

$$E_{\mathfrak{k}+\mathfrak{q}} - E_{\mathfrak{k}} = \frac{dE}{dK}\left(q\cos\vartheta + \frac{q^2}{2K}\right) = \pm\hbar\omega_{\mathfrak{q}} = \pm\hbar u_0 q, \tag{35.14}$$

wobei das Pluszeichen für das jeweils erste Glied in den eckigen Klammern in (35.10), das Minuszeichen für das zweite Glied gilt. Aus (35.14) folgt

$$\cos\vartheta = -\frac{q}{2K} \pm \frac{\hbar u_0}{dE/dK}, \tag{35.14a}$$

also

$$\int q_x d\varphi = 2\pi k_x \left(-\frac{q^2}{2K^2} \pm \frac{\hbar\omega}{K\frac{dE}{dK}} \right). \tag{35.15}$$

d) Endgültige Integralgleichung. Damit wird aus (35.10) nach Division mit $2\pi k_x$

$$\left.\begin{aligned} &\int_0^{q_0} q^2 dq N(q) \cdot \Big\{ \frac{f_0(E)}{f_0(E+\hbar\omega)} \chi(E+\hbar\omega) \left(1 + \frac{\hbar\omega}{K(dE/dK)} - \frac{q^2}{2K^2}\right) \\ &+ \frac{f_0(E)}{f_0(E-\hbar\omega)} e^{\frac{\hbar\omega}{kT}} \left(1 - \frac{\hbar\omega}{K(dE/dK)} - \frac{q^2}{2K^2}\right) \chi(E-\hbar\omega) \\ &- \left[\frac{f_0(E+\hbar\omega)}{f_0(E)} e^{\frac{\hbar\omega}{kT}} + \frac{f_0(E-\hbar\omega)}{f_0(E)} \right] \chi(E) \Big\} = \frac{9\pi M u_0 e F}{\hbar C^2 \Omega_0} \frac{1}{K} \frac{d f_0}{dE} \left(\frac{dE}{dK}\right)^2. \end{aligned}\right\} \tag{35.16}$$

Dies ist die BLOCH*sche Integralgleichung*, aus welcher die Störung χ der Verteilungsfunktion im elektrischen Feld zu berechnen ist. Die Integralgleichung wird wesentlich vereinfacht durch den naheliegenden Ansatz

$$\chi(E) = -\frac{d f_0}{dE} c(E). \tag{35.17}$$

Mit Rücksicht auf

$$\frac{d f_0}{d E} = -\frac{1}{\left(e^{\frac{E-\zeta}{kT}}+1\right)^2} e^{\frac{E-\zeta}{kT}} \cdot \frac{1}{kT} = -f_0^2 e^{\frac{E-\zeta}{kT}} \frac{1}{kT} \tag{35.18}$$

wird dann nach kurzer Umformung:

$$\left.\begin{aligned}&\int\limits_0^{q_0} q^2\,dq\,N(q)\left\{\left[\left(1+\frac{\hbar\omega}{K(dE/dK)}-\frac{q^2}{2K^2}\right)c(E+\hbar\omega)-c(E)\right]\frac{f_0(E+\hbar\omega)}{f_0(E)}\,e^{\frac{\hbar\omega}{kT}}\right.\\ &\left.+\left[\left(1-\frac{\hbar\omega}{K(dE/dK)}-\frac{q^2}{2K^2}\right)c(E-\hbar\omega)-c(E)\right]\frac{f_0(E-\hbar\omega)}{f_0(E)}\right\}=-\frac{9\pi M u_0 e F}{\hbar C^2 \Omega_0 K}\left(\frac{dE}{dK}\right)^2.\end{aligned}\right\} \tag{35.19}$$

e) „Hohe" und „tiefe" Temperaturen. Sowohl in

$$N(q) = \frac{1}{e^{\frac{\hbar\omega}{kT}}-1} = \frac{1}{e^{\frac{\hbar u_0 q}{kT}}-1} \tag{35.20}$$

wie auch in den Faktoren $f_0(E \pm \hbar\omega)/f_0(E)$ spielt der Ausdruck $\exp. \frac{\hbar\omega}{kT} = \exp. \frac{\hbar u_0 q}{kT}$ eine ausschlaggebende Rolle. Es können nun zwei Fälle eintreten: Entweder ist

$$kT \gg \hbar u_0 q_0 , \tag{35.21}$$

was offenbar bei *hohen* Temperaturen erfüllt ist. Dann kann die genannte Exponentialfunktion entwickelt und die Entwicklung nach dem ersten Gliede abgebrochen werden; es wird also z. B.

$$N(q) = \frac{kT}{\hbar\omega}. \tag{35.22}$$

Jede Gitterschwingung besitzt dann unabhängig von ihrer Wellenlänge die Energie

$$E_q = N(q)\hbar\omega = kT , \tag{35.23}$$

d. h. es gilt klassische Statistik (Äquipartition der Energie). Im entgegengesetzten Grenzfall *tiefer* Temperaturen:

$$kT \ll \hbar u_0 q_0 ,$$

sind dagegen nur langwellige Gitterschwingungen ($q \ll q_0$) überhaupt merklich angeregt, bei kurzen Wellen fällt $N(q)$ wie $e^{-\frac{\hbar u_0 q}{kT}}$ ab. In diesem Fall können daher alle Ausdrücke *außer* der Exponentialfunktion nach Potenzen der Wellenzahl q entwickelt und Glieder wie z. B. q^2/K^2 als klein angesehen werden.

Die beiden Gebiete hoher und tiefer Temperatur erfordern demnach ganz verschiedene theoretische Behandlung. Die kritische Temperatur, welche die beiden Gebiete voneinander scheidet, ist die DEBYEsche charakteristische Temperatur

$$\Theta = \frac{\hbar u_0 q_0}{k}. \tag{35.24}$$

36. Hohe Temperatur $T \gg \Theta$. a) Leitfähigkeitsformel. Wie bereits bemerkt, können wir bei hoher Temperatur die Verteilungsfunktionen $N(q)$, f_0, $e^{\frac{\hbar\omega}{kT}}$ nach Potenzen von $\hbar\omega/kT$ entwickeln und erhalten:

$$\frac{f_0(E-\hbar\omega)}{f_0(E)} = \frac{e^{(E-\zeta)/kT}+1}{e^{(E-\hbar\omega-\zeta)/kT}+1} \approx 1 ,$$

$$\frac{f_0(E+\hbar\omega)}{f_0(E)} \cdot e^{\frac{\hbar\omega}{kT}} = 1 , \qquad N(q) = \frac{kT}{\hbar u_0 q}. \tag{36.1}$$

Setzt man dies in (35.19) ein, so sieht man sofort, daß wir zu setzen haben:

$$c(E) = \text{konst.} \tag{36.2}$$

Denn weder die rechte noch die linke Seite der Integralgleichung enthält noch Faktoren, welche wesentlich von E abhängen. Man erhält dann

$$-c(E)\int_0^{q_0} q^2 dq \frac{kT}{\hbar u_0 q}\cdot\frac{q^2}{2K^2}\cdot 2 = -c(E)\frac{kT}{\hbar u_0 K^2}\frac{1}{4}q_0^4 = -\frac{9\pi M u_0 e F}{\hbar C^2 \Omega_0 K}\left(\frac{dE}{dK}\right)^2, \tag{36.3}$$

$$c(E) = \frac{36\pi M u_0^2 K e F}{k C^2 \Omega_0 q_0^4 T}\left(\frac{dE}{dK}\right)^2. \tag{36.3a}$$

Die Dimension von $c(E)$ ist Energie mal Länge [vgl. die Definition (35.9), (35.17)], q_0 ist die Grenzwellenzahl des DEBYEschen Spektrums [vgl. (32.8)]. Wir können (36.3) noch vereinfachen, indem wir u_0 nach (35.24) durch q_0 ausdrücken und (32.8) berücksichtigen

$$c(E) = \frac{M}{\pi^3\hbar^2}\frac{K}{C^2}\left(\frac{dE}{dK}\right)^2 \Omega_0 k\Theta e F\frac{\Theta}{T}. \tag{36.4}$$

Die Verteilungsfunktion im Feld wird nun nach (35.9), (35.17)

$$f = f_0(E) - \frac{df_0}{dE}c(E)k_x. \tag{36.5}$$

Wir vergleichen diesen Ausdruck mit dem für freie Elektronen in der klassischen Statistik abgeleiteten [vgl. (5.2), (5.6), $\partial f_0/\partial x$ ist gleich Null angenommen!]:

$$f = f_0 - \frac{df_0}{dE}eFl\frac{\xi}{v}, \tag{36.6}$$

in welchem v die Geschwindigkeit der Elektronen, ξ ihre x-Komponente bedeutet; wegen unserer Annahme 5 (S. 518) gilt

$$\frac{\xi}{v} = \frac{k_x}{K}. \tag{36.7}$$

Daher finden wir für die freie Weglänge

$$l = \frac{Kc(E)}{eF} = \frac{1}{\pi^3}\frac{M}{\hbar^2}\frac{K^2}{C^2}\left(\frac{dE}{dK}\right)^2\Omega_0 k\Theta\cdot\frac{\Theta}{T}. \tag{36.8}$$

Die weitere Rechnung geht ganz analog wie im Fall freier Elektronen [vgl. (5.9) ff.]: Der Strom pro Volumeinheit ist:

$$\left.\begin{aligned} J &= 2e\int v_x f\,d\Phi = -2e^2F\int v_x\frac{k_x}{K}l(E)\frac{df_0}{dE}\frac{1}{(2\pi)^3}dk_x dk_y dk_z \\ &= -\frac{2}{3}e^2F\int\frac{1}{\hbar}\frac{dE}{dK}l\frac{df_0}{dE}\frac{1}{(2\pi)^3}4\pi K^2 dK = -\frac{8\pi e^2 F}{3\hbar}\bar{l}\bar{K}^2\frac{1}{(2\pi)^3}\int\frac{df_0}{dE}dE \end{aligned}\right\} \tag{36.9}$$

(Faktor 2 wegen Spin). Dabei haben wir in erster Näherung (vgl. Ziff. 5 usw.) die langsam veränderlichen Funktionen der Energie, K und l, durch ihre Werte für Energie = Grenzenergie, $\bar{K}$ und $\bar{l}$, ersetzt. $d\Phi$ ist das Phasenelement, G^3 die Anzahl Elementarzellen im Grundgebiet. Letzteres müssen wir gleich der Volumeinheit wählen, wenn J den Strom pro cm³ angeben soll. G^3 können wir eliminieren, indem wir bedenken, daß die Anzahl der Elektronen pro Volumeinheit

$$n = 2\int f_0 d\Phi = 8\pi\frac{1}{(2\pi)^3}\int K^2 f_0 dK = \frac{8\pi}{3}\frac{1}{(2\pi)^3}\bar{K}^3 \tag{36.10}$$

ist. Das Integral in (36.9) ist einfach

$$-\int_0^\infty \frac{df_0}{dE}dE = f_0(0) - f_0(\infty) = 1.$$

Also wird die Leitfähigkeit

$$\sigma = \frac{J}{F} = \frac{e^2 n \bar{l}}{\hbar \bar{K}} = \frac{n_0}{\pi^3} \frac{M e^2}{\hbar^2} \frac{K}{C^2} \left(\frac{dE}{dK}\right)^2 \frac{k\Theta^2}{\hbar T}, \tag{36.11}$$

$$\sigma = \frac{n_0}{\pi^3} \frac{M}{m} \left(\frac{K}{C} \frac{dE}{dK}\right)^2 \frac{k\Theta}{\hbar K a_0} \cdot \frac{\Theta}{T}. \tag{36.12}$$

Hier ist $n_0 = n\Omega_0$ die Anzahl Leitungselektronen pro *Atom* und a_0 der BOHRsche Wasserstoffradius. Alle Größen wie K, dE/dK, C, sind für $E = \zeta$ zu nehmen. Die erste Formel (36.11) unterscheidet sich von der entsprechenden Formel (5.9) dadurch, daß $\hbar K$ an Stelle von mv steht: Bei freien Elektronen werden beide Ausdrücke identisch, sonst ist im allgemeinen $\hbar K$ etwas größer als mv. Es sei noch bemerkt, daß n_0 nur mittelbar auftritt dadurch, daß in (36.10) $\bar{K}$ durch n_0 ausgedrückt wurde.

Es ist befriedigend, daß in (36.12) nur der Wert von dE/dK für $E = \zeta$ auftritt, nicht der Absolutwert von E: Die Abhängigkeit der Energie von der Wellenzahl *unterhalb* der Grenzenergie ist völlig belanglos. Nehmen wird jedoch speziell an, daß

$$E = \lambda K^2 \tag{36.13}$$

ist, wie das bei freien Elektronen der Fall ist (dort hat außerdem λ den speziellen Wert $\hbar^2/2m$), so wird

$$\bar{K} \overline{\frac{dE}{dK}} = 2\zeta, \tag{36.14}$$

wodurch sich die Formel (36.12) noch etwas vereinfacht.

b) Temperaturabhängigkeit. Die Leitfähigkeit ist nach (36.12) umgekehrt proportional der absoluten Temperatur T. Diese Temperaturabhängigkeit wird von der Erfahrung bestätigt[1]. Sie kommt im wesentlichen durch den Faktor $N(q)$ auf der linken Seite von (35.19) zustande: Alle übrigen Glieder dort sind bei hoher Temperatur praktisch unabhängig von T. Die Anzahl der Zusammenstöße der Elektronen mit den Gitterschwingungen [linke Seite von (35.19) = reziproke freie Weglänge] wird also proportional der Energie der Gitterschwingungen $N(q)$, und diese wiederum ist bekanntlich [s. (35.23)] proportional T. Man kann die Proportionalität der Stoßzahl mit N auch direkt verstehen: Die Anzahl der Zusammenstöße ist proportional dem Quadrat des Störungspotentials, dieses proportional der Amplitude der Gitterschwingungen, also die Stoßzahl proportional mit der Schwingungsenergie. — Auf die Analogie der Streuung von Elektronenwellen mit der DEBYEschen Streuung von Röntgenstrahlen durch die thermischen Dichteschwankungen im Kristall sei hingewiesen[2].

c) Absolutwert. Die übrigen Faktoren in der Leitfähigkeitsformel (36.9) geben die Abhängigkeit der Leitfähigkeit vom Material. Das Auftreten des Faktors M ist ohne weiteres einleuchtend: Je schwerer die Atome, um so kleiner ist die Amplitude ihrer thermischen Schwingung, um so geringer also die Störung der Elektronenbewegung, um so größer die Leitfähigkeit.

C ist, wie bereits in (34.24) bemerkt, im wesentlichen die kinetische Energie eines Leitungselektrons. Für die Diskussion eignet sich am besten Formel (34.30): Der wichtigste Term dort ist die mittlere potentielle Energie $\bar{V}$. Sie wächst stark mit der Ordnungszahl, weil schwere Atome stärkere Potentialfelder haben,

---

[1] Genau genommen steigt der Widerstand bei hohen Temperaturen etwas stärker als proportional der absoluten Temperatur. Vgl. z. B. E. GRÜNEISEN, Ann. d. Phys. Bd. 16, S. 530. 1933. Dies ist jedenfalls auf die Mitwirkung von „Doppel-Stoßprozessen" zurückzuführen, d. h. Stößen, an denen *zwei* Gitterwellen und ein Elektron beteiligt sind (vgl. Anm. 2, S. 514).

[2] W. V. HOUSTON, ZS. f. Phys. Bd. 48, S. 449. 1928.

und nimmt für schwere Atome ziemlich große Werte an[1]. Die übrigen Größen in (34.30) betragen dagegen nur wenige Volt. C steigt daher mit zunehmendem Atomgewicht, der Faktor $1/C^2$ dürfte die durch den Faktor M verursachte Abhängigkeit vom Atomgewicht ungefähr aufheben.

Wir würden vermuten, daß C für schwere Atome gleich einem Vielfachen der Grenzenergie ζ ist. Bei den leichten Alkalien andererseits dürften beide Größen von gleicher Größenordnung, nämlich einige Volt, sein: Dort ist nämlich V wegen der schwachen Atomfelder und der großen Atomvolumina relativ klein, und da die Elektronen nahezu frei sind, ist auch $\frac{\hbar^2}{m} K \approx \frac{dE}{dK}$. Wir können also für Na und K etwa $C = \zeta$ annehmen.

Mit steigendem Atomvolumen nimmt, wie soeben erwähnt, C jedenfalls ab: Die Gebiete, in denen V beträchtlich ist, nehmen dann nur einen geringen Teil des gesamten verfügbaren Raums ein, so daß $\overline{V}$ klein wird. Gleichzeitig nimmt aber auch $K\frac{dE}{dK}$ [bzw. ζ, vgl. (36.14)] ab, wenigstens für freie Elektronen [vgl. (2.6)], so daß $\frac{K}{C}\frac{dE}{dK} \approx \frac{2\zeta}{C}$ vom Atomvolumen ziemlich unabhängig sein dürfte.

Der Faktor $K\frac{dE}{dK}$ ist im übrigen um so größer, je „freier" die Elektronen sind: $\frac{dE}{dK} = \hbar v$ (bzw. die mit dieser Größe proportionale Breite der Energiebänder) mißt ja die Häufigkeit eines Übergangs des Leitungselektrons von einem Atom zum Nachbaratom. Es ist einleuchtend, daß mit zunehmender „Freiheit" der Elektronen die Leitfähigkeit steigt. — Die Debyetemperatur Θ schließlich wächst mit abnehmenden Atomgewicht und zunehmender Festigkeit der Bindung der *Atome* aneinander (d. h. mit abnehmendem Atomvolumen). Bei so vielen gegeneinanderwirkenden Faktoren ist es kein Wunder, wenn eine definierte Abhängigkeit der Leitfähigkeit von Atomgewicht und Atomvolum experimentell nicht feststellbar ist.

Bei der quantitativen Berechnung der Leitfähigkeit ist der größte Unsicherheitsfaktor die mittlere kinetische Energie C. Wir werden daher umgekehrt verfahren, d. h. C aus der gegebenen Leitfähigkeit ausrechnen und zusehen, ob das Resultat plausibel ist. Am ehesten werden wir für die Alkalien ein vernünftiges Ergebnis erwarten können, da dort unsere Annahme (34.19) am ehesten erfüllt sein wird. Daneben haben wir die Rechnung noch für die Edelmetalle durchgeführt. Die Ergebnisse findet man in Tabelle 6.

Tabelle 6. Leitfähigkeit der Alkalien und Edelmetalle bei 0°.

Metall	Li	Na	K	Rb	Cs	Cu	Ag	Au
Atomgewicht	6,9	23	39	85,5	133	63,6	108	197
Θ	510	202	126	$\sim$85	$\sim$68	315	215	175
K (in $10^8\,\text{cm}^{-1}$)	1,12	0,915	0,738	0,688	0,635	1,37	1,21	1,212
σ (in $10^4\,\Omega^{-1}\,\text{cm}^{-1}$)	11,7	22,6	15,3	8,2	5,40	64	67	45—68[2]
C/ζ aus Beob. berechnet	1,80	1,04	1,14	1,61	2,06	1,11	1,21	1,48—1,20
ζ (in Volt, berechnet für freie Elektronen)	4,74	3,16	2,06	1,79	1,53	7,10	5,52	5,56
C (Volt)	8,53	3,28	2,35	2,88	3,16	7,9	6,7	8,2—6,6

[1] Es ist allerdings zu beachten, daß für die Gebiete nahe am Atomkern die Änderung des Potentials durch die Gitterschwingung *nicht* durch (34.3) dargestellt wird, sondern kleiner ist. Da diese Gebiete einen sehr wesentlichen Beitrag zu $\overline{V}$ geben, wird C in Wirklichkeit kleiner als $-\overline{V}$ anzusetzen sein.

[2] Nach W. MEISSNER bei besonders reinem Gold 68, nach älteren Messungen ca. 45.

Die numerische Formel für σ lautet (A = Atomgewicht, ϱ = Dichte, $\overline{K} = K$ in der Einheit $10^8\,\text{cm}^{-1}$ und $n_0 = 1$)

$$\left.\begin{aligned}\sigma &= \frac{4}{30{,}9}\cdot 1828 A\left(\frac{\zeta}{C}\right)^2 \frac{1{,}378\cdot 10^{-16}}{1{,}042\cdot 10^{-27}\cdot 10^8\cdot \overline{K}\cdot 0{,}53\cdot 10^{-8}}\,\frac{\Theta^2}{T}\\ &= 5{,}9\cdot 10^{13}\left(\frac{\zeta}{C}\right)^2\frac{A}{\overline{K}}\cdot\frac{\Theta^2}{T}\,\text{e.s.E.} = 65\left(\frac{\zeta}{C}\right)^2\frac{A}{\overline{K}}\,\frac{\Theta^2}{T}\,\text{Ohm}^{-1}\text{cm}^{-1},\end{aligned}\right\} \tag{36.15}$$

(36.15) ist unter der Annahme völlig freier Elektronen berechnet. Die berechneten Werte für C sind bei Na bis Cs außerordentlich plausibel, auch der erwartete Anstieg von C/ζ mit wachsendem Atomgewicht ist von Kalium[1] ab vorhanden. Für die Edelmetalle würden wir a priori etwas höhere Werte für C erwartet haben (also etwas kleinere Leitfähigkeiten), doch mögen hier unsere Näherungen schon versagen. Der hohe Wert für Li ist wahrscheinlich durch Verunreinigungen verursacht.

d) Abhängigkeit der freien Weglänge von der Energie. Rechtfertigung einer in a begangenen Vernachlässigung. Nach (36.8) ist die freie Weglänge proportional dem Quadrat von $K(dE/dK)$, also, wenn die „Dispersionsformel" (36.13) angenommen wird, auch proportional dem Quadrat der Energie selbst. Dies Resultat ist für die thermoelektrischen Effekte (Thomsoneffekt, Thermokraft) von großer Wichtigkeit, weil dort [vgl. (6.12)] stets die Ableitung $d\log l/d\log E$ auftritt. Diese hat also nach unserer Formel (36.8) den Wert

$$\frac{d\log l}{d\log E} = 2\,. \tag{36.16}$$

Es ist von Wichtigkeit, zu überlegen, wieweit dies Resultat Gültigkeit beanspruchen darf.

Zunächst ist natürlich zu bemerken, daß auch C noch von der Energie E abhängt. Diese Abhängigkeit wird aber nach (34.30) mindestens für Alkalien gering sein. Denn da in diesem Fall die Elektronen nahezu frei sind, ist $\frac{\hbar^2}{m}K - \frac{dE}{dK}$ und $E - \frac{\hbar^2}{2m}K^2$ sehr klein, verglichen mit $\overline{V}$: $\overline{V}$ ist aber wiederum wesentlich durch das Potential im Atom*innern* bestimmt, dort hängt die Eigenfunktion nur wenig von der Energie E ab, so daß $\overline{V}$ vermutlich fast unabhängig von E ist. Dasselbe dürfte also bei Alkalien auch nahezu für C gelten.

Ferner ist zu berücksichtigen, daß wir bei der Ausrechnung von (36.8) zunächst den Ansatz (36.2) gemacht haben, der im Widerspruch zu dem schließlichen Resultat (36.4) steht. Dies könnte die Abhängigkeit der freien Weglänge von der Energie gefälscht haben. Man sieht aber leicht ein, daß dies nicht der Fall ist: Nimmt man nämlich eine allgemeine Abhängigkeit der Funktion c von E an, so wird die geschweifte Klammer in (35.19)

$$-\frac{q^2}{K^2}\,c(E) + \frac{(\hbar\omega)^2}{E}\,\frac{dc}{dE} + (\hbar\omega)^2\,\frac{d^2c}{dE^2}\left(1 - \frac{q^2}{2K^2}\right) + \cdots,$$

während wir in (36.3) nur das erste Glied dieser Entwicklung berücksichtigen. Wenn nun c proportional einer Potenz E^n der Energie ist, so verhalten sich die Zusatzglieder zum ersten Glied wie $\alpha\left(\frac{\hbar\omega}{E}\right)^2 \approx 10^{-4}$, wo α ein mit n zusammenhängender Zahlenfaktor der Größenordnung 1 ist. Erstens sind also die Zusatzglieder sehr klein gegen das Hauptglied, zweitens — und dies ist noch wichtiger — hängt das Verhältnis Zusatzglieder zu Hauptglied nicht wesentlich von der Energie ab, womit (36.16) endgültig gerechtfertigt ist.

Wir können also sagen, daß (36.16) stets gilt, wenn die Annahme (36.13) zutrifft. Für Alkalien ist also (36.16) wohl richtig, was auch aus der Übereinstimmung des elementar berechneten Thermo- und Thomsoneffekts mit der

[1] Daß C für K kleiner ist als für Na, dürfte sich aus dem wesentlich größeren Atomvolum des Kaliums erklären.

Erfahrung hervorgeht (vgl. Ziff. 6, S. 361), für Edelmetalle dagegen ist nach Ausweis des Thomsoneffekts (36.16) falsch: Das Vorzeichen von $d \log l / d \log E$ ist in diesem Fall wahrscheinlich *negativ*, d. h. die freie Weglänge nimmt mit wachsender Energie ab (vgl. Ziff. 50). Daraus geht hervor, daß bei Edelmetallen C *nicht* unabhängig von E ist, was wegen der sehr mangelhaften „Freiheit" der Elektronen auch nicht zu erwarten ist.

Im übrigen gilt (36.16) natürlich — wie alle Betrachtungen dieser Ziffer — nur für hohe Temperaturen. Wird T mit Θ vergleichbar, so wird $d \log l / d \log E$ temperaturabhängig[1].

37. Tiefe Temperaturen $T \ll \Theta$.[2] a) Lösungsmethode. Bei tiefen Temperaturen ist, wie bereits in Ziff. 35 bemerkt, $N(q)$ für kurze Gitterwellen ungeheuer klein, es sind nur lange Wellen angeregt. Es würde daher zunächst naheliegen, unter diesen Umständen die Größen $\frac{\hbar\omega}{K(dE/dK)}$ und $\frac{q^2}{2K^2}$ in der Integralgleichung (35.19) ganz zu vernachlässigen, da sie für alle mit merklicher Intensität angeregten Gitterwellen sehr klein sind. Das ist aber nicht zulässig: Denn dann würde die der Gleichung (35.19) entsprechende homogene Integralgleichung (rechte Seite gleich Null) die Lösung $c(E) = \text{konst.}$ haben, es wäre daher unmöglich, die inhomogene Gleichung zu lösen.

Das ist physikalisch vollkommen plausibel, wenn wir uns an die Entstehung der Faktoren $F = 1 \pm \frac{\hbar\omega}{K(dE/dK)} - \frac{q^2}{2K^2}$ in (35.19) erinnern: Diese kamen bei der Mittelung von q_x über den Azimutalwinkel φ herein [vgl. (35.11) bis (35.15)], und zwar stellen sie das über φ gemittelte Verhältnis k'_x/k_x dar, wobei k_x die x-Komponente der Wellenzahl unseres Elektrons ist und k'_x diejenige Wellenzahl, welche das Elektron bei einem Zusammenstoß mit einer Gitterwelle erhalten würde. Setzt man den Faktor F gleich Eins, so setzt man damit $k'_x = k_x$, man tut also so, als ob beim Zusammenstoß die Wellenzahl k_x ungeändert bliebe: Wäre das in Wirklichkeit der Fall, so würde k_x infolge der Wirkung des elektrischen Feldes dauernd wachsen (Ziff. 33), ohne daß dem eine Abnahme durch Zusammenstöße gegenüberstünde: Der Strom würde dauernd zunehmen, die Leitfähigkeit wäre unendlich.

Wir müssen also die Glieder $\frac{\hbar\omega}{K(dE/dK)}$ und $\frac{q^2}{2K^2}$ beibehalten. Wir können uns aber zunutze machen, daß im Falle ihrer Vernachlässigung $c(E) = \text{konst.}$ eine Lösung der homogenen Gleichung ist. Wir machen nämlich den Ansatz

$$c(E) = \alpha + \beta(E), \tag{37.1}$$

wo α eine Konstante ist und $\beta \ll \alpha$. Dann bleiben auf der linken Seite von (35.19) nur Glieder von der Größenordnung $\alpha\left(\frac{\hbar\omega}{K(dE/dK)} + \frac{q^2}{2K^2}\right)$, sowie solche von der Größenordnung β stehen, dagegen fallen diejenigen von der Größenordnung α heraus.

Um die Integralgleichung wirklich zu behandeln, ist es zweckmäßiger, auf die Form (35.16) zurückzugehen. Für χ setzen wir entsprechend (37.1) an

$$\chi(E) = -\alpha \frac{df_0}{dE} + \psi(E), \tag{37.2}$$

wo $\psi(E) \ll \alpha \frac{df_0}{dE}$ sein soll. (Dies wird in Abschnitt d bewiesen.) Wir bringen die Glieder mit $\frac{\hbar\omega}{K(dE/dK)}$ und $\frac{q^2}{2K^2}$ nach rechts und beachten, daß das links übrig-

[1] Vgl. W. KROLL, ZS. f. Phys. Bd. 77, S. 322. 1932.
[2] Vgl. F. BLOCH, ZS. f. Phys. Bd. 57, S. 545. 1929.

bleibende Integral verschwinden würde, wenn man $\chi = -\alpha \cdot \frac{d f_0}{d E}$ setzen würde: links liefert also nur ψ einen Beitrag. Rechts vernachlässigen wir umgekehrt ψ neben $\alpha \cdot \frac{d f_0}{d E}$. Dann ergibt sich

$$\left.\begin{aligned}
&\int_0^{q_0} q^2\, d q\, N(q)\left\{\frac{f_0(E)}{f_0(E+\hbar\omega)}\,\psi(E+\hbar\omega)-\frac{f_0(E-\hbar\omega)}{f_0(E)}\,\psi(E)\right.\\
&\left.\quad+\frac{f_0(E)}{f_0(E-\hbar\omega)}\,e^{\frac{\hbar\omega}{kT}}\,\psi(E-\hbar\omega)-\frac{f_0(E+\hbar\omega)}{f_0(E)}\,e^{\frac{\hbar\omega}{kT}}\,\psi(E)\right\}\\
&=\frac{9\pi M u_0 e F}{\hbar C^2 \Omega_0 K}\,\frac{d f_0}{d E}\left(\frac{d E}{d K}\right)^2\\
&\quad-\alpha\int_0^{q_0} q^2\, d q\, N(q)\left\{\frac{f_0(E)}{f_0(E+\hbar\omega)}\,\frac{d f_0(E+\hbar\omega)}{d E}\left(\frac{q^2}{2K^2}-\frac{\hbar\omega}{K(dE/dK)}\right)\right.\\
&\left.\quad+\frac{f_0(E)}{f_0(E-\hbar\omega)}\,e^{\frac{\hbar\omega}{kT}}\,\frac{d f_0(E-\hbar\omega)}{d E}\left(\frac{q^2}{2K^2}+\frac{\hbar\omega}{K(dE/dK)}\right)\right\}.
\end{aligned}\right\}\qquad(37.3)$$

Wir wissen, daß die zu (37.3) entsprechende homogene Gleichung die Lösung $\psi = \text{konst.}\, d f_0/d E$ hat. Die gegebene inhomogene Gleichung ist infolgedessen nicht allgemein lösbar, sondern nur, wenn die rechte Seite bestimmte Orthogonalitätseigenschaften hat: Man sieht nämlich unmittelbar, daß die linke Seite verschwindet, wenn man sie über E von $-\infty$ bis $+\infty$ integriert[1]. Dasselbe muß auch für die rechte Seite gelten, wenn (37.3) überhaupt eine endliche Lösung $\psi(E)$ haben soll. Die Erfüllung dieser Bedingung läßt sich aber durch Wahl von α erreichen: Durch die Orthogonalitätsbedingung wird also α, d. h. das Hauptglied in der Verteilungsfunktion (37.2) festgelegt.

b) Berechnung der Leitfähigkeit. Wir bekommen demnach

$$\left.\begin{aligned}
&-\alpha\int_{-\infty}^{+\infty} d E\,\frac{d f_0}{d E}\int_0^{q_0} q^2\, d q\, N(q)\left\{\left(\frac{q^2}{2K^2}-\frac{\hbar\omega}{K(dE/dK)}\right)\frac{f_0(E+\hbar\omega)}{f_0(E)}\,e^{\frac{\hbar\omega}{kT}}\right.\\
&\left.\quad+\left(\frac{q^2}{2K^2}+\frac{\hbar\omega}{K(dE/dK)}\right)\frac{f_0(E-\hbar\omega)}{f_0(E)}\right\}=-\frac{9\pi M u_0 e F}{\hbar C^2\Omega_0}\int_{-\infty}^{+\infty}\frac{d f_0}{d E}\,\frac{1}{K}\left(\frac{d E}{d K}\right)^2 d E\\
&=\frac{9\pi M u_0 e F}{\hbar C^2 \Omega_0 \overline{K}}\,\overline{\left(\frac{d E}{d K}\right)^2},
\end{aligned}\right\}\qquad(37.4)$$

wo $\overline{K}$ die Wellenzahl ist, welche der FERMIschen Grenzenergie entspricht. Um das Integral links bequemer auswerten zu können, führen wir die neuen Variablen

$$x = \frac{\hbar\omega}{kT} = \frac{\hbar u_0}{kT}\,q = \frac{\Theta}{T q_0}\,q, \qquad \text{[vgl. (35.24)]} \qquad (37.5)$$

$$\varepsilon = \frac{E-\zeta}{kT} \qquad (37.6)$$

ein. Dann wird

$$N(q) = \frac{1}{e^x - 1}; \qquad f_0(E) = \frac{1}{e^\varepsilon + 1}; \qquad f_0(E+\hbar\omega) = \frac{1}{e^{\varepsilon+x}+1}, \qquad (37.7)$$

---

[1] In Wirklichkeit wäre die untere Integrationsgrenze $E = 0$, dort ist jedoch $\psi(E)$ schon so klein geworden, daß wir praktisch die Integration bei $-\infty$ beginnen können. Wenn man dann im zweiten und dritten Glied der geschweiften Klammer die Integrationsvariable E in $E + \hbar\omega$ umbenennt, so hebt sich das zweite mit dem ersten und das dritte mit dem vierten Glied auf.

und die linke Seite von (37.4) schreibt sich

$$\left.\begin{aligned} &-\alpha\int_{-\infty}^{+\infty} d\varepsilon \frac{df_0}{d\varepsilon}\int_0^{x_0}\left(\frac{Tq_0}{\Theta}\right)^3 \frac{x^2\,dx}{e^x-1}\left\{\left[\frac{q_0^2}{2K^2}\left(\frac{T}{\Theta}\right)^2 x^2 - \frac{kT}{K(dE/dK)}x\right]\frac{e^\varepsilon+1}{e^\varepsilon+e^{-x}}\right.\\ &\left.+\left[\frac{q_0^2}{2K^2}\left(\frac{T}{\Theta}\right)^2 x^2 + \frac{kT}{K(dE/dK)}x\right]\frac{e^{-\varepsilon}+1}{e^{-\varepsilon}+e^{-x}}\right\}.\end{aligned}\right\} \tag{37.8}$$

Dabei ist

$$x_0 = \frac{\hbar u_0 q_0}{kT} = \frac{\Theta}{T} \tag{37.9}$$

bei tiefen Temperaturen sehr groß.

Wir führen zunächst die Integration über ε aus, wobei wir langsam veränderliche Größen wie E und K^2 als konstant betrachten und durch ihre Werte an der Stelle E = Grenzenergie ζ ersetzen können. Nun ist die erste eckige Klammer in (37.8) mit dem von ε abhängigen Faktor

$$\int_{-\infty}^{+\infty} d\varepsilon \frac{df_0}{d\varepsilon}\frac{e^\varepsilon+1}{e^\varepsilon+e^{-x}} = -\int d\varepsilon \frac{e^\varepsilon}{(e^\varepsilon+1)(e^\varepsilon+e^{-x})} = \frac{-1}{1-e^{-x}}\int_{-\infty}^{+\infty} d\varepsilon\left(\frac{1}{e^\varepsilon+1}-\frac{1}{e^{\varepsilon+x}+1}\right) \tag{37.10}$$

multipliziert. Der Integrand im letzten Integral ist praktisch Null für $\varepsilon < -x$ und $\varepsilon > 0$, im Gebiet $-x < \varepsilon < 0$ dagegen nahezu 1. Das Integral ist elementar ausführbar[1] und ergibt einfach x. Ebenso erhält man für den Faktor der zweiten eckigen Klammer

$$\int_{-\infty}^{+\infty} d\varepsilon \frac{df_0}{d\varepsilon}\frac{e^{-\varepsilon}+1}{e^{-\varepsilon}+e^{-x}} = -\frac{x}{1-e^{-x}}, \tag{37.11}$$

weil der Integrand von (37.11) aus dem von (37.10) einfach durch Änderung des Vorzeichens von ε hervorgeht.

Folglich wird aus (37.8), (37.4)

$$\frac{\alpha}{K^2}\left(\frac{Tq_0}{\Theta}\right)^5\int_0^{\Theta/T}\frac{x^5\,dx}{(e^x-1)(1-e^{-x})} = \frac{9\pi M u_0 e F}{\hbar C^2 \Omega_0 K}\left(\frac{dE}{dK}\right)^2. \tag{37.12}$$

Die obere Grenze des Integrals links kann bei tiefen Temperaturen praktisch gleich ∞ gesetzt werden. Man erhält dann

$$J_5 = \int_0^\infty \frac{x^5\,dx}{(e^x-1)(1-e^{-x})} = -\int_0^\infty x^5\,dx\frac{d}{dx}\left(\frac{1}{e^x-1}\right) = -\left|\frac{x^5}{e^x-1}\right|_0^\infty + 5\int_0^\infty\frac{x^4\,dx}{e^x-1}.$$

Der integrierte Bestandteil verschwindet an den Grenzen. Im Integral entwickeln wir nach Potenzen von e^{-x}:

$$J_5 = 5\int_0^\infty\frac{x^4\,dx}{e^x-1} = 5\sum_{n=1}^\infty\int x^4\,dx\,e^{-nx} = 5!\sum_{n=1}^\infty\frac{1}{n^5} = 124{,}4. \tag{37.13}$$

---

[1] Da für sehr große negative ε der Integrand Null ist, können wir als untere Grenze statt $-\infty$ eine sehr große endliche Zahl $-A$ wählen. Dann konvergieren die Integrale über die einzelnen Summanden. Wir setzen etwa $\varepsilon^\varepsilon = u$, dann ist

$$\int_{-A}^\infty\frac{d\varepsilon}{e^\varepsilon+1} = \int_{e^{-A}}^\infty\frac{du}{u(u+1)} = \int_{e^{-A}}^\infty\left(\frac{1}{u}-\frac{1}{u+1}\right)du = \left|\lg\frac{u}{u+1}\right|_{e^{-A}}^\infty = A.$$

Ebenso mit $u = e^{\varepsilon+x}$

$$\int_{-A}^\infty\frac{d\varepsilon}{e^{\varepsilon+x}+1} = \int_{e^{-A+x}}^\infty\frac{du}{u(u+1)} = A - x.$$

J_5 wird also bei tiefen Temperaturen *von T unabhängig* und daher α, die Störung der Verteilungsfunktion durch das Feld, (und damit auch freie Weglänge und Leitfähigkeit) proportional T^{-5}:

$$\alpha = \frac{9\pi M u_0 e F K}{\hbar C^2 \Omega_0 J_5}\left(\frac{dE}{dK}\right)^2\left(\frac{\Theta}{T q_0}\right)^5 = \frac{1}{4\cdot 124.4\cdot \pi^3}\,\frac{M}{\hbar^2}\left(\frac{K}{C}\,\frac{dE}{dK}\right)^2 \Omega_0 k\Theta \frac{eF}{K}\left(\frac{\Theta}{T}\right)^5 \tag{37.14}$$

[vgl. die Umformung von (36.3) in (36.4)],

$$l = \frac{1}{4\pi^3 J_5}\cdot\frac{M}{\hbar^2}\left(\frac{K}{C}\,\frac{dE}{dK}\right)^2 \Omega_0 k\Theta\left(\frac{\Theta}{T}\right)^5, \tag{37.15}$$

$$\sigma = \frac{n_0}{4\pi^3 J_5}\cdot\frac{M}{m}\left(\frac{K}{C}\,\frac{dE}{dK}\right)^2 \frac{k\Theta}{\hbar K a_0}\left(\frac{\Theta}{T}\right)^5. \tag{37.16}$$

c) Diskussion. Qualitativ kann man die Proportionalität des Widerstandes mit der fünften Potenz der absoluten Temperatur folgendermaßen verstehen: Die gesamte Anzahl der Zusammenstöße mit Gitterschwingungen pro Zeiteinheit ist proportional zum Integral $\int\limits_0^{q_0} N(q)\,q^2\,dq$, d. h. zur Gesamtzahl der vorhandenen Gitterquanten. Nun sind aber bei tiefen Temperaturen nur Schwingungen angeregt, deren Wellenzahl von der Größenordnung $q_T = \frac{kT}{\hbar u_0}$ ist: Die Gesamtzahl der vorhandenen Gitterquanten ist daher etwa gleich der Anzahl Gitterschwingungen mit einer Wellenzahl $q < q_T$, d. h. proportional dem Volumen einer Kugel mit dem Radius q_T, folglich proportional $q_T^3 \sim T^3$. Exakter:

$$\int\limits_0^{q_0} N(q)\,q^2\,dq = \left(\frac{T q_0}{\Theta}\right)^3 \int\limits_0^{\Theta/T} \frac{x^2\,dx}{e^x - 1} \sim T^3,$$

wenn Θ/T sehr groß ist. Man würde also bei oberflächlicher Betrachtung Proportionalität des Widerstandes mit T^3 erwarten. In Wirklichkeit muß man aber berücksichtigen, daß sich bei jedem Zusammenstoß der Impuls des Elektrons in der Feldrichtung, k_x, nur um einen Betrag proportional q^2/K^2, also proportional T^2 vermindert: Es sind also K^2/q^2 Zusammenstöße erforderlich, um den durch das Feld erlangten Impuls wieder zu vernichten. Auf die Vernichtung des Impulses kommt es aber für die freie Weglänge an: Diese kann man nämlich definieren als die Strecke, auf der — unter der Wirkung von Stößen allein, also ohne äußeres Feld — der Vorwärtsimpuls eines Elektrons von einem ursprünglichen Wert k_x auf $1/e$ dieses Wertes abgeklungen ist. Diese Strecke ist nun offenbar gleich der Strecke zwischen zwei Zusammenstößen, welche proportional T^{-3} ist, multipliziert mit der Anzahl der Stöße, die zur Vernichtung des Impulses erforderlich sind, also mit einer zu T^{-2} proportionalen Größe. Daher wird $l \sim T^{-5}$.

Die Leitfähigkeiten bei hoher und bei tiefer Temperatur stehen in einer festen Beziehung zueinander, in welche nur die DEBYEsche charakteristische Temperatur eingeht. Sei $T_1 \ll \Theta \ll T_2$, so folgt aus Formel (36.12), (37.16) für das Verhältnis der Widerstände bzw. Leitfähigkeiten[1]

$$\frac{R_1}{R_2} = \frac{\sigma_2}{\sigma_1} = 497{,}6\left(\frac{T_1}{\Theta}\right)^4 \frac{T_1}{T_2}. \tag{37.17}$$

Diese Formel wird von der Erfahrung gut bestätigt (Ziff. 38).

d) Rechtfertigung der Vernachlässigungen. Wir haben stets, sowohl bei der Berechnung von α wie bei derjenigen von σ, die Funktion $\psi(E)$ neben $\alpha\cdot\frac{df_0}{dE}$ vernachlässigt. Die Berechtigung dieses Vorgehens bleibt nachzuweisen.

[1] Vgl. F. BLOCH, l. c.; L. BRILLOUIN [l. c. S. 380, Formel (235)] gibt eine sinnlose Formel.

Wenn wir in (37.3) die Variablen x, ε [vgl. (37.5), (37.6)] einführen, so steht links die Funktion ψ multipliziert mit einer Größe proportional $(T/\Theta)^3$ und mit einem nur von x und ε abhängigen, also temperaturunabhängigen Faktor. Rechts ist das erste Glied temperaturunabhängig, im zweiten steht α [proportional $(T/\Theta)^{-5}$] multipliziert mit einem Integral. Dieses ist proportional $(T/\Theta)^5$, solange [vgl. die eckigen Klammern in (37.8)]

$$\frac{q_0^2}{2K^2}\left(\frac{T}{\Theta}\right)^2 \gg \frac{k\Theta}{K(dE/dK)}\,\frac{T}{\Theta}, \qquad \text{also} \qquad \frac{T}{\Theta} \gg \frac{T_1}{\Theta} = \frac{2K^2}{q_0^2}\cdot\frac{k\Theta}{K(dE/dK)} \tag{37.18}$$

gilt: Da nun für die meisten Metalle $K \approx q_0$, $k\Theta \approx \frac{1}{500} K \frac{dE}{dK}$ und $\Theta \approx 200°$ ist, so ist diese Ungleichung bis zu sehr tiefen Temperaturen von etwa $T_1 = 1°$ abs. erfüllt. Für noch niedrigere Temperaturen werden im Integral die Ausdrücke $\hbar\omega$ ausschlaggebend und verursachen eine Proportionalität des Integrals mit $(T/\Theta)^4$. Das zweite Glied auf der rechten Seite von (37.3) ist also unabhängig von T für $T > T_1$ und proportional Θ/T (oder besser gesagt, proportional T_1/T, da der Proportionalitätsfaktor sehr klein ist!) für $T < T_1$. Demgemäß wird

$$\psi \text{ proportional } (\Theta/T)^3 \quad \text{für} \quad T > T_1,$$

$$\psi \text{ proportional } (\Theta/T)^4 \quad \text{für} \quad T < T_1.$$

In jedem Falle ist $\psi \ll \alpha \frac{df_0}{dE}$, da $\alpha \sim \left(\frac{\Theta}{T}\right)^5$ ist. Damit ist die Vernachlässigung von ψ gerechtfertigt.

38. Mittlere Temperaturen $\Theta \approx T$. Bei mittleren Temperaturen versagen beide bisher angewandten Methoden: Weder kann $\hbar\omega/kT$ als klein angesehen und die Exponentialfunktionen entwickelt werden, wie wir das bei hohen Temperaturen taten, noch ist q^2/K^2 eine kleine Größe wie im Falle tiefer Temperaturen. Die Berechnung der Leitfähigkeit bei mittleren Temperaturen ist demgemäß ein sehr kompliziertes Problem, dessen Lösung bisher nicht gelungen ist. Immerhin bietet sich ein einfacher Weg, um zwischen hohen und tiefen Temperaturen zu interpolieren.

Wir stellen zunächst fest, daß die für tiefe Temperaturen abgeleitete Formel (37.12) in Verbindung mit (37.2) überraschenderweise auch für hohe Temperaturen die richtige Verteilungsfunktion ergibt: Für $T \gg \Theta$ können nämlich die Exponentialfunktionen im Integral auf der linken Seite von (37.12) wieder — genau wie in Ziff. 36 — entwickelt und nach dem ersten Gliede abgebrochen werden, dann wird

$$J_5 = \int_0^{\Theta/T} x^3\,dx = \frac{1}{4}\left(\frac{\Theta}{T}\right)^4, \tag{38.1}$$

und mit Rücksicht auf (35.24) wird die linke Seite von (37.12) genau identisch mit der von (36.3) $(\alpha = c(E))$.

Diese Tatsache legt die Annahme nahe, daß *auch für mittlere Temperaturen die Leitfähigkeit nach Formel* (37.16) *berechnet werden kann, nur daß statt des Zahlenwerts* 124,4 *der Wert von J_5 bei der jeweiligen Temperatur einzusetzen ist.* Diese Annahme liefert Werte für die Leitfähigkeit, welche mit dem Experiment aufs beste übereinstimmen, sie läßt sich jedoch nicht beweisen und ist auch jedenfalls nur eine erste Näherung.

Immerhin ist es möglich, unsere Annahme plausibel zu machen. Zu diesem Zwecke denken wir die Störung der Verteilungsfunktion in eine Reihe entwickelt:

$$\chi = \chi_1 + \chi_2 + \chi_3 + \cdots \tag{38.2}$$

χ_1 identifizieren wir mit unserem früheren $\alpha \frac{df_0}{dE}$ [vgl. (37.2)], während unser früheres ψ die Summe aller höheren χ_i darstellt. Zur Bestimmung dieser Näherungsfunktionen verwenden wir ein Verfahren sukzessiver Approximation: χ_2 ist die Lösung der Integralgleichung (37.3) (d. h. die dort mit ψ bezeichnete Funktion), während sich die höheren χ aus den Gleichungen

$$\left.\begin{aligned} S(\chi_{n+1}) = \int\limits_0^{q_0} q^2 dq\, N(q) \left\{ \left(\frac{q^2}{2K^2} - \frac{\hbar\omega}{K(dE/dK)} \right) \frac{f_0(E)}{f_0(E+\hbar\omega)} \chi_n(E+\hbar\omega) \right. \\ \left. + \left(\frac{q^2}{2K^2} + \frac{\hbar\omega}{K(dE/dK)} \right) \frac{f_0(E)}{f_0(E-\hbar\omega)} e^{\frac{\hbar\omega}{kT}} \chi_n(E-\hbar\omega) \right\} \end{aligned}\right\} \tag{38.3}$$

bestimmen sollen. Dabei ist S der auf der linken Seite von (37.3) stehende Integraloperator. Damit (38.3) lösbar ist, muß das Integral der rechten Seite über ε verschwinden, das ergibt für χ_n die Bedingung

$$\int\limits_0^\infty \frac{x^4 dx}{e^x - 1} \int\limits_{-\infty}^{+\infty} d\varepsilon \left[\frac{e^{-\varepsilon} + e^x}{e^{-\varepsilon} + 1} \chi_n(\varepsilon + x) + \frac{e^\varepsilon + e^x}{e^\varepsilon + 1} \chi_n(\varepsilon - x) \right] = 0. \tag{38.4}$$

Dabei haben wir die Integrationsvariablen ε und x eingeführt, ferner $\hbar\omega/K(dE/dK)$ neben $q^2/2K^2$ vernachlässigt, weil wir mittlere Temperaturen $T \gg T_1$ [vgl. (37d)] voraussetzen, und schließlich einen konstanten Faktor weggelassen. Die Bedingung (38.4) ist sicher erfüllbar, denn man kann ja zu einer bestimmten Lösung χ_n der Gleichung (38.3) $(S(\chi_n) = \cdots)$ stets eine Lösung der homogenen Gleichung $S\chi_n = 0$, also die Funktion $\beta_n \frac{df_0}{d\varepsilon}$ mit beliebigem Koeffizienten β_n, addieren.

(38.4) besagt aber, daß χ_n mehrfach[1] sein Vorzeichen wechseln muß. Der Beitrag von χ_n zur Leitfähigkeit ist aber proportional $\int \chi_n(\varepsilon)\, d\varepsilon$. Dieses Integral wird nun offenbar klein, wenn χ_n sein Vorzeichen mehrmals wechselt, besonders wenn man berücksichtigt, daß χ_n überhaupt nur bei kleinem ε beträchtliche Werte hat. Es ist demnach plausibel, daß χ_1 den Hauptbeitrag[2] zur Leitfähigkeit[3] liefert.

Wir kommen zum Vergleich mit der Erfahrung. Nach Formel (37.16) soll die Temperaturabhängigkeit des spezifischen Widerstands gegeben sein durch

$$\frac{1}{\sigma} = \text{konst.} \left(\frac{T}{\Theta}\right)^5 \cdot J_5\left(\frac{\Theta}{T}\right), \tag{38.5}$$

wo

$$J_5\left(\frac{\Theta}{T}\right) = \int\limits_0^{\Theta/T} \frac{x^5 dx}{(e^x - 1)(1 - e^{-x})} = 5 \int\limits_0^{\Theta/T} \frac{x^4 dx}{e^x - 1} - \frac{(\Theta/T)^5}{e^{\Theta/T} - 1} \tag{38.6}$$

---

[1] Man sieht nämlich leicht ein, daß χ_n eine gerade Funktion von ε ist. Daher muß das Vorzeichen von χ_n mindestens zweimal (bei $\pm\varepsilon_0$) wechseln. Wir vermuten sogar nach einer Überschlagsrechnung, daß der Vorzeichenwechsel $2 \cdot (n - 1)$ mal eintritt.

[2] Wir haben das Verhältnis der Beiträge von χ_2 und χ_1 zur Leitfähigkeit durch eine rohe Überschlagsrechnung festzustellen versucht und fanden bei tiefen, aber nicht extrem tiefen Temperaturen etwa $\frac{\sigma_2}{\sigma_1} \approx \frac{1}{9} \frac{J_7}{J_5} \left(\frac{T}{\Theta}\right)^2$, wo $J_n = \int\limits_0^{\Theta/T} \frac{x^n dx}{(e^x - 1)(1 - e^{-x})}$ ist. Das Verhältnis $\frac{J_7}{J_5}\left(\frac{T}{\Theta}\right)^2$ erreicht seinen Maximalwert, nämlich $\frac{2}{3}$, bei $T = \infty$. Also wird $\frac{\sigma_2}{\sigma_1} < \frac{1}{13{,}5}$. In Wirklichkeit wissen wir, daß bei hohen Temperaturen σ *genau* durch die erste Näherung gegeben, also $\sigma_2 = 0$ ist. Das Maximum von σ_2/σ_1 dürfte daher etwa bei 5% liegen. Allerdings ist unsere Abschätzung äußerst roh.

[3] Dabei muß man sich jedoch bewußt sein, daß *nur* die Leitfähigkeit bestimmt ist. Dagegen kann keineswegs eine „freie Weglänge" definiert werden, d. h. die Verteilungsfunktion weicht sehr stark von der einfachen Form $\propto \frac{df_0}{dE}$ ab, welche sie bei hoher und tiefer Temperatur besitzt. Daher können Schlüsse über feinere Effekte, welche von dl/dE abhängen, bei mittleren Temperaturen nicht gezogen werden.

ist. GRÜNEISEN[1] hat die Funktion $J\left(\frac{\Theta}{T}\right)$ numerisch ausgewertet, wir geben in Tabelle 7 die von ihm berechneten Zahlenwerte für einige Werte von Θ/T.

Tabelle 7. Die Funktion $\Sigma = \left(\frac{T}{\Theta}\right)^4 \cdot J_5\left(\frac{\Theta}{T}\right)$ (also theoretische Temperaturabhängigkeit von $1/\sigma T$).

$x=\frac{\Theta}{T}$	$\frac{T}{\Theta}$	Σ	$x=\frac{\Theta}{T}$	$\frac{T}{\Theta}$	Σ	$x=\frac{\Theta}{T}$	$\frac{T}{\Theta}$	Σ
0	∞	1,0000	2,5	0,4000	0,7205	8	0,1250	0,0991
0,25	4,000	0,9965	3	0,3333	0,6309	10	0,1000	0,0465
0,5	2,000	0,9862	4	0,2500	0,4608	12	0,0833	0,0235
1	1,000	0,9465	5	0,2000	0,3208	14	0,0714	0,01289
1,5	0,667	0,8848	6	0,1667	0,2196	16	0,0625	0,00758
2	0,500	0,8074	7	0,1429	0,1471	20	0,0500	0,00311

In Tabelle 8 haben wir für einige Metalle das beobachtete Verhältnis des Widerstands bei tiefen Temperaturen zum Widerstand bei 0° aufgeführt. Dabei ist der bei tiefsten Temperaturen übrigbleibende Restwiderstand, welcher von Unregelmäßigkeiten im Gitteraufbau und von Verunreinigungen herrührt (vgl. Ziff. 43) jeweils in Abzug gebracht. Die Übereinstimmung der so korrigierten experimentellen Werte mit den aus Formel (38.5), (38.6) berechneten ist vorzüglich[2]. Allerdings scheinen bei mittleren Temperaturen die Beobachtungswerte des Widerstandes systematisch um etwa 5% unterhalb der berechneten zu liegen. Hier könnte evtl. der Einfluß der vernachlässigten höheren Näherungen $\chi_2, \chi_3, \ldots$ in der Verteilungsfunktion sich geltend machen (vgl. jedoch Ziff. 34f, 41).

Tabelle 8. Temperaturabhängigkeit der Leitfähigkeit einiger Metalle.

Gold ($\Theta = 175°$)			Kupfer ($\Theta = 315°$)		
T	$\left(\frac{\sigma_0}{\sigma}\right)_{\text{ber}}$	$\left(\frac{\sigma_0}{\sigma}\right)_{\text{beob}}$	T	$\left(\frac{\sigma_0}{\sigma}\right)_{\text{ber}}$	$\left(\frac{\sigma_0}{\sigma}\right)_{\text{beob}}$
273,2	1	1	273,2	1	1
87,43	0,2645	0,2551	195,2	0,662	0,658
78,86	0,2276	0,2187	90,2	0,1847	0,1804
57,8	0,1356	0,1314	81,2	0,1451	0,141
20,4	0,00604	0,0058	20,4	0,0059	0,0051
18,9	0,00346	0,0035	4,2	$<10^{-5}$	$<10^{-5}$
14,3	0,00117	0,00137			
12,1	0,00051	0,00048			
11,1	0,00033	0,00030			
4,2	$3\cdot10^{-6}$	$3\cdot10^{-6}$			

39. Wärmeleitfähigkeit. a) Allgemeines. Besteht in einem Metall ein Temperaturgradient dT/dx, so hängt die Verteilungsfunktion vom Ort x ab. Den Wert für die zeitliche Änderung der Verteilungsfunktion können wir einfach aus der elementaren Theorie übernehmen[3]:

$$\left(\frac{\partial f}{\partial t}\right)_{\text{Wärme}} = -v_x \frac{\partial f}{\partial x} = -v_x \frac{\partial f}{\partial T} \cdot \frac{dT}{dx}. \tag{39.1}$$

Wir haben nun die Verteilungsfunktion f zu bestimmen, und zwar unter der Bedingung, daß *kein elektrischer Strom* fließt (vgl. Ziff. 5). Dies ist nur möglich,

[1] E. GRÜNEISEN, Ann. d. Phys. Bd. 16, S. 530. 1933; Leipziger Vortr. 1930, S. 46.

[2] Weiteres Material bei GRÜNEISEN, l. c.

[3] Wir können uns etwa ein Wellenpaket vorstellen, welches zur Zeit Null am Orte x ist. Dieses Paket wandert dann mit der Partikelgeschwindigkeit v_x. Nach der Zeit t ist es am Ort $x + v_x t$ angelangt, an diesem Ort herrscht daher zur Zeit t die gleiche Verteilung der Elektronen auf die Quantenzustände, die zur Zeit 0 am Orte x herrschte.

wenn außer dem Temperaturgradienten ein elektrisches Feld vorhanden ist: Denn der Temperaturgradient ruft natürlich an sich einen Elektronenstrom hervor, der durch das elektrische Feld kompensiert werden muß. Die Stärke des Feldes ist aus der Bedingung $J = 0$ zu bestimmen. Die Stationaritätsbedingung bekommt also die Form

$$\left(\frac{\partial f}{\partial t}\right)_{\text{Stöße}} = -\left(\frac{\partial f}{\partial t}\right)_{\text{Wärme}} - \left(\frac{\partial f}{\partial t}\right)_{\text{Feld}} = v_x \frac{d f_0}{d T}\frac{d T}{d x} + e F \frac{d f_0}{d E} v_x. \tag{39.2}$$

Auf der rechten Seite haben wir, wie in Ziff. 35 [vgl. (35.4)], für f die ungestörte FERMIsche Verteilungsfunktion f_0 eingesetzt, auf der linken Seite muß die gestörte Verteilungsfunktion

$$f = f_0 - k_x \frac{d f_0}{d E} \cdot c(E) \tag{39.3}$$

benutzt werden. Nun hängt die Fermifunktion f_0 einerseits *explizit* von T ab, außerdem enthält sie T *implizit* in Form der temperaturabhängigen Grenzenergie ζ. Es ist

$$\frac{d f_0}{d T} = -\frac{d f_0}{d E}\left(\frac{E-\zeta}{T} + \frac{d\zeta}{d T}\right) = -\frac{d f_0}{d E}\left(k\varepsilon + \frac{d\zeta}{d T}\right) \tag{39.4}$$

[ε vgl. (37.6)]. Setzen wir außerdem den Wert für die zeitliche Änderung der Verteilungsfunktion durch Stöße ein, z. B. aus (35.19), so wird aus (39.2)

$$\left.\begin{aligned} S c(\varepsilon) = \int\limits_0^{q_0} \frac{q^2\,dq}{e^x - 1}\Bigg\{&\left[\left(1 - \frac{q^2}{2K^2}\right)c(\varepsilon + x) - c(\varepsilon)\right]\frac{e^\varepsilon + 1}{e^\varepsilon + e^{-x}} \\ &+ \left[\left(1 - \frac{q^2}{2K^2}\right)c(\varepsilon - x) - c(\varepsilon)\right]\frac{e^{-\varepsilon} + 1}{e^{-\varepsilon} + e^{-x}}\Bigg\} = \frac{9\pi M u_0}{\hbar C^2 \Omega_0 K}\left(\frac{dE}{dK}\right)^2\left[k\varepsilon\frac{dT}{dx}\right. \\ &\left.+ \frac{d\zeta}{dT}\frac{dT}{dx} - eF\right] = P\left[k\varepsilon\frac{dT}{dx} + \frac{d\zeta}{dT}\frac{dT}{dx} - eF\right]. \end{aligned}\right\} \tag{39.5}$$

$c(\varepsilon)$ läßt sich nun in zwei Bestandteile zerlegen

$$c(\varepsilon) = \left(\frac{d\zeta}{dT}\frac{dT}{dx} - eF\right)c_1(\varepsilon) + k\frac{dT}{dx}c_2(\varepsilon), \tag{39.6}$$

wo $c_1(\varepsilon)$ und $c_2(\varepsilon)$ die Lösungen der Integralgleichungen

$$S c_1 = P, \tag{39.7}$$

$$S c_2 = P\varepsilon \tag{39.7a}$$

sind. Der Integraloperator S ist nun beinahe symmetrisch in ε, d. h. wenn $c(\varepsilon)$ eine gerade (ungerade) Funktion von ε ist, so ist auch $Sc(\varepsilon)$ beinahe eine gerade (ungerade) Funktion: Nur weil K noch ein wenig von ε abhängt, enthält $Sc(\varepsilon)$ einen kleinen in $c(\varepsilon)$ ungeraden (geraden) Bestandteil. Ebenso ist P fast eine gerade Funktion von ε (sogar fast von ε unabhängig), allerdings ebenfalls nur „fast". Daher muß nach (39.7) c_1 fast eine gerade Funktion, c_2 fast eine ungerade Funktion von ε sein. Wir setzen

$$c_2(\varepsilon) = \gamma(\varepsilon)(1 + \delta(\varepsilon)), \tag{39.8}$$

wo $\gamma(\varepsilon)$ und $\delta(\varepsilon)$ zwei ungerade Funktionen von ε sind, von denen $\delta(\varepsilon)$ sehr klein gegen 1, $\gamma(\varepsilon)$ dagegen von normaler Größenordnung ist. Zur Bestimmung von $\gamma(\varepsilon)$ hat man in S und P die langsam veränderlichen Größen K und dE/dK durch ihre Werte an der Stelle $E = \zeta$ zu ersetzen.

Der elektrische Strom ist nun bekanntlich gegeben durch [vgl. (36.9), (39.3)]

$$J = 2e\int v_x f(\mathfrak{k})\,d\Phi = -\frac{8\pi}{3}\frac{1}{(2\pi)^3}e\int\frac{1}{\hbar}\frac{dE}{dK}K\frac{df_0}{dE}c(\varepsilon)K^2\,dK.$$

Wir haben, wie schon gesagt, zu fordern, daß J verschwindet. Unter Weglassung eines konstanten Faktors erhält man mit (39.6), (39.8)

$$J \sim \left(\frac{d\zeta}{dT}\frac{dT}{dx} - eF\right)\int c_1(\varepsilon)\frac{df_0}{d\varepsilon}K^3 d\varepsilon + k\frac{dT}{dx}\int \gamma(\varepsilon)(1+\delta(\varepsilon))\frac{df_0}{d\varepsilon}K^3 d\varepsilon = 0. \tag{39.9}$$

Nun ist $df_0/d\varepsilon$ eine gerade Funktion von ε. Das erste Integral hat daher schon in erster Näherung (im Sinne der Ziff. 5) einen endlichen Wert, während das zweite in der ersten Näherung — d. h. bei Fortlassen der kleinen Größe $\delta(\varepsilon)$ und Ersetzen von K durch $\overline{K}$ — wegen des ungeraden Charakters von $\gamma(\varepsilon)$ verschwindet. Wir müssen daher im zweiten Integral die langsam veränderliche Größe K nach ε entwickeln und $\delta(\varepsilon)$ beibehalten, während wir im ersten K durch seinen Wert für $E = \zeta$ ersetzen dürfen. Dann bekommen wir

$$\left.\begin{aligned} &\left(\frac{d\zeta}{dT}\frac{dT}{dx} - eF\right)\overline{K}^3\int c_1(\varepsilon)\frac{df_0}{d\varepsilon}d\varepsilon \\ &\qquad + k\frac{dT}{dx}\overline{K}^3\int\gamma(\varepsilon)\left[\delta(\varepsilon) + 3\left(\frac{d\lg K}{d\varepsilon}\right)_\zeta \varepsilon\right]\frac{df_0}{d\varepsilon}d\varepsilon = 0. \end{aligned}\right\} \tag{39.10}$$

Aus dieser Gleichung bestimmt sich das Feld F, das zur Verhinderung des elektrischen Stroms erforderlich ist (vgl. Ziff. 50, Thermokraft und Thomsoneffekt).

Hier interessiert uns nicht F, sondern der Wärmestrom. Er ist gegeben durch

$$\left.\begin{aligned} Q &= 2\int E v_x f\, d\Phi = -\frac{8\pi}{3}\frac{1}{(2\pi)^3}\frac{1}{\hbar}\int E c(\varepsilon) K^3 \frac{df_0}{d\varepsilon}d\varepsilon \\ &= -\frac{8\pi}{3}\frac{1}{(2\pi)^3}\frac{1}{\hbar}\left\{\left(\frac{d\zeta}{dT}\frac{dT}{dx} - eF\right)\overline{K}^3\zeta\int c_1(\varepsilon)\frac{df_0}{d\varepsilon}d\varepsilon\right. \\ &\quad \left. + k\frac{dT}{dx}\overline{K}^3\int\gamma(\varepsilon)\left[\zeta\delta(\varepsilon) + 3\zeta\left(\frac{d\lg K}{d\varepsilon}\right)_\zeta\varepsilon + \frac{dE}{d\varepsilon}\varepsilon\right]\frac{df_0}{d\varepsilon}d\varepsilon\right\}. \end{aligned}\right\} \tag{39.11}$$

Dabei ist wieder das erste Integral mit der geraden Störungsfunktion $c_1(\varepsilon)$ bloß in erster Näherung, das zweite hingegen in zweiter Näherung berechnet. Berücksichtigen wir dann die Bedingung (39.10), so fallen alle Glieder rechts fort außer dem letzten. Dies hat den Wert

$$Q = -\frac{8\pi}{3}\frac{1}{(2\pi)^3}\frac{k^2T}{\hbar}\frac{dT}{dx}\overline{K}^3\int\gamma(\varepsilon)\,\varepsilon\frac{df_0}{d\varepsilon}d\varepsilon, \tag{39.12}$$

wobei die Definition (37.6) von ε berücksichtigt ist. $\gamma(\varepsilon)$ ist dabei, wie schon nach (39.8) gesagt, *die* Lösung der Integralgleichung (39.7a), welche man erhält, wenn man die Größen K und dE/dK als *unabhängig* von ε betrachtet und durch ihre Werte an der Stelle $E = \zeta$ ersetzt. Gehen wir noch zur Wärmeleitfähigkeit über und berücksichtigen wir dabei (36.10), so kommt

$$\varkappa = -\frac{Q}{dT/dx} = \frac{nk^2T}{\hbar}\int\gamma(\varepsilon)\,\varepsilon\frac{df_0}{d\varepsilon}d\varepsilon. \tag{39.13}$$

Alle Komplikationen, wie z. B. $d\zeta/dT$, das Zusatzfeld F usw., sind aus unserer Formel vollkommen herausgefallen. Der Grund dafür ist, daß der Ausdruck für den Wärmestrom in engster Beziehung zu dem für den elektrischen Strom steht und daher das Verschwinden des letzteren auch den ersteren sehr stark vereinfacht[1]. Die einfache Schlußformel (39.13) ermöglicht z. B. eine einfache Behandlung der Wärmeleitfähigkeit für tiefe Temperaturen, während die Berechnung des THOMSONschen Feldes F aus (39.10) viel komplizierter sein würde (Ziff. 51).

[1] Unser Resultat ist unabhängig von der speziellen Form der Funktionen $\gamma(\varepsilon)$ und $\delta(\varepsilon)$, gilt also auch für mittlere Temperaturen, wo die Funktionen sehr komplizierte Form haben. Die einzige Voraussetzung ist hochgradige Entartung des Elektronengases.

b) Hohe Temperatur. Bei hoher Temperatur sieht man unmittelbar, daß die Lösung der zweiten Integralgleichung (39.7a) einfach

$$c_2(\varepsilon) = -\varepsilon \frac{l}{K}$$

lautet, wo l die freie Weglänge (36.8) ist. Daher wird

$$\gamma(\varepsilon) = -\varepsilon \frac{\bar{l}}{\bar{K}}. \tag{39.14}$$

Da nun nach (3.41)

$$-\int \varepsilon^2 \frac{df_0}{d\varepsilon} d\varepsilon = \frac{\pi^2}{3}$$

ist, so folgt aus (39.13)

$$\varkappa = \frac{\pi^2}{3} \frac{n \bar{l} k^2 T}{\hbar K}. \tag{39.15}$$

Durch Vergleich mit (36.11) ergibt sich das WIEDEMANN-FRANZsche Gesetz

$$\frac{\varkappa}{\sigma} = \frac{\pi^3}{3} \left(\frac{k}{e}\right)^2 T \tag{39.16}$$

exakt wie in (5.27). — Da σ proportional $1/T$ ist, ist die Wärmeleitfähigkeit von der Temperatur unabhängig.

c) Tiefe Temperaturen. Im Gegensatz zu den Verhältnissen bei der elektrischen Leitfähigkeit (Ziff. 37) kann die Integralgleichung (39.7a) unmittelbar gelöst werden, indem man q^2/K^2 vernachlässigt. Denn die rechte Seite von (39.7a) ist — im Gegensatz zu der von (35.19) — eine ungerade Funktion von ε und daher *automatisch orthogonal* zur Lösung $c =$ konst. der homogenen Gleichung $Sc = 0$. Die Integralgleichung für $c_2(\varepsilon)$ vereinfacht sich also zu

$$\left(\frac{T q_0}{\Theta}\right)^3 \cdot \int_0^{\Theta/T} \frac{x^2 dx}{e^x - 1} \left[(c(\varepsilon + x) - c(\varepsilon)) \frac{e^\varepsilon + 1}{e^\varepsilon + e^{-x}} + (c(\varepsilon - x) - c(\varepsilon)) \frac{e^{-\varepsilon} + 1}{e^{-\varepsilon} + e^{-x}}\right] = P\varepsilon. \tag{39.17}$$

Die explizite Lösung ist eine komplizierte Funktion von ε. Wir sehen jedoch unmittelbar, daß bei tiefen Temperaturen $c(\varepsilon)$ proportional zu T^{-3} sein muß. Die Wärmeleitfähigkeit wird daher nach (39.13) proportional mit T^{-2}, d. h. sie steigt bei tiefen Temperaturen an, jedoch viel langsamer als die elektrische Leitfähigkeit, welche ja nach Ziff. 37 proportional T^{-5} ist. Das T^{-2}-Gesetz scheint mit der Erfahrung recht gut übereinzustimmen. GRÜNEISEN[1] hat das Verhältnis der Wärmeleitfähigkeiten bei 21,2° (flüssiger Wasserstoff) und 83,2° (flüssige Luft) bei sehr reinen Metallen gemessen. Dies sollte nach unserer Theorie $(83{,}2/21{,}2)^2 = 15{,}4$ betragen, während sich experimentell ergab:

bei	Cu	15,8
„	W	14,8
„	Au	4,7

[1] E. GRÜNEISEN u. E. GOENS, ZS. f. Phys. Bd. 44, S. 615. 1927; E. GRÜNEISEN, ebenda Bd. 46, S. 151. 1927. Wir möchten ausdrücklich darauf hinweisen, daß die Meßresultate an den von GRÜNEISEN benutzten reinsten Metallen in keiner Weise umgerechnet zu werden brauchen. Bei BRILLOUIN findet sich (Quantenstatistik, S. 385) die Behauptung, es sei eine Reduktion auf ideal reine Metalle nach dem „Gesetz der isothermen Geraden"

$$\frac{1}{\varkappa_{\text{beob}}} = \frac{1}{\varkappa_{\text{theor}}} + \frac{\text{elektr. Restwiderstand bei } T = 0}{\text{WIEDEMANN-FRANZsche Konstante} \cdot T}$$

notwendig. Die hierdurch bedingte Korrektur macht aber, wie man leicht überschlägt, weniger als 1‰ aus.

Die Werte bei Kupfer und Wolfram stimmen also sehr gut, die Abweichung bei Gold dürfte auf dessen niedrige charakteristische Temperatur ($\Theta = 175°$, bei Cu 315°, bei W 346°) zurückzuführen sein: Vermutlich ist $T = 83°$ noch nicht als „tiefe" Temperatur für Au anzusehen, so daß dort das T^{-2}-Gesetz noch nicht gilt.

Es braucht wohl nicht besonders betont zu werden, daß das WIEDEMANN-FRANZsche Gesetz bei tiefen Temperaturen nicht mehr gilt[1].

c) Die PEIERLSschen Umklappprozesse[2].

40. Die Abweichung der Gitterwellen vom thermischen Gleichgewicht. a) Unmöglichkeit der Einstellung eines stationären Zustands nach der BLOCHschen Theorie. Wir haben bisher stillschweigend angenommen, daß die Gitterschwingungen eines Metalls im elektrischen Feld stets im thermischen Gleichgewicht sind, daß also die Anzahl der Quanten, mit denen die Gitterschwingung q angeregt ist, durch das PLANCKsche Gesetz

$$N(\mathfrak{q}) = \frac{1}{e^{\frac{\hbar\omega}{kT}} - 1} \tag{40.1}$$

gegeben ist. In Wirklichkeit ist dies, wie PEIERLS[2] bemerkt hat, durchaus nicht selbstverständlich, vielmehr müssen infolge der Zusammenstöße mit den Elektronen diejenigen *Gitterwellen*, welche sich *in* der *Richtung* des elektrischen *Feldes* fortpflanzen, *häufiger* werden und dafür die *in* der *umgekehrten Richtung* laufenden Wellen *seltener*. Denn durch das elektrische Feld werden zunächst die Elektronen in der Feldrichtung beschleunigt, die Wellenzahl in der Feldrichtung nimmt zu. Um die Elektronen wieder ins thermische Gleichgewicht zu bringen, müssen also wegen der Interferenzbedingung (34.14) entweder Gitterwellen, welche entgegengesetzt zur Feldrichtung laufen, absorbiert oder Gitterwellen, die sich in der Feldrichtung fortpflanzen, emittiert werden. Die Gitterwellen werden also sicher *nicht* im thermischen Gleichgewicht sein, und infolgedessen muß jedenfalls der quantitative Wert des Widerstandes anders ausfallen als nach der Theorie der Ziff. 35 bis 38, wobei noch zu überlegen wäre, ob diese Änderung merklich ist. Aber es passiert noch etwas viel Schlimmeres: Bei allen Zusammenstößen, welche die Interferenzbedingung (34.14) befriedigen, bleibt die Gesamtwellenzahl aller Elektronen und aller Gitterwellen

$$J = \sum f(\mathfrak{k}) \cdot \mathfrak{k} + \sum N(\mathfrak{q}) \cdot \mathfrak{q} \tag{40.2}$$

ungeändert: Denn wenn z. B. ein Elektron vom Zustand $\mathfrak{k}$ nach $\mathfrak{k} + \mathfrak{q}$ übergeht, muß eine Gitterwelle $\mathfrak{q}$ absorbiert werden, d. h. $f(\mathfrak{k} + \mathfrak{q})$ wächst um 1, während $f(\mathfrak{k})$ und $N(\mathfrak{q})$ um 1 abnehmen, J ändert sich also nicht. Andererseits nimmt infolge der Wirkung des elektrischen Feldes J dauernd zu: Das Feld bewirkt ja eine Zunahme der Wellenzahl k_x jedes Elektrons um

$$\frac{dk_x}{dt} = \frac{eF}{\hbar}$$

[1] Dadurch erledigt sich automatisch der Versuch von E. GRÜNEISEN (ZS. f. Phys. Bd. 44, S. 615), den Wärmewiderstand der Metalle in einen „metallischen" und einen „nichtmetallischen" Anteil zu zerlegen. Der metallische Teil sollte sich nach der WIEDEMANN-FRANZschen Beziehung (39.16) aus der elektrischen Leitfähigkeit errechnen, der Rest — d. h. bei tiefen Temperaturen der weitaus überwiegende Teil des Wärmewiderstandes — sollte der nichtmetallische Anteil sein. Da aus der (damals noch nicht geschaffenen) Metalltheorie folgt, daß die Wärmeleitfähigkeit der Elektronen bei tiefen Temperaturen proportional T^{-2} ist (bei GRÜNEISEN proportional T^{-4}), wird diese Unterscheidung sinnlos (vgl. auch Ziff. 42).

[2] R. PEIERLS, Ann. d. Phys. Bd. 4, S. 121. 1930; Bd. 5, S. 244. 1930; Bd. 12, S. 154. 1932. Eine Kritik von A. H. WILSON (Proc. Roy. Soc. London Bd. 138, S. 594. 1932) wurde von PEIERLS in der ZS. f. Phys. Bd. 81, S. 697. 1933, widerlegt.

pro Zeiteinheit (x = Feldrichtung); während es auf die Gitterwellen nicht unmittelbar einwirkt: Die Zunahme von J beträgt daher

$$\left(\frac{dJ}{dt}\right)_{\text{Feld}} = \frac{eFn}{\hbar}, \tag{40.3}$$

wo n die Anzahl Elektronen in dem betrachteten Metallstück, z. B. pro Volumeinheit ist. Da die Stöße keine Änderung von J verursachen, muß *J im elektrischen Feld dauernd zunehmen, d. h. ein stationärer Zustand kann sich überhaupt nicht einstellen, der Widerstand des Metalls ist Null,* so lange wir annehmen, daß alle Stöße die Interferenzbedingung (34.14) erfüllen.

Ein endlicher Widerstand kann also überhaupt nur durch *solche* Stöße zustande kommen, bei denen sich J ändert. Es gibt nun zwei Arten von Stößen, bei denen dies der Fall ist:

1. Zusammenstöße der Gitterwellen untereinander („Gitterstöße"),
2. Zusammenstöße von Elektronen mit Gitterwellen, bei denen nicht die Interferenzbedingung

$$\mathfrak{k}' = \mathfrak{k} \pm \mathfrak{q}, \tag{34.14}$$

sondern die etwas kompliziertere Bedingung

$$\mathfrak{k}' = \mathfrak{k} \pm \mathfrak{q} + 2\pi\mathfrak{g} \tag{34.14b}$$

erfüllt ist (Umklappprozesse).

Wir untersuchen zunächst, ob und unter welchen Bedingungen die Gitterstöße allein zur Herstellung des stationären Zustands ausreichen bzw. welche Änderung des Widerstands (gegenüber der Blochschen Theorie) sich ergibt, wenn die Gesamtwellenzahl nur durch Gitterstöße geändert wird. Die Umklappprozesse diskutieren wir in Ziff. 41.

b) Stationärer Zustand unter dem Einfluß der Gitterstöße. Die Zusammenstöße der Gitterwellen untereinander[1] wirken im Sinne einer Wiederherstellung des thermischen Gleichgewichts der Gitterwellen. Die Änderung von J, welche sie verursachen, wird proportional der Abweichung der Gitterwellen vom thermischen Gleichgewicht sein. Diese können wir messen durch die Gesamtwellenzahl aller Gitterwellen

$$J_G = \sum \mathfrak{q} N(\mathfrak{q}). \tag{40.4}$$

Im Falle thermischen Gleichgewichts wäre $J_G = 0$. Wir können ansetzen

$$\left(\frac{\partial J}{\partial t}\right)_{\text{Gitterstöße}} = \left(\frac{\partial J_G}{\partial t}\right)_{\text{Gitterst}} = -\frac{u_0}{l_G} J_G, \tag{40.5}$$

wo l_G die freie Weglänge der Gitterwellen ist. (40.5) ist nämlich nichts anderes als eine vernünftige Definition von l_G, u_0 ist die Schallgeschwindigkeit. l_G können wir wiederum aus der Wärmeleitfähigkeit des Gitters entnehmen, diese ist[2]

$$\varkappa_G = \tfrac{1}{3}\gamma u_0 l_G, \tag{40.6}$$

wobei γ die spezifische Wärme pro Volumeinheit ist. Nun ist uns die Wärmeleitfähigkeit des Metallgitters als solchen nicht bekannt, weil sie von der im allgemeinen viel größeren Wärmeleitfähigkeit der Elektronen überdeckt (und auch gestört, Ziff. 42) wird. Wir werden aber für $\varkappa_G$ die Wärmeleitfähigkeit eines Isolators einsetzen dürfen.

---

[1] Der Mechanismus dieser Zusammenstöße, der allerdings für uns nicht von Belang ist, ist folgender: Zwei Gitterwellen der Wellenzahlen $\mathfrak{q}_1$ und $\mathfrak{q}_2$ verlieren je ein Energiequant, eine Welle $\mathfrak{q}_3 = \mathfrak{q}_1 + \mathfrak{q}_2 + 2\pi\mathfrak{g}$ gewinnt ein Quant. J_G (40.4) ändert sich also um $2\pi\mathfrak{g}$, $\mathfrak{g}$ ist ein Vektor im reziproken Gitter. Näheres vgl. R. Peierls, Ann. d. Phys. Bd. 3, S. 1055. 1929; M. Born u. M. Goeppert-Mayer, ds. Handb. Kap. 4.

[2] P. Debye, Vorlesungen über die kinetische Theorie usw. Leipzig: B. G. Teubner 1914; L. Brillouin, C. R. Bd. 159, S. 27. 1914; Ann. École Norm. Supér. 1920, S. 445.

Wir können nun J_G aus der Stationaritätsbedingung bestimmen: Die Zunahme von J durch das elektrische Feld (40.3) muß gleich der Abnahme durch die Gitterstöße (40.5) sein. Daraus folgt

$$J_G = \frac{e n l_G}{\hbar u_0} F = \frac{3 e n \varkappa_G}{\hbar \gamma u_0^2} F. \tag{40.7}$$

Uns interessiert noch die Verteilungsfunktion der Gitterwellen $N(\mathfrak{q})$. Natürlich ist diese durch J_G nicht eindeutig festgelegt. Doch wird man als einfachsten Ansatz wählen:

$$N(\mathfrak{q}) = N_0 - b \frac{1}{kT} \frac{dN_0}{dx} q_x; \qquad N_0 = \frac{1}{e^x - 1}, \tag{40.8}$$

wo $x = \hbar\omega/kT$ ist. Dieser Ansatz entspricht, wie man leicht überlegt, einer von q unabhängigen freien Weglänge l_G und ist dem Ansatz (35.9), (35.17) für die Elektronenverteilung nachgebildet. Die Konstante b steht nun in Beziehung zur Gesamtwellenzahl J_G, es ist

$$J_G = \sum N(\mathfrak{q}) q_x = -\frac{4\pi}{3} \frac{1}{(2\pi)^3} \frac{b}{kT} \int q^2 \frac{dN_0}{dx} q^2 dq = \frac{4\pi}{3} \frac{1}{(2\pi)^3} q_0^5 \frac{1}{kT} \left(\frac{T}{\Theta}\right)^5 J_4 b, \tag{40.9}$$

wenn

$$J_n = \int\limits_0^{\Theta/T} \frac{x^n dx}{(e^x - 1)(1 - e^{-x})} \tag{40.10}$$

definiert wird. Daraus ergibt sich mit Rücksicht auf (36.10) und (35.24)

$$b = \frac{2eFl_G}{J_4} \frac{K^3}{q_0^4} \left(\frac{\Theta}{T}\right)^4. \tag{40.11}$$

c) **Einfluß der Abweichung der Gitterwellen vom thermischen Gleichgewicht auf Elektronenverteilung und Leitfähigkeit.** Wir gehen zurück auf Gleichung (34.40), welche die Änderung der Elektronenzahl im Zustand $\mathfrak{k}$ durch Zusammenstöße mit den Gitterwellen angibt, setzen dort aber für $N(\mathfrak{q})$ die Verteilung (40.8) anstatt der ungestörten PLANCKschen Verteilung. Für die Elektronen nehmen wir nach wie vor die Verteilung

$$f(\mathfrak{k}) = f_0(E) - c k_x \frac{df_0}{dE} \tag{40.12}$$

mit konstantem c als stationär an. Dann wird der in (34.40) vorkommende Ausdruck

$$\left.\begin{aligned} &f(k+\mathfrak{q})(1 - f(\mathfrak{k}))(N(\mathfrak{q}) + 1) - f(\mathfrak{k})(1 - f(\mathfrak{k}+\mathfrak{q}))N(\mathfrak{q}) \\ &= (c - b) q_x \cdot \frac{1}{(e^\varepsilon + 1)(e^{-(\varepsilon+x)} + 1)(e^x - 1)} \cdot \frac{1}{kT}. \end{aligned}\right\} \tag{40.13}$$

Wenn die Gitterwellen im thermischen Gleichgewicht sind und die Elektronenverteilung durch die BLOCHsche Verteilungsfunktion

$$f(\mathfrak{k}) = f_0(E) - c_0 k_x \frac{df_0}{dE} \tag{40.12a}$$

gegeben ist, so steht in (40.13) c_0 an Stelle von $c - b$. [Entsprechendes gilt für den zweiten in (34.40) eingehenden Ausdruck, in welchem $\mathfrak{k} - \mathfrak{q}$ statt $\mathfrak{k} + \mathfrak{q}$ steht.] Es muß folglich gelten

$$c - b = c_0. \tag{40.14}$$

Der Einfluß der Abweichung der Gitterwellen vom thermischen Gleichgewicht auf die Elektronenverteilung wird also bestimmt durch das Verhältnis

$$\frac{b}{c_0} = \lambda, \tag{40.15}$$

und es ist

$$c = c_0(1 + \lambda) \tag{40.14a}$$

und entsprechend die Leitfähigkeit

$$\sigma = \sigma_0 (1 + \lambda)\,, \tag{40.16}$$

wo σ_0 die nach der BLOCHschen Theorie berechnete Leitfähigkeit ist.

Ist $\lambda \ll 1$, so gilt also annähernd die BLOCHsche Theorie, während $\lambda \gg 1$ eine starke Abweichung von der BLOCHschen Theorie anzeigt. λ ist ein Maß für die Abweichung der Gitterwellen vom thermischen Gleichgewicht.

d) Gültigkeitsgrenzen der BLOCHschen Theorie. Um die Größe λ auszurechnen, drücken wir c_0 durch die freie Weglänge der Elektronen l_E aus: Es ist nach (36.8)

$$c_0 = \frac{e F l_E}{K}\,. \tag{40.17}$$

Aus (40.11), (40.17) ergibt sich nun die gesuchte Größe

$$\lambda = \frac{b}{c_0} = 2\frac{l_G}{l_E}\left(\frac{K}{q_0}\right)^4 \left(\frac{\Theta}{T}\right)^4 \frac{1}{J_4}\,. \tag{40.18}$$

Nun ist für Atome mit einem Valenzelektron $K = 2^{-1/3} q_0$, also

$$\lambda = 2^{-1/3}\frac{l_G}{l_E}\left(\frac{\Theta}{T}\right)^4 \frac{1}{J_4}\,. \tag{40.18a}$$

Wir berechnen zunächst λ für Zimmertemperatur. Dort ist $(T \gg \Theta)$

$$J_4 = \int\limits_0^{\Theta/T} \frac{x^4\,dx}{(e^x - 1)(1 - e^{-x})} = \frac{1}{3}\left(\frac{\Theta}{T}\right)^3.$$

l_E berechnet sich aus der Leitfähigkeit, z. B. ist für Gold

$$\sigma = 6{,}4 \cdot 10^5\,\Omega^{-1}\,\mathrm{cm}^{-1} = 6{,}4 \cdot 10^5 \cdot 9 \cdot 10^{11}\,\text{e.s. E.} = 5{,}76 \cdot 10^{17}\,\text{e.s. E.}\,,$$

$$n = L \cdot \frac{\varrho}{A} = 6{,}06 \cdot 10^{23} \cdot \frac{19{,}3}{197} = 5{,}95 \cdot 10^{22}\,,$$

$$K = 2\pi \left(\frac{3n}{8\pi}\right)^{1/3} = 1{,}21 \cdot 10^8\,,$$

also

$$l_E = \frac{\sigma \hbar K}{e^2 n} = \frac{5{,}76 \cdot 10^{17} \cdot 1{,}04 \cdot 10^{-27} \cdot 1{,}21 \cdot 10^8}{(4{,}77)^2\, 10^{-20} \cdot 5{,}95 \cdot 10^{22}} = 5{,}3 \cdot 10^{-6}\,\mathrm{cm}\,.$$

Zur Bestimmung von l_G benutzen wir die Wärmeleitfähigkeit von NaCl

$$\varkappa = 0{,}023\ \text{cal/grad cm sec}\,.$$

Die spezifische Wärme pro Volumeinheit in der entsprechenden Einheit ist

$$\gamma = 0{,}225\ \text{cal/grad cm}^3\,,$$

die Schallgeschwindigkeit $u_0 \approx 4{,}0 \cdot 10^5$ cm/sec*, also

$$l_G = 7{,}5 \cdot 10^{-7}\,\mathrm{cm}\,.$$

Daraus folgt, da für Gold $\Theta = 175°$, $T = 290°$ ist

$$\lambda = 2^{-1/3} \cdot 3\,\frac{7{,}5 \cdot 10^{-7}}{5{,}3 \cdot 10^{-6}} \cdot \frac{175}{290} = 0{,}21\,. \tag{40.19}$$

Die Abweichung vom thermischen Gleichgewicht ist also bei Zimmertemperatur ziemlich klein. Die Zusammenstöße der Gitterwellen untereinander stellen fünfmal rascher das thermische Gleichgewicht wieder her, als die Zusammenstöße zwischen

* Berechnet aus mittlerem Elastizitätsmodul (3500 kg/cm) und Dichte (2,17).

Gitter und Elektronen es zerstören. Damit ist für hohe Temperaturen die BLOCHsche Theorie gerechtfertigt[1].

Ganz anders bei *tiefen* Temperaturen. Um die Verhältnisse für diesen Fall zu untersuchen, führen wir bei allen Größen, wo sie uns bekannt ist, die Temperaturabhängigkeit explizit ein. Es ist bis auf temperaturabhängige Faktoren

$$\gamma \sim \left(\frac{T}{\Theta}\right)^3 J_4, \qquad \sigma \sim \left(\frac{\Theta}{T}\right)^5 \frac{1}{J_5},$$

also

$$\lambda \sim \frac{\varkappa}{\gamma\sigma}\left(\frac{\Theta}{T}\right)^4 \frac{1}{J_4} \sim \varkappa \left(\frac{\Theta}{T}\right)^2 \frac{J_5}{J_4^2}. \tag{40.20}$$

Bei hohen Temperaturen ist nun $\frac{J_5}{J_4^2} = \frac{9}{4}\left(\frac{T}{\Theta}\right)^2$,

bei tiefen Temperaturen $\frac{J_5}{J_4^2} = \frac{124}{26^2} = 0{,}18$.

Bei hohen Temperaturen wird also λ proportional zur Wärmeleitfähigkeit $\varkappa$, während bei tiefen Temperaturen noch ein Faktor $(\Theta/T)^2$ hinzutritt. Nun ist bei hohen Temperaturen sowohl nach der Theorie[2] wie experimentell[3] die Wärmeleitfähigkeit $\varkappa$ von *Isolatoren*, die uns hier interessiert, umgekehrt proportional der absoluten Temperatur, steigt also nach tiefen Temperaturen an. Dieser Anstieg wird noch steiler, wenn man zu Temperaturen weit unterhalb der charakteristischen Temperatur Θ kommt: Nach PEIERLS (l. c.) wächst dann $\varkappa$ wie $e^{\Theta/2T}$. Unser λ steigt dann nochmals um den Faktor $(\Theta/T)^2$ steiler an[4], so daß man mit Sicherheit behaupten kann, daß bei tiefen Temperaturen λ sehr groß wird: Die Gitterstöße genügen dann keineswegs mehr, um das thermische Gleichgewicht der Gitterwellen wiederherzustellen, die Leitfähigkeit ist (bei Vernachlässigung der Umklappprozesse, Ziff. 41) vielmal *größer* als nach unseren Berechnungen in Ziff. 37, 38.

Es erhebt sich die Frage, bis zu welchen Temperaturen herunter die BLOCHsche Theorie ungefähr gültig bleibt: Der Faktor $(\Theta/T)^2\, J_5/J_4^2$ in (40.20) steigt zunächst sehr langsam, solange die Temperatur noch nicht *sehr* stark die charakteristische Temperatur unterschreitet: Er beträgt z. B. für $T = \frac{1}{3}\Theta$ erst das $1^1/_2$fache seines Wertes für $T = \infty$. Der Hauptanstieg der Größe λ wird also durch die Wärmeleitfähigkeit geliefert. Wenn man z. B. verlangt, daß λ nicht größer als 1 werden soll (also die Leitfähigkeit nicht mehr als doppelt so groß wie bei BLOCH), so darf $\varkappa$ etwa [vgl. (40.19)] auf das 5fache seines Wertes bei Zimmertemperatur steigen. Die Voraussetzungen der BLOCHschen Theorie sind also vermutlich bestenfalls bis zu Temperaturen von etwa 50° abs. erfüllt. Dabei ist zwar zu berücksichtigen, daß unsere quantitative Abschätzung der Wärmeleitfähigkeit leicht um einen Faktor 10 verkehrt sein kann. Durch diese Unsicherheit wird aber die kritische Temperatur, bei der die BLOCHsche Theorie ihre Gültigkeit verliert, nicht wesentlich beeinflußt. Sollte der Absolutwert der Wärmeleitfähigkeit des Gitters bei Gold selbst zehnmal kleiner sein als wir abschätzten, so

---

[1] Es wäre allerdings denkbar, daß die kleine Erhöhung der Leitfähigkeit von ca. 20% bei Zimmertemperatur wirklich reell ist, um dann bei noch höherer Temperatur zu verschwinden. Dies würde zur Folge haben, daß der Anstieg des Widerstands mit der Temperatur auch noch bei Zimmertemperatur etwas steiler erfolgt als proportional T, was ja tatsächlich beobachtet ist. Allerdings kann dieser steilere Anstieg auch ohne Zuhilfenahme der Abweichung der Gitterwellen vom thermischen Gleichgewicht erklärt werden (vgl. Anm. S. 523).

[2] R. PEIERLS, Ann. d. Phys. Bd. 3, S. 1055. 1929.

[3] A. EUCKEN u. G. KUHN, ZS. f. phys. Chem. Bd. 134, S. 193. 1928.

[4] Daher ist es für unser Resultat gleichgültig, ob der Anstieg der Wärmeleitfähigkeit etwa durch Gitterstörungen auf Proportionalität mit Θ/T verlangsamt wird (vgl. PEIERLS, l. c.).

würde die „kritische" Temperatur immer noch bloß von ca. 50 auf 25 bis 30° herabgesetzt werden, weil bei tiefen Temperaturen die Wärmeleitfähigkeit des Gitters so außerordentlich stark von der Temperatur abhängt.

Nach der in diesem Abschnitt entwickelten Theorie müßte die elektrische Leitfähigkeit — genau wie die Wärmeleitfähigkeit von Isolatoren — bei tiefen Temperaturen exponentiell ansteigen [wie $e^{\Theta/2T}$ statt wie $(\Theta/T)^5$]. Dies wird durch die im nächsten Abschnitt zu besprechenden PEIERLSschen Umklappprozesse verhindert. Es scheint uns aber nach den Darlegungen dieses Abschnitts keinerlei Zweifel zu unterliegen, daß diese Prozesse für den Widerstand bei tiefen Temperaturen ganz wesentlich sind, im Gegensatz z. B. zu NORDHEIM[1], der dies noch bezweifelte[2]. Andererseits ist es befriedigend, daß bei hohen Temperaturen die BLOCHsche Theorie in Gültigkeit bleibt und damit auch das WIEDEMANN-FRANZsche Gesetz, das bei Berücksichtigung der Umklappprozesse *nicht* erfüllt sein würde[3].

41. Die Umklappprozesse. a) Natur der Prozesse. Wir haben nun den zweiten Typ der in Ziff. 40a erwähnten Prozesse zu untersuchen, bei denen sich die Gesamtwellenzahl J ändert, das sind die Zusammenstöße von Elektronen und Gitterwellen, bei denen statt der Interferenzbedingung (34.14) die Bedingung (34.14b)

$$\mathfrak{k}' = \mathfrak{k} + \mathfrak{q} + 2\pi\mathfrak{g} \tag{41.1}$$

erfüllt ist, wobei $\mathfrak{g}$ ein Gittervektor des reziproken Gitters ist [Definition siehe (8.7a)]. Wir nennen diese Stöße mit PEIERLS *Umklappprozesse.*

Die Bezeichnung soll andeuten, daß beim Stoß die Richtung des Ausbreitungsvektors $\mathfrak{k}$ sich beinahe umkehrt, insbesondere, wenn die Wellenzahl $\mathfrak{q}$ der Gitterwelle klein ist[4]. Das liegt daran, daß $\mathfrak{k}$, $\mathfrak{k}'$ und $\mathfrak{q}$ die Bedingungen

$$|(\mathfrak{k}\,\mathfrak{a}_i)| < \pi, \quad |(\mathfrak{k}'\mathfrak{a}_i)| < \pi, \quad |(\mathfrak{q}\,\mathfrak{a}_i)| < \pi, \qquad (i = 1, 2, 3, \quad \mathfrak{a}_i = \text{Gitterachsen}) \tag{41.2}$$

erfüllen müssen („reduzierte" Ausbreitungsvektoren!). Ist nun z. B. $\mathfrak{g} = \mathfrak{b}_1$ (reziproke Gitterachse), so muß

$$(\mathfrak{k}\,\mathfrak{a}_1) < 0, \quad (\mathfrak{q}\,\mathfrak{a}_1) < 0, \quad (\mathfrak{k}'\mathfrak{a}_1) > 0 \tag{41.3}$$

sein, und speziell für kleine q muß noch weitergehend

$$(\mathfrak{k}\,\mathfrak{a}_1) \approx -(\mathfrak{k}'\mathfrak{a}_1) \approx -\pi \tag{41.3a}$$

gelten: Durch Zusammenstoß eines nach links laufenden Elektrons $\mathfrak{k}$ und einer nach links laufenden Gitterwelle $\mathfrak{q}$ entsteht also [nach (41.3)] ein nach rechts laufendes Elektron $\mathfrak{k}'$, und im Spezialfall kleiner q geht der Ausbreitungsvektor des Elektrons nach dem Stoß annähernd durch Spiegelung an der Gitterebene aus dem vor dem Stoß hervor: Wir haben dann ein reines Umklappen.

Beim Umklappprozeß ändert sich die Gesamtwellenzahl J um $2\pi\mathfrak{g}$, also sehr beträchtlich. Es sieht auf den ersten Blick so aus, als ob sich auch der Zustand des beteiligten Elektrons sehr erheblich änderte. Das ist aber (bei kleinen q)

---

[1] L. NORDHEIM, l. c. S. 643. Allerdings war NORDHEIM noch nicht bekannt, daß auch bei Berücksichtigung der Umklappprozesse — wie bei BLOCH — $\sigma \sim T^{-5}$ wird.

[2] Dies tat auch L. BRILLOUIN (Quantenstatistik S. 522). Er behauptet, daß es gar nichts ausmacht, daß J [vgl. (40.2)] sich bei Zusammenstößen nicht ändert, weil $J_{el} = \Sigma f(\mathfrak{k})\mathfrak{k}$ nicht dem elektrischen Strom proportional sei. In Wirklichkeit ist das Bestehen einer einfachen Beziehung zwischen Strom und Gesamtwellenzahl belanglos: Es kommt nur darauf an, daß sich ohne Gitterstöße und Umklappprozesse keinerlei stationärer Zustand einstellen kann. A. H. WILSON kommt zu dem falschen Resultat, daß das Gleichgewicht der Gitterwellen durch ein elektrisches Feld nicht gestört wird, indem er statt der fortschreitenden Gitterwellen, die wir in Ziff. 32 einführten, stehende Wellen benutzt. Er läßt aber außer acht, daß zwischen diesen stehenden Wellen im elektrischen Feld Phasenbeziehungen auftreten, wie PEIERLS (ZS. f. Phys. Bd. 81, S. 697. 1933) bemerkt hat.

[3] R. PEIERLS, Ann. d. Phys. Bd. 4, S. 145. 1930.

[4] Dies ist der uns am meisten interessierende Fall, weil die Umklappprozesse nur bei tiefen Temperaturen wichtig sind.

nicht der Fall: Denn in diesem Falle muß nach (41.3a) der Ausbreitungsvektor sowohl vor wie nach dem Stoß sehr nahe die BRAGGsche Reflexionsbedingung (für Reflexion an der Gitterebene $\mathfrak{g}$) erfüllen. Infolgedessen sind die den Zuständen $\mathfrak{k}$, $\mathfrak{k}'$ entsprechenden Eigenfunktionen keine fortschreitenden, sondern beinahe stehende Wellen, die annähernd gegeben sind durch [vgl. (11.26)]

$$\psi_{\mathfrak{k}} \approx e^{i(\mathfrak{k}\mathfrak{r})} + e^{i(\mathfrak{k}+2\pi\mathfrak{g},\,\mathfrak{r})},$$

$$\psi_{\mathfrak{k}'} \approx e^{i(\mathfrak{k}'\mathfrak{r})} + e^{i(\mathfrak{k}'-2\pi\mathfrak{g},\,\mathfrak{r})},$$

so daß wegen (41.1) $\psi_{\mathfrak{k}'}$ *sehr nahezu gleich* $\psi_{\mathfrak{k}}$ ist. Bei kleiner Wellenzahl der Gitterwelle unterscheiden sich also Anfangs- und Endzustand des Elektrons nur wenig, bei Umklappprozessen genau so wie bei den „normalen" Stößen, die die Interferenzbedingung (34.14) erfüllen. Die Umklappprozesse unterscheiden sich prinzipiell in nichts von den normalen Stößen[1], der Unterschied wird nur künstlich dadurch hereingebracht, daß wir stets reduzierte Ausbreitungsvektoren benutzen. Dies ist für die Diskussion der Umklappprozesse, wie wir sehen, unzweckmäßig: Vielmehr soll man sich daran erinnern, daß man einem bestimmten Elektronenzustand statt des Ausbreitungsvektors $\mathfrak{k}$ genau so gut jeden Vektor $\mathfrak{k} + 2\pi\mathfrak{g}$ zuordnen kann, wo $\mathfrak{g}$ ein beliebiger Gittervektor im reziproken Gitter ist. Der Elektronenzustand wird dann im reziproken Gitter *nicht*, wie bisher, durch *einen* Punkt, sondern durch ein ganzes *Gitter* von Punkten dargestellt, und die Flächen $E =$ konst. sind nicht auf die erste Elementarzelle beschränkt, sondern wiederholen sich im ganzen reziproken Gitter[2], wie dies in Abb. 51 für einen zweidimensionalen Fall dargestellt ist. In dieser Darstellung geht das Elektron beim Zusammenstoß mit einer langwelligen Gitterwelle stets von einem Punkt $\mathfrak{k}$ zu einem *nahe benachbarten* Punkt $\mathfrak{k}'$ über, und die Umklappprozesse unterscheiden sich von den normalen Stößen nur dadurch, daß die Verbindungslinie $\mathfrak{k}\mathfrak{k}'$ zufällig die in keiner Weise ausgezeichnete Ebene $(\mathfrak{k}\mathfrak{a}_1) = \pi$ (oder eine ähnliche Ebene) schneidet.

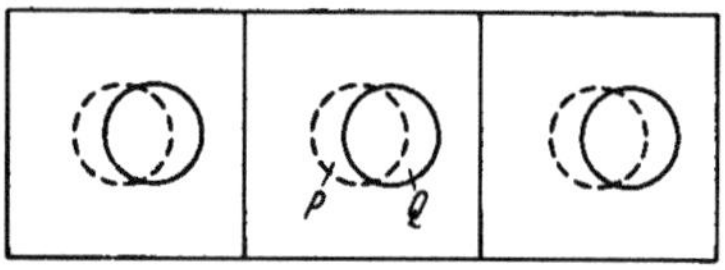

a) *Kleine Energie.* Die Energiefläche berührt die Oberfläche des Elementarkubus des reziproken Gitters nicht.

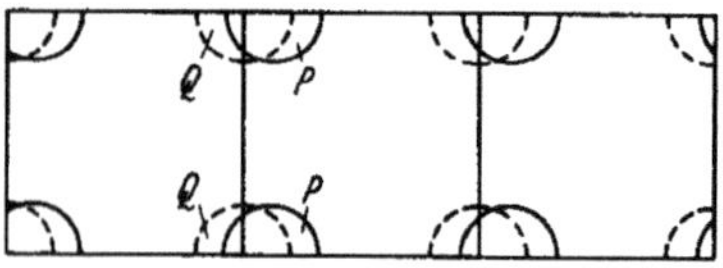

b) Große Energie

Abb. 51a und b. Gestrichelt: Flächen konstanter Energie im reziproken Gitter. Ausgezogen: Verschiebung der Elektronen, die sich auf der gezeichneten Energiefläche befinden, unter dem Einfluß eines elektrischen Feldes. (Nach R. PEIERLS.)

b) Bedingungen für die Herstellung des stationären Zustands. Die Abb. 51 ist sehr brauchbar, um zu diskutieren, unter welchen Umständen bei tiefen Temperaturen die Umklappprozesse im Verein mit den normalen Stößen einen stationären Zustand herzustellen vermögen. Wir schließen uns dabei eng an PEIERLS[3] an und betrachten zunächst einen zweidimensionalen Fall: Dann kann die Kurve $E = \zeta$ entweder den Nullpunkt des reziproken Gitters umschließen, wie dies in Abb. 51a gezeichnet ist. Dies wird der Fall sein, wenn nur wenige

[1] Es ist daher ganz abwegig, wenn L. BRILLOUIN [Quantenstatistik, S. 329, Formel (138)] für Umklappprozesse eine völlig andere (viel größere) Wahrscheinlichkeit annimmt als für „normale" Stöße (vgl. den bei BRILLOUIN S. 517 zitierten Brief von PEIERLS).

[2] Wir beziehen uns bei unseren Überlegungen stets auf die Energieflächen *eines* Energiebandes. Unsere Energiefläche, die sich über das ganze reziproke Gitter erstreckt, hat also nichts zu tun mit der in Ziff. 11f besprochenen BRILLOUINschen Darstellung, in der gleichfalls das ganze reziproke Gitter von Energieflächen ausgefüllt war, aber jedem Elementarbereich ein anderes Energieband zugeordnet wurde.

[3] R. PEIERLS, l. c., insbesondere Ann. d. Phys. Bd. 12.

Valenzelektronen vorhanden sind (im Vergleich zu den verfügbaren Zuständen im Energieband). Im umgekehrten Fall, bei nahezu vollen Energiebändern, wird die Kurve $E = \zeta$ die Eckpunkte der Elementarzelle des reziproken Gitters umschließen (Abb. 51 b). Legen wir nun ein elektrisches Feld an, so wird auf jeden Fall die ganze Elektronenverteilung in der Feldrichtung verschoben[1]. Das hat den gleichen Effekt, wie wenn Elektronen von den in den Abbildungen mit P bezeichneten Gebieten nach den Gebieten Q gebracht werden. Zur Wiederherstellung des thermischen Gleichgewichts werden im Fall a ausschließlich nach links laufende, im Fall b ausschließlich nach rechts laufende Gitterwellen verbraucht[2]. In beiden Fällen wird sich die Verteilung sowohl der Gitterwellen wie der Elektronen mehr und mehr vom thermischen Gleichgewicht entfernen, ein stationärer Zustand kann sich nicht einstellen. Die Leitfähigkeit zweidimensionaler Metalle würde also bei tiefen Temperaturen exponentiell ansteigen.

Im dreidimensionalen Fall hat dagegen die Energiefläche $E = \zeta$ im allgemeinen etwa die in Abb. 23b, 25c dargestellte Form: Sie ist mehrfach zusammenhängend, und ihre Querschnitte parallel zu einer Gitterebene haben teils die Form Abb. 51a, teils die Form Abb. 51b: Durch Zusammenstöße mit den Elektronen der Ebene $k_y = 0$ *entstehen* Gitterwellen, die sich nach links fortpflanzen ($q_x < 0$), denn der Schnitt der Energiefläche mit dieser Ebene hat die Form der Abb. 51b, bei Zusammenstößen mit Elektronen $k_y = \pi/a$ (Schnitt der Energiefläche von der Form der Abb. 51a) werden sie *verbraucht*. Es dürfte daher im allgemeinen zur Einstellung eines stationären Zustands kommen[3].

c) Das Widerstandsgesetz bei tiefen Temperaturen. Nachdem wir nun wissen, daß durch die Umklappprozesse ein stationärer Zustand zustande gebracht werden kann, wollen wir die stationäre Verteilung und den entsprechenden Strom für tiefe Temperaturen berechnen. Dies wird allerdings nicht quantitativ möglich sein, aber immerhin werden wir die Temperaturabhängigkeit der Leitfähigkeit erschließen können.

Die Verteilungsfunktionen setzen wir an

$$\left.\begin{aligned} f(\mathfrak{k}) &= f_0 - \frac{d f_0}{d E}\,\chi(\mathfrak{k}), \\ N(\mathfrak{q}) &= \frac{1}{e^x - 1} + \frac{1}{(e^x - 1)(1 - e^{-x})}\cdot\frac{1}{kT}\,\psi(\mathfrak{q}). \end{aligned}\right\} \tag{41.4}$$

Dann lauten die Stationaritätsbedingungen [vgl. (34.40)]

$$\left.\begin{aligned} kT\left(\frac{\partial f(\mathfrak{k})}{\partial t}\right)_{\text{Stöße}} &= \frac{2G^{-3}C^2}{9M\hbar}\sum_{\mathfrak{q}}\frac{q^2}{\omega_{\mathfrak{q}}}\Big\{\Omega(E_{\mathfrak{k}+\mathfrak{q}} - E_{\mathfrak{k}} - \hbar\omega)\cdot\frac{1}{(e^{-\varepsilon-x}+1)(e^{\varepsilon}+1)(e^x-1)} \\ &\quad\cdot[\chi(\mathfrak{k}+\mathfrak{q}) - \chi(\mathfrak{k}) - \psi(\mathfrak{q})] + \Omega(E_{\mathfrak{k}-\mathfrak{q}} - E_{\mathfrak{k}} + \hbar\omega)\cdot\frac{1}{(e^{-\varepsilon}+1)(e^{\varepsilon-x}+1)(e^x-1)} \\ &\quad\cdot[\chi(\mathfrak{k}-\mathfrak{q}) - \chi(\mathfrak{k}) + \psi(\mathfrak{q})]\Big\} = -\frac{eF}{\hbar}\,\frac{\partial E}{\partial k_x}\cdot\frac{1}{(e^{\varepsilon}+1)(e^{-\varepsilon}+1)}, \end{aligned}\right\} \tag{41.5}$$

$$\left.\begin{aligned} kT\,\frac{\partial N(\mathfrak{q})}{\partial t} &= \frac{2G^{-3}}{9M\hbar}C^2\frac{q^2}{\omega_{\mathfrak{q}}}\sum_{\mathfrak{k}}\Omega(E_{\mathfrak{k}+\mathfrak{q}} - E_{\mathfrak{k}} - \hbar\omega)\,\frac{1}{(e^{\varepsilon}+1)(e^{-\varepsilon-x}+1)(e^x-1)}\,[\chi(\mathfrak{k}+\mathfrak{q}) \\ &\quad - \chi(\mathfrak{k}) - \psi(\mathfrak{q})] = 0. \end{aligned}\right\} \tag{41.6}$$

---

[1] „Verschiebung" usw. bezieht sich stets auf die Punkte, welche die Elektronenzustände im *reziproken* Gitter darstellen, nicht etwa auf den gewöhnlichen Raum.

[2] Wenigstens bei tiefen Temperaturen, wo nur lange Wellen angeregt sind. *Kurze* Wellen können auch, wenn sie umgekehrt laufen, zur Wiederherstellung des Gleichgewichts beitragen.

[3] Allerdings muß man genau genommen etwas mehr verlangen: Eine bestimmte Gitterwelle $\mathfrak{q}$ kann nicht mit einem beliebigen Elektron in Wechselwirkung treten, weil gleichzeitig Energiesatz und Interferenzbedingung erfüllt sein müssen, also $E(\mathfrak{k}+\mathfrak{q}) = E(\mathfrak{k}) + \hbar\omega q$ sein muß. Das ist (bei langen Gitterwellen) gleichbedeutend damit, daß $\mathfrak{q}$ Tangente an die Fläche $E =$ konst. im Punkte $\mathfrak{k}$ sein muß. Die Punkte, für welche dies der Fall ist, liegen

Das sind genau die gleichen Formeln wie früher: Nur wird jetzt zugelassen, daß $\mathfrak{k} \pm \mathfrak{q}$ (jedoch nicht $\mathfrak{k}$!) *kein* „reduzierter" Ausbreitungsvektor ist, daß vielmehr der Endpunkt dieses Vektors außerhalb der ersten Elementarzelle des reziproken Gitters fallen kann. Im Zusammenhang damit ist

$$\chi(\mathfrak{k}) = \chi(\mathfrak{k} - 2\pi\mathfrak{g}) \tag{41.7}$$

zu fordern, und schließlich darf nicht mehr angenommen werden, daß E nur von $|\mathfrak{k}|$ abhängt, daß also die Fläche $E =$ konst. im Wellenzahlraum Kugelform hat.

In gleicher Weise wie in Ziff. 35 führen wir zur Behandlung der Gleichung (41.5) Polarkoordinaten im $\mathfrak{q}$-Raum mit $\operatorname{grad} E$ (genommen an der Stelle $\mathfrak{k}$) als Achse ein, durch Integration über ϑ tritt dann an die Stelle der Ω-Faktoren

$$\frac{2\pi\hbar t}{q\,|\operatorname{grad} E|}\,.$$

Die erste eckige Klammer von (41.5) (plus zugehörige Faktoren) geht damit über in

$$\cdots\int\limits_0^\infty \frac{q^2\,dq}{e^x - 1}\cdot\int\limits_0^{2\pi} d\varphi\,\frac{1}{(e^\varepsilon + 1)(e^{-\varepsilon - x} + 1)}\,[\chi(\mathfrak{k} + \mathfrak{q}) - \chi(\mathfrak{k}) - \psi(\mathfrak{q})]\,. \tag{41.8}$$

Es liegt nahe, $\chi(\mathfrak{k} + \mathfrak{q})$ nach Potenzen von q zu entwickeln, da diese Größe bei tiefen Temperaturen klein ist. Das ist allerdings nicht unmittelbar möglich, da χ von der Energie sehr stark abhängt (wie übrigens bereits die entsprechende BLOCHsche Verteilungsfunktion, wenn man dort nicht bloß die höchste Potenz in Θ/T berücksichtigt [vgl. Ziff. 37]). Jedoch kann man in der Umgebung von $\mathfrak{k}$ im Wellenzahlraum orthogonale, krummlinige Koordinaten u, v, w einführen: w möge in der Richtung des $\operatorname{grad} E$ liegen, während u und v Koordinaten auf der Energiefläche sind: Dann wird χ von u und v nicht stark abhängen[1] und wir können entwickeln:

$$\left.\begin{aligned}\chi(\mathfrak{k} + \mathfrak{q}) = \chi_0(\varepsilon + x) + q_u\left(\frac{\partial\chi}{\partial u}\right)_{\varepsilon+x} + q_v\left(\frac{\partial\chi}{\partial v}\right)_{\varepsilon+x} + \frac{1}{2}q_u^2\left(\frac{\partial^2\chi}{\partial u^2}\right)_{\varepsilon+x}\\ + \frac{1}{2}q_v^2\left(\frac{\partial^2\chi}{\partial v^2}\right)_{\varepsilon+x} + q_u q_v\left(\frac{\partial^2\chi}{\partial u\,\partial v}\right)_{\varepsilon+x} + \cdots\end{aligned}\right\} \tag{41.9}$$

Man kann nun zeigen, daß χ_0 — genau wie in der BLOCHschen Theorie — von ε unabhängig sein muß. Dann folgt weiter aus (41.6), daß $\psi(\mathfrak{q})$ kein von q unabhängiges Glied enthält:

$$\psi(\mathfrak{q}) = \alpha_1 q_u + \alpha_2 q_v + \alpha_3 q_w + \beta_{11} q_u^2 + \cdots \tag{41.10}$$

Setzt man (41.9) und (41.10) in (41.8) ein, so fallen die Glieder mit q_u, q_v und $q_u q_v$ bei Integration über φ fort. Die eckige Klammer wird daher proportional mit q^2, und wegen

$$q = q_0\cdot\frac{T}{\Theta}\cdot x$$

wird das Integral (41.8) — und ebenso der nicht hingeschriebene zweite Bestandteil von (41.5), also die gesamte Änderung von $f(\mathfrak{k})$ durch Stöße — proportional mit $(T/\Theta)^5\cdot\chi$.

Da die rechte Seite der Stationaritätsbedingung (41.5) von T nicht abhängt, wird also χ und damit die Leitfähigkeit proportional T^{-5}, genau wie in der BLOCHschen Theorie. Der Proportionalitätsfaktor wird aber ein anderer, und zwar wird die Leitfähigkeit aller Wahrscheinlichkeit nach *größer* als bei BLOCH,

---

auf einer oder zwei *Kurven* auf der Fläche $E =$ konst. Ist die Energiefläche z. B. eine Kugel, so ist nur *eine* derartige Kurve vorhanden, nämlich der größte Kugelkreis, der auf $\mathfrak{q}$ senkrecht steht. In diesem Fall ist die Einstellung eines stationären Zustands, wie wir wissen, unmöglich. Es scheint nun für die Erzielung eines endlichen Wertes der Verteilungsfunktion $N(\mathfrak{q})$ notwendig zu sein, daß *zwei* Kurven existieren, auf welchen $\mathfrak{q}$ Tangente an die Fläche $E =$ konst. ist. Diese Bedingung scheint erfüllt zu sein, wenn die Energiefläche mehrfach zusammenhängend ist. Doch ist uns ein allgemeiner Beweis nicht gelungen, und wir halten es für notwendig, weiter zu untersuchen, ob wirklich der mehrfache Zusammenhang der Energiefläche für die Einstellung des stationären Zustands hinreichend ist.

[1] Es wird sich um seine eigene Größenordnung ändern, wenn man an den entgegengesetzten Punkt der Energiefläche geht, dagegen nur um Beträge der relativen Größenordnung T/Θ, wenn man von $\mathfrak{k}$ nach dem Punkt geht, welcher durch Projektion des Punktes $\mathfrak{k} + \mathfrak{q}$ auf die Fläche $E = E(\mathfrak{k})$ entsteht, also die gleichen Koordinaten u und v hat wie der Punkt $\mathfrak{k} + \mathfrak{q}$.

weil die Abweichung der Gitterwellen vom statistischen Gleichgewicht jedenfalls die Einstellung des Gleichgewichts der Elektronenwellen *erschwert* (vgl. Ziff. 40). Es erscheint daher nicht recht verständlich, daß sich aus der BLOCHschen Theorie das Verhältnis der Leitfähigkeiten bei hohen und bei tiefen Temperaturen in so guter Übereinstimmung mit dem Experiment ergibt. Höchstens könnte man daran denken, daß die Zusammenstöße des Elektrons mit langen Gitterwellen a priori relativ häufiger sind als mit kurzen (vgl. Ziff. 34f), und daß hierdurch der Widerstand bei tiefen Temperaturen wieder erhöht wird.

42. Der Einfluß der Gitterwellen auf die Wärmeleitung. a) Einfluß auf die Verteilungsfunktion der Elektronen. Im Gegensatz zur *elektrischen* Leitung stellt sich bei der Wärmeleitung, d. h. bei Vorhandensein eines Temperaturgradienten, stets automatisch ein stationärer Zustand ein, auch *ohne* Berücksichtigung von Umklappprozessen, Gitterstößen usw. Dafür sorgt schon die Zusatzbedingung, daß der elektrische Strom verschwinden muß. Wir dürfen daher hier die Umklappprozesse vernachlässigen (da sie doch nur einen kleinen Bruchteil aller Stöße ausmachen) und die Energieflächen $E(\mathfrak{k})$ der Elektronen kugelförmig annehmen. Die Gitterstöße dürfen allerdings nicht vernachlässigt werden, da sie bei hohen Temperaturen die Verteilungsfunktion der Gitterwellen wesentlich bestimmen.

Wenn E nur von K, nicht von der Richtung des Ausbreitungsvektors abhängt, dürfen wir den gewohnten Ansatz machen

$$\left.\begin{aligned} f(\mathfrak{k}) &= f_0 - \frac{d f_0}{d E} c(\varepsilon) k_x = \frac{1}{e^{\varepsilon}+1} + c(\varepsilon)\frac{1}{kT}\frac{1}{(e^{\varepsilon}+1)(e^{-\varepsilon}+1)} k_x, \\ N(\mathfrak{q}) &= \frac{1}{e^{x}-1} + b(x)\cdot\frac{1}{kT}\frac{1}{(e^{x}-1)(1-e^{-x})} q_x. \end{aligned}\right\} \tag{42.1}$$

Dann lautet die Stationaritätsbedingung für $f(\mathfrak{k})$ [vgl. (39.5)]

$$\left.\begin{aligned} &\int_0^{q_0} \frac{q^2 dq}{e^x - 1}\left\{\left[\left(1-\frac{q^2}{2K^2}\right)c(\varepsilon+x) - c(\varepsilon) + \frac{q^2}{2K^2}b(x)\right]\frac{e^{\varepsilon}+1}{e^{\varepsilon}+e^{-x}}\right. \\ &\left. + \left[\left(1-\frac{q^2}{2K^2}\right)c(\varepsilon-x) - c(\varepsilon) + \frac{q^2}{2K^2}b(x)\right]\frac{e^{-\varepsilon}+1}{e^{-\varepsilon}+e^{-x}}\right\} \\ &= \frac{9\pi M u_0}{\hbar C^2 \Omega_0 K}\left(\frac{dE}{dK}\right)^2\left[\left(k\varepsilon + \frac{\partial\zeta}{\partial T}\right)\frac{dT}{dx} - eF\right]. \end{aligned}\right\} \tag{42.2}$$

Die Glieder mit $b(x)$ bringen wir auf die rechte Seite: $b(x)$ ist nun multipliziert mit einer geraden Funktion von ε, auf der rechten Seite kommt also eine in ε *gerade* Störungsfunktion

$$B = -\frac{1}{2K^2}\cdot\int_0^{q_0}\frac{q^2 dq}{e^x-1} b(x)\left(\frac{e^{\varepsilon}+1}{e^{\varepsilon}+e^{-x}} + \frac{e^{-\varepsilon}+1}{e^{-\varepsilon}+e^{-x}}\right) \tag{42.3}$$

hinzu. Wenn wir c wie in (39.6) wieder in einen „beinahe geraden" Bestandteil c_1 und einen „beinahe ungeraden" c_2 zerlegen, so ändert sich also gegenüber Ziff. 39 nur die Integralgleichung für c_1. c_1 spielt aber dank dem Verschwinden des elektrischen Stroms *keine* Rolle bei der Wärmeleitfähigkeit, sondern nur c_2. Infolgedessen bleibt die Wärmeleitung, soweit sie von den *Elektronen* herrührt, von der Mitberücksichtigung der Abweichung der Gitterwellen vom thermischen Gleichgewicht *unbeeinflußt*.

b) Verteilungsfunktion der Gitterwellen. Es tritt aber der Wärmestrom hinzu, der von den Gitterwellen selbst transportiert wird. Zu seiner Bestimmung brauchen wir die Verteilungsfunktion $N(\mathfrak{q})$. Diese wird beeinflußt

1. durch den Temperaturgradienten: Da $u_0 \frac{q_x}{q}$ die Fortpflanzungsgeschwindigkeit der Welle in der Richtung x des Temperaturgefälles ist, wird die Verteilungsfunktion in der Zeiteinheit geändert um

$$\left(\frac{\partial N}{\partial t}\right)_{\text{Temp}} = -\frac{dN}{dx}u_x = -\frac{dN}{dT}\cdot\frac{dT}{dx}u_0\frac{q_x}{q}; \tag{42.4}$$

2. durch Zusammenstöße der Gitterwellen untereinander. Ist l_G die freie Weglänge der Wellen gegenüber solchen Stößen, so gilt

$$\left(\frac{\partial N}{\partial t}\right)_{\text{Gitter}} = -\frac{u_0}{l_G}[N(\mathfrak{q}) - N_0(\mathfrak{q})] = -\frac{u_0}{l_G}\frac{1}{kT}\frac{b(x)}{(e^x-1)(1-e^{-x})}q_x; \tag{42.5}$$

3. durch Zusammenstöße mit den Elektronen. Nach Ziff. 34 ist der Überschuß der Emissions- über die Absorptionsprozesse

$$\left.\begin{aligned}\left(\frac{\partial N}{\partial t}\right)_{\text{Elektronen}} = \frac{2C^2}{9M\hbar} G^{-3} \frac{q^2}{\omega_{\mathfrak{q}}} \frac{\partial}{\partial t} \sum_{\mathfrak{k}} \Omega(E_{\mathfrak{k}+\mathfrak{q}} - E_{\mathfrak{k}} - \hbar\omega) [f(\mathfrak{k}+\mathfrak{q})(1-f(\mathfrak{k}))(N(\mathfrak{q})+1) \\ - f(\mathfrak{k})(1-f(\mathfrak{k}+\mathfrak{q}))N(\mathfrak{q})]\,.\end{aligned}\right\} \tag{42.6}$$

Die eckige Klammer wird wegen (42.1) und dem Energiesatz

$$[(k_x + q_x)c(\varepsilon + x) - k_x c(\varepsilon) - q_x b(x)] \frac{1}{(e^{\varepsilon}+1)(e^{-\varepsilon-x}+1)(e^{x}-1)} \cdot \frac{1}{kT}\,.$$

Die Summation über $\mathfrak{k}$ ersetzen wir durch ein Integral über $\left(\frac{G}{2\pi}\right)^3 \cdot \Omega_0 \cdot 2 \cdot dk_x dk_y dk_z$ (Faktor 2 wegen des Spins). Im $\mathfrak{k}$-Raum führen wir Polarkoordinaten mit $\mathfrak{q}$ als Achse ein. Integration über ϑ liefert analog zu (35.6) anstatt des Faktors $\frac{\partial}{\partial t}\Omega$:

$$\frac{2\pi\hbar}{q(dE/dK)}\,.$$

Zur Integration über φ schreiben wir

$$k_x = K\cos\vartheta' = K(\cos\Theta\cos\vartheta + \sin\Theta\sin\vartheta\cos\varphi)\,,$$

Θ = Winkel zwischen $\mathfrak{q}$ und x, ϑ zwischen $\mathfrak{k}$ und $\mathfrak{q}$, ϑ' zwischen $\mathfrak{k}$ und x. Bei der Mittelung über φ fällt das zweite Glied fort, und es wird

$$\bar{k}_x = K\frac{q_x}{q}\cos\vartheta = -\frac{q_x}{q} K \frac{q}{2K} = -\frac{1}{2} q_x$$

[vgl. (35.14a)]. Damit ergibt sich

$$\left(\frac{\partial N}{\partial t}\right)_{\text{Elektronen}} = \frac{2C^2\Omega_0 q_x}{9\pi M u_0 (dE/dK)(e^x-1)kT} \cdot \int_0^\infty \frac{K^2\,dK}{(e^{\varepsilon}+1)(e^{-\varepsilon-x}+1)} \left\{\frac{1}{2}c(\varepsilon+x) + \frac{1}{2}c(\varepsilon) - b(x)\right\}. \tag{42.7}$$

Statt dK führen wir $d\varepsilon$ ein und setzen im Integral (erste Näherung) für K und dE/dK ihre Werte für $E = \zeta$. Ferner setzen wir zur Abkürzung

$$\Lambda = \frac{9\pi M u_0 K^2}{\hbar C^2 \Omega_0 q_0^5} \left(\frac{dE}{dK}\right)^2. \tag{42.8}$$

Λ steht in enger Beziehung zur freien Weglänge der Elektronen. Diese ist nach der BLOCHschen Theorie [vgl. (36.3a), (36.8), (38.1), (35.24)]

$$l_E = \Lambda \left(\frac{\Theta}{T}\right)^5 \frac{1}{J_5}\,. \tag{42.9}$$

Dann wird

$$\left(\frac{\partial N}{\partial t}\right)_{\text{El}} = \frac{2K^4}{\Lambda q_0^5 \hbar} \frac{q_x}{e^x - 1} \cdot \int_{-\infty}^{+\infty} \frac{d\varepsilon}{(e^{\varepsilon}+1)(e^{-\varepsilon-x}+1)} \left(\frac{1}{2}c(\varepsilon+x) + \frac{1}{2}c(\varepsilon) - b(x)\right). \tag{42.10}$$

Nun ist, wie wir wissen, c im wesentlichen eine *ungerade* Funktion von ε: Der in ε gerade Bestandteil muß wegen der Bedingung $J = 0$ beinahe verschwinden [vgl. Ziff. 39, insbesondere (39.10)]. Führen wir nun in dem von $c(\varepsilon)$ bestimmten Teil von (42.10) die neue Integrationsvariable

$$\varepsilon' = \varepsilon + \tfrac{1}{2}x$$

ein, so wird der Integrand

$$\frac{c(\varepsilon' + \frac{1}{2}x) + c(\varepsilon' - \frac{1}{2}x)}{(e^{\varepsilon' - \frac{1}{2}x} + 1)(e^{-\varepsilon' - \frac{1}{2}x} + 1)}$$

eine ungerade Funktion von ε': Die Elektronenverteilungsfunktion c trägt daher zu dem Integral in (42.10) nichts bei, *die Verteilung der Gitterwellen ist unabhängig von der Elektronenverteilung.*

Es bleibt in (42.10) noch stehen

$$-b(x)\int \frac{d\varepsilon}{(e^{\varepsilon}+1)(e^{-\varepsilon-x}+1)} = -b(x)\frac{x}{1-e^{-x}}\,,$$

[vgl. (37.10), (37.11)], so daß wegen $kTx = \hbar u_0 q$

$$\left(\frac{\partial N}{\partial t}\right)_{\text{El}} = -\frac{2K^4 u_0}{\Lambda q_0^5 k T} \frac{q}{(e^x-1)(1-e^{-x})} q_x b(x)\,. \tag{42.11}$$

Die Stationaritätsbedingung für die Gitterwellen lautet also[1]

$$\left.\begin{aligned}\left(\frac{\partial N}{\partial t}\right)_{\text{Gitter}} + \left(\frac{\partial N}{\partial t}\right)_{\text{El}} &= -\frac{q_x\, b(x)\, u_0}{(e^x-1)(1-e^{-x})\,kT}\left(\frac{1}{l_G}+\frac{2}{\Lambda}\left(\frac{K}{q_0}\right)^4\frac{q}{q_0}\right)\\ &= -\left(\frac{dN}{dt}\right)_{\text{Temp}} = \frac{1}{(e^x-1)(1-e^{-x})}\,\frac{x}{T}\,\frac{u_0 q_x}{q}\,\frac{dT}{dx}\,.\end{aligned}\right\} \tag{42.12}$$

Mit

$$x = \frac{\hbar u_0 q}{kT} = \frac{\Theta}{T}\,\frac{q}{q_0}$$

wird also

$$b(x) = -\frac{k\Theta}{T}\,\frac{l_G}{q_0}\left[1+\frac{2l_G}{\Lambda}\left(\frac{K}{q_0}\right)^4\frac{q}{q_0}\right]^{-1}\frac{dT}{dx} = -\frac{k\Theta}{T}\,\frac{l_G}{q_0}\left[1+\frac{2l_G}{l_E}\left(\frac{K}{q_0}\right)^4\frac{q}{q_0}\left(\frac{\Theta}{T}\right)^5\frac{1}{J_5}\right]^{-1}\frac{dT}{dx}\,. \tag{42.13}$$

Die letzte Umformung folgt aus (42.9) und setzt in Evidenz, daß das zweite Glied der eckigen Klammer nahe verwandt mit λ, (40.18), ist: Es kommt auch auf die gleiche Weise in die Rechnung hinein, nämlich als Verhältnis der Einflüsse von Elektronen- und Gitterstößen auf die Verteilungsfunktion der Gitterwellen. Wie λ, so ist auch unser Glied bei hohen Temperaturen klein gegen Eins, so daß bei Gültigkeit der Blochschen Theorie (also für $T >$ ca. 50°)

$$b(x) = -\frac{k\Theta}{T}\,\frac{l_G}{q_0}\cdot\frac{dT}{dx} \qquad (T \text{ groß}) \tag{42.14}$$

wird. Bei tiefen Temperaturen dagegen wird das genannte zweite Glied überwiegend und

$$b(x) = -\frac{k\Theta}{2T}\,\frac{\Lambda}{q}\left(\frac{q_0}{K}\right)^4\cdot\frac{dT}{dx} = -\frac{\Lambda}{2q_0}\,\frac{k}{x}\left(\frac{\Theta}{T}\right)^2\left(\frac{q_0}{K}\right)^4\frac{dT}{dx}\,. \qquad (T \text{ klein}) \tag{42.15}$$

c) Der Wärmestrom der Gitterwellen ist gegeben durch

$$Q = \sum_{\mathfrak{q}} N(\mathfrak{q})\, u_0\,\frac{q_x}{q}\,\hbar u_0 q = \frac{1}{(2\pi)^3}\,\frac{4\pi}{3}\,\frac{\hbar u_0^2}{kT}\int_0^{q_0} q^2\,dq\,\frac{b(x)\,q^2}{(e^x-1)(1-e^{-x})} \tag{42.16}$$

(pro Volumeinheit).

α) Bei *hohen* und *mittleren* Temperaturen, genauer gesagt im Gültigkeitsgebiet der Blochschen Theorie, wird also die Wärmeleitfähigkeit des Gitters

$$-\frac{Q}{dT/dx} = \varkappa_G = \frac{4\pi}{3}\,\frac{1}{(2\pi)^3}\,\frac{\Theta l_G}{T^2 q_0}\,\hbar u_0^2 q_0^5\left(\frac{T}{\Theta}\right)^5 J_4 = \frac{4\pi}{3}\,\frac{1}{(2\pi)^3}\,q_0^4\,\frac{\hbar u_0^2}{T}\,l_G\left(\frac{T}{\Theta}\right)^4 J_4\,. \tag{42.17}$$

Dies ist genau die gleiche Formel für die Wärmeleitfähigkeit, wie sie auch für einen Isolator gelten würde: Wir können die spezifische Wärme einführen

$$\begin{aligned}\gamma &= \frac{d}{dT}\sum N_0(\mathfrak{q})\cdot\hbar u_0 q = \frac{1}{(2\pi)^3}\int q^2\,dq\,\frac{1}{(e^x-1)(1-e^{-x})}\,\frac{x}{T}\,\hbar u_0 q\\ &= 4\pi\,\frac{1}{(2\pi)^3}\,\hbar u_0 q_0^4\,\frac{1}{T}\left(\frac{T}{\Theta}\right)^4 J_4\,,\end{aligned}$$

dann wird

$$\varkappa_G = \tfrac{1}{3}\gamma u_0 l_G\,, \tag{42.18}$$

wie in (40.6): Das ist auch kein Wunder, weil wir ja gerade in dem Gebiet sind, wo die Zusammenstöße der Gitterwellen mit den Elektronen wenig ausmachen gegenüber den gegenseitigen Zusammenstößen. Die Gitterwellen liefern also einen Beitrag zur Wärmeleitfähigkeit, der von der gleichen Größenordnung ist wie die Wärmeleitfähigkeit von Isolatoren, d. h. klein gegen den Beitrag der Elektronen zur Wärmeleitfähigkeit (Wärmeleitfähigkeit von NaCl bei Zimmertemperatur 0,023 cal/cm sec Grad, von Au 0,75. Bei flüssiger Luft: NaCl 0,09, Au 0,80).

---

[1] Eine Verwechslung der Koordinate x (in dT/dx und q_x) und der Abkürzung $x = \hbar u_0 q/kT$ (an allen übrigen Stellen!) ist wohl nicht zu befürchten.

β) Bei *tiefen Temperaturen* sind die Zusammenstöße der Gitterwellen mit den Elektronen ausschlaggebend. Es wird nach (42.15), (42.16)

$$\left.\begin{aligned}\varkappa_G &= \frac{A\hbar u_0^2}{2q_0 T}\frac{1}{(2\pi)^3}\frac{4\pi}{3}\left(\frac{q_0}{K}\right)^4\left(\frac{\Theta}{T}\right)^2\int\limits_0^{q_0} q^2 dq\,\frac{1}{x(e^x-1)(1-e^{-x})}q^2\\ &= \frac{A k^2\Theta}{\hbar}\frac{1}{(2\pi)^3}\frac{2\pi}{3}\left(\frac{q_0}{K}\right)^4 q_0^2\left(\frac{T}{\Theta}\right)^2 J_3.\end{aligned}\right\}\quad(42.19)$$

Die Gitterleitfähigkeit nimmt also wie $(T/\Theta)^2$ ab, während die Wärmeleitfähigkeit der *Elektronen* bei tiefen Temperaturen wie $(\Theta/T)^2$ zunimmt. Das Verhältnis von Gitterleitfähigkeit zu Elektronenwärmeleitfähigkeit nimmt also bei tiefen Temperaturen sehr rasch ab. Wir können daher einen Maximalwert für dieses Verhältnis angeben, indem wir die (falsche) Annahme machen, daß bei hoher Temperatur die „Elektronenstöße" allein den stationären Zustand der Gitterwellen herstellen, daß also $l_G = \infty$ ist: Dann würde (42.19) auch für hohe Temperaturen gelten und wir könnten $\varkappa_G$ in Beziehung setzen zur Wärmeleitfähigkeit der Elektronen:

$$\varkappa_E = \frac{\pi^2}{3}\frac{n l_E k^2 T}{\hbar K} = \frac{\pi^2}{3}\frac{8\pi}{3}\frac{1}{(2\pi)^3}K^2 4A\frac{\Theta}{T}\frac{k^2 T}{\hbar};\qquad T\gg\Theta. \qquad (42.20)$$

[Dabei haben wir in (39.15) n aus (36.10) und l_E aus (42.9) eingesetzt und berücksichtigt, daß für hohe Temperaturen $J_5 = \frac{1}{4}\left(\frac{\Theta}{T}\right)^4$ ist.] Durch Division von (42.20) mit (42.19) erhalten wir daher für $T \gg \Theta$:

$$\frac{\varkappa_E}{\varkappa_G} = \frac{32\pi^2}{3}\left(\frac{K}{q_0}\right)^6 = \frac{8\pi^2}{3} = 26{,}2, \qquad (42.21)$$

wenn wir berücksichtigen, daß für Atome mit einem Valenzelektron $K = q_0\cdot 2^{-1/3}$ ist. Demnach kann das *Gitter höchstens 4% zur Wärmeleitfähigkeit beitragen*, und dieser Beitrag wird auch höchstens in einem kleinen Temperaturintervall um 50° abs. herum erreicht: Bei hohen und bei tiefen Temperaturen ist der Beitrag noch wesentlich geringer. Mit der Wärmeleitfähigkeit eines Isolators stimmt die des Metallgitters bei hohen Temperaturen überein, bei tiefen ist sie (wegen der Elektronenstöße) wesentlich kleiner.

Zu bemerken ist noch, daß der Wärmestrom des Gitters die gleiche Richtung hat wie der der Elektronen[1].

d) Ergänzungen der Theorie.

43. Widerstand der Legierungen[2]. a) Theorie. Unter einer Legierung wollen wir einen metallischen Mischkristall verstehen, in welchem zwei oder mehr Sorten von Atomen regellos über die Gitterpunkte verteilt sind. Dann ist das Potential nicht mehr, wie bisher stets angenommen, eine rein periodische Funktion des Ortes[3],

---

[1] Ein entgegengesetztes Resultat von PEIERLS (l. c. Ann. Bd. 4, S. 144) ist durch einen Rechenfehler bedingt: Dort [Gleichung (41b)] muß $-\frac{1}{2}\mathfrak{q}c(\varepsilon) - \frac{1}{2}\mathfrak{q}c(\varepsilon+x)$ stehen statt $+\frac{1}{2}\mathfrak{q}c(\varepsilon) - \frac{3}{2}\mathfrak{q}c(\varepsilon+x)$. Im übrigen wird dadurch die Hypothese von GRÜNEISEN von der Additivität der Wärme*widerstände* von Gitter und Elektronen widerlegt: Sie ist aber in der modernen Theorie auch nicht mehr nötig (vgl. S. 536, Anm. 1).

[2] L. NORDHEIM, Ann. d. Phys. Bd. 9, S. 641. 1931. Wir schließen uns eng an NORDHEIM an.

[3] Die Abweichung von der Periodizität, die bei reinen Metallen erst durch die thermische Bewegung verursacht wird, besteht bei Legierungen schon dann, wenn die Gitterpunkte als „ruhend" angenommen werden.

sondern an einem Punkt $\mathfrak{r}$ in der $n$ten Elementarzelle herrscht etwa das Potential[1]

$$V(\mathfrak{r}) = V_{\mathfrak{n}}(\mathfrak{r} - \mathfrak{n}), \quad \text{wenn} \quad |(\mathfrak{r} - \mathfrak{n}, \mathfrak{b}_i)| < \tfrac{1}{2}. \tag{43.1}$$

Dabei ist $V_{\mathfrak{n}}(\mathfrak{r}')$ dasjenige Potential, welches das gerade am Gitterpunkt $\mathfrak{n}$ sitzende Atom im Abstand $\mathfrak{r}'$ von seinem Kern erzeugt.

Wir zerlegen das nichtperiodische Potential (43.1) in einen periodischen Anteil $V_0(\mathfrak{r})$ (ungestörtes Potential) und ein nichtperiodisches Störungspotential V'. $V_0(\mathfrak{r})$ soll natürlich eine möglichst gute Näherung an das wirkliche Potential darstellen: Das wird offenbar erreicht, wenn die Störung der *Eigenwerte* der Elektronen durch V' in erster Näherung verschwindet, wenn also der Mittelwert des Störungspotentials über die ungestörte Eigenfunktion für jeden Elektronenzustand $\mathfrak{k}$ gleich Null ist:

$$0 = \int d\tau\,(V(\mathfrak{r}) - V_0(\mathfrak{r}))\,|\psi_{\mathfrak{k}}|^2 = G^{-3} \sum_{\mathfrak{n}} \int (V_{\mathfrak{n}}(\mathfrak{r} - \mathfrak{n}) - V_0(\mathfrak{r} - \mathfrak{n}))\,|u_{\mathfrak{k}}|^2\, d\tau_0. \tag{43.2}$$

Das erste Integral geht über das ganze Grundgebiet des Kristalls, die Integrale unter dem Summenzeichen über je eine Elementarzelle. Die Bedingung (43.2) ist offenbar erfüllt — und zwar unabhängig von der Form der Eigenfunktion $u_{\mathfrak{k}}$ —, wenn für jeden Ort $\mathfrak{r}$ im Innern der nullten Elementarzelle

$$V_0(\mathfrak{r}) = \overline{V_{\mathfrak{n}}(\mathfrak{r})} = \sum_s p_s V_s(\mathfrak{r}) \tag{43.3}$$

gesetzt wird: Dabei deutet der Querstrich die Mittelung über alle Atome des Kristalls an, s numeriert die verschiedenen in der Legierung enthaltenen Atom*sorten*, p_s ist die Anzahl der Atome der Sorte s dividiert durch die Gesamtzahl der Atome und $V_s(\mathfrak{r})$ das Potential des Atoms der $s$ten Sorte im Abstand $\mathfrak{r}$ vom Kern.

Das Störungspotential wird nun

$$V'(\mathfrak{r}) = V_{\mathfrak{n}}(\mathfrak{r} - \mathfrak{n}) - \sum_s p_s V_s(\mathfrak{r} - \mathfrak{n}), \tag{43.4}$$

wenn der Punkt $\mathfrak{r}$ in der $n$ten Zelle liegt. Dieses Störungspotential verursacht Übergänge der Elektronen von einem Zustand zum anderen. Wir schreiben sogleich die Änderung der Verteilungsfunktion $f(\mathfrak{k})$ pro Zeiteinheit unter dem Einfluß dieser Übergänge an:

$$\left(\frac{\partial f_{\mathfrak{k}}}{dt}\right)_{\text{Legierung}} = \frac{\partial}{\partial t} \sum_{\mathfrak{k}'} \frac{|V'_{\mathfrak{k}'\mathfrak{k}}|^2}{\hbar^2}\, \Omega(E_{\mathfrak{k}'} - E_{\mathfrak{k}})\,[f(\mathfrak{k}')\,(1 - f(\mathfrak{k})) - f(\mathfrak{k})\,(1 - f(\mathfrak{k}'))]. \tag{43.5}$$

Dabei ist $V'_{\mathfrak{k}'\mathfrak{k}}$ das Matrixelement

$$V'_{\mathfrak{k}'\mathfrak{k}} = \int \psi^*_{\mathfrak{k}'} V' \psi_{\mathfrak{k}}\, d\tau = G^{-3} \sum_{\mathfrak{n}} e^{i(\mathfrak{k}-\mathfrak{k}', \mathfrak{n})} \cdot \int u^*_{\mathfrak{k}'}(\mathfrak{r} - \mathfrak{n})\,(V_{\mathfrak{n}} - V_0)\, u_{\mathfrak{k}}(\mathfrak{r} - \mathfrak{n}) \cdot e^{i(\mathfrak{k}-\mathfrak{k}', \mathfrak{r}-\mathfrak{n})}\, d\tau_0. \tag{43.6}$$

Hier haben wir das erste Integral, das über das ganze Grundgebiet geht, zerlegt in Integrale über die einzelnen Elementarzellen, indem wir ψ durch die periodische Funktion u ausdrückten. Die Integrale über die Zellen hängen nun bloß noch von der Natur des in jeder Zelle befindlichen Atoms und von den Quantenzahlen $\mathfrak{k}$ und $\mathfrak{k}'$, jedoch nicht mehr explizit von der Nummer $\mathfrak{n}$ der Zelle ab. Wir führen die Abkürzung ein

$$\int V_{\mathfrak{n}}(\mathfrak{r})\, u^*_{\mathfrak{k}'}(\mathfrak{r})\, u_{\mathfrak{k}}(\mathfrak{r})\, e^{i(\mathfrak{k}-\mathfrak{k}', \mathfrak{r})}\, d\tau_0 = V^{\mathfrak{k}\mathfrak{k}'}_{\mathfrak{n}}, \tag{43.7}$$

wobei das Integral über die nullte Elementarzelle zu erstrecken ist.

Dann wird nach (43.6)

$$|V'_{\mathfrak{k}\mathfrak{k}'}|^2 = G^{-6} \sum_{\mathfrak{n}} \sum_{\mathfrak{n}'} e^{i(\mathfrak{k}-\mathfrak{k}', \mathfrak{n}-\mathfrak{n}')} \left(V^{\mathfrak{k}\mathfrak{k}'}_{\mathfrak{n}} - V^{\mathfrak{k}\mathfrak{k}'}_0\right)\left(V^{\mathfrak{k}\mathfrak{k}'}_{\mathfrak{n}'} - V^{\mathfrak{k}\mathfrak{k}'}_0\right)^*. \tag{43.8}$$

Die Summation über $\mathfrak{n}$ bei festgehaltener Differenz $\mathfrak{n} - \mathfrak{n}'$ entspricht nun einer Multiplikation mit G^3, verbunden mit einer Mittelung über alle vorkommenden

[1] Dabei ist angenommen, daß das Potential in einer Elementarzelle ausschließlich von dem in dieser Zelle befindlichen Atom herrührt. Es ändert sich aber, wie NORDHEIM gezeigt hat, nichts am Resultat, wenn man zuläßt, daß das Potential eines Atoms auch auf die Gebiete der anderen Atome übergreift.

Atomsorten. Nun soll aber die Verteilung statistisch regellos sein: Die Natur des Atoms $\mathfrak{n}'$ ist unabhängig von der des Atoms $\mathfrak{n}$. $V_{\mathfrak{n}}^{\mathfrak{k}\mathfrak{k}'}$ und $V_{\mathfrak{n}'}^{\mathfrak{k}\mathfrak{k}'}$ sind daher *unabhängig* voneinander zu mitteln. Dadurch verschwinden wegen der Definition (43.3) des ungestörten Potentials alle Glieder mit $\mathfrak{n} \neq \mathfrak{n}'$ in (43.8), es bleibt

$$|V'_{\mathfrak{k}\mathfrak{k}'}|^2 = G^{-3}\overline{|V_{\mathfrak{n}}^{\mathfrak{k}\mathfrak{k}'} - V_0^{\mathfrak{k}\mathfrak{k}'}|^2} = G^{-3}\sum_s p_s \left|V_s^{\mathfrak{k}\mathfrak{k}'} - \sum_t p_t V_t^{\mathfrak{k}\mathfrak{k}'}\right|^2,$$

woraus sich nach kurzer Umformung unter Berücksichtigung von $\sum_s p_s = 1$ ergibt:

$$|V'_{\mathfrak{k}\mathfrak{k}'}|^2 = G^{-3}\sum_{s<t} p_s p_t |(V_s - V_t)_{\mathfrak{k}\mathfrak{k}'}|^2. \tag{43.9}$$

Wir führen im Raum der Wellenzahlen $\mathfrak{k}'$ Polarkoordinaten K', ϑ, φ mit $\mathfrak{k}$ als Achse ein und nehmen wieder an, daß die Energie nur von $|\mathfrak{k}|$ abhängt. Ferner machen wir für die Verteilungsfunktion den gewohnten Ansatz

$$f(\mathfrak{k}) = f_0(E) - \frac{d f_0}{d E} c(E) k_x \tag{43.10}$$

und nehmen an, daß $V_{\mathfrak{k}\mathfrak{k}'}$ nur vom Winkel ϑ zwischen $\mathfrak{k}$ und $\mathfrak{k}'$ abhängt, nicht von $\mathfrak{k}$ und $\mathfrak{k}'$ einzeln. (Das entspricht der Annahme eines fast isotropen Kristalls.) Dann lassen sich in (43.5) die Integrationen nach K' und φ ausführen und es ergibt sich

$$\left.\begin{aligned}\left(\frac{\partial f_t}{\partial t}\right)_{\text{Leg.}} &= -\frac{2\pi}{\hbar}\left(\frac{G}{2\pi}\right)^3 \Omega_0 \frac{d f_0}{d E} c(E) \frac{K^2}{dE/dK}\int \sin\vartheta\, d\vartheta\, d\varphi\,(k'_x - k_x)\,|V'_{\mathfrak{k}\mathfrak{k}'}|^2 \\ &= \frac{G^3\Omega_0}{2\pi\hbar}\frac{K^2}{dE/dK}\frac{d f_0}{d E} c(E) k_x \int_0^\pi |V(\vartheta)|^2(1-\cos\vartheta)\sin\vartheta\, d\vartheta.\end{aligned}\right\} \tag{43.11}$$

Die „Stoßzahl“ (43.11) ist, wie man sieht, *unabhängig von der Temperatur*. Das ist auch klar, weil die Temperaturbewegung ja bei uns gar nicht für die Übergänge des Elektrons verantwortlich ist, sondern die natürliche Unperiodizität des Potentialfeldes.

In dem Integral in (43.11) kann noch (43.9) eingeführt werden, dann erhält man

$$\int_0^\pi |V(\vartheta)|^2(1-\cos\vartheta)\sin\vartheta\, d\vartheta = G^{-3}\sum_{s<t} p_s p_t U_{st}^2, \tag{43.12}$$

wo

$$U_{st}^2 = \int (V_s(\vartheta) - V_t(\vartheta))^2 (1-\cos\vartheta)\sin\vartheta\, d\vartheta \tag{43.13}$$

und

$$V_s(\vartheta) = \int u_{\mathfrak{k}'}^*(\mathfrak{r})\, V_s(\mathfrak{r})\, u_{\mathfrak{k}}(\mathfrak{r})\, e^{i(\mathfrak{k}-\mathfrak{k}',\mathfrak{r})}\, d\tau_0 \quad \text{mit} \quad |\mathfrak{k}| = |\mathfrak{k}'|, \quad \sphericalangle(\mathfrak{k},\mathfrak{k}') = \vartheta. \tag{43.13a}$$

Eine genaue Abschätzung von $V_s(\vartheta)$ erscheint ziemlich schwierig: Einerseits ist das *Potential* $V_s(\mathfrak{r})$ im *Innern* der Atomrümpfe am *größten*, andererseits sind dort die *Eigenfunktionen* $u_{\mathfrak{k}}$ sehr *klein*. Wenn man annimmt, daß trotzdem das Atominnere den größten Beitrag liefert, wird V_s nur wenig von ϑ abhängen, weil die Eigenfunktionen $u_{\mathfrak{k}}$ im Innern nur eine geringe Abhängigkeit von $\mathfrak{k}$ zeigen. Spielt aber das Gebiet *zwischen* den Atomrümpfen die Hauptrolle, so kann $u_{\mathfrak{k}}$ als nahezu unabhängig von $\mathfrak{r}$ angesehen werden: Der Exponentialfaktor $e^{i(\mathfrak{k}-\mathfrak{k}',\mathfrak{r})}$ bedingt dann einen ziemlich starken *Abfall* von V mit wachsendem ϑ. Da andererseits die großen Ablenkungen wegen des Faktors $1-\cos\vartheta$ die Hauptrolle in U_{st} [vgl. (43.13)] spielen, wird daher bei unserer zweiten Annahme U_{st} relativ klein werden, jedenfalls klein gegen $V_s(\vartheta = 0) - V_t(\vartheta = 0)$. Auf Grund beider Annahmen wird aber die Differenz $V_s(\vartheta) - V_t(\vartheta)$, insbesondere bei ähnlichen Metallen, wesentlich kleiner sein als $V_s(\vartheta)$ selbst.

U_{st} wird daher merklich kleiner sein als z. B. das mittlere Potential V_s oder auch die Energie ζ eines Leitungselektrons. Experimentell ergibt sich z. B. $U_{st} \approx \frac{1}{6}\zeta$ für Legierungen von Ag und Au. Im übrigen muß U_{st} um so kleiner sein, je ähnlicher die Atome s und t einander sind (vgl. unten).

Die Stoßzahl (43.11) ist einfach proportional der Abweichung der Verteilungsfunktion von der ungestörten Fermifunktion[1], unabhängig von der speziellen Natur der Funktion $c(E)$. Es ist daher möglich, eine freie Weglänge $l(E)$ zu definieren, durch die sich alle Effekte — also elektrische und thermische Leitfähigkeit, thermoelektrische Effekte usw. — genau in der Weise ausdrücken lassen, wie dies in Teil I (Ziff. 1 bis 7) dieses Artikels geschehen ist. Die Definitionsgleichung für die freie Weglänge lautet [vgl. z. B. (5.4), (42.5)]

$$\frac{\partial f(\mathfrak{k})}{\partial t} = -\frac{v}{l}\{f(\mathfrak{k}) - f_0(E)\}. \tag{43.14}$$

Setzen wir hier (43.11) und (43.10) ein und berücksichtigen (43.12) sowie $v = \frac{1}{\hbar} \cdot \frac{dE}{dK}$, so wird die reziproke freie Weglänge

$$\frac{1}{l_L} = \frac{K^2 \Omega_0}{2\pi (dE/dK)^2} \cdot \sum_{s<t} p_s p_t U_{st}^2. \tag{43.15}$$

Den Index L haben wir beigefügt, um daran zu erinnern, daß es sich um die durch die Legierungsunregelmäßigkeiten allein bedingte freie Weglänge handelt.

b) Vergleich mit der Erfahrung. Nehmen wir nun an, daß die Temperatur sehr niedrig ist, so daß der durch die Temperaturbewegung der Gitteratome verursachte Widerstand, mit anderen Worten die Anzahl der Zusammenstöße der Elektronen mit Gitterwellen, sehr klein ist. Dann ist die Legierungsunregelmäßigkeit der einzige Grund für das Vorhandensein eines Widerstands und es ist nach (36.11) der spezifische Widerstand

$$\frac{1}{\sigma} = \frac{\hbar K}{e^2 n l_L} = \frac{\hbar K^3 \Omega_0}{2\pi e^2 n (dE/dK)^2} \cdot \sum_{s<t} p_s p_t U_{st}^2. \tag{43.16}$$

Betrachten wir nun eine Legierung aus zwei Komponenten, wobei der Bruchteil $p_1 = x$ aller Atome auf die erste Komponente, der Bruchteil $1 - x$ auf die zweite entfällt. Dann muß nach (43.16) der Widerstand *proportional* $x(1 - x)$ *sein*[2], d. h. er muß ein Maximum erreichen für $x = \frac{1}{2}$, also wenn die Legierung beide Komponenten zu gleichen Teilen enthält. Die Abhängigkeit vom Mischungsverhältnis ist in Abb. 52a dargestellt, sie wird vorzüglich bestätigt durch Messungen an der Mischkristallreihe Ag—Au*.

Konzentration des Ag $x =$		0,01	0,025	0,316	0,629	
$1/\sigma$	beobachtet	0,35	0,86	7,3	8,2	$\cdot 10^{-6}\,\Omega$ cm
$1/\sigma$	berechnet	0,35	0,88	7,6	8,2	$\cdot 10^{-6}\,\Omega$ „

(Bei der Berechnung ist der Widerstand bei der höchsten Konzentration dem beobachteten angeglichen.)

[1] Das gleiche gilt für die durch die Temperaturbewegung verursachte Stoßzahl bei hohen Temperaturen (vgl. Ziff. 36, insbesondere Abschnitt d), jedoch *nicht* bei tiefen Temperaturen (Ziff. 37 u. 39c). Dort ist die Stoßzahl bei Störung durch ein elektrisches Feld relativ viel kleiner (die freie Weglänge viel größer) als bei Vorhandensein eines Temperaturgradienten.

[2] Dabei ist allerdings angenommen, daß dE/dK unabhängig vom Mischungsverhältnis x ist, also speziell auch für die beiden reinen Komponenten den gleichen Wert hat. Ist dies nicht der Fall, so kann man sicher in guter Näherung dE/dK als lineare Funktion von x annehmen. Denn E ist ja die Energie des Elektrons im Potentialfeld V_0, das nach der Mischungsregel aus den Potentialen der reinen Metalle zusammengesetzt ist; daher wird $E(K)$ etwa linear mit x gehen. Der Maximalwiderstand liegt dann nicht genau bei $x = \frac{1}{2}$.

* Nach E. Grüneisen, ds. Handb. Bd. XIII, Kap. 1, Tabelle aus L. Nordheim, l. c. S. 666.

Der Absolutwert des Legierungswiderstands ist sehr groß, wenn man bedenkt, daß reines Gold bei Zimmertemperatur bloß einen Widerstand von $1{,}56 \cdot 10^{-6}\ \Omega\,\text{cm}$ besitzt. Das ist auch vollkommen verständlich, denn die kleinen Temperaturschwingungen der Gitteratome verursachen natürlich eine viel geringere Abweichung des Potentials von der Periodizität als der Ersatz einzelner Atome durch solche von ganz anderer Bauart (und daher auch ganz anderem Potential). Andererseits konnte die klassische Theorie der Leitfähigkeit, in der die Periodizität des Gitters keine Rolle spielte, von dem hohen Widerstand der Legierungen natürlich keine Rechenschaft geben: Wir haben hier den vielleicht *direktesten Beweis für die wellenmechanische Theorie der Leitfähigkeit* vor uns.

Berechnen wir aus dem Widerstand die freie Weglänge, so ergibt sich für die Legierung, die Au und Ag zu gleichen Teilen enthält $\left(\frac{1}{\sigma} = 8{,}75 \cdot 10^{-6}\ \Omega\,\text{cm}\right)$

$$l_L = 0{,}95 \cdot 10^{-6}\ \text{cm}$$

(vgl. die Berechnung der freien Weglänge in Au, Ziff. 40d). Nehmen wir weiter an, daß E proportional mit K^2 ist, wie bei freien Elektronen, daß also

$$\frac{dE}{dK} = 2\frac{E}{K}$$

gilt und berücksichtigen wir, daß für Atome mit einem Valenzelektron

$$K = 2\pi\left(\frac{3}{8\pi\Omega_0}\right)^{1/3}$$

ist, so wird

$$U_{st}^2 = E^2\frac{32\pi}{K^4\Omega_0 l_L} = 0{,}0292\,E^2, \qquad U_{st} = 0{,}171\,E. \tag{43.17}$$

U_{st} wird also, im Einklang mit unseren früheren Überlegungen, um etwa eine Größenordnung kleiner als die Energie der Leitungselektronen, also etwa 1 Volt. Das ist dieselbe Größenordnung wie die *Differenz* der „kinetischen Energien“ C für Ag und Au, vgl. Tabelle 6.

U_{st} ist um so größer, je mehr sich die Atome der Metalle s und t voneinander unterscheiden[1]. Die Beimengung eines stark vom Grundmetall verschiedenen Metalls erhöht also den Widerstand des Grundmetalls viel stärker als die eines Zusatzmetalls mit ähnlichem Potentialverlauf. Beimischungen von 1 Atomprozent geben z. B. folgende Zusatzwiderstände[2] (in $10^{-6}\ \Omega\,\text{cm}$)

Ag in Cu	0,22
Au „ Cu	0,62
Ag „ Au	0,35

Das schwere Goldatom ändert also den Widerstand von Cu fast dreimal so stark wie das dem Cu sehr viel ähnlichere Silber.

Der *Wärmewiderstand* von Legierungen steht zum elektrischen Widerstand in der WIEDEMANN-FRANZschen Beziehung

$$\frac{1}{\varkappa} = \frac{1}{\sigma}\cdot\frac{3}{\pi^2}\left(\frac{e}{k}\right)^2\cdot\frac{1}{T}, \tag{43.18}$$

was sofort daraus folgt, daß eine freie Weglänge l_L definiert werden und dann die Theorie der Ziff. 5 angewendet werden kann. Die Beziehung (43.17) ist von

[1] Dabei kommt es auf den Unterschied der Potentiale, also vor allem der Ordnungszahlen und der Atomgrößen, an, nicht etwa auf chemische Verwandtschaft und Nichtverwandtschaft.

[2] L. NORDHEIM, l. c. S. 668.

GRÜNEISEN und GOENS[1] sehr eingehend geprüft und richtig befunden worden. Sie gilt natürlich nur, solange der normale von der Temperaturbewegung der Gitteratome herrührende Wärmewiderstand sehr klein ist gegen den von der Legierungsunregelmäßigkeit verursachten (43.18). Ist dies nicht der Fall, so addieren sich die beiden Wärmewiderstände (Gesetz der isothermen Geraden von GRÜNEISEN[1]).

Die Theorie des Widerstands von Legierungen umfaßt natürlich auch den Fall von Verunreinigungen: In diesem Fall ist der Anteil p_1 der einen Komponente (Grundmetall) an der „Legierung" sehr groß gegen die der übrigen. Der Widerstand bei tiefen Temperaturen wird in diesem Fall proportional zum Gehalt des Metalls an Verunreinigungen und, wie bei allen Legierungen, unabhängig von der Temperatur.

Bei der Theorie ist stets die Voraussetzung gemacht, daß die beiden legierten Metalle einen idealen Mischkristall (feste Lösung) bilden. Bildet sich dagegen bei einem gewissen Mischungsverhältnis eine Metall*verbindung*, d. h. ein Gitter, dessen Gitterpunkte in *regelmäßigem* Wechsel von den Atomen der beiden Sorten

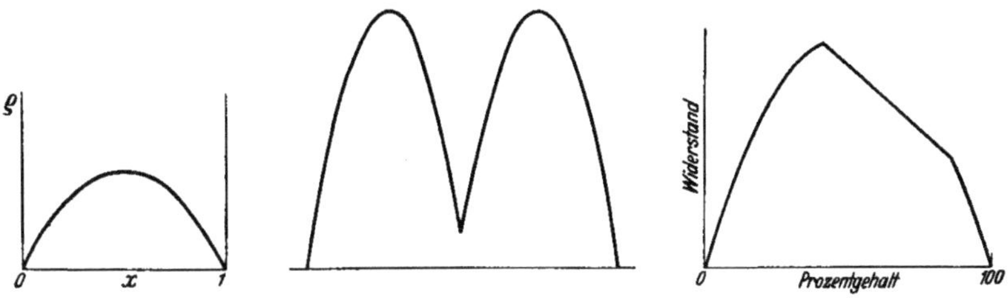

a) Widerstand einer ununterbrochenen Mischkristallreihe. b) Metallverbindung beim Atomverhältnis 1:1. c) Mischungslücke.

Abb. 52a bis c. Widerstand von Legierungen als Funktion der Konzentration einer Komponente nach NORDHEIM.

besetzt sind, so wird das Potential wieder rein periodisch. Infolgedessen verschwindet der spezifische temperaturunabhängige Legierungswiderstand und es bleibt nur der temperaturabhängige Widerstand übrig, wie ihn auch ein reines Metall besitzt[2]. Der Widerstand als Funktion der Konzentration der einen Komponente der Legierung hat also — besonders bei tiefen Temperaturen — ein scharfes Minimum bei dem Atomverhältnis, das der Metallverbindung entspricht. Er wird in Abhängigkeit von der Konzentration der einen Legierungskomponente nicht mehr durch Abb. 52a, sondern etwa durch Abb. 52b dargestellt.

Bilden andererseits zwei Metalle keine Mischkristalle, sondern ist die Legierung ein *Gemenge* von Kristalliten der reinen Metalle, so berechnet sich der Widerstand natürlich einfach nach der Mischungsregel aus dem der reinen Metalle. Der Widerstand ist daher in diesem Fall interessanterweise viel kleiner als bei der festen Lösung. Im allgemeinen besteht begrenzte Mischbarkeit. Dann ist in der „Mischungslücke" der Widerstand eine lineare Funktion der Konzentration, während er bei kleiner Konzentration einer der beiden Komponenten unserer Legierungstheorie folgt (Abb. 52c).

c) MATTHIESSENsche Regel. Unsere bisherigen Betrachtungen bezogen sich auf den Widerstand von Legierungen bzw. verunreinigten Metallen beim absoluten Nullpunkt (Restwiderstand). Bei endlicher Temperatur addiert sich nun

[1] E. GRÜNEISEN u. E. GOENS, ZS. f. Phys. Bd. 44, S. 615. 1927; E. GRÜNEISEN, ebenda Bd. 46, S. 151. 1927.
[2] Natürlich ist der Widerstand quantitativ verschieden von dem der beiden Metalle und berechnet sich nicht etwa nach einer Mischungsregel.

in erster Näherung einfach der gewöhnliche, in Ziff. 31 bis 42 berechnete temperaturabhängige Widerstand zum Restwiderstand (MATTHIESSENsche Regel). Denn der Widerstand ist proportional der Stoßzahl, d. h. der Änderung der Verteilungsfunktion $f(\mathfrak{k})$ pro Zeiteinheit dividiert durch die Abweichung der Verteilungsfunktion von der ungestörten Fermiverteilung. Nun setzt sich aber $\partial f/\partial t$ additiv zusammen aus dem Beitrag (43.11) der Legierungsunregelmäßigkeit und dem Beitrag der Temperaturbewegung des Gitters [Zusammenstöße mit Gitterwellen, (34.40)]. Damit ist die MATTHIESSENsche Regel der Additivität der Widerstände abgeleitet.

Bei diesem Beweis ist jedoch stillschweigend eine Voraussetzung gemacht, die nicht immer erfüllt ist. Es ist nämlich angenommen, daß die Änderung der Verteilungsfunktion durch die „inneren" Störungen der Elektronenbewegung (Temperaturbewegung, Legierungseffekt) $(\partial f(\mathfrak{k})/\partial t)_{\text{innere Stör.}}$ einfach proportional der Verteilungsfunktion selbst (genauer gesagt ihrer Abweichung von der ungestörten Fermiverteilung) ist, daß also die Stoßzahl

$$S = -\frac{(\partial f(\mathfrak{k})/\partial t)_{\text{innere Stör.}}}{f(\mathfrak{k}) - f_0} \tag{43.19}$$

unabhängig ist von der Form der Funktion $f(\mathfrak{k})$. Wir sagen in diesem Fall, daß sich eine freie Weglänge definieren läßt. Unter dieser Voraussetzung, und *nur* dann, ist die Verteilungsfunktion $f(\mathfrak{k}) - f_0$ proportional der „Störung", d. h. proportional der zeitlichen Änderung der Verteilungsfunktion durch äußere Kräfte, wie elektrisches Feld, Temperaturgradient usw., welche wir zusammenfassen in

$$R = \left(\frac{\partial f(\mathfrak{k})}{\partial t}\right)_{\text{äußere Kräfte}} = \left[-eF + \frac{dT}{dx}\left(\frac{d\zeta}{dT} + k\varepsilon\right)\right]\frac{df_0}{dE}v_x. \tag{43.20}$$

Es folgt nämlich dann sofort aus (43.19), daß

$$f(\mathfrak{k}) - f(0) = \frac{R}{S} \tag{43.21}$$

ist.

Die Voraussetzung (43.19) ist aber nicht für alle Störungen der Elektronen erfüllt, sondern nur

1. für die Störung durch die Legierungsunregelmäßigkeiten,

2. für die Störung durch die Temperaturbewegung der Gitteratome *nur bei hohen Temperaturen* ($T \gg \Theta$).

Daraus geht hervor, daß bei hohen Temperaturen die MATTHIESSENsche Regel sicher erfüllt ist.

Bei tiefen Temperaturen dagegen hängt die „Stoßzahl", die von der Temperaturbewegung herrührt, stark von der *Form* der Funktion $f(\mathfrak{k})$ ab, d. h. $(\partial f(\mathfrak{k})/\partial t)_{\text{Gitterstöße}}$ wird nicht nur durch $f(\mathfrak{k}) - f_0$ *selbst* bestimmt, sondern auch wesentlich durch die *Ableitungen* dieser Größe nach der Energie. Infolgedessen ist die Störung der Verteilungsfunktion $f(\mathfrak{k}) - f_0$ *nicht* proportional der äußeren Störung R [vgl. (43.20)], sondern hängt komplizierter von ε ab, falls der Widerstand ausschließlich durch die Temperaturbewegung des Gitters verursacht wird. Wird er nur durch den Legierungseffekt bewirkt, so ist andererseits $f(\mathfrak{k}) - f_0$ proportional mit R. Wirken beide Effekte gleichzeitig, so muß daher die Form der Verteilungsfunktion von den *beiden* Funktionen verschieden sein, die sich bei Wirksamkeit nur eines Effekts einstellen. Daher wird auch die Stoßzahl eine andere, und zwar sowohl die Stoßzahl für den Legierungseffekt wie für den Temperatureffekt, und die Additivität der Widerstände scheint stark in Frage gestellt.

Jedoch dürften auch bei tiefen Temperaturen die *Abweichungen* von der MATTHIESSENschen Regel *nicht groß* sein. Was zunächst die *elektrische*

Leitfähigkeit angeht, so fanden wir in Ziff. 37 (bei Berücksichtigung der Störung durch Gitterschwingungen allein), daß bei sehr tiefen Temperaturen die Verteilungsfunktion sehr angenähert proportional der „Störung" $R = eF \frac{d f_0}{d \varepsilon} v_x$ ist: es ergab sich damals $c(\varepsilon)$ nahezu unabhängig von ε. Bei sehr tiefen Temperaturen gilt die Additivität der *elektrischen* Widerstände also wieder streng. Bei mittleren Temperaturen ($T \approx \Theta$, Ziff. 38) war $c(\varepsilon)$ keine Konstante, so daß eine strenge Gültigkeit der MATTHIESSENschen Regel nicht in Frage kommt. Doch konnten wir plausibel machen, daß nur das von ε unabhängige Glied in $c(\varepsilon)$ einen wesentlichen Beitrag zur Leitfähigkeit liefert und dürfen daher erwarten, daß auch bei gleichzeitiger Wirkung von Temperatur- und Legierungseffekt der Einfluß des ε-abhängigen Gliedes in $c(\varepsilon)$ auf den Widerstand klein ist. Dann dürfen wir auch bei mittleren Temperaturen angenäherte Additivität des Legierungs- und Temperaturbewegungswiderstands erwarten.

Etwas schwieriger ist die Frage beim *Wärmewiderstand* zu entscheiden. Dort wäre im Fall der alleinigen Wirksamkeit der Legierungsunregelmäßigkeit $c(\varepsilon)$ proportional zu ε, also $c(\varepsilon) = \alpha\varepsilon$, wo α eine Konstante ist. Im Fall des Temperatureffekts wäre dagegen bei tiefen Temperaturen $c(\varepsilon) = \varepsilon\beta(\varepsilon)$, wobei $\beta(\varepsilon)$ eine gerade, komplizierte Funktion von ε ist, die von einer Konstante ziemlich verschieden sein dürfte. Man versteht also nicht unmittelbar die Additivität der Wärmewiderstände des Temperatur- und Legierungseffekts, d. h. das Gesetz der isothermen Geraden von GRÜNEISEN. Experimentell ist dies Gesetz aber so gut bestätigt, daß man nach einem theoretischen Grund für seine angenäherte Gültigkeit fragt. Dieser könnte in folgender Überlegung gefunden werden: Sei $\bar{\beta}$ ein Mittelwert der Funktion $\beta(\varepsilon)$, der so bestimmt ist, daß er die gleiche Wärmeleitfähigkeit ergibt wie $\beta(\varepsilon)$. Dann würde das Gesetz der Additivität verlangen, daß bei gleichzeitiger Wirksamkeit von Legierungs- und Temperatureffekt die Verteilungsfunktion etwa

$$c(\varepsilon) = \frac{\varepsilon}{1/\alpha + 1/\bar{\beta}}$$

ist. In Wirklichkeit wird angenähert

$$c(\varepsilon) \approx \frac{\varepsilon}{1/\alpha + 1/\beta(\varepsilon)}$$

sein. Die entsprechenden Wärmeströme unterscheiden sich nun, wie man leicht sieht, bloß um Glieder von der Ordnung $(\beta(\varepsilon) - \bar{\beta})^2$, nicht um Glieder von der Ordnung $\beta(\varepsilon) - \bar{\beta}$. Infolgedessen dürfte die Abweichung vom Gesetz der isothermen Geraden *klein* sein. Es wäre jedoch wünschenswert, dies durch explizite Berechnung der Verteilungsfunktion $c(\varepsilon)$ unter der Annahme der gleichzeitigen Wirksamkeit eines Temperaturgradienten, der Gitterstöße und der Legierungsunregelmäßigkeit bei tiefen Temperaturen zu bestätigen.

44. Ansätze für die Theorie der Supraleitung. So schön die Erfolge der Theorie bei der Erklärung der normalen Leitungsphänomene sind, so wenig ist bisher eine Lösung des Problems der Supraleitung gelungen. Nur eine Anzahl Hypothesen existieren, die bisher in keiner Weise ausgeführt sind und deren Richtigkeit daher nicht geprüft werden kann.

a) BLOCH und LANDAU haben vorgeschlagen, daß die energetisch tiefsten Zustände eines supraleitenden Metalls einen endlichen Elektronenstrom mitführen. Die Supraleitung soll also ähnlich zustande kommen wie der Ferromagnetismus. Das Fließen eines Stromes durch das Metall würde einem thermischen Gleichgewichtszustand entsprechen, und es kann daher durch keinerlei Störungen der Strom zerstört werden, weder durch Temperaturbewegung der

Gitteratome noch durch Verunreinigungen. Daß die Supraleitung auf tiefe Temperaturen beschränkt ist, wäre dann so zu deuten, daß zwar die tiefsten Zustände des Metalls einen Strom führen, daß jedoch bei etwas höherer Energie eine große Anzahl von stromlosen Zuständen liegt, welche bei höherer Temperatur wahrscheinlicher werden.

Diese Idee ist zwar außerordentlich verlockend, jedoch ist es bisher nicht gelungen, irgendein Modell zu konstruieren, welches wirklich die gewünschten Eigenschaften hat. Sicher scheint nur, daß man mit der Betrachtung der Energie *einzelner Elektronen nicht* auskommt. Denn nehmen wir etwa an, daß der Metallkristall ein Symmetriezentrum besitzt, wie das für die meisten Supraleiter der Fall ist: dann haben zwei Elektronenzustände mit entgegengesetzt gleichem Ausbreitungsvektor, $\mathfrak{k}$ und $-\mathfrak{k}$, stets die gleiche Energie. Jede Fläche $E =$ konst. im Wellenzahlraum besitzt also ein Symmetriezentrum $\mathfrak{k} = 0$ und enthält gleichviel Zustände mit nach rechts und nach links gerichtetem Strom. Der Gesamtstrom aller Elektronenzustände mit bestimmter Energie ist daher stets Null, und wenn die Elektronen alle Zustände mit einer Energie $E \leqq \zeta$ besetzen, so wird der resultierende Strom zweifellos Null[1, 2].

b) Es ist also sicher notwendig, die *Wechselwirkung der Elektronen untereinander* mitzuberücksichtigen. KRONIG[3] hat daher versucht, vom anderen Extremfall auszugehen. Er berücksichtigt in erster Näherung überhaupt *nur* die Wechselwirkung der Elektronen untereinander, dagegen vernachlässigt er die von den Metallionen ausgeübten Potentialfelder völlig, indem er die positiven Ladungen gleichmäßig über den ganzen Raum verschmiert. Dann ordnen sich die Elektronen nahezu in einem Raumgitter an, allerdings führen die Elektronen wegen ihrer kleinen Maße sehr starke Nullpunktsschwingungen um ihre Gleichgewichtslagen aus. In einem elektrischen Feld wird unter diesen Annahmen das ganze Elektronengitter sich in Bewegung setzen. KRONIG meint nun, daß auch bei der in Wahrheit vorliegenden gitterförmigen Anordnung der Metallionen immer noch etwas Ähnliches passieren könne. Zwar liegt das „Elektronengitter" im Gleichgewichtszustand dann sicher in den Zwischenräumen zwischen den Metallionen und man müßte eine ungeheuer hohe Potentialschwelle überwinden, um das Elektronengitter *als Ganzes* etwa um einen Atomabstand zu verschieben. Dagegen glaubt KRONIG, daß man unter gewissen Bedingungen einzelne lineare Ketten von Elektronen widerstandslos durch das Ionengitter hindurchschieben kann, ohne daß die Potentialfelder der Ionen störend wirken.

Uns scheinen folgende Einwände gegen die KRONIGsche Hypothese zu sprechen. Erstens ist ein Elektronengitter auf jeden Fall ein äußerst instabiles Gebilde, weil die Schwingungsamplituden der Elektronen schon bei der Nullpunktsschwingung (d. h. wenn alle Eigenschwingungen des Elektronengitters die Quantenzahl Null haben) von der Größenordnung der Gitterkonstanten sind. Man wird also eher geneigt sein, von einer Elektronen*flüssigkeit* zu sprechen, da die Elektronen zwar einen erheblichen mit der Gitterkonstante des Metalls

[1] Daran wird auch durch eine Bemerkung von W. ELSASSER (ZS. f. Phys. Bd. 75, S. 129. 1932) nichts geändert. ELSASSER weist darauf hin, daß in der DIRACschen Theorie ein Elektron auch dann einen Strom besitzen kann, wenn es keinen Impuls hat, und zwar ist dieser Strom proportional dem Mittelwert von $[\sigma, \operatorname{grad} V]$, wobei σ der Spinvektor und V das auf die Elektronen wirkende Potential ist. Der Mittelwert von grad V über jede Eigenfunktion ist aber aus Symmetriegründen Null, außerdem existieren stets zwei Elektronen mit entgegengesetztem Spin und gleicher Energie.

[2] Nach J. FRENKEL (Phys. Rev. Bd. 43, S. 907. 1933) soll die magnetische Wechselwirkung der Metallelektronen die Energie der Zustände mit Strom stark herabsetzen. Diese Annahme ist nach H. BETHE und H. FRÖHLICH (ZS. f. Phys., im Ersch.) ungeeignet.

[3] R. DE L. KRONIG, ZS. f. Phys. Bd. 78, S. 744. 1932; Bd. 80, S. 203. 1933.

vergleichbaren Abstand voneinander einzuhalten bemüht sind, jedoch keinen Grund zu einer regelmäßigen Anordnung haben. Wie aber bei einer solchen Flüssigkeit eine lineare Kette von Elektronen sich gemeinsam bewegen soll, ist nicht einzusehen.

Zweitens: *Wenn* man die Existenz eines Elektronengitters zugibt, sollte ein „Schmelzen" des Gitters erst bei einer Temperatur T_0 eintreten, bei der die Temperaturenergie von der Größenordnung der elektrostatischen Kräfte zwischen den Elektronen ist, d. h. der Kräfte, die für die Gitterstruktur verantwortlich sind. Daraus ergibt sich

$$T_0 \approx \frac{e^2}{a k} \approx 10000 \text{ Grad} \tag{44.1}$$

(a = Gitterkonstante). Es ist nicht verständlich, warum eine Temperatur von etwa 10° (Sprungpunkt der Supraleitung) dem Elektronengitter irgend etwas ausmacht.

Drittens: Der Beweis von KRONIG, daß eine lineare Elektronenkette sich ungehindert durch ein periodisches Potentialfeld bewegen könne, ist nicht stichhaltig. KRONIG betrachtet als ungestörten Zustand die gleichförmige Bewegung der linearen Elektronenkette mit bestimmter Geschwindigkeit und berechnet nun die Wahrscheinlichkeit eines Übergangs von einem ungestörten Zustand zu einem anderen unter dem Einfluß des von den Ionen herrührenden Potentials. Er zeigt, daß diese Übergangswahrscheinlichkeit unter gewissen Voraussetzungen über die „Gitterkonstante" des Elektronengitters sehr klein werden, evtl. sogar wie $1/N^\alpha$ (N = Anzahl Elektronen in der Kette, α = positive Konstante) verschwinden kann. Dabei nimmt er aber an, daß im Endzustand die Schwingungsquantenzahlen des Elektronengitters *bestimmte* vorgegebene Werte haben. In Wirklichkeit muß man *alle* Übergänge nach *allen* möglichen Endzuständen betrachten: Man findet dann durch eine einfache Überschlagsrechnung, daß ein gegebener Anfangszustand (Elektronenkette bewegt sich mit bestimmter Geschwindigkeit, Schwingungen der Elektronen nicht angeregt) in einer Zeit von der Größenordnung $1/N$ zerstört wird.

Wenn aber auch die KRONIGsche Hypothese heute wahrscheinlich noch nicht richtig ist, so ist es doch möglich, daß bei wesentlicher Vertiefung der Grundlagen eine brauchbare Theorie entstehen könnte. Ein guter Gedanke scheint uns die Betrachtung linearer Ströme, weil sie die Unverschieblichkeit der Strombahn im Supraleiter und die Zerstörung durch Magnetfelder verständlich macht[1].

c) Diskutabel scheint uns evtl. auch folgende Hypothese: Wir haben in Ziff. 40, 41 gesehen, welche wichtige Rolle die PEIERLSschen Umklappprozesse beim Zustandekommen des Widerstands bei tiefen Temperaturen spielen. In Ziff. 41 ergab sich ferner, daß die Prozesse nur dann auftreten, wenn die Energiefläche $E = \zeta$ im Wellenzahlraum die Oberfläche der Elementarzelle des reziproken Gitters berührt. Das braucht nun durchaus nicht immer der Fall zu sein, vielmehr ist es notwendig, daß die Valenzelektronen einen beträchtlichen Bruchteil der zur Verfügung stehenden Quantenzustände im entsprechenden Energieband besetzen. Wenn daher sehr viele „Plätze" vorhanden sind, wird die Energiefläche völlig im Innern der ersten Elementarzelle liegen. Viele Plätze sind aber vorhanden, wenn es im entsprechenden freien Atom viele Elektronenzustände gleicher Energie gibt, d. h. wenn gerade die ersten Elektronen in eine neue Schale eingebaut werden. Dies trifft nun auf sämtliche bekannten Supraleiter zu. Sie stehen alle in der Mitte des periodischen Systems jeweils am Beginn des Aufbaus von p- und d-Schalen. In allen diesen Fällen stehen sämtliche Zustände der neuen Schale zur Verfügung, und nur wenige Elektronen, um sie auszufüllen.

[1] Näheres vgl. die zweite Arbeit von KRONIG, l. c.

Die Energiefläche wird dann etwa die Form in Abb. 53 haben, ihre „Pole" werden einen gewissen Abstand φ von der Oberfläche der Elementarzelle des reziproken Gitters besitzen. Dann können Umklappprozesse nur durch Gitterwellen mit einer Wellenzahl $q > 2\varphi$ bewirkt werden. Die Anregungsstärke (Quantenzahl) solcher Gitterwellen ist aber nach dem PLANCKschen Gesetz

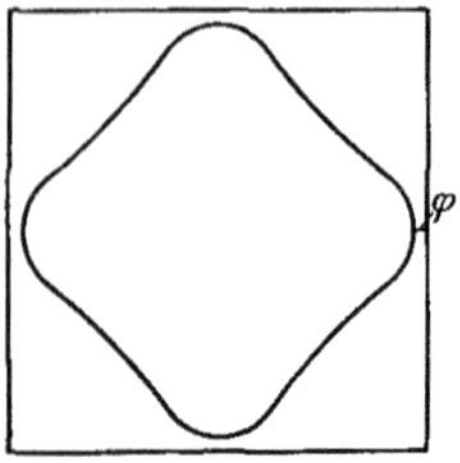

Abb. 53. Zur Theorie der Supraleitung. Energiefläche $E = \zeta$.

$$N(\varphi) \approx e^{\frac{-2\hbar u_0 \varphi}{kT}} = e^{-\frac{2\varphi}{q_0}\cdot\frac{\Theta}{T}}.$$

Oberhalb einer gewissen Temperatur

$$T_0 = \Theta \frac{2\varphi}{q_0} \tag{44.2}$$

kann daher das statistische Gleichgewicht durch Umklappprozesse bewirkt werden, unterhalb dieser Temperatur muß der Widerstand exponentiell absinken.

Die Größenordnung des Sprungpunkts (44.2) ist richtig, wenn man für φ den plausiblen Wert von $\sim {}^1/_{20}\, q_0$ einsetzt. Jedoch erfolgt der Abfall des Widerstands *viel zu langsam*, nämlich in einem Temperaturbereich von der Größenordnung der Sprungtemperatur selbst, während nach den Beobachtungen der Übergang in einem Intervall von ca. ${}^1/_{100}{}^\circ$ erfolgt. Außerdem liefert die Theorie keinerlei Erklärung für das Verschwinden des „Restwiderstands", also gerade für das Hauptphänomen der Supraleitung.

d) Völlig abzulehnen sind die Theorien von SCHACHENMEIER[1] und KRETSCHMANN[2], da sie grundlegende Tatsachen der Wellenmechanik außer acht lassen. Beide machen z. B. einen Unterschied zwischen den an die einzelnen Atome gebundenen Valenzelektronen und den „freien" Elektronen: Nach der Wellenmechanik ist es bekanntlich unmöglich, ein Elektron in einer Potentialmulde, d. h. bei einem *bestimmten* Atom, festzuhalten. Ohne Wellenmechanik kann aber überhaupt keine brauchbare Metalltheorie gemacht werden. Denn nach der klassischen Theorie ist es z. B. schon gar nicht verständlich, wieso es überhaupt „freie" Elektronen gibt, die sich ungehindert durch die Potentialfelder der Metallionen hindurchbewegen: Bei KRETSCHMANN geht dementsprechend auch ein Haupterfolg der wellenmechanischen Metalltheorie, nämlich die Erklärung des hohen Widerstands von Legierungen, verloren; die Temperaturabhängigkeit des Widerstands reiner Metalle wird durch künstliche ad hoc-Annahmen erzwungen. Bei SCHACHENMEIER andererseits finden sich Behauptungen wie die, daß die Leitfähigkeit durch die Möglichkeit der Einfangung und Wiederfreigabe eines Elektrons erhöht werden soll. Ebenfalls abzulehnen ist eine neue Arbeit von BENEDICKS[3]. Zwar entspricht die Ansicht von BENEDICKS, daß ein Leitungselektron stets mehrere Umläufe um ein Atom ausführt, ehe es zum nächsten weitergeht, genau der modernen Anschauung. Jedoch ist die Wahrscheinlichkeit des Weitergehens in Wirklichkeit temperaturunabhängig. BENEDICKS vertritt die umgekehrte Anschauung, indem er glaubt, bei tiefen Temperaturen „berührten" sich die BOHRschen Bahnen benachbarter Atome, bei hohen Temperaturen dagegen entstünden durch die Wärmeausdehnung Zwischenräume, welche den Elektronenübergang erschweren. Eine derart wörtliche Auffassung der BOHRschen Bahnen ist nicht zulässig.

Trotz der bisherigen Mißerfolge dürfte wohl feststehen, daß sich die Supraleitung auf Grund unserer *heutigen* quantenmechanischen Kenntnisse erklären lassen muß.

45. Leitfähigkeit von Halbleitern[4]. Bei Halbleitern ist bekanntlich (Ziff. 17b) ein Energieband fast voll besetzt, das nächsthöhere dagegen nur sehr schwach. Nehmen wir die Energie des tiefsten Zustands (Wellenzahl Null) dieses oberen Bandes als Nullpunkt unserer Energieskala, so ist die Energie eines Zustands mit dem Ausbreitungsvektor $\mathfrak{k}$ genügend genau

$$E = \lambda K^2, \tag{45.1}$$

[1] R. SCHACHENMEIER, ZS. f. Phys. Bd. 74, S. 503. 1932.
[2] E. KRETSCHMANN, Ann. d. Phys. Bd. 13, S. 564. 1932.
[3] C. BENEDICKS, Ann. d. Phys. Bd. 17, S. 169. 1933.
[4] A. H. WILSON, Proc. Roy. Soc. London Bd. 133, S. 458; Bd. 134, S. 277. 1931.

wo λ eine Proportionalitätskonstante ist. Vorausgesetzt ist dabei kubische Symmetrie. Für die Elektronen im oberen Energieband gilt praktisch *Boltzmann*statistik, die Anzahl Elektronen in einem Zustand E ist

$$f_0 = \alpha e^{-\frac{E}{kT}}, \tag{45.2}$$

wo die Konstante α temperaturabhängig ist und mit der Energiedifferenz ϵ zwischen dem unteren Rand unseres Energiebandes und dem oberen des nächsttieferen Bandes zusammenhängt

$$\alpha = e^{-\frac{\epsilon}{2kT}}. \tag{45.3}$$

Wir stellen uns die Aufgabe, die freie Weglänge der Elektronen im oberen Bande zu berechnen.

Wir gehen aus von der Stationaritätsbedingung (35.1), (34.40). Dort können wir statt $1 - f(\mathfrak{k})$ stets einfach 1 schreiben, d. h. das Pauliprinzip schränkt die Stöße der Elektronen nicht ein, da nur sehr wenige Zustände besetzt sind. Weiter machen wir für die gestörte Verteilungsfunktion den Ansatz

$$f(\mathfrak{k}) = f_0(E) - \frac{d f_0}{d E} c(E) k_x = f_0(E)\left(1 + \frac{c(E)}{kT} k_x\right) \tag{45.4}$$

[vgl. (35.2), (35.9), (35.17)], führen gleich die Abkürzungen $\varepsilon = E/kT$ und $\varkappa$ (37.5) ein und setzen für $N_{\mathfrak{q}}$ und für $\omega_{\mathfrak{q}}$ ihre Werte (34.38) bzw. (32.7). Dann wird aus (34.40)

$$\left.\begin{aligned} kT\cdot\left(\frac{\partial f}{\partial t}\right)_{\text{Stoß}} &= \frac{\alpha e^{-\varepsilon}\cdot 2C^2G^{-3}}{9M\hbar}\frac{\partial}{\partial t}\sum_{\mathfrak{q}}\frac{q^2}{u_0 q}\frac{1}{(e^{\varkappa}-1)}\{\Omega(E_{\mathfrak{k}+\mathfrak{q}} - E_{\mathfrak{k}} - \hbar u_0 q)\\ &\cdot[(k_x+q_x)c(\varepsilon+\varkappa) - k_x c(\varepsilon)] + \Omega(E_{\mathfrak{k}+\mathfrak{q}} - E_{\mathfrak{k}} + \hbar u_0 q)e^{\varkappa}[(k_x+q_x)c(\varepsilon-\varkappa) - k_x c(\varepsilon)]\}.\end{aligned}\right\} \tag{45.5}$$

Die Summation über $\mathfrak{q}$ ersetzen wir wie in Ziff. 35 durch eine Integration, die Integration über ϑ führen wir gleich aus, indem wir beachten, daß

$$E_{\mathfrak{k}+\mathfrak{q}} - E_{\mathfrak{k}} \mp \hbar u_0 q = 2\lambda K q\cos\vartheta + \lambda q^2 \mp \hbar u_0 q \tag{45.6}$$

ist, daher wird

$$\int_{-1}^{+1}\Omega(E_{\mathfrak{k}+\mathfrak{q}} - E_{\mathfrak{k}} \mp \hbar u_0 q)\, d\cos\vartheta = \frac{2\pi\hbar t}{2\lambda K q}. \tag{45.7}$$

Die Integration über φ kann ebenfalls genau wie in Ziff. 35 ausgeführt werden, dann bleibt

$$\left.\begin{aligned} kT\cdot\frac{\partial f}{\partial t} &= \alpha e^{-\varepsilon}\frac{\Omega_0 C^2 k_x}{18\pi M\lambda K u_0}\int_{q_{\min}}^{q_{\max}}\frac{q^2 dq}{e^{\varkappa}-1}\,[c(\varepsilon+\varkappa) - c(\varepsilon) + e^{\varkappa}(c(\varepsilon-\varkappa) - c(\varepsilon))\\ &-\left(\frac{q^2}{2K^2} - \frac{\hbar u_0 q}{2\lambda K^2}\right)c(\varepsilon+\varkappa) - \left(\frac{q^2}{2K^2} + \frac{\hbar u_0 q}{2\lambda K^2}\right)c(\varepsilon-\varkappa)\,e^{\varkappa}\Big] = -\frac{eF}{\hbar}\alpha e^{-\varepsilon}2\lambda k_x.\end{aligned}\right\} \tag{45.8}$$

Hier kann zunächst $\hbar u_0 q/2\lambda K^2$ gegen $q^2/2K^2$ vernachlässigt werden, solange die Temperatur oberhalb von etwa 1° abs. bleibt [vgl. (37.18) und den dortigen Text]. Außer für die allerkleinsten Wellenzahlen K bleibt ferner $\varkappa$ stets klein gegen ε. Denn die in Frage kommenden Gitterwellen haben, wie wir sogleich nachweisen werden, Wellenzahlen $q < 2K$, also ist

$$\frac{\varkappa}{\varepsilon} = \frac{\hbar u_0 q}{\lambda K^2} < \frac{2\hbar u_0}{\lambda K} = \frac{2k_0}{K}. \tag{45.9}$$

Um die auch später noch wichtige Wellenzahl k_0 zu berechnen, setzen wir formal $\lambda = \hbar^2/2m^*$, dann ist die „effektive Masse" m^* von der Größenordnung der Elektronenmasse, und

$$k_0 = \frac{\hbar u_0}{\lambda} = \frac{2m^* u_0}{\hbar} \tag{45.10}$$

wird numerisch etwa gleich 2mal der Schallgeschwindigkeit, also

$$k_0 \approx 5\cdot 10^5\,\text{cm}^{-1}.$$

Ein Elektron dieser Wellenzahl hat die Energie

$$\epsilon_0 = \frac{\hbar^2}{2m^*}k_0^2 \approx 10^{-16}\,\text{erg}$$

entsprechend der Temperaturenergie bei 1° abs. Folglich ist — außer für die allerlangsamsten Elektronen — bei normalen Temperaturen

$$k_0 \ll K, \qquad \varkappa \ll \varepsilon.$$

Daher kann in (45.8)

$$c(\varepsilon + x) = c(\varepsilon - x) = c(\varepsilon) \tag{45.11}$$

gesetzt werden.

Das wichtigste ist nun die Bestimmung der Integrationsgrenzen. $q_{\min}$ entspricht offenbar einer Ablenkung des Elektrons um $\vartheta = 0$, $q_{\max}$ einer Ablenkung um $\vartheta = \pi$. Nun muß der Ausdruck (45.6) wegen des Energiesatzes verschwinden, daraus folgt [vgl. (45.10)]

$$q = -2K\cos\vartheta \pm k_0 .$$

Bei $\vartheta = 0$ wird q negativ, da ja im allgemeinen $k_0 \ll K$ ist, also ist

$$q_{\min} = 0 .$$

Für $\vartheta = \pi$ erhalten wir

$$q_{\max} = 2K \pm k_0 \approx 2K . \tag{45.12}$$

Damit bekommen wir aus (45.8)

$$\frac{\Omega_0 C^2}{18\pi M \lambda K^3 u_0} c(\varepsilon) \int_0^{2K} \frac{q^4 dq}{e^x - 1} = \frac{2eF\lambda}{\hbar} . \tag{45.13}$$

Nun ist die Bestimmung von $c(\varepsilon)$ nur für diejenigen Zustände von Wichtigkeit, die stark mit Elektronen besetzt sind. Das ist nur für $E \lesssim kT$, also $\varepsilon \lesssim 1$ der Fall. Das zugehörige x ist nach (45.9) *klein gegen Eins*, solange $T >$ ca. $1°$ abs. Daher befinden wir uns beim Halbleiter *stets im Gebiet hoher Temperaturen*, und können, wie in Ziff. 36, schreiben

$$e^x - 1 = x = \frac{\hbar u_0 q}{kT} . \tag{45.14}$$

Daraus folgt

$$c(\varepsilon) = \frac{9\pi M \lambda^2 u_0^2 eF}{\Omega_0 C^2 K k T} \tag{45.15}$$

und nach (36.8) für die freie Weglänge

$$l = \frac{K c(\varepsilon)}{eF} = \frac{9\pi M \lambda^2 u_0^2}{\Omega_0 C^2 k T} . \tag{45.16}$$

Die freie Weglänge ist also stets umgekehrt proportional der absoluten Temperatur, während dieses Gesetz bei Metallen ja nur für hohe Temperaturen gilt und bei tiefen einem wesentlich stärkeren Anstieg Platz macht. Der Absolutwert von l ist bei Metallen und Halbleitern von der gleichen Größenordnung: Dies erkennt man am leichtesten, wenn man in der für Metalle gültigen Formel (36.3) den Ausdruck (45.1) für die Energie einsetzt. Dann bekommt man Formel (45.15), multipliziert mit dem Faktor $(2K/q_0)^4$, der für Metalle nahezu Eins ist.

Die *Leitfähigkeit* der Halbleiter *fällt* im Gegensatz zu derjenigen der Metalle mit abnehmender Temperatur sehr stark, weil die Anzahl der Leitungselektronen exponentiell abnimmt [vgl. (45.3) und Ziff. 17b]. Diese Tatsache ist direkt das *Kriterium* dafür, ob eine Substanz ein Metall oder ein Halbleiter ist. — Die freien Plätze im fastbesetzten unteren Energieband tragen zur Leitung größenordnungsmäßig ebensoviel bei wie die Elektronen im oberen Band.

E. Kompliziertere Effekte.

Wir beabsichtigen in diesem Abschnitt, bei den wichtigsten galvanomagnetischen und thermoelektrischen Effekten usw. den *Unterschied* herauszustellen, der sich gegenüber der Theorie der freien Elektronen ergibt, welche bei diesen Effekten teilweise qualitativ falsche Resultate liefert. Wir werden dabei jeweils nur *diejenige* besondere Eigenschaft der im Potentialfeld des Kristalls gebundenen Elektronen berücksichtigen, die für den jeweils betrachteten Effekt wesentlich ist.

a) Galvanomagnetische Effekte[1].

46. Allgemeine Theorie. a) Quantisierung der Elektronenbahnen im Magnetfeld und Lorentzkraft. Ein äußeres Magnetfeld wirkt bekanntlich

[1] Vgl. hierzu R. PEIERLS, ZS. f. Phys. Bd. 53, S. 255. 1929 (I); Ann. d. Phys. Bd. 10. S. 37. 1931 (II), außerdem auch Ziff. 7 dieses Artikels. Wir rechnen im Gegensatz zu Ziff. 7 alle elektrischen Größen (e, F, I) in elektrostatischen und nur das Magnetfeld in magnetischen Einheiten. Dadurch erklärt sich das Hinzutreten von Faktoren c in unseren Formeln.

in zweierlei Weise auf ein Leitungselektron: Einmal verursacht es rein klassisch eine Krümmung der Bahn des Elektrons (Lorentzkraft), und dazu kommt in der Quantentheorie als zweiter Effekt die Ausbildung quantisierter Bahnen mit bestimmtem magnetischen Moment, welche nach Ziff. 26 für den Diamagnetismus der Leitungselektronen verantwortlich ist.

Nun wird aber aller Wahrscheinlichkeit nach die Quantelung der Elektronenbahnen für unsere Zwecke außer Betracht bleiben dürfen. Denn wir treiben ja mit den Elektronen Statistik, daher wird die Existenz diskreter Quantenzustände solange belanglos sein, als die Verteilungsfunktion für zwei benachbarte Zustände nicht wesentlich verschieden ist, d. h. solange der Abstand benachbarter Energieniveaus klein gegen kT bleibt. Nun ist dieser Abstand bei den diskreten Zuständen eines *freien* Elektrons im Magnetfeld gerade $H\mu$. Solange also $H\mu \ll kT$ bleibt, dürfen wir vermutlich die diskrete Struktur des Eigenwertspektrums vernachlässigen und als Eigenfunktionen nullter Näherung unsere wohlbekannten Eigenfunktionen ohne Magnetfeld verwenden. Das Magnetfeld wird dann also als *Störung* betrachtet, welche Übergänge der Elektronen von einem Zustand zum anderen verursacht, genau wie das elektrische Feld und die Zusammenstöße.

Ehe wir an die rechnerische Behandlung gehen, wollen wir abschätzen, bis zu welchen Magnetfeldern unsere Behandlungsweise zulässig ist. Verlangen wir etwa

$$H < H_{\text{krit}} = \frac{1}{5}\,\frac{kT}{\mu} = 3000\,T\,,$$

so sehen wir, daß bei den höchsten von KAPITZA erreichten Feldern (300000 Gauß) und Temperaturen unter 100° unsere Rechnung versagen wird. Wahrscheinlich ist darauf der schlechte Erfolg der Theorie der Widerstandsänderung in hohen Magnetfeldern zurückzuführen (Ziff. 49). Natürlich ist es möglich, daß bei gebundenen Elektronen die Quantelung der Bahnen schon bei geringeren Feldstärken eine Rolle spielt als bei freien.

b) Einfluß des Magnetfelds auf die Verteilungsfunktion[1]. Das Magnetfeld möge in der z-Richtung wirken. Dann ist nach der klassischen Elektrodynamik die Beschleunigung eines Elektrons (Ladung $+e$) gegeben durch

$$\ddot{x} = \frac{eH}{mc}\,v_y\,; \qquad \ddot{y} = -\frac{eH}{mc}\,v_x\,; \qquad \ddot{z} = 0\,. \tag{46.1}$$

Nun erinnern wir uns, daß die Beschleunigung eF/m durch das elektrische Feld eine Änderung der Verteilungsfunktion

$$\left(\frac{\partial f}{\partial t}\right)_{\text{elektr.}} = -\frac{eF}{\hbar}\,\frac{\partial f}{\partial k_x}$$

verursacht [vgl. (33.18)]. Die Änderung der Verteilungsfunktion durch das Magnetfeld wird also

$$\left(\frac{\partial f}{\partial t}\right)_{\text{magn.}} = -\frac{eH}{\hbar c}\left(v_y\,\frac{\partial f}{\partial k_x} - v_x\,\frac{\partial f}{\partial k_y}\right) \tag{46.2}$$

betragen, was durch genauere Rechnungen bestätigt wird.

Falls die Verteilungsfunktion f nur von der Energie des Elektrons abhängt, so ändert sie sich wegen der DE BROGLIEschen Beziehung

$$v_x = \frac{1}{\hbar}\,\frac{\partial E}{\partial k_x} \tag{46.3}$$

unter dem Einfluß des Magnetfeldes *nicht*. Zu (46.2) trägt daher nur *der* Teil der Verteilungsfunktion bei, der infolge des elektrischen Feldes zur Fermifunktion *hinzutritt*.

---

[1] R. PEIERLS I.

Die vollständige Stationaritätsbedingung lautet, wenn ein elektrisches Feld F in der Richtung ξ wirkt[1] (η sei die Richtung senkrecht zu ξ, den Buchstaben x reservieren wir für die Richtung des *Stromes*)

$$\left(\frac{\partial f}{\partial t}\right)_{\text{Stöße}} = \frac{eF}{\hbar}\frac{\partial f}{\partial k_\xi} + \frac{eH}{\hbar c}\left(v_\eta \frac{\partial f}{\partial k_\xi} - v_\xi \frac{\partial f}{\partial k_\eta}\right). \tag{46.4}$$

47. Halleffekt[2]. a) Vereinfachende Annahmen. Verteilungsfunktion. Wir nehmen an, daß das Magnetfeld genügend[3] klein ist, so daß wir das mit H proportionale Glied in (46.4) als Störung betrachten dürfen. Dann ist die Verteilungsfunktion in erster Näherung dieselbe wie ohne Magnetfeld. Wir wollen nun die Annahme machen, daß sich eine freie Weglänge definieren läßt, daß also die Abweichung der Verteilungsfunktion von der einfachen FERMIschen Funktion proportional der rechten Seite der Stationaritätsbedingung (46.4) ist. Diese Annahme trifft zwar im allgemeinen höchstens in grober Annäherung zu, ist aber für die Behandlung des Halleffekts ausreichend[4].

Bei Vernachlässigung des Magnetfelds lautet die Verteilungsfunktion offenbar

$$f_1 = f_0 - \frac{\tau e F}{\hbar}\frac{\partial f_0}{\partial k_\xi} = f_0 - \tau e F \frac{d f_0}{d E} v_\xi. \tag{47.1}$$

Dabei ist $\tau = \frac{l}{v}$ die mittlere Zeit zwischen zwei Zusammenstößen, l bedeutet die freie Weglänge[5]. Setzen wir die Verteilungsfunktion (47.1) in das mit H proportionale Glied von (46.4) ein, so ergibt sich in der nächsten Näherung

$$f = f_1 + \tau^2 \frac{e^2}{\hbar c} F H \frac{d f_0}{d E}\left(v_\eta \frac{\partial v_\xi}{\partial k_\xi} - v_\xi \frac{\partial v_\xi}{\partial k_\eta}\right). \tag{47.2}$$

Das Zusatzglied zur Verteilungsfunktion entspricht einem Elektronenstrom parallel η, also senkrecht zum Magnetfeld und zum elektrischen Feld. Das letztere ist also nicht mehr parallel zum elektrischen Strom (Halleffekt).

In einfachen Fällen hängt die Geschwindigkeit der Leitungselektronen in der ξ-Richtung, v_ξ, nur von der Wellenzahl k_ξ ab, dagegen nicht von k_η und k_z. So ist z. B. für gebundene Elektronen im einfach kubischen Kristall mit der Gitterkonstante a

$$E = E_0 - A(\cos a k_\xi + \cos a k_\eta + \cos a k_z), \tag{47.3}$$

wo A der doppelte Absolutbetrag des Austauschintegrals ist. Aus (47.3) folgt

$$v_\xi = \frac{1}{\hbar}\frac{\partial E}{\partial k_\xi} = \frac{A a}{\hbar}\sin a k_\xi. \tag{47.4}$$

Setzen wir dies in (47.2) ein, so ergibt sich

$$f = f_0 - \tau e F \frac{d f_0}{d E} v_\xi + \frac{\tau^2 e^2 A a^2}{\hbar^2 c} F H \frac{d f_0}{d E}\cos(a k_\xi) v_\eta. \tag{47.5}$$

b) Halleffekt bei schwacher Besetzung des Energiebandes. Wir wollen zunächst annehmen, daß nur ein kleiner Bruchteil aller Zustände des höchsten Energiebandes von Elektronen besetzt ist. Dann hängt bekanntlich

[1] Der Strom fließt natürlich bei uns nicht in der ξ-Richtung, sondern hat auch eine η-Komponente.

[2] R. PEIERLS, ZS. f. Phys. Bd. 53, S. 255. 1929.

[3] Über die Bedingung hierfür vgl. Abschnitt d dieser Ziffer.

[4] Dagegen nicht mehr für die magnetische Widerstandsänderung.

[5] Wir verwenden τ statt l, weil im allgemeinen die Leitungselektronen, deren Energie gleich der FERMIschen Grenzenergie ist, keine einheitliche Geschwindigkeit besitzen; vielmehr hängt ihre Geschwindigkeit von ihrer Bewegungsrichtung ab, was in Ziff. 48 für die magnetische Widerstandsänderung von Wichtigkeit sein wird. Deshalb würde τ für die verschiedenen Leitungselektronen verschieden sein, falls l konstant ist; τ geht aber unmittelbar in die Verteilungsfunktion ein: Wir nehmen daher τ als konstant an.

die Energie der Leitungselektronen formal ebenso von der Wellenzahl ab wie beim freien Elektron, denn aus (47.3) folgt für kleine $k_\xi\, k_\eta\, k_z$

$$E = E_0 - 3A + \tfrac{1}{2} A a^2 (k_\xi^2 + k_\eta^2 + k_z^2). \tag{47.6}$$

Wir dürfen daher auch einen ähnlichen Halleffekt erwarten wie für freie Elektronen.

In (47.5) dürfen wir $\cos a k_\xi = 1$ setzen, denn für alle besetzten Zustände ist k_ξ sehr klein. Dann werden die Ströme in der ξ- bzw. η-Richtung

$$\left.\begin{aligned} I_\xi &= -\tau e^2 F \frac{2}{(2\pi)^3} \int v_\xi^2 \frac{d f_0}{d E} d k_\xi\, d k_\eta\, d k_z, \\ I_\eta &= \frac{\tau^2 e^3 A a^2}{\hbar^2 c} F H \frac{2}{(2\pi)^3} \int v_\eta^2 \frac{d f_0}{d E} d k_\xi\, d k_\eta\, d k_z, \end{aligned}\right\} \tag{47.7}$$

folglich aus Symmetriegründen

$$\frac{I_\eta}{I_\xi} = -\frac{\tau e}{\hbar^2 c} A a^2 H. \tag{47.8}$$

Bezeichnen wir nun die Richtung des resultierenden Stroms mit x, die dazu senkrechte mit y, so hat das elektrische Feld eine Komponente in der Richtung y:

$$F_y = F_x \frac{\tau e}{\hbar^2 c} A a^2 H. \tag{47.9}$$

Die Hallkonstante wird definiert durch

$$R = \frac{F_y}{I H} = \frac{F_y}{\sigma F_x H}, \tag{47.10}$$

wo I der Gesamtstrom ist. Die Leitfähigkeit σ ist nun nach (36.11)

$$\sigma = \frac{e^2 n l}{\hbar K} = \frac{e^2 n \tau}{\hbar^2 K} \frac{d E}{d K} = \frac{e^2 n \tau A a^2}{\hbar^2}. \tag{47.11}$$

Dabei ist K die Wellenzahl für $E = \zeta$, n die Anzahl der Elektronen im obersten Energieband pro cm^3. Berücksichtigt wurde die Beziehung $l = \tau v = \frac{\tau}{\hbar} \frac{d E}{d K}$ sowie (47.6). Einsetzen von (47.9), (47.11) in (47.10) gibt

$$R = \frac{1}{e n c} \tag{47.12}$$

genau wie bei völlig freien Elektronen [siehe (7.22), dort sind F, I und e in elektromagnetischen Einheiten gemessen, woraus sich das Fehlen des Faktors c im Nenner von (7.22) erklärt].

Voraussetzung für dieses Resultat ist, wie schon gesagt, die sehr schwache Besetzung des Energiebandes. Diese wird in der Rechnung benutzt: Erstens, indem in (47.5) $\cos a k_\xi$ gleich Eins gesetzt wird (vgl. Abschnitt c), zweitens bei der Energieformel (47.6), drittens, indem bei der Ableitung der Leitfähigkeitsformel in Ziff. 36 angenommen wurde, daß die Energie nur von K, nicht von k_ξ, k_η, k_z einzeln abhängt.

c) Anomaler Halleffekt. Wir nehmen nunmehr an, das Energieband sei sehr stark besetzt. Dann ist für alle Elektronenzustände, deren Energie nahe gleich der Fermischen Grenzenergie ζ ist, die Wellenzahl k_ξ nahezu gleich π/a. Der Kosinus in (47.5) wird daher annähernd gleich -1, und das hat offenbar zur Folge, daß sich *das Vorzeichen des Halleffekts umkehrt*, ohne daß sein Absolutwert geändert wird.

Derartige „anomale" Halleffekte sind bei einer ganzen Reihe von Metallen beobachtet, so bei Zn, Cd und Ir. Zinn und Blei zeigen einen sehr kleinen Halleffekt, wie er bei halbbesetzten Energiebändern zu erwarten wäre. — Der normale

Halleffekt wird auch negativ genannt, da er dem entspricht, was man naiverweise von negativ geladenen stromführenden Teilchen erwarten muß.

Wir wollen versuchen, qualitatives Verständnis für den überraschenden anomalen Halleffekt zu gewinnen. Offenbar kommt er dadurch zustande, daß in (47.2) $\partial v_\xi/\partial k_\xi$ negativ ist, daß also die Geschwindigkeit in der Richtung des elektrischen Feldes mit zunehmender Wellenzahl abnimmt. Der Mechanismus des Halleffekts ist nun etwa folgender: Solange die Verteilungsfunktion nur von der Energie abhängt, kann sie durch das Magnetfeld nicht geändert werden. Die Elektronenbahnen werden dann nur gekrümmt, d. h. die Elektronen gehen von einem Quantenzustand zum anderen über, aber in jeden Zustand treten ebenso viele Elektronen ein wie aus. Das elektrische Feld verursacht nun, daß diejenigen Zustände stärker besetzt werden, die einen Impuls in der Feldrichtung ξ besitzen [Verteilungsfunktion (47.1)]. Das Magnetfeld beschleunigt die Elektronen in der η- und in der ξ-Richtung, genauer gesagt, es verändert die *Wellenzahlen* k_η und k_ξ. Die Beschleunigung in der η-Richtung ist wirkungslos, weil die Verteilungsfunktion von k_η nicht abhängt (sofern man die unwesentliche Abhängigkeit von der Energie nicht berücksichtigt). Die Beschleunigung in der ξ-Richtung *ändert* dagegen die Verteilungsfunktion: Die Elektronen des Zustands k_ξ treten in der Zeit dt in den Zustand $k_\xi + \frac{eH}{\hbar c} v_\eta\, dt$ über. Ein bestimmter Zustand mit positivem v_η bekommt im Magnetfeld die Verteilungsfunktion, die ohne Feld ein Zustand mit *kleinerer* Wellenzahl k_ξ besaß. Es kommt darauf an, ob die Verteilungsfunktion von Natur aus mit wachsendem k_ξ *wächst* oder abnimmt. Im ersten Fall wird bei positivem v_η die Verteilungsfunktion durch das Magnetfeld *vermindert*, I_η ist also negativ, im zweiten Fall ist es umgekehrt.

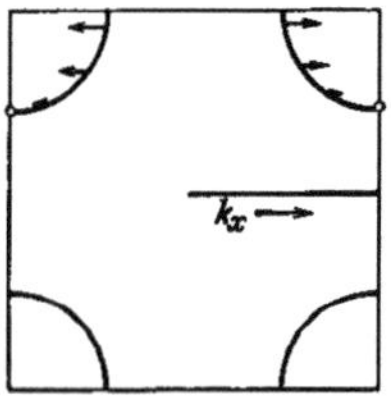

Abb. 54. Die Störung der Verteilungsfunktion im elektrischen Feld bei fast vollbesetztem Energieband. Gezeichnet ist die Fläche $E = \zeta$, die Pfeile deuten die Größe der Störung der Verteilungsfunktion an und sollen veranschaulichen, daß diese mit wachsendem k_x abnimmt.

Nach diesen qualitativen Überlegungen sieht man unmittelbar ein, daß der anomale Halleffekt nicht an unsere speziellen Voraussetzungen gebunden ist, sondern immer dann eintreten muß, wenn das oberste Energieband fast vollbesetzt ist. Denn wir wissen ja (Ziff. 11 bis 13), daß die Elektronengeschwindigkeit für die höchsten Quantenzustände eines Energiebandes stets den Wert Null annimmt, ebenso wie für die tiefsten Zustände. Bei den höchsten Zuständen *muß* also die Geschwindigkeit v_ξ mit wachsender Wellenzahl k_ξ abnehmen, auch wenn nicht die spezielle Energieformel (47.3) gilt.

Weiterhin ist auch die in a gemachte Voraussetzung unnötig, daß die Abweichung der Verteilungsfunktion von der Fermifunktion, $f - f_0$, proportional den äußeren Kräften ist, also bei ausschließlicher Wirkung eines elektrischen Feldes F_ξ proportional v_ξ. Es genügt vielmehr zu wissen, daß $f - f_0$ das gleiche Vorzeichen haben muß wie die äußeren Kräfte, also positiv ist für positive v_ξ: Bei fast voller Besetzung des Energiebandes ergeben sich dann die in Abb. 54 dargestellten Verhältnisse, und es ist klar, daß auch hier $\frac{\partial (f - f_0)}{\partial k_\xi}$ *negativ* ist, also anomaler Halleffekt herauskommt.

Die *einfachste* Erklärung für den anomalen Halleffekt ist die, daß ein *fehlendes negatives Elektron* (Lücke in einem fast vollbesetzten Energieband) einem *positiven Teilchen äquivalent* ist. Für ein solches hat natürlich der Halleffekt das umgekehrte Vorzeichen wie für ein negatives Elektron. Der *anomale Halleffekt* ist daher das *Analogon zu den verkehrten Multipletts* bei den Atomen, deren äußere Schale mehr als halb voll ist.

Bei genügend starker Besetzung des Energiebandes wird also der Halleffekt sicher anomal, bei genügend schwacher Besetzung normal, ganz unabhängig vom speziellen Modell. Wo die Grenze liegt, hängt dagegen natürlich vom Modell ab. Bei stark gebundenen *s*-Elektronen im einfach-kubischen Gitter verschwindet der Halleffekt, wenn genau die Hälfte aller Quantenzustände des obersten Bandes besetzt sind. Bei schwächerer Bindung besteht im allgemeinen die Tendenz, daß die Geschwindigkeit der Elektronen in den höheren Niveaus eines Bandes größer ist als in den tieferen (vgl. Abb. 15), $\partial v_\xi/\partial k_\xi$ wird daher im allgemeinen noch etwas über die Mitte des Bandes hinaus positiv bleiben: d. h. der normale Halleffekt wird häufiger sein als der anomale, speziell werden Metalle, deren höchstes Energieband gerade halb besetzt ist, noch normalen Effekt zeigen, was beispielsweise bei den Alkalien und Edelmetallen der Fall ist.

Was die quantitativen Verhältnisse angeht, so tritt bei fast voller Besetzung eines Energiebandes die Anzahl der *unbesetzten Zustände* des Bandes an die Stelle der Anzahl n der besetzten Niveaus in (47.12). Bei etwa halbvollem Band muß der Halleffekt wesentlich kleiner sein als Formel (47.12) angibt, es ist also nicht möglich, aus dem Halleffekt die Elektronenzahl pro cm^3 auszurechnen.

d) Abhängigkeit von Feldstärke, Richtung des Feldes und Temperatur. Die Proportionalität des Halleffekts mit dem Magnetfeld besteht natürlich nur für *schwache* Felder. Das geht schon daraus hervor, daß wir bei unserer Ableitung im Abschnitt a dieser Ziffer das Magnetfeld als kleine Störung betrachtet haben. Dies ist offenbar nur zulässig, solange die durch das Magnetfeld erzeugte Änderung der Verteilungsfunktion [$f - f_1$, vgl. (47.2)] klein bleibt gegen die vom elektrischen Feld allein hervorgerufene [$f_1 - f_0$, vgl. (47.1)] oder m. a. W., solange das elektrische Feld senkrecht zum Strom (Halleffekt) klein ist gegen das Feld in der Stromrichtung. Nach (47.9) bedeutet das

$$\frac{F_y}{F_x} = \frac{\tau A a^2}{\hbar^2 c} e H \ll 1 . \tag{47.13}$$

Diese Bedingung ist gleichbedeutend mit der Forderung, daß der Krümmungsradius der Elektronenbahnen im Magnetfeld[1] noch groß sein soll gegen die freie Weglänge[2], daß also die Elektronenbahn zwischen zwei Zusammenstößen nur wenig gekrümmt sein soll. Für stärkere Magnetfelder ($r_0 \ll l$) wollen wir hier keine Aussage über den Gang des Halleffekts machen. Bei Bi ist schon bei recht kleinen Feldern (6000 Gauß) eine Abweichung des Halleffekts von der Proportionalität mit der magnetischen Feldstärke beobachtet[3].

Von der *Richtung* des elektrischen und magnetischen Feldes ist der Halleffekt bei kubischen Kristallen *nicht* abhängig, wenigstens für schwache Felder, d. h. solange der Halleffekt proportional dem Magnetfeld ist. Bei nichtkubischen Kristallen spielt natürlich die Orientierung der Felder relativ zu den Kristallachsen eine Rolle; das Hallfeld ist dann im allgemeinen auch nicht genau senkrecht zum Magnetfeld gerichtet.

Von der *Temperatur* dürfte der Halleffekt — immer bei genügend schwachen Feldern — nicht abhängen, wenn unsere Annahme zuträfe, daß die Verteilungsfunktion stets proportional den äußeren Kräften ist. Eine vorhandene Temperaturabhängigkeit zeigt daher, daß sich die Verteilungsfunktion im elektrischen Feld mit der Temperatur qualitativ[4] ändert: Setzen wir etwa (ohne Magnetfeld)

$$f = f_0 - e F \tau \frac{d f_0}{d E} \varphi(v_x, v_y, v_z) ,$$

wo τ die aus der Leitfähigkeit berechnete Stoßzeit ist, so muß φ von der Temperatur abhängen, damit die Hallkonstante es tut. Bei sehr hohen ($T \gg \Theta$) und sehr tiefen ($T \ll \Theta$) Temperaturen ist dies sicher nicht der Fall. Dort ändert sich nur τ proportional mit der Leitfähigkeit. Bei mittleren Temperaturen, bei denen der Übergang vom Leitfähigkeitsmechanismus der Ziff. 36 zu dem von Ziff. 37 stattfindet, dürfte dagegen im allgemeinen eine — nicht allzu große — Temperaturabhängigkeit des Halleffekts bestehen.

Der Halleffekt bei *höheren* Feldstärken ändert sich sehr beträchtlich mit der Temperatur. Denn die kritische Feldstärke, bis zu der Proportionalität des Halleffekts mit dem Magnetfeld besteht, ist nach (47.13) umgekehrt proportional mit τ, also mit der Leitfähigkeit, und nimmt daher nach tiefen Temperaturen hin sehr stark ab. Dort hat also die Hallkonstante R nur noch bei sehr kleinen Feldern einen Sinn, z. B. für das reinste Gold von Meissner und Scheffers bei tiefsten Temperaturen nur bis zu ca. 30 Gauß.

---

[1] Dieser ist, solange die Energie der Elektronen proportional dem Quadrat der Wellenzahl ist, wie in (47.6), unabhängig von dem Proportionalitätsfaktor $A a^2$, gleich $r_0 = \frac{\hbar c}{e H} \cdot K$.

[2] $l = \tau v = \tau \frac{A a^2}{\hbar} K$, wenn die Energie durch (47.6) gegeben ist.

[3] C. Bellia, ZS. f. Phys. Bd. 74, S. 655. 1931. Dort weitere Literatur.

[4] Nicht nur proportional zu sich selbst vergrößert oder verkleinert.

48. Magnetische Widerstandsänderung, schwache Felder. a) Warum verschwindet die Widerstandsänderung bei freien Elektronen? Nach der Theorie der freien Elektronen (Ziff. 7) sollte sich der Widerstand eines Metalls im Magnetfeld in erster Näherung *nicht* ändern. In zweiter Näherung (im Sinne der FERMIschen Statistik, vgl. Ziff. 3) tritt eine ganz geringfügige Widerstandserhöhung ein, die jedoch etwa um 4 Größenordnungen kleiner ist als die experimentell beobachtete.

Rein *anschaulich* würde man geneigt sein, eine starke Widerstandserhöhung zu erwarten, denn die Elektronenbahnen werden ja im Magnetfeld gekrümmt und die Elektronen legen infolgedessen geringere Wege in der Richtung des elektrischen Feldes zurück. Dieser Effekt wird aber dadurch ausgeglichen, daß außer dem elektrischen Feld in der Stromrichtung noch ein Hallfeld senkrecht zum Strom existiert. Das effektive elektrische Feld ist daher größer als das Feld in der Stromrichtung; die Leitfähigkeit ist aber definiert als Strom dividiert durch die Feldkomponente in der Stromrichtung. Es ist also, wenn ξ die Feldrichtung, x die Stromrichtung bezeichnet,

$$\sigma = \frac{I}{F_x} = \frac{I_\xi^2 + I_\eta^2}{F I_\xi}, \tag{48.1}$$

im Magnetfeld nimmt I_ξ ab, jedoch I_η zu, und zwar bei freien Elektronen gerade so, daß σ konstant bleibt.

Um dem Problem der magnetischen Widerstandsänderung näherzukommen, ist es zunächst notwendig, zu erkennen, *warum* die Hypothese der freien Elektronen keine Widerstandsänderung liefert. Das ist an Hand der Formeln der Ziff. 7 sehr leicht zu übersehen. Nach der Fermistatistik haben alle Elektronen, die wesentlich an der Stromleitung beteiligt sind, in erster Näherung die gleiche Energie, also auch, sofern es freie Elektronen sind, gleiche Geschwindigkeit und freie Weglänge. Nun ist nach (7.1), (7.5), (7.6) bei Wirkung eines elektrischen Feldes $(F_x, F_y, 0)$ und eines Magnetfeldes in der z-Richtung die Verteilungs funktion gegeben durch

$$f = f_0 - \frac{d f_0}{d E} (\chi_1 v_x + \chi_2 v_y). \tag{48.2}$$

Dabei sind

$$\left.\begin{aligned} \chi_1 &= \frac{e\, l/v}{1 + \left(\frac{l}{v}\frac{eH}{mc}\right)^2}\left(F_x + \frac{l}{v}\frac{eH}{mc} F_y\right), \\ \chi_2 &= \frac{e\, l/v}{1 + \left(\frac{l}{v}\frac{eH}{mc}\right)^2}\left(F_y - \frac{l}{v}\frac{eH}{mc} F_x\right) \end{aligned}\right\} \tag{48.3}$$

Konstanten, da ja l und v für alle an der Stromleitung beteiligten Elektronen den gleichen Wert haben. Nun soll aber der Strom in der Richtung y verschwinden. Das ist, wie man unmittelbar sieht, nur dann möglich, wenn die Konstante χ_2 verschwindet. Daraus folgt aber unmittelbar, daß zwischen den Feld stärken in der Stromrichtung und senkrecht dazu die Beziehung

$$F_y = \frac{l}{v}\frac{eH}{mc} F_x \tag{48.4}$$

bestehen muß [vgl. Halleffekt, (47.9)]. Setzt man dies in (48.3) ein, so wird

$$\chi_1 = e\frac{l}{v} F_x \tag{48.5}$$

unabhängig vom Magnetfeld H.

Der springende Punkt bei dieser Ableitung ist, daß l/v eine Konstante für alle Leitungselektronen ist. Dadurch wird auch klar, warum in zweiter Näherung die magnetische Widerstandsänderung *nicht* verschwindet. In der zweiten Näherung wird ja berücksichtigt, daß die an der Stromleitung beteiligten Elektronen nicht alle genau die gleiche Energie haben, weil df_0/dE keine unendlich steile Zackenfunktion ist. Dann ist auch die Geschwindigkeit nicht mehr für alle Elektronen die gleiche, χ_1 und χ_2 sind nicht mehr Konstanten und die einfachen Beziehungen (48.4) und (48.5) verlieren ihre Gültigkeit. Da aber die Energie der verschiedenen Leitungselektronen nur sehr wenig voneinander verschieden ist, bleibt auch die Widerstandsänderung äußerst klein.

b) Grund der Widerstandsänderung bei gebundenen Elektronen. Die geringe Widerstandsänderung des freien Elektronengases hängt demnach unmittelbar damit zusammen, daß die freie Weglänge l und die Geschwindigkeit v nur von der Energie der Elektronen abhängen. Beim gebundenen Elektron ist dies anders: Dort ist, wie wir wissen, die Energie eine komplizierte Funktion der drei Wellenzahlen k_x, k_y, k_z, sie hängt also auch von der Bewegungs*richtung* des Elektrons, d. h. vom Verhältnis $k_x : k_y : k_z$, ab und nicht etwa bloß vom Absolutwert der Wellenzahl $K = \sqrt{k_x^2 + k_y^2 + k_z^2}$. Dementsprechend ist auch die Geschwindigkeit

$$v = \frac{1}{\hbar}\sqrt{\left(\frac{\partial E}{\partial k_x}\right)^2 + \left(\frac{\partial E}{\partial k_y}\right)^2 + \left(\frac{\partial E}{\partial k_z}\right)^2} \tag{48.6}$$

keine Funktion der Energie allein, sondern außerdem noch Funktion der Bewegungsrichtung. Dasselbe gilt von der freien Weglänge bzw. von der Zeit zwischen zwei Zusammenstößen (Stoßzeit) $\tau = \frac{l}{v}$, die für unsere Zwecke praktischer ist. Anders gesagt: Wenn die Stationaritätsbedingung lautet

$$\left(\frac{\partial f}{\partial t}\right)_{\text{Stöße}} = -\mathfrak{K}, \tag{48.7}$$

so ist $f - f_0$ (Verteilungsfunktion minus Fermifunktion) bei gebundenen Elektronen nicht einfach proportional der „Störung" $\mathfrak{K}$; und wenn wir formal schreiben

$$f = f_0 + \tau\mathfrak{K}, \tag{48.8}$$

so ist τ *keine* Konstante, sondern hängt von den Wellenzahlen k_x, k_y, k_z ab und außerdem noch von der speziellen Natur der Störung $\mathfrak{K}$.

c) Formale Theorie für schwache Magnetfelder. Sobald dies aber der Fall ist, folgt natürlich aus dem Verschwinden von I_y nicht mehr die Beziehung (48.4). Man kann formal eine Formel für die Widerstandsänderung ableiten, indem man annimmt, daß τ von der Bewegungsrichtung der Elektronen abhängt, daß aber der Ansatz (48.3) noch gilt. Bezeichnen wir dann mit $\overline{\tau^n}$ den Mittelwert von τ^n genommen über alle Elektronen mit der Energie ζ: in Formeln

$$\overline{\tau^n} = \frac{\int \tau^n v^2 \frac{df_0}{dE}\, dk_x\, dk_y\, dk_z}{\int v^2 \frac{df_0}{dE}\, dk_x\, dk_y\, dk_z}, \tag{48.9}$$

so folgt bis zu Gliedern der Ordnung H^2 genau aus (48.2), (48.3)

$$I_y = \text{konst.}\cdot\left(F_y\overline{\tau} - \frac{eH}{mc}F_x\overline{\tau^2}\right) = 0,$$

$$I_x = \text{konst.}\cdot\left(F_x\overline{\tau} + \frac{eH}{mc}F_y\overline{\tau^2} - \left(\frac{eH}{mc}\right)^2 F_x\overline{\tau^3}\right)$$

und daraus

$$F_y = \frac{eH}{mc}\cdot F_x\frac{\overline{\tau^2}}{\overline{\tau}} \tag{48.10}$$

sowie
$$\sigma = \frac{I_x}{F_x} = \text{konst.} \cdot \left[\bar{\tau} - \left(\frac{eH}{mc}\right)^2 \left(\overline{\tau^3} - \frac{(\overline{\tau^2})^2}{\bar{\tau}}\right)\right].$$

Die relative Widerstandsänderung im Magnetfeld wird dann

$$\frac{\varrho - \varrho_0}{\varrho_0} = \frac{\sigma_0 - \sigma}{\sigma} = \left(\frac{eH}{mc}\right)^2 \frac{\overline{\tau^3}\,\bar{\tau} - (\overline{\tau^2})^2}{(\bar{\tau})^2} \tag{48.11}$$

(ϱ = spezifischer Widerstand, ϱ_0 = desgl. ohne Magnetfeld, σ_0 = Leitfähigkeit ohne Feld). Aus (48.11) liest man ab:

1. Die Widerstandsänderung ist Null, wenn die Stoßzeit für alle Elektronen die gleiche ist, im Einklang mit unseren früheren Überlegungen. Sie ist etwa proportional dem Schwankungsquadrat der Stoßzeit. Nun wird die Stoßzeit für die verschiedenen Bewegungsrichtungen um so verschiedener sein, je weniger isotrop der Kristall ist. *Kubische Kristalle* werden also eine *geringere Änderung des Widerstands im Magnetfeld* zeigen als *nichtkubische*. Dies wird von der Erfahrung bestätigt.

2. Der *Widerstand* wird im Magnetfeld *stets erhöht* (die Leitfähigkeit vermindert). Denn da die Stoßzeit τ für jedes einzelne Elektron positiv ist, läßt sich leicht zeigen, daß
$$\overline{\tau^3}\,\bar{\tau} > (\overline{\tau^2})^2$$
ist — ganz analog zu der bekannteren Ungleichung $\overline{\tau^2} > (\bar{\tau})^2$. Auch experimentell findet man stets Widerstandserhöhung.

3. Die Widerstandserhöhung ist im Einklang mit dem Experiment *proportional* H^2, *solange* das *Magnetfeld genügend schwach* ist; bei stärkeren Feldern kommen höhere Potenzen von H hinzu (vgl. Ziff. 49).

4. Die *Temperaturabhängigkeit* der magnetischen Widerstandsänderung ist für sehr hohe und sehr tiefe Temperaturen recht einfach. Dort ist nämlich die [durch (48.8) definierte] „Stoßzeit" τ ein Produkt von 2 Funktionen, von denen die eine nur von der Bewegungsrichtung des Elektrons, die andere nur von der Temperatur abhängt:
$$\tau = \varphi(T)\,\chi(k_x k_y k_z). \tag{48.12}$$

Dementsprechend sind z. B. die Verhältnisse $\overline{\tau^2}/(\bar{\tau})^2$, $\overline{\tau^3}/(\bar{\tau})^3$ von der Temperatur unabhängig, da $\varphi(T)$ bei der Bildung der Mittelwerte herausgezogen werden kann. Schreiben wir die relative Widerstandsänderung in der Form

$$\frac{\varrho - \varrho_0}{\varrho_0} = \frac{\sigma_0 - \sigma}{\sigma} = B(T) \cdot H^2, \tag{48.13}$$

so hängt der Koeffizient B genau so von der Temperatur ab wie $(\bar{\tau})^2$, also auch ebenso wie das Quadrat der Leitfähigkeit
$$B(T) \sim \sigma^2(T). \tag{48.14}$$

Die *absolute Widerstandsänderung* $\varrho - \varrho_0$ ist demnach bei festgehaltener Feldstärke und bestimmtem Metall *umgekehrt proportional dem Widerstand ohne Magnetfeld*, sie nimmt also mit abnehmender Temperatur stark zu. Das Gesetz (48.14) gibt, wie nochmals bemerkt sei, das Verhältnis der magnetischen Widerstandsänderungen bei zwei verschiedenen hohen (oder zwei tiefen) Temperaturen zueinander; dagegen besteht keine einfache Beziehung zwischen der Widerstandsänderung bei einer hohen und einer tiefen Temperatur, weil die Funktionen χ in (48.12) bei hohen und bei tiefen Temperaturen verschieden sind. Im Gebiet mittlerer Temperaturen lassen sich keine allgemeinen Aussagen machen. Immerhin sollte auch in diesem Fall das Gesetz (48.14) *größenordnungsmäßig* gelten, denn die Verteilungsfunktion χ in (48.12) wird sich relativ langsam mit der Temperatur ändern, verglichen mit der Funktion $\varphi(T)$.

Die Experimente, die in der Hauptsache von KAPITZA stammen, beziehen sich leider zum überwiegenden Teil auf das Gebiet mittlerer Temperaturen. Sie bestätigen aber trotzdem einigermaßen das Gesetz (48.14), wie aus Tabelle 9 hervorgeht[1]. Dort ist für verschiedene Metalle der Wert einer Größe Q [vgl. (48.15)] bei verschiedenen Temperaturen verzeichnet, welche proportional $\sqrt{B}/\sigma$ gewählt ist und daher temperaturunabhängig sein sollte. Dies ist, wie man sieht, mit wenigen Ausnahmen (Indium, Chrom) auch recht gut erfüllt[2].

5. Die absolute Größe der Widerstandsänderung kann natürlich nicht genau berechnet werden, weil nicht bekannt ist, wie stark die Stoßzeit τ — bzw. die in (48.12) definierte Funktion χ — für die einzelnen Elektronen verschieden ist. Man wird daher lieber umgekehrt aus der gegebenen Widerstandsänderung die Anisotropie von τ berechnen. Ein Maß für diese ist die Größe

$$Q = \sqrt{\frac{\overline{\tau^3}\,\overline{\tau} - (\overline{\tau^2})^2}{(\overline{\tau})^4}} = \sqrt{\frac{\varrho - \varrho_0}{\varrho_0 H^2}}\,\frac{mc}{e}\,\frac{1}{\overline{\tau}}\,. \tag{48.15}$$

$\overline{\tau}$ entnimmt man aus der Leitfähigkeit; bei Annahme freier Elektronen ist

$$\sigma_0 = \frac{e^2 n \overline{\tau}}{m}\,. \tag{48.16}$$

Also

$$Q = enc\varrho_0\sqrt{B}\,, \tag{48.17}$$

wo B die in (48.13) eingeführte Konstante ist. Die experimentellen Daten[3] ergeben nun überraschend große Werte für Q, wie aus Tabelle 9 hervorgeht.

Tabelle 9. Anisotropiekonstante Q für verschiedene Metalle.

Metall	Li	Cu	Ag	Au	Mg	Zn	Cd	Ca	Al	In	Tl	
Q bei 291°					4,45	5,1	5,2					
„ „ 195°					4,55	4,7	5,6	45	1,68	2,1		
„ „ 78°	1,38	1,09	0,82	1,20	3,45	5,5	7,8	53	1,43	1,2	6,9	

Metall	C	Sn	Zr	Th	As	Sb	Bi	Cr	Mo	W	Pd	Pt
Q bei 291°	91	3,0			110	220	3000	5,5				
„ „ 195°			23	3,1	120	200			3,1			
„ „ 78°		3,9	17	3,4	90	160		14	2,4	4,3	2,8	1,9

Selbst wenn man von den Metallen der fünften Gruppe des periodischen Systems As Sb Bi absieht, welche sich ja in jeder Hinsicht magnetisch anomal verhalten, kommen noch bei Ca, Zr und Cr Werte von Q oberhalb 10 vor. Für die meisten Metalle liegt Q zwischen 1 und 4, während wir für diese Größe, die die relative Schwankung von τ mißt, einen Wert unterhalb von 1 erwarten würden. Dabei ist aber zu bedenken, daß mehrere Gründe im Sinne einer *Vergrößerung* von Q wirken: Erstens tritt für gebundene Elektronen an die Stelle von (48.16)

$$\overline{\tau} = \frac{\sigma m}{e^2 n}\,\frac{\hbar K}{m v}\,,$$

und da stets $mv < \hbar K$, so wird die Stoßzeit in Wirklichkeit bei gegebenem σ *größer* sein, als wir unter Zugrundelegung von (48.16) errechneten, ganz besonders, wenn die Leitungselektronen sehr fest gebunden sind. Da $\overline{\tau}$ in der Formel (48.15) im Nenner steht, muß der richtige Wert von Q *kleiner* sein als der von uns errechnete. Zweitens: Bekanntlich ist stets $\overline{\tau^2} > \overline{\tau}^2$; $\overline{\tau^3} > \overline{\tau}^3$ usw. Nun stehen in der Definition von Q, (48.15), im Zähler die Mittelwerte hoher Potenzen von τ, im Nenner der Mittelwert von τ selbst. Auch dies hat zur Folge, daß Q vergrößert wird.

[1] Vgl. auch H. BETHE, Nature Bd. 127, S. 336. 1931.
[2] Bei den aufgeführten Metallen sind *alle* vorhandenen Messungen berücksichtigt.
[3] Vgl. P. KAPITZA, Proc. Roy. Soc. London Bd. 123, S. 292 u. 342. 1929.

Die hohen Werte von Q in Tabelle 9 erscheinen infolgedessen nicht mehr so unsinnig wie auf den ersten Blick. Immerhin muß man sagen, daß die Anisotropie der Stoßzeit sicher sehr beträchtlich ist, wie das ja auch nach der komplizierten Form der Energieflächen (Abb. 23 bis 25) nicht wunderbar ist.

d) Zur Kritik der formalen Theorie. Wir haben der Theorie in c die Annahme zugrunde gelegt, daß der in (48.8) eingeführte Proportionalitätsfaktor τ (Stoßzeit) zwar für verschiedene Bewegungsrichtungen des Elektrons verschieden, aber für ein und dieselbe Bewegungsrichtung von der Natur der Störung unabhängig ist. Wenn also bei alleiniger Wirkung eines elektrischen Feldes die Verteilungsfunktion

$$f_1 = f_0 - eF \frac{df_0}{dE} v_x \tau(k_x k_y k_z)$$

ist, so soll im elektrischen plus magnetischen Feld

$$f = f_1 - \frac{eH}{\hbar c}\left(v_y \frac{\partial f}{\partial k_x} - v_x \frac{\partial f}{\partial k_y}\right)\tau(k_x k_y k_z)$$

mit der *gleichen* Funktion τ sein [vgl. (46.2)]. Dies wird aber in Wirklichkeit durchaus nicht der Fall sein.

Wir erinnern z. B. an die Aufstellung der BLOCHschen Integralgleichung Ziff. 35. Nur dem Umstand, daß die äußere Störung (rechte Seite der Stationaritätsbedingung) proportional der Wellenzahlkomponente k_x ist, ist es zu verdanken, daß auch die Verteilungsfunktion erster Näherung, $g = f - f_0$, proportional k_x wird, und dies wieder vereinfachte seinerzeit die Integration über den Winkel φ. Wäre dagegen etwa die äußere Störung proportional $k_x \cdot k_z$ oder einer komplizierteren Funktion der k_i, so würde sicher nicht das gleiche für g gelten.

Die „Stoßzeit" τ hängt daher im allgemeinen selbst noch von der Form der äußeren Störung, in unserem Fall also vom Magnetfeld ab. Dadurch werden aber nur die quantitativen Formeln der formalen Theorie — etwa die Beziehung zwischen Schwankungsquadrat der Stoßzeit und Widerstandsänderung — berührt, dagegen nicht die qualitativen Resultate, insbesondere Proportionalität mit H^2, Größenordnung und Temperaturabhängigkeit[1].

e) Magnetfeld parallel zum elektrischen Feld. In diesem Fall dürfte nach klassischen Vorstellungen überhaupt keine Ablenkung der Elektronen, also auch keine Änderung des Widerstands stattfinden. Infolge der Bindung der Elektronen tritt jedoch auch in diesem Fall eine Widerstandsänderung auf. Der Grund dafür ist, daß die Geschwindigkeitskomponente v_z nicht bloß von k_z und E, sondern im allgemeinen auch von k_x und k_y explizit abhängt.

Wir nehmen etwa an, die Stoßzeit τ sei für alle Elektronen dieselbe. (Macht man diese vereinfachende Voraussetzung nicht, so erhält man natürlich erst recht eine Widerstandsänderung.) Magnetisches und elektrisches Feld seien parallel z. Dann haben wir analog (47.1), (47.2) in erster Näherung

$$f_1 = f_0 - \tau e F \frac{df_0}{dE} v_z ,$$

in zweiter Näherung

$$f_2 = f_1 + \tau^2 \frac{e^2}{\hbar c} F H \frac{df_0}{dE}\left(v_y \frac{\partial v_z}{\partial k_x} - v_x \frac{\partial v_z}{\partial k_y}\right),$$

in dritter Näherung

$$f_3 = f_2 - \tau^3 \frac{e^3}{\hbar^2 c^2} F H^2 \frac{df_0}{dE}\left(v_y \frac{\partial v_y}{\partial k_x}\frac{\partial v_z}{\partial k_x} + v_y^2 \frac{\partial^2 v_z}{\partial k_x^2} - v_x v_y \frac{\partial^2 v_z}{\partial k_x \partial k_y} - v_y \frac{\partial v_x}{\partial k_x}\frac{\partial v_z}{\partial k_y}\right.$$

$$\left. + \text{ entsprechende Glieder mit vertauschtem } x \text{ und } y\right).$$

---

[1] R. PEIERLS (l. c. II, § 4) hat bestritten, daß die Temperaturabhängigkeit (48.14) auch für tiefe Temperaturen gilt und behauptet, die Widerstandsänderung müsse dort geringer sein, als dem Gesetz (48.14) entsprechen würde. Dies beruht aber, wie man leicht sieht, auf der von PEIERLS gemachten Annahme, daß bei tiefen Temperaturen im elektrischen Feld allein die Verteilungsfunktion einfach

$$f = f_0 - eF\tau \frac{df_0}{dE} k_x$$

sei (τ eine Konstante). Bei dieser Annahme verschwindet natürlich, genau wie in Abschnitt a für freie Elektronen diskutiert, die Widerstandsänderung, um dann erst in höheren Näherungen aufzutreten. In Wirklichkeit ist natürlich auch bei tiefen Temperaturen τ eine komplizierte Funktion von $k_x k_y k_z$.

Der Zusatzfunktion zweiter Näherung entspricht kein Strom (kein Halleffekt!), der Zusatzfunktion dritter Näherung dagegen ein endlicher Strom in der z-Richtung proportional FH^2, also eine Widerstandsänderung proportional H^2.

Experimentell ist nach KAPITZA die Widerstandsänderung bei Feld parallel zum Strom etwa $^1/_3$ bis $^2/_3$ derjenigen bei Magnetfeld senkrecht zum Strom.

49. Widerstandsänderung bei stärkeren Feldern. Genau wie beim Halleffekt hat auch bei der Widerstandsänderung die von uns vorgenommene Entwicklung der Verteilungsfunktion nach steigenden Potenzen von H nur solange einen Sinn, wie sie konvergiert. Das bedeutet nach Ziff. 47d, daß der Krümmungsradius der Elektronenbahnen im Magnetfeld noch groß bleiben muß gegen die freie Weglänge. Sobald diese Größen miteinander vergleichbar werden, müssen sich Abweichungen von der Proportionalität der Widerstandsänderung mit H^2 ergeben. Man kann jedenfalls den Widerstand nach steigenden Potenzen von H entwickeln, wobei, wie man leicht einsieht und auch schon aus Symmetriegründen annehmen muß, ausschließlich gerade Potenzen auftreten:

$$\varrho = \varrho_0(1 + B_1 H^2 + B_2 H^4 + \cdots). \tag{49.1}$$

Über die Koeffizienten B_1, B_2 läßt sich keine allgemeine Aussage machen. Im allgemeinen wird jedenfalls *nicht* das von FRANK für freie Elektronen abgeleitete Gesetz (7.35)

$$\frac{\varrho - \varrho_0}{\varrho_0} = \frac{BH^2}{1 + CH^2} \tag{49.2}$$

quantitativ gelten[1]. Wir können aber alle wesentlichen Punkte auch rein qualitativ ableiten.

a) Theoretische Aussagen. 1. Die Abweichung vom quadratischen Gesetz beginnt (vgl. oben), wenn der Krümmungsradius der Elektronenbahn im Magnetfeld mit der freien Weglänge vergleichbar wird. Da letztere mit fallender Temperatur rasch ansteigt, beginnt die Abweichung mit sinkender Temperatur bei immer kleineren Feldstärken H_0, und zwar muß gelten:

$$H_0 \sigma = \text{konst. (unabhängig von der Temperatur)}. \tag{49.3}$$

Dies ist in den Experimenten einigermaßen erfüllt.

2. Bei sehr starken Feldern erreicht der Widerstand einen endlichen Grenzwert (Sättigung).

Dies kann aus unserer formalen Theorie (Ziff. 48c) entnommen werden. Die Stationaritätsbedingung lautet

$$\left(\frac{\partial f}{\partial t}\right)_{\text{Stöße}} = -\frac{f - f_0}{\tau} = eF\frac{d f_0}{dE} v_\xi + \frac{eH}{\hbar c}\left(v_\eta \frac{\partial f}{\partial k_\xi} - v_\xi \frac{\partial f}{\partial k_\eta}\right). \tag{49.4}$$

Während wir nun in Ziff. 48c nach steigenden Potenzen von H entwickelten, betrachten wir nunmehr das Glied mit H als Hauptglied und die Stöße als Störung. Dann haben wir offensichtlich den Ansatz zu machen

$$f_1 = f_0 + \alpha k_\eta. \tag{49.5}$$

Einsetzen gibt:

$$\left.\begin{aligned} eF\frac{d f_0}{dE} v_\xi &= \frac{eH}{\hbar c}\alpha v_\xi, \\ \alpha &= \frac{F\hbar c}{H}\cdot\frac{d f_0}{dE}. \end{aligned}\right\} \tag{49.6}$$

Der Verteilung (49.5) entspricht ein Strom senkrecht zum elektrischen Felde, woraus nach (48.1) $\sigma = \infty$ folgen würde. Wir gehen daher zur nächsten Näherung und setzen

$$f = f_1 + g: \quad \frac{eH}{\hbar c}\left(v_\eta \frac{\partial g}{\partial k_\xi} - v_\xi \frac{\partial g}{\partial k_\eta}\right) = -\frac{f_1 - f_0}{\tau} = -\frac{F\hbar c}{H\tau} k_\eta \frac{d f_0}{dE}. \tag{49.7}$$

[1] Das ist schon deshalb unwahrscheinlich, weil der *Mechanismus* der Widerstandsänderung für freie und gebundene Elektronen ganz verschieden ist. Dort ist die sehr kleine Abweichung der *Energie* der Leitungselektronen von ihrem Mittelwert verantwortlich, hier die viel größere Variation der Stoßzeit mit der Bewegungs*richtung*.

Daraus ergibt sich g — und damit der Strom in der Feldrichtung ξ — proportional zu F/H^2. Da der Strom senkrecht zum Feld proportional F/H ist, ergibt sich:

$$\sigma_{H=\infty} = \frac{I_\xi^2 + I_\eta^2}{F I_\xi} \quad \text{proportional zu} \quad \frac{F^2/H^2}{F^2/H^2}, \quad \text{also unabhängig von } H, \tag{49.8}$$

wie behauptet.

Um einen Zusammenhang zwischen den Leitfähigkeiten bei $H = \infty$ und $H = 0$ zu finden, nehmen wir (unrichtigerweise!) an, es sei

$$v_\xi = \lambda k_\xi, \quad v_\eta = \lambda k_\eta,$$

dann folgt aus (49.7)

$$g = -\frac{F\hbar^2 c^2}{e H^2 \tau \lambda} k_\xi \frac{d f_0}{d E},$$

folglich

$$I_\xi = A \frac{F\hbar^2 c^2}{e H^2 \lambda} \overline{\tau^{-1}}; \qquad I_\eta = -A \frac{F\hbar c}{H},$$

während bei verschwindendem Magnetfeld

$$I_\xi = A \lambda e F \bar{\tau}; \qquad I_\eta = 0$$

ist, wobei A in allen Fällen die gleiche Proportionalitätskonstante bedeutet. Einsetzen in (49.8) gibt

$$\sigma_{H=\infty} = \frac{A e \lambda}{\overline{\tau^{-1}}}; \qquad \sigma_{H=0} = A e \lambda \bar{\tau},$$

also

$$\frac{\varrho_{H=\infty}}{\varrho_{H=0}} = \frac{\sigma_{H=0}}{\sigma_{H=\infty}} = \bar{\tau}\,\overline{\tau^{-1}}. \tag{49.9}$$

Aus unseren empirischen Bestimmungen des Schwankungsquadrates von τ (Tabelle 9) möchten wir $\bar{\tau}\,\overline{\tau^{-1}}$ auf etwa 2 bis 4 abschätzen.

Der Sättigungswiderstand soll also ein Mehrfaches des Widerstandes ohne Magnetfeld betragen.

3. Bei *mittleren* Feldern zwischen quadratischem Verlauf und Sättigung wird naturgemäß ein Gebiet liegen, in welchem der Widerstand eine lineare Funktion des Magnetfeldes ist. Ob dieser „lineare Bereich“ kürzer oder länger ist als nach der FRANKschen Formel (49.2), ist natürlich nicht vorauszusagen.

Es besteht allerdings, wie PEIERLS bemerkt hat, die Möglichkeit, daß bei *tiefen* Temperaturen das Gebiet zwischen quadratischem Verlauf und Sättigung sehr viel ausgedehnter ist als bei hohen (und nach FRANK). Denn bekanntlich ist bei tiefen Temperaturen die *Anzahl* der Stöße zwischen Elektronen und Gitterwellen proportional T^3, jedoch wird bei jedem Stoß der Impuls des Elektrons in seiner ursprünglichen Fortbewegungsrichtung nur um einen Betrag proportional T^2 vermindert, woraus dann die Proportionalität des Widerstandes mit T^5 resultiert (Ziff. 37). Nun beginnt die Abweichung des Widerstandes vom quadratischen Gesetz bereits bei einer magnetischen Feldstärke $H_0 \backsim T^5$: Diese reicht aus, um das Elektron zwischen zwei Zusammenstößen um etwa denselben Winkel abzulenken, um den es auch im Mittel beim Stoß abgelenkt wird. Die Sättigung wird dagegen vermutlich erst erreicht, wenn das Elektron zwischen zwei Zusammenstößen unter dem Einfluß des Magnetfeldes mehrere volle Umläufe ausführen kann, also bei einer sehr viel höheren zweiten kritischen Feldstärke $H_1 \backsim T^3$. Es besteht zum mindesten eine entfernte Möglichkeit, daß der Widerstand zwischen H_0 und H_1 nahezu linear verläuft (gestrichelte Kurve in Abb. 55) — wahrscheinlich tut er es nicht, sondern hat theoretisch etwa den Verlauf der ausgezogenen Kurve in Abb. 55.

b) Experimenteller Befund. Nach KAPITZA[1] ist die Änderung des Widerstandes nur bei schwachen Feldern quadratisch in H, bei stärkeren Feldern dagegen linear. Da das lineare Gesetz bei Temperaturen bis herab zu flüssiger

[1] P. KAPITZA, Proc. Roy. Soc. London Bd. 123, S. 292 u. 342. 1929.

Luft erst bei Feldstärken von etwa 100000 Gauß oder mehr einsetzt, kann der lineare Bereich nicht sehr weit (bei KAPITZA bis 300000 Gauß) verfolgt werden. Nach der elementaren Theorie von FRANK soll die Sättigung etwa bei viermal höheren Feldstärken bemerkbar werden, wie die Abweichung vom quadratischen Gesetz, also erst bei viel höheren Feldern als den von KAPITZA benutzten. Die Messungen bei flüssiger Luft widersprechen daher der Theorie *nicht*. Bei tiefsten Temperaturen (20° bis 4° abs.) dagegen ist nach Messungen von MEISSNER und SCHEFFERS[1] und neueren Experimenten von KAPITZA der lineare Bereich außerordentlich ausgedehnt: Bezeichnet etwa H_0 die Feldstärke, bei der das quadratische in das lineare Gesetz übergeht, so ist das letztere selbst bei $10\,H_0$ noch gültig, anstatt daß ein Umbiegen der Kurve zum Sättigungswert erfolgt. Trotzdem *brauchen* die Ergebnisse *nicht gegen die hier entwickelte Theorie zu sprechen*, da nach dieser der Widerstandsverlauf ja im allgemeinen nicht der FRANKschen Formel folgen wird. Insbesondere kann bei tiefen Temperaturen — und nur dort ist ja der ausgedehnte lineare Bereich beobachtet — die in Abschnitt a 3 besprochene Tatsache der Existenz von zwei kritischen Feldstärken wesentlich sein.

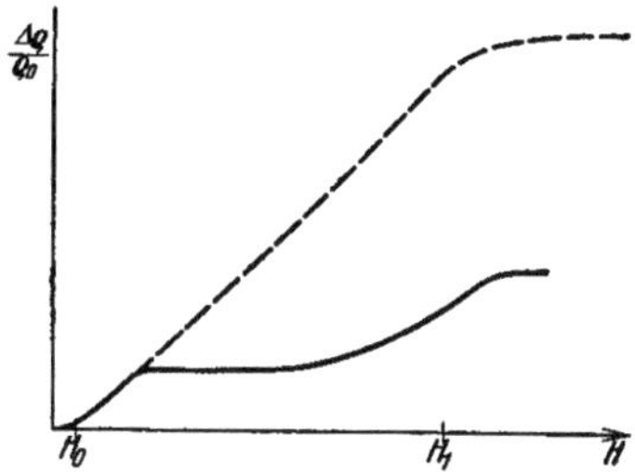

Abb. 55. Möglicher Verlauf der magnetischen Widerstandsänderung bei tiefen Temperaturen als Funktion der magnetischen Feldstärke. Aus qualitativen theoretischen Überlegungen folgt, daß die Widerstandsänderung wahrscheinlich etwa wie die ausgezogene Kurve verläuft. Eventuell wäre auch der gestrichelte Verlauf denkbar, der mit den Experimenten übereinstimmen würde.

Wir neigen allerdings zu der Ansicht, daß der lineare Verlauf *nicht* durch Ausführung der in a angedeuteten Theorie herauskommen wird. Als wahrscheinlichste Ursache möchten wir die in Ziff. 46a besprochene Quantelung der Elektronenbahnen im Magnetfeld ansehen. Diese sollte allerdings bei freien Elektronen für $T = 20^\circ$ erst oberhalb etwa 60000 Gauß wirksam werden (dort ist $H\mu \sim \frac{1}{2} kT$), während bereits bei 10000 Gauß das lineare Gesetz gilt. Dies mag aber daran liegen, daß die Quantelung bei gebundenen Elektronen schon früher wirksam wird[2].

c) Temperaturabhängigkeit[3]. Bei hohen und tiefen Temperaturen lassen sich für beliebig starke Felder Angaben über die Temperaturabhängigkeit der magnetischen Widerstandsänderung machen.

Wir schreiben die Stationaritätsbedingung

$$S(f - f_0) = -\left(\frac{\partial f}{\partial t}\right)_{\text{Feld}} = \frac{eF}{\hbar}\frac{df_0}{dE} v_x + \frac{eH}{\hbar c}\left(v_y \frac{\partial f}{\partial k_x} - v_x \frac{\partial f}{\partial k_y}\right), \tag{49.10}$$

wobei S ein Integraloperator (Stoßzahl) ist, von dem wir nichts weiter zu kennen brauchen als die Temperaturabhängigkeit.

1. Bei hohen Temperaturen ist der Operator S (Stoßzahl) proportional der absoluten Temperatur (Besetzungszahlen der Gitterschwingungen proportional T). Daraus folgt

$$f - f_0 = \frac{F}{T}\,\varphi\left(\frac{H}{T}, k_x k_y k_z\right), \tag{49.11}$$

[1] W. MEISSNER u. H. SCHEFFERS, Phys. ZS. Bd. 30, S. 829. 1929; Bd. 31, S. 574. 1930.

[2] Abwegig scheint uns jedenfalls die Hypothese von KAPITZA, die Widerstandsänderung sei auf Änderungen im Gitter zurückzuführen. Alles, was man über diese Gitteränderungen weiß (Magnetostriktion!), spricht dafür, daß sie extrem klein, nämlich selbst bei höchsten Feldern von ca. 300000 Gauß nur von der Größenordnung 10^{-4}, sind. Es ist nicht erfindlich, wieso diese minutiösen Änderungen eine Widerstandsänderung auf das Mehrfache verursachen sollen, da doch eine gleich große Änderung der Gitterkonstante durch Druck fast keinen Einfluß auf den Widerstand hat. Die KAPITZAsche Hilfsanschauung, es könnten größere Verlagerungen der Atome stattfinden, ohne daß sich die mittlere Gitterkonstante ändert, kann ernstlich nicht in Betracht kommen. — Abgesehen von allem anderen wäre auch die Temperaturabhängigkeit der Widerstandsänderung völlig unverständlich.

[3] Vgl. R. PEIERLS, Ann. d. Phys. Bd. 10, S. 97. 1931.

wo φ eine nicht im einzelnen bestimmbare Funktion ist. Hieraus ergibt sich für den spezifischen Widerstand

$$\varrho = T\,\Phi\left(\frac{H}{T}\right). \tag{49.12}$$

Das Gesetz (48.14) ist hierin enthalten.

2. Bei tiefen Temperaturen zerfällt S in zwei Operatoren S_0 und S_1. Der erste, S_0, ist proportional T^3 (Anzahl der Zusammenstöße), ist jedoch nicht allein imstande, einen endlichen Widerstand herbeizuführen (Ziff. 37). S_1 dagegen ist kleiner, proportional T^5, und bewirkt den Widerstand. Wir nehmen nun an, H liege unterhalb der zweiten kritischen Feldstärke H_1, dann kann das Magnetfeld als kleine Störung gegenüber S_0 angesehen werden. Die Rechnung vollzieht sich dann wie in Ziff. 37. Man muß fordern, daß alle Störungen außer S_0, integriert über alle Energien, Null ergeben, d. h.

$$\int\limits_{-\infty}^{+\infty} S_1(f - f_0)\,dE - e F v_x \int\limits_{-\infty}^{+\infty} \frac{d f_0}{d E}\,dE - \frac{e H}{\hbar c}\int\limits_{-\infty}^{+\infty}\left(v_y \frac{\partial f}{\partial k_x} - v_x \frac{\partial f}{\partial k_y}\right) dE = 0\,, \tag{49.13}$$

zu integrieren ist bei festgehaltenem Verhältnis $k_x : k_y : k_z$. Da nun der Operator S_1 proportional T^5 ist, folgt analog zu hohen Temperaturen

$$\varrho = T^5\,\Psi\left(\frac{H}{T^5}\right). \tag{49.14}$$

b) Thermoelektrische Effekte[1].

50. Hohe Temperaturen. a) Qualitative Theorie. Unsere Rechnungen in Ziff. 6 ergaben für die thermoelektrischen Effekte (Thermokraft, Thomsoneffekt) der *Alkalien* gute Übereinstimmung mit der Erfahrung. Dagegen hat der Thomsoneffekt der meisten anderen Metalle, z. B. der Edelmetalle Cu Ag Au, experimentell das umgekehrte Vorzeichen wie in der Theorie gefordert. Für diese Metalle versagt also die Theorie der freien Elektronen. Wir wollen zunächst qualitativ verstehen, wieso man bei Berücksichtigung der Potentialfelder des Metalls ein anderes Resultat erhält und welche Schlüsse man aus dem Vorzeichen des Thomsoneffekts auf das Energiespektrum usw. ziehen kann.

Wir brauchen dabei nur das elektrische *Feld* zu untersuchen, das sich bei Vorhandensein eines Temperaturgefälles und Fehlen eines elektrischen Stroms in einem homogenen Metall ausbildet.

Wir erinnern uns etwa an die Stationaritätsbedingung (39.2), (39.4):

$$\left(\frac{\partial f}{\partial t}\right)_{\text{Stöße}} = \frac{d f_0}{d E}\, v_x \left(e F - \frac{d\zeta}{d x} - k\varepsilon \frac{d T}{d x}\right). \tag{50.1}$$

F zerlegen wir in zwei Bestandteile

$$F = \frac{1}{e}\frac{d\zeta}{d x} + \vartheta \frac{d T}{d x}. \tag{50.2}$$

Der erste Bestandteil hat keinen Einfluß auf die thermoelektrischen Effekte. Z. B. ist die Thermokraft bei der Anordnung der Fig. 7

$$\Theta = -\int\limits_P^Q F\,dx = \frac{1}{e}(\zeta_P - \zeta_Q) + \int\limits_{T'}^{T''} (\vartheta_1 - \vartheta_2)\,dT. \tag{50.3}$$

Das erste Glied fällt fort, weil Material und Temperatur an den Stellen P und Q gleich sind[2]. Die Thermokraft wird also vollständig durch die thermoelektrischen

[1] Vgl. Ziff. 6 dieses Artikels.

[2] Das Glied $\frac{1}{e}\frac{d\zeta}{dx}$ gibt zwar einen Zusatz zu dem elektrischen Feld innerhalb der homogenen Leiter. Jedoch finden an den Lötstellen Potentialsprünge um $-\frac{1}{e}[\zeta_2(T') - \zeta_1(T')]$ bzw. $-\frac{1}{e}[\zeta_1(T'') - \zeta_2(T'')]$ statt (Galvanipotentiale, vgl. Ziff. 20), welche die in den homogenen Teilen vorhandenen Potentialdifferenzen genau kompensieren.

Konstanten ϑ_1 ϑ_2 der beiden Metalle bestimmt. Das gleiche gilt für den Thomsonkoeffizient, er ist nach der thermodynamischen Beziehung (6.35)

$$\mu = T \frac{d\vartheta}{dT}. \tag{50.4}$$

Wodurch kommt nun das thermoelektrische Feld zustande? Nehmen wir an, es sei kein elektrisches Feld vorhanden, sondern nur ein Temperaturgradient. Dann ist die Verteilungsfunktion nach Ziff. 39[1]

$$f = f_0 + \frac{d f_0}{dE} \cdot \frac{l}{v} k \varepsilon \frac{dT}{dx} v_x. \tag{50.5}$$

Elektronen, deren Energie größer als die Grenzenergie ζ ist, für welche also

$$\varepsilon = \frac{E - \zeta}{kT} \tag{50.5a}$$

positiv ist, fließen *im* Sinne des Temperaturgefälles, Elektronen kleinerer Energie ($\varepsilon < 0$) in entgegengesetzter Richtung. Der resultierende elektrische Strom würde Null sein, wenn es gleich viele Elektronen beider Sorten gäbe und wenn sie gleich schnell fließen würden, also gleiche freie Weglänge hätten. In Wirklichkeit gibt es bei freien Elektronen *mehr* Elektronen mit Energie größer als ζ. Genauer ausgedrückt: Die Anzahl der Quantenzustände mit einer gewissen Energie $E = \zeta + \varepsilon \cdot kT$ ist größer als die der Zustände $E' = \zeta - \varepsilon \cdot kT$ (ε positiv gedacht!). Da aber der zweite Bestandteil der Verteilungsfunktion (50.5) bei Weglassung des Faktors l für die beiden genannten Energien bis auf das Vorzeichen den *gleichen* Wert hat, führen die Zustände der Energie E einen größeren Strom als die mit der kleineren Energie E'. Hinzu kommt noch, daß auch die freie Weglänge für freie Elektronen mit wachsender Energie stark zunimmt (Ziff. 36d). Daher muß, wenn kein elektrisches Feld wirkt, gleichzeitig mit dem Wärmestrom ein elektrischer Strom *in der gleichen Richtung* fließen. Um diesen zu verhindern, muß ein *elektrisches Feld in der Richtung des Temperaturanstiegs* wirken.

Daraus sieht man unmittelbar, unter welchen Bedingungen sich das Vorzeichen des thermoelektrischen Feldes umkehrt: Die Anzahl der Quantenzustände $N(E)$ pro Energieintervall dE muß mit wachsender Energie *abnehmen*, und das gleiche muß für die freie Weglänge l gelten. (Evtl. genügt auch eine dieser Bedingungen.) Und zwar kommt es natürlich für beide Größen auf ihr Verhalten in der Nähe der Fermischen Grenzenergie an.

Die Anzahl der Quantenzustände nimmt nun regelmäßig am oberen Rande eines Energiebandes ab. Die erste Bedingung wird also erfüllt sein, wenn das oberste Energieband mehr als zur Hälfte besetzt ist. Dies könnte bei den Edelmetallen der Fall sein, da sich dort jedenfalls das Energieband der gerade abgeschlossenen d-Schale und das der neuangefangenen s-Schale teilweise überdecken werden: Das erstere ist fast vollbesetzt, das letztere mehr als zur Hälfte. Allerdings spricht der normale Halleffekt der Edelmetalle gegen die Annahme, daß die äußere Schale als fast voll besetzt zu gelten habe. Jedoch könnte sich das „Besetztsein" beim thermoelektrischen Feld evtl. früher äußern als beim Halleffekt.

Es bleibt der zweite Punkt, die freie Weglänge. Sie ist nach (36.8) proportional zu $\left(K \frac{dE}{dK}\right)^2$. Diese Größe nimmt innerhalb eines Energiebandes [ebenso wie $N(E)$] zuerst zu und später wieder ab. Auch die freie Weglänge zeigt also

[1] Das Glied $d\zeta/dT$ ist ja, wie wir oben auseinandergesetzt haben, für die thermoelektrischen Effekte wirkungslos.

bei fast besetzten Schalen eine Abnahme mit zunehmender Energie. Sie ist aber außerdem noch umgekehrt proportional dem Quadrat der BLOCHschen Konstanten C, die wir bisher als unabhängig von der Energie angesehen haben (Ziff. 36d). In Wirklichkeit wird C wahrscheinlich mit wachsender Energie etwas zunehmen, da es ja mit der kinetischen Energie zusammenhängt. Dies ist ein weiterer Grund für eine Abnahme der freien Weglänge mit zunehmender Energie.

Zusammenfassend finden wir, daß beide Vorzeichen für die thermoelektrischen Kräfte a priori gleich wahrscheinlich sind, ja sogar das bei freien Elektronen gefundene eher etwas unwahrscheinlicher. Sind die Elektronen weitgehend frei, so ist das Thermofeld entgegengesetzt zum Temperaturgefälle (Alkalien), sind sehr viele Zustände des obersten Energiebandes besetzt, so hat das Thermofeld die gleiche Richtung wie das Temperaturgefälle: Dies gilt z. B. für Cu, Ag und Au. Wir gelangen so zu einem qualitativen Verständnis für die Thermoreihe[1].

b) Thermokraft bei fast besetztem Energieband. Wir wollen nunmehr unsere qualitativen Betrachtungen quantitativ bestätigen und erweitern, indem wir nachrechnen, daß bei fast vollkommener Besetzung des höchsten Energiebandes das Vorzeichen des Thermofeldes umgekehrt ist wie bei freien Elektronen. Darüber hinausgehend werden wir zeigen, daß die in (6.12) eingeführte Größe Λ in unserem Fall den Wert -3 hat (freie Elektronen $+3$).

Es ist zweckmäßig, in unserem Fall statt der besetzten Zustände die freien Plätze im Energieband zu betrachten. Wir führen daher ein

$E' = E_0 - E$, wo E_0 die Energie des höchsten Zustandes des Bandes,

ferner:

$$\zeta' = E_0 - \zeta, \qquad \varepsilon' = \frac{E' - \zeta'}{kT} = -\varepsilon,$$

$$k'_x = \begin{cases} k_x - \pi/a, & \text{wenn} \quad k_x > 0 \quad (\text{dann ist } k'_x < 0), \\ k_x + \pi/a, & \text{wenn} \quad k_x < 0 \quad (\text{dann ist } k'_x > 0), \end{cases}$$

$$v'_x = \frac{1}{\hbar}\frac{\partial E'}{\partial k'_x} = -v_x; \qquad v'_x \text{ hat das gleiche Vorzeichen wie } k'_x.$$

$$f' = 1 - f = \text{Anzahl der freien Plätze (statt Verteilungsfunktion)},$$

dann ist

$$f'_0 = 1 - \frac{1}{1+e^{\varepsilon}} = \frac{1}{1+e^{\varepsilon'}},$$

schließlich

$$K' = \sqrt{k'^2_x + k'^2_y + k'^2_z}; \quad \text{wir können annehmen, daß } E' \text{ proportional } K'^2 \text{ ist.}$$

Wir müssen nun die Stationaritätsbedingung in unsere neuen Variablen umschreiben. Die Änderung der Anzahl der freien Plätze durch das äußere elektrische Feld ist

$$\left(\frac{\partial f'}{\partial t}\right)_{\text{Feld}} = -\left(\frac{\partial f}{\partial t}\right)_{\text{Feld}} = eF\frac{df_0}{dE}v_x = -eF\frac{df'_0}{dE'}v'_x, \tag{50.6}$$

durch den Temperaturgradienten

$$\left(\frac{\partial f'}{\partial t}\right)_{\text{Temp.}} = -\frac{df_0}{dE}k\varepsilon\frac{dT}{dx}v_x = -\frac{df'_0}{dE'}k\varepsilon'\frac{dT}{dx}v'_x, \tag{50.7}$$

[1] Ein interessantes Beispiel ist das *Blei*. Dies hat zufällig ein sehr kleines Thermofeld, wie aus der Messung des Thomsoneffekts hervorgeht (es wird deshalb vorteilhaft als Bezugssubstanz für Thermokräfte gewählt). Das läßt auf ein „halbvolles" oberstes Energieband schließen, ein Resultat, das im Einklang mit dem geringen Halleffekt des Bleis und auch theoretisch plausibel ist (vier Elektronen in der äußersten Schale!).

und schließlich durch Stöße [vgl. (34.40)]

$$\left.\begin{aligned}\left(\frac{\partial f'}{\partial t}\right)_{\text{Stöße}} &= - \cdots \sum_{\mathfrak{q}} \frac{q^2}{\omega_{\mathfrak{q}}} \Omega(-E'_{\mathfrak{k}'+\mathfrak{q}} + E'_{\mathfrak{k}'} - \hbar\omega)\left[(1 - f'(\mathfrak{k}'+\mathfrak{q}))f'(\mathfrak{k}')(N(\mathfrak{q})+1)\right. \\ &- (1 - f'(\mathfrak{k}'))f'(\mathfrak{k}'+\mathfrak{q})N(\mathfrak{q})] + \Omega(-E'_{\mathfrak{k}'+\mathfrak{q}} + E'_{\mathfrak{k}'} + \hbar\omega)\left[(1 - f'(\mathfrak{k}'+\mathfrak{q}))f'(\mathfrak{k}')N(\mathfrak{q})\right. \\ &- (1 - f'(\mathfrak{k}'))f'(\mathfrak{k}'+\mathfrak{q})(N(\mathfrak{q})+1)] = S f',\end{aligned}\right\} \tag{50.8}$$

wobei S der gleiche Operator ist, der auch in der gewöhnlichen Theorie den Einfluß der Stöße darstellt $\left[\text{dort gilt } \left(\frac{\partial f}{\partial t}\right)_{\text{Stoß}} = S f, \text{ vgl. (34.40)}\right]$. Also wird die Stationaritätsbedingung

$$S f' = eF \frac{d f'_0}{d E'} v'_x + \frac{d T}{d x} \frac{d f'_0}{d E'} k \varepsilon' v'_x, \tag{50.9}$$

während in der gewöhnlichen Theorie gilt [vgl. (39.2), (39.4)]

$$S f = eF \frac{d f_0}{d E} v_x - \frac{d T}{d x} \frac{d f_0}{d E} k \varepsilon v_x. \tag{50.9a}$$

Die beiden Gleichungen unterscheiden sich nur durch das Vorzeichen von dT/dx; setzen wir etwa den elektrischen Strom bei Gültigkeit von (50.9a)

$$J = \alpha F - \beta \frac{d T}{d x}, \tag{50.10a}$$

so wird in unserem Fall bei fast besetztem Energieband

$$J' = \alpha F + \beta \frac{d T}{d x}. \tag{50.10}$$

Die Bedingung $J = 0$ liefert im einen Fall $F = +\frac{\beta}{\alpha}\frac{d T}{d x}$, bei uns $F = -\frac{\beta}{\alpha}\frac{d T}{d x}$. Es kehrt sich also einfach das Vorzeichen des Thermofeldes um.

Wesentlich für unseren Schluß ist die Tatsache, daß die Anzahl der Energieniveaus pro Intervall dE' bei uns genau so von E' abhängt wie bei freien Elektronen von der Energie E, und daß E' ebenso von K' abhängt wie dort E von K usw. Das erstere ist wichtig für die Berechnung des Stromes aus der Verteilungsfunktion (vgl. Ziff. 36a), das letztere für die Auswertung der Stoßzahl (50.8) (vgl. Ziff. 35).

Physikalisch wird unser Resultat verständlich, wenn man bedenkt, daß fehlende Elektronen negativer Ladung (Lücken in der abgeschlossenen Schale) äquivalent sind positiv geladenen Elektronen. Überall, wo das Vorzeichen der Ladung eine Rolle spielt, also bei der Thermoelektrizität, beim Halleffekt usw., müssen daher fast besetzte Energiebänder umgekehrt wirken wie fast leere.

51. Tiefe Temperaturen. Wir gehen aus von der Stationaritätsbedingung

$$S_0 f + S_1 f = \frac{d f_0}{d E} v_x \left(eF - \frac{d T}{d x} k \varepsilon\right). \tag{51.1}$$

Hier soll S_0 den Stoßoperator auf der linken Seite von (37.3) darstellen, S_1 den auf der rechten. S_0 ist, wie wir wissen, proportional der Anzahl der Zusammenstöße mit Gitterquanten, also bei tiefen Temperaturen $\backsim T^3$, während S_1 proportional T^5 ist, also viel kleiner. Wir erinnern ferner daran, daß der Einfluß von S_0 auf die Verteilungsfunktion allein *nicht* genügt, um bei Einwirkung eines elektrischen Feldes statistisches Gleichgewicht herzustellen, daß dazu vielmehr die Stöße S_1 notwendig sind (Ziff. 37); daraus resultiert die bekannte Proportionalität der Leitfähigkeit mit T^{-5}. Bei der Wärmeleitfähigkeit (Ziff. 39) ist das, wie wir wissen, anders: Dort genügt bereits die große, in S_0 zusammengefaßte Wirkung der Stoßprozesse, um das Gleichgewicht herzustellen.

Wir denken uns aus S_0 alle Faktoren herausgezogen, welche unsymmetrische Funktionen von ε sind, wie C, $K\frac{dE}{dK}$ usw. [wie in (37.3) bereits geschehen], fassen diese in eine Größe Q^{-1} zusammen und multiplizieren mit Q, wir erhalten

$$\bar{S}_0 f + \bar{S}_1 f = \frac{df_0}{dE} v_x \left(eFQ_0 - \frac{dT}{dx} kQ_0 \varepsilon - \frac{dT}{dx} k^2 Q_0' T \varepsilon^2 \right). \qquad (51.2)$$

Dabei haben wir Q in der Umgebung der Grenzenergie ζ entwickelt:

$$Q(E) = Q(\zeta) + (E - \zeta) Q'(\zeta) + \cdots = Q_0 + kT\varepsilon Q_0' + \cdots \qquad (51.3)$$

und Glieder höherer Ordnung gleich fortgelassen. Wichtig ist nun, daß der *Operator* $\bar{S}_0$ in (51.2) *gerade in* ε ist. Setzen wir daher[1]

$$\left. \begin{aligned} \bar{S}_0 f_1 &= -\frac{df_0}{dE} v_x \frac{dT}{dx} kQ_0 \varepsilon, \\ \bar{S}_0 f_2 &= -\frac{df_0}{dE} v_x \frac{dT}{dx} k^2 Q_0' T \varepsilon^2, \end{aligned} \right\} \qquad (51.4)$$

so wird f_1 eine ungerade, f_2 eine gerade Funktion von ε und im übrigen, da $\bar{S}_0$ proportional T^3 ist:

$$f_1 = T^{-3} \frac{dT}{dx} \frac{df_0}{dE} U(\varepsilon) v_x; \qquad f_2 = T^{-2} \frac{dT}{dx} \frac{df_0}{dE} G(\varepsilon) v_x, \qquad (51.5)$$

G = gerade, U = ungerade Funktion, über den genaueren Verlauf dieser Funktionen brauchen wir nichts auszusagen. — Das elektrische Feld endlich gibt einen dritten Beitrag zur Verteilungsfunktion, der sich aus

$$\bar{S}_0 f_3 + \bar{S}_1 f_3 = \frac{df_0}{dE} eFQ_0 v_x \qquad (51.6)$$

nach Ziff. 37 berechnet zu

$$f_3 = \alpha T^{-5} F \frac{df_0}{dE} v_x \qquad (51.7)$$

(α = temperaturunabhängiger Proportionalitätsfaktor).

Berechnen wir nun die den einzelnen Verteilungsfunktionen entsprechenden Ströme, so finden wir zunächst

$$\begin{aligned} J_1 &= \frac{2}{(2\pi)^3} \int v_x f_1 \, dk_x \, dk_y \, dk_z = \frac{8\pi}{(2\pi)^3} \frac{1}{3} T^{-3} \frac{dT}{dx} \int v^2 \frac{K^2}{dE/dK} \frac{df_0}{dE} U(\varepsilon) \, dE \\ &= \frac{8\pi}{3(2\pi)^3} T^{-3} \frac{dT}{dx} \int_{-\infty}^{\infty} \frac{d}{dE} \left(\frac{v^2 K^2}{dE/dK} \right)_\zeta \cdot kT\varepsilon U(\varepsilon) \frac{df_0}{d\varepsilon} \, d\varepsilon \sim T^{-2} \frac{dT}{dx}. \end{aligned}$$

Denn in *erster* Näherung, also wenn wir den Ausdruck $v^2 \frac{K^2}{dE/dK}$ durch seinen Wert für $E = \zeta$ ersetzen, würde das Integral über die ungerade Funktion $U(\varepsilon)$ verschwinden. Wir mußten daher den Ausdruck entwickeln: Das zweite Glied der Entwicklung ist hingeschrieben und gibt einen endlichen Beitrag zum Strom. — Die beiden Verteilungsfunktionen f_2 und f_3 sind im Gegensatz zu f_1 gerade in ε, geben also schon in erster Näherung einen Beitrag:

$$J_2 \sim T^{-2} \frac{dT}{dx}; \qquad J_3 \sim FT^{-5}.$$

Wenn nun der Gesamtstrom verschwinden soll

$$J_1 + J_2 + J_3 = 0,$$

[1] $\bar{S}_1 f_1$ und $\bar{S}_1 f_2$ dürfen als von kleinerer Größenordnung fortgelassen werden, weil (51.4) auch ohne diese Zusatzglieder lösbar ist; vgl. dagegen (51.6).

so muß offenbar das Thermofeld

$$F \text{ proportional } T^3 \frac{dT}{dx} \tag{51.8}$$

sein. Die Proportionalitätskonstante könnte nur durch explizite Lösung der Stationaritätsbedingung für die Wärmeleitung bestimmt werden.

KROLL[1] glaubte zeigen zu können, daß ebenso wie bei hohen Temperaturen das thermoelektrische Feld proportional $T\frac{dT}{dx}$ sei. Dieser Trugschluß beruht darauf, daß er die Verteilungsfunktion bei Wirkung eines Temperaturgradienten nur in erster Näherung (im Sinne der FERMIschen Statistik) bestimmte, was natürlich nicht ausreicht, da alle Wärmeleitungseffekte erst in zweiter Näherung auftreten. Wir konnten in diese Gefahr gar nicht kommen, da wir schon in der Stationaritätsbedingung die Wirkung des Temperaturgradienten in der Form $\varepsilon \cdot \ldots$ schrieben, welche in Evidenz setzt, daß es sich um einen Effekt zweiter Ordnung handelt. Bei KROLL treten statt dessen zwei nahezu entgegengesetzt gleiche Glieder erster Ordnung auf.

c) Strahlungseffekte.

52. Absorption und Dispersion sehr langwelliger Strahlung[2]. Strahlung von sehr kleiner Frequenz wirkt auf die Elektronen praktisch wie ein statisches elektrisches Feld: es stellt sich zu jeder Zeit ein Strom ein, welcher dem augenblicklichen Wert der elektrischen Feldstärke proportional ist. Bei wachsender Frequenz vermögen jedoch die Elektronen den Änderungen der Feldstärke nicht mehr zu folgen, der Strom bleibt in seiner Phase hinter dem erregenden Feld zurück und wird außerdem seinem Absolutbetrag nach geringer als bei kleinsten Frequenzen. Dieser Effekt muß offenbar dann eintreten, wenn die Periode der Lichtschwingung vergleichbar wird mit der Zeit, die vom Anlegen eines konstanten Feldes bis zur Herstellung der entsprechenden stationären Verteilung der Elektronen vergeht. Diese Zeit ist aber nichts anderes als die in Ziff. 46 bis 49 häufig zitierte „Stoßzeit" τ; wir erwarten daher Abweichungen des Verhaltens der Elektronen von demjenigen in statischen Feldern, sobald

$$\nu \approx \frac{1}{\tau} \tag{52.1}$$

ist. Wird schließlich die Schwingungsperiode des Lichtes kleiner als die Zeit τ zwischen zwei Zusammenstößen, so haben die Stöße überhaupt nicht mehr Zeit, nennenswert in Funktion zu treten und einen stationären Strom herzustellen. Dann ist nicht mehr der *Strom* proportional dem momentanen Feld, sondern die Beschleunigung, also die zeitliche Änderung des Stromes, der Strom ist um $\pi/2$ gegen das Feld in Phase verschoben und daher „wattlos"; die Absorption verschwindet und es bleibt als Folge des Mitschwingens der Elektronen nur eine von 1 verschiedene Dielektrizitätskonstante.

Für die quantitative Behandlung müssen wir — ebenso wie bei der allgemeinen Theorie der Leitfähigkeit in statischen Feldern — die Voraussetzung machen, daß die Energie nur vom Absolutbetrag der Wellenzahl K abhängt. Unter dieser Voraussetzung ließ sich die Verteilungsfunktion der Elektronen im statischen Feld $F_x = F$ darstellen in der Form (36.6)

$$f = f_0 - eFl\frac{df_0}{dE}\frac{v_x}{v} = f_0 + g(E, k_x)\,. \tag{52.2}$$

---

[1] W. KROLL, ZS. f. Phys. Bd. 80, S. 50. 1932.

[2] R. DE L. KRONIG, Proc. Roy. Soc. London Bd. 124, S. 409. 1929; Bd. 133, S. 255. 1931; Y. FUJIOKA, ZS. f. Phys. Bd. 76, S. 537. 1932.

Die zeitliche Änderung der Verteilungsfunktion durch Stöße war gegeben durch [vgl. (35.1), (35.4)]

$$\left(\frac{\partial f}{\partial t}\right)_{\text{Stoß}} = eF\frac{d f_0}{d E} v_x = -2\pi\gamma g, \tag{52.3}$$

wenn wir mit

$$2\pi\gamma = \frac{1}{\tau} = \frac{v}{l} \tag{52.4}$$

die reziproke Stoßzeit bezeichnen. Der zur Verteilungsfunktion (52.2) gehörige Strom ist [vgl. (36.11)]

$$I = \sigma F = \frac{e^2 n l}{\hbar K} F. \tag{52.5}$$

Nunmehr setzen wir an die Stelle des statischen ein Wechselfeld

$$\mathfrak{E}_x = F\cos 2\pi\nu t. \tag{52.6}$$

Dann wird die totale zeitliche Änderung der Verteilungsfunktion

$$\frac{df}{dt} = \left(\frac{\partial f}{\partial t}\right)_{\text{Stoß}} - eF\frac{d f_0}{d E} v_x \cos 2\pi\nu t. \tag{52.7}$$

Für die Verteilungsfunktion machen wir den naheliegenden Ansatz

$$f = f_0 + g(E, k_x)\,\varphi(t) \tag{52.8}$$

mit noch zu bestimmendem $\varphi(t)$. Dann erhalten wir mit Rücksicht auf (52.3)

$$g\frac{d\varphi}{dt} = -2\pi\gamma g\varphi(t) + 2\pi\gamma g\cos 2\pi\nu t. \tag{52.9}$$

Denn die Stoßzahl im Zeitelement t bis $t + dt$ hängt nur von der momentanen Verteilungsfunktion $f_0 + g\,\varphi(t)$ ab [wie z. B. aus der Formel (34. 40) unmittelbar hervorgeht] und ist unabhängig von den früheren oder späteren Werten der Verteilungsfunktion. Aus (52.9) folgt zunächst die Berechtigung des Ansatzes (52.8), da sich g heraushebt. Für φ ergibt sich die Differentialgleichung

$$\dot\varphi + 2\pi\gamma\varphi = 2\pi\gamma\cos 2\pi\nu t. \tag{52.10}$$

Die Auflösung geschieht in üblicher Weise durch den Ansatz $\varphi = e^{-2\pi\gamma t}\psi$ und ergibt bei Berücksichtigung der Anfangsbedingung $\varphi = 0$

$$\varphi = \frac{\gamma}{\nu^2 + \gamma^2}\left(\gamma\cos 2\pi\nu t + \nu\sin 2\pi\nu t - \gamma e^{-2\pi\gamma t}\right). \tag{52.11}$$

Das letzte Glied in der Klammer ist mit dem Einschalten des Feldes verbunden und klingt in etwa 10^{-13} sec ab, wir lassen es fort. Dann ergibt sich der Strom nach (52.5) zu

$$I = \sigma_0 F\frac{\gamma}{\nu^2 + \gamma^2}\left(\gamma\cos 2\pi\nu t + \nu\sin 2\pi\nu t\right), \tag{52.12}$$

wobei σ_0 die Leitfähigkeit für statische Felder ist. Wir entnehmen aus der Formel dasselbe wie bereits aus der qualitativen Diskussion: Bei niedrigen Frequenzen $\nu \ll \gamma$ ist der Strom im wesentlichen in Phase mit dem erregenden Feld, bei hohen Frequenzen $\nu \gg \gamma$ geht er um $\pi/2$ nach und ist auch absolut genommen kleiner.

Wir können nun aus (52.12) die Dielektrizitätskonstante und die Leitfähigkeit als Funktion der Frequenz entnehmen, indem wir setzen

$$I = \sigma\mathfrak{E} + \frac{\varepsilon - 1}{4\pi}\frac{\partial\mathfrak{E}}{\partial t}. \tag{52.13}$$

Daraus folgt durch Vergleich mit (52.6), (52.12)

$$\sigma(\nu) = \frac{\gamma^2}{\nu^2 + \gamma^2}\sigma_0, \tag{52.14}$$

$$\varepsilon(\nu) = 1 - \frac{2\sigma_0\gamma}{\nu^2 + \gamma^2}. \tag{52.15}$$

Vor allem interessiert uns nun die kritische Frequenz γ, bei der die Leitfähigkeit und die Dielektrizitätskonstante sich ihren Vakuumwerten 0 bzw. 1 zu nähern beginnen. Bei Annahme freier Elektronen ist bekanntlich

$$\hbar K = m v, \tag{52.16}$$

also

$$\sigma_0 = \frac{e^2 n}{2\pi m \gamma}. \tag{52.17}$$

Für Ag ($n = 6 \cdot 10^{22}$, $\sigma_0 = 6{,}5 \cdot 10^5\,\Omega^{-1}\,\mathrm{cm}^{-1} = 6 \cdot 10^{17}$ e.s. E.) ergibt sich daraus

$$\gamma = 4 \cdot 10^{12}\,\mathrm{sec}^{-1} \tag{52.18}$$

entsprechend einer „kritischen" Wellenlänge des Lichtes von 75 μ. (Experimentell ist $\gamma \approx 1{,}7 \cdot 10^{13}\,\mathrm{sec}^{-1}$, vgl. Tabelle 10.) Bei anderen Metallen mit geringerer Leitfähigkeit ist γ größer, daher tritt dort die Verminderung von σ erst bei kürzeren Wellen auf.

Bei kurzen Wellen ($\nu \gg \gamma$) ist die Leitfähigkeit und damit die Absorption um so größer, je größer die Dämpfung γ ist, je rascher also die Stöße das thermische Gleichgewicht wiederherstellen, im Gegensatz zu den Verhältnissen bei niedrigen Frequenzen. Für Ag und sichtbares Licht von einer Wellenlänge von 6000 Å wird z. B.

$$\sigma = \sigma_0\left(\frac{4 \cdot 10^{12}}{5 \cdot 10^{14}}\right)^2 = 0{,}64 \cdot 10^{-4}\sigma_0 = 4 \cdot 10^{13}\,\mathrm{sec}^{-1}.$$

Nach den MAXWELLschen Gleichungen ist nun

$$4\pi\sigma = n\varkappa c, \tag{52.19}$$

n = Brechungsindex, $\varkappa$ = Absorptionskoeffizient. Experimentell ergibt sich (vgl. Tabelle 10) bei 6000 Å für Ag $\sigma = 3 \cdot 10^{14}\,\mathrm{sec}^{-1}$, also um eine Zehnerpotenz *größer* als nach Formel (52.14). Daraus folgt, daß *bei sichtbarem Licht der durch* reine *Beschleunigung* der Elektronen *erzeugte Strom* für die Absorption *keine Rolle mehr* spielt. Die Absorption im Sichtbaren und erst recht im Ultraviolett ist daher auf andere Ursachen zurückzuführen, sie erfolgt durch Quantensprünge der Elektronen anstatt durch Beschleunigung (Ziff. 22), wobei evtl. auch die Gitterwellen mitspielen (Ziff. 53).

Es ist möglich, daß die Alkalien hiervon eine Ausnahme bilden. Bei Na ist z. B. $\sigma_0 = 2 \cdot 10^{17}\,\mathrm{sec}^{-1}$, $n = 2{,}5 \cdot 10^{22}$, also $\gamma = 5 \cdot 10^{12}\,\mathrm{sec}^{-1}$. Daraus ergibt sich bei $\lambda = 6000$ Å die Leitfähigkeit $\sigma = 2 \cdot 10^{13}\,\mathrm{sec}^{-1}$, was größenordnungsmäßig mit dem beobachteten Wert für $n\varkappa c/4\pi$ übereinstimmt.

Für die Dielektrizitätskonstante ergibt sich bei kleinen Frequenzen für die guten Leitern ein großer *negativer* Wert. Für Ag ist z. B.

$$\varepsilon(0) = 1 - \frac{2\sigma_0}{\gamma} = 1 - \frac{2 \cdot 6 \cdot 10^{17}}{4 \cdot 10^{12}} \approx -3 \cdot 10^5. \tag{52.20}$$

Dies hat auf die physikalisch bedeutungsvollen Größen n und $\varkappa$ keinen allzugroßen Einfluß: es ist ja

$$n^2 - \bar{\varkappa}^2 = n^2 - \left(\frac{c\varkappa}{4\pi\nu}\right)^2 = \varepsilon, \tag{52.21}$$

also wird nur[1]

$$\bar{\varkappa} = \frac{c\varkappa}{4\pi\nu} > n. \tag{52.22}$$

Diese Ungleichung ist auch in der Tat für alle Metalle bei niedrigen Frequenzen erfüllt (vgl. Tabelle 10).

[1] Auf einer Strecke von einer Wellenlänge klingt die Intensität auf das $e^{-4\pi\bar{\varkappa}}$-fache ab.

Bei höheren Frequenzen ($\nu > \gamma$) wird die Dielektrizitätskonstante von der Dämpfung γ und der Leitfähigkeit σ_0 unabhängig; setzen wir (52.17) in (52.15) ein, so wird

$$\varepsilon = 1 - \frac{e^2 n}{\pi m \nu^2}, \tag{52.23}$$

wie es der Streuung durch freie Elektronen entspricht. Wenn wir die Bindung der Elektronen mitberücksichtigen wollen, so haben wir nach (52.5) für die Dämpfungskonstante γ anstatt des Wertes

$$\gamma_0 = \frac{e^2 n}{2\pi m \sigma_0} \tag{52.24}$$

den Wert $\gamma = \gamma_0 / f_0$ zu setzen, wobei

$$f_0 = \frac{m v}{\hbar K}. \tag{52.25}$$

Dadurch tritt an Stelle von (52.23)

$$\varepsilon = 1 - \frac{e^2 n}{\pi m \nu^2} f_0. \tag{52.26}$$

Wir können diese Formel einfach so auffassen, daß für die Dispersion nur $n f_0$ anstatt n Elektronen pro cm^3 wirksam sind: f_0 ist also die Oszillatorstärke, die dem „Absorptionsband bei der Frequenz Null" zugeordnet ist. Schon in Ziff. 9c fanden wir, daß die Größe

$$f_0' = \frac{m}{\hbar} \frac{\partial v_x}{\partial k_x} \tag{52.26a}$$

den Charakter einer Oszillatorstärke hat, welche einem „Übergang des Elektrons ohne Energieänderung" entspricht. Wenn wir annehmen, daß die Energie proportional K^2 ist, werden f_0 und f_0' identisch[1]. Wir können daher das Resultat der Ziff. 13b übernehmen, daß f_0 für weitgehend freie Leitungselektronen von der Größenordnung 1 und im allgemeinen etwas kleiner als 1 ist.

Für $n = 6 \cdot 10^{22}$ und $f_0 = 1$ ist ε negativ bis zu Frequenzen von etwa $2 \cdot 10^{15}$ sec^{-1} entsprechend Wellenlängen von 1500 Å. Man muß aber bedenken, daß zu ε noch ein Beitrag hinzukommt, der von den Absorptionsbanden im Violett und Ultraviolett herrührt: Dieser läßt sich nach der gewöhnlichen KRAMERS-HEISENBERGschen Dispersionsformel berechnen und ist positiv, solange man sich auf der langwelligen Seite der Banden befindet. Dadurch wird der Vorzeichenwechsel der Dielektrizitätskonstante ins sichtbare Gebiet oder ins nahe Ultraviolett verschoben.

In Tabelle 10 geben wir eine Zusammenstellung der experimentellen Werte der optischen Konstanten der Edelmetalle Cu, Ag, Au im Ultrarot. Die Tabelle ist zum großen Teil der zweiten Arbeit von KRONIG (l. c.) entnommen, die Messungen stammen im wesentlichen von FÖRSTERLING und FRÉEDERICKSZ[2], die verwendeten Metalle wurden durch Kathodenzerstäubung oder elektrolytisch in dünnen Schichten niedergeschlagen. Experimentell findet man zunächst Absorptionskonstante $\bar{\varkappa}$ und Brechungsindex n, bei allen aufgeführten Beobachtungen ist $\bar{\varkappa} > n$. Aus $\bar{\varkappa}$ und n ergibt sich die Dielektrizitätskonstante ε nach (52. 21); man sieht, daß sie bei langen Wellen sehr erhebliche negative Werte erreicht. Die Leitfähigkeit σ berechnet sich nach der MAXWELLschen Theorie aus

$$\sigma = n \bar{\varkappa} \nu. \tag{52.27}$$

[1] Dabei ist (52.26a) die allgemeingültige Definition.
[2] K. FÖRSTERLING u. V. FRÉEDERICKSZ, Ann. d. Phys. Bd. 40, S. 201. 1913.

Tabelle 10. Optische Konstanten der Metalle.

Metall	λ in μ	$\bar{\varkappa}$	n	ε	σ in 10^{15} e.s. E.	γ in 10^{13} sec^{-1}	σ_0 in 10^{16} e.s. E.	f_0
Ag	0,546	3,14	0,168	— 9,8	0,290	5,35	3,0	0,69
	0,75	4,57	0,160	— 21,0	0,292	2,78	6,0	0,70
	0,94	5,62	0,15	— 31,5	0,269	1,71	9,7	0,67
	1,15	7,18	0,23	— 51,7	0,430	1,66	10,6	0,75
	1,50	10,7	0,45	— 114	0,96	1,69	13,4	0,96
	2,10	14,3	1,00	— 204	2,04	2,00	10,4	0,87
	2,89	19,0	1,39	— 359	2,74	1,53	12,6	0,81
	3,38	22,9	2,06	— 520	4,18	1,60	12,8	0,86
	4,04	28,8	2,98	— 820	6,36	1,55	12,0	0,95
	4,37	32,6	4,34	—1050	9,70	1,85	12,4	1,04
					Mittel ca.	1,70	12	0,89
Cu	0,46	2,26	0,98	— 4,15	1,44	69	0,13	0,32
	1,03	5,6	0,43	— 31,2	0,70	4,5	3,05	0,38
	2,28	11,4	0,68	— 130	1,02	1,57	7,2	0,33
	3,05	14,0	0,90	— 195	1,24	1,27	7,4	0,27
	3,59	18,9	1,39	— 356	2,20	1,23	10,1	0,36
	4,20	22,8	1,92	— 516	3,13	1,21	10,8	0,38
					Mittel ca.	1,24	10,4	0,37
Au	0,44	1,85	1,18	— 2,04	1,48	145	0,033	0,30
	1,07	7,1	0,25	— 50	0,50	1,99	9,9	0,76
	2,11	14,3	0,50	— 204	1,02	1,00	20,9	0,78
	2,87	16,5	0,73	— 271	1,26	0,93	16,6	0,56
	3,50	22,6	0,96	— 510	1,86	0,73	25,9	0,71
	4,13	28,8	1,60	— 830	3,35	0,81	27,3	0,83
	4,83	33,0	1,83	—1085	3,75	0,69	30,5	0,79
					Mittel ca.	0,83	28,4	0,73

Aus ε und σ kann dann nach (52.14), (52.15) die Dämpfungskonstante

$$\gamma = -\frac{2\sigma}{\varepsilon} \tag{52.28}$$

berechnet werden; sie sollte, wenn unsere Theorie richtig sein soll, von der Wellenlänge unabhängig sein. Dies ist auch für langwellige Strahlung (bei Ag von etwa 1 μ, bei Au von 2 μ, bei Cu von 3 μ ab) recht gut erfüllt; bei kürzeren Wellen machen sich Abweichungen geltend. Daraus läßt sich schließen [vgl. das oben nach Formel (52.19) Gesagte], daß unsere Theorie, welche nur die Beschleunigung der Elektronen berücksichtigt (dagegen keinerlei Quantensprünge) im ferneren Ultrarot richtig ist, dagegen im Sichtbaren und nahen Ultrarot versagt.

Genauer läßt sich aus den Beobachtungen entnehmen, daß die Formel (52.26) für die Dielektrizitätskonstante ε noch bis weit ins Sichtbare hinein gilt (s. unten), die Theorie der Leitfähigkeit [Formel (52.14)] dagegen im Sichtbaren ungültig wird: Während σ im Ultrarot mit abnehmender Wellenlänge kleiner wird, wie es auch die Theorie fordert, steigt es im Sichtbaren wieder an. D. h. es müssen dort zur „Beschleunigungsabsorption" andere, quantenhafte Absorptionsprozesse hinzutreten. Da die eigentliche Quantenabsorption nach Ziff. 22 erst im Violetten einsetzt, muß für die Absorption im Sichtbaren ein dritter Mechanismus herangezogen werden, den wir in Ziff. 53 diskutieren.

Der numerische Wert von γ ist 0,8 bis $1,7 \cdot 10^{13}\,sec^{-1}$ entsprechend einer Zeit $\tau = 1$ bis $2 \cdot 10^{-14}$ sec zwischen zwei Zusammenstößen. Die „Stoßzeit" ist also wesentlich *kürzer*, als wir oben aus der Leitfähigkeit abschätzten. Im selben Sinne liegt es, daß auch die Leitfähigkeit σ_0, wenn wir sie aus (52.14) berechnen, wesentlich *kleiner* herauskommt als bei Messungen im elektrostatischen Feld (dort etwa $60 \cdot 10^{16}$ e.s.E. für Ag und Cu, $40 \cdot 10^{16}$ für Au). Man muß wohl annehmen (KRONIG), daß hieran die geringe Dicke der bei der Messung verwendeten Metallschichten schuld ist: z. B. könnte man denken, daß die dünnen Schichten besonders starke Kristallstörungen enthalten.

Schließlich ist die Oszillatorstärke f_0 aus (52.26) berechnet. Sie ergibt sich weitgehend unabhängig von der Wellenlänge; ein Zeichen, daß die Formel (52.26) noch bei ziemlich kurzen Wellen richtig bleibt. *Für die Dispersion verhalten sich* also *die Leitungselektronen sehr weitgehend als frei*, erst weit im Violett wird die Wirkung der ultravioletten Absorptionsbanden bemerkbar und verursacht eine Vergrößerung von ε [Verminderung von $|\varepsilon|$, vgl. Au bei $0{,}44\,\mu$].

Besonders interessant ist der Zahlenwert von f_0, weil er ein Maß für die „Freiheit" der Elektronen ist und Rückschlüsse auf die Breite der Energiebänder zuläßt. f_0 ist bei Ag fast Eins, die Elektronen sind dort also sehr weitgehend frei, bei Au ist $f_0 = 0{,}7$ und bei Cu nur 0,4. Wir möchten annehmen, daß diese Werte nicht durch die Tatsache gefälscht sind, daß die Messungen an dünnen Schichten ausgeführt sind und halten sie für die *zuverlässigsten Bestimmungen* der „Freiheitszahl" f_0 und damit der Breite des Energiebandes, welches die Leitungselektronen enthält. Durch diese experimentellen Bestimmungen wird unsere theoretische Voraussage in Ziff. 13b bestätigt, daß f_0 von der Größenordnung, aber etwas kleiner als 1 ist.

Schließlich sei noch darauf hingewiesen, daß die außerordentliche Größe von $|\varepsilon|$ verglichen mit σ es gestattet, einfache Näherungsformeln für die beobachtbaren Größen $\bar{\varkappa}$ und n im Ultraroten anzugeben. Sie lauten[1]

$$\bar{\varkappa} = \sqrt{-\varepsilon} = \frac{e}{\nu} \cdot \sqrt{\frac{n f_0}{\pi m}}, \tag{52.29}$$

$$n = \frac{\sigma}{\bar{\varkappa}\,\nu} = \frac{\sqrt{-\varepsilon}\,\gamma}{2\nu} = \frac{e\,\gamma}{2\nu^2}\sqrt{\frac{n f_0}{\pi m}}. \tag{52.30}$$

Für sehr lange Wellen (ν vergleichbar mit γ) tritt in (52.29) $\sqrt{\nu^2+\gamma^2}$ an die Stelle des ν im Nenner bzw. in (52.30) $\nu\sqrt{\nu^2+\gamma^2}$ an Stelle von ν^2. Für $\nu \gg \gamma$ [also solange (52.29) gilt] wird der Absorptionskoeffizient $\varkappa = \frac{4\pi\bar{\varkappa}}{\lambda}$ von ν unabhängig. Die Durchlässigkeit dünner Metallschichten für Ultrarot ist also unabhängig von der Wellenlänge.

Wir haben vorausgesetzt, daß die Energie eine Funktion des Absolutbetrages K der Wellenzahl allein ist. Ist dies nicht der Fall, so ist die Verteilungsfunktion im Wechselfeld nicht bloß zeitabhängig, sondern hat auch eine andere Abhängigkeit von k_x, k_y, k_z als im statischen Feld. Die qualitativen Verhältnisse bleiben natürlich unberührt.

53. Absorption mit Beteiligung des Gitters. Wir haben bisher zwei Ursachen für die Absorption besprochen: Die Quantenabsorption (Ziff. 22) und die Beschleunigungsabsorption (Ziff. 52). Die erstere setzt erst bei höheren Frequenzen ein, die letztere ist nur im Ultraroten beträchtlich. Im Zwischengebiet, insbesondere im roten Ende des Sichtbaren, ist keiner der beiden Mechanismen ausreichend, um die Absorption zu erklären. Dort kommt die Absorption durch einen dritten Mechanismus zustande: Gleichzeitig mit der Anregung des Elektrons gewinnt oder verliert eine Gitterwelle ein Quant. Die Interferenzbedingung lautet dann: „Wellenzahl des Elektrons vor dem Stoß $\mathfrak{k}$ plus Wellenzahl des Lichts = Wellenzahl des Elektrons nach dem Stoß $\mathfrak{k}'$ plus oder minus Wellenzahl der Gitterwelle." Entsprechendes gilt für die Energien. Da nun die Wellenzahl des Lichts und die Energie des Gitterquants vernachlässigt werden können, muß gelten

$$\mathfrak{k}' = \mathfrak{k} \pm \mathfrak{q}, \tag{53.1}$$

$$E' = E + h\nu. \tag{53.2}$$

[1] Auf der linken Seite von (52.30) bedeutet n den Brechungsindex, auf der rechten die Anzahl der Leitungselektronen pro cm³.

Die Interferenzbedingung (53.1) läßt offenbar viel mehr Freiheit für die Wahl des Endzustands des Elektrons als (22.10), (22.12): Die beiden Bedingungen (53.1), (53.2) können praktisch für jede Frequenz ν befriedigt werden.

Bei der Rechnung hat man die Bewegung des Elektrons in den statischen Potentialfeldern des Metalls als ungestörtes Problem zu betrachten, die Lichtwelle und die Wechselwirkung mit den Gitterschwingungen als gleichberechtigte Störungen. Die DIRACsche Methode der Variation der Konstanten gibt dann in zweiter Näherung die gesuchte Wahrscheinlichkeit der gleichzeitigen Einwirkung von Lichtwelle und Gitter auf das Elektron.

Wir wollen hier die Rechnung nicht durchführen, da ihre Länge in keinem Verhältnis zur Wichtigkeit ihres Resultats steht. Wesentlich ist für uns nur, daß die Wahrscheinlichkeit unserer Absorptionsprozesse sich von der richtigen Größenordnung ergibt (bei Zimmertemperatur etwa $^1/_{20}$ der Wahrscheinlichkeit der „eigentlichen" Quantenabsorption in ungefährer Übereinstimmung mit der Erfahrung). Im übrigen ist unsere durch die Mitwirkung des Gitters zustande kommende Absorption natürlich temperaturabhängig, und zwar ist das Produkt $n\varkappa$ bei Temperaturen *oberhalb* der Debyetemperatur proportional der Temperatur

$$n\varkappa = \alpha T, \tag{53.3}$$

bei tieferen Temperaturen erreicht es einen festen Grenzwert

$$n\varkappa \approx \alpha\Theta, \tag{53.4}$$

weil es auch bei den tiefsten Temperaturen stets möglich bleibt, daß die Gitterwelle bei der Absorption Energie *gewinnt.*

III. Das Metall als Ganzes.

A. Berechnung der Eigenwerte.

54. Das Versagen der BLOCHschen Approximation beim Problem des Ferromagnetismus und das Modell von LONDON-HEITLER und HEISENBERG. In den Teilen I und II dieses Berichts haben wir entsprechend der BLOCHschen Approximationsmethode nur die Zustände der *einzelnen* Elektronen und — bei den Leitfähigkeitsproblemen — ihre Wechselwirkung mit dem Gitter betrachtet. Dagegen haben wir die Wechselwirkung der Elektronen untereinander vernachlässigt. Mit diesem Modell haben wir eine befriedigende Darstellung der meisten Phänomene erzielt, die an Metallen beobachtet sind, wie elektrische und thermische Leitfähigkeit, Austrittserscheinungen, Absorption von Licht, Thermokräfte, Halleffekt und schließlich Magnetismus der nichtferromagnetischen Metalle. Einige dieser Erscheinungen ließen sich sogar schon angemessen behandeln, wenn wir zu der Vernachlässigung der Wechselwirkung der Elektronen untereinander noch eine zweite Vernachlässigung hinzufügten, indem wir die Elektronen als völlig frei ansahen (Teil I). Die meisten Phänomene konnten erklärt werden, wenn wir das periodische Potentialfeld berücksichtigten, in dem sich ein bestimmtes Leitungselektron bewegt und das von den Metallatomen und den übrigen Leitungselektronen erzeugt wird (Teil II).

Dabei blieb — außer der Supraleitung — hauptsächlich *ein* Punkt unbefriedigend, nämlich die Behandlung des Ferromagnetismus in Ziff. 27. Wir erhielten damals das Resultat, daß die Spins der Leitungselektronen sich nur *dann* gleichrichten, wenn die Wechselwirkung zwischen den Elektronen (Austauscheffekt) *größer* ist als die Nullpunktsenergie des Elektronengases. Diese Bedingung für das Auftreten von Ferromagnetismus steht aber in Widerspruch zu der Grundvoraussetzung des BLOCHschen Approximationsverfahrens, daß nämlich die Elektronen-Wechselwirkung *klein* sein soll gegen die Energien der einzelnen Elektronen: Nur in diesem Fall hat es ja einen Sinn, von Zuständen der einzelnen Elektronen zu sprechen und erst in höherer Näherung ihre Wechselwirkung zu berücksichtigen. Der Ferromagnetismus läßt sich daher *prinzipiell nicht* behandeln, wenn man von den Zuständen einzelner Elektronen ausgeht.

Es ist demgegenüber von sekundärer Bedeutung, daß die explizite Rechnung der Ziff. 27 als Bedingung für Ferromagnetismus eine extrem große Gitterkonstante liefert, wie sie bei keinem Metall vorkommt. Denn bei dieser Rechnung wurden die Elektronen als völlig frei angenommen, was wir bereits in Ziff. 11 als unzulässig erkannten. Berücksichtigt man die Potentialfelder, so wird man möglicherweise eine weniger scharfe Bedingung für Ferromagnetismus finden. Das hat aber keinerlei Bedeutung, weil ja das ganze Näherungsverfahren in unserem Fall versagt[1].

Ein weiterer Punkt, bei dem die Annäherung von einzelnen Elektronen her nicht besonders zweckmäßig scheint, ist die Theorie der Kohäsionskräfte. Dabei handelt es sich um die Berechnung der Gesamtenergie U des Metalls als Funktion des Gitterabstands a und der Gitterstruktur; aus $U(a)$ erhält man dann in einfacher Weise Sublimationswärme, Gleichgewichtsabstand, Kompressibilität, Debyetemperatur, Wärmeausdehnung usw. Die Berechnung mit dem BLOCHschen Modell ist recht umständlich, vor allem die Auswertung der Austausch-Wechselwirkung zwischen den Elektronen. Erstens dürfen deren Eigenfunktionen natürlich nicht, wie in Ziff. 27, als ebene Wellen angesetzt werden. Außerdem ist die Austauschenergie auch bei Nicht-Ferromagnetica immer noch von gleicher *Größenordnung* wie die Eigenwerte des einzelnen Elektrons, die in der BLOCHschen Theorie als „ungestörte" Energien zu betrachten sind. Es ist daher zweifelhaft, ob man mit einer Berücksichtigung des Austausches in erster Näherung auskommt oder noch die höheren Näherungen heranziehen muß, was natürlich praktisch unausführbar wäre. WIGNER und SEITZ erhalten allerdings ganz ohne Berücksichtigung des Austausches und auch sonst mit ziemlich rohen Annahmen eine überraschend gute Approximation für die Kohäsionskräfte von Na.[2]

Man sieht unmittelbar, wodurch sich die Probleme, die mit der BLOCHschen Approximation *nicht* behandelt werden können, von den in Teil II dieses Berichts mit Erfolg erledigten unterscheiden: Bei den letzteren handelte es sich stets um Erscheinungen, bei denen irgendwelche Kräfte auf die *einzelnen* Elektronen wirken, so daß auch nur einzelne Elektronen ihren Zustand ändern — beschleunigt werden, Quantensprünge ausführen, aus dem Metall austreten usw. Diese Phänomene können daher zweckmäßig eben durch ein Näherungsverfahren erfaßt werden, welches in erster Linie die Bewegung des Einzelelektrons studiert. Bei unseren jetzigen Problemen, insbesondere beim Ferromagnetismus, interessiert aber gerade die *Wechselwirkung* der Elektronen. Wir brauchen daher ein Verfahren, welches die Wechselwirkungsenergie möglichst einfach und exakt zu berücksichtigen gestattet. Das wird dann der Fall sein, wenn schon die „ungestörten" Eigenwerte die *Energie* des Metalls möglichst gut approximieren, während wir für die Theorie der Leitfähigkeit eine „ungestörte" Lösung brauchten, welche die *Eigenfunktionen* der einzelnen Elektronen möglichst richtig darstellte.

Die Erfahrung lehrt nun, daß die Sublimationswärme der Metalle im allgemeinen erheblich kleiner (Größenordnung 1 Volt) ist als die „Grenzenergie" der Elektronen in der Fermistatistik und die Austauschkräfte zwischen freien Elektronen[3] ($\sim$ 5 Volt). Daraus folgt, daß vom energetischen Standpunkt aus

---

[1] L. BRILLOUIN [Journ. de Phys. (7) Bd. 3, S. 373 u. 565; Bd. 4, S. 1] glaubte zeigen zu können, daß das in Ziff. 27 abgeleitete BLOCHsche Resultat für genügend große Kristalle bereits korrekt sei, daß also keine Störungsenergien höherer Ordnung auftreten. Dieses evidenterweise falsche Resultat beruht auf einer ungerechtfertigten Übertragung einer in einem Spezialfall (ebenda Bd. 3, S. 378) gewonnenen eleganten Lösung des Störungsproblems auf allgemeinere Fälle.

[2] E. WIGNER u. F. SEITZ, Phys. Rev. Bd. 43, S. 804. 1933; vgl. Ziff. 64.

[3] Der Ausdruck „freie Elektronen" soll in diesem Kapitel nicht in dem speziellen Sinn des Teils I gebraucht werden, daß auf die Elektronen keinerlei Kräfte wirken, sondern soll sich auf Elektronen beziehen, die sich im Sinne des Teils II in Potentialfeldern, aber frei von Wechselwirkungen miteinander, bewegen.

das Metall relativ gut angenähert werden kann durch eine Gesamtheit von vollständig ausgebildeten Metallatomen, die in dem für das betreffende Metall charakteristischen Gitter angeordnet sind. Jedenfalls wird diese Annäherung besser sein als die BLOCHsche, die von den einzelnen Elektronen ausgeht: Denn bei der letzteren ist, wie wir wissen, die „Störungsenergie" durch den Austausch der Elektronen gegeben, bei dem nunmehr vorgeschlagenen Modell dagegen durch die Wechselwirkung der fertigen *Atome*, so daß die Störungsenergie nunmehr bloß gleich der Sublimationswärme ist.

Bei der Theorie der Moleküle haben zuerst LONDON und HEITLER[1] die fertigen Atome als Ausgangspunkt gewählt. Auf Kristalle wurde das Modell von LONDON und HEITLER zum erstenmal von HEISENBERG[2] angewandt. Wir werden es daher im folgenden als LONDON-HEITLER-HEISENBERGsches Modell (abgekürzt L.H.H.) bezeichnen, im Gegensatz zum BLOCHschen Modell, das vom einzelnen Elektron ausgeht.

Wir glauben, durch unsere Betrachtungen die Verwendung verschiedener Modelle für verschiedene Probleme der Metalltheorie gerechtfertigt zu haben. Natürlich wäre es noch befriedigender, wenn man *alle* Phänomene aus demselben Modell ableiten könnte, etwa aus dem LONDON-HEITLERschen. Die Theorie der Leitfähigkeit würde dann aber recht umständlich und undurchsichtig werden. Es genügt uns daher zu zeigen, daß *qualitativ* beide Methoden die gleichen physikalischen Konsequenzen ergeben, daß also z. B. aus dem BLOCHschen Modell auch unter gewissen Bedingungen Ferromagnetismus (Ziff. 27), aus dem LONDON-HEITLERschen Leitfähigkeit (Ziff. 55f) folgt. Die *quantitative* Behandlung geschieht besser in jedem Fall mit Hilfe des jeweils angepaßten Modells.

55. Das Wasserstoffmolekül nach der Methode von LONDON-HEITLER[3]. Wir wollen nun als einfachstes Beispiel das Wasserstoffmolekül nach der Methode von LONDON und HEITLER behandeln und dabei die Rechnung so führen, daß sie sich möglichst unmittelbar auf das Metallproblem übertragen läßt.

Die Schrödingergleichung des H_2-Moleküls lautet

$$\frac{\hbar^2}{2m}(\Delta_1 + \Delta_2)\Psi + U\Psi - e^2\left(\frac{1}{r_{ab}} - \frac{1}{r_{a1}} - \frac{1}{r_{b1}} - \frac{1}{r_{a2}} - \frac{1}{r_{b2}} + \frac{1}{r_{12}}\right)\Psi = 0\,. \quad (55.1)$$

a und b bezeichnen die Atomkerne, 1 und 2 die Elektronen, r_{a2} also z. B. den Abstand des zweiten Elektrons vom Kern a, Δ_1 den LAPLACEschen Operator im Raum des ersten Elektrons usw. U ist die Energie des Moleküls. In die Eigenfunktion Ψ wollen wir stets auch die Abhängigkeit von den Spinkoordinaten $\sigma_1\sigma_2$ mit aufnehmen: Da die Hamiltonfunktion die Spinkoordinate nicht enthält, wird Ψ einfach ein Produkt einer von den Spinkoordinaten abhängigen Funktion mit einer Funktion der sechs räumlichen Koordinaten $x_1 \ldots z_2$, oder allgemeiner eine Summe solcher Produkte. Die Hineinnahme des Spins in die Eigenfunktion hat den Vorteil, daß Ψ stets antisymmetrisch in allen Elektronen sein muß, während die räumliche Eigenfunktion wesentlich kompliziertere Symmetrieeigenschaften hat.

a) Die Eigenfunktionen der getrennten Atome. Zur Behandlung des Molekülproblems gehen wir aus von den Eigenfunktionen der getrennten Atome. Die zum Atom a gehörige Eigenfunktion ψ_a genügt der Schrödingergleichung

$$\frac{\hbar^2}{2m}\Delta\psi_a + \left(E_0 + \frac{e^2}{r_a}\right)\psi_a = 0\,. \quad (55.2)$$

---

[1] F. LONDON u. W HEITLER, ZS. f. Phys. Bd. 44, S. 455. 1927.

[2] W. HEISENBERG, ZS. f. Phys. Bd. 49, S. 619. 1928.

[3] F. LONDON und W. HEITLER, l. c.; Y. SUGIURA, ZS. f. Phys. Bd. 45, S. 484. 1927; J. C. SLATER, Phys. Rev. Bd. 35, S. 509. 1930.

ψ_a hängt von den Koordinaten x_a, y_a, z_a des (einzigen) Elektrons des Atoms a ab, die wir vom Kern a aus messen. Ist das Elektron speziell im Grundzustand, so ist

$$\psi_a = \frac{1}{\sqrt{\pi}} a_0^{-\frac{3}{2}} e^{-\frac{r_a}{a_0}}, \tag{55.3}$$

wo a_0 der BOHRsche Wasserstoffradius ist. In die Eigenfunktionen ψ_a, ψ_b der einzelnen Atome wollen wir die Spinkoordinate *nicht* aufnehmen.

Für jedes Elektron gibt es nun offenbar vier verschiedene Zustände, die alle zur gleichen Energie E_0 gehören: Das Elektron kann bei jedem der beiden Atome sein und es kann positiven und negativen Spin haben. Die möglichen Eigenfunktionen sind entsprechend

$$\psi_a\alpha, \quad \psi_a\beta, \quad \psi_b\alpha, \quad \psi_b\beta. \tag{55.4}$$

α ist die Spinfunktion für den Fall positiven Spins ($m_s = +\frac{1}{2}$), β = Spinfunktion für negativen Spin ($m_s = -\frac{1}{2}$). ψ_a und ψ_b haben gleiche *Form*, nur steht in ψ_b als Argument die Entfernung r_b des Elektrons vom Kern b, während ψ_a von r_a abhängt.

Die vier Funktionen (55.4) sind normiert, jedoch nicht alle orthogonal: Zwei Funktionen mit verschiedenem Spin sind orthogonal, zwei mit gleichem Spin nicht. Den Ausdruck

$$\sum_\sigma \int d\tau\, \psi_a\alpha\, \psi_b\alpha = \int d\tau\, \psi_a\psi_b = S \tag{55.5}$$

nennen wir das Nicht-Orthogonalitäts-Integral. Es ist natürlich abhängig von der Entfernung der beiden Wasserstoffkerne, explizit

$$S = e^{-\frac{r_{ab}}{a_0}}\left(1 + \frac{r_{ab}}{a_0} + \frac{1}{3}\frac{r_{ab}^2}{a_0^2}\right). \tag{55.6}$$

b) Die Eigenfunktionen des Moleküls. Eine angenäherte Lösung der Differentialgleichung (55.1) des Wasserstoffmolekülproblems erhält man durch Multiplikation zweier Eigenfunktionen der einzelnen Elektronen, z. B.

$$\Psi = \psi_a(r_{a1})\,\alpha(\sigma_1)\cdot\psi_b(r_{b2})\,\beta(\sigma_2) \tag{55.7}$$

oder abgekürzt geschrieben

$$\Psi = \psi_a\,\alpha(1)\,\psi_b\,\beta(2). \tag{55.8}$$

Diese „Produktfunktion" befriedigt jedoch nicht das PAULIsche *Prinzip*. Dieses verlangt bekanntlich Antisymmetrie der Funktion Ψ bezüglich Vertauschung der Koordinaten der beiden Elektronen. Dem Pauliprinzip genügen die folgenden vier „Determinantenfunktionen":

$$\left.\begin{aligned}
\Psi_1 = \Psi_0 &= \begin{vmatrix} \psi_a\alpha(1) & \psi_b\alpha(1) \\ \psi_a\alpha(2) & \psi_b\alpha(2) \end{vmatrix} = (\psi_a(1)\,\psi_b(2) - \psi_b(1)\,\psi_a(2))\,\alpha(1)\,\alpha(2),\\
\Psi_2 = \Psi_a &= \begin{vmatrix} \psi_a\beta(1) & \psi_b\alpha(1) \\ \psi_a\beta(2) & \psi_b\alpha(2) \end{vmatrix},\\
\Psi_3 = \Psi_b &= \begin{vmatrix} \psi_a\alpha(1) & \psi_b\beta(1) \\ \psi_a\alpha(2) & \psi_b\beta(2) \end{vmatrix},\\
\Psi_4 = \Psi_{ab} &= \begin{vmatrix} \psi_a\beta(1) & \psi_b\beta(1) \\ \psi_a\beta(2) & \psi_b\beta(2) \end{vmatrix}.
\end{aligned}\right\} \tag{55.9}$$

Jeder der vier Zustände (55.9) ist dadurch charakterisiert, daß *ein* Elektron beim Atom a, das andere beim Atom b ist[1]. Und zwar ist wegen der Antisymmetrie der Funktionen ebenso häufig das Elektron 1 wie das Elektron 2 beim Kern a. Es hat keinen Sinn zu sagen: das Elektron 1 ist in einem bestimmten Zustand, sondern nur „der und der Zustand ist von einem Elektron besetzt".

Die vier Zustände (55.9) unterscheiden sich durch den *Spin* der bei den einzelnen Atomen sitzenden Elektronen. Beim ersten Zustand haben beide Elektronen positiven Spin, beim letzten beide negativen, beim zweiten und dritten Zustand ist je ein Elektron mit positivem und negativem Spin vorhanden. Und zwar sitzt das Elektron mit negativem Spin im zweiten Zustand beim Atom a, im dritten bei b. Die Indizes der Funktion Ψ geben an, bei welchem Atom sich ein negativer Spin befindet.

Die Funktionen (55.9) werden im allgemeinen noch nicht die richtigen Eigenfunktionen nullter Näherung[2] im Sinne der SCHRÖDINGERschen Störungstheorie sein. Sie zerfallen jedoch in drei Klassen entsprechend dem resultierenden Spin in einer festen Richtung, sagen wir nach rechts. Dieser beträgt bei der ersten Funktion $m = +1$, da beide Spins nach rechts weisen und je einen Beitrag $+\frac{1}{2}$ zum Gesamtspin geben. Beim letzten der vier Zustände ist entsprechend $m = -1$, beim zweiten und dritten $m = 0$. Das Matrixelement

$$\sum_{\sigma} \int \Psi_{m'}^{*} H \Psi_m \, d\tau$$

verschwindet nun für $m \neq m'$ bei der Summation über die Spinkoordinaten $\sigma_1 \sigma_2$ wegen der Orthogonalität der Spinfunktionen α und β. Wesentlich hierfür ist, daß die Hamiltonfunktion H nicht explizit vom Spin abhängt. Die Matrix von H zerfällt daher in Teilmatrizen, welche jeweils einem bestimmten Wert m des Spins zugeordnet sind. Die erste und die letzte Funktion (55.9) sind demnach bereits richtige Eigenfunktionen nullter Näherung, weil sie die einzigen Funktionen mit dem betreffenden Wert von m sind. Die beiden Eigenfunktionen nullter Näherung für $m = 0$ sind dagegen im allgemeinen Linearkombinationen[3] der Funktionen Ψ_a und Ψ_b.

c) Die Energiematrix. Austauschenergie. Zur Berechnung der Energie in erster (und der Eigenfunktion in nullter) Näherung gehen wir aus von der Schrödingergleichung (55.1) und denken uns für Ψ eine der vier (noch unbekannten) Funktionen nullter Näherung gesetzt. Ψ selbst schreiben wir als Linearkombination der vier „Determinantenfunktionen" (55.9):

$$\Psi = \sum_{i=1}^{4} c_i \Psi_i. \tag{55.10}$$

Wir multiplizieren die Schrödingergleichung mit einem beliebigen Produkt von zwei der Funktionen (55.4) der einzelnen Atome, integrieren über den Konfigurationsraum der beiden Elektronen und summieren über deren Spinkoordinaten.

---

[1] Wir vernachlässigen die „polaren" Zustände, bei denen beide Elektronen beim gleichen Atom sitzen; vgl. unten Abschnitt e.

[2] Alle vier Eigenfunktionen gehören ja zur gleichen ungestörten Energie $2E_0$, sind also entartet.

[3] In unserem Fall können wir aus Symmetriegründen sogar direkt angeben, daß die richtigen Linearkombinationen $\Psi_a \pm \Psi_b$ sein müssen. Wir führen trotzdem die Störungsrechnung durch, um die Übertragung auf das Kristallproblem vorzubereiten.

Da es acht solche Produkte[1] gibt, erhalten wir dadurch acht homogene lineare Gleichungen für die vier Koeffizienten c_i. Die Gleichungen sind jedoch paarweise identisch. Da nämlich die Ψ_i's von (55.9) antisymmetrisch und die Hamiltonfunktion symmetrisch in den beiden Elektronen ist, ergibt sich z. B. dieselbe Gleichung bei Multiplikation mit $\psi_a\alpha(1)\,\psi_b\alpha(2)$ wie mit $\psi_b\alpha(1)\,\psi_a\alpha(2)$; man darf in der Produktfunktion die Koordinaten der beiden Elektronen vertauschen, ohne das Resultat der Integration zu ändern. Wir können daher ohne Beschränkung der Allgemeinheit die Produktfunktion stets so wählen, daß das Elektron 1 beim Atom a und 2 beim Atom b ist. Wir behalten dann noch vier Funktionen übrig, die sich durch den Spin bei den einzelnen Atomen unterscheiden. Ihnen entsprechen vier Gleichungen, von denen wir eine beliebige hinschreiben:

$$U\sum_\sigma\int\psi_a\alpha(1)\,\psi_b\beta(2)\,\Psi\,d\tau=\sum_\sigma\int\psi_a\alpha(1)\,\psi_b\beta(2)\,H\,\Psi\,d\tau. \tag{55.11}$$

Rechts führen wir nun eine partielle Integration aus; da H selbstadjungiert ist, erhalten wir

$$\left.\begin{aligned}&\sum_\sigma\alpha(1)\beta(2)\int\Psi H\psi_a(1)\,\psi_b(2)\,d\tau\\&=\sum_\sigma\alpha(1)\beta(2)\int\Psi\left(2E_0+e^2\left(\frac{1}{r_{ab}}-\frac{1}{r_{a2}}-\frac{1}{r_{b1}}+\frac{1}{r_{12}}\right)\right)\cdot\psi_a(1)\,\psi_b(2)\,d\tau,\end{aligned}\right\} \tag{55.12}$$

wenn wir aus (55.1) den Ausdruck für die Hamiltonfunktion entnehmen und die Differentialgleichung (55.2) für $\psi_a(1)$ sowie die entsprechende für $\psi_b(2)$ berücksichtigen. Aus (55.11) wird jetzt

$$\left.\begin{aligned}&(U-2E_0)\sum_\sigma\alpha(1)\beta(2)\int d\tau\,\Psi\psi_a(1)\,\psi_b(2)\\&=e^2\sum_\sigma\alpha(1)\beta(2)\int\Psi\left(\frac{1}{r_{ab}}-\frac{1}{r_{a2}}-\frac{1}{r_{b1}}+\frac{1}{r_{12}}\right)\psi_a(1)\,\psi_b(2)\,d\tau.\end{aligned}\right\} \tag{55.13}$$

Vier entsprechende Gleichungen erhält man, wenn man in der Produktfunktion den Elektronen andere Spins gibt.

Bezeichnen wir noch die Spinfunktionen entsprechend wie die Eigenfunktionen (55.9):

$$s_1=\alpha(1)\,\alpha(2),\quad s_2=\beta(1)\,\alpha(2),\quad s_3=\alpha(1)\,\beta(2),\quad s_4=\beta(1)\,\beta(2), \tag{55.14}$$

und setzen wir für Ψ (55.10), so wird

$$\sum_i c_i[H_{ik}+(2E_0-U)S_{ik}]=0\qquad\text{für}\qquad k=1,2,3,4 \tag{55.15}$$

mit den Abkürzungen

$$S_{ik}=\sum_\sigma s_k\int d\tau\,\Psi_i\psi_a(1)\,\psi_b(2), \tag{55.16}$$

$$H_{ik}=e^2\sum_\sigma s_k\int d\tau\,\Psi_i\left(\frac{1}{r_{ab}}-\frac{1}{r_{a2}}-\frac{1}{r_{b1}}+\frac{1}{r_{12}}\right)\psi_a(1)\,\psi_b(2). \tag{55.17}$$

Nun verschwinden S_{ik} und H_{ik}, wenn i und k zu verschiedenen resultierenden Spins m gehören. Zu $m=1$ gehört aber bloß die Eigenfunktion Ψ_1 bzw. s_1 [vgl. (55.9) und (55.14)]; für $k=1$ reduziert sich daher die Summe (55.15) auf ein einziges Glied $i=1$. Und zwar wird nach Ausführung der Summation über σ

$$S_{11}=\int d\tau\,(\psi_a(1)\,\psi_b(2)-\psi_b(1)\,\psi_a(2))\,\psi_a(1)\,\psi_b(2)=1-S^2, \tag{55.18}$$

wo S das Nicht-Orthogonalitäts-Integral (55.6) ist. Ferner wird

$$H_{11}=C-A. \tag{55.19}$$

---

[1] Nämlich

$$\begin{aligned}&\psi_a\alpha(1)\,\psi_b\alpha(2),\quad\psi_b\alpha(1)\,\psi_a\alpha(2),\quad\psi_a\beta(1)\,\psi_b\alpha(2),\quad\psi_b\alpha(1)\,\psi_a\beta(2),\\&\psi_a\alpha(1)\,\psi_b\beta(2),\quad\psi_b\beta(1)\,\psi_a\alpha(2),\quad\psi_a\beta(1)\,\psi_b\beta(2),\quad\psi_b\beta(1)\,\psi_a\beta(2).\end{aligned}$$

Vier weitere Produkte entsprechen Zuständen, bei denen zwei Elektronen am gleichen Atom sitzen [z. B. $\psi_a\alpha(1)\,\psi_a\beta(2)$], die also nicht zur ungestörten Energie $2E_0$ gehören.

Dabei ist

$$C = \int \psi_a^2(1)\,\psi_b^2(2)\left(\frac{1}{r_{ab}} - \frac{1}{r_{a2}} - \frac{1}{r_{b1}} + \frac{1}{r_{12}}\right) d\tau \tag{55.20}$$

die COULOMBsche Wechselwirkung zwischen den beiden Wasserstoffatomen, deren jedes aus Kern und Elektronenladungswolke besteht: Um dies noch mehr in Evidenz zu setzen, können wir mit Rücksicht auf die Normierung der Eigenfunktionen schreiben

$$C = \frac{1}{r_{ab}} - \int \psi_a^2(1)\,\frac{1}{r_{b1}}\,d\tau_1 - \int \psi_b^2(2)\,\frac{1}{r_{a2}}\,d\tau_2 + \int \psi_a^2(1)\,\psi_b^2(2)\,\frac{1}{r_{12}}\,d\tau_1\,d\tau_2. \tag{55.20a}$$

Schließlich bedeutet

$$A = \int \psi_a(1)\,\psi_b(1)\,\psi_a(2)\,\psi_b(2)\left(\frac{1}{r_{ab}} - \frac{1}{r_{a2}} - \frac{1}{r_{b1}} + \frac{1}{r_{12}}\right) d\tau \tag{55.21}$$

das sog. Austauschintegral. Es mißt die Wahrscheinlichkeit für einen Austausch der Elektronen, bei dem das Elektron 1 vom Atom a zu b übergeht und Elektron 2 den umgekehrten Übergang macht. Das Austauschintegral ist von fundamentaler Bedeutung für die Theorie des Ferromagnetismus, wie wir im Abschnitt d sehen werden. Die Energie wird für unseren Fall $m = 1$:

$$U = 2E_0 + \frac{C - A}{1 - S^2}. \tag{55.22}$$

Der gleiche Wert ergibt sich aus Symmetriegründen für $m = -1$.

Nunmehr kommen wir zum Fall $m = 0$. Hier haben die Summen (55.15) je zwei Glieder, E ergibt sich aus dem Verschwinden der Determinante der Koeffizienten der beiden linearen Gleichungen für c_2 und c_3, die man erhält, indem man $k = 2$ und 3 setzt.

$$\begin{vmatrix} H_{22} + (2E_0 - U)S_{22} & H_{23} + (2E_0 - U)S_{23} \\ H_{32} + (2E_0 - U)S_{32} & H_{33} + (2E_0 - U)S_{33} \end{vmatrix} = 0. \tag{55.23}$$

Wir setzen zunächst $i = k = 2$ und erhalten

$$\left.\begin{aligned} S_{22} = \sum_\sigma \beta(1)\,\alpha(2)\,[\beta(1)\,\alpha(2) \int \psi_a^2(1)\,\psi_b^2(2)\,d\tau \\ - \alpha(1)\,\beta(2) \int \psi_a(1)\,\psi_b(1)\,\psi_a(2)\,\psi_b(2)\,d\tau] = 1, \end{aligned}\right\} \tag{55.24}$$

wobei die Orthogonalitätsrelation und Normierung der Spinfunktionen

$$\sum_{\sigma_1} \alpha(1)\,\beta(1) = 0, \qquad \sum_{\sigma_1} \alpha^2(1) = \sum_{\sigma_1} \beta^2(1) = 1 \tag{55.25}$$

berücksichtigt ist. Entsprechend ist

$$H_{22} = C. \tag{55.26}$$

Weiter berechnen wir

$$\left.\begin{aligned} S_{23} = \sum_\sigma \beta(1)\,\alpha(2)\left[\alpha(1)\,\beta(2) \int \psi_a^2(1)\,\psi_b^2(2)\,d\tau \right. \\ \left. - \beta(1)\,\alpha(2) \int \psi_a(1)\,\psi_b(1)\,\psi_a(2)\,\psi_b(2)\,d\tau\right] = -S^2, \end{aligned}\right\} \tag{55.27}$$

$$H_{23} = -A. \tag{55.28}$$

Aus Symmetriegründen ist

$$S_{33} = S_{22}, \quad S_{32} = S_{23}; \qquad H_{33} = H_{22}, \quad H_{32} = H_{23}, \tag{55.29}$$

also

$$H_{22} + (2E_0 - U)\,S_{22} = \pm[H_{23} + (2E_0 - U)\,S_{23}]. \tag{55.30}$$

Bei Wahl des positiven Vorzeichens ergibt sich

$$U_s = 2E_0 + \frac{C+A}{1+S^2}, \tag{55.31}$$

$$\Psi_s = \sqrt{\tfrac{1}{2}}\,(\Psi_2 - \Psi_3), \tag{55.32}$$

bei Wahl des negativen Vorzeichens

$$U_t = 2E_0 + \frac{C-A}{1-S^2}, \tag{55.33}$$

$$\Psi_t = \sqrt{\tfrac{1}{2}}\,(\Psi_2 + \Psi_3). \tag{55.34}$$

Der zweite Energiewert ist, wie man sieht, identisch mit dem Energiewert (55.22), den wir für $m = \pm 1$ erhielten. Die drei Eigenfunktionen Ψ_1, Ψ_4 aus (55.9) sowie (55.34) sind also entartet. Der *Betrag* des resultierenden Spins hat in allen drei Fällen den Wert $s = 1$; wir haben einen Triplettzustand vor uns. Wir haben daher Eigenfunktion[1] und Eigenwert durch einen Index t = Triplett gekennzeichnet.

Nur der Zustand (55.31) hat eine andere Energie als die drei übrigen, er entspricht einem Singlettzustand $s = 0$, daher der Index s = Singlett bei Eigenfunktion[1] und Eigenwert.

d) Austauschintegral und Termlage. Der Singlettzustand hat eine höhere Energie als der Triplettzustand, wenn

$$\frac{C+A}{1+S^2} > \frac{C-A}{1-S^2},$$

also

$$A > CS^2 \tag{55.35}$$

ist. Nun ist die COULOMBsche Wechselwirkungsenergie C von der gleichen Größenordnung, meist sogar kleiner als das Austauschintegral A, außerdem sind die Eigenfunktionen ψ_a und ψ_b im allgemeinen fast orthogonal, so daß $S \ll 1$ ist[2]. Die Bedingung (55.35) lautet also praktisch

$$A > 0. \tag{55.36}$$

Bei *positivem* Austauschintegral liegt demnach der Triplettzustand energetisch tiefer als der Singlettzustand, bei negativem A ist es umgekehrt. Positives Austauschintegral begünstigt also die Gleichrichtung der Spins der einzelnen Atome; es führt bei Molekülen zu Paramagnetismus, bei Kristallen gegebenenfalls zur Gleichrichtung der Spins *aller* (oder fast aller) Atome und damit zu Ferromagnetismus. Allerdings ist zur Erzielung von Ferromagnetismus ein positiver Wert von A nicht hinreichende, sondern nur notwendige Bedingung, wie wir in Ziff. 60 sehen werden.

Negatives Austauschintegral führt zur gegenseitigen Absättigung der Spins, es entstehen dann diamagnetische Moleküle, bzw. Kristalle mit temperaturunabhängigem Paramagnetismus. Dieser Fall des negativen Austauschintegrals ist nun bei weitem der häufigere: Bei Wasserstoff ist z. B. A nach den Rechnungen von LONDON und HEITLER und von SUGIURA stark negativ, ebenso

[1] Die Eigenfunktionen Ψ_s und Ψ_t lassen sich noch anders schreiben, so daß zum Ausdruck kommt, daß sie Produkte einer räumlichen und einer Spinfunktion sind und dem Gesamtspin 0 bzw. 1 entsprechen:

$$\Psi_s = (\psi_a(1)\,\psi_b(2) + \psi_b(1)\,\psi_a(2))\,(\alpha(1)\,\beta(2) - \alpha(2)\,\beta(1)),$$

$$\Psi_t = (\psi_a(1)\,\psi_b(2) - \psi_b(1)\,\psi_a(2))\,(\alpha(1)\,\beta(2) + \alpha(2)\,\beta(1)).$$

[2] Gerade das Wasserstoffmolekül bildet hier wegen des geringen Kernabstands eine Ausnahme.

bei Li_2.[1] Auch bei den übrigen Molekülen ist ein negatives Austauschintegral die Regel, was man aus dem diamagnetischen Charakter der meisten Moleküle entnehmen kann. Bei O_2 dagegen liegt offenbar ein Fall positiven Austauschintegrals vor.

e) Vergleich mit dem BLOCHschen Modell. Es ist nützlich, sich am Beispiel des H_2-Moleküls den Unterschied zwischen dem Modell von BLOCH und dem von L. H. H. klarzumachen.

Beim BLOCHschen Modell bewegen sich die beiden Elektronen in erster Näherung unabhängig voneinander in einem Potentialfeld, welches von den beiden Wasserstoffkernen und der (zweckmäßig verschmierten) Ladungsverteilung des jeweils anderen Elektrons erzeugt wird. Die Eigenfunktionen des *einzelnen* Elektrons sind infolgedessen bereits symmetrische (oder antisymmetrische) Funktionen der Koordinaten der beiden *Kerne*, während dies bei der Methode von L. H. H. erst für die Eigenfunktion des Moleküls gilt. In erster Näherung können wir für die räumlichen Eigenfunktionen der beiden Elektronen entsprechend (12.2) den Ansatz machen

$$\psi_+ = \frac{1}{\sqrt{2}}(\psi_a + \psi_b), \qquad \psi_- = \frac{1}{\sqrt{2}}(\psi_a - \psi_b). \tag{55.37}$$

Die Energie E_- ist dann höher als E_+ (vgl. Ziff. 12). Die vollständigen Eigenfunktionen des Elektrons ergeben sich durch Multiplikation von ψ_+ bzw. ψ_- mit α oder β.

Aus den vier Eigenfunktionen der einzelnen Elektronen lassen sich nun sechs[2] antisymmetrische Wellenfunktionen des Moleküls bilden:

$$\left.\begin{aligned}
\Phi_1 &= \begin{vmatrix} \psi_+\alpha(1) & \psi_-\alpha(1) \\ \psi_+\alpha(2) & \psi_-\alpha(2) \end{vmatrix} = -\Psi_1 \\
\Phi_2 &= \begin{vmatrix} \psi_+\alpha(1) & \psi_+\beta(1) \\ \psi_+\alpha(2) & \psi_+\beta(2) \end{vmatrix} = \frac{1}{\sqrt{2}}\Psi_s + \frac{1}{\sqrt{2}}\Psi_g \\
\Phi_3 &= \begin{vmatrix} \psi_+\alpha(1) & \psi_-\beta(1) \\ \psi_+\alpha(2) & \psi_-\beta(2) \end{vmatrix} = -\frac{1}{\sqrt{2}}\Psi_t + \frac{1}{\sqrt{2}}\Psi_u \\
\Phi_4 &= \begin{vmatrix} \psi_+\beta(1) & \psi_-\alpha(1) \\ \psi_+\beta(2) & \psi_-\alpha(2) \end{vmatrix} = -\frac{1}{\sqrt{2}}\Psi_t - \frac{1}{\sqrt{2}}\Psi_u \\
\Phi_5 &= \begin{vmatrix} \psi_-\alpha(1) & \psi_-\beta(1) \\ \psi_-\alpha(2) & \psi_-\beta(2) \end{vmatrix} = -\frac{1}{\sqrt{2}}\Psi_s + \frac{1}{\sqrt{2}}\Psi_g \\
\Phi_6 &= \begin{vmatrix} \psi_+\beta(1) & \psi_-\beta(1) \\ \psi_+\beta(2) & \psi_-\beta(2) \end{vmatrix} = -\Psi_4.
\end{aligned}\right\} \tag{55.38}$$

Dabei sind $\Psi_1\,\Psi_s\,\Psi_t\,\Psi_4$ die vom LONDON-HEITLERschen Modell bekannten Eigenfunktionen (55.9), (55.32), (55.34). Außer diesen treten noch zwei „polare“ Eigenfunktionen auf:

$$\left.\begin{aligned}
\Psi_g &= \frac{1}{\sqrt{2}}(\psi_a(1)\,\psi_a(2) + \psi_b(1)\,\psi_b(2))\,(\alpha(1)\,\beta(2) - \beta(1)\,\alpha(2)) \\
\Psi_u &= \frac{1}{\sqrt{2}}(\psi_a(1)\,\psi_a(2) - \psi_b(1)\,\psi_b(2))\,(\alpha(1)\,\beta(2) - \beta(1)\,\alpha(2)).
\end{aligned}\right\} \tag{55.39}$$

[1] M. DELBRÜCK, Ann. d. Phys. Bd. 5, S. 63. 1930; J. H. BARTLETT u. W. H. FURRY, Phys. Rev. Bd. 38, S. 1615. 1931.

[2] In Abschnitt b erhielten wir nur 4, da wir den Fall ausschließen mußten, daß zwei Elektronen beim gleichen Atom sind.

Beide entsprechen Zuständen, bei denen sich zwei Elektronen am gleichen Atom befinden, die also bei weit getrennten Kernen einer sehr viel höheren Energie entsprechen als die L. H. H.-Funktionen, nämlich der Energie eines negativen und eines positiven Wasserstoffions statt zweier neutraler Atome. Die Differenz dieser Energien ist gleich der Ionisierungsspannung des Wasserstoffatoms vermindert um dessen Elektronenaffinität, d. i. 12,8 Volt. Wegen ihrer sehr viel höheren Energie bei weit entfernten Kernen werden die polaren Zustände beim Verfahren von L. H. H. von der Betrachtung *ausgeschlossen*. Beim BLOCHschen Verfahren dagegen wird ja angenommen, daß sich die Elektronen unabhängig voneinander bewegen: es muß bei dieser Voraussetzung sehr oft vorkommen, daß sich beide am gleichen Atom befinden — ja, bei Kristallen werden nach BLOCH sogar bisweilen drei und noch mehr Elektronen in der Nähe des gleichen Atoms sein[1].

Die beiden polaren Zustände Ψ_g, Ψ_u sind beide gemäß der Form ihres Spinbestandteils Singlettzustände, infolgedessen sind Φ_3 und Φ_4 sicher keine „richtigen" Eigenfunktionen nullter Näherung, sondern der Triplettzustand Ψ_t und Ψ_u.

Vom Standpunkt der BLOCHschen Theorie müßte nun die Reihenfolge der Zustände im Sinne wachsender Energie die folgende sein:

1. Φ_2, weil dort beide Elektronen im tiefsten Niveau sind;
2. Triplett Φ_1, Ψ_t, Φ_6 } je ein Elektron im tieferen und im höheren Niveau[2];
3. Singlett Ψ_u }
4. Φ_5 (beide Elektronen im höheren Niveau).

In der Theorie von LONDON-HEITLER dagegen ist die Termordnung:

1. Ψ_s, also Linearkombination des tiefsten und des höchsten BLOCHschen Zustands } homöopolare Zustände;
2. Triplett Φ_1, Ψ_t, Φ_6 }
3. Ψ_u } heteropolare Zustände[3].
4. Ψ_g (Linearkombination von BLOCHS Φ_2 und Φ_5) }

Der tiefste und der höchste Zustand haben also bei BLOCH und L. H. H. ganz verschiedenen Charakter. Bei kleineren Abständen der Kerne verwischt sich die Verschiedenheit etwas, da es nicht mehr prinzipiell zu entscheiden ist, ob beide Elektronen beim gleichen oder bei verschiedenen Kernen sind. Mit abnehmendem Kernabstand wird auch die Termanordnung zugunsten der BLOCHschen verschoben, der tiefste Zustand hat eine Eigenfunktion, welche *zwischen* der homöopolaren Funktion Ψ_s und der BLOCHschen Funktion Φ_2 liegt[4]. — Der Triplettzustand wird von der BLOCHschen und der LONDON-HEITLER-HEISENBERGschen Theorie in gleicher Weise gegeben, dies gilt bei beliebigen Problemen für den Zustand höchster Multiplizität.

f) Polare Zustände und Strom. Die BLOCHsche Theorie läßt, wie wir gesehen haben, *mehr* Zustände zu als die LONDON-HEITLERsche. Diese zusätzlichen „Ionenzustände" sind nun offenbar für die Leitfähigkeit sehr wesentlich. Denn es ist sicher kein elektrischer Strom möglich, solange alle Atome in jedem Moment neutral sein sollen. Will man daher das Modell von L. H. H. zu einer

[1] Die Wahrscheinlichkeit hierfür wird allerdings durch den Austausch vermindert (vgl. E. WIGNER u. F. SEITZ, Phys. Rev. Bd. 43, S. 804. 1933).

[2] Im allgemeinen ist das Austauschintegral zwischen *Elektronen* positiv (Ziff. 27), also der Triplettzustand bei *gleichen* Quantenzuständen der Einzelelektronen tiefer als das Singlett.

[3] Energie $E_u < E_g$ laut Rechnung.

[4] Näheres vgl. H. BETHE, ds. Handb. Bd. XXIV/1, S. 539ff.

Theorie der Leitfähigkeit verwenden, so muß man es ergänzen durch Zulassung der polaren Zustände. Man kann dann etwa die Wahrscheinlichkeit angeben, mit der z. B. in einem Metallkristall bei einem bestimmten Atom zwei (oder Null) Elektronen gleichzeitig sind. Diese Wahrscheinlichkeit kann als Anzahl der freien Elektronen pro Atom bezeichnet werden. Die Anzahl der freien Elektronen hat also im Modell von L. H. H. ihren guten Sinn; sie ist dort nicht (wie bei BLOCH) einfach gleich der chemischen Wertigkeit des Metalls, sondern im allgemeinen wesentlich kleiner. Jedoch bleibt sie auch im L. H. H.-Modell wesentlich temperatur*unabhängig*, wie man leicht überlegt. Es ist also auch hier nicht angängig, etwaige Temperaturabhängigkeiten der Leitfähigkeit usw. auf eine Änderung der Anzahl der „freien Elektronen" zu schieben (vgl. Ziff. 13).

Die Eigenfunktion des Grundzustands eines Kristalls wird nun stets (mehr oder weniger) polare Zustände enthalten. Dies allein genügt jedoch noch *nicht*, um einen Kristall zu einem Leiter zu machen; man denke etwa an Salze. Vielmehr ist es notwendig, daß eine große Anzahl von Zuständen existiert, deren Energie sehr nahe benachbart derjenigen des Grundzustandes des Kristalls ist. Ist dagegen ein großer Abstand (von der Größenordnung einiger Elektronenvolt) zwischen Grundzustand und angeregten Zuständen, so kann ein statisches elektrisches Feld keinerlei Übergänge vom Grundzustand zu angeregten Zuständen hervorrufen und daher auch keinen Strom erzeugen: Der Kristall ist ein Isolator.

Diese Bedingung für Isolatoren entspricht genau der in der BLOCHschen Theorie gültigen. Dort mußten wir fordern, daß alle Atome, die den Kristall bilden, abgeschlossene Schalen haben (oder allgemeiner, daß Nachbaratome ihre Schalen zu abgeschlossenen ergänzen). Setzt man nun Atome mit abgeschlossenen Schalen zusammen, so erhält man offenbar nur einen einzigen Zustand für den Kristall, während man z. B. Atome im ^2S-Zustand auf 2^N verschiedene Weisen zu einem Kristall zusammenfügen kann (Ziff. 57). Die erste Gruppe von *angeregten* Zuständen des aus edelgasähnlichen Atomen bestehenden Kristalls erhält man, wenn man eines der N Atome in einen angeregten Zustand versetzt. Die Gruppe enthält N Einzelzustände und liegt etwa um die Anregungsenergie des freien Atoms, d. h. sehr beträchtlich, höher als der Grundzustand. Die exakte Definition eines Isolators lautet also: *Ein Kristall, dessen Grundzustand weit unterhalb des ersten angeregten Zustands liegt, ist ein Isolator.* Die Definition ist allgemeiner als die der Ziff. 13.

56. Das Austauschintegral. Wir fanden in Ziff. 55d, daß die Spins der in einem Molekül oder Kristall vereinigten Atome sich (im Grundzustand) nur dann parallel stellen können, wenn das Austauschintegral A positiv ist. Wir wollen hier untersuchen, wann dies der Fall sein kann. Dabei werden wir uns hauptsächlich auf qualitative Betrachtungen stützen. Denn den quantitativen Rechnungen sind bisher im allgemeinen nur Wasserstoffeigenfunktionen zugrunde gelegt worden, und diese weichen von den wirklichen Eigenfunktionen der Elektronen in komplizierteren Atomen prinzipiell ab: Die letzteren haben gewöhnlich ihre radialen Knotenflächen in großer Nähe des Atomkerns[1], während die Wasserstoffeigenfunktionen noch relativ weit außen Knoten besitzen. Wir glauben daher, daß die Rechnungen mit Wasserstoffunktionen nicht viel für den realen Fall beweisen und würden es für erstrebenswert halten, für einige typische Fälle Austauschintegrale mit HARTREEschen oder FERMIschen Eigenfunktionen auszuwerten.

Wir nehmen an, die Eigenfunktionen ψ_a und ψ_b haben keine Knotenflächen. Dies ist für s-Eigenfunktionen annähernd richtig, weil deren Knoten für reale

[1] Vgl. z. B. V. GUILLEMIN u. C. ZENER, ZS. f. Phys. Bd. 61, S. 199. 1930.

Atome sehr nahe dem Kern liegen und daher praktisch nicht in Frage kommen. Auf den Fall höherer Azimutalquantenzahl kommen wir weiter unten noch zu sprechen.

Zum Austauschintegral (55.21) gibt das Wechselwirkungspotential zwischen den beiden Elektronen $1/r_{12}$ und ebenso das zwischen den beiden Kernen $1/r_{ab}$ positive Beiträge, da $\psi_a \psi_b$ nach der soeben gemachten Voraussetzung überall positiv ist. Die Wechselwirkungen Kern-Elektron dagegen, $1/r_{a2}$ und $1/r_{b1}$, geben negative Beiträge zu A. Das Austauschintegral wird daher um so eher positiv werden können, je größer das Selbstpotential der Ladungsverteilung

$$\varrho = \psi_a \psi_b$$

verglichen mit dem Wechselwirkungspotential zwischen dieser Ladungsverteilung und den Kernen wird. Die Wechselwirkung Kern-Kern ist demgegenüber relativ uninteressant, da sie durch Änderung der Ladungsverteilung ϱ nicht beeinflußt wird, solange man $S = \int \varrho \, d\tau$ konstant hält.

Nun wird offenbar das Selbstpotential

$$P = \int \varrho(1) \varrho(2) \frac{1}{r_{12}} d\tau_1 d\tau_2$$

relativ um so größer und die Wechselwirkung Kern-Elektron um so kleiner, je mehr sich die Ladung ϱ im Raum *zwischen* den beiden Kernen konzentriert und je geringer ϱ in der Nähe der Kerne ist. Das erste erreichen wir offenbar, indem wir den Kernabstand *groß* wählen im Vergleich etwa zum Radius der „Bahn" des Elektrons, dessen Eigenfunktion in das Austauschintegral eingeht. Dann ist die Dichte $\varrho = \psi_a \psi_b$ zwischen den Kernen groß, jenseits der Kerne dagegen klein, ϱ ist also in einem kleinen Gebiet konzentriert und das Selbstpotential P wird — wegen des relativ kleinen Nenners r_{12} — beträchtlich. Bei nahen Kernen dagegen überdecken sich ψ_a und ψ_b stark, ϱ ist in einem relativ ausgedehnten Gebiet groß; P wird nicht sehr groß.

Die zweite Bedingung — kleine „Dichte" ϱ in der Nähe der Kerne — verlangt offenbar, daß das ausschlaggebende Elektron eine höhere Azimutalquantenzahl l hat. Denn in der Nähe des Kerns a verhält sich ja ψ_a wie r_a^l, wird also um so kleiner, je größer die Azimutalquantenzahl ist.

Unsere Bedingungen müssen für *das* Elektron erfüllt sein, das in einer unabgeschlossenen Schale sitzt (oder für *die* Elektronen in unabgeschlossenen Schalen). Die Elektronen in abgeschlossenen Schalen werden nämlich zwar auch zwischen verschiedenen Atomen ausgetauscht, spielen aber für den Ferromagnetismus keine Rolle, weil ihre Spins bereits innerhalb eines Atoms abgesättigt sind und sich daher nicht mehr gleichrichten können.

Unsere Bedingungen lauten also:

1. Es muß eine unabgeschlossene Schale mit hoher Azimutalquantenzahl existieren.

2. Der Schalenradius muß klein sein gegen den Gitterabstand.

Die erste Bedingung ist für alle Atome der Übergangsgruppen erfüllt, die zweite *am besten für die seltenen Erden und danach für die Eisenmetalle Fe, Co, Ni,* dagegen z. B. nicht für die Pd- und Pt-Gruppe. Dies geht aus Tabelle 11 hervor, welche SLATER angegeben hat.

Tabelle 11.
Verhältnis des Gitterabstands zum Radius der unabgeschlossenen Schale.

Metall	Ti	Cr	Mn	Fe	Co	Ni	Pd	Pt	Ce	Yb
Verhältnis	2,24	2,36	2,94	3,26	3,64	3,96	2,82	2,46	3,20	5,28

Bisher haben wir nun bloß das Vorzeichen von J betrachtet. Wichtig ist jedoch auch die *Größe* von J, weil sie die Energiedifferenz zwischen einem Zustand mit paralleler Stellung der Spins und einem Zustand mit antiparalleler Einstellung mißt, also (positives Vorzeichen vorausgesetzt) die *Kraft*, mit der sich die Spins parallel stellen. A ist darum proportional dem Curiepunkt der Ferromagnetika (Ziff. 60).

Wir sehen nun sofort, daß J um so kleiner sein wird, je weiter die Atome a und b voneinander entfernt sind — denn um so weniger überdecken sich die Eigenfunktionen ψ_a und ψ_b. Daraus folgt:

1. Wenn A negativ ist, wird es dem Betrag nach viel größer sein, als wenn es positiv ist. In dem üblichen Fall $A < 0$ ist A von der Größenordnung chemischer Bindungsenergien, also etwa 1 Volt. Bei positivem Vorzeichen werden wir also für A die Größenordnung $^1/_{100}$ bis $^1/_{10}$ Volt erwarten, entsprechend Curietemperaturen von 100 bis 1000 Grad, wie sie den Beobachtungen entsprechen.

2. Wenn A positiv ist, wird es um so kleiner sein, je besser die oben erwähnte Bedingung 2 erfüllt ist. Die seltenen Erden (die Metalle, nicht die meist untersuchten Salze) werden daher zwar höchstwahrscheinlich die Fähigkeit zum Ferromagnetismus haben, sie werden jedoch extrem niedrige Curiepunkte besitzen, die vielleicht in der Umgebung von 1° absolut, vielleicht auch noch niedriger liegen[1].

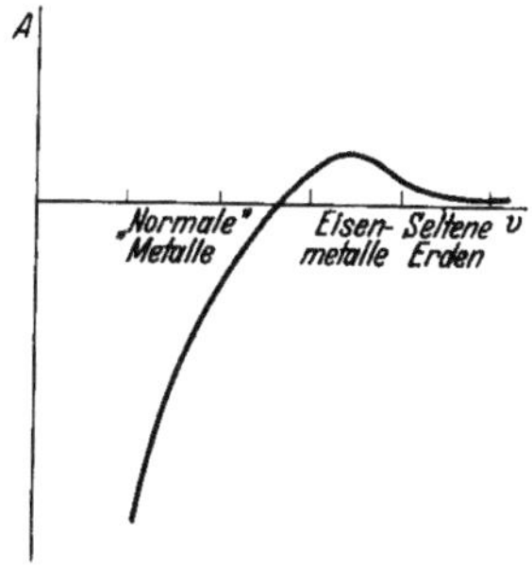

Abb. 56. Qualitativer Verlauf des Austauschintegrals als Funktion des Verhältnisses v = Gitterabstand benachbarter Atome durch Radius der unabgeschlossenen Elektronenschale. Eingetragen ist, für welche Metalle die verschiedenen Werte von v realisiert sind. Positives Austauschintegral = Ferromagnetismus, Absolutwert von A proportional Curietemperatur.

Wir können unser Resultat in einer Kurve (Abb. 56) darstellen, welche A als Funktion des Verhältnisses von Gitterabstand zu Schalenradius angibt. Ist dies Verhältnis v kleiner als ein kritischer Wert, so ist A negativ: wir haben Dia- bzw. temperaturunabhängigen Paramagnetismus, wie er sich bei den meisten Metallen findet. Überschreitet v den kritischen Wert v_0, so wird das Vorzeichen von A positiv, und A von der Größenordnung einiger hundertstel Volt: wir bekommen Anlage zum Ferromagnetismus mit relativ hohem Curiepunkt[2]. An dieser Stelle der Kurve liegen die Eisenmetalle. Bei weiterer Vergrößerung des Verhältnisses Gitterabstand zu Radius der unabgeschlossenen Schale wird A wieder kleiner, die Metalle sind zwar immer noch ferromagnetisch, aber der Curiepunkt ist sehr niedrig (seltene Erden).

Diese Auffassung wird bestätigt durch die experimentelle Möglichkeit, durch Änderung der Gitterkonstante künstlich ein Metall ferromagnetisch zu machen. In erster Linie sind die Mangannitride zu nennen, deren Gitterkonstante infolge des eingefügten Stickstoffs größer ist als die des reinen Mangans: Dadurch wird die zweite Bedingung für Ferromagnetismus im Gegensatz zu Mangan selbst erfüllt. Auch die HEUSLERschen Legierungen Mn-Cu gehören hierher. Bedingung ist natürlich, daß durch die Zufügung der anderen Atomsorte keine entscheidende Störung der ursprünglich vorhandenen Atome eintritt. Man kann also natürlich nicht auf Grund unserer Betrachtungen ohne weiteres neue ferromagnetische Verbindungen oder Legierungen vorhersagen.

[1] Zu bedenken ist dabei auch noch, daß wegen der vielen azimutalen Knotenflächen das Austauschintegral für f-Elektronen auch bei gleichem Schalenradius kleiner ist als für d-Elektronen.

[2] Ob dieser wirklich eintritt, bedarf noch einer genaueren Untersuchung, die in Ziff. 60 ausgeführt wird.

Wir müssen nun nachträglich zusehen, was die Winkelabhängigkeit der Eigenfunktionen mit Azimutalquantenzahl $l \geqq 1$ für das Austauschintegral ausmacht. Wir betrachten zunächst den Fall $l = m$. In diesem Fall ist die Eigenfunktion

$$\psi_a = \psi_a(r_a) \sin^l \vartheta_a \frac{\cos}{\sin} l \varphi_a .$$

Sie hat keine Knotenflächen ϑ = konst. und ihre Knoten φ = konst. fallen zusammen mit den entsprechenden Knotenflächen der Funktion ψ_b, wenn man nur als Ebene $\varphi = 0$ in beiden Fällen die gleiche Ebene durch die beiden Kerne a und b wählt. Das Produkt $\psi_a \psi_b$ ist daher überall positiv, wie wir es vorausgesetzt haben. Das Produkt ist besonders groß in den Ebenen durch die Kerne senkrecht zu deren Verbindungslinie, die Ladungsverteilung $\psi_a \psi_b$ ist also nicht auf das Gebiet zwischen den Kernen konzentriert. Die Zustände $m = l$ sind daher wenig geeignet zur Erzielung eines positiven Austauschintegrals.

Anders z. B. der Zustand $l = 1, m = 0$ mit der Eigenfunktion

$$\psi_a = \psi_a(r_a) \cos \vartheta_a .$$

Diese hat eine Knotenebene ϑ_a = konst. (Ebene durch den Kern a senkrecht zur Kernverbindungslinie). Das Produkt $\psi_a \psi_b$ wechselt daher dort das Vorzeichen, ebenso an der Ebene durch den Kern b (Knotenebene von ψ_b). Das Vorzeichen von $\psi_a \psi_b$ wird dann durch Abb. 28a (S. 405) dargestellt. Die Betrachtungen vom Anfang dieser Ziffer sind natürlich nicht anwendbar, weil wir damals einheitliches Vorzeichen von $\psi_a \psi_b$ voraussetzten. Das Austauschintegral wird aber in unserem Fall besonders leicht positiv: Denn an den „Außenseiten der Kerne" ist das Produkt $\psi_a \psi_b$ sehr klein, weil stets eine der beiden Funktionen ψ_a oder ψ_b sehr kleine Werte annimmt; zwischen den Kernen ist $\psi_a \psi_b$ viel größer, und wird in der Mitte zwischen den Kernen durch den Faktor $\cos \vartheta_a \cdot \cos \vartheta_b$ nochmal besonders vergrößert. Bei der Berechnung von P brauchen wir daher im wesentlichen nur das Selbstpotential der *zwischen* den Kernen liegenden Ladung $\psi_a \psi_b$ zu berücksichtigen; in diesem Gebiet hat $\psi_a \cdot \psi_b$ einheitliches Vorzeichen. Andererseits wird die Wechselwirkung Kern-Elektron besonders herabgedrückt dadurch, daß in der Umgebung jedes Kerns — also dort, wo $1/r_{a2}$ groß ist — $\psi_a \psi_b$ eine Knotenfläche hat: Zwei Punkte, die symmetrisch zur Fläche $\vartheta_a = 0$ liegen, haben beinahe entgegengesetzt gleiches $\psi_a \psi_b$, ihre Beiträge zum Wechselwirkungsintegral Kern-Elektron heben sich daher nahezu auf.

Entsprechendes gilt auch für die Zustände $l = 2$, $m = 0$ und 1.

Im Kristall werden die Verhältnisse nochmals kompliziert durch den Umstand, daß jedes Atom in allen Richtungen von Nachbarn umgeben ist, daß es also nicht genügt, nur für ein Paar von Atomen das Austauschintegral abzuschätzen. Eine genauere Untersuchung dieser Verhältnisse wäre wünschenswert, besonders auch um die Rolle des Bahnmoments beim Ferromagnetismus zu untersuchen.

Zum Schluß sei noch bemerkt, daß die Austauschkräfte zwischen den Elektronen der inneren ($3\,d$-) Schalen der verschiedenen Atome eines Ferromagnetikums natürlich nicht ausreichen, um das Metall zusammenzuhalten. Sonst müßte das Metall etwa beim Curiepunkt sublimieren. Für die Kohäsion sind vielmehr die äußeren ($4\,s$-) Elektronen verantwortlich, für welche A negativ und dem Betrage nach viel größer ist. Wir haben also zwei Sorten von Elektronen, von denen die einen den Ferromagnetismus, die anderen die Kohäsion bewirken. An der Leitfähigkeit sind sicher beide beteiligt, die äußeren wegen ihrer größeren „Freiheit" vermutlich stärker.

57. Die Säkulargleichung für den Kristall. a) Vorbereitungen. Wir betrachten einen Kristall aus N Atomen. Der Einfachheit halber nehmen wir an, jedes Atom besitze außerhalb abgeschlossener Schalen nur ein einziges, und zwar ein s-Elektron. Dann gibt es 2^N mögliche Zustände für den Kristall, denn jeder Elektronenspin kann „nach rechts" oder „nach links" weisen.

Die einzelnen Atome numerieren wir mit 1 bis N und bezeichnen sie mit lateinischen Buchstaben m, n, die Elektronen bezeichnen wir mit griechischen Buchstaben μ, ν, diese laufen natürlich auch von 1 bis N. Die Eigenfunktion $\psi_n(\nu)$ des νten Elektrons, das sich beim $n$ten Atom befindet, befriedigt die Differentialgleichung

$$\frac{\hbar^2}{2m} \Delta \psi_n(r_\nu) + \left(E_0 + \frac{e^2}{r_{n\nu}}\right) \psi_n(r_\nu) = 0. \tag{57.1}$$

Die Eigenfunktionen der einzelnen Atome nehmen wir als orthogonal an

$$\int \psi_m(r_\nu)\, \psi_n(r_\nu)\, d\tau_\nu = 0, \tag{57.2}$$

in Wirklichkeit sind sie nur fast orthogonal.

Die Differentialgleichung des Kristalls lautet

$$\frac{\hbar^2}{2m}\sum_{\nu=1}^{N}\Delta_\nu \Psi + U\Psi - e^2\left(\sum_{m<n=1}^{N}\frac{1}{r_{mn}} - \sum_{n=1}^{N}\sum_{\nu=1}^{N}\frac{1}{r_{n\nu}} + \sum_{\mu<\nu}\frac{1}{r_{\mu\nu}}\right)\Psi = 0. \tag{57.3}$$

Sie wird annähernd befriedigt durch die Näherungsfunktionen

$$\Psi_{n_1 n_2 n_3} = \begin{vmatrix} \psi_1\alpha(1)\ \psi_2\alpha(1)\ldots\psi_{n_1-1}\alpha(1)\ \psi_{n_1}\beta(1)\ \psi_{n_1+1}\alpha(1)\ldots\psi_{n_2}\beta(1)\ldots\psi_N\alpha(1) \\ \psi_1\alpha(2)\ \psi_2\alpha(2)\ldots\psi_{n_1-1}\alpha(2)\ \psi_{n_1}\beta(2)\ \psi_{n_1+1}\alpha(2)\ldots\psi_{n_2}\beta(2)\ldots\psi_N\alpha(2) \\ \ldots\ldots\ldots\ldots\ldots\ldots\ldots\ldots\ldots\ldots\ldots\ldots \\ \psi_1\alpha(N)\ \psi_2\alpha(N)\ldots \qquad\qquad\qquad\qquad \psi_N\alpha(N) \end{vmatrix} \tag{57.4}$$

deren Indizes angeben, bei *welchen* Atomen nach links gerichtete Spins auftreten. Die „Grundfunktionen" $\Psi_{n_1 n_2}\ldots$ befriedigen das Pauliprinzip, sind jedoch im allgemeinen noch nicht die richtigen Eigenfunktionen nullter Näherung.

Als „Repräsentanten" der Funktion $\Psi_{n_1 n_2}\ldots$ nehmen wir das Produkt der Diagonalelemente heraus

$$\left.\begin{aligned}\Phi_{n_1 n_2}\ldots &= \psi_1(1)\,\psi_2(2)\ldots\psi_N(N)\,\alpha(1)\,\alpha(2)\ldots\alpha(n_1-1)\,\beta(n_1)\,\alpha(n_1+1)\ldots\alpha(n_2-1)\,\beta(n_2)\ldots\\ &= \Pi\,\psi_i(i)\,s_{n_1 n_2}\ldots,\end{aligned}\right\} \tag{57.5}$$

dieses ist (vgl. Ziff. 55c) imstande, Ψ in gewissen Fällen zu vertreten. Wegen der Symmetrie von Ψ und H (Hamiltonfunktion) ist nämlich

$$\left.\begin{aligned}&\int \Psi_{n_1 n_2}\ldots H\,\Psi_{n_1' n_2'}\ldots d\tau = N!\int \Psi_{n_1 n_2}\ldots H\,\Phi_{n_1' n_2'}\ldots d\tau\\ &= N!\int \Psi_{n_1 n_2}\ldots\left[N E_0 + e^2\left(\sum_{m<n}\frac{1}{r_{mn}} - \sum_{n\neq\nu}\frac{1}{r_{n\nu}} + \sum_{\mu<\nu}\frac{1}{r_{\mu\nu}}\right)\right]\Phi_{n_1' n_2'}\ldots d\tau,\end{aligned}\right\} \tag{57.6}$$

ebenso

$$\int \Psi_{n_1 n_2}\ldots \Psi_{n_1' n_2'}\ldots d\tau = N!\int \Psi_{n_1 n_2}\ldots \Phi_{n_1' n_2'}\ldots d\tau. \tag{57.7}$$

Die Einführung von Φ hat den Vorteil, daß sich die Störungsenergie einfacher schreiben läßt.

b) Berechnung der Energiematrix. Die „Störungsenergie" [runde Klammer in (57.6)] enthält nur Terme, die von den Koordinaten höchstens *zweier* Elektronen abhängen. Die Grundfunktion Ψ andererseits ist eine Summe von $N!$ Gliedern, wobei im ersten Glied jedes Elektron bei „seinem" Atom ist — dieses Glied ist gleich dem „Repräsentanten" Φ —, in $\binom{N}{2}$ Gliedern sind zwei Elektronen vertauscht, in den übrigen mehr. Da nun die Eigenfunktionen der verschiedenen Atome orthogonal sein sollen, geben von Ψ nur diejenigen Glieder einen Beitrag zu (57.6), bei denen höchstens zwei Elektronen nicht bei ihrem Atom stehen. — In (57.7) verschwinden die Beiträge aller Glieder von Ψ außer dem „Repräsentantenglied".

Daher wird

$$\left.\begin{aligned}&\sum_\sigma \int \Psi_{n_1 n_2}\ldots H\,\Phi_{n_1' n_2'}\ldots d\tau\\ &= N(E_0 + C)\sum_\sigma s_{n_1 n_2}\ldots s_{n_1' n_2'}\ldots - \sum_{pq}\sum_\sigma s^{pq}_{n_1 n_2}\ldots s_{n_1' n_2'}\ldots\cdot A_{pq}.\end{aligned}\right\} \tag{57.8}$$

Dabei ist

$$\left.\begin{aligned}NC &= e^2\int\prod_{n=1}^{N}\psi_n^2(n)\left(\sum_{m<n}\frac{1}{r_{mn}} - \sum_{n\neq\nu}\frac{1}{r_{n\nu}} + \sum_{\mu<\nu}\frac{1}{r_{\mu\nu}}\right)d\tau\\ &= \sum_{m<n} C_{mn} = \sum_{m<n} e^2\int\psi_m^2(1)\,\psi_n^2(2)\left(\frac{1}{r_{mn}} - \frac{1}{r_{m2}} - \frac{1}{r_{n1}} + \frac{1}{r_{12}}\right)d\tau_1\,d\tau_2\end{aligned}\right\} \tag{57.9}$$

die Summe der Coulombschen Wechselwirkungen aller möglichen Paare mn von Atomen[1]. Ferner ist

$$A_{mn} = e^2\int\psi_m(1)\,\psi_n(1)\,\psi_m(2)\,\psi_n(2)\left(\frac{1}{r_{mn}} - \frac{1}{r_{m2}} - \frac{1}{r_{n1}} + \frac{1}{r_{12}}\right)d\tau_1\,d\tau_2 \tag{57.10}$$

das Austauschintegral zwischen den Atomen m und n, und schließlich bedeutet $s^{pq}_{n_1 n_2}\ldots$ diejenige Spinfunktion, die aus $s_{n_1 n_2}\ldots$ durch Vertauschung der Spins der Atome p und q hervorgeht.

[1] Bei der Auswertung beachte man die Normierung der ψ_m.

Es können nun zwei Fälle eintreten:

A. Die Zahlenreihen $n_1 n_2 \ldots$ und $n'_1 n'_2 \ldots$ sind *identisch*, es handelt sich also um das Diagonalelement der Energiematrix. Dann ist

$$\sum_\sigma s_{n_1 n_2 \ldots} s_{n'_1 n'_2 \ldots} = 1$$

und

$$\sum_\sigma s^{p\,q}_{n_1 n_2 \ldots} s_{n'_1 n'_2 \ldots} = 1 \text{ oder } 0,$$

je nachdem ob die Atome p und q gleichen oder entgegengesetzten Spin haben. Nun ist aber A_{pq} praktisch nur dann von Belang, wenn die Atome p und q benachbart liegen, denn das Austauschintegral A nimmt mit wachsender Entfernung r_{pq} exponentiell ab. Nennen wir den Wert von A_{pq} für benachbarte Atome pq einfach A, so erhalten wir

$$H^{n_1 n_2 \ldots}_{n_1 n_2 \ldots} = N(E_0 + C) - \nu A, \tag{57.11}$$

wo ν die Anzahl der Paare benachbarter gleicher Spins bedeutet.

B. *Nichtdiagonalelemente*, $n_1 n_2 \ldots \neq n'_1 n'_2 \ldots$. Das erste Glied in (57.8) fällt fort. Vom zweiten bleibt $-A_{pq}$ stehen, wenn sich die Zahlenreihe $n_1 n_2 \ldots$ von der Reihe $n'_1 n'_2 \ldots$, nur *dadurch* unterscheidet, daß in der einen Reihe p an Stelle von q steht. Physikalisch gesagt: Beim Übergang vom ungestrichenen zum gestrichenen Zustand sollen alle Atome außer p und q ihren Spin behalten, p und q dagegen ihren Spin vertauschen — wobei natürlich vorauszusetzen ist, daß p und q von vornherein voneinander verschiedenen Spin haben. Da A_{pq} nur für Nachbaratome groß ist, interessieren nur *solche* Verteilungen $n'_1 n'_2 \ldots$, die aus $n_1 n_2 \ldots$ *durch Vertauschung zweier benachbarter ungleicher Spins hervorgehen* (vgl. Abb. 57). Die betreffenden Nichtdiagonalelemente haben den Wert $-A$. Speziell verschwinden die Nichtdiagonalelemente, wenn die Anzahl der Linksspins in den beiden Zuständen verschieden ist.

Abb. 57. Die beiden unteren Spinverteilungen *IIa* und *b* gehen aus der oberen *I* durch Vertauschung zweier benachbarter ungleicher Spins hervor.

Nehmen wir nun an, der Kristall sei eindimensional, also eine lineare Kette. Dann sind zwei Atome benachbart, wenn sich ihre Nummern um 1 unterscheiden, und es wird

$$\left.\begin{aligned} H^{n_1 n_2 \ldots n_i \pm 1 \ldots}_{n_1 n_2 \ldots n_i \ldots} &= -A, \\ H^{n'_1 n'_2 \ldots n'_i \ldots}_{n_1 n_2 \ldots n_i \ldots} &= 0 \text{ sonst}. \end{aligned}\right\} \tag{57.12}$$

Die dreidimensionale Verallgemeinerung liegt auf der Hand (Ziff. 58).

c) Säkulargleichung. Wir setzen nun für die Eigenfunktion nullter Näherung

$$\Psi = \sum_{n_1 n_2 \ldots n_r} a_{n_1 n_2 \ldots n_r} \Psi_{n_1 n_2 \ldots n_r}. \tag{57.13}$$

Die Summe geht über alle möglichen „Ziffernbilder“ $n_1 n_2 \ldots$. Da die Matrixelemente der Energie verschwinden, wenn die Anzahl der Linksspins in Anfangs- und Endzustand verschieden ist, können wir uns auf Funktionen mit *bestimmter* Anzahl r von Linksspins beschränken. Der resultierende Spin nach rechts ist dann

$$m = \tfrac{1}{2}(N - r) - \tfrac{1}{2} r = \tfrac{1}{2} N - r. \tag{57.14}$$

Wir können außerdem ohne Beschränkung der Allgemeinheit

$$n_1 < n_2 < n_3 < \cdots < n_r \tag{57.15}$$

annehmen. — $|a_{n_1 n_2 \ldots}|^2$ gibt die Wahrscheinlichkeit dafür, daß an den Atomen $n_1 n_2 \ldots$ Elektronen mit nach links gerichtetem Spin sitzen.

Wir betrachten nun die Gleichung

$$U \sum_\sigma \int \Phi_{n_1 n_2 \ldots} \Psi \, d\tau = \int \Phi_{n_1 n_2 \ldots} H \Psi \, d\tau. \tag{57.16}$$

Nach den Ausführungen von Abschnitt b geht diese über in

$$U a_{n_1 n_2 \ldots} = (N E_0 + N C - \nu A)\, a_{n_1 n_2 \ldots} - A \sum_{n'_1 n'_2 \ldots} a_{n'_1 n'_2 \ldots}. \qquad (57.17)$$

Die Summe geht dabei über alle Verteilungen, die aus $n_1 n_2 \ldots$ durch Vertauschung zweier benachbarter ungleicher Spins hervorgehen. Nun ist die Anzahl der Paare benachbarter ungleicher Spins (also die Zahl der Summenglieder) plus der Anzahl ν der Paare benachbarter gleicher Spins *unabhängig* von der speziellen Verteilung der Spins gleich $\frac{1}{2} N z$, wo z die Zahl der Nachbarn eines Atoms ist. Führen wir dann statt U noch die neue Größe ε ein durch die Definition

$$U = N(E_0 + C - \tfrac{1}{2} A z) + 2 A \varepsilon, \qquad (57.18)$$

so erhalten wir das Gleichungssystem

$$2 \varepsilon a_{n_1 n_2 \ldots} = \sum_{n'_1 n'_2 \ldots} (a_{n_1 n_2 \ldots} - a_{n'_1 n'_2 \ldots}). \qquad (57.19)$$

Dies ist die gesuchte Säkulargleichung des Kristallproblems. Dabei entsprechen die kleinsten Eigenwerte ε für positives A den niedrigsten, für negatives A den höchsten Energien.

58. Die angenäherte Lösung von BLOCH. Spinwellen[1]**.** Wir suchen nun die Lösung der Differenzengleichungen (57.19). Dabei können wir die a als Funktionen ihrer Indizes als „Eigenfunktionen", die Größe ε als „Eigenwert" bezeichnen. Wir wählen zur Auflösung ein Verfahren von BLOCH, das zwar nicht exakt ist, aber die niedrigen Eigenwerte, die für den Ferromagnetismus wesentlich sind, einigermaßen richtig liefert. Es hat den Vorteil, daß es sich auf lineare, flächenhafte und räumliche Gitter in gleicher Weise anwenden läßt und stets einfache Resultate gibt. Das exakte Verfahren, das wir in Ziff. 59 besprechen werden, ist dagegen nur bei der linearen Atomkette durchführbar.

a) Wir betrachten auch jetzt zunächst eine lineare Kette. Und zwar nehmen wir als einfachsten Fall:

$r = 0$: Alle Spins sind nach rechts gerichtet. Es gibt nur einen einzigen Zustand Ψ_0. Die Summe auf der rechten Seite von (57.19) verschwindet daher und wir haben

$$\varepsilon_0 = 0. \qquad (58.1)$$

$r = 1$: Ein Spin nach links. Der Spin kann bei jedem der N Atome sein, es gibt also N Zustände $\Psi_1 \ldots \Psi_N$. Zwischen den Koeffizienten besteht die Beziehung (57.19), ausgeschrieben

$$2 \varepsilon a_n = (a_n - a_{n+1}) + (a_n - a_{n-1}). \qquad (58.2)$$

Die exakte Lösung lautet

$$a_n = e^{ikn}, \qquad (58.3)$$

$$\varepsilon = 1 - \cos k. \qquad (58.4)$$

Die Eigenfunktion entspricht einer Spinwelle, die sich durch die Atomkette hindurchbewegt, k ist die Wellenzahl. Um die Lösungen abzuzählen, führen wir die zyklische Bedingung[2] ein

$$a_{N+n} = a_n, \qquad (58.5)$$

dann muß sein

$$k = \frac{2\pi}{N} \varkappa. \qquad \varkappa \text{ ganz} \qquad (58.6)$$

Von den Eigenwerten ist einer — der für $k = 0$ — identisch mit ε_0.[3] Alle übrigen liegen höher.

---

[1] F. BLOCH, ZS. f. Phys. Bd. 61, S. 206. 1930. [2] Vgl. Ziff. 8d.

[3] Das muß so sein, denn ε_0 gehört zu einem Zustand mit dem Gesamtspin $s = \frac{1}{2} N$, dieser Zustand ist $N + 1$ fach entartet entsprechend den möglichen Projektionen des Gesamtspins auf die x Achse

$$m = s, \quad s - 1, \quad s - 2, \quad \ldots \quad -s.$$

Für jeden Wert von m gibt es daher einmal den Eigenwert $\varepsilon_0 = 0$.

$r = 2$: Liegen zwei Spins nach links, so sind zwei Fälle zu unterscheiden. Die beiden Spins können nebeneinander liegen oder nicht. Letzteres ist der weitaus häufigere Fall.

a) Die Linksspins $n_1 n_2$ liegen nicht nebeneinander ($n_2 \neq n_1 + 1$).[1] Dann kann sowohl n_1 wie n_2 ungehindert mit seinen Nachbarn vertauscht werden, die Säkulargleichung lautet

$$\left.\begin{aligned} 2\varepsilon a_{n_1 n_2} &= a_{n_1 n_2} - a_{n_1-1, n_2} + a_{n_1 n_2} - a_{n_1+1, n_2} \\ &\quad + a_{n_1 n_2} - a_{n_1 n_2-1} + a_{n_1 n_2} - a_{n_1 n_2+1}, \end{aligned}\right\} \tag{58.7}$$

ihre Lösung ist

$$a_{n_1 n_2} = \alpha\, e^{i(k_1 n_1 + k_2 n_2)} + \beta\, e^{i(k_2 n_1 + k_1 n_2)} \tag{58.8}$$

mit noch beliebigen Koeffizienten α und β. Der Eigenwert

$$\varepsilon = 1 - \cos k_1 + 1 - \cos k_2 \tag{58.9}$$

setzt sich additiv aus den Eigenwerten der beiden Spinwellen k_1 und k_2 zusammen. Für k_1 und k_2 stellen wir mit BLOCH wieder die zyklische Bedingung (58.6), was eigentlich unzulässig ist (vgl. Ziff. 59), aber bequem.

b) Die Spins $n_1 n_2$ liegen benachbart, es ist also $n_2 = n_1 + 1$. Dann liefert Vertauschung von n_1 mit n_2 keine neue Verteilung $n_1' n_2'$, sondern wieder die alte. Es gibt also statt 4 Verteilungen $n_1' n_2'$, die mit $n_1 n_2$ kombinieren, bloß zwei. Die Säkulargleichung reduziert sich auf

$$2\varepsilon a_{n,n+1} = a_{n,n+1} - a_{n,n+2} + a_{n,n+1} - a_{n-1,n+1}. \tag{58.10}$$

Die N Gleichungen vom Typ (58.10) lassen sich durch Wahl von α und β exakt befriedigen, wie wir in Ziff. 59 zeigen werden, α und β werden dann aber ziemlich komplizierte Funktionen von k_1 und k_2. Wir befriedigen die Gleichungen (58.10) angenähert, indem wir setzen

$$\alpha = \beta = 1. \tag{58.11}$$

$r > 2$: Auch hier zerfallen die Säkulargleichungen in verschiedene Typen. Für den Fall, daß von den Spins $n_1 n_2 \ldots n_r$ keine zwei benachbart liegen, lösen wir die Säkulargleichungen exakt, für die übrigen Fälle angenähert durch den Ansatz

$$a_{n_1 \ldots n_r} = \sum_{P=1}^{r!} \exp\left(i \sum_{\nu=1}^{r} k_{P\nu} n_\nu\right). \tag{58.12}$$

Die Summe geht über alle Permutationen P der r Zahlen 1 bis r untereinander, $P\nu$ ist die Zahl, die durch die Permutation P an Stelle von ν tritt. Die Energie ist

$$\varepsilon_{k_1 \ldots k_r} = \sum_\nu 1 - \cos k_\nu, \tag{58.13}$$

sie setzt sich additiv zusammen aus den Energien von r Spinwellen. Die Wellenzahlen k_ν haben wegen der zyklischen Bedingung, die wir der Wellenfunktion auferlegen, die Form

$$k_\nu = \frac{2\pi}{N} \varkappa_\nu. \qquad (\varkappa_\nu \text{ ganz}) \tag{58.14}$$

Die $\varkappa_\nu$ können beliebige ganze Zahlen zwischen 0 und $N - 1$ sein, unter denen auch beliebig viele gleiche vorkommen können. Wir erhalten daher nach unserem Verfahren

$$z_r' = \binom{N + r - 1}{r} \tag{58.15}$$

Eigenwerte für den Fall von r Linksspins. In Wirklichkeit gibt es nur

$$z_r = \binom{N}{r} \tag{58.16}$$

[1] Wir haben bereits am Ende von Ziff. 57 vorausgesetzt: $n_1 < n_2$.

Eigenwerte. Denn die verschiedenen Verteilungen $n_1 \ldots n_r$ ergeben sich, indem wir r Spins auf N Atome verteilen, wobei keines doppelt bedacht werden darf, das ergibt z_r Verteilungen: Aus den Funktionen $\Psi_{n_1 \ldots n_r}$ lassen sich daher auch nur $\binom{N}{r}$ linear unabhängige Linearkombinationen bilden. Der Unterschied zwischen (58.15) und (58.16) ist beträchtlich, sobald $r > \sqrt{N}$ ist; er wird durch die exakte Lösung der Ziff. 59 behoben. Dort zeigt sich auch, daß bei den kleinsten Eigenwerten ε die hier entwickelte BLOCHsche Theorie annähernd die richtige Verteilung und Anzahl der Eigenwerte liefert, die „überflüssigen" BLOCHschen Eigenwerte liegen größtenteils bei höheren ε, sind also für den Ferromagnetismus nicht wesentlich.

b) Auf flächenhafte und räumliche Gitter läßt sich die Theorie ohne weiteres übertragen. Wir haben nur die Atome, bei denen Linksspins sitzen, durch einen Ortsvektor $\mathfrak{n}_\nu$ statt einfach durch eine Zahl n_ν zu charakterisieren, und die Spinwellen durch einen Ausbreitungsvektor $\mathfrak{k}_\nu$ statt durch eine skalare Wellenzahl k_ν. Dann ist bei r Linksspins die Eigenfunktion

$$a_{\mathfrak{n}_1 \ldots \mathfrak{n}_r} = \sum_{P=1}^{r!} \exp\left(i \sum_\nu (\mathfrak{k}_{P_\nu} \mathfrak{n}_\nu)\right) \tag{58.17}$$

und die Energie

$$\varepsilon_{\mathfrak{k}_1 \ldots \mathfrak{k}_r} = \tfrac{1}{2} \sum_{\nu=1}^{r} \sum_{j=1}^{z} e^{i(\mathfrak{k}_\nu \mathfrak{r}_j)}, \tag{58.18}$$

wo $\mathfrak{r}_1 \ldots \mathfrak{r}_z$ die Ortsvektoren der Nachbaratome eines bestimmten Atoms sind, gerechnet vom Kern des letzteren. Der Energieausdruck (58.18) geht über

für das quadratische Flächengitter in

$$\varepsilon = \sum_{\nu=1}^{r} (2 - \cos k_x^\nu - \cos k_y^\nu), \tag{58.19}$$

für das hexagonale Flächengitter ist

$$\varepsilon = \sum_{\nu=1}^{r} (3 - \cos k_x^\nu - 2 \cos \tfrac{1}{2} k_x^\nu \cos \tfrac{1}{2} \sqrt{3}\, k_y^\nu), \tag{58.20}$$

für das einfach-kubische Gitter

$$\varepsilon = \sum_{\nu=1}^{r} (3 - \cos k_x^\nu - \cos k_y^\nu - \cos k_z^\nu), \tag{58.21}$$

für das kubisch-flächenzentrierte Gitter

$$\varepsilon = 2 \sum_{\nu=1}^{r} (3 - \cos \tfrac{1}{2} k_x^\nu \cos \tfrac{1}{2} k_y^\nu - \cos \tfrac{1}{2} k_y^\nu \cos \tfrac{1}{2} k_z^\nu - \cos \tfrac{1}{2} k_z^\nu \cos \tfrac{1}{2} k_x^\nu), \tag{58.22}$$

für das kubisch-raumzentrierte Gitter

$$\varepsilon = 4 \sum_{\nu=1}^{r} (1 - \cos \tfrac{1}{2} k_x^\nu \cos \tfrac{1}{2} k_y^\nu \cos \tfrac{1}{2} k_z^\nu). \tag{58.23}$$

Die Energie jeder einzelnen Spinwelle hängt von den Komponenten ihres Ausbreitungsvektors $\mathfrak{k}_\nu$ genau so ab wie die Energie eines gebundenen s-Elektrons von dessen Ausbreitungsvektor. Wie dort, so sind auch hier die Komponenten des Ausbreitungsvektors von der Form

$$k_{x,y,z}^\nu = \frac{2\pi}{N} \varkappa_{1,2,3}^\nu; \quad (\varkappa_1^\nu \varkappa_2^\nu \varkappa_3^\nu \text{ ganz}). \tag{58.24}$$

59. Die exakte Lösung für die lineare Kette. Spinkomplexe[1]. a) Reelle Wellenzahlen. Wir gehen zurück auf Gleichung (58.10). Wir können sie auf (58.7) zurückführen, wenn wir formal den Koeffizienten $a_{n,n}$ mit zwei gleichen Indizes einführen und verlangen, daß

$$2a_{n,n+1} = a_{n,n} + a_{n+1,n+1}. \tag{59.1}$$

Physikalisch hat $a_{n,n}$ natürlich keine Bedeutung.

Setzen wir (58.8) in (59.1) ein, so erhalten wir

$$e^{i(k_1+k_2)n}[\alpha(1 + e^{i(k_1+k_2)} - 2e^{ik_2}) + \beta(1 + e^{i(k_1+k_2)} - 2e^{ik_1})] = 0$$

aufgelöst

$$\frac{\alpha}{\beta} = \frac{\sin\frac{1}{2}(k_1 - k_2) + i[\cos\frac{1}{2}(k_1 + k_2) - \cos\frac{1}{2}(k_1 - k_2)]}{\sin\frac{1}{2}(k_1 - k_2) - i[\cos\frac{1}{2}(k_1 + k_2) - \cos\frac{1}{2}(k_1 - k_2)]}. \tag{59.2}$$

Wir setzen

$$\alpha = e^{\frac{1}{2}i\varphi}, \qquad \beta = e^{-\frac{1}{2}i\varphi}$$

und bekommen zur Bestimmung von φ die Gleichung

$$2\operatorname{ctg}\tfrac{1}{2}\varphi = \operatorname{ctg}\tfrac{1}{2}k_1 - \operatorname{ctg}\tfrac{1}{2}k_2, \tag{59.3}$$

während die Eigenfunktion die Form annimmt

$$a_{n_1 n_2} = e^{i(k_1 n_1 + k_2 n_2 + \frac{1}{2}\varphi)} + e^{i(k_2 n_1 + k_1 n_2 - \frac{1}{2}\varphi)}. \tag{59.4}$$

Besonders vorsichtig muß man bei der Anwendung der Periodizitätsbedingung (58.5) sein. Wir haben nämlich vorausgesetzt, daß stets $n_2 > n_1$ ist. Nur unter dieser Voraussetzung gilt die Formel (59.4) für die Eigenfunktion. Wir dürfen also *nicht* verlangen

$$a_{n_1+N,\, n_2} = a_{n_1 n_2},$$

denn in dem links stehenden Ausdruck stehen die Indizes in verkehrter Reihenfolge. Wir müssen vielmehr schreiben:

$$a_{n_2,\, n_1+N} = a_{n_1 n_2}. \tag{59.5}$$

Nur so dürfen wir für die links stehende „Eigenfunktion" den Ausdruck (59.4) einsetzen und erhalten

$$\left.\begin{aligned} &e^{i(k_1 n_2 + k_2(n_1+N) + \frac{1}{2}\varphi)} + e^{i(k_2 n_2 + k_1(n_1+N) - \frac{1}{2}\varphi)} \\ &\quad = e^{i(k_1 n_1 + k_2 n_2 + \frac{1}{2}\varphi)} + e^{i(k_2 n_1 + k_1 n_2 - \frac{1}{2}\varphi)}. \end{aligned}\right\} \tag{59.6}$$

Damit diese Gleichung für alle $n_1 n_2$ bestehen kann, muß der erste Summand links dem zweiten rechts gleich sein und umgekehrt. Daraus folgt die Periodizitätsbedingung

$$\left.\begin{aligned} N k_1 &= 2\pi \varkappa_1 + \varphi \\ N k_2 &= 2\pi \varkappa_2 - \varphi \end{aligned}\right\} \tag{59.7}$$

abweichend von (58.6). Die Bestimmung der $k_1 k_2$ ist daher komplizierter als in der BLOCHschen Theorie der Ziff. 58, sind sie aber einmal bestimmt, so ist genau wie dort

$$\varepsilon = 1 - \cos k_1 + 1 - \cos k_2. \tag{59.8}$$

b) Abzählung der Zustände. Gegenüber der angenäherten Theorie der Ziff. 58 ist die Anzahl der Eigenwerte *vermindert*. Um dies zu sehen, betrachten wir die Gesamtheit der Eigenwerte, die zu einer festen Wellenzahl*summe*

$$k = k_1 + k_2 = \frac{2\pi}{N}\varkappa \qquad (\varkappa \text{ ganz}) \tag{59.9}$$

gehören. Wir wählen $k_1 < k_2$, dann kann k_2 die Werte zwischen $\frac{1}{2}k$ und $\frac{1}{2}k + \pi$ annehmen, k_1 die Werte zwischen $\frac{1}{2}k - \pi$ und $\frac{1}{2}k$. Dabei setzen wir $0 < k < 2\pi$ voraus, der Wertebereich von k_1 umfaßt also positive und negative, der von k_2 nur positive Winkel.

[1] H. BECHE, ZS. f. Phys. Bd. 71, S. 205. 1931.

Wir nehmen zunächst $\varkappa$ *gerade* an. Dann kann in der angenäherten Theorie von BLOCH $\varkappa_1$ alle Werte von $\frac{1}{2}\varkappa - \frac{1}{2}N$ bis $\frac{1}{2}\varkappa$ annehmen. Das sind $\frac{1}{2}N + 1$ mögliche Zustände, davon

$\frac{1}{2}\varkappa$ mit positivem $\varkappa_1$,
$\frac{1}{2}(N - \varkappa)$ mit negativem $\varkappa_1$,
einer mit $\varkappa_1 = 0$.

Bei unserer exakten Lösung müssen wir den Winkel φ beachten. Man liest aus (59.3) ab:

Wächst k_1 von 0 bis $\frac{1}{2}k (= k_2)$, so wächst φ von 0 bis π.

Geht k_1 von 0 bis $\frac{1}{2}k - \pi\ (= k_2 - 2\pi)$, so nimmt φ von 0 bis $-\pi$ ab. Würden wir daher $\varkappa_1 = \varkappa_2 = \frac{1}{2}\varkappa$ setzen, so wäre

$$\frac{N}{2\pi}k_1 = \frac{1}{2}\varkappa + \frac{1}{2}; \qquad \frac{N}{2\pi}k_2 = \frac{1}{2}\varkappa - \frac{1}{2},$$

also $k_1 > k_2$ gegen unsere Voraussetzung. Daher sind bei positivem $\varkappa_1$ nur die Werte $\varkappa_1 = 1$ *bis* $\frac{1}{2}\varkappa - 1$ zulässig. Entsprechend zeigt man, daß bei negativem k_1 die Größe $\varkappa_1$ nur von -1 bis $-\frac{1}{2}(N - \varkappa) + 1$ gehen darf. Wir erhalten also

$\frac{1}{2}\varkappa - 1$ Zustände mit positivem $\varkappa_1$,
$\frac{1}{2}(N - \varkappa) - 1$ Zustände mit negativem $\varkappa_1$,
einen Zustand mit $\varkappa_1 = 0$,

also insgesamt $\frac{1}{2}N - 1$, das sind zwei Zustände weniger als BLOCH.

$\varkappa$ *ungerade*. Nach BLOCH gibt es $\frac{1}{2}N$ Zustände, davon

$\frac{1}{2}\varkappa - \frac{1}{2}$ Zustände mit positivem $\varkappa_1 (= 1, 2, \ldots \frac{1}{2}\varkappa - \frac{1}{2})$,
$\frac{1}{2}(N - \varkappa) - \frac{1}{2}$ „ „ negativem $\varkappa_1 (= -1, \ldots - \frac{1}{2}(N - \varkappa) + \frac{1}{2})$,
einen Zustand mit $\varkappa_1 = 0$.

Bei uns wird für $\varkappa_1 = \frac{1}{2}\varkappa - \frac{1}{2}$ die Phase $\varphi = \pi$ und daher

$$\frac{N}{2\pi}k_1 = \frac{1}{2}\varkappa = \frac{N}{2\pi}k_2.$$

In diesem Fall, wenn also die beiden Wellenzahlen gleich sind, verschwindet aber die Eigenfunktion (59.4) identisch. (Man setze dort $k_1 = k_2$ und $\varphi = \pi$.) $k_1 = k_2$ ist daher auszuschließen und wir erhalten

$\frac{1}{2}\varkappa - \frac{3}{2}$ Zustände mit positivem $\varkappa_1 (= 1, 2, \ldots, \frac{1}{2}\varkappa - \frac{3}{2})$,
$\frac{1}{2}(N - \varkappa) - \frac{3}{2}$ „ „ negativem $\varkappa_1 (= -1, -2, \ldots, -\frac{1}{2}(N - \varkappa) + \frac{3}{2})$,
einen Zustand mit $\varkappa_1 = 0$,

insgesamt $\frac{1}{2}N - 2$, das sind wieder zwei weniger als BLOCH.

Da $\varkappa$ alle Werte von 0 bis $N - 1$ annehmen kann, ist die Gesamtzahl der nach unserer Methode erhältlichen Zustände $\frac{1}{2}N(N - 3)$, während in Wirklichkeit $\frac{1}{2}N(N - 1)$ Zustände existieren müssen[1] und nach der angenäherten Methode von BLOCH sogar $\frac{1}{2}N(N + 1)$ sich ergeben.

c) Spinkomplexe. Die fehlenden N Zustände haben komplexe Wellenzahlen

$$\left.\begin{aligned} k_1 &= u + iv, \\ k_2 &= u - iv. \end{aligned}\right\} \tag{59.10}$$

Zu jedem Wert von $\varkappa = \frac{N}{2\pi}k = \frac{N}{\pi}u$ gibt es ein Paar von komplexen Wellenzahlen, welche gleichzeitig die Periodizitätsbedingung (59.7) und die Phasenbestimmungsgleichung (59.3) befriedigen. Setzen wir

$$\varphi = \psi + i\chi, \tag{59.11}$$

so muß gelten

$$\chi = Nv. \tag{59.12}$$

---

[1] $\frac{1}{2}N(N - 1)$ ist die Anzahl der möglichen Verteilungen von zwei Linksspins auf N Atome, also auch die Anzahl der *Zustände* mit zwei Linksspins.

Da nun v endlich[1] sein wird, muß χ sehr groß sein. Daraus folgt

$$\operatorname{ctg}\tfrac{1}{2}\varphi = \frac{-i\,\mathfrak{Sin}\,v}{\mathfrak{Cos}\,v - \cos u} \approx -i\,(1 + 2e^{-\chi + i\psi})\,, \tag{59.13}$$

woraus sich bei Vernachlässigung von $e^{-\chi}$ gegen 1 ergibt

$$\mathfrak{Cos}\,v - \mathfrak{Sin}\,v = e^{-v} = \cos u \tag{59.14}$$

und

$$\varepsilon = 2 - \cos(u + iv) - \cos(u - iv) = \sin^2 u = \tfrac{1}{2}(1 - \cos k)\,, \tag{59.15}$$

unter Einführung der Gesamtwellenzahl $k = 2u$. Die Phase ψ ergibt sich, wie man leicht überlegt[2], zu 0 bzw. π je nachdem ob $\varkappa$ gerade oder ungerade ist. Entsprechend erhalten wir für die Eigenfunktion

$$\left.\begin{aligned} a_{n_1 n_2} &= e^{iu(m_1+m_2)}\left[e^{v(m_1-m_2+\frac{1}{2}N)} \pm e^{v(m_2-m_1-\frac{1}{2}N)}\right] \\ &= e^{\frac{1}{2}ik(m_1+m_2)}\,\frac{\mathfrak{Cos}}{\mathfrak{Sin}}\,v\left(\frac{1}{2}N + m_1 - m_2\right). \end{aligned}\right\} \tag{59.16}$$

Die Eigenfunktion hat ein steiles Maximum für $m_1 = m_2$ (und für $m_1 = m_2 - N$, was auf das gleiche herauskommt) und fällt exponentiell mit zunehmender Entfernung $m_2 - m_1$ der beiden Spins voneinander. Die beiden Spins kleben also aneinander, sie bilden einen Komplex.

Die Anzahl der komplexen Lösungen ist genau N (für jedes k eine!), wir erhalten also mit den früheren Lösungen mit reeller Wellenzahl zusammen gerade die richtige Anzahl Lösungen.

d) Vergleich mit der angenäherten Lösung von BLOCH. Für jeden Wert der Gesamtwellenzahl k erhalten wir nunmehr genau *eine* Lösung weniger als nach dem angenäherten Verfahren der Ziff. 58, d. h. gerade die richtige Anzahl. Es fragt sich, *welche* der BLOCHschen Lösungen fortfällt.

Wir setzen $k < \pi$, also $\varkappa < \frac{1}{2}N$ voraus. (Für k zwischen π und 2π könnten wir $k' = 2\pi - k$ einführen, die Ableitungen würden dann ganz analog gehen.) Dann erhält man den kleinsten BLOCHschen Eigenwert, indem man $\varkappa_1 = \varkappa_2 = \frac{1}{2}\varkappa$ setzt:

$$\varepsilon_{\min} = 2\,(1 - \cos\tfrac{1}{2}k)\,, \tag{59.17}$$

den größten für $\varkappa_2 = \varkappa_1 + N = \frac{1}{2}(N + \varkappa)$

$$\varepsilon_{\max} = 2\,(1 + \cos\tfrac{1}{2}k)\,. \tag{59.17a}$$

Diese Eigenwerte kommen bei unserer exakten Lösung unter den Zuständen mit reeller Wellenzahl nicht vor (Abschnitt b). Statt dessen tritt bei uns der Eigenwert (59.15) auf, der dem Spinkomplex entspricht. Er ist stets niedriger als (59.17), jedoch verschwindet die Differenz zwischen ihm und $\varepsilon_{\min}$, wenn k sehr klein ist — sagen wir kleiner als $\frac{1}{10}\pi$. Die kleinen Werte von k sind aber gerade für den Ferromagnetismus am wichtigsten, weil zu ihnen die niedrigsten Eigenwerte gehören. *Für kleine Werte der Gesamtwellenzahl tritt an Stelle des* BLOCH*schen Zustands mit zwei gleichen, kleinen Wellenzahlen* $k_1 = k_2 = \frac{1}{2}k$ *ein Zustand mit komplexen Wellenzahlen, dessen Energie nahezu gleich der des fortfallenden Zustands von* BLOCH *ist.* Der höchste Eigenwert von BLOCH, bei dem die Spinwellen ebenfalls gleiche, aber große Wellenzahlen $k_1 = k_2 = \pi + \frac{1}{2}k$ haben, fällt hingegen ohne Ersatz weg.

Die Lage der übrigen Zustände wird gleichfalls wenig gegenüber der BLOCHschen Theorie verschoben, insbesondere soweit es sich um Zustände mit niedrigem Eigenwert handelt. Denn kleiner Eigenwert bedeutet ja kleine Wellenzahlen $k_1 k_2$, unter dieser Voraussetzung ist nach (59.3) $\operatorname{ctg}\frac{1}{2}\varphi$ im allgemeinen sehr groß, also φ nahezu Null. Dann geht aber die

[1] Bewiesen in (59.14).
[2] H. BETHE, l. c. S. 211ff.

Periodizitätsbedingung (59.7) in die einfachere Bedingung (58.6) von BLOCH über. Nur wenn k_1 und k_2 sehr nahezu gleich sind, wird φ merklich. Da $\operatorname{ctg} k$ praktisch gleich $1/k$ ist, muß z. B.

$$\frac{1}{k_1} - \frac{1}{k_2} \gtrsim 1$$

sein, damit $\varphi > \frac{1}{2}\pi$ wird[1], anders geschrieben

$$k_2 - k_1 \gtrsim k_1 k_2 \approx \tfrac{1}{4}k^2,$$

d. h.

$$\tfrac{1}{2}k < k_2 < \tfrac{1}{2}k + \tfrac{1}{8}k^2.$$

Die Anzahl der Zustände, bei denen die Phasenkorrektur φ ins Gewicht fällt, ist daher bei kleinem k außerordentlich gering[2].

Damit ist die BLOCHsche Annäherung für den ferromagnetisch wichtigen Fall kleiner Wellenzahlen gerechtfertigt. Für große Wellenzahlen dagegen gibt es weniger Eigenwerte als in der BLOCHschen Theorie, und die wirklich existierenden sind kleiner als dort, wie man sich leicht überlegt.

e) Verallgemeinerung auf viele Linksspins. Wir geben noch die Eigenfunktion für den Fall großer Anzahl r der Linksspins:

$$a_{n_1 n_2 \ldots n_r} = \sum_{P=1}^{r!} \exp i \left[\sum_{\nu=1}^{r} \left(k_{P_\nu} n_\nu + \tfrac{1}{2} \sum_{\mu<\nu} \varphi_{P_\mu, P_\nu} \right) \right]. \tag{59.18}$$

Dabei ist P eine Permutation der r Zahlen 1 bis r. Die Phasen φ sind gegeben durch

$$2 \operatorname{ctg} \tfrac{1}{2} \varphi_{\mu\nu} = \operatorname{ctg} \tfrac{1}{2} k_\mu - \operatorname{ctg} \tfrac{1}{2} k_\nu, \tag{59.19}$$

die Periodizitätsbedingung lautet

$$N k_\nu = 2\pi \varkappa_\nu + \sum_{\mu=1}^{r} \varphi_{\nu\mu}, \qquad (\varkappa_\nu \text{ ganz}) \tag{59.20}$$

und der Eigenwert ist

$$\varepsilon = \sum_\nu (1 - \cos k_\nu). \tag{59.21}$$

Neben reellen Wellenzahlen k treten Komplexe von Spinwellen auf; enthält ein Komplex n Spinwellen, so sind deren Wellenzahlen gegeben durch

$$\operatorname{ctg} \tfrac{1}{2} k_\lambda = n \operatorname{ctg} \tfrac{1}{2} k - i\lambda \quad \text{mit} \quad \lambda = -(n-1), -(n-3), \ldots, n-3, n-1, \tag{59.22}$$

und die Energie des Spinkomplexes beträgt

$$\varepsilon_{\text{Kompl.}} = \frac{1}{n}(1 - \cos k). \tag{59.23}$$

k ist die Gesamtwellenzahl des Komplexes

$$k = \sum_{\lambda=-(n-1)}^{n-1} k_\lambda. \tag{59.24}$$

Die in c behandelten Komplexe von zwei Spinwellen sind ein Spezialfall dieser allgemeineren Spinkomplexe. Auch diese treten an die Stelle fortfallender niedriger Eigenwerte der BLOCHschen Näherung.

Die Gesamtzahl der Zustände mit r Linksspins hat den richtigen Wert $\binom{N}{r}$.

Eine Übertragung der Theorie auf mehrere Dimensionen scheint auf unüberwindliche Schwierigkeiten zu stoßen.

B. Ferromagnetismus.

60. Allgemeine Theorie des Ferromagnetismus. Wir können nunmehr an die Untersuchung der Bedingungen für Ferromagnetismus gehen. Wir haben bereits in Ziff. 56 gesehen, daß das Verhältnis des Gitterabstandes zum Radius

[1] $\varphi < -\frac{1}{2}\pi$ kommt bei kleinen Wellenzahlen überhaupt nicht vor.

[2] Es genügt *nicht*, auf die Größe von N hinzuweisen, um die Vernachlässigung der Phase φ zu rechtfertigen, wie dies P. S. EPSTEIN (Phys. Rev. Bd. 41, S. 91. 1932) tut. Denn im Falle vieler Linksspins treten viele φ's auf, welche die Wellenzahlen sehr merklich beeinflussen können (vgl. Theorie der Kohäsionskräfte, Ziff. 65). *Unser* Argument bleibt aber auch in diesem Fall stichhaltig.

der unabgeschlossenen Schale genügend groß sein muß, damit das Austauschintegral A positiv ist[1]. Wir wollen nunmehr untersuchen, wie der Ferromagnetismus von der Gitter*struktur* abhängt.

Zu diesem Zweck müssen wir das magnetische Moment des Kristalls in einem schwachen[2] Magnetfeld untersuchen, das z. B. nach rechts gerichtet ist. Stellen sich in einem solchen Feld alle N Spins oder wenigstens ein endlicher Bruchteil nach rechts, so ist der Kristall ferromagnetisch. Ist dagegen die Anzahl der nach rechts gerichteten Spins nur von der Größenordnung $\sqrt{N}$, so haben wir paramagnetisches Material vor uns.

a) Statistik. Der statistische Mittelwert des magnetischen Moments ergibt sich aus der Zustandssumme

$$Z = \sum_i e^{-\frac{E_i - H\mu_i}{kT}}, \tag{60.1}$$

in welcher E_i die Energie des $i$ten Zustands des Kristalls ohne Magnetfeld und μ_i sein magnetisches Moment bedeutet. Der Ausdruck

$$\overline{M} = kT\frac{\partial \log Z}{\partial H} = \frac{\sum_i \mu_i e^{-\frac{E_i - H\mu_i}{kT}}}{\sum_i e^{-\frac{E_i - H\mu_i}{kT}}} \tag{60.2}$$

gibt uns dann offenbar genau das mittlere magnetische Moment des Kristalls.

Bei tiefen Temperaturen kommen nur die Zustände mit niedriger Energie E_i in Betracht. Diese werden, wie wir in Ziff. 59 gezeigt haben, genügend genau durch die BLOCHsche Theorie der Ziff. 58 wiedergegeben. Wir fassen die Zustände mit bestimmter Anzahl r von linksorientierten Spins zusammen. Sie haben alle das gleiche magnetische Moment

$$\mu_i = 2m\mu = N\mu - 2r\mu, \tag{60.3}$$

wo μ das BOHRsche Magneton bedeutet. Bei der „feldfreien" Energie E_i dürfen wir die allen Zuständen i gemeinsame additive Konstante $N(E_0 + C - \frac{1}{2}zA)$ [vgl. (57.18)] fortlassen, da sie bei der Bildung des Verhältnisses (60.2) doch fortfällt, der Rest der Energie ergibt sich durch Addition der Energien von r Spinwellen[3] [vgl. (58.13)]:

$$E_i = \text{konst.} + 2A\sum_1^r (1 - \cos k_\nu) \approx \text{konst.} + A\sum_1^r k_\nu, \tag{60.4}$$

---

[1] Man sieht sofort aus den Ausführungen der Ziff. 58, 59, daß bei *negativem* Austauschintegral niemals Ferromagnetismus eintreten kann. Dann entsprechen nämlich die höchsten Eigenwerte ε der niedrigsten Energie, diese großen ε treten aber bei kleinem Gesamtspin (großem $r = \frac{1}{2}N - m$) auf. Da die Zustände mit kleinem m außerdem viel zahlreicher sind als die Zustände mit großem Spinmoment, sind sie sicher realisiert, das magnetische Moment daher klein (Dia- oder Paramagnetismus).

[2] Das Feld darf nicht von der Größenordnung $1/N$ (N = Anzahl der Kristallatome), sonst aber beliebig schwach sein. Im Feld Null ist natürlich eine Linksorientierung der Spins genau so wahrscheinlich wie eine Rechtsorientierung, so daß der statistische Mittelwert des magnetischen Moments Null ist. Die beobachtbare Magnetisierung bei verschwindendem Feld (Remanenz) kommt erst durch sekundäre Kräfte, z. B. magnetische Wechselwirkung kleiner magnetisierter Gebiete, und vor allem Gitterverzerrungen, zustande (Ziff. 62).

[3] Dies trifft nicht zu, wenn die Anzahl r der Linksspins sehr groß ist: Stehen z. B. alle N Spins nach links, so erhalten wir natürlich den gleichen Eigenwert, wie wenn alle Spins nach rechts weisen, und allgemein sind bei $N - r$ Linksspins die Eigenwerte die gleichen wie bei r Linksspins. Wir dürfen aber bei endlichen Magnetfeldern die Zustände mit vielen Linksspins vernachlässigen. Denn die Energie der Zustände mit $N - r$ Linksspins wird durch das Feld um $(N - 2r)H\mu$ erhöht, die der Zustände mit r Linksspins um ebensoviel vermindert. Da die feldfreien Energien und die Anzahl der Zustände in beiden Fällen gleich sind, wird der Boltzmannfaktor für die Zustände mit $N - r$ Linksspins vernachlässigbar klein gegenüber dem für wenige (r) Linksspins.

wobei die letzte Umformung für kleine Wellenzahlen k_ν gilt, die ja bei tiefen Energieniveaus allein in Frage kommen. Wir können nun (60.3), (60.4) zusammenfassen in

$$E_i - H\mu_i = \text{konst.} - NH\mu + \sum_1^r (2H\mu + A k_\nu^2) \tag{60.5}$$

und die Zustandssumme schreiben

$$Z = e^{\frac{NH\mu}{kT}} \sum_{r=0}^{\frac{1}{2}N} \sum_{k_1, k_2 \ldots k_r} \exp\left(-\frac{1}{kT}\sum_1^r (2H\mu + A k_\nu)\right). \tag{60.6}$$

Die zweite Summe geht dabei über alle möglichen Kombinationen von r Wellenzahlen $k_1 \ldots k_r$. Dabei dürfen auch beliebig viele Wellenzahlen gleich sein[1], es müssen nur alle die Form $2\pi/N$ mal ganze Zahl haben. Jede einzelne Spinwelle gibt den Beitrag $A k_\nu^2 + 2H\mu$ zur Energie.

Anstatt nun zuerst über alle Zustände mit r Spinwellen und dann über r zu summieren, können wir die Summationen auch auf einmal ausführen. Wir erhalten alle möglichen Zustände des Kristalls, indem wir die einzelnen Wellenzahlen

$$k_0 = 0\,, \; k_1 = \frac{2\pi}{N}\,, \quad k_2 = \frac{2\pi}{N}\cdot 2 \,\ldots, \quad k_{N-1} = \frac{2\pi}{N}(N-1)$$

unabhängig voneinander mit $n = 0, 1, 2, 3, 4, \ldots$ Linksspins besetzen[2]. Dann geht die Zustandssumme über in

$$\left.\begin{aligned} Z &= e^{\frac{NH\mu}{kT}} \prod_{\varkappa=0}^{N-1} \sum_{n_\varkappa=0}^{\infty} \exp\left[-\frac{n_\varkappa}{kT}\left(2H\mu + A\left(\frac{2\pi}{N}\varkappa\right)^2\right)\right] \\ &= e^{\frac{NH\mu}{kT}} \prod_{\varkappa=0}^{N-1} \frac{1}{1 - e^{-\frac{2H\mu + Ak^2}{kT}}}\,. \end{aligned}\right\} \tag{60.7}$$

D. h. wir haben mit den Linksspins BOSE-*Statistik* zu treiben. Wir müssen die vorhandenen Linksspins, deren Anzahl *nicht* vorgegeben ist, auf die N Zustände verteilen, welche durch die Wellenzahlen $\varkappa = 0$ bis $N-1$ charakterisiert sind. Dabei darf jeder Zustand mit beliebig vielen „Partikeln", in unserem Falle Linksspins, besetzt werden, und die verschiedenen „Partikel" sind natürlich ununterscheidbar.

Setzen wir (60.7) in (60.2) ein, so erhalten wir

$$\overline{M} = N\mu - 2\mu \sum_{\varkappa=1}^{N-1} \frac{1}{e^{\alpha + \beta k^2} - 1}\,. \tag{60.8}$$

---

[1] Aus der exakten Theorie (Ziff. 59) folgt zwar, daß zwei Spinwellen niemals gleiche Wellenzahl haben dürfen, weil dann die Eigenfunktion verschwindet. Wir haben jedoch gezeigt, daß an Stelle der BLOCHschen Zustände mit zwei gleichen Wellenzahlen in der exakten Theorie Zustände mit zwei konjugiert komplexen Wellenzahlen treten, die nahezu dieselbe Energie haben wie die fortfallenden BLOCHschen Zustände. Wir haben die Zustände mit gleichen Wellenzahlen daher mitzurechnen. P. S. EPSTEIN (Phys. Rev. Bd. 41, S. 91. 1932) hat dies unterlassen, da er zwar die exakten Lösungen mit reeller, jedoch nicht die mit komplexer Wellenzahl fand; er kommt daher zu falschen Resultaten und findet z. B., daß die lineare Kette ferromagnetisch ist.

[2] Eigentlich hätte man darauf zu achten, daß die Summe aller Besetzungszahlen höchstens gleich $\frac{1}{2}N$ sein kann. Für $r = \frac{1}{2}N$ würden gleich viele Spins nach links gerichtet sein wie nach rechts; die Zustände $r > \frac{1}{2}N$ sind nach Anm. 3 auf S. 608 auszuschließen. Daß wir die Besetzungszahlen unabhängig voneinander wählen, wird nun wenig ausmachen, falls sowieso nur kleine Gesamtbesetzungszahlen r vorkommen, d. h. also, falls Ferromagnetismus vorliegt. Ergibt dagegen die Rechnung keinen Ferromagnetismus, so werden wir bei unserer Annahme ein zu großes r finden [s. Formel (60.10) und (60.12)].

Dabei haben wir die Abkürzungen eingeführt

$$\alpha = \frac{2H\mu}{kT}, \qquad \beta = \frac{A}{kT}, \tag{60.9}$$

und es interessiert uns vor allem der Wert des magnetischen Moments für den Grenzfall verschwindenden Magnetfeldes $\alpha \to 0$.

b) Magnetisches Moment für verschiedene Kristallstruktur. Unsere Formel (60.8) ist bereits speziell dem Fall der linearen Kette angepaßt. Wir ersetzen nur noch die Summe über $\varkappa$ durch ein Integral über k und gehen zur Grenze $\alpha = 0$ über[1], dann wird

$$\overline{M} = N\mu - \frac{N}{\pi}\mu \int_0^{\cdots} \frac{dk}{e^{\beta k^2} - 1}. \tag{60.10}$$

Wie man sieht, divergiert das Integral an der unteren Grenze, wir erhalten $\overline{M} = -\infty$. Dieses etwas paradoxe Resultat ist dem Umstand zu verdanken, daß wir oben zuließen, daß beliebig viele Linksspins in den einzelnen Zuständen k sitzen, ohne zu beachten, daß die Gesamtzahl der Linksspins höchstens $\frac{1}{2}N$ betragen kann. Unser Resultat ist daher so zu deuten, daß die Anzahl der Linksspins bei kleinem rechtsgerichtetem Magnetfeld sehr groß (und in Wirklichkeit etwa gleich $\frac{1}{2}N$) ist. *Die lineare Kette ist also nicht ferromagnetisch, obwohl wir positives Austauschintegral vorausgesetzt haben.*

Wir können nun leicht zu Flächen- und nachher zu Raumgittern übergehen. Wir haben nur statt Ak^2 den für das jeweilige Gitter geltenden Ausdruck [vgl. (58.19) bis (58.23)] für die Energie einer Spinwelle einzusetzen, und außerdem statt über die einzige Wellenzahl $\varkappa$ über die 2 bzw. 3 Wellenzahlkomponenten zu summieren. Für das *quadratische Flächengitter* ist die Energie einer Spinwelle mit dem Ausbreitungsvektor $\mathfrak{k}$

$$E_{\mathfrak{k}} = 2A(1 - \cos k_x + 1 - \cos k_y) \approx A(k_x^2 + k_y^2) = Ak^2, \tag{60.11}$$

die Periodizitätsbedingung verlangt

$$Gk_x = 2\pi\varkappa_x, \qquad Gk_y = 2\pi\varkappa_y$$

mit $G^2 = N =$ Anzahl Atome, folglich ist die Summe über $\varkappa_x\varkappa_y$ äquivalent mit dem Integral über $\left(\frac{G}{2\pi}\right)^2 dk_x\,dk_y = \left(\frac{G}{2\pi}\right)^2 2\pi k\,dk$, also:

$$\overline{M} = N\mu - \frac{N}{\pi}\mu \int_0^{\cdots} \frac{k\,dk}{e^{\beta k^2} - 1}. \tag{60.12}$$

Das Integral wird logarithmisch unendlich, das quadratische Flächengitter also *nicht ferromagnetisch*.

Dasselbe gilt für das *hexagonale Flächengitter*. Hier ist

$$E_{\mathfrak{k}} = 2A\left(3 - \cos k_x - 2\cos\frac{1}{2}k_x \cdot \cos\frac{\sqrt{3}}{2}k_y\right) \approx A\left[k_x^2 + 2\left(\frac{1}{4}k_x^2 + \frac{3}{4}k_y^2\right)\right] = \frac{3}{2}Ak^2. \tag{60.13}$$

$\overline{M}$ hat daher im wesentlichen dieselbe Form wie beim quadratischen Gitter, das hexagonale Flächengitter und ebenso jedes andere Flächengitter werden *nicht ferromagnetisch*.

---

[1] Wir dürfen jetzt $H = 0$ setzen, nachdem wir die Differentiation nach H ausgeführt und außerdem bewiesen haben, daß bei nicht verschwindendem H die Zustände mit nach links gerichtetem Gesamtspin für die Zustandssumme unwesentlich sind (Anm. 3 auf S. 608).

Erst bei räumlichen Gittern erhält man Ferromagnetismus. Z. B. ist für das einfach-kubische Gitter

$$E_{\mathfrak{k}} = 2A(3 - \cos k_x - \cos k_y - \cos k_z) = A(k_x^2 + k_y^2 + k_z^2) = A k^2, \qquad (60.14)$$

die Summe über $\varkappa_x \varkappa_y \varkappa_z$ ist äquivalent mit dem Integral über

$$\left(\frac{G}{2\pi}\right)^3 dk_x\, dk_y\, dk_z = \left(\frac{G}{2\pi}\right)^3 \cdot 4\pi k^2\, dk\,,$$

also wird mit $G^3 = N$:

$$\overline{M} = N\mu - \frac{2N\mu \cdot 4\pi}{(2\pi)^3} \int\limits_0 \frac{k^2\, dk}{e^{\beta k^2} - 1}\,. \qquad (60.15)$$

Nunmehr *konvergiert* das Integral. Die obere Grenze wäre eigentlich $k \approx \pi$, für große β (tiefe Temperaturen) und $k = \pi$ wird aber βk^2 sehr groß, so daß die Integration praktisch bis unendlich erstreckt werden kann. Wir erhalten mit $x = \beta k^2$

$$\overline{M} = N\mu \left(1 - \frac{1}{2\pi^2 \beta^{3/2}} \int\limits_0^\infty \frac{\sqrt{x}\, dx}{e^x - 1}\right) = N\mu \left[1 - \frac{2{,}612}{2\pi^2} \left(\frac{kT}{A}\right)^{3/2}\right]. \qquad (60.16)$$

Bei der Temperatur $T = 0$ *ist* also *der räumliche Kristall vollständig magnetisiert, alle Elektronenspins sind parallel zum Feld gerichtet,* das magnetische Moment ist $N\mu$. Vorausgesetzt ist dabei nur positives Austauschintegral.

Für das kubisch-flächenzentrierte und raumzentrierte Gitter gilt natürlich dasselbe. Der springende Punkt ist nämlich, wie man unmittelbar an den Formeln (60.10), (60.12), (60.15) sieht, der Ausdruck für das Volumelement im Wellenzahlraum in Polarkoordinaten. Bei räumlichen Gittern ist die Anzahl der Spinwellen mit einer Wellenzahl zwischen k und $k + dk$ proportional mit $k^2\, dk$ (Kugelschale), bei Flächengittern proportional $k\, dk$ (Kreisring), bei linearen Ketten einfach proportional dk. Im letzten Fall gibt es also relativ sehr viele, bei räumlichen Gittern dagegen nur sehr wenige Zustände mit kleiner Wellenzahl und entsprechend niedrigem Eigenwert. Nun ist aber die Energie der Zustände mit kleinem magnetischem Moment gegeben durch die Summe der Energien einer großen Anzahl von Spinwellen. Gibt es also viele Spinwellen mit niedrigem Eigenwert, so gibt es auch viele Zustände mit niedriger Energie und kleinem magnetischem Moment. Das ist der Fall für lineare Kette und Flächengitter, und es hat zur Folge, daß bei diesen Gittern die Zustände mit kleinem magnetischem Moment sehr wahrscheinlich werden und daher im allgemeinen auch realisiert sind. Für das räumliche Gitter dagegen gibt es, wie wir gesehen haben, nur wenig Spinwellen niedriger Energie; die Zustände mit vielen Linksspins enthalten daher im allgemeinen notgedrungen eine größere Anzahl Spinwellen mit großer Wellenzahl und haben entsprechend hohe Energie, sie sind daher sehr unwahrscheinlich verglichen mit den energetisch tiefliegenden Zuständen, bei denen fast alle Spins nach rechts weisen. *Alle räumlichen Gitter sind* daher *stets ferromagnetisch, wenn das Austauschintegral positiv ist, Flächengitter und lineare Ketten niemals.*

Als Flächengitter sind dabei Gitter mit ausgesprochener Schichtstruktur anzusehen. Bei diesen gibt es zwei Austauschintegrale: J_1 zwischen Nachbaratomen einer Ebene, J_2 zwischen Nachbarebenen, wobei $|A_2| \ll |A_1|$. Beide Austauschintegrale seien positiv. Dann ist der Kristall für Temperaturen unterhalb $\Theta_2 \approx A_2/k$ natürlich ferromagnetisch: dort ist er als Raumgitter anzusehen. Oberhalb Θ_2 kann jedoch die Kopplung der Spins von Nachbarebenen nicht mehr wirksam werden: die einzelnen Flächengitter stellen ihren Spin unabhängig voneinander ein, und der Ferromagnetismus muß nach unseren Untersuchungen aufhören.

c) Temperaturabhängigkeit. Schließlich wollen wir uns noch mit der Temperaturabhängigkeit des Ferromagnetismus befassen. Bei Temperaturen oberhalb des absoluten Nullpunkts nimmt das magnetische Moment (Sättigungsmagnetisierung) aller räumlichen Gitter um einen Betrag proportional $T^{3/2}$ ab, wir können schreiben:

$$\frac{\overline{M}}{N\cdot\mu} = 1 - \left(\frac{T}{\Theta}\right)^{3/2}, \tag{60.17}$$

wobei Θ eine Temperatur von der Größenordnung A/k bedeutet.

Die genaue Beziehung zwischen Θ und A hängt von der Struktur des Gitters ab. Bei *kubisch-flächenzentrierter* Struktur ist nach (58.22) die Energie einer Spinwelle:

$$E_{\mathfrak{k}} = 4A\left(3 - \cos\tfrac{1}{2}k_x\cos\tfrac{1}{2}k_y - \cos\tfrac{1}{2}k_y\cos\tfrac{1}{2}k_z - \cos\tfrac{1}{2}k_z\cos\tfrac{1}{2}k_x\right) = A\,k^2, \tag{60.18}$$

ein Kubus mit der Kantenlänge Ga (a = Gitterkonstante) enthält $N = 4G^3$ Atome, also ist

$$\left.\begin{aligned} \overline{M} &= N\mu - \frac{1}{4}\cdot 2N\mu\frac{4\pi}{(2\pi)^3}\int\limits_0^\infty \frac{k^2\,dk}{e^{\beta k^2}-1} = N\mu\left[1 - \frac{1}{4}\,\frac{2{,}612}{2\pi^2}\left(\frac{kT}{A}\right)^{3/2}\right],\\ \Theta &= 9{,}7\,A/k. \end{aligned}\right\} \tag{60.19}$$

Endlich ist bei *raumzentrierter* Struktur ebenfalls

$$E_{\mathfrak{k}} = 8A\left(1 - \cos\tfrac{1}{2}k_x\cos\tfrac{1}{2}k_y\cos\tfrac{1}{2}k_z\right) = A\,k^2, \tag{60.20}$$

der Grundkubus enthält $N = 2G^3$ Atome, also wird

$$\overline{M} = N\mu\left[1 - \frac{1}{2}\,\frac{2{,}612}{2\pi^2}\left(\frac{kT}{A}\right)^{3/2}\right], \qquad \Theta = 6{,}1\,\frac{A}{k}, \tag{60.21}$$

während sich bei einfach kubischer Struktur ergibt:

$$\Theta = 3{,}9\,A/k. \tag{60.22}$$

Bei gleichem Austauschintegral ist Θ um so größer, je mehr Nachbarn jedes Atom hat.

Bedauerlicherweise lassen sich aus der hier entwickelten Theorie keine sicheren Aussagen über den Verlauf der Sättigungsmagnetisierung bei höheren Temperaturen, insbesondere über den Curiepunkt (Verschwinden des Ferromagnetismus) machen. Denn wir haben zuviele Voraussetzungen gemacht, die nur bei tiefen Temperaturen zulässig sind, vor allen Dingen die, daß nur Spinwellen mit kleiner Wellenzahl eine Rolle spielen. Ist dies nicht der Fall, so unterscheidet sich die exakte Theorie der Ziff. 59 merklich von der hier zugrunde gelegten BLOCHschen Theorie. Nimmt man trotzdem die Formel (60.17) auch für höhere Temperaturen als gültig an, so verschwindet der Ferromagnetismus bei der Temperatur Θ. Θ ist also die *Curietemperatur*. Aus dem beobachteten Wert der Curietemperatur (500 bis 1000° bei Eisenmetallen) ergibt sich A von der Größenordnung $^1/_{100}$ Volt. Abb. 58 zeigt die Sättigungsmagnetisierung als Funktion der Temperatur nach (60.17).

Abb. 58. Sättigungsmagnetisierung als Funktion der Temperatur nach der Theorie von BLOCH.

Für höhere Temperaturen gibt möglicherweise die ursprüngliche Theorie von HEISENBERG eine bessere Näherung als die hier entwickelte BLOCHsche. HEISENBERG nimmt an, daß die zu einer bestimmten Anzahl r von Linksspins gehörigen Eigenwerte nach Art einer GAUSSschen Fehlerkurve um ihren Mittelwert verteilt sind. Dieser sowie die Breite der Fehlerkurve lassen sich dann leicht als Funktion von r bestimmen. Die HEISENBERGsche Annahme führt zu etwas anderen Zahlenfaktoren in den Formeln für den Curiepunkt[1].

61. Richtungsabhängigkeit des Ferromagnetismus[2]. Die Magnetisierung von ferromagnetischen Einkristallen in verschiedenen kristallographischen Richtungen erfordert sehr verschieden hohe Felder. So ist Kobalt, welches im hexagonalen System (dichteste Kugelpackung) kristallisiert, am leichtesten in der Richtung senkrecht zur hexagonalen Achse magnetisierbar, während ein Feld parallel zur Achse etwa eine Stärke von 10000 Gauß erreichen muß, um vollkommene Sättigungsmagnetisierung zu erreichen, um also den Gesamtspin des Kristalls in die Achsenrichtung einzustellen. Bei Nickel (kubisch-flächenzentriert) ist die Magnetisierung parallel zur Würfeldiagonalen am leichtesten, die parallel zur Würfelkante erfordert etwa 500 Gauß, bei Eisen ist es umgekehrt. Diese Richtungsabhängigkeit kommt nach BLOCH und GENTILE im wesentlichen durch Wechselwirkung des Spins jedes einzelnen Elektrons mit seinem Bahnmoment zustande, welches nach den Kristallachsen orientiert anzunehmen ist.

Es ist am einfachsten, die Verhältnisse gleich an einem Beispiel auseinanderzusetzen: Wir betrachten einen Kobaltkristall. In diesem wirken — der ungefähren Größe nach aufgezählt — folgende Kräfte:

1. Die COULOMBschen Kräfte der Nachbaratome spalten den Grundterm eines bestimmten Kobaltatoms auf in Einzelterme, welche durch einen bestimmten Bahndrehimpuls m um die hexagonale Kristallachse (z-Achse) ausgezeichnet sind (Kristall-Starkeffekt)[3]. Wir nehmen der Einfachheit halber an, jedes Atom habe nur ein d-Elektron. Dann wird dessen Eigenwert aufgespalten in drei Eigenwerte $m = \pm 2$, ± 1 und 0. Ihr Abstand beträgt größenordnungsmäßig $1000\,\mathrm{cm}^{-1}$. Wir nehmen zur Vereinfachung der Sprechweise an, $m = \pm 2$ sei der tiefste Eigenwert (Grundterm).

2. Die Austauschkräfte bewirken eine Parallelstellung aller Elektronenspins. (Der Gesamtspin sei dann wiederum durch ein äußeres Magnetfeld gerichtet.) Der Austausch sorgt gleichzeitig dafür, daß die Bahnmomente verschiedener Atome sich antiparallel zueinander einstellen. Dies schließen wir aus dem gyromagnetischen Effekt, welcher zeigt, daß das magnetische Moment der Ferromagnetika nur vom Spin herrührt, daß also das resultierende Bahnmoment Null ist. Es gibt also gleich viele Atome mit einem Drehimpuls $m = +2$ um die hexagonale Achse wie mit $m = -2$.

3. Die Wechselwirkung zwischen Spin und Bahn eines Elektrons (Nummer j) beträgt

$$U = U_0 (\mathfrak{k}_j \mathfrak{s}_j)\,. \tag{61.1}$$

$U_0 \cdot (l + \frac{1}{2})$ würde gleich der Multiplettaufspaltung des freien Atoms (etwa $200\,\mathrm{cm}^{-1}$) sein. Die Wechselwirkungsenergie (61.1) verschwindet jedoch bei Summation über alle Elektronen, da das Spinmoment aller Elektronen gleich ist und die Summe aller Bahnmomente Null.

Man muß daher zur Störung zweiter Näherung übergehen. Zu dieser tragen bekanntlich in erster Linie die Zustände bei, die nahe dem „zu störenden" Zustand liegen. Das ist in unserem Fall der Zustand $m = 1$.[4] Die x- und y-Komponente des Bahnmoments hat Matrixelemente, welche diesem Übergang entsprechen:

$$|(m = 2\,|k_x|\,m = 1)|^2 = |(2\,|k_y|\,1)|^2 = \tfrac{1}{4}(l+2)(l-1) = 1\,. \tag{61.2}$$

Wir betrachten nun zwei Fälle:

a) Gesamtspin des Kristalls parallel x, also senkrecht zur hexagonalen Achse. s_{jx} (s_j = Spin des $j$ten Elektrons) hat den Eigenwert $+\frac{1}{2}$, s_{jy} hat kein Diagonalmatrixelement, sondern nur ein Nichtdiagonalelement, welches dem Übergang zu einem Zustand entspricht, bei dem der Spin des Elektrons j antiparallel zum Kristallspin steht: Ein solcher Zustand hat eine um die Größenordnung des Austauschintegrals höhere Energie. Folglich ist die Störungsenergie zweiter Näherung:

$$\left.\begin{aligned} \varepsilon_x &= N U_0^2 \left(\frac{|(1\,|k_x|\,2)|^2 \cdot |(+\,|s_x|\,+)|^2}{E_{m=2} - E_{m=1}} + \frac{|(1\,|k_y|\,2)|^2 \cdot |(+\,|s_y|\,-)|^2}{E_{m=2} - E_{m=1} - \alpha A} \right) \\ &= -\frac{1}{4} N U_0^2 \left(\frac{1}{E_1 - E_2} + \frac{1}{E_1 - E_2 + \alpha A} \right). \end{aligned}\right\} \tag{61.3}$$

---

[1] Der von HEISENBERG abgeleiteten Bedingung, daß jedes Atom mindestens acht Nachbarn haben muß, damit Ferromagnetismus auftritt, ist keine Bedeutung zuzumessen.

[2] F. BLOCH u. G. GENTILE, ZS. f. Phys. Bd. 70, S. 395. 1931.

[3] Vgl. H. BETHE, Ann. d. Phys. Bd. 3, S. 133. 1929; H. KRAMERS, Proc. Amsterdam Bd. 32, S. 1176. 1929.

[4] Der Zustand $m = 0$ stört den Zustand $m = \pm 2$ nicht.

Dabei ist $E_2 (E_1)$ die Energie des Terms $m = 2$ ($m = 1$), α eine Zahl von der Größenordnung 1, $(+|s_y|-)$ soll das Matrixelement der Spinkomponente s_y des $j$ten Elektrons bedeuten, welches dem Übergang von Rechtsorientierung des Spins (parallel x, „Plus-Spin") zu Linksorientierung entspricht. N = Anzahl der Atome.

b) Spin des Kristalls parallel z (hexagonale Achse). Dann haben sowohl s_{jx} wie s_{jy} nur Matrixelemente, welche einer Umkehr des Spins des Elektrons j entsprechen. Also ist die Störungsenergie

$$\varepsilon_z = -\frac{1}{2} N U_0^2 \frac{1}{E_1 - E_2 + \alpha A}, \tag{61.4}$$

demnach

$$\varepsilon_z - \varepsilon_x = \frac{1}{4} N U_0^2 \left(\frac{1}{E_1 - E_2} - \frac{1}{E_1 - E_2 + \alpha A} \right). \tag{61.5}$$

Die Energie bei Magnetisierung parallel der Achse ist also *größer* als bei senkrechter Magnetisierung. Dies Resultat ist unabhängig von unserer Annahme, daß $m = 2$ der Grundterm ist und stimmt mit dem Experiment überein[1]. Auch die Größenordnung ist richtig. A entspricht, wie aus dem Curiepunkt zu schließen ist, rund 200 cm^{-1}, $E_1 - E_2$ ist schätzungsweise 1000 cm^{-1}, die Klammer in (61.5) also $^1/_{5000}$ cm, U_0 rund 100 cm^{-1}, also $\varepsilon_z - \varepsilon_x$ rund $\frac{1}{2}$ cm^{-1} pro Atom, entsprechend der Energie eines BOHRschen Magnetons im Feld von 10000 Gauß. Dieses Feld ist auch experimentell nötig, um Magnetisierung parallel der Kristallachse zu erzielen.

c) Betrachten wir nun ein beliebig orientiertes Feld. Die Wechselwirkungsenergie (61.1) hängt linear von den Richtungskosinus des Spins relativ zu den Kristallachsen ab, die für uns maßgebende Störungsenergie daher quadratisch. Aus Symmetriegründen ist die einzig mögliche Abhängigkeit der Magnetisierungsenergie vom Winkel ϑ zwischen Magnetisierungsrichtung und hexagonaler Achse

$$\varepsilon_\vartheta = \varepsilon_x + (\varepsilon_z - \varepsilon_x) \cos^2 \vartheta. \tag{61.6}$$

ε_x, ε_z = Energien bei Magnetisierung parallel x bzw. z.

Für *kubische Kristalle* muß die Magnetisierungsenergie eine symmetrische Funktion der Richtungskosinus α, β, γ des magnetischen Moments in bezug auf die drei kubischen Achsen sein. Die Funktion $\alpha^2 + \beta^2 + \gamma^2$ kommt dabei nicht in Betracht, da sie Unabhängigkeit der Energie von der Magnetisierungsrichtung bedeutet. Die erste in Frage kommende Funktion ist

$$\varepsilon = \varepsilon_0 + \varepsilon_1 (\alpha^4 + \beta^4 + \gamma^4). \tag{61.7}$$

Man erhält eine derartige Richtungsabhängigkeit offenbar, wenn man die Wechselwirkungsenergie Spin-Bahn in vierter Näherung berücksichtigt. Durch das Auftreten der Störung erst in vierter Näherung erklärt sich die viel kleinere Richtungsabhängigkeit der Magnetisierung, verglichen mit hexagonalen Kristallen. Die Größenordnung scheint bei plausiblen Annahmen richtig herauszukommen.

Nach BLOCH und GENTILE kann auch die magnetische Wechselwirkung zwischen den Spins zur Richtungsabhängigkeit beitragen, doch ist dieser Effekt von geringerer Größe.

62. Die Magnetisierungskurve. Wir können hier nur kurz die Tatsachen besprechen, welche die Magnetisierungskurve eines ferromagnetischen Einkristalls bestimmen. Dabei schließen wir uns an eine Arbeit von BLOCH[2] an. Ein Teil der Gedanken ist schon vorher, besonders von BECKER[3], ausgesprochen worden.

---

[1] Bei Pyrrhotin könnte vielleicht doch eine Parallelstellung der Bahnmomente vorliegen; dort ist die hexagonale Achse die Richtung leichtester Magnetisierbarkeit.

[2] F. BLOCH, ZS. f. Phys. Bd. 74, S. 295. 1932.

[3] R. BECKER, ZS. f. Phys. Bd. 62, S. 253. 1930; R. BECKER u. M. KERSTEN, ebenda Bd. 64, S. 660. 1930.

Wenn nur die Austauschkräfte wirksam sind, so sind zwar die Spins aller Elektronen gleichgerichtet, jedoch die Richtung des Gesamtspins bleibt völlig unbestimmt. In einem noch so schwachen Magnetfeld stellt sich das Moment des Kristalls parallel zum Feld, es gibt keine Remanenz.

Berücksichtigen wir dann die Richtungsabhängigkeit (Ziff. 61), so werden bei einachsigen Kristallen z. B. die beiden Richtungen des Spins parallel und antiparallel zur hexagonalen Achse energetisch stark gegenüber anderen Einstellungen bevorzugt[1]. Magnetisieren wir zunächst parallel dieser Achse und kehren dann das Feld um, so würden wir von unserem Standpunkt *keine* Ummagnetisierung erwarten: Denn diese könnte nur auf dreierlei Weise erfolgen: entweder müßte das magnetische Moment des Kristalls gedreht werden. Das ist sicher unmöglich, weil hierbei eine Lage hoher Energie durchlaufen werden müßte. Zweitens könnte das magnetische Moment als Ganzes umklappen; dies ist extrem unwahrscheinlich. Schließlich könnte man an sukzessive Umklappung einzelner Spins denken: das ist aber wegen der dazu aufzuwendenden Austauschenergien energetisch unmöglich. Wir würden danach sehr starke Remanenz erwarten.

In Wirklichkeit haben wir uns jedoch vorzustellen, daß ein idealer Einkristall nie einheitlich magnetisiert ist, sondern aus einer Anzahl kleiner, bis zur Sättigung magnetisierter Gebiete besteht, deren magnetische Momente einander entgegengesetzt sind. Zur Aufteilung des Kristalls in solche Gebiete muß zwar Energie aufgewendet werden, aber dieser Energieaufwand kann bei geschickter Wahl der Form der Elementargebiete klein gehalten werden. Da nun viele Zustände möglich sind, bei denen der Kristall in Elementargebiete verschiedener Magnetisierung eingeteilt ist, dagegen nur ein Zustand, bei dem durchweg einheitliche Magnetisierung herrscht, ist die Aufteilung der wahrscheinlichere Zustand.

Wie müssen nun die Elementargebiete beschaffen sein, damit ihre Energie möglichst klein ist? Wir betrachten zunächst die *Grenze* zweier Gebiete: Im einen sollen alle Spins parallel z (hexagonale Achse), im anderen entgegengesetzt gerichtet sein. Würde nun eine scharfe Grenze bestehen, so würde die Grenzfläche eine „Oberflächenenergie" besitzen, welche gleich der Anzahl Atome in der Grenzfläche mal dem Austauschintegral ist:

$$\Phi = A\,\frac{F}{a^2}$$

(a = Gitterkonstante, F = Größe der Grenzfläche). Die Oberflächenenergie wird stark vermindert, wenn die beiden Gebiete *allmählich* ineinander übergehen. Wir stellen uns der Einfachheit halber vor, daß alle in einer Schicht senkrecht zur x-Achse gelegenen Atome gleiche Spinrichtung haben, und daß diese Richtung von Schicht zu Schicht variiert. Sei ϑ der Winkel, den die Magnetisierung einer Schicht x mit der z-Achse bildet, so ist $\vartheta + a\,\frac{d\vartheta}{dx}$ (a = Gitterkonstante) die Magnetisierungsrichtung der nächsten Schicht, also $\frac{F}{a^2}\cos\left(a\,\frac{d\vartheta}{dx}\right)$ das magnetische Moment der Atome dieser nächsten Schicht in der Richtung ϑ. Wir können dies so auffassen, daß

$$n = \frac{1}{4}\,\frac{F}{a^2}\left(a\,\frac{d\vartheta}{dx}\right)^2$$

Spins antiparallel zur Richtung ϑ stehen, die übrigen parallel. Jeder der antiparallelen Spins erhöht die Energie um A, dem Aneinandergrenzen der beiden Schichten entspricht daher die Energieerhöhung nA, und die gesamte Grenzflächenenergie der beiden Elementargebiete ist offenbar

$$\Phi = \frac{1}{4}\,A\,\frac{F}{a^2}\int\limits_{\vartheta=0}^{\vartheta=\pi}\left(a\,\frac{d\vartheta}{dx}\right)^2\frac{dx}{a}\,. \tag{62.1}$$

Sie kann, wie man sieht, beliebig klein werden, wenn der Übergang von der Magnetisierung parallel $z\,(\vartheta = 0)$ zur entgegengesetzten Magnetisierung $\vartheta = \pi$ auf einer *genügend langen Strecke* erfolgt.

[1] Bei Co ist es zwar gerade umgekehrt, es kommt uns aber nur auf das Prinzip an.

Dem steht aber entgegen, daß dann in einem großen Gebiet die Richtung der Magnetisierung stark von der Richtung leichter Magnetisierbarkeit abweicht. Das bedingt eine Erhöhung der Energie um $C\sin^2\vartheta$ für jeden Spin, der nicht parallel z steht, also um

$$B = C\frac{F}{a^2}\int\limits_{\vartheta=0}^{\vartheta=\pi}\sin^2\vartheta\,\frac{dx}{a} \tag{62.2}$$

im ganzen. Die Richtungsabhängigkeit der Magnetisierung (Spin-Bahn-Wechselwirkung) fordert daher *möglichst scharfe Grenzen* zwischen den Gebieten einheitlicher Magnetisierung im Gegensatz zum Austausch.

Man sieht schon größenordnungsmäßig aus (62.1), (62.2), daß der Übergang erfolgen muß auf einer Strecke von der Größenordnung

$$b \approx a\sqrt{\frac{A}{C}}, \tag{62.3}$$

dann wird $\frac{d\vartheta}{dx} \approx \vartheta\frac{a}{b}$, ferner $\Phi \approx B$, und die „Oberflächenenergie" der Elementargebiete bekommt den Wert

$$\Phi + B \approx \frac{F}{a^2}\sqrt{AC} \approx \frac{F}{a^3}Cb. \tag{62.4}$$

Nun ist A von der Größenordnung $200\,\mathrm{cm}^{-1}$ (Temperaturenergie beim Curiepunkt), C bei hexagonalen Kristallen etwa $\frac{1}{2}\,\mathrm{cm}^{-1}$ (vgl. Ziff. 61), also erfolgt der Übergang zwischen zwei Elementargebieten in einem Bereich von ca. 20 Atomabständen: innerhalb dieser Strecke ändert der durchschnittliche Spin der Atome langsam seine Richtung.

Die Oberflächenenergie eines Elementargebietes ist also einfach proportional der Größe der Oberfläche. Um die Gesamtenergie des Gebiets zu finden, haben wir noch die magnetische Wechselwirkung der Spins untereinander zu berücksichtigen. Sie ist nach der klassischen Theorie $S = \varkappa I^2$, wo I die Magnetisierung pro Volumeinheit ist und $\varkappa$ der Entmagnetisierungsfaktor. Er nimmt kleinstmögliche Werte für langgestreckte Körper an, deren Achse parallel der Magnetisierungsrichtung ist. Bei sehr großen Elementargebieten wird nun diese Entmagnetisierungsenergie überwiegen, solche Gebiete werden daher sehr langgestreckt sein, während kleinere Elementargebiete wegen der Oberflächenenergie etwas kürzere Formen bevorzugen. Die zur Aufteilung des Kristalls in einheitlich magnetisierte Teilgebiete erforderliche Energie pro Atom wird von der Größenordnung Cb/d, wo d von der Größenordnung des Durchmessers der Elementargebiete ist und b (62.3) die Breite der Übergangsgebiete angibt.

Unser Bild vom ferromagnetischen Einkristall sieht also jetzt so aus: Es existieren im Kristall Elementargebiete einheitlicher Spinrichtung, von länglicher Form. Die Größe des einzelnen Gebiets hängt von der Temperatur ab und ist nicht genau abschätzbar. Der Übergang von einem Gebiet zum anderen erfolgt auf einer Strecke von rund 20 Atomabständen. Die Energie, die zur Aufteilung des Kristalls in Elementargebiete aufzuwenden ist, ist wesentlich geringer als die zur Richtung des magnetischen Moments senkrecht zur bevorzugten Kristallrichtung erforderliche Energie.

Beim Anlegen eines Magnetfelds können sich nun die Gebiete, die in Richtung des Feldes magnetisiert sind, ungehindert auf Kosten der entgegengesetzt magnetisierten vergrößern. Dabei wird nur Größe und Form der Elementargebiete geändert, die aufzuwendenden Energien sind daher im allgemeinen klein gegen die zur Aufteilung des Kristalls in Elementargebiete erforderliche. Bereits bei relativ sehr schwachem Feld sind daher alle Elementargebiete parallel (oder antiparallel) der ausgezeichneten Achse leichtester Magnetisierbarkeit gerichtet.

Hat nun das äußere Magnetfeld nicht gerade die Richtung der ausgezeichneten Achse, so wird bei weiterer Steigerung der Feldstärke die Magnetisierung aus der Richtung leichtester Magnetisierbarkeit *herausgedreht*. Dabei müssen die starken Wechselwirkungskräfte zwischen Spin und Bahn überwunden werden. Die Magnetisierung steigt daher sehr viel langsamer mit dem Feld als vorher. Wenn sich das magnetische Moment parallel dem magnetisierenden Feld gestellt hat, spricht man von *magnetischer Sättigung*. Eine weitere Steigerung des

Moments kann dann nur noch erfolgen, indem sich noch mehr Elektronenspins parallel zueinander stellen (wahre Magnetisierung). Dieser Vorgang wird bei normalen Temperaturen erst in ungeheuren Feldern merklich, nur in der Nähe des Curiepunktes spielt die wahre Magnetisierung eine größere Rolle. Alles in allem erhält man damit eine Magnetisierungskurve vom Typ der Abb. 59.

Bemerkenswert ist, daß Änderungen der Elektronenbewegung erst durch die Drehprozesse bewirkt werden (vorher finden nur makroskopische Änderungen statt). Dementsprechend ändern sich physikalische Eigenschaften des Ferromagnetikums, wie Widerstand und Gitterkonstante (Magnetostriktion), erst beim Einsetzen der Drehprozesse.

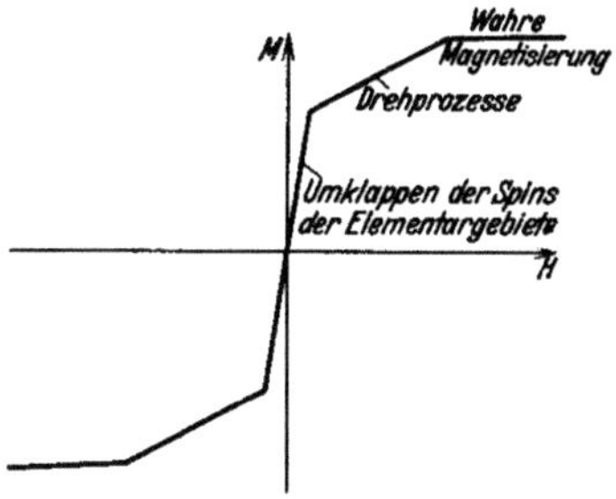

Abb. 59. Schematische Darstellung der Magnetisierungskurve eines ferromagnetischen Einkristalls ohne innere Spannungen.

Unser Modell gibt noch immer keine Remanenzerscheinungen. Diese treten erst auf, wenn lokale Verzerrungen des Gitters der Ausbreitung der „richtig" magnetisierten Elementargebiete einen Widerstand entgegensetzen. Für die genauere Ausführung müssen wir auf die Arbeiten von Becker und Bloch verweisen.

63. Widerstand der Ferromagnetika. Am Widerstand der Ferromagnetika sind hauptsächlich zwei Punkte bemerkenswert:

a) Die Temperaturabhängigkeit ist nur oberhalb des Curiepunktes die normale (Widerstand proportional der absoluten Temperatur). Im ferromagnetischen Zustand ist der Widerstand erheblich geringer, als dem üblichen Gesetz $\varrho \sim T$ entspricht. Man hat daraus wohl zu schließen, daß die Magnetisierung eine Erhöhung der Leitfähigkeit bedingt. Dies wird bestätigt durch Versuche von Gerlach und Mitarbeitern[1] über die Änderung des Widerstandes im Magnetfeld nahe dem Curiepunkt: Es ergibt sich stets eine Widerstandsverminderung, und zwar ist diese proportional dem Quadrat der erreichten Magnetisierung.

Diese Tatsache läßt zwei Deutungen zu, die wir auf Grund des Bildes unabhängig voneinander sich bewegender Elektronen (Blochsche Theorie, Teil II dieses Artikels) aussprechen wollen:

1. Man nimmt an, daß die „ferromagnetischen" Elektronen selbst einen wesentlichen Beitrag zur Leitfähigkeit geben. Dann hat man sich vorzustellen, daß durch die Gleichrichtung der Spins die kinetische Energie der Elektronen vermehrt wird (vgl. Ziff. 27) und dadurch die Leitfähigkeit steigt (Ziff. 36). Ist ζ die Grenzenergie im unmagnetischen Zustand, so wird durch eine Magnetisierung I die Grenzenergie für Elektronen, deren Spin parallel zum Gesamtspin des Kristalls steht, auf $\zeta + \alpha I + \beta I^2 + \cdots$ vermehrt, für Elektronen mit entgegengesetztem Spin auf $\zeta - \alpha I + \beta I^2$ vermindert. Die freie Weglänge der ersteren wird daher

$$l(\zeta) + \alpha \frac{dl}{dE} I + \left(\beta \frac{dl}{dE} + \frac{1}{2} \alpha \frac{d^2 l}{dE^2}\right) I^2,$$

und der Mittelwert der freien Weglängen beider Elektronensorten ändert sich um einen Betrag proportional I^2, wie es dem Experiment entspricht. Bei stärkerer Magnetisierung müßte das Gesetz $\sigma = \sigma_0 + \gamma I^2$ allerdings seine Gültigkeit verlieren.

2. Die ferromagnetischen Elektronen sind unwesentlich für die Leitung, diese wird zum größten Teil von den Außenelektronen besorgt. Betrachten wir nun ein Außenelektron mit bestimmter Spinrichtung: Fällt dieses auf ein Atom, dessen Spinrichtung mit seiner eigenen übereinstimmt, so wird es mit gewisser Wahrscheinlichkeit W_1 gestreut. Die Streuwahrscheinlichkeit durch ein Atom mit entgegengesetztem Spin wird im allgemeinen wegen des Austauschs von W_1 verschieden sein. Dann wirkt der ganze Kristall auf unser Elektron wie eine Legierung, solange Atome beider Spinrichtungen vorhanden sind. Durch die Gleichrichtung der Atomspins fällt die Legierungsunregelmäßigkeit (Abweichung von der Periodizität) fort, der Widerstand wird vermindert[2]. Ein Mangel dieser Theorie ist, daß dann eigent-

[1] W. Gerlach, Ann. d. Phys. Bd. 12, S. 849. 1932; Bd. 14, S. 613. 1932; E. Ehlert, ebenda S. 589, dort auch weitere Literatur.

[2] Ich verdanke den Hinweis auf diese Möglichkeit Herrn Bloch.

lich der Widerstand des Ferromagnetikums den normalen Temperaturverlauf zeigen sollte und der eines anderen Metalls nicht. — Auch hier wird die Widerstandsverminderung proportional I^2.

b) Die Drehung der Magnetisierungsrichtung aus der Richtung leichtester Magnetisierbarkeit in die des jeweiligen Magnetfelds ist mit einer Widerstandsänderung verbunden. Diese ist leicht zu verstehen, weil die Elektronenbahnen infolge ihrer Kopplung mit dem Spin etwas aus ihrer Normallage herausgedreht werden. Der Widerstand folgt bei einachsigen Ferromagnetika aus Symmetriegründen einer Formel

$$\varrho = \varrho_0 + \alpha \cos^2 \vartheta ,$$

wo ϑ der Winkel zwischen Magnetisierung und ausgezeichneter Achse ist. Über Näheres vgl. die Arbeiten von GERLACH.

C. Kohäsionskräfte.

64. Kohäsionskräfte der Metalle. Wir wollen die Energie eines Metalls im Gleichgewichtszustand („Grundterm" des Metalls) berechnen. Wir betrachten zunächst die

a) lineare Kette. Dort ist der Grundterm mit Hilfe der exakten Lösung des Kristallproblems in Ziff. 59 genau bestimmbar. Bei normalen (nichtferromagnetischen) Metallen ist bekanntlich das Austauschintegral A negativ: Der höchste Eigenwert ε (vgl. Ziff. 59) entspricht also der tiefsten Energie.

Zunächst ist sicher, daß dieser höchste Eigenwert unter den Zuständen mit verschwindendem Gesamtspin ($r = \frac{1}{2}N$) zu suchen ist. Sodann wissen wir, daß ein Paar Spinwellen mit komplexer Wellenzahl stets niedrigeren Eigenwert hat als zwei Wellen mit reellen Wellenzahlen und ebenso großer Wellenzahlsumme [(59.15), (59.17) und Text hinter (59.17)]. Wir müssen daher $\frac{1}{2}N$ Wellen mit reeller Wellenzahl kombinieren.

Die nicht ganz einfache Rechnung[1] ergibt nun, daß die Anzahl der Spinwellen mit einer Wellenzahl zwischen k und $k + dk$ gleich

$$\frac{1}{4} N \frac{dk}{\mathfrak{Cof}\left(\frac{\pi}{2} \operatorname{ctg} \frac{1}{2} k\right)} \tag{64.1}$$

ist. Es sind also im Grundzustand des Metalls relativ viele Spinwellen mit einer Wellenzahl k in der Nähe von π (nämlich $\frac{1}{4}N\,dk$ pro dk) vorhanden und sehr wenige mit Wellenzahlen in der Nähe von Null oder 2π. Dies vergrößert den Eigenwert, da die Wellen $k \approx \pi$ die größten Beiträge zum Eigenwert geben. Man findet

$$\varepsilon = \frac{1}{4} N \int\limits_0^{2\pi} \frac{(1 - \cos k)\,dk}{\mathfrak{Cof}\left(\frac{\pi}{2} \operatorname{ctg} \frac{1}{2} k\right)} = N \log 2 \tag{64.2}$$

und daraus als exakten Wert für die Gesamtenergie des Metalls

$$U = NE_0 + NC + NA\,(\log 4 - 1) \tag{64.3}$$

$$= N(E_0 + C + 0{,}388 A) . \tag{64.4}$$

Die Kohäsionskräfte setzen sich, wie man sieht, zusammen aus der COULOMBschen Wechselwirkung der Ladungswolken der einzelnen Atome C und den Austauschkräften. Das Austauschintegral tritt dabei mit einem Koeffizienten auf, der nur durch komplizierte Rechnungen zu bestimmen ist und für die lineare Kette rund 0,4 beträgt. Beim Wasserstoffmolekül tritt, wie wir wissen, das Austauschintegral mit dem Koeffizienten Eins in der Energie auf. Der Einfluß des Austauschs auf die Bindungsenergie der linearen unendlich langen Atomkette ist also geringer als auf die des zweiatomigen Moleküls.

[1] Erscheint in nächster Zeit in der ZS. f. Phys.

Slater fand nach einem anderen, nicht exakten Verfahren[1] als Energie pro Atom

$$\frac{U}{N} = E_0 + C + 0{,}293\,A\,, \tag{64.5}$$

dieser Energiewert ist verglichen mit (64.4) beträchtlich zu hoch, die Bindungsenergie kommt zu klein heraus.

Eine ganz rohe Abschätzung des Koeffizienten des Austauschgliedes erhält man auf folgende, ebenfalls von Slater angegebene Weise: Bei negativem Austauschintegral haben benachbarte Spins die Tendenz, sich antiparallel zu stellen. Wir legen daher zunächst immer abwechselnd einen positiven und einen negativen Spin nebeneinander. Dieser Anordnung entspricht das Diagonalelement der Energie

$$U = N(E_0 + C)\,.$$

Das Austauschintegral tritt hier überhaupt nicht auf, weil nirgends zwei gleiche Spins benachbart liegen.

Durch Vertauschung irgend zweier benachbarter Spins gelangt man zu einem Zustand mit zwei Paaren benachbarter gleicher Spins, die Energie dieses angeregten Zustands liegt daher um $-2A$ höher als die des Grundzustandes. Dem Übergang zu irgendeinem der angeregten Zustände entspricht das Matrixelement A; da es N angeregte Zustände gibt, ist die Störungsenergie zweiter Näherung für den Grundterm

$$U_2 = \sum \frac{|A|^2}{2A} = 0{,}5\,NA$$

und die Gesamtenergie

$$U = N(E_0 + C + 0{,}500\,A)\,. \tag{64.6}$$

Diese grobe Überlegung gibt also einen zu tiefen Eigenwert, d. h. zu starke Bindung des Metalls, doch ist in Anbetracht der Einfachheit der Ableitung das Resultat recht befriedigend. Wir wenden daher diese vereinfachte Methode an auf den Fall

b) räumliche Gitter. Wir betrachten speziell die Alkalimetalle. Diese kristallisieren in kubisch-raumzentrierten Gittern. Wir nehmen im Einklang mit den eben gemachten Ausführungen an, daß die an den Würfelecken sitzenden Atome alle nach rechts gerichtete Spins haben, die in den Würfelzentren sitzenden linksorientierte. Vertauschung des Spins von einem der $\frac{1}{2}N$ Zentralatome mit dem eines seiner $z = 8$ Nachbarn liefert einen Zustand, bei dem sowohl das Zentralatom wie der Nachbar $z - 1$ Nachbaratome mit *gleichem* Spin haben. Der so entstehende Zustand liegt daher um $-2(z-1)A$ höher als der Grundzustand, dem Übergang entspricht das Matrixelement A, die Anzahl der möglichen angeregten Zustände ist $\frac{1}{2}Nz$, also die Störungsenergie zweiter Näherung

$$\frac{1}{4}N\frac{z}{z-1}A\,,$$

und die Gesamtenergie

$$U = N\left(E_0 + zC' + \frac{z}{4(z-1)}A\right), \tag{64.7}$$

wo C' die Coulombsche Wechselwirkungsenergie zweier Nachbaratome ist. Wie man sieht, tritt die Austauschwirkung hier stark zurück hinter dem überwiegenden Einfluß der Coulombschen Wechselwirkung.

Slater hat auch eine numerische Berechnung der Bindungsenergie für Na durchgeführt. Zugrunde gelegt wurden dabei Hartreesche Eigenfunktionen. Das Energieminimum liegt bei einem Gitterabstand von ca. 3,2 Å (experimentell 4,2 Å), die Bindungsenergie wird 9 kcal/Mol anstatt 27. Die Überein-

[1] J. C. Slater, Phys. Rev. Bd. 35, S. 509. 1930.

stimmung mit dem Experiment ist also nicht sehr gut, obwohl die Formel (64.7) noch durch die Wechselwirkung zwischen *zweitnächsten* Nachbarn (also zwischen Atomen an benachbarten Würfelecken) korrigiert wurde. Das liegt wohl daran, daß die verwendeten Eigenfunktionen für die Elektronen unzureichend sind.

Das Modell gibt, wie die BLOCHsche Theorie der Einzelelektronen, eine spezifische Wärme proportional T und einen temperaturunabhängigen Paramagnetismus.

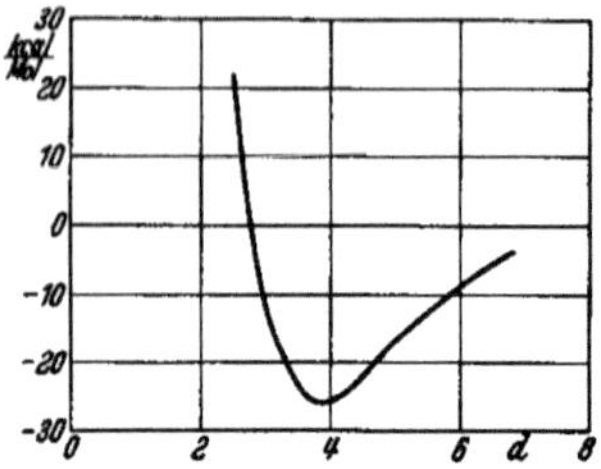

Abb. 60. Die Energie eines Na-Kristalls als Funktion des Abstands d benachbarter Atome nach WIGNER und SEITZ (BLOCHsche Methode).

c) Nach der BLOCHschen Methode haben WIGNER und SEITZ[1] die Kohäsionskräfte des Na behandelt. Die Energie des „langsamsten" Leitungselektrons, E_0, wurde nach der Methode der Ziff. 12f bestimmt. Die Energie eines Leitungselektrons mit der Wellenzahl k wird, wie bei freien Elektronen, zu

$$E = E_0 + \frac{\hbar^2}{2m} k^2$$

angenommen und dadurch vermutlich überschätzt. Die elektrostatische Wechselwirkung zwischen den Leitungselektronen und der Elektronenaustausch werden vernachlässigt, was einen Fehler in der umgekehrten Richtung bedeutet. Das Resultat ist überraschend gut:

	WIGNER u. SEITZ	SLATER	Experimentell
Sublimationswärme (kcal pro Mol) .	25,6	9	26,9
Gitterabstand in Ångström	4,2	3,2	4,23
Kompressibilität in CGS	$1{,}6 \cdot 10^{-11}$	—	$1{,}0 \cdot 10^{-11}$

Die Energie des Metalls als Funktion des Gitterabstands ist in Abb. 60 eingetragen.

Verzeichnis der verwendeten Bezeichnungen.

$\mathfrak{a}_{1,2,3}$ Achsen des Metallkristalls (Kanten der Elementarzelle).

$a_{1,2,3} = |\mathfrak{a}_{1,2,3}|$

a Gitterkonstante eines kubischen Kristalls.

a_0 BOHRscher Wasserstoffradius.

A { in Ziff. 1 bis 7: Entartungsparameter der Fermistatistik, in Ziff. 8 bis 64: Austauschintegral.

$\mathfrak{b}_{1,2,3}$ Achsen des reziproken Gitters.

$b_{1,2,3} = |\mathfrak{b}_{1,2,3}|$

B { in Ziff. 7 sowie 48, 49: Konstante der magnetischen Widerstandsänderung, in Ziff. 12, 13: Austauschintegral.

c { in Ziff. 22 bis 27, 46 bis 53: Lichtgeschwindigkeit, in Ziff. 2 bis 6, 16, 17: spezifische Wärme der Elektronen, sonst Proportionalitätsfaktor.

C { in Ziff. 34 bis 45: BLOCHsche Konstante (Wechselwirkung zwischen Elektronen und Gitterschwingungen), in Ziff. 12, 55 bis 64: COULOMBsche Wechselwirkung der Elektronen-Ladungswolken, in Ziff. 7, 49: Zweite Konstante der magnetischen Widerstandsänderung $= 1/H_0$, s. dieses.

γ { in Ziff. 39 bis 42: spezifische Wärme des Metallgitters, in Ziff. 52: Dämpfungskonstante $= 1/2\pi\tau$.

d Abstand nächster Nachbaratome.

[1] E. WIGNER u. F. SEITZ, Phys. Rev. Bd. 43, S. 804. 1933.

D — Durchlässigkeitskoeffizient einer Potentialschwelle. (Ziff. 18 bis 21.)

Δ — Potentialabfall an einer Kontaktstelle. (Ziff. 21.)

e — Elektronenladung. (In Ziff. 7 elektromagnetisch, sonst elektrostatisch gemessen.)

E — Energie eines Elektrons.

E_0 — Energie eines Elektrons im isolierten Atom.

ε — in Ziff. 1 bis 53 $= (E - \zeta)/kT$, in Ziff. 54 bis 64 $= [U - N(E_0 + C - A)]/2A$.

η — in Ziff. 1 bis 7 $= v_y$, in Ziff. 8 bis 64 $= (\mathfrak{k}\mathfrak{a}_2)$.

f — Verteilungsfunktion.

f_0 — im allgemeinen ungestörte FERMIsche Verteilungsfunktion, in Ziff. 9 bis 13, 52: Oszillatorstärke des Absorptionsbandes der Frequenz Null.

F — elektrisches Feld. (Im allgemeinen elektrostatisch, in Ziff. 7 elektromagnetisch gemessen.)

φ — im allgemeinen Azimutalwinkel.

$d\Phi = N(E)\,dE$ — Anzahl der Quantenzustände mit Impuls zwischen p und $p + dp$ bzw. Energie zwischen E und $E + dE$, in Ziff. 1 bis 4 für den ganzen Kristall, ab Ziff. 5 pro cm³ des Kristalls (in Ziff. 4 mit $d\Phi_1$ bezeichnet).

$\mathfrak{g}$ — Vektor im reziproken Gitter $= g_1\mathfrak{b}_1 + g_2\mathfrak{b}_2 + g_3\mathfrak{b}_3$ ($g_1 g_2 g_3$ ganze Zahlen).

g — im allgemeinen $= |\mathfrak{g}|$, in Ziff. 34 bis 38: $f - f_0$ (Störung der Verteilungsfunktion im elektrischen Feld).

G — in Ziff. 1 bis 7: Gewichtsfaktor wegen des Spins ($G = 2$), in Ziff. 8 bis 64: Anzahl Atome an einer Kante des „Grundgebiets“ des Kristalls [vgl. Periodizitätsbedingung (8.17)]. G^3 ist gleich der Anzahl der Atome im Kristall N.

$\mathfrak{h}$ — Vektor im reziproken Gitter.

h — PLANCKsche Konstante, bisweilen: $|\mathfrak{h}|$.

$\hbar = h/2\pi$.

H — Magnetfeld (stets magnetisch gemessen) oder Hamiltonfunktion.

H_0 — kritisches Magnetfeld für Halleffekt und magn. Widerstandsänderung (vgl. Ziff. 47 bis 49).

J — elektrischer Strom, $J_{x,y,z}$ = Komponenten. (Im allgemeinen elektrostatisch gemessen, in Ziff. 7 elektromagnetisch, in Ziff. 18 bis 21 in Elektronen pro cm².)

$\mathfrak{k}$ — Ausbreitungsvektor einer Elektronenwelle.

$k_{x,y,z}$ — Komponenten von $\mathfrak{k}$ in Richtung der drei (orthogonal angenommenen) Kristallachsen.

k — BOLTZMANNsche Konstante oder $|\mathfrak{k}|$.

$K = |\mathfrak{k}|$ (in Ziff. 34 bis 53, wo sonst Verwechslung mit der BOLTZMANNschen Konstante möglich wäre).

$\varkappa_{x,y,z} = \frac{G}{2\pi} \cdot k_{x,y,z}$ = ganze Zahlen.

$\varkappa$ — Wärmeleitfähigkeit.

l — freie Weglänge.

L — LOSCHMIDTsche Zahl.

λ — Wellenlänge (von Elektronen oder Licht).

$\mathfrak{m}$ — Gittervektor (vgl. $\mathfrak{n}$).

m — Elektronenmasse, in Ziff. 55 bis 63: Komponente des Spins des Metalls nach rechts.

M — Masse eines Metallatoms.

μ — BOHRsches Magneton $= e\hbar/2mc$, in Ziff. 7: eH/mc, in Ziff. 6 und 50: Thomsonkoeffizient.

$\mathfrak{n}$ — Gittervektor $= n_1\mathfrak{a}_1 + n_2\mathfrak{a}_2 + n_3\mathfrak{a}_3$ ($n_1 n_2 n_3$ ganze Zahlen).

n — im allgemeinen Anzahl Atome pro cm³, bisweilen Nummer des Energiebands oder $|\mathfrak{n}|$.

N Anzahl Atome des Kristalls („Grundgebiets" $= G^3$).
$N(E)\,dE$ Anzahl Quantenzustände des Elektrons mit einer Energie zwischen E und $E + dE$.
$N_1(E) = N(E)$ für einen Kristall von 1 cm³ Volumen.
ν Frequenz. (Von Gitterwellen und Licht.)
$O(x)$ kleine Größe von der Größenordnung x.
ω $= 2\pi\nu = u_0 q$ (für Gitterwellen).

$$\Omega(x) = 2 \cdot \frac{1 - \cos\frac{x t}{\hbar}}{(x/\hbar)^2}.$$

Ω Volum des Grundgebiets des Kristalls (vgl. Ziff. 8d) ($= G^3 \Omega_0$).
Ω_0 Volum der Elementarzelle des Kristalls.
$\mathfrak{p}$ Impuls des Elektrons, $p_{x,y,z}$ Komponenten, $p = |\mathfrak{p}|$.
$\mathfrak{q}$ Ausbreitungsvektor einer Gitterwelle, $q = |\mathfrak{q}|$.
Q { im allgemeinen Wärmestrom, in Ziff. 48 Anisotropie der Beweglichkeit der Elektronen.
$\mathfrak{r}$ Ortsvektor.
r { $= |\mathfrak{r}|$ in Ziff. 56 bis 60 Anzahl linksgerichteter Spins.
R Hallkonstante.
ϱ spezifischer Widerstand.
s Gesamtspin des Metalls.
S Stoßoperator, definiert durch $S(f - f_0) = -\left(\frac{\partial f}{\partial t}\right)_{\text{Stoß}}$.
σ Leitfähigkeit.
t Zeit.
T Temperatur.
τ Zeit zwischen zwei Zusammenstößen $= l/v$.
$\int d\tau$ Integral über den ganzen Kristall (Grundgebiet).
$\int d\tau_0$ Integral über das Volum einer Elementarzelle.
ϑ { Breitenwinkel, in Ziff. 50, 51: Konstante des thermoelektrischen Feldes.
Θ { in Ziff. 31 bis 53: DEBYEsche Temperatur, in Ziff. 54 bis 64: Curietemperatur, in Ziff. 6: Thermokraft.
u Periodischer Bestandteil der Wellenfunktion des Elektrons.
U { im allgemeinen Energie des gesamten Metalls, in Ziff. 12, 34: Potential eines einzelnen Metallions.
$\mathfrak{v}$ = Geschwindigkeit eines Elektrons ($v_{x,y,z}$ oder in Ziff. 1 bis 7: ξ, η, ζ Komponenten, $v = |\mathfrak{v}|$).
$V(\mathfrak{r})$ Potentielle Energie des Elektrons am Punkt $\mathfrak{r}$.
$V_{\mathfrak{g}}$ Fourierkoeffizient von V.
w effektive Austrittsarbeit (Konstante des Richardsoneffekts).
W äußere Austrittsarbeit (Potentialdifferenz zwischen Vakuum und Metallinnerem).
x { Koordinate oder $h\nu/kT$, wo ν die Frequenz einer Gitterwelle.
ξ { in Ziff. 1 bis 7: v_x, in Ziff. 8 bis 64: $(\mathfrak{k}\mathfrak{a}_1)$.
z { Koordinate oder Anzahl der Nachbarn eines Atoms, in Ziff. 34f: Valenz des Metalls.
Z Kernladung des Metallatoms.
ζ { FERMIsche Grenzenergie oder in Ziff. 1 bis 7: v_z, in Ziff 8 bis 64: $(\mathfrak{k}\mathfrak{a}_3)$.
ζ_0 Grenzenergie beim absoluten Nullpunkt.
ψ Eigenfunktion des Elektrons.
Ψ Eigenfunktion des ganzen Metalls (Ziff. 55 bis 59).

Sonstige Bezeichnungen sind in der Ziff. erklärt, in der sie vorkommen.

GPSR Compliance

The European Union's (EU) General Product Safety Regulation (GPSR) is a set of rules that requires consumer products to be safe and our obligations to ensure this.

If you have any concerns about our products, you can contact us on ProductSafety@springernature.com

In case Publisher is established outside the EU, the EU authorized representative is:

Springer Nature Customer Service Center GmbH
Europaplatz 3
69115 Heidelberg, Germany

Batch number: 10620171

Printed by Printforce, the Netherlands